Lea Liese
Mediologie der Anekdote

Minima

Literatur- und Wissensgeschichte kleiner Formen

Herausgegeben von
Anke te Heesen, Maren Jäger, Ethel Matala de Mazza
und Joseph Vogl

Band 7

Lea Liese

Mediologie der Anekdote

Politisches Erzählen zwischen Romantik
und Restauration (Kleist, Arnim, Brentano, Müller)

DE GRUYTER

ISBN 978-3-11-221562-3
e-ISBN (PDF) 978-3-11-101746-4
e-ISBN (EPUB) 978-3-11-101776-1
ISSN 2701-4584

Library of Congress Control Number: 2022951650

Bibliografische Information der Deutschen Nationalbibliothek
Die Deutsche Nationalbibliothek verzeichnet diese Publikation in der Deutschen
Nationalbibliografie; detaillierte bibliografische Daten sind im Internet über
http://dnb.dnb.de abrufbar.

© 2025 Walter de Gruyter GmbH, Berlin/Boston
Dieser Band ist text- und seitenidentisch mit der 2023 erschienenen gebundenen Ausgabe.
Umschlagabbildung: Titelblatt „Friedensblätter", 3. Januar 1815,
 Ausschnitt
Druck und Bindung: CPI books GmbH, Leck

www.degruyter.com

Danksagung

Bei diesem Buch handelt es sich um die geringfügig überarbeitete Fassung meiner Dissertationsschrift, die 2021 an der Philosophisch-Historischen Fakultät der Universität Basel eingereicht wurde.

Für das produktive und herzliche Betreuungsverhältnis danke ich meiner Erstbetreuerin Prof. Dr. Nicola Gess, insbesondere für ihr Vertrauen, ihre stete Bereitschaft zum Gespräch und ihre ehrliche Kritik. Auch meinem Zweitbetreuer Prof. Dr. Hubert Thüring möchte ich herzlich danken, vor allem für sein engagiertes Interesse an meiner Arbeit und für den persönlichen Zuspruch. Für einen anregenden inhaltlichen Austausch und kritische Rückfragen während meines Forschungsaufenthaltes in Wien danke ich außerdem Prof. Dr. Eva Horn.

Die Finanzierung meiner Dissertation verdanke ich dem Doktoratsprogramm Literaturwissenschaft der Universität Basel, das mir ein Anschubstipendium gewährt hat, sowie dem Schweizerischen Nationalfonds für das Doc.Mobility-Stipendium in Wien. Ferner sei dem Max-Geldner-Dissertationenfonds für den Druckkostenzuschuss gedankt.

Meiner Freundin und Kollegin Hevin Karakurt danke ich für das gründliche, schnelle und kluge Lektorat meiner Arbeit sowie für ihre Kompetenz und Hilfsbereitschaft bei Formatierungsfragen. Yashar Mohagheghi, der die Arbeit in diversen Stadien gelesen und lektoriert hat, danke ich für sein permanentes Nachhaken und sein Insistieren auf Genauigkeit, für seinen Enthusiasmus und für sein Wissen. Ich hätte die Arbeit nicht anders schreiben wollen.

Inhalt

1 **Einleitung** —— 1
1.1 Die politische Romantik zwischen Konterrevolution und Restauration —— 1
1.2 Narrative Weltordnung oder: Warum das Erzählen politisch ist —— 10

2 **Politische Phänomenologie kleiner Formen: Gerücht, Sage, Anekdote** —— 20
2.1 Rede im Ausnahmezustand? Mediologie des Gerüchts —— 20
2.1.1 Geflügelte Fama – geflügelte Worte —— 20
2.1.2 Das Gerücht als ansteckendes Massenmedium? —— 26
2.1.3 Zur parasitären Funktionslogik des Gerüchts —— 32
2.2 Die soziale Wirksamkeit des Sagenhaften —— 36
2.2.1 Fluidität und Fundament. Einfache Formen —— 36
2.2.2 Der Streit um Kunst- und Volkspoesie in der Romantik und seine politischen Implikationen (Achim von Arnim und Jacob Grimm) —— 40
2.2.3 Anekdotische Evidenzen in alten und modernen Sagen —— 50
2.3 Kleine Geschichte(n) im Großen. Anekdote und Novelle als responsive Gattungen —— 60
2.3.1 (Anekdotische) Schreib- und Erzählweisen als *worldmaking* —— 60
2.3.2 Anekdote historiographisch. Geheimgeschichte – Gegengeschichte – Kleine Geschichte —— 65
2.3.3 Erneuern und Bewahren. Anekdote und Novelle im Spiegel (früh)romantischer Gattungstheorie (Novalis und Friedrich Schlegel) —— 71
2.3.4 Novellen, Anekdoten und Gerüchte: Medialität, Soziabilität, Interaktivität am Beispiel von Kleists *Die Verlobung in St. Domingo* —— 79

3 **Kleine Formen im Journalkontext** —— 90
3.1 Zwischen Fakt und Fama? Literarisch-journalistische Grenzgänge —— 91
3.1.1 Das ‚Zurichten' von Fakten —— 97
3.1.2 Nachrichtenerzählungen als Schicksalserzählungen? Die Ordnung des Zufälligen in den *faits divers* —— 103

3.1.3	Performative Selbstbeobachtungen (Moritz, Kleist, Wiener *Friedensblätter*) —— 110
3.2	Kleist und die *Berliner Abendblätter*. Journalistisches Anekdotisieren —— 124
3.2.1	Kleist als Zeitungsherausgeber —— 124
3.2.2	Die Popularität der Polizei-Rapporte —— 130
3.2.3	Programmatisches Anekdotisieren —— 140
3.2.4	Die Geisterdebatte als frühes Beispiel für die diskursive Legitimation von Fake News —— 150
4	**Zwischen Konterrevolution und Restauration. Kommunikationsgemeinschaften in der Übergangszeit —— 159**
4.1	Arnim und Brentano als Zeitungsherausgeber —— 159
4.1.1	Die romantische Zeitung als Kunstkammer —— 159
4.1.2	Arnim und der *Preußische Correspondent*. Publizistischer Widerstand —— 166
4.1.3	Friedenspropaganda. Die Wiener *Friedensblätter* und die neue unpolitische Zeit —— 179
4.2	Versöhnung im Zeichen der Restauration? Arnims und Brentanos Journalerzählungen *post bellum* —— 183
4.2.1	Romantische Gattungshybridität als Bewältigungsstrategie. Brentanos *Die Schachtel mit der Friedenspuppe* —— 187
4.2.2	*Die Einquartierung im Pfarrhause*. Mikro- und Makrokosmos des Krieges —— 204
4.2.3	*Seltsames Begegnen und Wiedersehen*. Scheinversöhnungen —— 210
4.2.4	*Der tolle Invalide auf dem Fort Ratonneau*. Konservative Utopie —— 221
4.3	Romantische Gemeinschaftsentwürfe. Stammtischparolen im Gewand sittlicher Geselligkeit —— 232
4.3.1	Das Gastmahl als gesellige Aktion und kultursoziologische Institution (Knigge, Kant, Schleiermacher) —— 233
4.3.2	Gelebte Selbstwidersprüche. Die Konterkarierung des romantischen Gesprächsideals durch die Tischgesellschaft —— 243
4.3.3	Die Tischgesellschaft im Zeichen bürgerlicher Emanzipation und Nationalpatriotismus —— 269
4.3.4	Wie alles ‚Fremde' einverleibt wird. Arnims *Melück Maria Blainville* —— 274

4.4		Ästhetik der Politik? Adam Müllers Gesprächs- und Staatstheorie im Kontext der politischen Romantik —— 279
4.4.1		Romantischer Konservatismus: *Die Elemente der Staatskunst* —— 281
4.4.2		Gesellige Rede und ästhetischer Staat: *Zwölf Reden über die Beredsamkeit und deren Verfall in Deutschland* —— 286
4.4.3		Regierungswiderstand: Müllers Zeitungsplan —— 294
4.4.4		Die Neusemantisierung des Adels im literarischen Text: Brentanos *Fragment einer Erzählung aus der Französischen Revolution* —— 300
5		**Nachgeschichte: Die finsteren Fiktionen der politischen Romantik —— 311**
5.1		Die Romantikrezeption im Vormärz. Heinrich Heines *Die romantische Schule* —— 312
5.2		Romantische Gemeinschaft auf dem Prüfstand. Hugo von Hofmannsthals *Das Schrifttum als geistiger Raum der Nation* —— 318
5.3		Ästhetische Regime der Romantik. Politik der ‚kleinen Dinge'? —— 322
6		**Schluss —— 332**

Literaturverzeichnis —— 335

Personenregister —— 355

1 Einleitung

„Die Poesie ist eine republikanische Rede; eine Rede, die ihr eignes Gesetz und ihr eigner Zweck ist, wo alle Teile freie Bürger sind, und mitstimmen dürfen."[1]

„If truth is social, then so too are lies."[2]

1.1 Die politische Romantik zwischen Konterrevolution und Restauration

„Die Revolution war gescheitert, die militärisch-autoritäre Konterrevolution im Keime morsch und todgeweiht – [und] die simple Rückkehr zum Status quo, zum Zustand der ‚guten alten Zeit' war versperrt."[3] So beschreibt Hans Mayer die Restauration als eine Krisen- und Übergangszeit, vor deren Hintergrund ‚die' politische Romantik ihre konservative Programmatik entfaltete.

Diese Arbeit fragt danach, wie sich die politische Übergangszeit – vom Beginn der Napoleonischen Kriege 1792 über die Auflösung des Heiligen Römischen Reiches 1806 und die Befreiungskriege 1813–1815 bis hin zur Niederlage Napoleons und der Neuordnung Europas durch den Wiener Kongress 1814/15 – in ihren ‚ästhetischen Regimen', d. h. in allem, was *nicht* institutionelle Politik ist, aber politisches Denken symbolisch ins (Gemeinschafts-)Werk setzt, selbst beobachtet, begreift und beschreibt.

Der Terminus „politische Romantik[er]"[4] taucht erstmals 1847 in David Friedrich Strauss' Schrift *Der Romantiker auf dem Throne der Cäsaren, oder Julian der Abtrünnige* auf und hat eine reaktionäre Schlagrichtung: Politische Romantiker seien anti-progressiv und wendeten sich gegen den gesellschaftlichen Fortschritt.[5] Die Bezeichnung war nie eine programmatische Selbstbeschreibung oder gar Kampfbegriff einer gegenwärtigen Bewegung, sondern

---

1 Friedrich Schlegel, Kritische Fragmente (‚Lyceums'-Fragmente), in: Fragmente der Frühromantik 1, hg. von Friedrich Strack und Martina Eicheldinger, Berlin 2011, 9–21, hier: 14.
2 Carole McGranahan, An Anthropology of Lying: Trump and the Political Sociality of Moral Outrage, in: American Ethnologist 44/2 (2017), 243–248, hier: 243.
3 Hans Mayer, Literatur der Übergangszeit. Essays, Berlin 1949, 53.
4 Da, wie oben erläutert, die politische Romantik keine klar definierte Bewegung bezeichnet, wird in dieser Arbeit der Begriff „politische Romantik" nicht als Eigenname gebraucht, weswegen die Schreibweise abweicht von etwa Carl Schmitts Begriffsprägung einer „Politischen Romantik". Vgl. Carl Schmitt, Die politische Romantik [1919], Berlin 1998.
5 Vgl. Benedikt Koehler, Ästhetik der Politik. Adam Müller und die politische Romantik, Stuttgart 1980, 16.

wurde erst im Nachhinein, namentlich im Vormärz, zu einer negativen Fremdzuschreibung. Kritik an der Romantik steht dabei in untrennbarem Zusammenhang mit den Folgen der Restaurationsbewegung, die es zu überwinden galt – ausgehend von der Vorstellung einer restaurationsfreundlichen, konservativen Romantik.[6]

Dabei ist Konservatismus[7] als politische Haltung im Sinne einer Reaktion gegenüber einschneidender Neuerungen viel älter als der Begriff,[8] der erst im Kontext der Französischen Revolution politisch virulent wurde – jedoch zunächst nicht als Gegenposition zur Revolution, wie sich intuitiv annehmen ließe, sondern als Bezeichnung einer Politik, die die revolutionären Errungenschaften bewahren sollte.[9] In der nachrevolutionären Zeit bezeichnete Konservatismus eine Haltung, die sowohl Konterrevolutionen als auch eine zweite, womöglich noch radikalere Revolution verhindern wollte. Die Revolution wurde für das politische Denken und Handeln der napoleonischen Ära zwar anerkannt, ja vorausgesetzt, allerdings unter der Annahme ihrer Abgeschlossenheit.[10] Zum politischen Parteinamen und -programm wurde *conservateur* erst nach der Wiederherstellung der bourbonischen Monarchie, als es um die Klärung ging, ob die *Charte constitutionnelle* als Abschaffung oder rückwirkend als Grundlage der zwischen 1798 und 1814 vollzogenen konstitutionellen Veränderungen angesehen werden sollte.[11]

Die Überzeugung, dass „‚Bestehendes' bewahrt werden sollte oder, wenn Reformen nötig sind, diese an das Bestehende anknüpfen und erstarrte und depravierte Institutionen wiederbeleben sollten"[12], gewinnt also mit der Französischen Revolution öffentliche Wirksamkeit – befördert von der Ablehnung des Gleichheitsprinzips, das sich mit dem politischen Liberalismus herauszubilden

---

6 Vgl. Koehler, Ästhetik der Politik, 18.
7 Der Konservatismus ist, neben dem Liberalismus und dem Sozialismus, eine der Ideologien sozialer und politischer Bewegungen, die vornehmlich im 19. Jahrhundert entstanden und das politische Denken bis in die Gegenwart beeinflussen. Vgl. Gerhard Göhler, Konservatismus im 19. Jahrhundert – eine Einführung, in: Politische Theorien des 19. Jahrhunderts, hg. von Bernd Heidenreich, Berlin 2002, 19–32, hier: 19.
8 Vgl. Rudolf Vierhaus, Konservativ, Konservatismus, in: Geschichtliche Grundbegriffe. Historisches Lexikon zur politisch-sozialen Sprache in Deutschland, 8 Bde., hg. von Otto Brunner, Werner Conze und Reinhart Koselleck, Bd. 3: H–Me, Stuttgart 1982, 531–565, hier: 531 f.
9 Vgl. Vierhaus, Konservativ, Konservatismus, 537. Vgl. hierzu auch Göhler, Konservatismus im 19. Jahrhundert, 19 f.
10 Vgl. Vierhaus, Konservativ, Konservatismus, 538.
11 Vgl. Vierhaus, Konservativ, Konservatismus, 538.
12 Vierhaus, Konservativ, Konservatismus, 531.

beginnt.¹³ Weil überkommene Ordnungen normativ oder historisch vorgegeben sind, stellt sich die Frage nach dem Wert ihres Bewahrens eigentlich erst dann, wenn er von anderer Seite infrage gestellt wird; konservatives Denken wird also vornehmlich virulent in Umbruchzeiten.¹⁴ In diesem Sinne sensibilisierten die Geschichtsphilosophie der Aufklärung und die Erfahrungen der Französischen Revolution für einen Geschichtsbegriff des ‚Dazwischen': für eine im Prozess begriffene Übergangszeit zwischen der verlorengehenden, nur historisch wiederzugewinnenden Vergangenheit und einer erst noch zu schaffenden Zukunft.¹⁵ Der Begriff der ‚Revolution', in dem der Bedeutungshorizont von „Gegenrevolution" immer schon mit angelegt ist, kann sowohl „Umwälzung" meinen, und damit in die Zukunft verweisen, als auch – gemäß dem Wortsinn des lateinischen Begriffs *revolutio*, der die zyklische Bewegung der planetarischen Umlaufbahnen meinte – „Umkehr" bedeuten und auf das Vergangene rekurrieren.¹⁶ In diesem Sinne bezeichnet er als geschichtlicher Grundbegriff einen länger währenden geschichtlichen Prozess.¹⁷

Die Politisierung beider Begriffe – Restauration und Revolution – zeitigte einen jeweils entgegengesetzten Bedeutungswandel: Während der Restaurationsbegriff nun an die Vorstellung einer Kreisbewegung in der Geschichte gebunden wurde, „die sich innerhalb einer von Anfang an fertigen und abgeschlossenen göttlich-natürlichen Ordnung vollziehen sollte",¹⁸ löste sich der Revolutionsbegriff von diesen Implikationen.¹⁹ Das reaktive Moment der Restauration – und sein geschichtsphilosophisches Dilemma – wird dann offenbar, wenn eine Rückkehr zur Naturharmonie als unmögliche Utopie angesehen werden muss, ihre praktischen Ziele also nur im Widerstand gegen den Fortschritt bestehen können, z. B. gegen die mittlerweile erworbenen Grund- und Bürger-

---

13 Vgl. Armin Pfahl-Traughber, ‚Konservative Revolution' und ‚Neue Rechte'. Rechtsextremistische Intellektuelle gegen den demokratischen Verfassungsstaat, Opladen 1998, 70 f. Konservatives Denken wendet sich sowohl gegen den im Zuge der Französischen Revolution entstehenden politischen Liberalismus als auch gegen die wirtschaftsliberalen Ideen etwa eines Adam Smith. Vgl. hierzu auch Peter Paul Müller-Schmid, Adam Müller (1779–1829), in: Politische Theorien des 19. Jahrhunderts, 109–138, hier: 113.
14 Vgl. hierzu auch Göhler, Konservatismus im 19. Jahrhundert, 20.
15 Vgl. Reinhart Koselleck, Revolution, in: Geschichtliche Grundbegriffe, Bd. 5: Pro-Soz, Stuttgart 1984, 653–788, hier: 702.
16 Vgl. Koselleck, Revolution, 654, 656.
17 Vgl. Koselleck, Revolution, 654, 656.
18 Panajotis Kondylis, Reaktion, Restauration, in: Geschichtliche Grundbegriffe, Bd. 5: Pro-Soz, Stuttgart 1984, 179–230, hier: 188.
19 Vgl. Kondylis, Reaktion, Restauration, 186.

rechte.[20] Hieraus ergibt sich eine geschichtliche Konstellation, in der konservatives Denken nicht nur besonders virulent wird, sondern in der es in seiner *Fiktionalität* herausgestellt wird. Denn diese neue Form des Konservatismus, die nicht mehr (nur) antirevolutionäre Gegenbewegung war,[21] richtete sich gegen einen „alle Lebensbereiche erfassenden Wandel der Zeit",[22] blieb also unkonkret, unrealisiert und höchst projektiv. Konservatives Denken ist somit *a priori* von einem realpolitischen Mangel gekennzeichnet. Genährt wird es von einer ästhetisch-projektiven, nicht von einer historisch-kritischen Beschäftigung mit dem Vergangenen, deren Reaktivierung allererst behauptet werden muss.

Das bedeutet aber nicht, dass konservatives Denken keine Wirkung entfaltete. Im Gegenteil kann es gerade dann radikal werden, wenn es sich nicht auf die Wiederherstellung bestimmter Herrschaftsformen konzentriert (was auch für die Romantik nicht der Fall ist – die Restitution des Adels etwa wurde von den Romantikern ambivalent beurteilt und eher abgelehnt), sondern „unter Berufung auf eine einst heile, durch menschliche Hybris unwiederbringlich zerstörte Ordnung, eine heile Zukunft jenseits der abgelehnten Gegenwart" propagiert – und somit zur Ideologie wird.[23] In so bezeichneten konservativen Einstellungen bleiben die vorpolitischen Elemente besonders wirksam, also eher irrationale individuelle sowie gruppenspezifische religiös, moralisch oder ästhetisch geprägte Antriebe und materielle Interessen.[24]

Die vorliegende Arbeit richtet den Fokus auf diese Dimension des Vor-, Meta- oder Parapolitischen, und zwar in den Zeitungen und Zeitschriften der (politischen) Romantik (*Berliner Abendblätter, Preußischer Correspondent, Wiener Friedensblätter*), in den literarischen Texten von Achim von Arnim (*Die Einquartierung im Pfarrhause, Seltsames Begegnen und Wiedersehen, Der tolle Invalide auf dem Fort Ratonneau*) und Clemens Brentano (*Die Schachtel mit der Friedenspuppe, Fragment einer Erzählung aus der Französischen Revolution*), in den geselligen Verbindungen und Herausgebergesellschaften (Deutsche Tischgesellschaft, „Strobelkopf"-Gesellschaft) sowie in den geselligkeits- und gesprächstheoretischen Schriften (vor allem von Adam Müller).

Zentral wird für diese Bereiche die Frage nach der politischen Gemeinschaftsbildung zwischen demokratischem Liberalismus (Idee einer harmonischen und herrschaftsfreien Konsensgesellschaft, Plädoyer für Rede- und Mei-

---

20 Vgl. Kondylis, Reaktion, Restauration, 193.
21 Vgl. hierzu auch Göhler, Konservatismus im 19. Jahrhundert, 21, 24.
22 Vierhaus, Konservativ, Konservatismus, 531.
23 Vgl. Vierhaus, Konservativ, Konservatismus, 532 f.
24 Vgl. Vierhaus, Konservativ, Konservatismus, 532.

nungsfreiheit) und konservativem Autoritarismus (monarchisches Prinzip, Katholizismus, Nationalismus, Ständegesellschaft).[25] Zentral wird ebenso, *wie* diese Gemeinschaft – auf der Suche nach Orientierung zwischen Revolution und Restauration – erzählt wird. Denn die historische-politische Konstellation zwischen Romantik und Restauration schlug sich auch ästhetisch nieder: „Romantik, Progressive Universalpoesie, wurde nahezu identisch mit politischer Reaktion und Restauration, das kühle Kalkül der unendlichen Reflexion zum Synonym für blanken Irrationalismus des Gefühls."[26]

Die zugrundeliegende Beobachtung der vorliegenden Arbeit ist nun, dass die romantische Literatur nach 1815 zwar die spekulative Poetologie der Frühromantik aufnimmt, sie aber unter der politischen Perspektive der Restauration aktualisiert. Dies manifestiert sich zum einen inhaltlich, etwa in der Neusemantisierung des Adels als ‚edles', poesieaffines Prinzip, das zugleich auf geschichtliche Dauer und Tiefe verweist. Darin drückt sich auch die Sehnsucht nach zeitlicher Kontinuität aus. Zudem schlägt sich in der Literatur nach 1815 eine Modellierung von Frieden und Versöhnung nieder, die abweicht von den teilweise stark militaristischen Texten der Befreiungskriege, aber weiterhin von einem antagonistischen und chauvinistischen Denken geprägt ist. Zum anderen möchte die Arbeit gattungstheoretisch zeigen, dass in der zugespitzten (nach-) napoleonischen Phase kleine Formen gegenüber dem Roman als zentrale Gattung der (Früh-)Romantik eine wesentliche Rolle spielen.

Die Anekdote verhält sich auf den ersten Blick konträr zu den einschlägigen romantischen Selbstdefinitionen, zu denen neben Novalis' Idee des Romantisierens auch die von Friedrich Schlegel wirkungsträchtig formulierte progressive Universalpoesie gehört, die sich insbesondere im Fragmentarischen Ausdruck verleiht. Anekdoten sind nicht fragmentarisch-unabgeschlossen im Sinne von ‚unvollständig'; sie begründen aber auch keine unendliche Öffnung, wie es sowohl der Roman als auch das Fragment tun. Das Anekdotische gibt sich *en passant*, beiläufig, sowohl in Form und Inhalt als auch in medialer und paratextueller Hinsicht: Anekdoten sind mit einem kursorischen Lektüremodus verbunden, man liest sie ‚nebenbei' – bestenfalls in Anthologien, wenn nicht im heterogeneren Journalkontext.

---

[25] Nach Andreas Reckwitz ‚entdeckt' die Romantik die Gemeinschaft für die Moderne als „attraktive Lebensform", was Institutionalisierungsprozesse von Gemeinschaft anstößt. Vgl. hierzu auch Andreas Reckwitz, Die Gesellschaft der Singularitäten, Berlin 2017, 398 f.
[26] Helmut Schanze, Romantheorie der Romantik, in: Romane und Erzählungen der deutschen Romantik. Neue Interpretationen, hg. von Paul Michael Lützeler, Stuttgart 1988, 11–33, hier: 12.

Dennoch lässt sich im Modus des Anekdotischen Vergangenheit nicht nur bewältigen, sondern sogar eine Vergangenheit schaffen, die mit der vorgefundenen Realität kompatibel ist bzw. deren Kontingenzen reduzieren lässt.[27] Anekdotisches Erzählen wirkt wie ein „Zauberstab der Analogie",[28] die für Novalis eines der ausgezeichneten Mittel des Romantisierens darstellte. Analogien bedeuten in diesem Sinne eine Verwandtschaft, die durch einen gemeinsamen Ursprung, ein gemeinsames Drittes verbürgt ist, das vorausgesetzt und zugleich erwiesen werden soll. Die Analogie führt also immer auch in die Räume des Nicht-Beweisbaren, „Räume des Unsinns",[29] wie Novalis sagt. (Historische) Wirklichkeit und dichterische Zurichtung, Altes und Neues, Schicksalhaftes und Zufälliges durchdringen sich. Restauratives Bewahren und romantisches Potenzieren schließen also einander nicht aus – zusammengebracht werden beide Formelemente in der verlebendigenden Vollzugsform des Anekdotisierens.[30]

Deshalb will die vorliegende Arbeit die Anekdote nicht (nur) als fest umrissene Gattung, sondern das Anekdotische als transgressive und ‚responsive'[31] Schreib- und Erzählweise fassen, was den Blick auf seine vielfältigen Erscheinungen als kleine Form erweitert: im Zeitungskontext als Nachrichtenerzählung und Gerücht; im geselligen Kontext als Witz, Schwank oder Klatsch; im literarischen Zusammenhang eingebettet in längere Erzählungen. Politische Relevanz erhält hier das Erzählen in der Herstellung von gefühlten statt Tatsachenwahrheiten, in der (behaupteten) Gemeinschaftskonsolidierung bei paralleler Ausschließungspraxis sowie in der medialen Bindung der Zuhörer- bzw. Leserschaft.

---

27 Diese Funktion nehmen neben der Anekdote als kleine Form auch insbesondere die einfachen Formen ein, etwa die Sage. Vgl. Wilhelm F. H. Nicolaisen, Contemporary Legends in der englischsprachigen Presse, in: Erzählkulturen im Medienwandel, hg. von Christoph Schmitt, Münster 2008, 215–224, hier: 217.
28 Novalis, Schriften. Die Werke Friedrich von Hardenbergs. Historisch-kritische Ausgabe in vier Bänden, begr. v. Paul Kluckhohn und Richard Samuel, hg. von Richard Samuel mit Hans-Joachim Mähl und Gerhard Schulz, Stuttgart 1960–1981, Bd. 3: Das philosophische Werk II, hg. von Richard Samuel mit Hans-Joachim Mähl und Gerhard Schulz, Stuttgart 1983, 518 (HKA).
29 Novalis, HKA Bd. 2: Das philosophische Werk I, 252.
30 Auch das Romantisieren (nach Novalis' berühmter Definition) bezeichnet eine Vollzugsform. Und nach Friedrich Schlegel ist das Romantische ein Element der Poesie, das „mehr oder minder herrschen und zurücktreten, aber nie ganz fehlen" dürfe. Vgl. Friedrich Schlegel, Brief über den Roman [1800], in: Kritische Friedrich-Schlegel-Ausgabe, hg. von Ernst Behler, München/Paderborn/Wien/Zürich 1958 ff., Bd. 2: Charakteristiken und Kritiken 1 (1796-1801), hg. von Hans Eichner, Paderborn/ München/Wien 1967, 329–339, hier: 335 (KFSA).
31 Vgl. Wilhelm Voßkamp, Gattungen als literarisch-soziale Institutionen, in: Textsortenlehre, Gattungsgeschichte, hg. von Walter Hinck, Heidelberg 1977, 32.

Gliederung der Arbeit

Aus dem Vorherigen haben sich die zwei Hauptstränge dieser Arbeit hervorgehoben: Der erste Teil (Kapitel 2 und 3) will kleine Formen, allen voran das Anekdotische, systematisch als Aspekte einer politischen Gattungs- und Erzähltheorie betrachten, die sich nicht nur in der Romantik besondere Geltung verschaffen. Der zweite Teil (Kapitel 4 und 5) widmet sich literarhistorisch der Übergangszeit zwischen (Konter-)Revolution und Restauration und untersucht Zeitschriftenprojekte und -erzählungen sowie gesellige Formationen und geselligkeitstheoretische Texte der politischen Romantik.

Ausgehend von der Frage, warum das Erzählen politisch ist, problematisiert die Arbeit einleitend, dass im Rahmen aktueller Debatten der Einsatz von Narrativen im politischen Kontext an sich als postfaktisch erscheint (Kapitel 1.2). Hingegen, so wird argumentiert, könnte gerade in kleinen Formen das Potenzial liegen, das Postfaktische zu bekämpfen. Denn kleine Formen bilden nicht nur einen Ausschnitt, sondern auch einen Möglichkeitsraum, weil sie durch ihren provisorischen Status weitere Ordnungs- und Deutungsaktivitäten anregen.[32] Zudem transportieren sie das fragwürdige Moment ihrer Übertragung immer auch mit und verschwinden nie vollständig hinter dem Gesagten. Der postfaktischen als demagogischen Rede fehlt dieses ironische – und genuin poetische – Wechselspiel von Selbst- und Fremdreferenz. *De facto* taugen postfaktische Kommunikationsformen somit nicht als Beobachtungsmodi von politischen Krisensituationen. So lässt sich das Anekdotische als politisches Narrativ weniger mithilfe des postfaktischen Diskurses verorten (wenn auch anekdotische Evidenzen bei der Verbreitung von Fake News eine große Rolle spielen) als vielmehr in der Analyse seiner Verbindungen zum Gerücht (Kapitel 2.1), zur alten und modernen Sage (Kapitel 2.2) und zur Novelle (Kapitel 2.3).

Die Anekdote entwickelt sich um 1800 zu einer Form, die eine ‚koaktive' Sympoiesis in Geselligkeit erlaubt. Zugleich steht sie wie kein anderes Medium dafür, dass die (noch junge) binäre Leitdifferenz zwischen Fakt und Fiktion ins Wanken gerät. Deutlich wird dies im journalistischen Kontext (Kapitel 3.1) und insbesondere am Beispiel der literarisch-journalistischen Grenzgänge in Heinrich von Kleists *Berliner Abendblättern* (Kapitel 3.2). Wenn hier „Stadtgespräche" anekdotisch auf serielle Nachrichteninhalte übertragen werden, entsteht eine Form von niedrigschwelliger Zeitungsdialogizität, die Partizipation am

---

32 Vgl. Juliane Vogel, Die Kürze des Faktums. Textökonomien des Wirklichen um 1800, in: Auf die Wirklichkeit zeigen. Zum Problem der Evidenz in den Kulturwissenschaften, hg. von Helmut Lethen, Ludwig Jäger, Albrecht Koschorke, Frankfurt a. M. 2015, 137–152, hier: 148.

berichteten Geschehen verspricht, aber ihre kompositorischen Momente bei der Stoffdarbietung gerade verschleiert. Was bei Kleist also schon anklingt, ist der Versuch der institutionellen Lenkung einer nur vordergründig inklusiven Zeitungskommunikation über kleine Formen, was im Kontext der politischen Romantik programmatisch wird. Die Arbeit will die von den Gegnern der Preußischen Reformen aufgestellte Forderung nach Rede- und Pressefreiheit in dieser Hinsicht auf den Prüfstand stellen (Kapitel 4.1). Arnims *Preußischer Correspondent* etwa verfolgte während der Befreiungskriege das Ziel, die ‚einfache' Bevölkerung qua Information zu militarisieren. Sein politisches Potenzial entfaltet das Anekdotische hier, weil es eine Kriegsberichterstattung in Form von Einzelschicksalen zensurgerecht verbreitet, ohne auf den ersten Blick als agitatorisches Medium identifiziert zu werden.

In der Restaurationszeit nimmt anekdotisches Erzählen dann einen politisch subtileren Stellenwert ein, was an ausgewählten Journalerzählungen von Brentano und Arnim aufgezeigt werden soll (Kapitel 4.2). Dabei lassen sich mit dem Konzept des ‚romantischen Anekdotisierens' die Spannungen in der Übergangszeit umreißen, mit denen die politische Romantik konfrontiert ist.

Erstens beruhen die Restaurationserzählungen teilweise auf vorgeblich wahren, aber unerhörten Begebenheiten, die aus Biographien und Chroniken entnommen wurden. Arnim und Brentano selbst bezeichnen diese Erzählungen als „Biographien und Anekdoten".[33] Die synonyme Bezeichnung lässt auf ein biographisches Verständnis der Anekdote schließen, wonach sie Ausdruck einer alternativen Geschichtsschreibung ist und Einzelschicksale in den Vordergrund rückt. Die romantischen Restaurationserzählungen präsentieren damit, zweitens, Geschichte ‚von unten'. Nicht der politische Makrokosmos des Krieges wird hier in Szene gerückt, sondern der private Mikrokosmos, also das, was sich abseits der Schlachtfelder abspielt. Drittens lassen sich die unwahrscheinlichen Momente, die in den Erzählungen die Handlung begründen, als anekdotisch bezeichnen, weil sie – nach einer Definition Joel Finemans – als Inszenierung des Realen, als ‚Riss' und als ‚Einbruch' des Partikulären in die homogenisierte Geschichtserzählung gedeutet werden können.[34] Es sind Momente, die das Kriterium des Neuen und Interessanten erfüllen und die Friedrich Schlegel als anekdotisch im Sinne eines „angenehmen Nichts" bezeich-

---

[33] Arnim in einem Brief an Savigny vom 13. Oktober 1814, Darstellung bei Gerhard Kluge, Kommentar, in: Clemens Brentano, Sämtliche Werke und Briefe. Historisch-Kritische Ausgabe (FBA), Bd. 19: Erzählungen, hg. von Gerhard Kluge, 697–752, hier: 698.
[34] Vgl. Joel Fineman, The History of the Anecdote: Fiction and Fiction, in: The New Historicism, hg. von H. Aram Veeser, New York 1989, 49–76, hier: 56.

net.³⁵ Für Schlegel muss zu der Aneinanderreihung von merkwürdigen, die Aufmerksamkeit erregenden Anekdoten aber ein gemeinsames historisches Bindeglied hinzutreten. Dieses Bindeglied ist auf der Binnenebene der Restaurationserzählungen ein mythischer Historismus, nach dem alle Figuren wie in einer unsichtbaren, ursprünglichen Schicksalsgemeinschaft fix miteinander verbunden sind. Die Erzählmomente von Vorahnung und Wiedererkennung sind aber nicht Ausdruck der frühromantischen Vorstellung einer unendlichen Bewegung, deren Ursprung im schöpferischen Selbst verortet wird. Sie sind vielmehr auf ein übergeordnetes Narrativ ausgerichtet: nämlich, dass in der Restaurationszeit die im Zuge der Revolution gestörten Lebens- und Familiengeschichten wieder in ihren Zusammenhängen erkannt und restituiert werden können. Die Abtrünnigen werden indes ausgeschlossen.

Politisch relevant werden diese literarischen Beobachtungen, weil die untersuchten Erzählungen in Zeitungsmedien veröffentlicht werden und entsprechend Anschlusskommunikation in anderen gesellschaftlichen Bereichen finden. Die hoch projektive und restriktive konservative Gemeinschaftsutopie, die einer demokratischen Gemeinschaft mit wechselnden realpolitischen Machtverhältnissen entgegensteht, findet so unterschwellig Einzug in die Bevölkerung als Mediengesellschaft.

Romantisches Anekdotisieren bezeichnet vor diesem Hintergrund: erstens ein romantisches Erzählen in Verbindung mit der Affinität zu kleinen und einfachen Formen; zweitens eine Bewegung zwischen restaurativem Bewahren und romantischem Potenzieren; drittens ein Beschreibungsdispositiv einer sich narrativ konstituierenden Gemeinschaft (und dem, was daraus ausgeschlossen werden soll) in der Übergangszeit.

Was sich in den Erzählungen nach 1815 teilweise nur verschlüsselt zeigt, bietet sich in den geselligen Treffen der „Deutschen Tischgesellschaft" noch in chauvinistischer Entschiedenheit dar (Kapitel 4.3): Hier entfaltet sich der Hass gegen Juden, Frauen, Franzosen und Philister auf dem schmalen Grat zwischen Ernst und Scherz, zwischen kollektiver Identitätsstiftung nach innen und ideologischer Abschottung nach außen. Insbesondere die Unterstellung von Neuigkeits- und Klatschsucht jüdischer Mitbürger fungiert dabei als Distinktionsmittel gegen andere soziale oder kulturelle Gesellschaftsschichten, um sie aus der Gemeinschaft auszuschließen. Im Gegenzug bietet das Anekdotische die Möglichkeit, regierungskritische Positionen, antifranzösische und antisemitische Schmähungen auszusprechen und gemeinschaftliche Ein- und Ausschlusskrite-

---

35 Vgl. Friedrich Schlegel, Nachricht von den poetischen Werken des Johannes Boccaccio [1801], in: KFSA, Bd. 2, 393–396, hier: 394.

rien zu formulieren. Diese Beobachtung lässt sich wiederum an die organologische Staats- und Gesellschaftstheorie Müllers zurückbinden, für den die öffentliche Meinung nur noch als Ressource für die nationalpatriotische Gesinnung fungiert (Kapitel 4.4).

Ausblickend soll Kapitel 5 das geistige Erbe der politischen Romantik beleuchten, zum einen in Auseinandersetzung mit zwei einschlägigen Texten zur Rezeption der politischen Romantik: Heinrich Heines *Schule der Romantik* (Kapitel 5.1) und Hugo von Hofmannsthals *Das Schrifttum als geistiger Raum der Nation* (Kapitel 5.2); zum anderen in Auseinandersetzung mit ‚ästhetischen Regimen' (Kapitel 5.3), die sich vor allem über eine Politik der ‚kleinen Dinge' definieren.

Das gemeinsame Moment politischer und ästhetischer Intervention wird dabei zur entscheidenden Strategie der Rechtsintellektuellen. So schließen die heutigen Rechten unbenommen mit einigen ihrer Inhalte, etwa mit ihrem Elitismus, ihrem konspirativen Antisemitismus sowie ihrer Demokratiefeindlichkeit, an die politische Romantik an. Auffälliger scheinen jedoch die Parallelen in den *Formen* der metapolitischen Parteinahme zu sein, die sich insbesondere in kleinen, kulturprogrammatischen Strategien ausnimmt. Kleine Formen verkörpern dieses entinstitutionalisierte Politische. Gemeint sind damit nicht nur Schriftträger, sondern auch kleine Formen der Gemeinschaftsbildung, die Offensiven gegen den Status quo der Politik entwerfen. In diesem Moment offenbart sich aber auch ein demokratiegefährdendes Moment, wenn fluide Formen der Einflussnahme eingesetzt werden, um ideologische Verfestigungen zu bewirken.

Die Arbeit schließt mit einem Plädoyer für eine politische Erzähltheorie, die nicht ontologisch gleichgültig bleibt, sondern daran erinnert, was die politische Arbeit an kleinen Formen leisten muss: Interpretation.

1.2 Narrative Weltordnung oder: Warum das Erzählen politisch ist

Seit mehreren Jahren geht der Trend in der Erzählforschung hin zu einer anthropologischen Wende, in deren Rahmen das Erzählen aus kulturwissenschaftlicher Sicht als eine Konstante menschlicher Entwicklung herausgestellt wird.[36]

---

[36] Vgl. hierzu z. B. Volker Roloff, Intermedialität und Medienanthropologie. Anmerkungen zu aktuellen Problemen, in: Intermedialität analog/digital. Theorien Methoden Analysen, hg. von Joachim Paech und Jens Schröter, München 2008, 15–29; Michael Neumann, Die fünf Ströme

Das Erzählen hat Einzug in andere Disziplinen gefunden und ist nicht mehr allein den Literaturwissenschaften vorbehalten. Damit einher geht eine Öffnung des Narrativbegriffs – mit dem Effekt, dass sich nun auch die Erzählforschung bisher marginalisierten Kommunikationsphänomenen wie dem Gerücht und dem Klatsch zuwendet, also lebenswirklichen und alltäglichen Formen des Erzählens. Im Zuge des so deklarierten postfaktischen Zeitalters ist der Narrativbegriff aber auch unter Beschuss geraten. Deshalb muss eine politische Erzähltheorie, wie sie hier entworfen werden soll, einleitend zwischen postfaktischen Diskursinstrumenten und (politischen) Narrativen unterscheiden.

In seiner allgemeinen Erzähltheorie *Wahrheit und Erfindung* (2012) untersucht Albrecht Koschorke die soziopolitischen Konsequenzen dessen, was Matías Martínez als narratives Konfigurieren bezeichnet. Nach Martínez artikuliert sich narratives Wissen in zwei verschiedenen Modi, je nachdem, ob ein Geschehen kausal oder konfigurativ darstellt wird.[37] In der kausalen Erklärung, die gemeinhin als wahrheitsfähig gilt, wird die Vorgeschichte eines Zustands berichtet, womit der Handlungsverlauf Kohärenz erhält und die Ereignisse in einen Erklärungszusammenhang gestellt werden.[38] Doch „Geschichten sind kontingent, sie hätten auch anders verlaufen können".[39] Dieses vermeintliche Defizit annulliert allerdings nicht jeglichen referentiellen Geltungsanspruch, denn Verstehen bedeutet, Ereignisse konfigurativ unter ein übergreifendes Schema zu subsumieren: Hierbei wird eine Menge von Ereignissen zu einem sinnvollen Plot und zu einem erzählbaren Ganzen konstruiert.[40] Während also kausales Erklären das prozessuale Erfassen einzelner Dimensionen intendiert, ist narratives Konfigurieren schemabezogen. Beide Ansätze verleihen Kohärenz, auch wenn nur dem kausalen Modus Wahrheitsfähigkeit zugesprochen wird. Sie schließen sich nicht aus, sondern ergänzen einander.[41] Kausale und konfigurative Momente können sich vermischen, indem wahrheitsfähige Momente rhetorisch genutzt werden, denn objektive Fakten sind nicht statisch isoliert, wie eine künstlich gesetzte Opposition zwischen Fakten und Erzählungen unterstellt. Wenn sich kausale und konfigurative Modi im narratologischen

---

des Erzählens, Berlin/Boston 2013; Homo narrans. Studien zur populären Erzählkultur, hg. von Christoph Schmitt, Münster 1999.
37 Vgl. Matías Martínez, Können Erzählungen lügen?, in: Postfaktisches Erzählen? Post-Truth – Fake News – Narration, hg. von Antonius Weixler, Matei Chihaia, Matías Martínez et al., Berlin 2021, 13–22, hier: 15.
38 Vgl. Martínez, Können Erzählungen lügen?, 16.
39 Martínez, Können Erzählungen lügen?, 17.
40 Vgl. Martínez, Können Erzählungen lügen?, 19 f.
41 Vgl. Martínez, Können Erzählungen lügen?, 20 f.

Wirklichkeitsbezug aber ständig vermischen, was bedeutet dies dann für das Ausbalancieren von Fakten und Fiktion im alltagspraktischen Umgang?[42]

Das Fehlen von literarischen Beispielen in Koschorkes Erzähltheorie lässt darauf schließen, dass Erzählen hier als lebensweltliches und nicht als genuin literarisches Organisationsprinzip begriffen wird: Es geht um das Erzählen als Kommunikationstyp und Wissenstransfer, kurz: um das Erzählen als Medium. In der Forschungsperspektive des *narrative turn* rücken Literatur und Lebenswirklichkeit, Hochkultur und Massenkultur, Erzählen und Gerüchteverbreitung zusammen: Das Erzählen greift nach dem Prinzip *fact follows fiction* in die Welt ein und bildet sie nicht *after the fact* nach[43] – auch wenn der Fiktionsvertrag außerhalb des ästhetischen Bereichs nicht gilt.[44]

---

[42] Es ist eine andere Frage, was dies für die Literatur bedeutet. Cornelia Blasberg konstatiert seitens der Literatur- und Kulturwissenschaften ein erstarkendes Interesse am Erzählen als einem elementaren Modus gesellschaftlicher Praxis: Indem die sprachlich-narrative Verfasstheit aller produktiven und rezeptiven Weltbezüge des Menschen herausgestellt werde, rücke Literatur mit Alltagserfahrungen, Medienpräsentationen und wissenschaftlichen Diskursen in einen durch Narrativität gestifteten, außerordentlich engen Zusammenhang, der kaum mehr Rangabstufungen zulasse, was für die Literatur einen neuen Legitimierungsdruck bedeute. Vgl. Cornelia Blasberg, Spannungsverhältnisse. Kleine Formen in großen, in: Kulturen des Kleinen. Mikroformate in Literatur, Kunst und Medien, hg. von Sabiene Autsch, Claudia Öhlschläger und Leonie Süwolto, Paderborn 2014, 81–100, hier: 81.
[43] Mit dem Prinzip *fact follows fiction* charakterisiert Koschorke z. B. Gründungsmythen. Er schreibt von selbstverfertigten narrativen Vorlagen, die rückwirkend auf die Geschichten ganzer Völker Einfluss nehmen. Vgl. Albrecht Koschorke, Wahrheit und Erfindung. Grundzüge einer Allgemeinen Erzähltheorie, Frankfurt a. M. 2012, 22.
[44] Theorien des Fiktionsvertrags stützen sich auf die Formel *willing suspension of disbelief*, d. h. auf die ‚willentliche Aussetzung der Ungläubigkeit', die der englische Literaturkritiker, Dichter und Philosoph Samuel Taylor Coleridge Anfang des 18. Jahrhunderts prägte. Die Theorie des Fiktionsvertrags nimmt an, dass Dichter und Lesende eine Übereinkunft erzielen, nach der Lesende wissen, dass es sich um eine fiktionale Darstellung handelt, der aber trotzdem temporär Glauben geschenkt wird – ein entscheidender Unterschied zu Unwahrheiten, die nicht im Medium des Literarischen präsentiert werden. Dass der Dichter frei aus der Wahrheit schöpfen kann, was ihm für seine Geschichte nützlich erweist, macht ihn demnach noch lange nicht zum Lügner. Bereits in Breitingers *Critischer Dichtkunst* (1740) wird außerdem zwischen dem Dichter und dem Geschichtsschreiber unterschieden: Der Dichter kann das tatsächlich Geschehene erweitern und um Elemente ergänzen, die wahrscheinlich sein müssen, aber nicht wahr. Vgl. Samuel Taylor Coleridge, Biographia Literaria [1817], 2 Bde., Bd. 2, hg. von John Shawcross, Oxford 1907, 6 sowie Johann Jacob Breitinger, Critische Dichtkunst, Stuttgart 1966 [Faksimiledruck d. Ausg. 1740].

Entscheidend wird hier der Narrativbegriff.[45] Koschorke beschreibt das Erzählen als eine notwendig selektive Tätigkeit, als Hervorhebung weniger Einzelelemente aus einer Masse von wahrgenommenen Informationen.[46] Dabei entstehe ein Narrativ, dessen Grobstruktur Festigkeit biete, während es zugleich eine große Varietät von Einzelfällen – die sogenannten *stories* – unter sich subsumieren könne.[47] Erzählschemata würden somit ein Gerüst bieten, das im Idealfall unangetastet bleibe, bei dem es aber trotzdem gelinge, die jeweilige Erzählmotivation unterzubringen und den Wünschen des Publikums gerecht zu werden: immer wieder anders und adressatenbezogen zu erzählen.[48] Narrativierung entspreche den kognitiven Gedächtnisleistungen des Menschen, so Koschorkes These, indem beide Prozesse gleichmachen, formalisieren, schematisieren,[49] mit dem Ziel, Komplexität zu reduzieren und Kontingenzen einzudämmen. Dabei bedürfe es nicht nur des Vertrauens in funktionale Alltagsmechanismen, sondern auch des Glaubens in bestimmte (politische) Narrative. Erzählungen seien Glaubenssysteme im Kleinen.[50] Denn die Suggestivkraft des Erzählens erlaube es, „eine Pluralität von Partialwelten koexistieren zu lassen, [...] ohne dabei die Bedingung einer rigiden Widerspruchsfreiheit einhalten zu müssen".[51]

---

45 Vgl. zum Narrativbegriff außerdem Dominika Biegon und Frank Nullmeier, Narrationen über Narrationen. Stellenwert und Methodologie der Narrationsanalyse, in: Politische Narrative, hg. von Frank Gadinger, Wiesbaden 2014, 39–65.
46 Vgl. Koschorke, Wahrheit und Erfindung, 29.
47 Vgl. Koschorke, Wahrheit und Erfindung, S. 34 f.
48 Dieses Kriterium spielt auch in der sagen- und volkskundlichen Erzählforschung eine Rolle. Gute Erzähler:innen reproduzierten den Stoff zwar in traditioneller Form, modifizierten ihn aber individuell, um ihn der Erzählsituation und dem Publikum anzupassen. Erzählstrategien könnten je nach Konstitution und Bedürfnis der Zuhörerschaft verändert werden. Vgl. Linda Dégh, Märchen, Erzähler und Erzählgemeinschaft, Berlin 1962, 171.
49 Vgl. Koschorke, Wahrheit und Erfindung, 38.
50 Vgl. Koschorke, Wahrheit und Erfindung, 190.
51 Während begriffliches Denken einen gewissen Aufwand zu betreiben habe, um kontradiktorische Aussagen nicht aufeinandertreffen zu lassen, sorge die Erfindung von Behelfsgeschichten dafür, erzählerisch kognitive Dissonanzen zu kompensieren. Vgl. Koschorke, Wahrheit und Erfindung, 189. Das kann bedeuten – um im obigen Beispiel zu bleiben –, dass Klimaveränderungen und Umweltprobleme zwar erkannt und eingesehen werden, ohne jedoch das eigene produzierende oder konsumierende Verhalten (Plastikverbrauch, Fleischkonsum, CO^2-Bilanz) dazu in Bezug zu setzen. Die Partialwelt, in der gern Fleisch gegessen wird, kann dann unwidersprochen neben der Partialwelt stehen, in der man weiß, dass Fleischkonsum schädlich für das Klima ist, solange Behelfsgeschichten (von „Ich esse nur ganz selten Fleisch" bis „Ich allein kann ohnehin nichts ausrichten") diesen faktischen Widerspruch auflösen.

Es ist demnach möglich, zwischen verschiedenen Glaubenssystemen hin und her zu wechseln, je nachdem, welches Narrativ gewählt wird. Im Gegensatz zum Fiktionsvertrag bestehe hier aber stärker die Gefahr, sich in Parallelwelten zu verlieren.[52] Der Umgang mit Narrativen, das Ausbalancieren von Fakten und Fiktion entscheide somit beinahe unbemerkt über den gesellschaftlichen Frieden – bis in Zeiten gravierender industrieller, politischer oder kultureller Umbrüche Objektreferenz und Sozialdimension in Spannung geraten, bis zur völligen Leugnung der Sachdimension.[53] Aus diesen Gründen bleibe die ontologische Indifferenz des Erzählens gerade nicht politisch folgenlos.[54] Für Koschorke ist der politische Mensch erzählend und der erzählende Mensch politisch, sobald er innerhalb der Gemeinschaft erzählt, also sich narrativ auf seine Umwelt bezieht. Wahrheit wird als Referenzgröße nicht verworfen. Wahr ist, was sozial garantiert und kompatibel ist.

Das Ablassen von rationalen Argumenten ist aus narratologischer Sicht kein reines Krisensymptom, sondern inhäriert den Mechanismen alltagskultureller Wissensverarbeitung. Anekdotische Evidenzen greifen ebenso, wenn alle sprechen, ohne zu wissen, worüber;[55] wenn die Nachrichtenverbreitung von Hast und Vorläufigkeit geprägt und die Nachrichtenlage entsprechend instabil ist. Sobald eine Erzählung in den sozialen Umlauf gebracht wird, ist sie zwangsläufig den Bedingungen offener zwischenmenschlicher Kommunikation anheimgegeben, mutmaßt Koschorke.[56] Auf diese Weise könne selbst professionelles Wissen alltagskulturell anverwandelt werden, wodurch es eine ähnliche

---

52 Damit ist auch klar, dass Koschorke zwar auf seine Ausgangsfrage, wie Menschen einen wichtigen Teil der Organisation ihrer Lebenswelt einem so unzuverlässigen Medium wie dem Erzählen anvertrauen könnten, sehr viele Antworten gibt, aber die Frage auch eine rhetorische bleiben muss – im Sinne einer Mahnung oder Erinnerung, welche Verantwortung damit verbunden ist. Vgl. Koschorke, Wahrheit und Erfindung, 16.
53 Koschorke, Wahrheit und Erfindung, 36.
54 Vgl. Koschorke, Wahrheit und Erfindung, 18.
55 Für dieses Prinzip autonomer Kommunikation, das gerade in der Abwesenheit von Sinn gründet, herrschte bereits in der Romantik ein Bewusstsein vor. So zitiert Jürgen Fohrmann aus Ludwig Tiecks *Des Lebens Überfluß* (1839): „Es ist natürlich, daß wenn alle Menschen sprechen und erzählen wollen, ohne den Gegenstand ihrer Darstellung zu kennen, auch das Gewöhnliche die Farbe der Fabel annimmt." Ludwig Tieck, Des Lebens Überfluß, in: ders., Werke, hg. von Marianne Thalmann, Bd. 3: Novellen, München 1965, 893–943, hier: 895. Hier wird selbstironisch die Gleichursprünglichkeit von Gerücht und Novelle im – nicht sachbezogenen – Gerede konstatiert. Vgl. hierzu auch Jürgen Fohrmann, Kommunikation und Gerücht. Einleitung, in: Die Kommunikation der Gerüchte, hg. von Jürgen Brokoff, Jürgen Fohrmann, Hedwig Pompe et al., Göttingen 2008, 7–13, hier: 8 f.
56 Vgl. Koschorke, Wahrheit und Erfindung, 34–36.

Reduktion erfahre, wie es für rein mündliche Überlieferungsketten typisch sei.[57] Der Drang, die Welt erzählerisch zu modellieren, hält sich nicht an die Grenzziehung zwischen gesellschaftlichen Funktionssystemen, sondern betrifft alle Ebenen – von Alltagsgeschichten über wissenschaftliche Theorien bis hin zu nationalen Mythen.[58] Das Erzählen hat somit gewissermaßen der funktionalen Ausdifferenzierung widerstanden. Während diskursive Differenzierung – Fachwissen – abschotten soll, führt narrative Entdifferenzierung – Alltagserzählungen – wieder zurück in den Zustand der (scheinbaren) Vergemeinschaftung.[59]

Dabei ist aber nicht (nur) der Mehrheitsaspekt entscheidend, sondern auch die Wirksamkeit mittels einer Verbreitung in Kreisen, die sich am empfänglichsten für die Botschaft erweisen. Der britische Journalist James Ball beschreibt diesen Effekt – „that we find information more believable if it aligns with our current worldviews, and that most of us find anecdotes more convincing than statistics" – mit dem Begriff „confirmation bias":

> we look for and retain information that confirms our beliefs, and we struggle to accept information that goes against them. [...] for all sorts of reasons, we both struggle to understand statistics in news and also tend to disbelieve them if they contradict our anecdotal experience.[60]

Die Beiläufigkeit, mit der Ball hier das Anekdotische („anecdotes", „anecdotal experience") – welches einen niedrigschwelligen, weil auf eigenen Vorurteilen beruhenden Wissensgewinn verspricht – den schwer einsichtigen empirischen Erhebungen (und also Fakten) gegenüberstellt, ist symptomatisch für den Misskredit, in den das alltagspraktische Erzählen geraten ist. Auch Martínez hält es für problematisch, dass im Rahmen der aktuellen Debatte das Erzählen an sich als moralisch korrumpiert, als *postfaktisch* erscheine, weil nicht länger Tatsachen, sondern Halbwahrheiten und anekdotische Evidenzen als Grundlage der öffentlichen Meinungsbildung und der Politik dienten.[61]

Der Begriff ‚postfaktisch' oder *post-truth* hat spätestens seit dem Brexit-Referendum in Großbritannien und dem US-Präsidentschaftswahlkampf 2016 in den sozialen Medien und in der Populärkultur Hochkonjunktur, aber auch in journalistischen (hier schaffte die Relotius-Affäre des *Spiegels* Ende 2018 einen

---

57 Vgl. Koschorke, Wahrheit und Erfindung, 34–36.
58 Vgl. Koschorke, Wahrheit und Erfindung, 18 f. Koschorke beschreibt sogar den „Nationenbegriff als modernes Erzählprogramm", 188.
59 Vgl. Koschorke, Wahrheit und Erfindung, 36 f.
60 James Ball, Post-Truth. How Bullshit Conquered the World, London 2017, 184
61 Vgl. Martínez, Können Erzählungen lügen?, 13–15.

neuen Präzedenzfall) und geisteswissenschaftlichen Diskursen (etwa wenn es um die Indienstnahme sozialkonstruktivistischer Theorien der Postmoderne durch den heutigen Rechtspopulismus geht[62]) ist der Begriff virulent. Mit ‚postfaktisch' ist vornehmlich der strategische Einsatz bewusster Falschaussagen sowie das Leugnen empirisch nachweisbarer Phänomene (etwa des Klimawandels oder jüngst der Coronapandemie) gemeint. Aber auch die Emotionalisierung politischer Debatten, die Verabsolutierung der öffentlichen Meinung sowie das adressatenbezogene Framing bestimmter Sachverhalte können unter dem Begriff des Postfaktischen subsumiert werden,[63] was auch den Narrativbegriff in Misskredit geraten lässt – genauer: die Funktionsweise von Narrativen, etwa hinsichtlich der Herstellung von Wahrscheinlichkeiten anstatt von Wahrheit,[64] der (behaupteten) Gemeinschaftskonsolidierung bei paralleler Ausschließungspraxis und der affektiven Bindung der Zuhörer- bzw. Leserschaft an das Gesagte als Performiertes.

Beispielsweise können sich Verschwörungstheorien narrativer Mittel bedienen, um soziale Wirklichkeit zu konstruieren. Somit versuchen sie zum einen, Kontingenz einzudämmen und einem gefühlten Sinndefizit entgegenzuwirken.[65] Zum anderen nehmen sie eine identitäts- und superioritätsstiftende Funktion ein, vor allem für Gemeinschaften.[66] Denn Verschwörungstheorien setzen eine möglichst große Nähe zu dem voraus, was viele für wahr halten.[67] So betont Ball die Bedeutung der Gruppenidentität, wenn es darum geht, welcher Information Glauben geschenkt wird und welche Nachrichten geteilt werden: „[A] majority of us will choose conformity over truth."[68]

Auch in der hohen Rezeptions- und Verbreitungsrate lassen sich Parallelen zwischen den als postfaktisch bezeichneten Kommunikationsmodi – Fake

---

62 Vgl. hierfür z. B. Carolin Amlinger, Rechts dekonstruieren. Die Neue Rechte und ihr ambivalentes Verhältnis zur Postmoderne, in: Leviathan 48/2 (2020), 318–337; Philip Sarasin, #Fakten. Was wir in der Postmoderne über sie wissen können, in: Geschichte der Gegenwart, 9.10.2016 [https://geschichtedergegenwart.ch/fakten-was-wir-in-der-postmoderne-ueber-sie-wissen-koennen/], letzter Zugriff am 29.4.21.
63 Für eine allgemeine Übersicht über das Begriffsspektrum, vgl. Silke van Dyk, Krise der Faktizität. Über Wahrheit und Lüge in der Politik und die Aufgabe der Politik, in: PROKLA. Zeitschrift für Kritische Sozialwissenschaft 47/188 (2017), 347–368 sowie Ralph Keyes, The Post-Truth Era, New York 2004.
64 So Birger P. Priddat in Bezug auf Gerüchtekommunikation. Vgl. Birger P. Priddat, Märkte und Gerüchte, in: Die Kommunikation der Gerüchte, 216–237, hier: 216.
65 Vgl. Michael Butter, Dunkle Komplotte: Zur Geschichte und Funktion von Verschwörungstheorien, in: Politikum 3 (2017), 4–14, hier: 10.
66 Vgl. Butter, Dunkle Komplotte, 7 f.
67 Vgl. Bettina Stangneth, Lügen lesen, Reinbek 2017, 52.
68 Ball, Post-Truth, 187 f.

News, Bullshitting, Verschwörungsgerüchte – und dem alltagspraktischen Narrativieren, wie es oben skizziert wurde, erkennen. Hierbei sind es insbesondere die ‚kleinen' Erzählungen, z. B. Verschwörungsgerüchte (anstelle der *grands récits*), die – oftmals eingelassen in so bezeichnete kleine, d. h. niedrigschwellige und medial zirkulierende Formate –[69] aufgrund ihrer Kürze und Knappheit sowie ihrer hohen Rezeptions- und Verbreitungsrate Spekulationen statt Differenzierung Raum geben.[70]

Eine erneute Differenzierung zwischen Narration und Lüge scheint im Zuge der aktuellen Debatten also wieder notwendig. Vor diesem Hintergrund untersucht Nicola Gess, unter Bezugnahme auf Theodor W. Adorno, Halbwahrheiten als nicht-ideologiekritische Diskursinstrumente. Nach Gess lassen sich Halbwahrheiten gerade nicht als „Gegenstück einer wie auch immer gearteten ‚Wahrheit'" ansehen.[71] Die bürgerlich-liberale Ideologie von Freiheit, Gleichheit und Gerechtigkeit etwa lasse sich aus einer ideologiekritischen Perspektive zugleich als wahr (im Sinne von der realisierten Idee einer auf Tausch basierenden Ökonomie) und als falsch (weil die soziale Realität gerade nicht gerecht ist) bezeichnen.[72] „Zugleich wahr und falsch zu sein" meine hier – nach Adorno – aber nicht

---

[69] Christian Baier untersucht in diesem Zusammenhang, wie ‚kleine Erzählungen' ‚alternative Fakten' legitimieren können. Dabei entspreche nach Arlie Russell Hochschild im postfaktischen Diskurs und für den US-amerikanischen Sprachraum das Konzept der *deep story* Lyotards kleiner Erzählung. *Deep Stories* seien keine geschlossenen Geschichten, sondern vielmehr die narrativen Symptome gefühlter Wahrheiten, die andere Diskurse begleiten können. Vgl. Christian Baier, ‚I reject your reality and substitute my own!' Zur narrativen Legitimation sogenannter ‚alternativer Fakten', in: Postfaktisches Erzählen?, 65–82, hier insbesondere: 72–76. Hingegen sind kleine literarische Formen im Allgemeinen bisher überwiegend im Kontext der Moderne und Postmoderne untersucht worden und hier positiver konnotiert: Andreas Käuser begreift die Profilierung kleiner Formen als ästhetisch-kulturelle Gegenbewegung zu Komplexitätserhöhungen im Zeichen der Moderne, die auf eine systemische Ganzheitlichkeit von Gesellschaften ziele. Vgl. Andreas Käuser, Theorie und Fragment. Zur Theorie, Geschichte und Poetik kleiner Prosaformate, in: Kulturen des Kleinen, 41–56, hier: 43. Auch für Cornelia Blasberg gelten kleine Formen als kulturelle Äquivalente der (post)modernen Lebensdynamik. Vgl. Blasberg, Spannungsverhältnisse, 83.
[70] Denn Mikroformate reagieren auf die Erfahrung von Zeitknappheit und werden zu Indikatoren eines zunehmenden Bedürfnisses nach Entschleunigung in einer beschleunigten medialen Umwelt. Vgl. hierzu auch Sabiene Autsch und Claudia Öhlschläger, Das Kleine denken, schreiben, zeigen. Interdisziplinäre Perspektiven, in: Kulturen des Kleinen, 9–20, hier: 10 f.
[71] Vgl. Nicola Gess, Halbwahrheiten. Zur Manipulation von Wirklichkeit, Berlin 2021, 16.
[72] Vgl. Gess, Halbwahrheiten, 17 f. Gess bezieht sich hier auf: Theodor W. Adorno, Beitrag zur Ideologienlehre [1954], in: ders., Gesammelte Schriften, Bd. 8: Soziologische Schriften I, hg. von Rolf Tiedemann, Frankfurt a. M. 1997, 457–477, hier: 465.

die Suspendierung dieser Unterscheidung,[73] wie sie im postfaktischen Diskurs strategisch erfolgt. Ideologiekritik impliziere einen epistemisch wie normativ begründeten Wahrheitsbegriff, der bei Adorno allerdings dialektisch in der Methode der immanenten Kritik gewonnen werde und immer nur negativ zu haben sei, d. h. in Abgrenzung zum gesetzten ‚Falschen/Unwahren'.[74]

Den postfaktischen Modi fehlt also das innere – vielleicht dialektische – Moment der kritischen Selbstbeobachtung. Sie taugen deswegen auch nicht als Beobachtungsmodi von politischen Krisensituationen. Denn der entscheidende Punkt ist, dass Fake News und ähnliche Phänomene allein darum eingesetzt werden, um eine Atmosphäre der Unsicherheit zu schaffen und eine Art *infosmog* zu erzeugen, der jede Anstrengung, Wahrheit und Lüge voneinander zu unterscheiden, obsolet macht.[75] Dass Glauben, Meinen und Wissen ununterscheidbar gemacht werden,[76] ist hier kein Nebeneffekt konkurrierender Wahrheitsmodelle, sondern gezielter Manipulationseffekt in dem Wissen, dass Erzählungen sowohl wahrheitsfähig als auch manipulativ sein können und dass das Manipulationspotenzial überhaupt erst aus der Wahrheitsfähigkeit von Erzählungen resultiert. Propagandamethoden machen sich dies strategisch zunutze, weil es darum geht, ein Moment der Unschärfe in die Prozesse der Wahrheitsfindung einzuführen.[77]

Hierin liegt erstens das demokratiegefährdende Potenzial postfaktischer Instrumente, zweitens ihre im Grunde narrativfeindliche Konstitution, denn Selbstbeobachtung und Selbstreferenz sind auch poetische Qualitäten. Der postfaktische Diskurs überschreitet die Grenzen zwischen Fiktion und Faktualität nicht, um der Wahrheit (etwa marginalisierter Positionen) noch näher zu kommen, sondern um sie zu verleugnen. Er schwächt soziale Bindungen, wenn jede Behauptung sich dem Lügenverdacht aussetzen muss und wiederum tatsächliche Lügen sich resistent gegen jeden Tatsachenbezug zeigen.

Hingegen liegt im Narrativen immer auch das Potenzial, das Postfaktische zu bekämpfen, nämlich als *Gegen*-Narrativ. Narrative können als genuines Text- und Erzählphänomen verändert werden, sie können, je nach Erzählweise, öffnende oder schließende Mechanismen freisetzen. Im Gegensatz zum Ideologem

---

73 Vgl. Gess, Halbwahrheiten, 19.
74 Vgl. Gess, Halbwahrheiten, 19. Zu Adornos Methode der immanenten Kritik, auf die Gess hier rekurriert, vgl. Theodor W. Adorno, Negative Dialektik, in: ders., Gesammelte Schriften, Bd. 6: Negative Dialektik. Jargon der Eigentlichkeit, hg. von Rolf Tiedemann, Frankfurt a. M. 1997, 7–412, hier: 198.
75 Vgl. Ball, Post-Truth, 277.
76 Vgl. Stangneth, Lügen lesen, 133.
77 Vgl. Stangneth, Lügen lesen, S. 64.

ist das Narrativ nicht statisch (wenn auch durch Memorieren und Reproduzieren fixer als die kontingenten *stories*), sondern biegsam. Es kann dekuvriert, umgeschrieben und umerzählt werden. Die Wirkmächtigkeit der Erzählung liegt gerade darin, interpretativ auf ihren möglichen ideologischen Gehalt hin überprüft werden zu können. Auch dies soll Gegenstand der vorliegenden Arbeit sein.

2 Politische Phänomenologie kleiner Formen: Gerücht, Sage, Anekdote

2.1 Rede im Ausnahmezustand? Mediologie des Gerüchts

2.1.1 Geflügelte Fama – geflügelte Worte

Schlägt man im Grimm'schen Wörterbruch den Begriff „Gerücht" nach, so wird man mit einer Bedeutungsvielfalt konfrontiert, die das Phänomen mit seinen sozialen und medialen Implikationen kontrovers umreißt. Der deutsche Begriff „Gerücht" bedeutete im 15. Jahrhundert „lautes rufen oder schreien, lärm, getöse", aber auch „guter name, ruhm, überlieferung".[1] Diese Einstellung zum Gerüchthaften, die nicht pauschal negativ ist, zeugt von einer Ambivalenz, die sich heute weitgehend verloren hat. Das Gerücht konnte bloßes Lärmschlagen bedeuten, aber es spielt(e) auch eine wichtige Rolle in der (zeitlichen) Fernkommunikation, Zeugenschaft und Geschichtserzählung. Der Begriff fand somit auch bald Einzug in die Rechtssprache, wo er „das not-, hülfs- oder zetergeschrei, unter welchem der auf der that ertappte verbrecher verfolgt und vor gericht geschleppt wurde",[2] bezeichnete und also die Implikationen von Lärmschlagen und Zeugenschaft gleichermaßen mit sich führte. Die ebenfalls im 15. Jahrhundert verwendete Redensart „ein red die under dem gemeinen volk herumb gehet"[3] betont das Moment der (Nachrichten-)Übertragung, worauf auch eine gängige Begriffsbestimmung im 16. und 17. Jahrhundert abhebt, indem sie die unbekannte Quelle der zirkulierenden Rede impliziert: „ungewisses gerede, unbestimmte nachricht, rumor incerti autoris".[4] Die „unbekannte Urheberschaft" verweist darauf, dass Gerüchte keine:n Autor:in haben, dass sie – unabhängig von ihrem Wahrheitsgehalt – eine Form unautorisierten Sprechens darstellen. Indes akzentuiert die Begriffsgeschichte im Französischen deutlicher noch als im Deutschen das akustische Moment: „Rumeur" geht auf das lateinische „rumor" („Geräusch") zurück und wird, leicht abgewandelt, auch für „Aufregung" und „Aufruhr" sowie für

---

[1] Vgl. Gerücht, in: Jacob und Wilhelm Grimm, Deutsches Wörterbuch, 16 Bde. in 32 Teilbd., Leipzig 1854–1961 [digitalisiert v. d. Uni Trier, <http://dwb.uni-trier.de/de/>, abgerufen am 02.05.2021], Bd. 5, 3751–3758, hier: 3751 f.
[2] Vgl. Gerücht, in: Grimm, 3753.
[3] Gerücht, in: Grimm, 3754.
[4] Vgl. Gerücht, in: Grimm, 3756.

"Gemurmel" gebraucht.[5] Die Verwendung der Begriffe „bruit" („Lärm, Zank, Auflauf") und „bruire" („rauschen") sowie „ragot" („Klatsch", „Tratsch") betont zusätzlich die Wirkung von Gerüchten als Klangeffekt.[6] Aber auch im Deutschsprachigen wird die Gerüchteverbreitung als ein Rumoren, Gemunkel oder Raunen umschrieben. Hinzu kommt die etymologische Nähe zu Geruch, Ausdünstung oder Rauch,[7] die sich unkontrolliert ausbreiten und schwer greifbar sind. Hier wird erneut die fehlende bzw. unbekannte Autorschaft des Gerüchts offenkundig.

Die Ambiguität des Phänomens zeigt sich bereits an den kulturgeschichtlichen Darstellungen der mythologischen Figur der griechischen Pheme (auch bekannt als Ossa) bzw. Fama bei den Römern, Göttin des Ruhms und des Gerüchts. Als Tochter der Gaia und jüngste Schwester der Giganten gilt sie als eigenmächtiges Zwitterwesen zwischen Göttin und Monster; ihre charakteristischen zwei Fanfaren (mit denen das Gerücht Lärm schlägt), in die sie teilweise zugleich bläst,[8] repräsentieren den guten und den schlechten Ruf (*fama bona* und *fama mala*).

Im Griechischen taucht der Ausdruck *pheme* zunächst bei Homer in der *Ilias* auf und bedeutet den Ruhm, der das griechische Heer als Zeus' Bote begleitet. Diese implizite Botenfunktion lässt Fama bisweilen gemeinsam mit Merkur bzw. Hermes, dem Götterboten Zeus', in Erscheinung treten. Darauf, dass das Gerücht dem (Kriegs-)Geschehen aber auch vorauseilen kann, machen die ikonographischen Illustrationen des italienischen Renaissance-Mythographen Vincenzo Cartari (um 1531–1569) aufmerksam, die den Kriegsgott Mars auf seinem Streitwagen zeigen, während sich Fama auf seine Lanze stützt oder den Zugpferden den Weg zu weisen scheint und Mars somit immer einen Schritt voraus ist.[9]

Dass Gerüchte in Kriegen und bei der Kriegsberichterstattung eine Rolle spielen, ist keine Einzelerscheinung. So gehen Kriegsgeschehen oft mit massiven Informationskrisen einher, weil einerseits Nachrichtenaustausch und Fern-

---

5 Vgl. Werner Wunderlich, Gerücht – Figuren, Prozesse, Begriffe, in: Medium Gerücht. Studien zu Theorie und Praxis einer kollektiven Kommunikationsform, hg. von Manfred Bruhn und Werner Wunderlich, Basel 2004, 41–66, hier: 54.
6 Vgl. Jean-Noël Kapferer, Gerüchte. Das älteste Massenmedium der Welt, Paris 1987/95, 28. Vgl. hierzu auch Wunderlich, Gerücht – Figuren, Prozesse, Begriffe, 54.
7 Vgl. Gerücht, in: Grimm, 3751.
8 Z. B. Jean Jacques Boissards *Fama virtutis stimulus* (1593). Zu den Fama-Illustrationen, vgl. Dorothee Gall, Monstrum horrendum ingens – Konzeptionen der *fama* in der griechischen und römischen Literatur, in: Die Kommunikation der Gerüchte, 24–43; Wunderlich, Gerücht – Figuren, Prozesse, Begriffe, insbesondere 43–52. Für eine allgemeine Übersicht des Motivs, vgl. Hans-Joachim Neubauer, Fama. Eine Geschichte des Gerüchts, Berlin 1998.
9 Vgl. hierzu auch Neubauer, Fama, 111 f.

kommunikation logistisch gestört oder politisch überwacht und sanktioniert werden, andererseits aber auch anekdotisches Erzählen und Gerüchtekommunikation als zensurkonforme Mittel prosperieren – ein Zusammenhang, der an späterer Stelle am Beispiel der Napoleonischen Kriege samt ihrem kommunikationsgeschichtlichen Niederschlag in der Literatur der Romantik behandelt werden soll. Deshalb müssen, wenn Fama in der Mythologie oder das Gerücht in der Berichterstattung auftreten, Fragen der Geschichtsschreibung bzw. der Überlieferung verhandelt werden. Die allegorische Zeichnung *Fama und Historia* (1586) des niederländischen Malers und Kupferstechers Hendrick Goltzius thematisiert dieses Verhältnis, indem sie Gerücht und Geschichte in binäre Opposition zueinander stellt:[10] Die geflügelte Fama steigt, kraftvoll die Fanfare blasend und dem Himmel zugewandt, über den Geschichtsbüchern auf, während Historia, still inmitten einer der Vergänglichkeit anheimgegebenen Landschaft (zu den notorischen Vergänglichkeitssymbolen gehören welke Ähren, zerbrochenes Geschirr und ein Totenkopf), studiert. Es lässt sich unschwer ein emanzipatorisches Moment in dieser Erhebung der vorausschauenden und fabulierenden Fama über die geerdeten historischen Fakten erkennen.

Die lateinische Bildunterschrift konkretisiert, wie das Verhältnis zwischen Fama und Historia zu denken ist bzw. welche Rolle Fama bei der Geschichtsschreibung und -erzählung einnimmt: Sie repräsentiert die „lebendige Nachwelt", die den Ruhm vergangener Zeiten und das Erbe ruhmreicher Männer – ob Konsul, mythologischer Volksheld oder Dichter – davor bewahrt, im „ewigen Chaos" und in „Dunkelheit" zu versinken, „Asche, Rauch, Luft" zu werden. Es ist die Fama, die das Vergangene „ins Licht bringt". In der Subscriptio, die wie ein Exempel aufgebaut ist, werden zunächst die antiken Helden erinnert und dann die heutigen ruhmreichen Männer, die deutschen Fürsten, angesprochen. Auch sie werden durch große Taten im Gedächtnis der Nachwelt bleiben: Die Taten von heute sind die Fama – der Ruhm – von morgen.

Gerüchte sind also „Worte, die Zukünftiges vorwegnehmen",[11] womit ihnen ein quasi-religiöses, weil prophetisches Moment eignen könnte; zugleich senden sie selbst die Handlungsimpulse aus, die ihre Voraussagungen wahr machen; es handelt sich also in diesem Kontext um selbsterfüllende Prophezeiungen. Dorothee Gall veranschaulicht dieses Verhältnis an einer Stelle aus dem 20. Gesang der *Odyssee*.[12] In der von Gall besprochenen Textstelle erhofft sich Odysseus von Zeus einen Zuspruch für seinen Plan, die Freier zu bestrafen, der dann

---

10 Vgl. hierzu auch Neubauer, Fama, 111 f.
11 Gall, Monstrum horrendum ingens, 26.
12 Vgl. Gall, Monstrum horrendum ingens, 25.

auch in Form eines Donnergrollens erfolgt. Eine Dienerin, die unter den Freiern leidet, reagiert auf dieses Donnerzeichen mit einem Gebet, dass die Tyrannei der Freier enden möge – was wiederum Odysseus vernimmt und ihre „verkündete Rede" als zusätzliches Zeichen, als „Rede mit glücklicher Verheißung" deutet, woraufhin er doppelt gestärkt ans Werk geht.[13] Der Informationsüberschuss liegt hier nach Gall darin, dass das Gebet der Dienerin streng genommen kein göttliches Zeichen darstellt, aber von Odysseus so interpretiert wird, es sich aber auch nicht um eine Fehlinterpretation handelt, weil es den göttlich legitimierten Handlungsimpuls nur bestärkt und dem konkreten Leiden unter den Freiern somit Gesicht und Stimme gibt.[14] Pheme steht also erstens für eine (göttliche) Wahrheit, die sonst verborgen bliebe; zweitens handelt es sich um eine Wahrheit, die sich in der Übereinstimmung der Vielen, in „Volkes Stimme" konstituiert: Pheme erweist sich in ihrer Implikation der öffentlichen Verbreitung als das, wovon die Menge weiß und redet.[15]

Ein Großteil der neuzeitlichen Fama-Illustrationen orientiert sich an der griechischen und römischen Antike, zum einen aufgrund einer allgemeinen antikisierenden Hinwendung zu mythologischen Stoffen und Figuren, zum anderen aber scheint die Fama in der griechischen und römischen Antike eine bedeutende und deutlich ambivalentere Stellung als später zu besitzen. So hat sich im Übergang von der griechischen zur römischen Antike ein Perspektivenwechsel auf die Form und Funktion der Fama vollzogen: weg von der wahrheitsbringenden Göttin hin zum bedrohlichen Gerede der Menge.[16]

Dies wird bereits deutlich an der wohl prominentesten Fama-Darstellung der römischen Literatur, die sich bei Vergil im vierten Buch der *Aeneis* findet.[17]

> Allsogleich geht Fama durch Lybiens große Städte.
> Fama, ein Übel, geschwinder im Lauf als irgend ein andres,
> ist durch Beweglichkeit stark, erwirbt sich Kräfte im Gehen,

---

13 Vgl. Gall, Monstrum horrendum ingens, 24 f.
14 Vgl. Gall, Monstrum horrendum ingens, 25.
15 Vgl. Gall, Monstrum horrendum ingens, 29.
16 Vgl. Gall, Monstrum horrendum ingens, 31; Jürgen Brokoff, Fama: Gerücht und Form. Einleitung, in: Die Kommunikation der Gerüchte, 17–23, hier: 18 f.
17 Im siebten Jahr seiner Flucht aus dem zerstörten Troja landet Aeneas an der nordafrikanischen Küste, wo er sich in die Prinzessin Dido verliebt. Die beiden ziehen sich während eines Gewitters in eine Höhle zurück und lieben sich. Im Moment dieser heimlichen und unmöglichen Liebe – Dido verschmähte zuvor König Jarbas; Aeneas darf seine Mission, Rom zu gründen, nicht gefährden – tritt die Figur der Fama als Zeugin auf den Plan. Sie überbringt Jarbas die Nachricht der geheimen Liebesbegegnung, woraufhin Jarbas Aeneas auffordert, abzureisen und Dido an Liebeskummer stirbt. Fama zerstört also die Liebe, indem sie ein Geheimnis verkündet.

> klein zunächst aus Furcht, dann wächst sie schnell in die Lüfte,
> schreitet am Boden einher und birgt ihr Haupt zwischen Wolken.
> [...] schnell zu Fuß mit hurtigen Flügeln, ist sie ein Scheusal,
> greulich und groß; so viele Federn ihr wachsen am Leibe,
> so viele wachsame Augen sind drunter – Wunder zu sagen –,
> Zungen und tönende Münder so viel und lauschende Ohren.
> Nächtens fliegt sie, mitten von Himmel und Erde, durchs Dunkel
> Schwirrend, schließt niemals zu süßem Schlummer die Augen.[18]

In ihrer unübersichtlichen Gestalt ist Fama monströs:[19] erst klein, dann „greulich und groß", mit schnellen Schritten, „hurtigen Flügeln", „viele[n] wachsame[n] Augen", „Zungen und tönende[n] Münder[n]" und „lauschende[n] Ohren". Gestaltung und Fortbewegung der Fama zeigen hier die Struktur und Verbreitung von Gerüchten als physische Auswüchse:[20] Das Gerücht schwillt an, transportiert einen Überschuss. Seine Allegorisierung deutet auf die Abweichung von einer Norm hin, die um das Wohlgeformte und Begrenzte kreist, was die limitierte Steuerungs- und Kontrollmöglichkeit der Gerüchteverbreitung symbolisiert.[21] Bereits hier wird erkenntlich, dass sich das äußere Erscheinungsbild der Fama in der Verbreitungsweise durch die Rezipient:innen spiegelt – und umgekehrt. Denn es lässt sich in der Monstrosität nur schwer trennen zwischen Hervorbringen und Übertragen, Medium und zu Übermittelndem. Fama ist eine eigenständige Figur und bedarf doch der anderen, um Wesen und Wirkkraft voll zu entfalten.

Während bei Vergil die Auswüchse der dämonisierten Fama für eine wuchernde Verbreitung stehen, verschiebt sich in Ovids *Metamorphosen* die Beschreibung auf den Ort der Fama, an dem ein unendliches Sprechen vorherrscht:[22]

> Zwischen der Erd' und dem Meer und den himmlischen Höh'n in der Mitte
> Lieget ein Ort, abgrenzend der Welt dreischichtige Kugel,
> [...] Fama erkor sich den Ort und bewohnt den erhabensten Gipfel.
> Rings unzählbare Gäng' und der Öffnungen Tausende ringsher
> Gab sie dem Haus, und es sperrte nicht Tor noch Türe die Schwellen.
> Tag und Nacht ist es offen; und ganz aus klingendem Erze,

---

18 Vergil, Aeneis, Lateinisch-Deutsch, zusammen mit Maria Götte hg. und übers. v. Johannes Götte, München 1970, Buch IV, V. 173 ff.
19 Der mythischen Allegorisierung als Monster entspricht auch, dass Gerüchte eine Wahrheit enthüllen, die sonst verborgen bliebe, denn Monster demonstrieren das Verborgene, sie machen Latentes manifest. Vgl. hierzu auch Gall, Monstrum horrendum ingens, 28.
20 Vgl. Gall, Monstrum horrendum ingens, 33.
21 Vgl. Brokoff, Fama, 18.
22 Vgl. Brokoff, Fama, 19 f.

Tönet es ganz und erwidert den Laut, das Gehörte verdoppelnd.
Nirgend ist Ruh' inwendig und nirgendwo schweigende Stille;
Doch auch nirgend Geschrei; nur flüsternder Stimmen Gemurmel:
Wie von des Meers Aufbrandung, wenn fernher einer es hört,
[...] Und mit wahren Gerüchten ersonnene wild durcheinander
Ziehn bei Tausenden um und rollen verworrene Worte.
Einige füllen davon mit Geschwätz die müßigen Ohren;
Andere tragen Erzähltes umher; und das Maß der Erdichtung
Wächst; und es fügt zum Gehörten das Seinige jeder Verkünder.
[...] Aber sie selbst, wo im Himmel, ins Meer, in den Landen was Neues
Aufblickt, schaut es sogleich und durchspäht den unendlichen Weltraum.[23]

Jeder Widerhall – das echohafte Nachplappern von Gerüchten – wird in diesem architektonischen Resonanzraum („aus klingendem Erze") verstärkt. Einerseits herrscht absolute Transparenz („Tag und Nacht ist es offen"), weil es keinen Rückzugsort für eine versteckte Kommunikation zu geben scheint: Jeder wird gesehen und gehört. Andererseits sorgt das widerhallende Echo („es fügt zum Gehörten das Seinige jeder Verkünder") auch dafür, dass die ausgetauschten Nachrichten entstellt werden, bis kaum mehr verstanden wird, was eigentlich gesagt und jede Botschaft zu einem Rauschen wird („wild durcheinander", „Meers Aufbrandung"). Das Gerücht wird mit jedem Zwischenträger weiterbeladen: „das Maß der Erdichtung wächst". Wahres und Verworrenes, Geschwätz und Erzähltes stehen nebeneinander. Die römische Fama differenziert ebenso wenig wie die griechische Pheme zwischen Verbürgtem und Unverbürgtem, schlechter Nachrede und rühmender Erinnerung, so Gall.[24] Der Wahrheitsanspruch des Gerüchts liegt schließlich in der Übereinstimmung der „Vielen"[25] und so erhält es seinen Status erst durch deren Mitwirkung.

Macht artikuliert sich im Haus der Fama nicht durch drohendes „Geschrei", sondern durch allgegenwärtiges „Gemurmel" bzw. durch dessen Kontrolle. Das Machtzentrum ist hier klassifiziert als Informationsschaltstelle „in der Mitte" der Welt: Fama ist zugleich Zentrum *und* Kanal. Über allem thronend ist sie stets darüber informiert, „was Neues aufblickt": Schon bei Vergil ist sie multisensuell und multimedial ausgestattet. Sie sieht alles, hört alles, spricht alles. Oder genauer: Alles spricht durch sie.

Nach Jürgen Brokoff verweist diese stärker auf das mediale Moment abhebende literarische Darstellungspraxis auf eine zunehmende Entmythologisie-

---

23 Publius Ovidius Naso, Metamorphosen. Epos in 15 Büchern, übers. und hg. von Hermann Breitenbach, Stuttgart 1971, Buch XII. V. 39–51.
24 Vgl. Gall, Monstrum horrendum ingens, 29.
25 Vgl. Gall, Monstrum horrendum ingens, 28 f.

rung der Fama in der römischen Antike.[26] Während bei den Griechen ein affirmatives Verständnis der Fama als Ruhmesbringerin vorherrschte, kursierte in Rom eine eher kritische Haltung gegenüber der Gerüchtekommunikation.[27] Den Überhang gegenüber dem sicheren Wissen interpretierten die Römer negativer als die Griechen. Hier verhieß die Anonymität nichts Göttliches, sondern das Diffuse rief eine Skepsis der oberen Klassen gegenüber den Vielen hervor.[28] Demnach scheinen das Misstrauen gegenüber einem Kommunikationskollektiv und die Abwertung des Gerüchts gleichursprünglich zu sein. Gerüchte könnten bereits im alten Rom als Massenmedium wahrgenommen – und diskreditiert – worden sein.[29] Ihre negative Einschätzung beruht dabei mutmaßlich auf ihrem subversiven Potenzial, Machtverhältnisse infrage zu stellen, indem sie ungesteuert unter den Massen zu zirkulieren und sie zu mobilisieren vermögen.

2.1.2 Das Gerücht als ansteckendes Massenmedium?

Dass das Gerücht ein Kommunikationsmittel der Vielen ist, das „frühste Massenmedium der Welt", wie der französische Soziologe Jean-Noël Kapferer im Titel seiner gleichnamigen Gerüchte-Monografie attestiert, hat sich im kritischen Sinne bis heute gehalten. Interpretiert man das Gerücht hingegen wertneutral als Partizipationsinstrument am gesellschaftlichen Diskurs – als *Gerede*, das sich auf Zukünftiges bezieht, sich als wahr oder falsch erweisen kann und vermeintlich keine sozialen Ausschlussmechanismen oder Zugangsbarrieren kennt – dann erscheinen wiederum Domestizierungsversuche ‚von oben' als undemokratisch.

So steht etwa Gustave Le Bons Schrift über die *Psychologie der Massen* (1911) ganz im Geist seiner Zeit, weil sich in der Beschreibung der Gemeinschaftsbildung durch verführerische Reden als ansteckende Massenpsychose eine Warnung vor allgemeiner Rede- und Meinungsfreiheit sowie eine Angst vor einer Erhebung der Vielen über die Wenigen, die regieren – also vor einer Revolution –, herauslesen lassen.[30] Die dargestellten Funktionsmechanismen der so konzeptualisierten „Massenseele", die eine hohe Anfälligkeit für Gerüchte und

---

26 Vgl. Brokoff, Fama, 19 f.
27 Vgl. Brokoff, Fama, 18 f.
28 Vgl. Gall, Monstrum horrendum ingens, 32 f.
29 Vgl. Brokoff, Fama, 19.
30 Gustave Le Bon kennzeichnet die Übergangsphase vom 19. zum 20. Jahrhundert als Zeitalter der Massen, in dem die Stimme des Volkes im Verhältnis zum Wort der politischen Obrigkeit an Geltung gewinnt. Vgl. Gustave Le Bon, Psychologie der Massen, Stuttgart 1911, 2.

andere nicht-rationale Faktoren aufzuzeigen scheint, können somit nicht normativ begriffen werden. Wohl aber lassen sich in Le Bons Schrift Sichtweisen identifizieren, die sich auch als theoretische Beschreibungskategorien erfolgreicher Gerüchteverbreitung als eine Art ‚ansteckender Rede' herauskristallisiert haben: Impulsivität, Affektivität, Einfachheit, Verdichtung.

Nach Le Bon besteht ein wichtiges Charakteristikum der „Massenseele" darin, dass die Einzelnen ihre Fähigkeit zu intellektuellen Leistungen und rationalem Handeln verlieren und sich in besonderem Maße als beeinflussbar zeigen.[31] Dabei denke die Masse

> in Bildern, und das hervorgerufene Bild löst eine Folge anderer Bilder aus, ohne jeden logischen Zusammenhang mit dem ersten. [...] Die Vernunft beweist die Zusammenhanglosigkeit dieser Bilder, aber die Masse beachtet sie nicht und vermengt die Zusätze ihrer entstellenden Phantasie mit dem Ereignis.[32]

Und hieraus folge wiederum, dass es für die Masse nichts Unwahrscheinliches gebe:

> Vielmehr, die unwahrscheinlichsten Dinge sind in der Regel die auffallendsten. Daher werden die Massen stets durch die wunderbaren und legendären Seiten der Ereignisse am stärksten ergriffen. Das Wunderbare und das Legendäre sind tatsächlich die wahren Stützen einer Kultur.[33]

Es verwundert nicht, dass Kapferer knapp hundert Jahre später das Gerücht als soziologisches Äquivalent zur Halluzination fasst.[34] Denn auch das Gerücht mobilisiert die Massen: Zum einen ist es meist unterkomplex und appelliert an unbewusste Neigungen und Ängste, sodass es trotz sozialer und intellektueller Differenzen große Bevölkerungsteile erreicht. Es bietet leicht verständliche, aber spektakuläre Erklärungsansätze für aktuelle Krisenphänomene und übernimmt somit auch eine sinnstiftende Funktion, weil es narrativ die Lücke schließt zwischen den Bildern, in denen die Massenseele denkt. Dabei hat das Unwahrscheinliche einen höheren Informationsgehalt als das Naheliegende. Denn nicht (nur) die Ereignisse an sich versetzen Menschen in Aufregung, sondern ihr Nachrichtenwert, ihre Narration, ihre Ver-*dichtung*. Und die primäre Reaktion auf eine unsichere Nachricht, die aber hohen Informationswert besitzt, besteht wiederum in ihrer narrativen Reproduktion. Hierin liegt das ‚ansteckende' Moment von Massenkommunikation.

---

31 Vgl. Le Bon, Psychologie der Massen, 15, 23.
32 Le Bon, Psychologie der Massen, 23.
33 Le Bon, Psychologie der Massen, 43.
34 Vgl. Kapferer, Gerüchte, 21.

Ausgehend von ihrer halluzinatorischen Macht sei die Masse aber auch zu den schlimmsten Gewaltexzessen fähig.[35] Zum einen ruft der Effekt der Massenseele offensichtlich niedere Instinkte hervor, zum anderen kommt den Einzelnen das moralische Bewusstsein abhanden, weil in der Masse keine Sanktion individueller Handlungen zu befürchten ist. Das Handeln in der Masse fällt unter einen strafgesetzlichen Ausnahmezustand, in dem sich die ursächliche Tat nicht mehr ausmachen lässt. Le Bon gebraucht in diesem Zusammenhang auch den Begriff der *contagion mentale*[36] – der mentalen Ansteckung –, die Imitation durch Übertragung impliziert.

Diese Bezeichnung lässt einerseits darauf schließen, dass Le Bons Diskurs nicht unbeeinflusst von den magnetistischen und mesmeristischen Strömungen der romantischen Epoche ist, wenn er etwa die massenpsychologischen Effekte Erscheinungen hypnotischer Art zuordnet.[37] Andererseits wird die Vorstellung von ‚ansteckender Rede' von aktuellen medientheoretischen Debatten aufgegriffen, die problematisieren, dass die Übertragungs- und Wirkmechanismen des Gerüchts maßgeblich über die Ansteckungsmetapher bestimmt sind: Der ungeklärte Ursprung, ein unerwartetes und gefürchtetes Auftreten, das unsichtbare Wirken im Latenzzustand und ein großes Mutationspotenzial sind Beschreibungsmerkmale, die sowohl auf Krankheitserreger als auch auf Gerüchte zutreffen.[38] Das Gerücht gilt als ansteckend, weil es als ein (vornehmlich mündliches) Medium entstellter und entstellender Rede verstanden wird. Soziale und körperliche Austauschprozesse, die Kommunikation und Krankheitserreger scheinbar unkontrolliert und massenhaft zirkulieren lassen, werden somit gleichermaßen zu einer Gefahrenquelle erklärt.[39]

Im Rückgriff auf die Ansteckungsmetapher kann mit Le Bon angenommen werden, das Individuum lasse sich ähnlich leicht mit Formen gewalterzeugender Rede infizieren, als sei es umgeben von einem ansteckenden Kollektiv. Politische Instrumentalisierung visiert die Einzelnen als Allgemeinheit an und will ihre Wirkung an dem je eigenen Anteil an der Massenseele entfalten. Diesen Prozess der mentalen Ansteckung beschreibt Olaf Berensmeyer folgendermaßen:

---

35 Vgl. Le Bon, Psychologie der Massen, 17.
36 Le Bon, Psychologie der Massen, 15.
37 Vgl. Le Bon, Psychologie der Massen, 15.
38 Vgl. Brigitte Weingart, Kommunikation, Kontamination und epidemische Ausbreitung. Einleitung, in: Die Kommunikation der Gerüchte, 241–250, hier: 242.
39 In ihrer Monografie über die medialen Repräsentationen von Aids verbindet Brigitte Weingart die Krankheitstopik mit der Kommunikationsform des Gerüchts. Vgl. Brigitte Weingart, Ansteckende Wörter. Repräsentationen von AIDS, Frankfurt a. M. 2002, 158–160.

> Die Sprache ist ein Agens, das auf den Geist als einen passiven Empfänger einwirkt. Genauer: Die Sprache wirkt auf die Leidenschaften als Katalysatoren innerer Bewegungen („endeavours"), durch welche Gedanken in Handlungen übersetzt werden. Man darf annehmen, daß fernwirkende Kommunikation [...] die Mißbrauchsmöglichkeiten der Sprache nur vergrößern kann, indem sie dafür noch mehr Möglichkeiten bereitstellt als die mündliche Interaktion.[40]

Der Kommunikation eignet also Viralität, wenn sie als Erreger-Rede auf den passiven Empfängergeist einwirkt und eine ‚Umschrift' bereits vorhandener kognitiver und emotionaler Strukturen vornimmt oder sie von ihrem Latenzzustand ins Manifeste überführt. Ähnlich verhält es sich mit der Urheberschaft und Verbreitung von Gerüchten. Wenn auf die Quelle ‚vom Hörensagen' verwiesen wird, dann wird im Grunde auf gar keine Quelle verwiesen, sondern auf eine unbestimmte Masse, auf die Fehlinformationen und Halbwissen verbreitende Gemeinschaft.[41] Eine Überprüfung des Vernommenen ist unmöglich, weil die Informationen nie ‚aus erster Hand' erfolgen, sondern immer schon vermittelt sind durch Dritte.[42] In diesem Sinne präsentiert sich das Gerücht als Gemeinschaftswerk, an dem eine Vielzahl von Akteur:innen beteiligt ist.[43] Und hierin begründet sich auch ein diffuses Zugehörigkeitsgefühl, das keiner genaueren Bestimmung bedarf, außer eben des Einschlusses in das Kommunikationsnetzwerk. Es bezeichnet den Wunsch, sich einer Gruppe anzuschließen, in ihr aufzugehen.[44] Wir haben es hier also mit einer anderen Form der Gemeinschaftsstiftung zu tun als etwa beim Klatsch. Der Klatsch bezeichnet vielmehr eine konkrete, personenbezogene Kommunikationssituation als einen diffusen Medien- oder Nachrichtentyp.[45] Wahrhaftigkeit und damit die Zuverlässigkeit von Informationen sind hier keine irrelevanten Kategorien, auch wenn die Teilnehmenden sehr niedrige Standards ansetzen. So äußert sich im Kontext des Klatsches das Interesse an der Informationsquelle als symbolische Rückfrage: Es wird nach der heimlichen Quelle gefragt, weil es darum geht, Vertrauensalli-

---

40 Ingo Berensmeyer, Thomas Hobbes und die Macht der inneren Bilder, in: Mystik und Medien. Erfahrung – Bild – Theorie, hg. von dems., München 2008, 87–110, hier: 93.
41 Vgl. Kapferer, Gerüchte, 84.
42 Vgl. hierzu auch Kapferer, Gerüchte, 85. Vgl. auch Natalie Binczek, ‚Vom Hörensagen' – Gerüchte in Thomas Berhards *Das Kalkwerk*, in: Die Kommunikation der Gerüchte, 79–99, hier: 82.
43 Vgl. Kapferer, Gerüchte, 117–119.
44 Vgl. Kapferer, Gerüchte, 84.
45 Vgl. Jonathan E. Adler, Gossip and Truthfulness, in: Cultures of Lying. Theories and Practice of Lying in Society, Literature, and Film, hg. von Jochen Mecke, Berlin/Wisconsin 2007, 69–78, hier: 76.

anzen zu bilden.⁴⁶ So vollzieht sich der Klatsch hauptsächlich im kleinen Personenkreis und richtet sich gegen bekannte, aber der Gesprächssituation ausgeschlossene Dritte. Klatschende Personen befinden sich in einer Art Komplizenschaft, die zum einen zur Beteiligung und zum anderen zur Diskretion verpflichtet; sie fordert zwar nicht die Geheimhaltung des Informationsaustauschs, untersagt aber die Nennung seiner Quellen.⁴⁷ Auch in dieser Abgrenzung zum Klatsch kann das Gerücht also in seiner massen- und nicht sozialkonsolidierenden Funktion betrachtet werden.

Die gegenwärtige Kritik am postfaktischen Diskurs entzündet sich immer wieder auch an von ihm begünstigten populistischen Denkansätzen (alle Macht solle vom Volk ausgehen, was mit der Glorifizierung der direkten Demokratie einhergeht) sowie neoautoritären Strukturen.⁴⁸ Für Le Bon ist diese zunächst kontraintuitiv erscheinende Allianz von Populismus und Autoritarismus ein weiteres Merkmal der Massenseele, deren Träger:innen unfähig zur Selbstorganisation seien und deshalb einen (wohl männlichen) autoritären Anstifter und Anführer bräuchten. Trotz ihrer Protesthaltung unterstellt Le Bon ihnen wiederholt den Willen zur Unterwerfung.⁴⁹ Die Masse wolle von einem *Redner* – von einer einfachen, pointierten, bilderreichen Sprache – verführt werden,⁵⁰ womit erneut die Einbildungskraft als Steuerungsmittel entscheidenden Einfluss gewinnt. So zeigt sich die geringe Empfänglichkeit der Masse für differenzierte Reflexionsarbeit wiederum als Gegenbild zu ihrer hohen Empfänglichkeit für rhetorische Mittel der emotionalen Aufstachelung. In diesem Sinne benennt Le Bon die Gesetzmäßigkeiten der Massenseele als Ursache für einen populistischen Führungsstil. Da die staatlichen Obrigkeiten um den ansteckenden und zerstörerischen Einfluss der Massen wüssten, seien sie gezwungen, nach ihren oft irrationalen Grundsätzen zu regieren.⁵¹

---

46 Vgl. Adler, Gossip and Truthfulness, 73.
47 Vgl. speziell zum Klatsch Jörg R. Bergmann, Klatsch. Zur Sozialform der diskreten Indiskretion, Berlin 1987, insbesondere 65, 96.
48 Vgl. hierzu etwa Mauritz Heumann und Oliver Nachtwey, Regressive Rebellen: Konturen eines Sozialtyps des neuen Autoritarismus, in: Konformistische Rebellen. Zur Aktualität des autoritären Charakters, hg. von Andreas Stahl, Katrin Henkelmann, Christian Jäckel et al., Berlin 2020, 385–402 sowie Oliver Nachtwey, Pegida, politische Gelegenheitsstrukturen und der neue Autoritarismus, in: PEGIDA – Rechtspopulismus zwischen Fremdenangst und ‚Wende'-Enttäuschung?, hg. von Karl-Siegbert Rehberg, Franziska Kunz und Tino Schlinzig, Berlin 2016, 299–312.
49 Vgl. Le Bon, Psychologie der Massen, 20 f., 31, 34, 85.
50 Vgl. Le Bon, Psychologie der Massen, 42.
51 Vgl. Le Bon, Psychologie der Massen, 41.

Zusammengefasst zeigt die Relektüre von Le Bons *Psychologie der Massen* mit Blick auf die Gerüchteforschung und den aktuellen postfaktischen Diskurs zweierlei: Zum einen offenbart sich, wie eine Gemeinschaft perspektiviert wurde und wird, die sich unter der Vorherrschaft spekulativer Kommunikation konstituiert, und zwar als assoziativ-impulsiv, affektiv-triebhaft, autoritär-untergeben. Ihre eigengesetzlichen, ansteckenden Gruppendynamiken unterbinden die Fähigkeit zur Selbstbeobachtung. Zum anderen verweist der historische und wissenschaftliche Kontext, in dem Le Bons Abhandlung steht, darauf, dass die Kritik am Gerede der anderen selbst als ein kulturkritisches, identitätspolitisches Distinktionsmittel funktioniert – wie wir auch später in der politischen Romantik sehen werden.

Dieses Moment verdeutlicht auch die bekannte Graphik von Andreas Paul Weber von 1943, die das Gerücht als eine aus vielen verschiedenen Wesen entstehende Gestalt zeigt, deren Rumpf sich in der Formlosigkeit verliert.[52] Veranschaulichen soll sie: Verbreitung und (Un-)Form gehen einher. Die Graphik entbirgt aber noch eine andere Ebene der Gerüchteverbreitung, dass sie nämlich im hegemonialen Diskurs oft mit bestimmten Akteur:innen verbunden ist. In Webers Fall handelt es sich um eine klar antisemitisch stereotypisierte Darstellung.[53] Der Gerüchteverbreitung sind kulturgeschichtliche Assoziationen mit dem Weiblichen und Jüdischen eingeschrieben, wie wir insbesondere in Kapitel 4.3 dieser Arbeit noch genauer sehen werden. Gerüchte können also durch die machthabenden Instanzen instrumentalisiert werden, um ideologische Gegner zu diskreditieren oder Minderheiten zu diskriminieren.

---

52 Vgl. hierzu auch Neubauer, Fama, 44–47 sowie Wunderlich, Gerücht – Figuren, Prozesse, Begriffe, 52.
53 Dass Werner Wunderlich, der ebenfalls Bezug auf diese Illustration nimmt, die offenkundige antisemitische Stereotypisierung in Zusammenhang mit Paul Webers ideologischem Hintergrund übersieht, ist erstaunlich. So ist bei ihm im Gegenzug die Rede davon, „Weber, der 1937 wegen Widerstand gegen den Nationalsozialismus inhaftiert worden war", habe 1943 „in Deutschland eine Zeit schlimmster Propaganda und übelster Gerüchte, eine Karikatur – offenbar in Anlehnung an Vergils Fama-Darstellung – gezeichnet". Wunderlich, Gerücht – Figuren, Prozesse, Begriffe, 52. So wird der Eindruck erzeugt, Webers Zeichnung artikulierte einen antifaschistischen Widerstand gegen Propaganda und Denunziantentum im Nationalsozialismus. Tatsächlich war Weber aber Anhänger der völkisch-nationalrevolutionären Bewegung der 1920er Jahre und später wichtige Figur des nationalbolschewistischen Widerstandes, der sich sowohl gegen Demokratie als auch gegen Hitler richtete – weswegen Weber inhaftiert wurde. Seine antisemitischen, rassistischen und völkisch-antidemokratischen Ansichten spiegeln sich in seinen Karikaturen und Illustrationen wider, die er zwischen 1939 und 1941 auch für NS-Blätter anfertigte. Vgl. hierzu auch Claire Aslangul, L'artiste Andreas Paul Weber entre national-bolchevisme, nazisme et antifascisme: image, mémoire, histoire, in: Vingtième siècle 99/3 (2008), 160–187.

2.1.3 Zur parasitären Funktionslogik des Gerüchts

Vor diesem Hintergrund kann die Stigmatisierung von Gerüchten selbst zur antidemokratischen Propaganda geraten. So wehrt sich etwa der US-amerikanische Philosoph David Coady gegen das Argument, Gerüchte seien notwendigerweise inoffiziell, denn dies schließe eine Institutionenbindung aus; tatsächlich bediene sich aber auch offizielle Kommunikation des Gerüchts.[54] Infolgedessen spricht sich Coady gegen eine (hierarchische) Trennung von offizieller und inoffizieller Kommunikation aus, weil sie Expert:innen-Aussagen fälschlicherweise gegen den Gerüchteverdacht immunisiere, obwohl doch die Quelle allein nicht entscheidend für eine Beurteilung sein könne.[55] Ferner sei das ‚Stille-Post-Prinzip', nach dem eine verstreute Nachricht notwendigerweise verzerrt werde, als Begriffsbestimmung für das Gerücht ungeeignet, weil es von Passivität seitens des Mediums und seiner Nutzer:innen ausgehe und deren Entscheidungsfreiheit ausblende, dem Gehörten Glauben zu schenken und es weiterzuverbreiten.[56] Es ist somit nicht notwendig, dass die Verzerrung einer Information mit ihrer Streuung zunimmt; im Gegenteil kann sie auch genauer werden, weil (Gerüchte-)Kommunikation gerade nicht dialogisch-linear verläuft. So könnten sich fortbestehende ‚Gerüchte' auch als wahr erweisen, entweder, weil sie die ganze Zeit zutreffend waren, aber fälschlicherweise stigmatisiert wurden, oder weil sie zutreffend werden, sich der Wirklichkeit annähern. Gerüchte entbehren somit nicht per se einer Rechtfertigungsgrundlage.[57] Es gibt nach Coady also keinen Grund zu glauben, dass Gerüchte eher falsch seien als andere Arten von Nachrichten.[58]

Auch Heinz Starkulla bezeichnet das Gerücht in der öffentlichen und (populär)wissenschaftlichen Wahrnehmung als inferiores Phänomen, mit dessen Stigmatisierung zugleich eine Stilisierung der Nachricht zum Idealbild erfolge.[59] Das Moment einer maßgeblich affektgesteuerten menschlichen Informationsverbreitung[60] betrifft aber nicht die Gerüchtekommunikation im Spezifischen, son-

---

54 Vgl. David Coady, Gerüchte, Verschwörungstheorien und Propaganda, in: Konspiration. Soziologie des Verschwörungsdenkens, hg. von Andreas Anton, Michael Schetsche und Michael Walter, Wiesbaden 2014, 277–299.
55 Vgl. Coady, Gerüchte, Verschwörungstheorien und Propaganda, 281, 283.
56 Vgl. Coady, Gerüchte, Verschwörungstheorien und Propaganda, 277.
57 Vgl. Coady, Gerüchte, Verschwörungstheorien und Propaganda, 278 f.
58 Vgl. Coady, Gerüchte, Verschwörungstheorien und Propaganda, 284.
59 Vgl. Heinz Starkulla, Propaganda. Begriffe, Typen, Phänomene, Baden-Baden 2015, 275–277.
60 Vgl. Manfred Bruhn, Gerüchte als Gegenstand der theoretischen und empirischen Forschung, in: Medium Gerücht, 11–40, hier: 24.

dern jede Form der Nachrichtenvermittlung. Denn der Wahrheitsgehalt sprachlicher Aussagen ist kein notwendiges Kriterium für Kommunikation, weil eine Vielzahl mündlicher und schriftlicher Nachrichten nicht auf überprüfbaren empirischen Tatsachen beruht.[61] Nicht der Wahrheitsgehalt definiert die Nachricht, sondern Relevanz und Mehrdeutigkeit. Die ausschließlich negative Sichtweise auf Gerüchte zeichne somit ein Szenario, das direkte und Massenkommunikation antagonistisch gegenüberstelle und mit hierarchischen Wertezuschreibungen versehe.[62]

Nach Natalie Binczek kann das Gerücht sogar als autopoietisches System mit selbstreferentieller Operationsweise funktionieren,[63] an dem sich die Autonomie von Kommunikation ablesen lässt. So demonstrierten seine Struktur- und Funktionsmechanismen, dass Sinnübertragung notwendigerweise immer Sinnverschiebung bedeute.[64] Damit sieht etwa Kay Kirchmann die Surrogat-These, nach der das Gerücht in Krisenzeiten als kompensatorische und ergänzende Informationsquelle für die Massen fungieren könnte, als widerlegt an[65] – so wie auch das Auseinanderfallen von Sachebene und Objektreferenz kein reines Krisensymptom ist. Im Gegenteil belebten Gerüchte sogar die Kommunikation, indem sie ein konstruktives und generatives Moment der Unschärfe einführten.[66] Die kommunikative Unschärfe eröffnet Interpretationsspielräume, mithin Anschlusskommunikation. Neuere Forschungsansätze weisen demnach das Gerücht als eine Kommunikationspraxis aus, die sozial kompetente Sprecher:innen beherrschen müssen.[67] So erklärt es z. B. Thomas S. Eberle zum fe-

---

61 Vgl. Binczek, ‚Vom Hörensagen', 83.
62 Vgl. Starkulla, Propaganda, 178 f.
63 Das Verbreitungsmedium werde selbst zu einer Nachricht, so Binczek: „Jedes Gerücht überakzentuiert das Moment der Vermitteltheit, den Kommunikationskanal." Binczek, ‚Vom Hörensagen', 82.
64 Vgl. Georg Stanitzek, Fama/Musenkette. Zwei klassische Probleme der Literaturwissenschaft mit ‚den Medien', in: Schnittstelle Medien und kulturelle Kommunikation, hg. von Georg Stanitzek und Wilhelm Voßkamp, Köln 2001, 135–150, hier: 139.
65 Vgl. Kay Kirchmann, Das Gerücht und die Medien. Medientheoretische Annäherungen an einen Sondertypus der informellen Kommunikation, in: Medium Gerücht, 67–84, hier: 73. Auch die allgemeine These, dass Verschwörungstheorien in Krisenzeiten Hochkonjunktur hätten, ist nicht unumstritten, wie bereits im vorangegangenen Kapitel dargestellt wurde. Vgl. hierzu auch John David Seidler, Die Verschwörung der Massenmedien. Eine Kulturgeschichte vom Buchhändler-Komplott bis zur Lügenpresse, Bielefeld 2016, 21, 58–60.
66 Vgl. Kirchmann, Das Gerücht und die Medien, 82.
67 Vgl. Kirchmann, Das Gerücht und die Medien, 87.

sten Bestandteil des kommunikativen Haushalts von Gesellschaften[68] und fragt überspitzt: „Gibt es überhaupt Fakten, oder ist alles ein Gerücht?"[69]

Vor diesem Hintergrund führt eine sozialpsychologische Debatte um das Gerücht in ein Dilemma. Sowohl die neueren wissenssoziologisch geprägten Ansätze, die dazu neigen, das Gerücht als kommunikativen Normalmodus zu verteidigen, sind mit Vorsicht zu genießen als auch ältere anthropologisch fundierte, die nicht selten in einen menschenverachtenden Kulturpessimismus münden.

Der Gedanke, dass das Gerüchthafte der Kommunikation immer schon inhärent sein könnte und sich Gerüchte von Nicht-Gerüchten nicht eindeutig unterscheiden lassen, findet Anschluss an die Systemtheorie Michel Serres', nach der es kein System ohne *parasitären* Befall geben kann. Serres' bereits in den 1980er-Jahren entwickeltes Übertragungsmodell geht von einer pluralistischen Welt aus, in der permanent Nachrichten zirkulieren und unendlich viele Akteur:innen miteinander in Beziehung treten können. Diese Theorie muss die Anwesenheit eines als „Parasiten"[70] bezeichneten Dritten in Kommunikationssituationen immer schon mit einbeziehen, der nicht vermittelndes Medium nach dem dialogischen Prinzip ist, sondern dafür sorgt, dass Nachrichtenaustausch Nachrichtenveränderung bedeutet. Der Parasit operiert also auf der Beziehungsebene: Er bezieht seine Macht nicht aus der Besetzung des Zentrums, sondern aus dem „Milieu"[71], das zwischen zwei aufeinandertreffenden Gesprächspartnern entsteht und ihm zum Transformationsraum wird.[72] Weil der Parasit an sämtlichen Schaltstellen dieses triadischen Kommunikationsschemas (Senden, Empfangen und Übertragen) verortet ist,[73] verdeckt er als Figur des

---

68 Vgl. Thomas S. Eberle, Gerücht oder Faktizität? Zur kommunikativen Aushandlung von Geltungsansprüchen, in: Medium Gerücht, 85–116, hier: 92.
69 Eberle, Gerücht oder Faktizität?, 106.
70 Etymologisch lässt sich die Bezeichnung „Parasit" zurückführen auf „Parasitus" im Lateinischen und „Parasitos" im Griechischen, was „Tischgast" oder „eingeladener Mitesser" bedeutet. Der Begriff setzt sich zusammen aus der Vorsilbe „para" – „benachbart/daneben/abgesetzt von" und „sitos", was „gesetzt/situiert" bedeuten kann, aber auch „Nahrung", wobei dem „para" die Konnotation von Abweichung und Störung innewohnt. Die Kombination beider Silben bedeutet dann einen geringfügigen Abstand von Nahrung – die immer an einen Wirt gekoppelt ist, mit dem der Parasit in ein Beziehungsverhältnis treten muss. Vgl. Parasitos, in: Paulys Realencyclopädie der classischen Altertumswissenschaft, Halbbd. 36, hg. von Konrat Ziegler, Stuttgart 1949, 1381–1404, hier: 1381 f. Vgl. hierzu auch Michel Serres, Der Parasit, übers. v. Michael Bischoff, Frankfurt a. M. 2014, insbesondere 55, 217.
71 Serres, Der Parasit, 108.
72 Vgl. Serres, Der Parasit, 70 f., 145.
73 Vgl. Serres, Der Parasit, 36 f., 299.

(ver)wandelnden Dritten, wer in einer Kommunikationssituation Empfänger und wer Sender ist und welche Nachrichten ausgetauscht werden sollen.

Auch im Gerücht fallen Senden und Empfangen, Produzieren und Reproduzieren unmittelbar zusammen, denn es gibt nicht das einzelne Gerücht. Gerüchte müssen weitergegeben werden, um ihre volle Wirkkraft und Funktionslogik entfalten zu können. Gerüchtekommunikation ist somit immer Anschlusskommunikation. Der störende Dritte hat nach Serres gleichermaßen Destruktions- und Konstruktionswert; er muss sowohl aus- als auch eingeschlossen werden, denn Kommunikation funktioniert nur auf Basis dieser ‚Störgeräusche' bzw. Nachrichtenkontamination, die ständig neue Nachrichtensysteme generiert – nicht trotz, sondern *durch* Differenz.[74]

Das Gerücht kann also als produktives, weil dynamisierendes Moment der Nachrichtenvermittlung angesehen werden, dessen Selbstverstärkungsmechanismen die Autonomie von Kommunikation abbilden. Es hat meist eine unbekannte Ursprungsquelle und einen hohen Verbreitungsgrad; die Öffentlichkeit ist ihm zugleich Sender und Empfänger. Sein Inhalt kann personen-, objekt- oder ereignisbezogen sein, ist in der Regel aber tendenziell alarmistisch und untersteht Motivationen der Angst und Aggression, die seine Verbreitungsgeschwindigkeit noch erhöhen. Je nachdem, ob dem Gerücht ein reales Ereignis zugrunde liegt oder es allein der Fantasie entspringt, changiert sein Wahrheitsgehalt von hoch bis niedrig. In diesem Punkt bestimmen, wie bei der Nachricht, die Kriterien der Mehrdeutigkeit und Relevanz, ob sich das Gerücht als lang- oder kurzlebig erweist, denn auch eine sehr unwahrscheinliche Nachricht kann überzeugen, wenn sie hinreichend relevant ist. Somit impliziert das Gerücht immer einen Informationsüberschuss, der aber vor allem auf Zukünftiges gerichtet ist. Diese Vorwegnahme dessen, was (noch) nicht ist, aber sein könnte, kann sowohl positiv als auch negativ gedeutet werden – je nachdem, ob Gerüchte, die sich auf Zukunftsprognosen beziehen, quasi als Frühwarnsystem Handlungsimpulse aussenden oder aber Paranoia schüren, wenn sie den Boden gesicherter Tatsachen vollständig verlassen und nicht mehr durch funktionierende Kontrollmechanismen (etwa Quellenrecherche) aufgefangen werden. In diesem Fall werden ihre Inhalte zu Projektionsflächen von Unsicherheiten und Spekulationen, die sich mit Ressentiments und Vorurteilen verbinden können. Brigitte Weingart formuliert dies aus zeichentheoretischer Perspektive so: „Das labile Signifikat provozierte den Exzeß des Signifikanten."[75]

---

74 Vgl. Serres, Der Parasit, 103, 109.
75 Weingart, Ansteckende Wörter, 24.

Die Kommunikation der Gerüchte vermag es, eine symbolische Wirklichkeit zu konstruieren, die zugleich zur Realität des kollektiven Imaginären werden kann – ohne Anspruch auf Faktizität erheben zu müssen. Aber nicht nur das Gerücht, auch die Literatur verfügt über die narrativen und medialen Fähigkeiten, symbolische Wirklichkeiten zu produzieren und hat Anteil an Aus- und Überformung des kollektiven Imaginären, worauf u. a. Daniela Gretz hinweist.[76] Dies soll Gegenstand der folgenden Kapitel sein.

2.2 Die soziale Wirksamkeit des Sagenhaften

2.2.1 Fluidität und Fundament. Einfache Formen

Viele seiner Merkmale teilt das Gerücht mit den sogenannten *urban legends*, obwohl diese nicht wie das Gerücht als (un)reines Nachrichtenphänomen behandelt, sondern eher unter den Anekdotenbegriff subsumiert werden.[77] Das Verhältnis zwischen Gerücht und (moderner) Sage soll im Folgenden genauer untersucht werden, ausgehend von einer Begriffsbestimmung der ‚alten' Sage, die den modernen Sagen weniger ähnlicher zu sein scheint als dem Gerücht und der Anekdote. Gemeinsamkeiten tun sich aber auf, wenn man die Sage in ihrer Ausprägung als sogenannte *einfache Form* berücksichtigt, worunter André Jolles[78] die Gattungen Sage, Legende, Mythe, Märchen, Kasus, Rätsel, Spruch, Witz und Memorabile fasst. Er definiert die einfachen Formen als letzte, nicht teilbare, sprachlich gestaltete Verdichtungen einer bestimmten – vorliterarischen und lebensweltlichen – Geistesbeschäftigung.[79] Einfache Formen seien „sprach-

---

76 Vgl. Daniela Gretz, Antisemitismus als Gerücht über die Juden – Will Eisners Wahre Geschichte der Protokolle der Weisen von Zion, in: Die Kommunikation der Gerüchte, 100–128, hier: 121.
77 Zum Verhältnis von *urban legends* und dem Anekdotischen, vgl. auch Matías Martínez, Moderne Sagen (urban legends) zwischen Faktum und Fiktion, in: Der Deutschunterricht 2 (2005), 50–58, hier: 52.
78 André Jolles' nationalsozialistische Vergangenheit könnte mit seinem Interesse und auch mit seiner Interpretation einfacher Formen zusammenhängen. Auffällig viele Geisteswissenschaftler mit nationalsozialistischen Verbindungen hatten eine Affinität zu kleinen Formen, die sie als ‚völkisch' auslegten. Jolles' Monografie *Einfache Formen* wurde nie neu kommentiert veröffentlicht und wird auch in aktueller Forschungsliteratur häufig ohne Hinweise auf den problematischen Entstehungskontext zitiert. Eine dezidierte Aufarbeitung und Untersuchung der politischen Gattungsgeschichte kleiner bzw. einfacher Formen in Deutschland steht noch aus.
79 Vgl. André Jolles, Einfache Formen. Legende – Sage – Mythe – Rätsel – Spruch – Kasus – Memorabile – Märchen – Witz [1930], Tübingen 1968, 45.

liche Gebärden, in denen [...] Lebensvorgänge [...] so gelagert sind, daß sie in jedem Augenblick besonders gerichtet und gegenwärtig bedeutsam werden können."[80] Die in ihnen zur Sprache kommenden Kollektiverfahrungen können immer wieder reaktualisiert werden. Dabei habe, „[a]lles was zu einer bestimmten Geistesbeschäftigung und zu der ihr entsprechenden Form gehört, [...] nur innerhalb dieser Form Gültigkeit."[81] Einfache Formen besitzen also je eigene Gesetzmäßigkeiten, was den Transfer bzw. die ‚Umschreibung' in andere Kontexte verhindert. ‚Sagenhaftes' kann also nicht herangezogen werden, um Geschichte zu erklären, zumal die Sage nur im unkorrekten Sprachgebrauch und in Abgrenzung zum Historischen das Unbeglaubigte oder das Unwahre bedeutet. Dies wird umso deutlicher, wenn man bedenkt, dass nach Jolles der im Deutschen gebrauchte Sagenbegriff streng genommen falsch verwendet wird, und zwar im Sinne einer mündlich überlieferten, unwahren Geschichte, von der geglaubt wird, sie sei wahr: als eine Geschichte also, die sich sowohl von der authentischen Geschichte als auch von intentionaler Dichtung unterscheidet.[82]

Die *Saga* bezeichne aber tatsächlich eine isländische literarische Gattung, und zwar Prosaerzählungen in der Volkssprache, die in Handschriften des 13. bis 15. Jahrhunderts vorliegen, aber weitgehend auf älteren mündlichen Überlieferungen beruhen.[83] Der innere Bau der Isländersagas werde bedingt durch den Begriff der Familie; nationales Bewusstsein und ein Denken in Imperial- oder Machtbegriffen sei hier immer auf eine Sippe bezogen, nie auf ein Volk im polit-historischen Sinne.[84] In der sogenannten Geistesbeschäftigung der Sage baut sich die Welt als Familie auf, „in der sie in ihrer Ganzheit nach dem Begriff des Stammes, des Stammbaums, der Blutsverwandtschaft gedeutet wird".[85] Geschichtsdenken ist nur möglich als Familiengeschehen. Für Jolles ist der korrekte Sprachgebrauch des Sagenbegriffs deshalb schwierig, weil ein Staatsbegriff bzw. ein nationales Bewusstsein dieses familiengesetzliche Denken fast vollständig verdrängt hätten.[86]

Entgegen Jolles' Spezifizierung, dass die Sage weder die Vorstufe noch das ‚mindere' Äquivalent zur Historie oder zum Epos darstellt,[87] gelten Sagen im deutschen Sprachgebrauch bis ins 18. Jahrhundert (und auch darüber hinaus)

---

80 Jolles, Einfache Formen, 47.
81 Jolles, Einfache Formen, 62.
82 Vgl. Jolles, Einfache Formen, 65.
83 Vgl. Jolles, Einfache Formen, 66.
84 Vgl. Jolles, Einfache Formen, 73.
85 Jolles, Einfache Formen, 74.
86 Vgl. Jolles, Einfache Formen, 78.
87 Vgl. Jolles, Einfache Formen, 85.

gemeinhin als Formen, die dem Widerspruch von Wahrheitszuschreibung und Täuschungsempfindung entsprungen sind.[88] Demnach fungiert die Sage als Medium, das vorgeblich wahre Geschichten vermittelt, wobei oft durch zeitliche, räumliche und personale Angaben Authentizität suggeriert werden soll. Selbst fantastische Begebenheiten können auf diese Weise so erzählt werden, als hätten sie sich tatsächlich zugetragen. So steht die Sage dem Gerücht nahe, also einer unverbürgten Nachricht. Diesen Eindruck bestätigt auch ein erneuter Blick in das Grimm'sche Wörterbuch. Hier ist die Sage einerseits definiert als ein „auf mündlichem Wege verbreiteter Bericht, [...] verbunden mit der Vorstellung des Unsicheren, Unzuverlässigen, Gerücht: gemeine Sag und Red", andererseits als „Kunde, Bericht über Vergangenes Zurückliegendes, wie es von Geschlecht zu Geschlecht sich fortpflanzt" und „von Ereignissen der Vergangenheit, welche einer historischen Beglaubigung entbehrt".[89] Zudem wählt Jacob Grimm in seinem (in Arnims *Zeitung für Einsiedler* erschienenen) Aufsatz *Gedanken: wie sich die Sagen zur Poesie und Geschichte verhalten* (1808) für die Verbreitung von Sagen die Formulierung, sie würden „unter [dem, L. L.] Volk herumgehen".[90] Ähnliches wird, wie im vorherigen Kapitel dargelegt, im Grimm'schen Wörterbuch Gerüchten attestiert, nämlich in ihrer Bedeutung als „red, die unter dem volk herumgehet".[91] Hier manifestieren sich also zwei wesentliche Implikationen des Begriffs, die beide mit der strukturbildenden Medialität der Sage zu tun haben: Erstens bezeichnet die Sage – wie das Gerücht – sowohl das zu Übertragende als auch das Übertragungsmedium. Zweitens werden sowohl die Ursprungs- als auch weitere Verbreitungsquelle(n) der Sage mit Oralität verbunden. Mündlichkeit kann dabei einerseits für Authentizität bürgen, wobei eine mimetische Wiedergabe von Erzählungen ‚aus dem Volksmund' unerreicht bleiben muss; andererseits kann sie auch bloß konzeptuell, d. h. für die Leserschaft fingiert sein, ohne dass überhaupt der Anspruch erhoben wird, das ursprünglich Erzählte imitieren zu wollen.[92] Wir werden diese verschiedenen Ansätze im Folgenden in der Kontroverse zwischen Arnim und Jacob Grimm

---

88 Vgl. Helge Gerndt, Milzbrand-Geschichten. Thesen zur Sagenforschung in der globalisierten Welt, in: Österreichische Zeitschrift für Volkskunde 105 (2002), 279–295, hier: 281.
89 Vgl. Sage, in: Deutsches Wörterbuch von Jacob und Wilhelm Grimm, Bd. 14, 1644–1649, hier: 1646 f.
90 Vgl. Jacob Grimm, Gedanken: wie sich die Sagen zur Poesie und Geschichte verhalten [1808], in: Achim von Arnim, Werke und Briefwechsel, Band 6: Zeitung für Einsiedler, hg. von Renate Moering, Berlin/Boston 2014, 249–254, hier: 249.
91 Vgl. Gerücht, in: Deutsches Wörterbuch von Jacob und Wilhelm Grimm, 3754.
92 Vgl. Ines Köhler-Zülch, Der Diskurs über den Ton. Zur Präsentation von Märchen und Sagen in Sammlungen des 19. Jahrhunderts, in: Homo narrans, 25–50, hier: 46.

wiederentdecken. Festzuhalten bleibt an dieser Stelle, dass einfache Formen das fragwürdige Moment ihrer Übertragung auch immer mittransportieren. Als Medien verschwinden sie nicht hinter dem ‚Gesagten' und sie können auch nicht in dem Sinne überwunden werden, wie eine traditionelle (aber missverständliche) Trennung zwischen ‚Ur'-Form und ‚ausgereifter' Form nahelegen würde, etwa beim Verhältnis von Sage und Historie.[93] Einfache Formen entwickeln sich nicht notwendigerweise zu literarischen oder historiographischen Formen, die nach Jolles „eine letztmalige Verendgültigung in der Sprache voraussetzen, wo sich nicht mehr etwas in der Sprache selbst verdichtet, und dichtet, sondern wo in einer nicht wiederholbaren künstlerischen Betätigung die höchste Bündigkeit erreicht" werde.[94] Wohl aber können sie in ihnen wirksam bleiben. Dieses Prinzip der latenten ‚Nachwirkung' soll im Blick behalten werden, weil es sich bei Erzählweisen und literarischen Gattungen ähnlich verhalten könnte. Noch augenfälliger als die Beobachtung, dass sich Gerücht und Anekdote wechselseitig durchdringen, ist hier das gattungshistorische Verhältnis von Anekdote und Novelle. In der Forschung wurde die Anekdote, ähnlich wie die Sage im Verhältnis zur Historie oder der Mythos zum Epos, bisweilen als Schwundstufe oder Vorgängerin der Novelle behandelt.[95] Diese Arbeit geht aber davon aus, dass die Novelle nicht *ex negativo* aus dem Anekdotischen abgeleitet werden kann, wenn auch das Anekdotische in der Novelle – als Schreibweise, ähnlich wie eine einfache Form – wirksam bleiben kann. Und diese Annahme lässt wiederum darauf schließen, dass das Gerüchthafte auch in der Anekdote wirksam bleiben kann und sogar maßgeblich zu ihrer Konstitution als Gattung beigetragen hat. Die Bezeichnung einfacher Formen als Sprachgebärden verweist nämlich auf eine ihnen spezifische Medialität, die sich als formbildend herausstellt. Dem zugrunde liegt ein ikonischer Medienbegriff (im Sinne eines zeigenden, hinweisenden Gestus, der sich im mündlichen oder pseudomündlichen Erzählen offenbart),[96] der auch in Bezug auf den Verbreitungsgrad der Anekdote zutreffend ist.

---

93 In Bezug auf Sage und Historie, vgl. Jolles, Einfache Formen, 84 und zur Zurückdrängung einfacher Sprachgebärden durch angewandte Kunstformen (hier am Beispiel des Rätsels) 147.
94 Vgl. Jolles, Einfache Formen, 182.
95 Henry H. H. Remak bezeichnet die Anekdote als „eine unausgeführte Novelle". Vgl. Henry H. H. Remak, Die Novelle in der Klassik und Romantik, in: Neues Handbuch der Literaturwissenschaft, hg. von Klaus von See, Bd. 14: Europäische Romantik, hg. von Karl Robert Mandelkov, Wiesbaden 1982, 291–318, hier: 314.
96 Die Medienwissenschaftlerin Sybille Krämer macht darauf aufmerksam, dass Stimme und Schrift gemeinhin dem Sagen und nicht dem Zeigen zugeordnet werden. Sie plädiert hingegen dafür, die Differenz aufzubrechen „zwischen dem Diskursiven und dem Ikonischen, dem Sagen

Wenn also im Folgenden vorrangig das Verhältnis von (modernen) Sagen und Gerüchten beleuchtet werden soll, soll dies zugleich vorbereiten auf das Kontiguitätsverhältnis einfacher Formen und Anekdoten (eben als Sprachgebärden), das sich insbesondere in der journalistischen und literarischen Anschlusskommunikation zeigen wird.

2.2.2 Der Streit um Kunst- und Volkspoesie in der Romantik und seine politischen Implikationen (Achim von Arnim und Jacob Grimm)

Um die Mitte des 18. Jahrhunderts setzte in Deutschland eine breite Sammeltätigkeit ein, die sich mit besonderer Intensität der sogenannten Volkspoesie widmete.[97] Unter diesem Begriff fasste man alte Lieder, Sagen, Legenden und Märchen, also einfache Formen im Sinne Jolles'; grundlegend für das romantische Volkspoesieverständnis wurde aber vor allem der Minnesang.[98] Die mittelalterliche Liebeslyrik markierte aus romantischer Perspektive nichts weniger als den Beginn der modernen Dichtung, weil sie, wie Jesko Reiling ausführt, eine Mischform von Kunst- und Natur- bzw. Volkspoesie darstellte.[99] So habe sie sich ihre Ursprünglichkeit bewahrt, ohne den Eindruck zu suggerieren, aus einer längst vergangenen (und vergessenen) Epoche zu stammen[100] – ein zentrales Argument für die nach historischer Kontinuität strebende Romantik. Volkspoesie als vermeintlich unverfälschter Ausdruck und Ursprungszustand des deutschen Volksgeistes entwickelte sich um 1800 zum neuen poetologischen Paradigma.[101] Im Zuge dieser Bewegung veröffentlichte Johann Gottfried Herder

---

und dem Zeigen, der Repräsentation und der Präsentation, der Denotation und der Exemplifikation", und zwar nicht nur aus medientheoretischer, sondern auch aus literaturwissenschaftlicher Perspektive. Wenn hier also von einem „ikonischen Medienbegriff" gesprochen wird, dann in der Überzeugung, dass das referenzielle Verweisungsgerüst in Bezug auf einfache (und auch kleine) Formen, denen das Gestische als Sprachgebärden zugrunde liegt, selbstverständlich erweitert werden sollte. Vgl. Sybille Krämer, Die Heterogenität der Stimme. Oder: Was folgt aus Nietzsches Idee, dass die Lautsprache aus der Verschwisterung von Bild und Musik hervorgeht?, in: Stimme und Schrift. Zur Geschichte und Systematik sekundärer Oralität, hg. von Alfred Messerli, Waltraud Wiethölter, Hans-Georg Pott et al., München 2008, 57–74, hier: 58 f.

97 Vgl. Leander Petzoldt, Zur Geschichte der Erzählforschung in Österreich, in: Homo narrans, 111–138, hier: 112.
98 Vgl. Jesko Reiling, Volkspoesie versus Kunstpoesie. Wirkungsgeschichte einer Denkfigur im literarischen 19. Jahrhundert, Heidelberg 2019, 60.
99 Vgl. Reiling, Volkspoesie versus Kunstpoesie, 69 f.
100 Vgl. Reiling, Volkspoesie versus Kunstpoesie, 70.
101 Vgl. Reiling, Volkspoesie versus Kunstpoesie, 17, 156.

1778/79 unter dem Titel *Stimmen der Völker in Liedern* seine Liedersammlung;[102] 1800 erschienen die *Volcks=Sagen. Nacherzählt von Otmar*, deren Sammlung ihr Herausgeber Johann Nachtigal einerseits als wissenschaftliches Material, andererseits als Stoffvorlage für künftige Dichter verstanden wissen wollte.[103] 1805 folgten Achim von Arnim und Clemens Brentano mit *Des Knaben Wunderhorn*, 1812 und 1814 Jacob und Wilhelm Grimm, zunächst mit den *Kinder- und Hausmärchen* und schließlich 1818 mit der Veröffentlichung *Deutscher Sagen*.

Hierbei ging es zum einen um die ideologische Rehabilitierung von Volkspoesie, die in Intellektuellenkreisen als niedere Literatur gesehen wurde. Arnim, Brentano und die Brüder Grimm positionierten sich mit ihren Sammlungen und poetologischen Schriften im rehabilitierenden Lager. Zum anderen entfachte aber auch eine komplexere ästhetische Debatte darüber, wie diese Volkspoesie begriffen und vermittelt werden müsse, worin sich vor allem Arnim und Jacob Grimm uneinig waren, wie im Folgenden rekonstruiert werden soll.

Die Brüder Grimm sahen in den alten Volksliedern und -sagen mehr als ‚bloß' „Materialien zur Dichtkunst"[104]. Das bewahrende Sammeln leiste demnach nicht einen „Dienst für die Poesie", wie Jacob Grimm in den *Gedanken* darlegt, sondern die Volkspoesie sei als „lebendige Erfassung und Durchdringung des Lebens [...] gewiß und eigentlich selber Poesie".[105] Im Gegensatz zu Herder oder Arnim und Brentano haben die Brüder Grimm deshalb über ihre Vorgehensweise als Herausgeber, insbesondere über Änderungen der vorgefundenen Stoffe, ausführlich Rechenschaft abgelegt.[106] In der Vorrede der zweiten Ausgabe ihrer *Kinder- und Hausmärchen* (1819) schreiben sie, es sei ihnen zunächst auf „Treue und Wahrheit" angekommen.[107] Aus eigenen Mitteln hätten sie nichts hinzugesetzt, „keinen Umstand und Zug der Sage selbst verschönert, sondern ihren Inhalt so wiedergegeben, wie [sie] ihn empfangen hatten" – al-

---

102 Herders Name und Werk sind fest mit dem Beginn der Volkspoesiebewegung verbunden. Für Wolfgang Ribhegge gilt Herder, weil auf ihn die Entdeckung der Nationalität, der Volkskulturen, der historischen und sozialen Bedingtheit nationaler „Kultur" zurückging, als Begründer des Konservatismus in Deutschland. Vgl. Wilhelm Ribhegge, Konservative Politik in Deutschland. Von der Französischen Revolution bis zur Gegenwart, Darmstadt 1989, 28 f.
103 Vgl. Köhler-Zülch, Der Diskurs über den Ton, 33.
104 Johann Gottfried Herder, Werke in zehn Bänden, Bd. 3: Volkslieder, Übertragungen, Dichtungen, hg. von Ulrich Gaier, Frankfurt a. M. 1990, 245. Vgl. hierzu auch Reiling, Volkspoesie versus Kunstpoesie, 37.
105 Vgl. J. Grimm, Gedanken, 253.
106 Und trotzdem ist der Quellenumgang der Brüder Grimm oft als zu nachlässig und unkritisch kommentiert worden. Vgl. Petzoldt, Zur Geschichte der Erzählforschung in Österreich, 121.
107 Vgl. Jacob und Wilhelm Grimm, Vorrede zu den Kinder- und Hausmärchen, Bd. 1, 6. Aufl., Göttingen 1850, XVI.

lerdings: „daß der Ausdruck und die Ausführung des Einzelnen großenteils von uns herrührt, versteht sich von selbst".[108] Volkspoesie sei dem Volk nicht intellektuell, sondern intuitiv verständlich, indem sie von ihm nicht ästhetisch beurteilt, sondern mit dem kollektiven Gedächtnis organisch gegeben sei und lebendig rezipiert werde, ohne dass ein Eingriff von gelehrter Seite erfolgen müsse – „ihr [der Volkspoesie, L.L.] bloßes Dasein reicht hin, sie zu schützen".[109] Gerade ihre Diffusion, die mithin auch ihre Gebrauchsvarianz bestimme, verbürge ihre – im doppelten Sinne des Wortes – Beständigkeit als Kulturbestand: „nirgends feststehend, in jeder Gegend, fast in jedem Munde, sich umwandelnd, bewahren sie treu denselben Grund."[110] Veränderungen seitens der Herausgeber bildeten für sie demnach auch keine „Entstellungen eines einmal dagewesenen Urbildes", sondern vielmehr „Versuche [...], einem im Geist bloß vorhandenen, unerschöpflichen, auf mannigfachen Wegen sich zu nähern".[111] Dieses Vorhandensein eines beständigen Elements, einer Sache, die immer gleichbleibt, auch wenn sie anders erzählt wird, bestätigt die Sage als einfache Form.

Sagen, so schreiben die Brüder Grimm auch in ihrer Vorrede zum ersten Band der *Deutschen Sagen*, zeichneten sich durch „Mannichfaltigkeit und Eigenthümlichkeit"[112] aus; „sie gleichen den Mundarten der Sprache" und sind deswegen in ihren je eigenen kulturellen und sozialen Wirkkreisen, wo sie von Mund zu Mund weitergegeben werden, weit gestreut.[113] Folgerichtig machen die Brüder Grimm dann auch auf „Ähnlichkeiten und Wiederholungen" in den *Deutschen Sagen* aufmerksam, sei ihnen doch

> die Ansicht, daß das verschiedene Unvollständige aus einem Vollständigen sich aufgelöst [...] verwerflich vorgekommen, weil jenes Vollkommene nichts irdisches seyn könnte, sondern Gott selber, in den alles zurückfließt, seyn müßte.[114]

In den Sagen seien „Wörter und Bilder aus uralten Zeiten hangen geblieben", die sie „als einen frischen und belebenden Geist nahe zu bringen streben".[115] Sage und Geschichte – definiert durch die „Thaten" der Menschen, also durch

---

108 Vgl. Jacob und Wilhelm Grimm, Kinder- und Hausmärchen, XVI f.
109 Vgl. Jacob und Wilhelm Grimm, Kinder- und Hausmärchen, XVII.
110 Vgl. Jacob und Wilhelm Grimm, Kinder- und Hausmärchen, XIII.
111 Vgl. Jacob und Wilhelm Grimm, Kinder- und Hausmärchen, XVI.
112 Jacob und Wilhelm Grimm, Deutsche Sagen [1816-1818], 4. Aufl., hg. von Reinhold Steig, Berlin 1905, IX.
113 Vgl. Jacob und Wilhelm Grimm, Deutsche Sagen, V.
114 Vgl. Jacob und Wilhelm Grimm, Deutsche Sagen, X.
115 Vgl. Jacob und Wilhelm Grimm, Deutsche Sagen, V f.

facta – ließen sich nicht trennscharf voneinander abgrenzen, sondern vielmehr trete die Sage als medialer Verstärker der Geschichte auf, so Jacob Grimm im Vorwort zu seiner *Deutschen Mythologie* (1835):

> Während die Geschichte durch Thaten der Menschheit hervorgebracht wird, schwebt über ihnen die Sage als ein Schein, der dazwischen glänzt, als ein Duft, der sich an sie setzt. [...] Wo ferne Ereignisse verloren gegangen wären im Dunkel der Zeit, da bindet sich die Sage mit ihnen und weiß einen Theil davon zu hegen: wo der Mythus [...] zerrinnen will, da wird ihm die Geschichte zur Stütze.[116]

Sagen fungieren also als eine Art Bindeglied zwischen erzählter Geschichte und erzählender Vermittlung. Für Jacob Grimm ist somit das Fluidum des Sagenhaften – die Erzählung – schon immer Begleitphänomen der erzählten Geschichte. So bekomme man einerseits „an ganz verschiedenen Örtern, mit andern Namen und für verschiedene Zeiten dieselbe Geschichte" erzählt, andererseits vernehme man sie

> an jedem Orte [...] so neu, Land und Boden angemessen, und den Sitten einverleibt, dass man schon darum die Vermutung aufgeben muss, als sei die Sage durch eine anderartige [sic!] Betriebsamkeit der letzten Jahrhunderte unter die entlegenen Geschlechter getragen worden. [...] Auch ist ihre öftere Abgebrochenheit und Unvollständigkeit nicht zu verwundern, indem sie sich der Ursachen, Folgen und des Zusammenhangs der Begebenheiten gänzlich nicht bekümmern, und wie Fremdlinge dastehen, die man auch nicht kennet, aber nichts desto weniger versteht.[117]

Hierin zeigt sich noch einmal das gleichermaßen Fluide und Beständige, das die kleinen Erzählformen charakterisiert. Zudem tritt hier das Kriterium der „Abgebrochenheit und Unvollständigkeit" als Paradoxon kleiner Formen hervor: Einerseits suggerieren sie durch ihre häufige Verdichtung und Zuspitzung Geschlossenheit und präsentieren sich wie unanfechtbare Fakten, wodurch sie kontingenzreduzierend wirken. Andererseits irritieren ihre ebenso häufige Unschärfe und Mehrdeutigkeit und erfordern ein aktives Gegen- und Weitererzählen, womit sie neue Kontingenzen in den Diskurs einführen.

Jacob Grimm verweist aber noch auf ein weiteres wichtiges Moment: Trotz „Abgebrochenheit und Unvollständigkeit" werden die Sagen verstanden. Selbst wenn das Erzählte kein gefühltes Ganzes ergibt, verweisen die einzelnen Teile auf das, was nicht gesagt, aber (mit)gemeint ist. Dies unterscheidet die einfachen Formen im Übrigen vom Fragment: Sie sind viel stärker an Geschlossen-

---

116 Jacob Grimm, Deutsche Mythologie, Göttingen 1835, III.
117 J. Grimm, Gedanken, 252.

heit gebunden. Hierbei spielt aber auch eine entscheidende Rolle, dass die Sagen in der Grimm'schen Definition als *Volks*-Sagen erscheinen, die eben nicht „überall zu Hause sein könne[n]".[118] Auch in dieser Hinsicht bestätigen sie sich als einfache Formen, die nach ihren eigenen Gesetzmäßigkeiten wirksam sind und nicht willkürlich in andere Kontexte übertragen werden können. In diesem Sinne fordern die Sagen eine Art Glaubensgemeinschaft, die als „Eingenossenschaft der Sage" bezeichnet wird.[119] In dieser Argumentationslinie ließen sich die weit verbreiteten Volkssagen gar nicht absichtlich erfinden bzw. erdichten; vielmehr dichteten sie sich selbst:

> Den Grund und Gang eines Gedichts überhaupt kann keine Menschenhand erdichten; mit derselben fruchtlosen Kraft würde man Sprachen, und wären es kleine Wörtchen darin, ersinnen; [...]. Gedichtet kann daher nur werden, was der Dichter mit Wahrheit in seiner Seele empfunden und erlebt hat, und wozu ihm die Sprache halb bewußt, halb unbewußt, auch die Worte offenbaren wird. Wozu sich der Dichter also abmühen müsste, sei der Volksdichtung schon von selbst eingegeben, [...] weil es sich seiner stillen Poesie glücklicherweise gar nicht bewußt wird.[120]

Jacob Grimm sieht in der Kunstpoesie „eine Zubereitung, in der Naturpoesie ein Sichvonselbstmachen".[121] Während die Kunstpoesie aus dem Geist des Einzelnen erfolge, habe die Volkspoesie ihren Ursprung im „Gemüth des Ganzen".[122] Zwar erachte er eine „mathematische Treue" gegenüber dem überlieferten Stoff für unmöglich, denn jeder Erzählvorgang verändere die zugrunde liegende Geschichte notwendigerweise.[123] Das bedeute aber nicht, dass es ‚Treue' gegenüber Volksüberlieferungen nicht gebe.[124] Dass, mit Koschorke gesprochen, ein Arrangement der vielfältigen *stories* unter ein bestimmtes Narrativ erfolgt, hat demnach nichts mit einer Aufbereitung oder Neudichtung im verfälschenden Sinne zu tun, solange Treue gegenüber dem Mythologem als beständigem Element der Überlieferung bewahrt wird. Allein das intentionale Abweichen, das die alten Sagen und Märchen „zu verschönern und poetischer auszustatten vorhabe", gleiche einem Willkürakt, so die Brüder Grimm in ihrer Vorrede zu

---

118 Vgl. Jacob und Wilhelm Grimm, Deutsche Sagen, V.
119 Vgl. Jacob und Wilhelm Grimm, Deutsche Sagen, VII.
120 Vgl. Jacob und Wilhelm Grimm, Deutsche Sagen, VIII.
121 Vgl. J. Grimm an Arnim am 20.5.1811, in: Achim von Arnim und die ihm nahestanden, Bd. 3: Achim von Arnim und Jacob und Wilhelm Grimm, hg. von Reinhold Steig und Herman Grimm, Stuttgart/Berlin 1904, 118 (Steig 3).
122 Vgl. J. Grimm an Arnim am 20.5.1811, in: Steig 3, 116.
123 Vgl. J. Grimm an Arnim am 31.12.1812, in: Steig 3, 255.
124 Vgl. J. Grimm an Arnim am 31.12.1812, in: Steig 3, 255.

den Kinder- und Hausmärchen.[125] Auch im Vorwort zur *Deutschen Mythologie* markiert Jacob Grimm erneut die Grenze zwischen der illegitimen, weil willkürlichen, Zubereitung und der legitimen, weil im Zeichen einer approximativen Annäherung stehenden, Verwandlung seitens des Dichters: „Die Verwandlung, den Übergang räume ich ein, nicht die Zubereitung. Denn zubereitet nennen dürfen wir nicht was durch eine stillthätige, unbewusst wirksame Kraft umgesetzt und verändert wurde."[126]

Arnim hingegen leugnet im Briefwechsel mit Jacob Grimm vom 5. April 1811 dessen „alten Lieblingsunterschied zwischen Volks- und Kunstpoesie", den er „nach innigster Ueberzeugung als etwas im Menschen ganz getrenntes gar nicht zugeben" könne.[127] Vielmehr verhielten sich beide Kräfte komplementär zueinander, wobei sie abwechselnd den dominanteren Part einnehmen könnten,[128] ohne dass man hierbei von einem antagonistischen Gegensatz, von „Haß oder Hochmuth beider gegen einander" sprechen sollte.[129] Damit leugnet Arnim aber auch die Existenz einer „absolute[n] Naturpoesie"[130], wie sie Jacob Grimm als Idee eines kollektiven kreativen Aktes vorschwebte.[131] Ein „gemeinsames Zusammendichten" ist, angesichts der modernen Lebensrealität – nämlich der einer individuierten, partikularisierten Gesellschaft – kaum möglich:

> Je weniger ein Volk erlebt hat, desto gleichförmiger ist es in Gesichtszügen und Gedanken; jeder Dichter, der als solcher anerkannt wird, ist dann ein Volksdichter und viele zusammen werden in dem gemeinschaftlichen Sinne des Volkes und in seiner Geschichte unter gewissen Umständen etwas Gemeinschaftliches leisten können, was allerdings über das einzelne Bemühen späterer Zeit hinausragt, wo in der verschiedenen Individualisierung durch die Geschichte selten an ein gemeinsames Zusammendichten gedacht werden kann, es sei denn durch Zwang, woraus auch wieder nichts werden kann. [...] Ich würde es als einen Segen des Herren achten, wenn ich gewürdigt würde, ein Lied durch meinen Kopf in die Welt zu führen, das ein Volk ergriffe, aber daß bleibt auch ihm anheimgestellt, ich bin mit meiner Lebensthätigkeit zufrieden, wenn auch nur wenige Menschen in mei-

---

125 Vgl. Jacob und Wilhelm Grimm, Kinder- und Hausmärchen, XVII.
126 J. Grimm, Deutsche Mythologie, Göttingen 1835, IV.
127 Vgl. Arnim an J. Grimm am 5.4.1811, in: Steig 3, 108 f.
128 Vgl. Arnim an J. Grimm am 5.4.1811, in: Steig 3, 109.
129 Vgl. Arnim an J. Grimm am 5.4.1811, in: Steig 3, 110.
130 Arnim an J. Grimm am 14.7.1811, in: Steig 3, 134.
131 Nach Reiling fand Jacob Grimms Idee einer „anonymen Kollektivautorschaft" kaum Resonanz. Allenfalls Ludwig Uhland habe aus medienhistorischer Perspektive eingeräumt, dass es eine mündliche Überlieferungstradition rechtfertige, von kollektiver Dichtung zu sprechen, nicht aber im Grimm'schen Sinne von einer Urheberschaft. Vgl. Reiling, Volkspoesie vs. Kunstpoesie, 84 f. sowie Ludwig Uhland, Alte hoch- und niederdeutsche Volkslieder mit Abhandlung und Anmerkungen, Bd. 2: Abhandlung, Stuttgart 1866, 11.

nen Arbeiten etwas gefunden, was auch sie geahndet, gesucht haben, ohne es aussprechen zu können.[132]

Arnim bestätigt hier weder die (Selbst-)Apotheose des Künstlerindividuums als Medium, wie sie Jolles behauptet,[133] noch die Apotheose der schöpferischen Volksseele im Grimm'schen Sinne, sondern er betont – da mangels eines homogenen Volkes auch keine genuine Volksdichtung möglich ist – das Moment einer bloß prinzipiellen erratischen Kommunikation zwischen Dichter und Volk. In diesem Sinne ist auch der Eingriff der dichtenden „Lebensthätigkeit" in die Überlieferungen gerechtfertigt, wenn nicht gar gefordert.[134]

Arnim ist also nicht der Ansicht, dass jedwede Umgestaltung oder Neuformulierung der alten Stoffe ihren Wert schmälert.[135] Die überlieferten Texte boten für ihn vielmehr stetige Erweiterungsmöglichkeiten, sodass Volkspoesie für ihn nicht vorrangig Poesie bezeichnete, die im Volk ihren Ursprung hatte, sondern auch solche, die im Volk weiterleben sollte.[136] Die überlieferten Kulturbestände sollten somit zu einem bestimmten Zweck gesammelt werden und nicht um ihrer selbst willen. Damit sind die Weichen gestellt für einen romantischen

---

132 Arnim an J. Grimm am 14.7.1811, in Steig 3, 134 f.
133 Vgl. Jolles, Einfache Formen, 222.
134 Für diese Ansicht musste sich Arnim aber nicht nur im freundschaftlichen Disput mit den Brüdern Grimm verteidigen. Auf Vorwürfe der „mutwillige[n] Verfälschung" in der Wunderhorn-Sammlung seitens Johann Heinrich Voß im Stuttgarter Morgenblatt vom 25. und 26. November 1808 forderte Arnim diesen im Intelligenzblatt der Jenaer Literaturzeitung vom 15. Februar 1809 auf, ihm „ein Lied anzuzeigen, dem kein älteres Fragment oder Sage zugrunde liegt". Für Änderungen aus „höherer Kritik oder allgemeinerer Verständlichkeit" müssten keine Gründe angegeben werden. Vgl. die Darstellung bei Eduard Grisebach, Literarische Einleitung, in: Achim von Arnim und Clemens Brentano, Des Knaben Wunderhorn [1806], hg. von Eduard Grisebach, Leipzig 1906, XV–XVII, hier: XVII. Zur Herausgeberschaft des Knaben Wunderhorn vgl. außerdem Heinz Rölleke, ‚Des Knaben Wunderhorn' – eine romantische Liedersammlung: Produktion – Distribution – Rezeption, in: Das Wunderhorn und die Heidelberger Romantik: Mündlichkeit, Schriftlichkeit, Performanz. Heidelberger Kolloquium der Internationalen Arnim-Gesellschaft, hg. von Wolfgang Pape, Tübingen 2005, 3–20, hier insbesondere 5 f.
135 Claudia Nitschke attestiert Arnim eine rhetorische Taktik, das Gemeinte der Überlieferungen derart weit für einen neuen Zugriff zu öffnen, dass der faktische Anteil auswechselbar erscheint. In diesem Sinne sei bereits die Zeitung für Einsiedler als performatives Medium zu begreifen, das Volksliteratur nicht „antiquarisch" sammeln, sondern für die Gegenwart darbieten sollte. Vgl. Claudia Nitschke, Die legitimatorische Inszenierung von ‚Volkspoesie' in Achim von Arnims ‚Schmerzendem Gemisch von der Nachahmung des Heiligen', in: Das Wunderhorn und die Heidelberger Romantik, 239–254, hier: 240–242.
136 Vgl. Friedrich Strack, Historische und poetische Voraussetzungen der Heidelberger Romantik, in: 200 Jahre Heidelberger Romantik, Heidelberger Jahrbücher 51, hg. von Friedrich Strack, Berlin 2008, 23–40, hier: 36.

Konservatismus, der immer auch das Alte mit dem Neuen zu vermitteln sucht und der Arnims publizistische wie literarische Arbeit vor dem Hintergrund einer Übergangszeit von der Revolution zur Restauration noch maßgeblich bestimmen wird. Denn die Kontroverse um eine oppositionell gedachte Beziehung zwischen Volks- und Kunstdichtung ist für Arnim nicht poetischer, sondern politischer Natur. Nicht „Haß und Hochmuth"[137] vergifteten die Beziehungen zwischen dem Volk und den so stilisierten ‚Gelehrten', sondern die Verhinderung deutsch-preußischer Einigungsfantasien, wie im Folgenden dargestellt werden soll.

Nach Ines Köhler-Zülch ist mit dem unterschiedlich umgesetzten Anspruch, Prosaüberlieferungen aus dem Volk ‚treu' wiederzugeben, im öffentlichen Bewusstsein neues Terrain betreten worden und dementsprechend mussten die Kriterien dieser Beurteilung erst ausgelotet werden.[138] Noch bei Nachtigal sei der Begriff „Volk" – bezogen auf die „Volkssagen" – eindeutig soziologisch und nicht national bestimmt gewesen, insofern die unteren Schichten als Träger der Überlieferungen angesehen wurden.[139] Ähnlich schreibt Joseph Görres in der Einleitung seiner *Teutschen Volksbücher*, die Schriften des Volkes bildeten „den stammhaftesten Teil der ganzen Literatur, den Kern ihres eigentümlichen Lebens, das innerste Fundament ihres ganzen körperlichen Bestandes, während ihr höheres Leben bei den höheren Ständen wohnt".[140] Der als Fundament des Körpers identifizierte Teil der Literatur wird also dem einfachen Volk als den mittleren und niedrigen Ständen zugeschrieben, der als Geist implizierte Teil den Gelehrten, den gehobenen Ständen, die somit nicht zum gemeinen Volk gehören. Doch schon hier lässt die Körpermetaphorik anklingen, was Wilhelm Ribhegge als programmatische Wendung vom Sozialen zum Nationalen beschreibt:

> Das Wort Volk, bis dahin eher als soziale Kennzeichnung der Mittel- und Unterschichten verstanden, erhielt eine andere, wertbetonte, nationale, substantielle Bedeutung. Der neue Begriff ‚Volk' wurde aus der historischen Sprache und Literatur entwickelt. [...] Zur Zeit Napoleons zeigte es sich, daß der Begriff, besonders in intellektuellen Kreisen, einen festumschriebenen neuen Inhalt gewonnen hatte. Das Volk wurde zu einer Einheit, mit dem sich das Individuum in einem positiven Sinn identifizierte.[141]

---

137 Arnim an J. Grimm am 5.4.1811, in Steig 3, 110.
138 Vgl. Köhler-Zülch, Der Diskurs über den Ton, 29.
139 Vgl. Köhler-Zülch, Der Diskurs über den Ton, 31.
140 Vgl. Joseph Görres, Die teutschen Volksbücher, Heidelberg 1807, 2.
141 Ribhegge, Konservative Politik in Deutschland, 29.

Diese Wendung vom Sozialen zum Nationalen vollzog sich implizit in der romantischen Überhöhung des ‚einfachen' Volks seitens der Intellektuellen, ohne dass dabei von dem Extrem eines dichtenden Kollektivindividuums ausgegangen werden musste, wie Jacob Grimm es tat. Auch die nicht-ontologische Differenzierung von Volks- und Kunstpoesie wird politisch, wenn auf die angeblichen Gründe ihrer Scheidung angespielt wird. Das einfache Volk, und damit Volkspoesie, wird unterdrückt durch den Einfluss der anderen; Aufklärung und die Hinwendung zum Französischen, das ‚Nacheifern', werden dafür verantwortlich gemacht. So denkt Arnim die Verdrängung der Volkspoesie nicht als historisches Problem, sondern als politisches, wenn er die Aufklärung und Französische Revolution als ursächlich benennt:

> So waren schon in Frankreich schon vor der Revolution, die dadurch erst möglich wurde, fast alle Volkslieder erloschen, und keine Nation ist noch jetzt so arm daran, daher die Gleichgültigkeit gegen alles, was sie als Volk betrifft. [...] Nur wegen dieser Sprachverwirrung, wegen dieser gränzenlosen Nichtachtung des besseren poetischen Teils im Volke mangelt dem neuern Deutschland großenteils eine Volkspoesie, nur wo es ungelehrter wird, oder wo die eigne Bildung noch die Bücherbildung übertrifft, da entsteht noch manches Volkslied.[142]

Das Volk habe ein besonderes Gespür für das Flüssige der Sprache, die Gelehrten hingegen würden diesen „besseren poetischen Teil[ ]" missachten.[143] Während noch Novalis universalistisch annimmt, durch Poesie entstehe „die höchste Sympathie und Koaktivität, die innigste Gemeinschaft des Endlichen und Unendlichen",[144] differenziert Arnim zwischen Volkspoesie und gelehrter Poesie. Volkspoesie könne nur in ungelehrtem Kontext entstehen. Nur hier entstehe „manches Volkslied, das ungedruckt und ungeschrieben zu uns durch die Lüfte dringt, wie eine [extrem seltene, L. L.] weiße Krähe".[145] In diesem Punkt sind sich Arnim und Jacob Grimm einig: Wie Arnim macht auch Grimm die Bildung

---

142 Achim von Arnim, Von Volksliedern [1805], in: ders., Werke, Bd. 6: Schriften, hg. von Roswitha Burwick, Jürgen Knaack und Hermann F. Weiss, Frankfurt a. M. 1992, 168–179, hier: 169 (ArnDKV 6).
143 Vgl. Arnim, Von Volksliedern, 174.
144 Vgl. Novalis, HKA Bd. 2: Das philosophische Werk I, 325.
145 Krähen gehören zum Repertoire romantischer Volkspoesie; so tauchen sie etwa in den Grimm'schen Märchen als (weg)weise(nde) Begleiter auf. Diese Volkslieder aber erscheinen als Rarität, so wie weiße Krähen selten zu sehen sind, weil sich selbst bei Arten mit weißen Abzeichen die helleren Federn im Laufe des Lebens verlieren. Es bleibt das Bild des geflügelten Wortes, das Arnim hier stark macht, das allerdings auch mit kulturgeschichtlichen Repräsentationen des Gerüchts – allen voran mit der mythologischen Erscheinung als Fama – assoziiert werden kann.

dafür verantwortlich, Poesie und Geschichte voneinander entfremdet zu haben, wohingegen Poesie und Geschichte noch „in der ersten Zeit der Völker [...] in einem und demselben Fluss ström[t]en".[146] Die alte Poesie sei von der Herrschaft der Bildung (und also der Aufklärung) vertrieben worden und hätte sich aus „dem Kreis ihrer Nationalität unter das gemeine Volk" flüchten müssen, „in dessen Mitte sie niemals untergegangen ist, sondern sich fortgesetzt und vermehrt hat, jedoch in zunehmender Beengung und ohne Abwehrung unvermeidlicher Einflüsse der Gebildeten".[147]

Unter dieser Perspektive erscheint die Volkspoesie um 1800 unmerklich als Nationalliteratur. Oder anders: Was Nationalliteratur war und sein sollte, kann nur noch als Volkspoesie bestehen, weil Aufklärung und Französische Revolution, also die kulturellen und politischen Umwälzungen, die deutsche Nation und ihre Nationalpoesie gehemmt haben. Volkssagen und Nationalsagen waren einst identisch, ebenso wie das Volk und die Nation. Grimm fügt hier Arnims Replik eine noch deutlicher dramatische, weil auf das Moment der Fremdsteuerung zielende, Ebene hinzu. Offensichtlich besteht also auch ein Zusammenhang zwischen (nationalen) Identitätskrisen und dem Bedürfnis nach einfachen Erzählformen, die das Gefühl von Einheit und Gemeinschaft fördern. In Deutschland verlor Goethes Konzept der Weltliteratur damit im Verlauf des 19. Jahrhunderts an Wertschätzung. Literarische und nationalpolitische Interessen fusionieren in den politisch ungeeinten Ländern.[148]

---

146 Vgl. J. Grimm, Gedanken, 251.
147 Vgl. J. Grimm, Gedanken, 252.
148 Vgl. Ribhegge, Konservative Politik in Deutschland, 66. So öffnete in Ribhegges Einschätzung das Programm der Brüder Grimm einerseits ein historisches Bewusstsein, andererseits verengte es dieses durch die Überbetonung der Sprache und der historischen Literatur; es schulte ein wissenschaftlich-kritisches Denken und blieb zugleich in alten, vorchristlichen, letztlich nationalen Mythologien verhaftet; „es sprach über die Märchen das Volk an, gaukelte ihm aber zugleich eine geradezu schicksalhaft unentrinnbare Gesellschaftsordnung als ewig bestehend vor, nicht zuletzt durch die eigenen sprachlichen Verfeinerungen und Zusätze der beiden Autoren[...]." Hinzu kommt, dass sie ihr Publikum nicht darüber aufklärten, dass ihre Märchen nicht traditionell deutsch waren, sondern in europäischen Erzähltraditionen wurzelten; von den Werken sei also nicht nur eine nationale Wirkung, sondern eine nationalistische Verengung ausgegangen. Vgl. Ribhegge, Konservative Politik in Deutschland, 49. Zum politischen Potenzial der Kulturprogrammatik der Brüder Grimm am Beispiel der als politisch begriffenen Liedästhetik, auch in journalistischer Hinsicht, vgl. z. B.: Steffen Martus, Die Brüder Grimm und die Literaturpolitik Heinrich von Kleists, in: Kleist Jahrbuch (2011), 134–156, hier insbesondere 147 f.

2.2.3 Anekdotische Evidenzen in alten und modernen Sagen

Die Diskussion um das volkspoetische Paradigma in der Romantik hat angedeutet, was im Verlauf dieser Arbeit noch in Bezug auf die politische Romantik vertieft werden soll: dass Sagen als einfache Formen zu einem politischen Medium werden können, unabhängig davon, ob sie politische Inhalte vermitteln. Denn es ist auch deutlich geworden, dass das Sagenhafte nicht nur einen bestimmten Erzählstoff bezeichnet, sondern mit einer spezifischen, nämlich wechselseitigen und anschlussfähigen, Erzählweise verbunden sein kann. Dennoch zeugt die (vor allem zwischen Johann Heinrich Voß und Arnim) bisweilen polemisch geführte Debatte um die Überlieferung von alten Volksliedern und Sagen von einer tiefen ideologischen Uneinigkeit, die auch mit der widersprüchlichen Eigenart des Sagenhaften selbst zu tun zu haben scheint. In die so idealisierte Volkspoesie – und in die darunter fallenden Gattungen und Erzählweisen – werden einerseits kollektivistische Ursprungs- und (Wieder-)Vereinigungsfantasien projiziert; andererseits offenbart die diskursive Auslotung des volkspoetischen Ideals, dass dieses immer nur approximativ und *ex negativo* zu gewinnen ist, dass also der Diskurs immer auf Potenzialität (gemeinschaftliches Dichten, Gleichförmigkeit der Geschichte, Volkshomogenität) und Differenz (zur Aufklärung, zur Kunstpoesie, zu den Gelehrten) zugleich verweist – und sich darin auch widersprechen kann. Das Sprechen über Volkspoesie und deren ‚treuer', d. h. wahrer, Überlieferung totalisiert einerseits die eigene ästhetische Haltung zum Sagenhaften und damit auch das Sagenhafte selbst. Andererseits braucht die Auslotung des (Gattungs-)Begrifflichen, wie die Sage selbst, die Möglichkeit zur (Selbst-)Revision, zur verlebendigenden Umwandlung, zur Erneuerung. Angesichts dieser gleichermaßen differenziellen und rekursiven Kommunikationssituation, die die (systemtheoretische) Forschung als typisch für die autonome Ausdifferenzierung und Aussteuerung künstlerischer Bezugssysteme um 1800 benannt hat,[149] offenbart Arnims oben zitierte Haltung – wonach er mit seiner dichtenden „Lebensthätigkeit" schon zufrieden sei, „wenn auch nur wenige Menschen in meinen Arbeiten etwas gefunden, was auch sie geahndet, gesucht haben, ohne es aussprechen zu können"[150] – einen radikalen Pragmatismus, der sich von allen sympathischen

---

[149] Vgl. hierzu z. B. Niels Werber, Literatur als System. Zur Ausdifferenzierung literarischer Kommunikation, Opladen 1992, 64 sowie außerdem Gerhard Plumpe, Epochen moderner Literatur. Ein systemtheoretischer Entwurf, Opladen 1995, 65–104 und Christoph Reinfandt, Romantische Kommunikation. Zur Kontinuität der Romantik in der Kultur der Moderne, Heidelberg 2003.
[150] Arnim an J. Grimm am 14.7.1811, in: Steig 3, 134 f.

und koaktiven Visionen einer „innigste[n] Gemeinschaft"[151] freizumachen versucht. Entscheidender ist das Bemühen um Anschlusskommunikation.

In diesem Zusammenhang muss der folgende Forschungsüberblick über die Phänomenologie alter und neuer Sagen mit einer Relativierung beginnen, wonach die alten und die neuen Sagen einer fundamental veränderten Kommunikationssituation unterliegen. Nach der Ethnologin Gabriela Kiliànovà gibt es heute keine kontinuierliche Erzähltradition mehr, vielmehr bildeten sich spontane Performanzsituationen: nicht im gleichbleibenden familiären Umfeld, sondern in hoch flexiblen, gewissermaßen globalisierten Erzählgemeinschaften.[152] Die neuen Sagenbildungen der Gegenwart, die *contemporary legends* oder Großstadtmythen, reagierten auf Bewegungen, so auch Helge Gerndt, die moderne Realitäten ausmachen: auf die Auflösung der Horizonte (räumlich, zeitlich, sozial), auf die Steigerung der Variabilisierbarkeit (ungebremste Reproduzierbarkeit und Ausschöpfung im Bereich der Produktentwicklung, aber auch im Erzählverhalten) sowie auf eine allgemeine Pluralisierung der Lebenslagen.[153] Dem ist sicherlich zuzustimmen, jedoch trifft das Bedürfnis, das an die Gattung der (modernen) Sagen gekoppelt ist – also nicht nur, Vergangenheit zu bewältigen, sondern vielmehr, sich eine Vergangenheit zu schaffen, die mit der gegenwärtig vorgefundenen Realität kompatibel ist bzw. ihre Kontingenzen reduzieren lässt[154] – insbesondere auf die Übergangszeit zwischen Revolution und Restauration und den romantischen Konservatismus als politische und ästhetische Bewältigungsstrategie zu. Die Entstehungs- oder vielmehr Verbreitungsdynamiken alter und neuer Sagen könnten also mehr gemein haben, als sich intuitiv annehmen lässt.

---

151 Novalis, HKA Bd. 2: Das philosophische Werk I, 325.
152 Vgl. Gabriela Kiliànovà, Sagen heute. Zum Sagenrepertoire in Erzählgemeinschaften der Gegenwart, in: Europäische Ethnologie und Folklore im internationalen Kontext. Festschrift für Leander Petzoldt zum 65. Geburtstag, hg. von Ingo Schneider, Frankfurt a. M. 1999, 145–156, hier: 145. Trotz der angenommenen veränderten Kommunikationssituation betont Kiliànovà, dass auch alte Sagen einen bedeutenden Beitrag zum Erzählrepertoire in der Gegenwart leisten. Schließlich bilden sie nicht weniger als rund vier Fünftel des gesamten manifesten Erzählgutes, was vor allem auf den hohen Anteil der Lebens- und Erinnerungsgeschichten sowie der Glaubenserzählungen zurückgeht, denn dieser Sagentypus umfasst beinahe das gesamte Sagenspektrum. Vgl. Kiliànovà, Sagen heute, 153 f.
153 Denn Vermittlungsprozesse auf globaler Ebene seien kaum noch stringent nachvollziehbar; Performanzen einer hochdifferenzierten, sich ständig wandelnden Gesellschaft ließen sich auf keinen gemeinsamen Konsens bringen. Vgl. Helge Gerndt, Kulturwissenschaft im Zeitalter der Globalisierung. Volkskundliche Markierungen, München 2002, 41 f.
154 Vgl. Nicolaisen, Contemporary Legends in der englischsprachigen Presse, 217.

Was sie eint, ist nicht nur ihr vermeintlich gemeinschaftsstiftendes Moment,[155] sondern auch ihre Funktion als wahrheitsheischendes narratives Medium. Die Sage fungiert einerseits als Medium, über das *true stories* vermittelt werden; andererseits stellt sie zugleich eine Art formales Muster für diese Art von Erzählungen bereit, denn Erzählen meint nicht nur die Wiederholung von Gehörtem, sondern auch – analog zu Erinnerungserzählungen oder Lebensgeschichten – die Übertragung und Vermittlung bildhaften Erlebens in eine intersubjektiv verständliche narrative Struktur.[156] Das Erzählen einer Sage bedeutet demnach, der Matrix dieser Erzählung zu folgen und so das ‚Reale' der Erzählung durch Form, Funktion und Konstruktion des Inhalts zu betonen[157] – also durch einen performativen Akt.

Die Untersuchung von Sagen bildet damit im deutschsprachigen Raum einen Beitrag zur volkskundlichen Erzählforschung, die sich im Gegensatz zur Literaturwissenschaft mit den mündlich überlieferten Traditionen der Volksliteratur beschäftigt, also (auch) mit den einfachen Formen.[158] Auch moderne Sagen

---

155 Vgl. Kiliànovà, Sagen heute, 145, 147.
156 Vgl. Kiliànovà, Sagen heute, 147.
157 Vgl. Kiliànovà, Sagen heute, 147. Hierin offenbaren sich Bezüge zur *Oral History* und zum New Historicism, an die die US-amerikanische Erzählforscherin Linda Dégh anknüpft, wenn sie schreibt, eine Beschäftigung mit modernen Sagen biete die Möglichkeit der Feldforschung, also der Beobachtung und Analyse des Prozesses der Sagenbildung *in situ*. Vgl. Linda Dégh, Collecting Legends today. Welcome to the Bewildering Maze of the Internet, in: Europäische Ethnologie und Folklore im internationalen Kontext, 55–66, hier: 55. Auch Petzoldt greift diesen Aspekt erläuternd auf: Was rückblickend in der Erforschung narrativer Kontinuitäten am Beispiel der europäischen Volkssage verwehrt bleibe, lasse sich am Beispiel moderner Sagen unter veränderten kulturellen Bedingungen deutlicher sichtbar machen und als Forschungsziel deklarieren: Die Analyse der Entstehung und Ausbreitung gegenwärtiger Sagenbildung, ihr Bezug zur Realität und zum sozialen Lebensraum der Erzähler:innen, ihre Tradierung und (scheinbare) Verifizierung, der Einfluss der Medien sowie Veränderungen des Stoffes und Adaption an unterschiedliche kulturelle Kontexte. Vgl. Leander Petzoldt, Einführung in die Sagenforschung, Konstanz 2002, 150 f.
158 Vgl. Rolf Wilhelm Brednich, Die Spinne in der Yucca-Palme. Sagenhafte Geschichten von heute, München 1990, 5. In der deutschsprachigen Forschung standen bis zu Beginn des 20. Jahrhunderts vor allem geschichtliche Sagen im Vordergrund. Vgl. Ingo Schneider, Traditionelle Erzählstoffe und Erzählmotive in Contemporary Legends, in: Homo narrans, 165–180, hier: 166. Eine propagandistische Aufwertung erfuhr die Gattung durch ihre identitätsstiftende Funktion während der NS-Zeit, als Verbindungen zur mythischen Götterwelt der Germanen gezogen wurden. Bis Mitte des 20. Jahrhunderts waren Sagensammlungen vor allem in der Kinder- und Jugendliteratur populär; sie wurden illustrativ für die Heimatpflege und den heimatkundlichen Unterricht eingesetzt. Vgl. Enzyklopädie des Märchens. Handwörterbuch zur historischen und vergleichenden Erzählforschung, begr. v. Kurt Ranke und hg. von Rolf Wilhelm Brednich, Berlin 1977–2015, Bd. 11, hg. von Rolf Wilhelm Brednich, Berlin 2004, 1028.

sind seit den 1930er-Jahren, ausgehend von der anglo-amerikanischen Forschung mit sogenannten *contemporary* oder *urban legends*, ein vieldiskutierter Gegenstand der volkskundlichen Erzählforschung,[159] obwohl – oder gerade weil – sie nicht nur wahrheits-, sondern auch gattungs- bzw. strukturontologische Probleme aufweisen.[160]

Definiert werden moderne Sagen überwiegend als mündliche Alltagsgeschichten, die sich auf aktuelle, lokalisierbare Ereignisse beziehen und meist einen unheilvollen Ausgang nehmen,[161] oder aber als Erzählungen über ein ungewöhnliches Ereignis, das tatsächlich geschehen ist oder geschehen soll und im Kommunikationsprozess teils von Wahrheitsbeteuerungen, teils von Zweifeln begleitet wird.[162] Obwohl es sich bei den *urban legends* um ein überregionales bis globales Wanderphänomen handelt, das sich wellenförmig zu verbreiten scheint und von vielfältigen Kulturräumen adaptiert wird,[163] haben sie oft einen lokalen Bezug und sind vermehrt in der weißen anglo-amerikanischen Kultur anzutreffen.[164] Was Michael Butter über Verschwörungstheorien schreibt, lässt sich demnach auch auf die *urban legends* übertragen: Sie als anthropologische Konstante zu klassifizieren wäre verfehlt, denn sie sind vornehmlich ein Produkt der europäischen Geschichte.[165] Nur im heutigen Westen sei eine Dichotomie zwischen Verschwörungstheorien und orthodoxem Wissen vorherrschend, in anderen Kulturen seien sie fester Bestandteil des Mainstreamdiskurses und würden von staatlicher und medialer Seite bedient.[166]

---

159 Vgl. Brednich, Die Spinne in der Yucca-Palme, 8.
160 So gilt ihre Gattung als nicht exakt bestimmbar. Zwar kam es zu Publikationen von Anthologien, an denen deutschsprachige Forschende aber nur peripher beteiligt waren. Vgl. Brednich, Die Spinne in der Yucca-Palme, 8. Bis heute besteht kein einheitliches Klassifikationsschema trotz Bemühungen um neue Kategorisierungen. Vgl. Thomas Green, Folklore: An Encyclopedia of Beliefs, Customs, Tales, Music and Art, Vol. 2. Santa Barbara 1997, 490. Die ‚städtische' Prägung des Ausdrucks geht auf Jan Harold Brunvand und seine Anthologie *The Vanishing Hitchhiker: American Urban Legends & Their Meanings* (1981) zurück, um diesen Typus von Erzählungen von den klassischen Erzählformen abzugrenzen, die im eher ländlichen Milieu angesiedelt waren. Vgl. Jan Harold Brunvand, Introduction, in: Encyclopedia of Urban Legends, Santa Barbara 2001, xxv–xxxiv, hier: xxxi. Heute gilt die Bezeichnung *urban* als überholt. Vgl. Green, An Encyclopedia of Beliefs, 492.
161 Vgl. Brednich, Die Spinne in der Yucca-Palme, 5.
162 Vgl. Gerndt, Kulturwissenschaft im Zeitalter der Globalisierung, 33.
163 Vgl. Petzold, Einführung in die Sagenforschung, 147 f.
164 Vgl. Kurt Ranke, Die Welt der Einfachen Formen. Studien zur Motiv-, Wort- und Quellenkunde, Berlin 1978, 42.
165 Vgl. Butter, Dunkle Komplotte, 8.
166 Vgl. Butter, Dunkle Komplotte, 11.

In der modernen Erzählforschung bevorzugt man für das Phänomen der *urban legend* den Ausdruck „Sage" (statt Legende), weil die modernen wie auch die traditionellen Sagen (im Gegensatz etwa zum Märchen) einen Wahrheitsanspruch stellen. Schon die alten Sagen besitzen im Gegensatz zum Märchen eine größere Nähe zur Lebenswirklichkeit, sodass sie aber zugleich auch als trügerischer empfunden werden. Denn Sagen unterscheiden sich von Märchen nicht nur durch ihren expliziten Wirklichkeitsbezug, sondern auch darin, dass sie den Zweifel am Geschilderten aufrechterhalten. Erzähler:in und Zuhörer:in einer Sage sind damit nicht nur Bestandteile einer Erzählsituation, sondern auch des Sagentextes selbst,[167] weil sich der Sagentext erst in der Überlieferung konstituiert und die Frage nach den Quellen diese Überlieferung immer begleitet. Der Sagentext lässt sich also von seiner Medialität her bestimmen.

In diesem Punkt weisen moderne Sagen und verwandte literarische Kleinformen auch Struktur- und Funktionsäquivalenzen zum Gerüchthaften auf. Zum einen verbreiten sie sich wie Gerüchte oft nach dem Modell „FOAF tales" („friend of a friend tales")[168], wodurch erstens die unsichere bis unbekannte Quellenlage verschleiert und zweitens der sogenannte „audience effect"[169], die Bedeutung der Zuhörerschaft, betont wird. Auch Anekdoten haben Erzähler:innen, jedoch keine Autorinstanz. So schreibt Michael Niehaus:

> Natürlich kann man Anekdoten erfinden, das heißt: in die Welt setzen; dann ist man ein Betrüger. Die erfundene Anekdote ist kein fiktionaler Text, sondern eine fiktive Anekdote. Natürlich kann man auch vorgefundene Anekdoten nehmen und in fiktionale Texte verwandeln. Dann sind sie eben keine Anekdoten mehr.[170]

Es ist also nicht (nur) der behauptete Wahrheitsanspruch, der die Anekdote zur Anekdote macht, sondern ihr Übertragungsmoment. Nach Niehaus unterstellen Anekdoten eine „ununterbrochene Kette" zwischen Beobachter:in und Erzähler:in. Das FOAF-Modell wäre demnach ein notwendiges Gattungskriterium. Daneben trägt „truth-based-labeling" nicht nur zur Glaubwürdigkeit bei, sondern erhöht auch das Interesse und die Aufmerksamkeit der Rezipierenden.[171]

---

167 Vgl. Gerndt, Kulturwissenschaft im Zeitalter der Globalisierung, 36 f.
168 Brunvand, Encyclopedia of Urban Legends, 154.
169 Gillian Bennett, What's ‚Modern' about the Modern Legend?, in: Fabula 26 (1985), 219–229, hier: 223.
170 Michael Niehaus, Die sprechende und die stumme Anekdote, in: Zeitschrift für deutsche Philologie, 132/2 (2013), 183–202, hier: 196.
171 Vgl. Francesca Valsesia, Kristin Diehl und Joseph C. Nunes, Based on a true story: Making people believe the unbelievable, in: Journal of Experimental Social Psychology 71 (2017), 105–110, hier: 109. Dabei bedienen sich *urban legends* vielfach des Stilmittels der Wiederholung

Zum anderen vermischt sich in der Gattung der modernen Sage Reales mit Elementen des kollektiven Unterbewussten.[172] Dabei handelt es sich um *potenzielle* Wahrheiten: „flexibel"[173] oder „metaphorisch"[174], „literally false" oder „too good to be true"[175]. Der Inhalt einer sagenhaften Geschichte *kann* wahr sein, wie Gerndt schreibt:

> Der Inhalt einer Geschichte kann wahr sein, soweit er sich auf die Welt objektiv existierender Sachverhalte bezieht; entsprechend wäre er richtig, wo er die soziale Welt betrifft, und wahrhaftig, wenn ein dem Sprecher privilegiert zugängliches inneres Erlebnis zu Grunde liegt. Doch wird in der alltäglichen Kommunikation zwischen diesen drei Geltungsansprüchen normalerweise nicht unterschieden; eine vom Erzähler selbst erlebte Angst oder Freude wurde wahrhaftig erfahren, wird aber durchaus auch für wahr und richtig gehalten. Eine ähnliche Differenzierung ließe sich zwischen wirklich (im Sinne von: der Wirklichkeit nicht widersprechend, also möglich) und wahr (sicher geschehen) durchführen, aber auch hier verschwimmt die umgangssprachliche Verwendung.[176]

Das Erzählen vermittle verschiedene Wirklichkeiten; es spiele Möglichkeiten (und Nicht-Möglichkeiten) durch und bringe sie zur Wirksamkeit.[177] Der subjektive Glaube sei dabei weniger entscheidend, als dass Erzählungen Wahrheiten aussagten über Erzählgemeinschaften.[178] Insofern bezeugen Sagen die Ambivalenz des Wirklichkeitsverständnisses: Sie erproben die Sensibilität dafür, dass es unterschiedliche Wirklichkeitsauffassungen gibt, was auch mit dem Zustand der (simulierten) Mündlichkeit zu tun hat, die das Erzählte bewusst in der Schwebe lässt.[179] *Urban legends* weisen in dieser Hinsicht eine Nähe zu Ver-

---

sowie der Beschwörung, worin eine weitere Strukturverwandtschaft zu Verschwörungstheorien liegt. Die Sammlung und Forschung dieser Erzählungen hat einen hohen Rückkopplungseffekt, was an den Umgang der Medien mit Gerüchten erinnert – allein die Thematisierung trägt zu ihrer Kommunikation und Verbreitung bei und lässt den Wahrheitsverdacht zumindest in der Schwebe. Vgl. Petzoldt, Einführung in die Sagenforschung, 151.
172 Vgl. Petzold, Einführung in die Sagenforschung, 147. Nach Helge Gerndt erwiesen sich sagenhafte Geschichten als Symptome sowie als prägende Chiffre für kulturelle Gesetzmäßigkeiten. Vgl. Helge Gerndt, Milzbrand-Geschichten. Thesen zur Sagenforschung in der globalisierten Welt, in: Österreichische Zeitschrift für Volkskunde 105 (2002), 279–295, hier: 295.
173 Green, Folklore, 494.
174 Green, Folklore, 497.
175 Green, Folklore, 496 f.
176 Gerndt, Kulturwissenschaft im Zeitalter der Globalisierung, 37.
177 Vgl. Gerndt, Kulturwissenschaft im Zeitalter der Globalisierung, 35.
178 Vgl. Eric Montenyohl, Beliefs in satanism and their impact on a community: moving beyond textual studies in oral tradition, in: Contemporary Legend: The Journal of the International Society for Contemporary Legend Research 4 (1994), 45–59, hier: 47.
179 Vgl. Gerndt, Kulturwissenschaft im Zeitalter der Globalisierung, 37.

schwörungstheorien auf. Weil die vermeintlichen Verschwörungen, wie der Inhalt moderner Sagen, nicht unmittelbar beobachtbar sind, gehört Narrativierung zu ihren genuinen Instrumenten.[180] Auch inhaltlich weisen *urban legends* eine Nähe zu Verschwörungstheorien auf. So sind sie oftmals Ausdruck einer – mitunter konspirativen[181] – Angstlust,[182] wie die Popularität von Kontaminationsgeschichten aller Art (verseuchtes Trinkwasser, Krankheitserreger in Nahrungsmitteln etc.[183]) demonstriert, zu denen auch etwa Aids-Gerüchte gehören (etwa rund um bewusst platzierte Aids-Erreger in Nahrungsmitteln und öffentlichen Gebrauchsgegenständen[184]). Jan Harold Brunvand, der erstmals literarische Interpretationstechniken traditioneller Volksmärchen auf moderne Legenden und Sagen anwandte und sie in Enzyklopädien veröffentlichte, verortet die folgende *urban legend* in den 1980er-Jahren – zu Hochzeiten der Aids-Krise – und versieht sie in seiner Anthologie unter dem Stichwort „AIDS MARY": Ein Mann schläft auf einer Geschäftsreise mit einer unbekannten Frau; am nächsten Morgen findet er auf dem Badezimmerspiegel eine mit Lippenstift geschriebene Nachricht von ihr: „Willkommen im AIDS-Club!"[185] Es gibt zahlreiche Ausschmückungen, je nachdem, unter welchen Umständen die *story* erzählt wird.

---

180 Ausgehend von einer spezifischen Intertextualität von Verschwörungstheorien benennt John David Seidler mit dem auf Erving Goffman zurückgehenden Modell der Rahmenanalyse (*frame analysis*) die Strategie verschwörungstheoretischen Erzählens, zwar faktische Elemente aufzugreifen, sie aber ‚falsch' zu rahmen, sodass sie entneutralisiert würden und eine (neue) Bedeutung erhielten. So könnten ihre mediale Verfasstheit und narrative Struktur als ein wesentlicher Erfolgsfaktor ausgemacht werden, weswegen sie auch immer wieder als ‚Quasi'-Erzählungen problematisiert würden. Sogar notwendigerweise narrativ seien Verschwörungstheorien, weil sie niemals bloß die Existenz einer Verschwörung (wie etwa bei Gerüchten) behaupteten, sondern immer eine Zustandsveränderung (und zwar zum Schlechten) thematisierten, die sie anhand konspirativer Handlungsabläufe erklärten. Vgl. Seidler, Die Verschwörung der Massenmedien, 32–37.
181 Vgl. Brunvand, Conspiracies, in: Encyclopedia of urban legends, 88 f.
182 Dies bestätigen sozialpsychologische Studien, die einerseits ergeben haben, dass positive Emotionen stärker zur Weiterlektüre verleiteten als negative. Andererseits wird etwa Ekel nicht als eine per se negative Emotion gewertet; im Gegenteil wächst mit dem Ekelfaktor auch die Aufmerksamkeit. Was in Bezug auf Klatsch und *urban legends* einleuchtend scheint, kann auch auf die literarische Kleinform der Anekdote bezogen werden: Bei einer hohen Emotionalität sind die Lesenden interessierter an einer Lektüre als bei einem niedrigen Level. Auch hier ist der Ekel positiv konnotiert. Vgl. Joseph M. Stubbersfield, Jamie Tehrani und Emma Grace Flynn, Evidence for Emotional Content Bias in the Cumulative Recall of Urban Legends, in: Journal of Cognition and Culture 17/1-2 (2016), 12–26, hier: 13 f.
183 Vgl. Brunvand, Contamination, in: Encyclopedia of urban legends, 90 f.
184 Vgl. Brunvand, Needle-Attack Legends, in: Encyclopedia of urban legends, 285 f.
185 Brunvand, AIDS-Mary, in: Encyclopedia of urban legends, 6 f.

In der Regel wird betont, dass der Mann eigentlich verheiratet ist und es sich um einen ungeschützten One-Night-Stand handelt; mal ist die Nachricht nicht mit Lippenstift, sondern mit Blut geschrieben etc. Entscheidend ist, dass das Gerüst bzw. das Narrativ, wie es Koschorke klassifiziert, konstant bleibt.

Angelehnt ist „Aids-Mary" zum einen an „Bloody Mary"[186], eine fiktive Sagen- oder Spukgestalt, deren Erscheinen in Spiegeln durch dreimaliges Herbeirufen beschworen werden kann. Wiederkehrend sind hier also mindestens die Motive „Blut" und „Spiegel". Die amerikanische Folklore vermutet eine reale Vorlage im 17. Jahrhundert; das Ritual der Beschwörung verortet sie erstmals im 19. Jahrhundert, vornehmlich als Kinderspiel und Mutprobe.[187] Zum anderen aber erinnert die Figur an die Geschichte der irischen Immigrantin Mary Mallon, die in den USA der Jahrhundertwende um 1900 als „Typhoid Mary" bekannt wurde. Sie war die erste Person in den Vereinigten Staaten, die als nicht erkrankte Trägerin von Typhus identifiziert wurde und, weil sie als Köchin und Hausmädchen arbeitete, etliche Personen ansteckte. Nach ihrem Tod fand Mary Mallon vielfältigen Einzug in die Literatur- und (Pop-)Kulturgeschichte.[188] In der Figur der Typhoid Mary verdichten sich kulturelle und sexistische Stereotype: Die junge Frau mutiert zu einer diabolischen Verführerin, halb Lolita, halb Racheengel, die die Krankheit der Immigrant:innen systematisch auch in das New Yorker Großbürgertum bringt, zu einer Klientel also, die traditionell auf Abschottung bedacht war. Sie infiziert zunächst die männlichen Familienmitglieder, indem sie mit ihnen Sex hat, und löscht somit ganze Familien aus.

Auch medizinische Fallgeschichten, also dem wissenschaftlichen System zugehörige Texte, bedienen sich anekdotisierender Erzählweisen, die eine ‚Angstlust' erzeugen. In Christoph Wilhelm Hufelands *Makrobiotik* (1797) wird der Krankheitsdiskurs stark moralisiert und mit verlebendigenden, abschreckenden Exempeln angereichert. Beispielsweise gibt Hufeland folgenden fatalen „Fall" als nur einen „von tausenden" an, wobei keine Quellen genannt werden: Ein Familienvater und Ehegatte, der nach abundantem Weingenuss mit einer „liderlichen Dirne" anbändelt, infiziert sich mit dem Gelbfieber, steckt Frau und Kinder an, was dazu führt, dass „diese blühenden Menschen in Scheusale verwandelt" und vom gesamten Dorf wie Pestkranke gemieden werden. Schließlich

---

186 Brunvand, I believe in Mary worth, in: Encyclopedia of urban legends, 205 f.
187 Vgl. Alan Dundes, Bloody Mary in the Mirror. Essays in Psychoanalytic Folkloristics, Jackson (Mississippi) 2008, 79, 91; Linda S. Watts, Encyclopedia of American Folklore, New York 2007, 41 sowie Gail de Vos, Tales, Rumors, and Gossip: Exploring Contemporary Folk Literature in Grades 7-12, London 1996, 67–68.
188 Zum Beispiel bei Jürg Federspiel, Die Ballade von der Typhoid Mary, Frankfurt a. M. 1982.

sucht der Mann verschuldet und verzweifelt das Weite und lässt Frau und Kinder verkrüppelt und bettelnd zurück, bis diese noch acht Jahre später mit „liderlichen Knochenschmerzen" in der Krankenanstalt landen.[189] Hufeland rät auch an anderen Stellen von dem vertrauten Umgang mit „Weibspersonen" ab, deren Gesundheitszustand man nicht kenne; da man sich nie sicher sein könne, vermeide man gleich jeden außerehelichen Geschlechtsverkehr.[190]

Hier haben wir es also *grosso modo* mit einem Beispiel zu tun, das erstens den Diffusionsgrad zwischen anekdotischer Erzählweise, Gerücht und (moderner) Sage in ihrer Funktion als szenische Suggestivkraft anzeigt und zweitens die politische Wirkmächtigkeit und Langlebigkeit eines Narrativs bewusst macht, das Vorurteile reaktiviert, mit der Furcht vor dem Fremden spielt[191] und den Ordnungsbruch sanktioniert. Mithilfe dieses Narrativs werden einerseits strukturelle Probleme wie eine mangelhafte medizinische Versorgung, Stigmatisierung von Krankheiten oder Misogynie verleugnet, andererseits spektakuläre und skandalöse Einzelfälle bemüht, um das vorherrschende Strukturdenken aufrechtzuerhalten. Das Beispiel zeigt auch, wie die in der traditionellen Gattungsforschung etablierte Unterscheidung zwischen literarischen Gattungen und nicht-literarischen Textsorten obsolet wird. Gattungen definieren sich im Zusammenspiel von und in Konkurrenz mit koexistierenden Gattungen und deren konstitutiven und typischen Merkmalen. Sie interagieren zudem nicht nur mit anderen Gattungen, sondern auch mit anderen medialen Phänomenen.[192] Narratologische und kommunikationstheoretische Ansätze erlauben hingegen, Anekdoten, Gerüchte, einfache Formen und *urban legends* in ihrem wissenskulturellen Komplementär- und Konkurrenzverhältnis zu koexistierenden Gattungen und Medien zu untersuchen. Als eine Ausprägung dieser Konvergenz können anekdotische Evidenzen begriffen werden, die aber nicht nur in Anekdoten, sondern gattungs- und medienübergreifend als Sozial- und Kommunikationsphänomen zutage treten.

---

189 Vgl. Christoph Wilhelm Hufeland, Makrobiotik oder die Kunst das menschliche Leben zu verlängern, Stuttgart 1826, 288–290.
190 Vgl. Hufeland, Makrobiotik, 291.
191 Xenophobie ist ein thematischer Aspekt mit langer Tradition und globaler Verbreitung. Vgl. Brunvand, Xenophobia in urban legends, in: Encyclopedia of urban legends, hg. von dems., Santa Barbara 2001, 489 f.
192 Vgl. Marion Gymnich und Birgit Neumann, Vorschläge für eine Relationierung verschiedener Aspekte und Dimensionen des Gattungskonzepts: Der Kompaktbegriff Gattung, in: Gattungstheorie und Gattungsgeschichte, hg. von Marion Gymnich, Birgit Neumann und Ansgar Nünning, Trier 2007, 31–52, hier: 42 f.

Aus literaturwissenschaftlicher Sicht stellen sich somit für diese Arbeit die folgenden Fragen: Kann die soziale Wirkmächtigkeit von politischen Narrativen, wie sie im Vorangegangenen an den Beispielen (postfaktischer)[193] Nachrichtentypen, am Gerücht und an (modernen) Sagen diskutiert wurde, auch als *Gattungs*merkmal verortet werden? Transportiert nicht die Anekdote unter ähnlichen medialen Bedingungen öffnende bzw. schließende politische Narrative? Welchen Anteil hat anekdotisches Erzählen an der Verarbeitung politischen Zeitgeschehens?

Diesen Fragen liegt die bereits methodisch erläuterte Annahme dieser Arbeit zugrunde, dass Gattungen als soziokulturelle Phänomene nicht nur auf gesellschaftliche Bedürfnisse reagieren, sondern diese *generieren*.[194] So entwickelt sich die Anekdote um 1800 zu einer Form, die eine ‚koaktive' Sympoiesis in Geselligkeit erlaubt. Sie steht für das ‚Fluide' kleiner Formen und intendiert durch ihre (situative) Spontaneität und formale Abgebrochenheit, was nach Grimm der Einfachheit als organischer Verwurzelung im Volk eignet. Vor diesem Hintergrund soll die Anekdote im Folgenden als Medium politischer Narrative und alltagspraktischer Wissensverarbeitung erschlossen sowie auf ihre historiographische Bedeutung und ihre Funktion als (alternative) Geschichtsschreibung untersucht werden.

---

[193] Aus einer literaturwissenschaftlichen Perspektive sind Übertragungsversuche von der modernen Sage auf Phänomene im Internet und den sozialen Netzwerken nur eingeschränkt möglich, denn hierbei muss sich von einer Sagendefinition gelöst werden, die den Glauben an das Erzählte voraussetzt. Eine Weiterverbreitung von Hoaxes, Fake News etc. im Internet setzt weniger zwingend deren Authentizität voraus. Stangneth betont in diesem Zusammenhang, wie wichtig das Vertrauen sei, das wir in die menschliche Informationsquelle hätten. Sie lässt das Argument, dass sich Gerüchte heute vor allem auf der medienontologischen Grundlage von digitalen Selbstverstärkungsmechanismen (social bots) schneller verbreiteten, nicht gelten. Stattdessen plädiert sie für die persönliche Entscheidungsfreiheit des Einzelnen; ein Algorithmus allein könne keine Lüge hervorbringen, nicht mal verbreiten, sondern lediglich Zeichen vervielfältigen. Ein Netzwerk mag algorithmisch gesteuert sein, jede Schnittstelle bleibe jedoch die Entscheidung eines Menschen. Vgl. Stangneth, Lügen lesen, 122 f. Butter bestätigt diesen Eindruck in Bezug auf Verschwörungstheorien, zu deren Konjunktur das Internet nur scheinbar beigetragen habe; vielmehr seien sie durch das Internet nur wieder stärker in das Bewusstsein der Öffentlichkeit gerückt und hätten an Legitimation gewonnen. Vgl. Butter, Dunkle Komplotte, 11 f.
[194] Vgl. Gymnich/Neumann, Der Kompaktbegriff Gattung, 33. Vgl. hierzu auch Wilhelm Voßkamp, Literaturgeschichte als Funktionsgeschichte der Literatur, in: Literatur und Sprache im historischen Prozeß, hg. von Thomas Cramer, Tübingen 1983, 32–54, hier: 40.

2.3 Kleine Geschichte(n) im Großen. Anekdote und Novelle als responsive Gattungen

2.3.1 (Anekdotische) Schreib- und Erzählweisen als *worldmaking*

Auch und insbesondere literarische Gattungen sorgen für Kontingenzreduktion. Kleinen Formen kommt hierbei die Funktion eines lebensweltlichen Wissenstransfers im Sinne anekdotischer Evidenzen zu. Um die Wirk- und Funktionsmechanismen alltagspraktischer Wissensverbreitung aber umfassender beschreiben zu können, müssen Gattungen als soziokulturelle Phänomene begriffen werden, die darüber informieren, wie Gemeinschaften kommunikative Ereignisse wahrnehmen,[195] und die funktional zwischen Bedürfnissynthetisierung[196] und Bedürfnisproduktion oszillieren: Einerseits fungieren sie aufgrund ihrer erwartbaren Schemata und entsprechend kontingenzreduzierenden Fähigkeiten als soziale Ausdrucksmedien, andererseits reagieren sie auf Bedürfnisse, die sie selbst erst hervorgebracht bzw. kultiviert – da medialisiert – haben.[197] Als literarisches Gedächtnis formen sie Erinnerungen; so prägte z. B. der historische Roman als Gedächtnisgattung die Konzepte nationaler Identität maßgeblich mit.[198] Inwiefern im Gegensatz zu der großen Gattung des Romans kleine Formen wie die Anekdote Geschichtsarbeit leisten – zumal in Übergangszeiten, in denen die bewährten „großen Erzählungen"[199] ins Wanken geraten –, soll an späterer Stelle genauer untersucht werden.

Gattungen konturieren die Objekte, „von denen sie sprechen, von denen sie zugleich aber auch erst sprechen lassen".[200] In diesem Zusammenhang bezeichnet Ansgar Nünning Gattungsbildung als *worldmaking*.[201] Demnach sind Gat-

---

195 Vgl. Rüdiger Zymner, Gattungstheorie. Probleme und Positionen der Literaturwissenschaft, Berlin 2003, 203.
196 Vor dem Hintergrund des institutionellen Charakters von Gattungen bezeichnet Voßkamp sie als historische Bedürfnissynthesen. Vgl. Voßkamp, Gattungen als literarisch-soziale Institutionen, 32.
197 Vgl. Gymnich/Neumann, Der Kompaktbegriff Gattung, 33.
198 Vgl. Birgit Neumann und Ansgar Nünning, Einleitung: Probleme, Aufgaben und Perspektiven der Gattungstheorie und Gattungsgeschichte, in: Gattungstheorie und Gattungsgeschichte, hg. von Marion Gymnich, Birgit Neumann und Ansgar Nünning, Trier 2007, 1–28, hier: 14 f.
199 Jean-François Lyotard, Das postmoderne Wissen, Wien 1999.
200 Ivo Ritzer und Peter W. Schulze, Transmediale Genre-Passagen: Interdisziplinäre Perspektiven, in: Transmediale Genre-Passagen. Interdisziplinäre Perspektiven, hg. von Ivo Ritzer und Peter W. Schulze, Wiesbaden 2016, 1–23, hier: 11.
201 Unter Bezug auf Nelson Goodman (*Ways of Worldmaking*, 1978) beschreibt Ansgar Nünning die konstitutive Bedeutung von Erzählungen für die Figuration und das Operieren von

tungen: historisch bedingte Kommunikationsformen,[202] weil sich in ihnen kulturelle und epochenspezifische Welterfahrungen, gesellschaftliche Widersprüche, Problemstellungen und Problemlösungen niederschlagen; konventionalisierte Wirklichkeitsstrukturierungen,[203] weil sie Kontinuitätserwartungen der Lesenden wecken; (kognitive) Erwartungsschemata, die bei der Narrativierung von Lebensereignissen helfen sollen, sowie kulturelle Deutungsschablonen für kollektive Sinnstiftungsprozesse.[204] Gattungen verhalten sich also sowohl proaktiv als auch reaktiv zu den Erwartungen und Krisen der Lesenden in einem bestimmten zeitgeschichtlichen Kontext. Vor diesem Hintergrund kann Gattungsbildung den Zweck der institutionalisierten Kontingenzbewältigung und Konsensbildung erfüllen.[205]

Um Gattungsbildung in diesem Sinne als *worldmaking* zu begreifen, braucht es aber einen variablen, mehrdimensionalen und transmedialen Gattungsbegriff. Marion Gmynich und Birgit Neumann haben hierfür ein Modell entwickelt, das zwischen textueller, kulturell-historischer, individuell-kognitiver und funktionaler Ebene differenziert.[206] Ausgehend von diesem Modell soll der Gattungsbegriff der Anekdote im Kontext dieser Arbeit vor allem auf kulturell-historischer und funktionaler Ebene erschlossen werden. Auf textueller Ebene ist aber nicht nur interessant, dass zwischen inhaltlichen und formalen Aspekten unterschieden wird: Während sich z. B. der historische Roman dominant über inhaltliche Gesichtspunkte definiere, ließen sich Gattungen wie das Sonett oder das Haiku primär über formale Charakteristika bestimmen.[207] Entscheiden-

---

Diskursen, Denk- und Sichtweisen. Nünning denkt die Idee des „Worldmaking" dabei über Genre- und Medienformen hinweg. Vgl. Ansgar Nünning, Making Events – Making Stories – Making Worlds: Ways of Worldmaking from a Narratological Point of View, in: Cultural Ways of Worldmaking. Media and Narratives, hg. von Vera Nünning, Ansgar Nünning und Birgit Neumann, Berlin/New York 2010, 191–214. Vgl. hierzu auch Neumann/Nünning, Einleitung, 6.
202 Vgl. Wolfgang Raible, Was sind Gattungen? Eine Antwort aus semiotischer und textlinguistischer Sicht, in: Poetica 12 (1980), 320–349.
203 Vgl. Horst Steinmetz, Historisch-strukturelle Rekurrenz als Gattungs-/Textsortenkriterium, in: Textsorten und literarische Gattungen. Dokumentation des Germanistentages in Hamburg vom 1.-4. April 1979, hg. von Vorstand der Vereinigung der deutschen Hochschulgermanisten, Berlin 1983, 66–88.
204 Vgl. Neumann/Nünning, Einleitung, 11, 13.
205 Insbesondere Voßkamp machte den literarisch-sozialen Institutionenbegriff für die Gattungstheorie und -geschichte fruchtbar, indem er Gattungen als Effekte dynamischer literarisch-sozialer Kommunikationsprozesse ansieht. Vgl. Voßkamp, Gattungen als literarisch-soziale Institutionen, 29 f.
206 Vgl. Gymnich/Neumann, Der Kompaktbegriff Gattung, 34 f.
207 Vgl. Neumann/Nünning, Einleitung, 7.

der ist, dass diese Charakteristika nicht universalistisch sind. Ein Text muss nicht alle als konstitutiv oder typisch geltenden Merkmale beinhalten – vielmehr lässt er sich über Familienähnlichkeiten bestimmen.[208] Dieser Aspekt gewinnt besondere Relevanz beim Anekdotischen, dessen Gattungsmerkmale häufig mit Bezug auf andere Formen definiert werden – so auch im Rahmen dieser Arbeit, wenn die Funktionsmechanismen der Anekdote einerseits mit dem Gerücht, andererseits mit der literarischen Gattung der Novelle verglichen werden. Dabei wird auf unterschiedliche Definitionen zur Bestimmung des Anekdotischen zurückgegriffen, die letztlich nur Annäherungen darstellen.

Auch Niehaus bemerkt richtig, dass einiges von dem, was als „Anekdote" etikettiert wird, eigentlich andere Genres bezeichnet wie die Novelle, den Schwank, den Witz, die Sage und das Apophthegma.[209] Letzteres entspreche, aufgrund seines strengen dreigliedrigen Aufbaus von situierender, sich als Frage oder Sprechakt konkretisierender *occasio*, abschließendem *dictum* und dem Bindeglied der herausfordernden *provocatio*, der Grundstruktur der Anekdote und dient Niehaus als Referenzfolie, von der her er das Amorphe der Anekdote differenzierter erfassen will.[210] Denn während das Apophthegma auf seine strenge Form angewiesen bleibt und jegliche Ausschmückungen oder Abschweifungen unterdrücken muss, um das zentrale Ereignis, die *occasio*, nicht zu verstellen, ist die Anekdote „Bastardisierungen" unterworfen bzw. um sie bereichert.[211] Zum zentralen Unterscheidungsmerkmal wird Niehaus der pointierte Schluss des Apophthegmas: Das abschließende *dictum* gebühre nicht der Erzählinstanz, sondern einer Autorität, die keine Gegenrede dulde.[212] Hiermit begründe das Apophthegma eine agonale Situation, „einen Redestreit in nuce,

---

208 Ein Beispiel für die Varianz der Merkmale und für die Veränderlichkeit einer Gattung ist der postkoloniale Bildungsroman, der über eine kürzere Zeitspanne erzählt als der traditionelle Bildungsroman. Der Zeitlichkeitsaspekt ist aber nur ein typisches, nicht ein konstitutives Merkmal des Bildungsromans, daher ist die Gattungszuschreibung legitim. Vgl. Gmynich/Neumann, Der Kompaktbegriff Gattung, 37 f.
209 Vgl. Niehaus, Die stumme und die sprechende Anekdote, 186.
210 Vgl. Niehaus, Die stumme und die sprechende Anekdote, 186–190.
211 Vgl. Niehaus, Die stumme und die sprechende Anekdote, 188. Im Grunde sind alle Gattungen diesen „Bastardisierungen" unterworfen. So argumentiert Jacques Derrida gattungspoetologisch für „ein Prinzip der Kontamination, ein Gesetz der Unreinheit, eine Ökonomie des Parasitären". Ein Text geht demnach nie ganz in einem Genre auf; doch vollständig losgelöst von Gattungsspezifika kann er auch nicht existieren. Statt einer Zugehörigkeitsmarkierung hat ein Text vielmehr Teil an einer bestimmten Gattung. Vgl. Jacques Derrida, Das Gesetz der Gattung [1980], in: ders., Gestade, hg. von Peter Engelmann, Wien 1994, 246–283, hier: 252.
212 Vgl. Niehaus, Die stumme und die sprechende Anekdote, 194.

der zu Ende ist, bevor er wirklich begonnen hat".[213] Eine entscheidende Abweichung vom Apophthegma kann die Anekdote also markieren, indem sie gerade von dieser unbedingten Pointierung abweicht und nicht notwendigerweise mit einem Ausspruch des Souveräns endet, sondern der *provocatio* ein (versöhnliches) Ende, eine „Nachgeschichte" hinzufügt.[214] Somit wird die Anekdote zu einer anschlussfähigen Erzählung. Mit dem Aspekt der Gegenrede wird außerdem stärker das Moment der alternativen Geschichtsschreibung betont, aber nicht im Sinne einer subversiven *Gegen*geschichte, sondern als *kleine* Geschichte, die streng genommen nicht zur Geschichte gehört,[215] um einer Definition Friedrich Schlegels in diesem Kapitel vorauszugreifen.

Niehaus findet für diese zwei Pole, die das Kraftfeld des Anekdotischen bestimmen, die Bezeichnungen „sprechend" und „stumm": Die sprechende Anekdote sei vor allem durch ihre Form, durch das *dictum*, definiert; die stumme Anekdote durch ihren (historischen) Stoff, der „über die Zeiten hinweg besticht", gerade weil er sich in kein Allgemeines auflösen lasse (wie im Fall der Charakter-Anekdote), sondern nur erzählt werden könne.[216] ‚Sprechend' ist die Anekdote also, wenn sie pointiert jede Gegen- oder Widerrede verstummen lässt. Kleists bekannte Bach-Anekdote stellt dafür ein Beispiel dar:

> Bach, als seine Frau starb, sollte zum Begräbnis Anstalten machen. Der arme Mann war aber gewohnt, alles durch seine Frau besorgen zu lassen; dergestalt, daß da ein alter Bedienter kam, und ihm für Trauerflor, den er einkaufen wollte, Geld abforderte, er unter stillen Tränen, den Kopf auf einen Tisch gestützt, antwortete: ‚sagt's meiner Frau.'[217]

‚Stumm' ist die Anekdote hingegen, wenn sie mit einer deutungsoffenen und mithin kommunikationsöffnenden Nachgeschichte endet, wie die nicht minder populäre Kleist-Anekdote *Der Griffel Gottes*:

> In Polen war eine Gräfin von P..., eine bejahrte Dame, die ein sehr bösartiges Leben führte, und besonders ihre Untergebenen, durch ihren Geiz und ihre Grausamkeit, bis auf das Blut quälte. Diese Dame, als sie starb, vermachte einem Kloster, das ihr die Absolution er-

---

213 Vgl. Niehaus, Die stumme und die sprechende Anekdote, 190.
214 Bezieht sich das anekdotische Ereignis auf die Persönlichkeit, auf den Charakter eines Souveräns, dann muss sie über das *dictum* des Apophthegmas hinausgehen. Erst wenn diese Bedingung erfüllt ist, könne die Anekdote Verbindungen mit anderen (Erzähl-)Formen eingehen. Vgl. Niehaus, Die stumme und die sprechende Anekdote, 193 f.
215 Vgl. Schlegel, Johannes Boccaccio, 394.
216 Vgl. Niehaus, Die stumme und die sprechende Anekdote, 201.
217 Heinrich von Kleist, Anekdote, in: Sämtliche Werke und Briefe in vier Bänden, Bd. 3: Erzählungen. Anekdoten. Gedichte. Schriften, hg. von Klaus Müller-Salget, Frankfurt a. M. 1990, 361 (KlDKV 3).

teilt hatte, ihr Vermögen; wofür ihr das Kloster, auf dem Gottesacker, einen kostbaren, aus Erz gegossenen, Leichenstein setzen ließ, auf welchem dieses Umstandes, mit vielem Gepränge, Erwähnung geschehen war. Tags darauf schlug der Blitz, das Erz schmelzend, über den Leichenstein ein, und ließ nichts, als eine Anzahl von Buchstaben stehen, die, zusammen gelesen, also lauteten: sie ist gerichtet! – Der Vorfall (die Schriftgelehrten mögen ihn erklären) ist gegründet; der Leichenstein existiert noch, und es leben Männer in dieser Stadt, die ihn samt der besagten Inschrift gesehen.[218]

An dieser Unterscheidung wird deutlich, dass eine Auslotung der Effekte ‚Anschlussfähigkeit' auf der einen und ‚Letztbegründung' auf der anderen Seite nicht nur den Kommunikationsstil postfaktischer Instrumente beschäftigt, sondern auch das Anekdotische als kleine Form. Dabei lassen sich die unterschiedlichen Effekte gerade nicht universalistisch dem Stummen oder dem Sprechenden zuordnen. Kürze als weitgehend anerkanntes konstitutives Merkmal kleiner Formen kann sowohl Anschlusskommunikation ermöglichen als auch Kommunikation abbrechen lassen. So kann ein Erzählgestus, der „sprechend" mit der Pointe abbricht, auf der Rezeptionsebene die Lust am (Weiter-)Fabulieren ja gerade stimulieren, wohingegen ein ‚Nachgesang' jeglicher Gegen- oder Weiterrede vorausgreift und diese somit verstummen lässt.

Einen kommunikativen Gattungsbegriff, wie er hier dargelegt wurde, könnte man sich als eine Art ‚responsives Modell' vorstellen, wonach Gattungen auf Gattungen reagieren.[219] Demnach wäre es kein Defizit, wenn sich Gattungen weitgehend ‚nur' in Angrenzung – oder genauer: in ihrem wissenskulturellen Komplementär- und Konkurrenzverhältnis – zu kulturell koexistierenden Gattungen konturieren ließen. Hinzu kommt aber, dass Gattungen auch mit synchronen Medien interagieren.[220] Ein kritischer Gattungsbegriff sollte deshalb nicht nur mehrdimensional, sondern auch transmedial perspektiviert werden.[221] Die in der traditionellen Gattungsforschung etablierte Unterscheidung zwischen literarischen Gattungen und nicht-literarischen Textsorten verliert insbesondere

---

218 Heinrich von Kleist, Der Griffel Gottes, in: KlDKV 3, 355.
219 Vgl. Voßkamp, Gattungen als literarisch-soziale Institutionen, 32.
220 Vgl. Gmynich/Neumann, Der Kompaktbegriff Gattung, 42 f.
221 So weisen etwa Ivo Ritzer und Peter W. Schulze darauf hin, dass es erst jene Studien, die über formalästhetische Aspekte hinausgingen, die also im Schnittfeld zwischen Literatur- und Kulturwissenschaften angesiedelt waren, es vermochten, auch außerliterarische Ebenen für die Gattungstheorie fruchtbar zu machen. Gattungen sind immer auch transmediale Phänomene. Statt von einer generischen Essenz auszugehen, sei es produktiver, von generischen Clustern aus kontingenten Merkmalen auszugehen. Genres sorgten schließlich dafür, dass Medien auf eine bestimmte Art und Weise zur Erscheinung kämen. Nicht nur aus filmwissenschaftlicher Sicht ergibt sich der notwendige Zusammenhang von Medien- und Gattungstheorie. Vgl. Ritzer/Schulze, Transmediale Genre-Passagen, 4 f., 18, 21 f.

beim Anekdotischen an Verbindlichkeit, das sich als journalistischer oder (populär)wissenschaftlicher Schreibstil, als gesellige und/oder literarische Erzählweise oder aber als postfaktische Strategie der Evidenzbildung zu äußern vermag.

Je nachdem, welcher historische oder philologische Maßstab angelegt und wie großzügig mit konstitutiven und typischen Kriterien operiert wird, lässt sich so manche kleine Geschichte als Anekdote bezeichnen. Wir werden später sehen, dass sogar längere Geschichten unter gewissen Umständen als anekdotisch bezeichnet wurden – indem nicht auf das vermeintlich konstitutive Moment der Kürze abgehoben wurde, sondern auf das der Geschichtsschreibung. So drängt sich doch vielmehr als die Frage nach ihrer Gattungsdesignation jene nach ihrer Wirkung auf – sofern sie (politisch) wirkt –, die sich vor allem auf ihre paratextuellen, medialen Parameter zurückführen lässt. In welchem Kontext steht die Anekdote? Konzentrieren wir uns auf diese Frage, lässt sich als Untersuchungsperspektive maßgeblich von dem im Vorangegangenen definierten Narrativbegriff profitieren: In welchen anderen Erzählformen und Medien ist das Anekdotische besonders wirksam, wenn es politische Narrative transportieren soll und welche anderen Formen oder nicht-literarischen Momente sind wiederum in ihm wirksam?

2.3.2 Anekdote historiographisch. Geheimgeschichte – Gegengeschichte – Kleine Geschichte

> „Geschichte ist eine große Anekdote. Eine Anekdote ist ein historisches Element, ein historisches Molecule oder Epigramm. [...] Die Geschichte in gewöhnlicher Form ist eine zusammengeschweißte, aber ineinander zu einem Continuo geflossene Reihe von Anekdoten."[222]

Die Anekdote gehört zu den kleinen (literarischen) Formen, den *genres mineurs*, wobei ihr Gattungsname in der Literatur weniger verbreitet ist als in der Historiographie und der Publizistik. Der Begriff ist abgeleitet von *anékdota*, „Unveröffentlichtes", und wurde im Französischen und im Spanischen zunächst synonym zu *historiette* und *historieta* gebraucht; der Gattungsname entstand dann um 1650 aus *histoire anecdote*. Der substantivische Gebrauch geht zurück auf den Historiker Antoine Varillas, der sich auf Prokops *Historia arcana* bezieht,

---

222 Novalis, Fragmente oder Denkaufgaben [1798], in: Schriften. Kritische Neuausgabe auf Grund des handschriftlichen Nachlasses, Bd. 2,1, hg. von Ernst Heilborn, Berlin 1901, 95–100, hier: 98.

die später *Historia anecdota* genannt wurde. Ist die Anekdote in der Moderne vor allem dadurch charakterisiert, dass sie eine noch unbekannte, merkwürdige, aber *wahre* Begebenheit erzählen soll, stellte sie ursprünglich als *Historia arcana* eine unterdrückte, verschwiegene Seite der offiziellen Historiographie dar.[223] Die Anekdote kann demnach eine Art Gegengeschichte erzählen, gerade weil sie nicht primär an der Authentizität[224] eines Ereignisses oder einer Personenbeschreibung interessiert ist. Konstitutiv ist hier das subversive Moment einer oppositiven Geschichtsdarstellung, die in kritischen Enthüllungen über Verbrechen und Vergehen der Herrschenden bestand und intendierte, historische Gerechtigkeit und Wahrheit sowie eine auf (vorgebliche) Zeugenschaft beruhende Glaubwürdigkeit darzustellen.[225]

Dieses Moment der (alternativen) Geschichtsschreibung wurde für die Gattungstheorie der Anekdote erst aus sozialgeschichtlicher Perspektive betont,[226] sowie jüngst im Zuge literatur- und kultursoziologischer Auseinandersetzungen mit kleinen Formen und Formaten des Kleinen.[227] Vor allem in mikroanalyti-

---

223 Vgl. Sonja Hilzinger, Anekdotisches Erzählen im Zeitalter der Aufklärung. Zum Struktur- und Funktionswandel der Gattung Anekdote in Historiographie, Publizistik und Literatur des 18. Jahrhunderts, Stuttgart 1997, 24. Anekdotische Überlieferungen sind bereits aus dem alten Ägypten bekannt. Vgl. Peter Köhler, Nachwort. Dichtung als Wahrheit: die Anekdote, in: Wenn ich die Wahrheit sagen wollte, müßte ich lügen. Das Anekdoten-Buch, hg. von Peter Köhler, Stuttgart 2001, 261–276, hier: 269. Anekdoten machen zudem einen großen Teil von Herodots *Historien* aus. Vgl. Hartmut Erbse, Studien zum Verständnis Herodots, Berlin 1992, 10–74. Zur Verankerung des Anekdotischen in der abendländischen Geschichte, vgl. auch Niehaus, Die stumme und die sprechende Anekdote, 184 f. Dabei gilt die Anekdote *grosso modo* zugleich als leicht zugängliches Organ historisch-politischer Information wie auch moralischer Orientierung. Vgl. Gesa von Essen, Prosa-Konzentrate. Zur Virtuosität der kleinen Form bei Heinrich von Kleist, in: Heinrich von Kleist. Neue Ansichten eines rebellischen Klassikers, hg. von Werner Frick, Freiburg i. Br. 2014, 129–160, hier: 133. Bisweilen wird ihr in ihrer gegengeschichtlichen Funktion sogar höherer geschichtlicher Erkenntniswert zugeschrieben als historiographischen Darstellungen. Vgl. Christian Moser, Die supplementäre Wahrheit des Anekdotischen. Kleists ‚Prinz Friedrich von Homburg' und die europäische Tradition anekdotischer Geschichtsschreibung, in: Kleist Jahrbuch (2006), 23–44, hier: 30.
224 Zu den Authentifizierungsstrategien der Anekdote, vgl. Lea Liese, Die unverfälschte Gemeinschaft. Authentifikationsstrategien einer exklusiven Geselligkeit bei Achim von Arnim und Clemens Brentano, in: Focus on German Studies (27): Spielformen des Authentischen, German Graduate Student Association of the University of Cincinnati, hg. von Anna-Maria Senuysal und Mareike Lange, 2020, 1–25, hier insbesondere zur Medialität des Anekdotischen 2–4.
225 Vgl. Hilzinger, Anekdotisches Erzählen im Zeitalter der Aufklärung, 36, 38.
226 Vgl. Sonja Hilzinger, Anekdote, in: Handbuch der literarischen Gattungen, hg. von Dieter Lamping et al., Stuttgart 2009, 12–16, hier: 13.
227 Kleine Formen widmen sich im historiographischen Kontext einer kontrafaktischen Geschichtsdarstellung. Sie wenden sich der „unsichtbaren, der unentfalteten Seite einer

schen Geschichtsbetrachtungen und im New Historicism wird die Anekdote, die auf das Singuläre abhebt, als Historem, als kleinste historische Einheit in der Geschichtsdarstellung begriffen.[228] So wird der Begriff *microhistory/microstoria* seit den späten 1950ern in Abgrenzung zu einer Geschichtsschreibung, die an „großen Erzählungen" interessiert ist, verwendet, also für eine „Geschichtsschreibung im Kleinen"[229]. Die (durchaus heterogenen) Methoden der Mikrogeschichte nehmen Abstand von den teleologischen Master-Plots im Sinne übergeordneter großer Narrative (z. B. des Nationalstaats, des Fortschritts etc.) und legen stattdessen den Fokus auf das Heterogene, Partikuläre und scheinbar Nebensächliche. Sie konstruieren keine großen historischen Verläufe, sondern betonen narrativ ihre Idiosynkrasien und Bruchstellen, die sich resistent zeigen gegen universalistische Deutungsmuster.[230] Die Mikrohistorie ist verortet im Grenzbereich von Geschichte und Literatur und zeichnet sich oftmals durch einen narrativen bis kinematographischen Stil aus,[231] der den von den großen Erzählungen ‚übersehenen' Spuren, Indizien und Fährten nachgeht.[232]

Während mikroanalytische Betrachtungen das Historem in seiner Heterogenität zum Anlass nehmen, die Gleichförmigkeit großer Erzählungen auf den Prüfstand zu stellen, wird die anekdotische Darstellung von Heterogenität dem New Historicism zum Mittel, den narrativ erzeugten Wahrheitsanspruch jeder Geschichtsschreibung zu decouvrieren.[233] Auch die großen Erzählungen sind demnach letztlich Erzählungen, die aber durch ihre Geschlossenheit und ständige Wiederholung für historische Wahrheiten gehalten werden. Das anekdotische Ereignis weist in seiner ausgestellten Partikularität somit auf die Antinomien einer Geschichtsschreibung hin, deren Ganzheitlichkeit und

---

‚Real'geschichte zu, der die Zeitgenossen aus pragmatischen, politischen und ideologischen Gründen Faktizität zuerkennen". Blasberg, Spannungsverhältnisse, 85.
228 Vgl. hierzu insbesondere: Verhandlungen mit dem New Historicism. Das Text-Kontext-Problem in der Literaturwissenschaft, hg. von Jürg Glauser et al., Würzburg 1999.
229 Carlo Ginzburg, Mikrogeschichte: Zwei oder drei Dinge, die ich von ihr weiß [1994], in: Faden und Fährten. Wahr falsch fiktiv, Berlin 2013, 89–112, hier: 94. Die geschichtswissenschaftlichen Forschungsrichtungen der Mikrogeschichte bilden indes keine einheitliche Schule ab, sondern Ginzburg verweist auf vielfältige Strömungen. Das Anekdotische in seinem geschichtlichen Bedeutungszusammenhang wird vor diesem Hintergrund durchaus ambivalent bis kritisch betrachtet.
230 Vgl. Fernand Braudel, Schriften zur Geschichte, Bd. 1, Stuttgart 1992, 114.
231 Vgl. Ginzburg, Mikrogeschichte, 104.
232 Ginzburg demonstriert dieses Verfahren eindrücklich in *Der Käse und die Würmer. Die Welt eines Müllers um 1600* (1976).
233 Vgl. Philipp Müller, Die Rhetorik der Mikrogeschichte, in: Zeitschrift für Ideengeschichte, 6/2 (2012), 126–128, hier: 127.

Gleichförmigkeit nur durch verschleierte narrative Verfahren hergestellt wird.[234] Die Antinomie besteht darin, dass nach Joel Fineman das teleologische Geschichtsmodell hinter den *grand récits* streng genommen ahistorisch ist und eine *finite history*[235] impliziert:

> Hegel's philosophy of history, with its narration of the spirit's gradual arrival at its own final self-realizing self-reflection, is the purest model of such an historical grand récit, and [...] such a history is not historical. Governed by an absolute, inevitable, inexorable teleological unfolding, so that, in principle, nothing can happen by chance, every moment that participates within such Hegelian history, as the Spirit materially unfolds itself into and unto itself, is thereby rendered timeless.[236]

Die anekdotische Erzählweise hingegen sei eine besondere Methode, singuläre Ereignisse und den historischen Kontext miteinander zu verknüpfen, wobei der historische Effekt im Öffnen und Geschehen-lassen von Geschichte bestehe:

> [T]he anecdote is the literary form that uniquely lets history happen by virtue of the way it introduces an opening into the teleological [...] narration of beginning, middle, and end. The anecdote produces the effect of the real, the occurrence of contingency, by establishing an event within and yet without the framing context of historical successivity, i. e., it does so only in so far as its narration both comprises and refracts the narration it reports.[237]

Die Anekdote lässt also Geschichte *geschehen*, indem sie die teleologische Komposition von Anfang, Mitte und Ende auf das ‚Reale' der Geschichte hin öffnet und ein singuläres Ereignis, das sich auch anders hätte zutragen können, weitgehend ohne den rahmenden Kontext einer sukzessiven Geschichtlichkeit erzählt. Der historische Effekt, den die Anekdote zeitigt, besteht damit in der Wiedereinführung von Kontingenz in die konstruierte Narration des Geschichtsverlaufs. Dabei verwerfe die Anekdote aber nicht das für alle mimetischen Formen geltende rudimentäre Grundmuster des Erzählens von Exposition, Konflikt und Lösung[238] bzw. das aristotelische Modell von Anfang, Mitte und Ende, denn sonst könnte sie ebenso wenig einen Effekt des Realen produzieren wie die nicht-literarischen historiographischen Formen.[239] Gleichwohl

---

234 Vgl. Müller, Die Rhetorik der Mikrogeschichte, 127.
235 Vgl. Fineman, The History of the Anecdote: Fiction and Fiction, 57.
236 Fineman, The History of the Anecdote, 61.
237 Fineman, The History of the Anecdote, 62. Auch Volker Weber schreibt: „Die Anekdote geht [...] im Augenblick auf." Vgl. Volker Weber, Anekdote. Die andere Geschichte, Tübingen 1993, 77.
238 Vgl. Hilzinger, Anekdotisches Erzählen, 54.
239 Vgl. Fineman, The History of the Anecdote, 61.

geht die Anekdote nicht in einer Erzählung auf,[240] eben weil ihr die Ambivalenz eignet, zugleich geschlossen und offen, sprechend und stumm, über sich hinaus verweisend und abgebrochen zu sein. Fineman bezeichnet sie in diesem Zusammenhang als *historeme*, in dem Fiktion und Faktum, kleine und große Geschichte, historische Bedeutung und bisher Unveröffentlichtes zu einem Ereignis verdichtet sind.[241] Dieser Doppelcharakter ist entscheidend, denn er zeigt, dass die Anekdote nicht in einfachem Gegensatz zu den *grands récits* der Geschichte steht, wie es teilweise im Zuge des New Historicism suggeriert wird.[242] Christian Moser problematisiert, dass insbesondere bei Stephen Greenblatt marginale anekdotische Geschichten nicht um ihrer selbst willen erzählt werden, sondern immer auf große historische Zusammenhänge bezogen bleiben, womit die produktive Ambivalenz des Anekdotischen gerade eliminiert werde.[243] Stattdessen schlägt Moser vor, das Verhältnis des Anekdotischen zur Geschichte als supplementäre Ergänzung zu beschreiben. Die große Geschichte bedürfe der Kleinform der Anekdote, um den ihr innewohnenden Mangel an Unwahrscheinlichem, Zufälligem oder Randständigem zu beheben, also all das, was die *grand récits* auslagern wollen, auf das sie aber nicht gänzlich verzichten können,[244] weil es eben auch zur Geschichte gehört.

Dass sich das Anekdotische supplementär zur Geschichte verhält, kann man sich leicht verdeutlichen, wenn man ihren historischen Effekt als Kontingenzmoment begreift. Intentionales Handeln, das einem teleologischen Geschichtsgang untersteht, und der Zufall, der als unerwartetes Ereignis diesen Geschichtsgang unterläuft, stehen eigentlich in Konkurrenz zueinander.[245] Wiederum bedarf es des Kontingenten, also der Gewissheit, dass alles auch anders sein könnte, um überhaupt handeln zu können. Das *Kontingente* ist dabei ein Raum, auf den hin sich entwerfen lässt, der *Zufall* hingegen tritt als unerwarte-

---

240 Vgl. Müller, Die Rhetorik der Mikrogeschichte, 127.
241 Vgl. Fineman, The History of the Anecdote, 57.
242 Vgl. Stephen Greenblatt, Introduction: Joel Fineman's Will, in: The Subjectivity Effect in Western Literary Tradition: Essays Towards the Release of Shakespeare's Will, hg. von Joel Fineman, Cambridge 1991, ix-xix, hier: xix.
243 Zum Anekdotischen bei Kleist im literarischen Kontext, zur geschichtsbildnerischen Kraft der Gattung Anekdote sowie zum Phänomen, dass ihr als erfundener Geschichte, die auf Wahrscheinlichkeit beruhe, ein höherer geschichtlicher Erkenntniswert zugeschrieben werde als der wahren Geschichte, vgl. Moser, Die supplementäre Wahrheit des Anekdotischen, 25, 30.
244 Vgl. Moser, Die supplementäre Wahrheit des Anekdotischen, 25
245 Vgl. Michael Makropoulos, Kontingenz und Handlungsraum, in: Poetik und Hermeneutik XVII. Kontingenz, hg. von Gerhart v. Graevenitz und Udo Marquard, München 1998, 23-25, hier: 23.

tes Ereignis innerhalb dieses Raumes in Kraft.[246] Handlung erscheint in jedem Fall als kontingent, insofern sie einen Wahlakt darstellt,[247] aber in der Einstellung des Handelns liegt die vollkommene Auslieferung an den Zufall. Trotzdem steht das Handeln selbst während seines Vollzugs noch immer unter dem Vorzeichen des Kontingenten in der Zeit, denn Zielsetzung oder Motivation, die den Handlungen zugrunde liegen, sind weder notwendige noch hinreichende Gründe für die eintretende Wirklichkeit; je weiter Zielsetzung und Realisation zeitlich auseinanderfallen, desto unwahrscheinlicher wird ihre Deckungsgleichheit.[248] Somit liegt der Ursprung von Geschichtlichkeit im Zufall, denn das reale Handeln in historischen Kontexten unterscheidet sich fundamental von den instrumentier- und überschaubaren Handlungsalternativen im zufallsbereinigten Experimentierraum der streng objektivistischen Forschung.[249] Handlungen lassen sich nicht isoliert betrachten, weder zeitlich noch im Wechselspiel mit dem oftmals divergierenden Realisationsvorhaben der Mitmenschen.

Die Anekdote kann in ihrer supplementären Ergänzung sowohl „Instrument der Totalisierung wie auch der Fragmentierung von Geschichte"[250] sein. Dies wird deutlich am Beispiel der biographischen Anekdote, die unbekannte Details aus dem Leben einer historischen Größe zum Vorschein bringen soll. Durch die Ausgestaltung des Marginalen kann sie entweder die Kontingenz der Ereignisse zur Geltung bringen, also etwa ruhmreiche Taten auf bloße Zufälle zurückführen. Oder sie nutzt das scheinbar nebensächliche Detail als lebensweltliche Letztbegründung und tilgt damit jedwede Kontingenz aus dem Geschichtsverlauf.[251] Diese Funktionsbestimmung markiert augenfällig einen Abstand zur Bedeutungskomponente der Gegengeschichte. Das Kriterium des Geheimen ist hier weitgehend marginalisiert bzw. trivialisiert, denn es zielt nicht auf etwaige „von den Herrschenden unterdrückte und zensierte Informationen" ab, so Sonja Hilzinger, sondern auf persönliche bis intime Details, die erhellende Rückschlüsse auf ihren Charakter zulassen.[252] In dem einen Fall wirkt die Anekdote

---

246 Vgl. Rüdiger Bubner, Die aristotelische Lehre vom Zufall. Bemerkungen in der Perspektive einer Annäherung der Philosophie an die Rhetorik, in: Poetik und Hermeneutik, 3–22, hier: 6.
247 Vgl. Alois Hahn, Kontingenz und Kommunikation, in: Kontingenz, 493–521, hier: 495.
248 Vgl. Bubner, Die aristotelische Lehre vom Zufall, 7 f.
249 Vgl. Bubner, Die aristotelische Lehre vom Zufall, 8.
250 Moser, Die supplementäre Wahrheit des Anekdotischen, 25.
251 Vgl. Lionel Gossman, Anecdote and History, in: History and Theory 42 (2003), 143–168, hier: 155.
252 Vgl. Hilzinger, Anekdotisches Erzählen im Zeitalter der Aufklärung, 36. Die Anekdote entspricht in dieser Hinwendung zum Subjektiven und Privaten der allgemeinen sozial- und kulturgeschichtlichen Entwicklung in der zweiten Hälfte des 18. Jahrhunderts, die z. B. in den bildenden

also subversiv, in dem anderen affirmativ. Wir haben eine ähnlich ambivalente Logik bei der Gerüchteverbreitung in ihrer antiken und neuzeitlichen Gestalt beobachten können, nämlich einerseits als Teil einer Geschichtsüberlieferung, die die Kunde von ruhmreichen Taten bedeuten kann (so bei Hendrick Goltzius' *Fama und Historia*). Andererseits fungiert das Gerücht bereits in der römischen Antike, vor allem aber seit der Französischen Revolution, als Macht destabilisierendes Kommunikationsmittel der Vielen, denen die reale oder scheinbare Schwäche des Souveräns (moralisches Laster, Krankheit) zum Anlass gereicht, gegen vorgeblich feste Geschichtsläufe und Herrschergenealogien anzu*reden*.

2.3.3 Erneuern und Bewahren. Anekdote und Novelle im Spiegel (früh)romantischer Gattungstheorie (Novalis und Friedrich Schlegel)

Während der New Historicism die Inszenierung des Realen – als ‚Riss' und als ‚Einbruch' des Partikulären in die homogenisierte Geschichtserzählung – zum anekdotischen Alleinstellungsmerkmal unter den literarischen Formen stilisiert,[253] findet sich bereits in der Frühromantik bei Novalis eine ähnliche Definition, nach der Anekdoten (wie Poesie überhaupt) das gewöhnliche Leben unterbrechen und der Erneuerung dienen.[254] Die Kunst des Anekdotisierens besteht dabei konkret in der „Erregung von Aufmerksamkeit, Spannung"[255]. Anekdoten wirkten wie „Kranckheiten, Unfälle, sonderbare Begebenheiten, Reisen, Gesellschaften"; sie versetzten in einen künstlichen fiebrigen Zustand.[256] Mit Anekdoten lasse sich also das eigene Leben poetisieren und ein „Anekdotenmeister" müsse alles in Anekdoten zu verwandeln wissen.[257]

Künsten eine Ablösung der repräsentativen höfischen Malerei durch Stillleben und Portrait forciert habe. Vgl. Hilzinger, Anekdotisches Erzählen im Zeitalter der Aufklärung, 56. Bereits Johann Christoph Adelung hat die Anekdote im Privaten verortet und damit zusammenhängend auch mit dem (harmlosen) Geheimen und Unbekannten. Bei Adelung tritt auch das Kippmoment des Anekdotischen ins ‚Unschickliche' hervor, indem er negativ die „Anekdoten-Jäger" und „-fänger" erwähnt, auf die noch mit Knigge zurückzukommen sein wird. Vgl. Johann Christoph Adelung, Anekdote, in: Grammatisch-kritisches Wörterbuch der hochdeutschen Mundart, Bd. 1, Wien 1811, 283–284.
253 Vgl. Fineman, The History of the Anecdote, 56.
254 Eine wahre Anekdote sei an sich schon poetisch, indem sie die Einbildungskraft angenehm beschäftige und als höheren poetischen Sinn anspreche. Vgl. Novalis, Fragmente oder Denkaufgaben, 99 f.
255 Novalis, Fragmente oder Denkaufgaben, 99
256 Vgl. Novalis, Fragmente oder Denkaufgaben, 100.
257 Vgl. Novalis, Fragmente oder Denkaufgaben, 99.

Novalis' Definition rückt die Anekdote demnach in die Nähe der Novelle, indem er auf das Neue und Interessante als Gattungsspezifika abzielt. Auch in Friedrich Schlegels frühem Aufsatz *Nachricht von den poetischen Werken des Johannes Boccaccio* (1801) werden die Begriffe „Novelle" und „Anekdote" unter diesem Zeichen synonym verwandt:

> Es ist die Novelle eine Anekdote, eine noch unbekannte Geschichte, so erzählt, wie man sie in Gesellschaft erzählen würde, eine Geschichte, die an und für sich schon einzeln interessieren können muß, ohne irgend auf den Zusammenhang der Nationen, oder der Zeiten, oder auch auf die Fortschritte der Menschheit und das Verhältnis der Bildung derselben zu sehen. Eine Geschichte also, die streng genommen, nicht zur Geschichte gehört, und die Anlage zur Ironie schon in der Geburtsstunde mit auf die Welt bringt. Da sie interessieren soll, so muß sie in ihrer Form irgendetwas enthalten, was vielen merkwürdig oder lieb sein zu können verspricht. Die Kunst des Erzählens darf nur etwas höher steigen, so wird der Erzähler sie entweder dadurch zu zeigen suchen, daß er in einem angenehmen Nichts, mit einer Anekdote, die, genau genommen, auch nicht einmal eine Anekdote wäre, täuschend zu unterhalten und das, was im Ganzen ein Nichts ist, dennoch durch die Fülle seiner Kunst so reichlich zu schmücken weiß, daß wir uns willig täuschen, ja wohl gar ernstlich dafür interessieren lassen.[258]

Schlegel bezieht sich hier auf die Novellen Boccaccios, die für ihn zum maßgeblichen – wenn auch nicht normativen – Beobachtungsgegenstand seiner gattungspoetologischen Überlegungen werden. Bezeichnend sind hier die folgenden Aspekte: Erstens wird die Anekdote als eine unbekannte Geschichte bezeichnet, die „streng genommen, nicht zur Geschichte gehört". Sie steht außerhalb der „Nationen, oder der Zeiten, oder [...] Fortschritte der Menschheit". Die anekdotische Erzählung positioniert sich also als eine Art Metanarrativ fernab von den großen Geschichtserzählungen. Dabei verheißt auch ihre „Anlage zur Ironie" diese Fähigkeit zum Heraustreten aus der Geschichte, um sie spekulativ auf eine andere Weise zu erzählen. Die Anekdote fungiert gewissermaßen als (Zerr-)Spiegel der Geschichte, der nur einen kleinen Ausschnitt zeigt, nämlich die Individualgeschichte. Novalis definiert diesen Anekdotentypus als „charakteristisch": Charakteristische Anekdoten zeigten „eine menschliche Eigenschaft auf eine merckwürdige, auffallende Weise", bildeten mitunter eine „Gallerie mannichfaltiger menschlicher Handlungen"[259] und stehen somit im Kontext des anthropologischen Interesses im 18. Jahrhundert und um 1800. Zweitens wird das Anekdotisieren mit dem Täuschen in Zusammenhang gebracht, denn die Kunst des anekdotischen Erzählens wisse sogar das auszu-

---

258 Schlegel, Johannes Boccaccio, 394.
259 Novalis, Fragmente oder Denkaufgaben, 99.

schmücken, „was im Ganzen ein Nichts ist"[260]. Auch Novalis attestiert den „witzigen Anekdoten", die insbesondere die Aufmerksamkeit erwecken, die Neigung zur Täuschung.[261]

„Im Ganzen ein Nichts": Fineman findet für diese paradoxale Struktur des anekdotischen Kerns eine auffällig ähnliche Bezeichnung, wenn er vom „formal anecdotal hole and whole"[262] spricht. Doch während der New Historicism das Anekdotische in dieser Doppelfunktion als sinndekonstruierendes und sinnstiftendes Moment positiv hervorhebt, verhindert es nach Schlegel, dass die Novelle zu einer „allgemeine[n] Gattung" werden könne, „so reizend es auch als einzelne Laune des Künstlers sein mag, denn diese würde, wenn sie förmlich konstituiert und häufig wiederholt würde, eben dadurch ihren eigentümlichen Reiz verlieren müssen".[263]

Das merkwürdige – anekdotische – Ereignis allein, also das „angenehm[e] Nichts", ist das Erzeugnis des Dichters, mit dem er zu unterhalten und zu interessieren vermag. Dass das Neue und Unbekannte als das, was „streng genommen, nicht zur Geschichte gehört", nicht zum hinreichenden Gattungskriterium werden kann, wird auch mit Blick auf Schlegels *Studium-Aufsatz* (1797) deutlich. In *Über das Studium der griechischen Poesie* erklärt Schlegel die Krise der modernen Literatur mit dem „totale[n] Übergewicht des Charakteristischen, Individuellen und Interessanten" sowie mit dem „rastlose[n] Streben nach dem Neuen, Piquanten und Frappanten".[264] Das Problem dieser „Neuigkeitssucht", so Stefan Matuschek, ist, dass sie von der künstlerischen Darstellung des objektiv Schönen ablenkt.[265] Nach Schlegel muss dieses objektiv Schöne das rein Interessante aber ausbalancieren. Damit streift der *Studium-Aufsatz* das auch für den novellentheoretischen *Boccaccio*-Aufsatz wichtige Verhältnis von Geschichtlichkeit und Objektivität einerseits und Individualität und Subjektivität[266] andererseits.

So betont Schlegel die „subjektive Beschaffenheit" der Novellen im Stile Boccaccios: Die Novelle sei an sich geeignet, „eine subjektive Stimmung und Ansicht [zu vermitteln, L. L.], und zwar die tiefsten und eigentümlichsten der-

---

260 Schlegel, Johannes Boccaccio, 394.
261 Vgl. Novalis, Fragmente oder Denkaufgaben, 99 f.
262 Vgl. Fineman, The History of the Anecdote, 61
263 Vgl. Schlegel, Johannes Boccaccio, 395.
264 Vgl. Friedrich Schlegel, Über das Studium der griechischen Poesie [1797], in: KFSA, Bd. 1: Studien des Klassischen Altertums, hg. von Ernst Behler, Paderborn u. a. 1979, 205–217, hier: 228.
265 Vgl. Stefan Matuschek, Klassisches Altertum, in: Friedrich Schlegel-Handbuch, hg. von Johannes Endres, Stuttgart 2017, 70–100, hier: 85
266 Vgl. hierzu auch Johannes Endres, Charakteristiken und Kritiken, in: Friedrich Schlegel-Handbuch, hg. von dems., Berlin 2017, 101–140, hier: 136.

selben indirekt und gleichsam sinnbildlich darzustellen".[267] Ein anhaltendes Interesse erfordere auch immer einen „innern, [...] historischen [und] mythischen Zusammenhang".[268] Hier wird deutlich, dass zu der Aneinanderreihung von merkwürdigen, die Aufmerksamkeit erregenden Anekdoten ein gemeinsames historisches Bindeglied hinzutreten muss. Dieses hervorzuheben obliegt dem Dichter, der nicht fortwährend nach Neuem und Interessanten suchen, sondern vielmehr „auch bekannte Geschichten durch die Art, wie er sie erzählt und vielleicht umbildet, in neue"[269] verwandeln soll.[270] Johannes Endres betont völlig zu Recht, dass Schlegels im *Boccaccio*-Aufsatz formulierte romantische Novellentheorie bereits ein „restauratives" Moment trägt, indem das poetisch Idealisierte nur im historischen Verweis, nur im Rückgriff auf die Vergangenheit zu gewinnen sei.[271] Dabei handelt es sich um eine Konzeption des Vergangenen, das nicht historiographisch einzuholen ist, also nicht (nur) durch (objektive) Bildung, sondern im Wesentlichen durch (subjektive) Intuition. Als natürliche Quelle für den Novellenstoff nennt Schlegel somit den „Enthusiasmus für die unmittelbare Idee [...] in der Anschauung göttlicher Wirksamkeit":

> Da die Poesie bei den Neuern anfangs nur wild wachsen konnte, weil die ursprüngliche und natürlichste Quelle derselben, die Natur und der Enthusiasmus für die unmittelbare Idee derselben in der Anschauung göttlicher Wirksamkeit, entweder gewaltsam verschlossen war, oder doch nur sparsam sich ergoß: so mußte, den Trennungen der Stände und des Lebens gemäß, neben der Romanze, die Helden- und Kriegsgeschichten für alle, und der Legende, die Heiligengeschichten für das Volk sang oder erzählte, auch die Novelle in der modernen Poesie notwendiger Weise entstehen mit und für die feine Gesellschaft der edlern Stände.[272]

---

267 Vgl. Schlegel, Johannes Boccaccio, 393.
268 Vgl. Schlegel, Johannes Boccaccio, 395.
269 Schlegel, Johannes Boccaccio, 395.
270 Nach Hugo Aust ist eine der fruchtbarsten Leitideen der Novelle somit, dass sich der Erzähler auch noch in der objektivsten Erzählung, im Bericht fremder Stoffe und nicht selbsterlebter Erfahrungen, selbst verwirklichen, Eigenes indirekt zum Ausdruck bringen kann. Schlegel fasst diese spannungsvolle Einheit bekanntlich mit dem Begriff der romantischen Ironie. Vgl. Hugo Aust, Novelle, Stuttgart 2012, 6. Zu Schlegels (nicht konzeptuell dargelegter) Novellentheorie, vgl. auch: Florian Fuchs, Agierende Form. Über Friedrich Schlegels Theorie der Novelle, in: Athenäum – Jahrbuch der Friedrich Schlegel Gesellschaft, Bd. 26 (2016), 23–50. Fuchs betont insbesondere, dass die Novellentheorie zwar einerseits die Grundlage zu Schlegels Romantheorie bilde, aber andererseits auch in Zusammenhang mit dem Fragmentarischen stehe, also die Novelle das Kleine mit dem Großem verbinde und ihr damit die romantische Idee von Perfektibilität *ab ovo* eingeschrieben sei.
271 Vgl. Endres, Charakteristiken und Kritiken, 137.
272 Schlegel, Johannes Boccaccio, 399 f.

Die Novelle in der modernen Poesie sei deshalb notwendigerweise „mit und für die feine Gesellschaft der edlern Stände" entstanden, anders als die Romanze und die Legende, die für das Volk erzählt worden seien. Auch im *Studium-Aufsatz* identifiziert Schlegel die ästhetische Kluft zwischen gebildetem und einfachem Volk als modernespezifisches Krisenelement,[273] das die natürliche Gemeinschaftsbildung unterbinde. Während nämlich die griechische Dichtkunst der „allgemeine[n] Naturgeschichte der Dichtkunst" entspreche, „vollkommne und gesetzgebende Anschauung" sei und also ein organischer Zusammenhang zwischen Volk und Poesie bestehe,[274] bedürfe es heute einer ästhetischen Revolution, um „das Streitende in Gleichgewicht zu setzen [und] das Gesetzlose [wieder] zur Harmonie zu ordnen"[275]. Die Modernen müssten sich durch künstliche Bildung die objektive Schönheit erst aneignen, die in Griechenland „ohne künstliche Pflege und gleichsam wild"[276] wachsen konnte; sie müssten die darstellende Kunst wie eine Fertigkeit lernen, die den Griechen „ursprüngliche Natur"[277] gewesen war. Das Alte mit dem Neuen zu vermitteln, erweist sich vor diesem Hintergrund nicht nur als eine ästhetische und geschichtsphilosophische Idee, sondern auch als eine genuin gemeinschaftsbildende und damit politische.

Das Problem des Verlusts natürlicher Poesie, der gleichsam einen Abfall von der Geschichte markiert und also eine organologische Disharmonie beschreibt, wurde im Vorangegangenen bereits bei Jacob Grimm und Achim von Arnim thematisiert. Hier liegt die Wiedergewinnung in der Etablierung eines volkspoetischen Paradigmas. Aber der Streit zwischen Arnim und Grimm um die Legitimation transformierender Eingriffe in den Stoff seitens des Dichters hat einen Problemhorizont zu Tage gefördert, der hier auch mit Schlegel ersichtlich wird: Die ‚Neuigkeitssucht', die indirekt als modernespezifisches Krisenelement benannt wird, lässt sich zum einen nicht einfach ausmerzen, zum anderen ist eine umbildnerische Fertigkeit, wenn es etwa darum geht, alte Stoffe darstellerisch neu zu beleben, ausdrücklich gewollt. Bei Schlegel scheint eine Überwindung des anekdotenhaften Anteils in der Novelle zwar über ihren qualitativen Rang zu bestimmen,[278] mehr noch: überhaupt erst gattungskonstituie-

---

273 Schlegel moniert also die Gegenüberstellung von hoher und niederer Kunst. Vgl. Matuschek, Klassisches Altertum, 84.
274 Vgl. Schlegel, Über das Studium der griechischen Poesie, 276.
275 Schlegel, Über das Studium der griechischen Poesie, 272.
276 Schlegel, Über das Studium der griechischen Poesie, 276.
277 Schlegel, Über das Studium der griechischen Poesie, 271.
278 Zur Novelle als ‚angereicherte' Anekdote oder Vorstufe des Romans, vgl. etwa Robert Petsch, Wesen und Form der Erzählkunst, Halle 1934, 245–255. Nach Petsch nehme die Novelle

rend zu wirken. Eine vollständige Austilgung des Anekdotischen scheint jedoch unmöglich, auch weil die gattungspoetische Vermischung zwischen Poetischem (Novelle) und Realem (Anekdote), zwischen Subjektivem (Anekdote) und Objektiven (Novelle) zu einem Grundzug der romantischen Erzähltechnik gehört: zwei Erlebnissphären ineinander übergehen zu lassen.[279]

Gattungsvermischung ist indes nicht nur eine Spezifik der Romantik, sie ist der Novelle an sich gattungspoetisch eingeschrieben,[280] deren Grenzen in der europäischen Literaturgeschichte immer unscharf und fließend gewesen sind und sich mit verschiedenen Formen und Traditionen verbunden haben.[281] Nach Walter Pabst habe Boccaccio die Novellen des *Decamerone* (beendet 1353) nicht als eine definierbare Gattung mit Formgesetzen und theoretischer Grundlage aufgefasst; stattdessen habe er die Vielgestaltigkeit der Novellistik erkannt, die sowohl erfundene Geschichten und Legenden als auch Gleichnisse und Märchen oder wahre Begebenheiten in sich begreife, ohne sie voneinander abzugrenzen.[282] Selbst die – so oft imitierte – im Dekameronschen Rahmen gezeichnete mündliche Gesprächssituation sei nicht wörtlich zu nehmen, denn Mündlichkeit stelle nur ein literarisches Mittel dar.[283] Die Vielschichtigkeit von Boccaccio wurde also, so bilanziert Pabst, übersehen und stattdessen die Novelle universalistisch auf Scherzhaftigkeit, Unterhaltsamkeit und Leichtigkeit fest-

---

eine Zwischenstellung zwischen Roman und Anekdote ein; die Novelle konzentriere sich nicht wie die Anekdote auf das zentrale Ereignis, sondern spüre Kausalbeziehungen nach und bereichere um sekundäre Handlungsstränge, ohne diese jedoch, wie der Roman, in aller Detailfülle zu beleuchten.

279 Vgl. Germán Garrido Miñambres, Die Novelle im Spiegel der Gattungstheorie, Würzburg 2009, 63.

280 Ein Beispiel für dieses ‚Problem' der romantischen Gattungsvermischung bildet nach Germán Garrido Miñambres Tiecks Anliegen, die narrative und dramatische Form in der sogenannten Diskussionsnovelle zu vermischen. Hier würden die Grenzen zwischen den narrativen Kurzformen (Erzählung, Anekdote, Märchen) zu verwischen beginnen und sogar der Unterschied zwischen Roman und Novelle hinfällig werden. Vgl. Miñambres, Die Novelle im Spiegel der Gattungstheorie, 111.

281 So legt es u. a. Walter Pabst dar, der die Antinomien von Novellentheorie und Novellendichtung in der italienischen, iberischen und französischen Literatur vom Mittelalter bis zum Zeitpunkt ihrer mutmaßlichen Überwindung als Folge eines permanenten Kampfes zwischen Theorie und Tradition einerseits und individuellem Gestaltungswillen andererseits untersucht. Vgl. Walter Pabst, Novellentheorie und Novellendichtung. Zur Geschichte ihrer Antinomie in den romanischen Literaturen, Hamburg 1953.

282 Vgl. Pabst, Novellentheorie und Novellendichtung, 28 f.

283 So urteilt auch Miñambres; viele Erzählungen Boccaccios seien „nur Schwänke oder Anekdoten", nicht aber Novellen. Vgl. Miñambres, Die Novelle im Spiegel der Gattungstheorie, 27.

geschrieben, weil die Fiktion einer rahmenden Erzählsituation den Eindruck eines vermeintlich spielerisch-harmlosen Geschichtenerzählens und einer tendenzlosen Kurzweil rein geselliger Art evoziert.[284]

In bewusster Abgrenzung zu Boccaccio erscheint 1371/72 in Frankreich die moralisch intendierte Exempelsammlung *Le livre du Chevalier de La Tour [Landry] pour l'einseignement de ses filles* als Ratgeber für Kavaliere und Warnung an die Frauen vor deren Überredungskünsten.[285] Hier werde der Terminus „nouvelle" im Sinn von „Mitteilung, Meldung und Neuigkeit" über wahre oder erlogene Liebeserlebnisse bis zum „prahlerisch ausgeschmückten Klatsch" und rufschädigenden „verhängnisvolle[n] Phantastereien" gebraucht.[286] *Nouvelles* treten also vor allem als diffamierende Indiskretionen, die somit auch dem Gerücht als üblem Nachruf ähneln, in Erscheinung. Unterstützt wird diese Parallele, wenn Pabst eine Analogie zu den italienischen Renaissancenovellen, den *favola* zieht. Denn die „Favola" impliziert auch, „ins Gerede zu kommen, Leutegespött zu werden".[287]

Die Exempelsammlung des Chevaliers Geoffroy de la Tour Landry fungierte als Vorbild für die rund 90 Jahre später veröffentlichten *Cent Nouvelles nouvelles* (1486) von Philippe le Bon. Nach Pabst hatte der Autor mit dem Widerspruch zu kämpfen, dass von der *nouvelle* Aktualität gefordert wurde, ihre Bedeutungskomponente als *histoire* wiederum die Schilderung eines in der Vergangenheit liegenden Ereignisses verlangte.[288] Aber nicht nur zeitliche, auch räumliche Bestimmungskriterien spielen bei diesem Konflikt eine Rolle. So meine die französische *nouvelle* nicht nur die Neuigkeit im nachrichtlichen Sinne, „sondern auch die warme Lebendigkeit und vertraute Nähe der zu beschreibenden Menschen und Dinge", die durch Gedankenassoziationen evoziert werden sollten. Novellieren habe folglich mit Distanzen und ihrer Überwindung zu tun.[289] Den Novellisten war daran gelegen, „aus fernen Überlieferungen geschöpfte Stoffe in den Erlebnisbereich und gleichsam in den Bekanntenkreis ihrer Zeit zu verlegen".[290] Diese Übertragungstechnik hatte den Vorteil, dass die teilweise abschreckenden Nachrichten dennoch lustvoll rezipiert werden konnten, weil der Wahrheitsanteil als erheblich abgemildert begriffen wurde. Doch die angenehme Distanz durfte auch nicht zu groß werden, weil sonst der Identifikationsgrad

---

284 Vgl. Papst, Novellentheorie und Novellendichtung, 79, 190.
285 Vgl. Papst, Novellentheorie und Novellendichtung, 166.
286 Vgl. Papst, Novellentheorie und Novellendichtung, 164.
287 Vgl. Papst, Novellentheorie und Novellendichtung, 165.
288 Vgl. Papst, Novellentheorie und Novellendichtung, 171.
289 Vgl. Papst, Novellentheorie und Novellendichtung, 172.
290 Vgl. Papst, Novellentheorie und Novellendichtung, 172.

und somit die emotionale Anteilnahme gestört würden.[291] Diese fiktionsstrategische Balance zwischen (sowohl zeitlicher als auch räumlicher) Nähe und Ferne, Fiktion und unmittelbarer Ansprache, betrifft auch das romantische Programm in besonderem Maße, wie wir bereits theoretisch erfasst haben und an den Texten sehen werden. Sie steht aber auch in Zusammenhang mit der hier behandelten Quasi-Gattung der modernen Sagen, deren wohldosierte Förderung von Angstlust nicht nur rhetorischer Faktor, sondern auch erzählerischer Effekt mit einer bis ins Spätmittelalter zurückreichenden Tradition ist.

Als Höhepunkt der französischen Novellistik des 16. Jahrhunderts bezeichnet Pabst Des Périers' 1558 veröffentlichte *Nouvelles Récréations et joyeux devis* (*Neue Unterhaltsamkeiten und lustige Reden*), eine für die Zeit typische Sammlung von Schwänken und Novellen. Die *Nouvelles* stellen ein Beispiel für die medialen Wirkmechanismen anekdotischer Authentifizierungsstrategien dar. Denn für Des Périers ergibt sich die dichterische Wahrheit nicht aus der „banalen Wirklichkeit", sondern aus der Wirkung: „Wahr ist nicht, was Hinz und Kunz gesehen haben; wahr ist, worüber man lacht."[292] Das dem Anekdotischen zugeschriebene Merkmal einer – wie auch immer gearteten – Zeugenschaft ist hier zurückgedrängt zugunsten der unmittelbaren Affizierung. Dieser Rezeptionsmodus lässt die fortwährende Überlieferung trotz des ungeklärten Wahrheitsbezugs gelingen.

Sowohl die praktischen Grenzüberschreitungen als auch die theoretischen Abgrenzungsversuche des Anekdotischen zum und vom Novellistischen, die wir bei Schlegel gesehen haben, finden also in den mit Pabst aufgezeigten Antinomien in der Novellentheorie und Novellendichtung der europäischen Gattungsgeschichte Rückbindung. Im Folgenden soll das Augenmerk erneut dezidiert auf die gemeinsamen Struktur- und Funktionsäquivalenzen (auch zum Gerüchthaften) im lebensweltlichen und gesellschaftlichen Kontext des ausgehenden 18. Jahrhunderts gerichtet werden, die sich im ambivalenten Wahrheitsanspruch, ihrer Medialität und Soziabilität begründen.

---

291 Pabst schreibt pointiert: „Man soll sich nicht zu sehr erschüttern lassen, denn es ist ja garnicht [sic!] alles wahr. Aber man soll sich doch auch angesprochen, angerührt und zu Hause fühlen, denn sonst fehlt der für *nouvelles* erforderliche Kontakt." Pabst, Novellentheorie und Novellendichtung, 179.
292 Pabst, Novellentheorie und Novellendichtung, 179.

2.3.4 Novellen, Anekdoten und Gerüchte: Medialität, Soziabilität, Interaktivität am Beispiel von Kleists *Die Verlobung in St. Domingo*

Parallelen zwischen Novelle und Anekdote kündigen sich also zum einen in Form des ambivalenten Wahrheitsanspruchs an, der vermeintlichen ontologischen Indifferenz zum Erzählten trotz Authentizitätsbekundung, zum anderen im Kriterium des Unerhörten und Un*ge*hörten. Bei Novellen handelt es sich definitorisch um ‚neue', also noch nicht veröffentlichte Geschichten, aber das Attribut des Un*er*hörten kann auch auf die Verbindung mit dem Wunderlichen, Einmaligen und Sensationellen verweisen.[293] Dies leitet über zu den medialen Funktionsmechanismen der Anekdote. Zunächst offenbart das genrebildende Moment des „Unveröffentlichten" ein Dilemma zwischen Form und Funktion, das zum Selbstwiderspruch wird: Streng genommen erodiert das genuin anekdotische Wesensmerkmal in dem Moment, wenn Anekdoten publiziert, publik werden. Ähnliches ließe sich in Bezug auf die Gerüchtekommunikation konstatieren: Ein Gerücht im Moment seiner Entstehung oder Verbreitung begrifflich als Gerücht zu fixieren, würde es seiner Funktionslogik berauben, die darin besteht, das Wahrheitselement so lange wie möglich in der Schwebe zu halten. Zugleich verhält sich seine Wirkung gegenläufig zum Zeitvergehen. Denn vor allem, wenn das Gerücht Stoffe kolportiert, die ihre Interessantheit allein aus der Aktualität beziehen, eignet ihm eine begrenzte Halbwertszeit. Seine aggressive Verbreitungsgeschwindigkeit ergibt sich also zwangsläufig aus dem drohenden Wertverlust einer Information.[294] Das Gerücht befindet sich somit in gewisser Hinsicht unter Selektionsdruck, gerade weil es keinen eigenständigen nachrichtentechnischen oder gattungstheoretischen Status beanspruchen darf.

Diese These soll jedoch in der vorliegenden Arbeit auf den Prüfstand gestellt werden. Sie geht davon aus, dass das Moment des Unveröffentlichten Gerüchten und Anekdoten einen Schwellenstatus zwischen Mündlichkeit und Schriftlichkeit verleiht, der sich als fruchtbar erweisen könnte. Gerüchte müssen erstens nicht zwangsläufig mündlich übermittelt werden (auch wenn man ihre Quellen in einem frühen Stadium oft als mündliche ausgibt), was seit der Expansion des Schrift- und Zeitungswesens im 18. Jahrhundert bis ins digitale Zeitalter unter Beweis gestellt wird. Zweitens hat die jüngere Forschung erkannt, dass gerade ein transformierendes Wechselspiel von Schrift- und

---

293 Vgl. Aust, Novelle, 13.
294 Vgl. Kapferer, Gerüchte, 12, 27.

Druckmedien dem Gerücht zur realen Handlungsmacht verhelfen könnte.[295] Die medialen Übertragungsbedingungen von Anekdote und Gerücht wirken somit unmittelbar auf ihre Form zurück, sie stellen sich als gattungskonstitutiv bzw. strukturbildend heraus, anstatt dass sie nur – mal mehr, mal weniger erfolgreich – Nebeneffekt wären.

Das Spezifikum der „Schriftmündlichkeit"[296] kommt in gewisser Hinsicht auch Novellen zu: Auch wenn die These, die Novelle inszeniere ein Gespräch, oder gar die Herleitung der erzählten Novelle aus dem Gespräch umstritten sind, können Inhalt und Form, insbesondere natürlich novellistischer Erzählzyklen, Soziabilität und Gemeinschaft demonstrieren.[297] So gilt die Wiederherstellung oder Stiftung von sozialer Ordnung als wichtigster Indikator der Novelle in der Goethe-Tradition.[298] Goethes Novellenprinzip besteht darin, erzählend eine Welt in Ordnung zu bringen. In diesem Sinne ist der moralische Diskurs als Erzählprozess in den *Unterhaltungen deutscher Ausgewanderter* (1795) gleichzeitig Modell für die chaotisierte Gesellschaft wie für deren humanisierte Reorganisation durch Poesie.[299] Auch der Charakter der Sammelbarkeit verleiht der Gattung ein Moment von – mündlich assoziierter – Reproduzierbarkeit. Allein das Kürzemerkmal prädestiniert die Novelle für eine massenhafte Vervielfältigung und (Wieder-)Verwertbarkeit, etwa in Anthologien oder Zeitungen.[300]

Insbesondere vor dem Hintergrund der bürgerlich geprägten Medienrevolution und Emanzipationsbewegung im 18. Jahrhundert spielte das Charakteristikum der Schriftmündlichkeit eine besondere Rolle. Denn die bevorzugten Gattungen der aufklärerischen Epoche waren didaktische Kleinformen und erzählende Prosa,[301] wobei Anekdoten einen Status zwischen mündlich verbreiteter und schriftlich gedruckter Literatur und damit den Status einer permanenten und wechselseitigen Interferenz zwischen Erzählen, Zuhören, Schreiben und Lesen einnahmen.[302] Hieraus resultiert die Möglichkeit eines dynamischen Dialogs, der Autor:in und Rezipient:in gleichermaßen einschließt und die An-

---

295 Vgl. Briese, Gerüchte als Ansteckung, 266. Vgl. Hedwig Pompe, Nachrichten über Gerüchte. Einleitung, in: Die Kommunikation der Gerüchte, 131–143, hier: 141.
296 Aust, Novelle, 5.
297 Vgl. Aust, Novelle, 5.
298 Vgl. Bernd Balzer, Die ‚gebrechlichen Einrichtungen der Welt'. Kleists Alternative zu Goethes Novellenkonzept, in: Kleist. Relektüren, hg. von Branka Schaller-Fornoff und Roger Fornoff, Dresden 2011, 11–24, hier: 14 f.
299 Vgl. Balzer, Die ‚gebrechlichen Einrichtungen der Welt', 12–15.
300 Vgl. Aust, Novelle, 19.
301 Vgl. Hilzinger, Anekdotisches Erzählen im Zeitalter der Aufklärung, 12.
302 Vgl. Hilzinger, Anekdotisches Erzählen im Zeitalter der Aufklärung, 28.

ekdote als emanzipatorische Vertreterin eines aufgeklärten Bürgertums erscheinen lässt.

Die Popularität der Gattung scheint also unmittelbar mit der historischen Epoche der Aufklärung verflochten.[303] Die historischen Umbrüche beförderten auch die Publizistik und somit die Inklusion von Anekdoten in die Journale und Monatsschriften. So erfolgte die Definition der Anekdote sowie ihre Ähnlichkeit bzw. Abgrenzung zur Novelle nicht nur im Kontext der Historiographie, sondern auch in der Publizistik. Hier entfalten Anekdote und Novelle ihr gemeinsames Potenzial als Nachricht und Neuigkeit.[304]

Mit Hilzinger kann daraus geschlossen werden, dass politische Krisen- und Umbruchzeiten – also auch Zeiten, in denen die Informationslage unsicher ist – die Anekdotenproduktion und -verbreitung intensivieren.[305] Denn der Anekdote wurde die Fähigkeit zugeschrieben, Zeitgeschehen kommentierend begleiten und überliefern zu können. Sie weist damit eine besondere Empfänglichkeit für den *Zeitgeist* auf, den Herder als Begriff 1769 aus dem Französischen in die deutsche Sprache übertrug. Dies veranlasst dazu, Anekdoten wissenspoetologisch als zeitgeschichtliche, besser: *zeitgeistige* Texte zu lesen, die nicht (nur) auf die Inhalte ihrer Wahrheitsbeteuerungen hin überprüft werden sollten, sondern auf die strukturelle Dynamik ihres Wahr-Meinens. Was ist damit gemeint?

Im 18. Jahrhundert verliert die Anekdote als historiographische Darstellungsform an Autorität, denn das Prinzip der *témoignage*, also der beglaubigten und beglaubigenden Zeugenschaft, wird durch das der *probabilité* ersetzt.[306] Der erfundenen Geschichte, die auf Wahrscheinlichkeit beruht, wird nun paradoxerweise ein höherer geschichtlicher Erkenntniswert zugeschrieben als der wahren Geschichte, die auf das abseitige und also unwahrscheinliche Detail abhebt.[307] Dies schwächt natürlich auf der einen Seite die historische Anekdote

---

[303] Dieses politische Profil der Anekdote schärfte sich erst nach dem Untergang der Adelskultur, denn semi-orale Kleingattungen galten noch im Frankreich des 17. Jahrhunderts als Adelsprivileg und Teil einer privaten oder halböffentlichen Kommunikation am Hofe sowie später in den Salons. Vgl. Hilzinger, Anekdotisches Erzählen im Zeitalter der Aufklärung, 28; vgl. hierzu auch Fritz Nies, Würze der Kürze – schichtübergreifend. Semi-orale Kleingattungen im Frankreich des 17. und 18. Jahrhunderts, in: Erzählforschung. Ein Symposium, hg. von Eberhard Lämmert, Stuttgart 1982, 418–434.
[304] Auch der Anekdotenbegriff wurde seit dem frühen 19. Jahrhundert im Sinne von Nachricht oder Neuigkeit gebraucht. Vgl. Hilzinger, Anekdotisches Erzählen im Zeitalter der Aufklärung, 233.
[305] Vgl. Hilzinger, Anekdotisches Erzählen im Zeitalter der Aufklärung, 75.
[306] Vgl. Moser, Die supplementäre Wahrheit des Anekdotischen, 30.
[307] Vgl. Moser, Die supplementäre Wahrheit des Anekdotischen, 30.

vom Typus der alternativen oder affirmativen Geschichtserzählung, die man sich im *ancien régime* erzählte. Zum anderen aber – so die zugrunde liegende These dieser Arbeit – lassen der epistemische Paradigmenwechsel um 1800, die mediale Ausdifferenzierung sowie die Politisierung des Bürgertums anekdotische Schreib- und Erzählweisen in ihren jeweiligen paratextuellen und Publikationskontexten erstarken. Dass Wahrheit und Wahrheitsbeteuerung als empirisch überprüfbare Größen problematisch werden und dass auch Nicht-Wissen als Faktor epistemischer Formation anerkannt werden kann,[308] befördert einen anekdotischen Schreibstil, der von zufällig erworbenen, einzelnen Fakten geprägt ist. Dabei ist das provisorische Moment dem Faktenbegriff selbst eingeschrieben. Frühneuzeitliche Formen der Faktenproduktion zielten im Übergang vom 16. zum 17. Jahrhundert – als sich die empirischen Wissenschaften von der scholastischen Tradition zu distanzieren begannen und neue, gewissermaßen konstruktivistische, Aufzeichnungsformen und -praktiken ausbildeten[309] – darauf ab, das Erfahrungskontinuum der Wirklichkeit in Bruchstücke aufzugliedern, diese in neutraler Form einzufassen und für einen zukünftigen Gebrauch „zwischenzulagern":

> Fakten entstehen dort, wo ein natürliches oder künstliches Kontinuum aufgetrennt wird und ein Teilstück desselben in einen Relaiszustand überführt wird, bevor es gemeinsam mit anderen Teilstücken in den Dienst einer neuen Hypothese oder eines neuen Zusammenhangs genommen wird. [...] So ist die faktografische Textur eine Textur im Wartestand und mit ungewissem Haltbarkeitsdatum.[310]

Das bedeutet aber auch, dass das Faktum im Moment seiner Verschriftlichung seinen endgültigen Ort noch nicht gefunden hat; vielmehr stellt es ein sprachliches Provisorium dar, das ausschließlich für einen vorläufigen Gebrauch produziert und für weitere Verwendungen vorbereitet wird.[311] Es seien die

> Zurichtungen, die ein Faktum erst zum Faktum machen; [...] Textökonomien, die bei seiner Erzeugung im Spiel und die stilistischen Mittel, die an seiner Faktur beteiligt sind. [...] Im Prozess seiner Verfertigung erweist es sich als ein Artefaktum, das sich, auch wenn es vorgibt, ein Teilstück des Wirklichen aufzuzeichnen, zugleich in rhetorischen Traditionen bewegt.[312]

---

308 Vgl. Rainer Godel, Literatur und Nicht-Wissen im Umbruch, 1730-1810, in: Literatur und Nicht-Wissen. Historische Konstellationen 1730-1930, hg. von Michael Bies und Michael Gamper, Zürich 2012, 39–58, hier: 40.
309 Vgl. Vogel, Die Kürze des Faktums, 138.
310 Vogel, Die Kürze des Faktums, 140.
311 Vgl. Vogel, Die Kürze des Faktums, 139.
312 Vogel, Die Kürze des Faktums, 138.

Unter diesem Blickwinkel können aber selbst Gerüchte als eine Wissensform betrachtet werden,[313] bei der es sich um eine reine Zeitfrage handelt, ob sich die Informationen als richtig oder falsch erweisen.[314] Der Begriff der „Zurichtung" hat hier einen neutralen Sinn, anders als bei Jacob Grimm und ähnlich zu Arnims Position einer zulässigen Erneuerung empirisch vorgefundener Stoffe. Performanz im Sinne einer Verlebendigung des Faktums bedeutet dann nicht (nur) das Weiterverbreiten und Wiedererzählen der Sagen, sondern auch die Bereitschaft des Umschreibens, um eben auch der gegenwärtigen Wirklichkeit mitsamt den in ihr verhandelten Wissensständen gerecht zu werden. Die hier rekonstruierten wissensgeschichtlichen und -soziologischen Entwicklungen um den Erkenntniswert des provisorischen und textuell fabrizierten Faktums lassen sich somit mit einer romantischen Ästhetik kleiner Formen vermitteln, auch weil der Begriff der ‚Tatsache' noch um 1800 in fast synonymer Nachbarschaft zum Anekdotischen verwendet wurde.[315] Das Wort ‚Thatsache', erstmals von Johann J. Spalding im Jahr 1756 zur Übersetzung von *matter of fact* verwendet, wurde noch um 1800 nicht vorrangig zur Bezeichnung eines wissenschaftlich objektiven Faktums gebraucht, sondern weitgehend als Terminus, dem es zum einen um menschliche Taten geht und zum anderen um ihre beglaubigte Historizität und evidentielle Darstellung in Form von Erzählung, Anekdote oder Nachricht:[316]

> ‚Thatsache' bedeutete für Spalding nicht rohes Faktum bzw. isolierter Sachverhalt, sondern so viel wie Begebenheit oder wirkliches Geschehen. Wenn er es mit ‚Thatsache' übersetzt, dann auch deshalb, weil dieses Geschehen eine Dimension gegenwärtiger Evidenz im Handeln Gottes hat; die ‚Thatsache' ist Erfahrungs- bzw. Erlebenstatsache. Wenn die

---

313 Wie bereits in Vorangegangenen ausgeführt wurde, ließe sich im gleichen Zusammenhang auch diskutieren, inwiefern Verschwörungstheorien als Wissensform betrachtet werden können. So betrachten neuere wissenssoziologische Ansätze – ausgehend von dem sozialkonstruktivistischen Argument, dass es sich bei jedem Wissen um eine empirisch-soziale Konstruktion handle – moderne Verschwörungstheorien als „spekulative[ ] Kommunikation", wehren sich gegen deren Stigmatisierung und diskutieren, ob das (Nicht-)Wissen von Verschwörungstheorien den Normalfall wissenschaftlicher Erkenntnis abbilde. Dieses Interpretationsmodell des konstruktivistischen Relativismus wird aber mittlerweile weitgehend abgelehnt, wie etwa Seidler betont. Vgl. Seidler, Die Verschwörung der Massenmedien, 17–19.
314 Wie im Umgang mit dem Gerücht, erscheint uns die Lüge erst in der Rückschau, wenn sie sich als Unwahrheit herausgestellt hat, als solche. Das macht ihre Begriffsbestimmung schwierig. Vgl. Stangneth, Lügen lesen, 34.
315 Vgl. Johannes Lehmann, Faktum, Anekdote, Gerücht. Begriffsgeschichte der ‚Thatsache' und Kleists Berliner Abendblätter, in: Deutsche Vierteljahrsschrift für Literaturwissenschaft und Geistesgeschichte (DVJS) 89/3 (2015), 307–322, hier: 307.
316 Vgl. Lehmann, Faktum, Anekdote, Gerücht, 309.

Regierung Gottes eine ‚Thatsache' ist, dann, weil man sie als Gottes Handeln in Belohnungen und Bestrafungen gegenwärtig erlebt.[317]

Der Tatsachenbegriff ist also erstens im handlungstheoretischen Kontext zu begreifen; zweitens beglaubigt er sich in der Beobachtung, Bezeugung und vergegenwärtigenden Weitererzählung dieser Handlung: „Eine ‚Thatsache' ist [...] eine Geschichte, eine Handlung, die sich zugetragen hat, am besten vor aller Augen und so, dass diese sich zugetragen habende ‚Thatsache' etwas beweist."[318] Denn „mit dem Begriff [...] ist hier nicht das bloße Faktum gemeint, nicht der Sachverhalt, sondern die Erzählung einer Geschichte, die als wahre bzw. wirklich vorgefallene Geschichte, als Begebenheit erzählt wird."[319]

Anekdote und Tatsachenbericht haben also, neben ihrer Kürze, die thematische Ausrichtung auf eine Geschichtserzählung, die sich oftmals dem Lokalen und Biographischen, dem Abseitigen der großen Ereignisse zuwendet, gemeinsam. Zugleich ist deutlich geworden, dass eine faktographische Textur, wie sie Kleinformaten eignet, den Blick beinahe automatisch auf ihre Gemachtheit und auf ihre Medialität, ihr Vermittlungsmoment, lenkt. Kleine Formen bilden nämlich nicht nur einen Ausschnitt, sondern auch einen Möglichkeitsraum, weil sie gerade durch ihren provisorischen Status weitere Ordnungs- und Deutungsaktivitäten anregen[320] – auf der Rezeptions- wie auf der Produktionsebene. Eine faktographische Textur eignet vor diesem Hintergrund und entgegen jeder Intuition auch dem Gerüchthaften – das nicht notwendigerweise unwahr sein muss. Das Potenzial, im anekdotischen Erzählen politische Botschaften zu korrumpieren oder faktische Ereignisse zu verfälschen, ist also ähnlich groß wie bei Gerüchten. Wichtiger – um auf die Struktur des Wahr-Meinens zurückzukommen – erscheint nun, dass die Geschichten und Nachrichten erstens in sich schlüssig sind und zweitens weitergegeben werden. Fineman verweist in diesem Zusammenhang darauf, dass eine Anekdote nicht nur Geschichte, sondern auch Diskurse eröffnet, indem sie eine (wiederum anekdotische) Anschlusskommunikation geradezu herausfordert.[321] Alltagskonversation ist erfolgreich, wenn eine erzählte Geschichte in mimetischer Resonanz immer weitere, ähnliche Anekdoten nach sich zieht,[322] systemtheoretisch gesprochen: wenn Kommunikation anschlussfähig bleibt. Koschorkes These, dass Erzählungen „Glau-

---

317 Lehmann, Faktum, Anekdote, Gerücht, 309.
318 Lehmann, Faktum, Anekdote, Gerücht, 312.
319 Lehmann, Faktum, Anekdote, Gerücht, 312
320 Vgl. Vogel, Die Kürze des Faktums, 148.
321 Vgl. Fineman, The History of the Anecdote, 64.
322 Koschorke, Wahrheit und Erfindung, 36.

benssysteme im Kleinen"[323] seien, wurde im Vorangegangenen bereits zitiert. Demnach sind die meisten Wahrheiten lokaler Natur und an ein kommunikatives Mikrosystem gebunden, in dem sie sich ohne Widerstand mitteilen können.[324] Dieses Prinzip entspricht zwar bis zu einem gewissen Grad den akzeptierten Praktiken alltagskultureller Wissensverarbeitung; es mag unter einem gewissen Blickwinkel sogar für Vergemeinschaftung sorgen, wenn es den Fachdiskurs entzerrt und den Kreis der Gesprächsteilnehmenden ausdehnt. Anderseits wird ein außer Kontrolle geratenes *Zer-reden* als Gefahr für die Gemeinschaft imaginiert und mit der Diffusionsweise von Gerüchten illustriert, wie in den vorangegangenen Kapiteln bereits ausgeführt wurde. So lassen sich im Medium des Erzählens selbst überwunden geglaubte Stereotype wieder reaktivieren. Dies ist die Macht anekdotischer Evidenzen.[325]

Die Macht anekdotischer Evidenz in Kleists *Die Verlobung in St. Domingo*

Am Ende dieses Kapitels soll mithilfe eines literarischen Beispiels demonstriert werden, wie anekdotische Evidenzen in anderen Erzählgenres, hier in der Novelle, wirksam werden. Kleists Erzählung *Die Verlobung in St. Domingo* (1811) spielt zu Beginn des 19. Jahrhunderts auf Haiti während der Revolution, als sich die Versklavten gewaltsam gegen die Tyrannei der Weißen aufzulehnen beginnen.[326] Der Anführer der Aufstände, Congo Hoango, fordert seine Frau Babekan und deren Tochter Toni auf, Weißen, die auf der Flucht in das Haus kommen, zum Schein Schutz zu gewähren und sie – wenn nötig – zu verführen, damit sie so lange bleiben, bis er sie massakrieren kann. Dafür erweist sich Tonis Abstammung als hilfreich, denn ihr Vater war ein französischer Kaufmann, also ein Weißer. So kommt auch der Schweizer Gustav in das Anwesen und Toni und er verlieben sich ineinander. Als Babekan verlangt, den Mann zu verraten und Congo Hoango auszuliefern, weigert sich Toni erst, stimmt dann zum Schein zu,

---

323 Koschorke, Wahrheit und Erfindung, 190.
324 Selbst im digitalen Zeitalter globaler Netzwerke bewegten sich die Akteure vorrangig innerhalb ihres jeweiligen Mikrosystems und orientierten sich am Wahrnehmungshorizont der ihnen nächst stehenden Personen; vgl. Koschorke, Wahrheit und Erfindung, 196.
325 Vgl. Koschorke, Wahrheit und Erfindung, 190.
326 Zur Rezeption und Darstellung der Haitianischen Revolution bei Kleist, vgl. auch Herbert Uerlings, Die haitianische Literatur in der deutschsprachigen Literatur: H. v. Kleist – A. G. F. Rebmann – A. Seghers – H. Müller, in: Jahrbuch für Geschichte Lateinamerikas 28 (1991), 343–389 sowie ders., Preußen in Haiti. Zur interkulturellen Begegnung in Kleists ‚Verlobung in St. Domingo', in: Kleist Jahrbuch (1991), 185–201.

indem sie Gustav im Schlaf fesselt. Tatsächlich holt sie seine Familie zur Unterstützung ins Haus, damit diese gegen Congo Hoango kämpfen kann, was auch gelingt. Gustav erwacht und im Glauben, Toni habe ihn verraten, erschießt er sie. Als er seinen Irrtum bemerkt, suizidiert er sich.

Interessant ist nun, dass in die Novelle eine Anekdote eingeflochten wird, von der Gustav Toni berichtet, um ihre Integrität zu prüfen. Darin geht es um eine an Gelbfieber erkrankte Frau, die sich an ihrem ehemaligen Herrn rächen will, ihn unter zärtlichem Vorwand zu sich lockt und ihn wissentlich mit der tödlichen Krankheit ansteckt, was sie ihm mit einer illustren „wilden" Gebärde offenbart:

> Besonders, fuhr er nach einem kurzen Stillschweigen fort, war mir die Tat eines jungen Mädchens schauderhaft und merkwürdig. Dieses Mädchen, vom Stamm der N[*, L.L.]n, lag gerade zur Zeit, da die Empörung auflodert, an dem gelben Fieber krank, das zur Verdoppelung des Elends in der Stadt ausgebrochen war. Sie hatte drei Jahre zuvor einem Pflanzer vom Geschlecht der Weißen als Sklavin gedient, der sie aus Empfindlichkeit, weil sie sich seinen Wünschen nicht willfährig gezeigt hatte, hart behandelt und nachher an einen kreolischen Pflanzer verkauft hatte. Da nun das Mädchen an dem Tage des allgemeinen Aufruhrs erfuhr, daß sich der Pflanzer, ihr ehemaliger Herr, vor der Wut der Negern, die ihn verfolgten, in einen nahegelegenen Holzstall geflüchtet hatte: so schickte sie, jener Mißhandlungen eingedenk, beim Anbruch der Dämmerung, ihren Bruder zu ihm, mit der Einladung, bei ihr zu übernachten. Der Unglückliche, der weder wußte, daß das Mädchen unpäßlich war, noch an welcher Krankheit sie litt, kam und schloß sie voll Dankbarkeit, da er sich gerettet glaubte, in seine Arme: doch kaum hatte er eine halbe Stunde unter Liebkosungen und Zärtlichkeiten in ihrem Bette zugebracht, als sie sich plötzlich mit dem Ausdruck wilder und kalter Wut, darin erhob und sprach: eine Pestkranke, die den Tod in der Brust trägt, hast du geküßt: geh und gib das gelbe Fieber allen denen, die dir gleichen! – Der Offizier, während die Alte mit lauten Worten ihren Abscheu hierüber zu erkennen gab, fragte Toni: ob sie wohl einer solchen Tat fähig wäre? Nein! sagte Toni, indem sie verwirrt vor sich niedersah. Der Fremde, indem er das Tuch auf dem Tische legte, versetzte: daß, nach dem Gefühl seiner Seele, keine Tyrannei, die die Weißen je verübt, einen Verrat, so niederträchtig und abscheulich, rechtfertigen könnte.[327]

Gustav schließt mit der suggestiven Frage, ob Toni auch zu so einer Tat imstande wäre. Das anekdotische Erzählen und die Konfrontation mit seinem Wahrheitsanspruch geraten also zur Vertrauensprobe; allerdings ist sie getrieben von tiefsitzenden Ressentiments. Denn Gustav will Tonis Loyalität überprüfen, stellt sie aber zugleich rassistisch infrage, indem er allen Schwarzen Rachsucht unterstellt und die Tyrannei der Weißen verharmlost.

In der Übertragung der intradiegetischen, anekdotischen Situation auf die Haupthandlung steht Toni als Schwarze für Gustav, den Weißen, unter Gene-

---

[327] Heinrich von Kleist, Die Verlobung in St. Domingo, in: KlDKV 3, 222–264, hier: 233 f.

ralverdacht, nicht vertrauenswürdig zu sein. Im weiteren Verlauf wirkt so die anekdotische Erzählung als selbsterfüllende Prophezeiung auf die Novellenhandlung: Gustav erschießt Toni, ohne ihr die Gelegenheit zu geben, sich zu erklären. Der latente Glaube in eine anekdotische Evidenz war also stärker als die individuelle Vertrauensprüfung.

Wie wird nun aber das hier beschriebene ‚Nachwirken' des prägnanten anekdotischen Ereignisses, der kleinen Geschichte, formal in das erzählerische System der Novelle eingearbeitet, sodass es sich nach Gerhard Neumann zu einer schicksalsträchtigen Weltordnung erheben kann?[328] Neumann kommt zu der These, dass Kleist seine Novelle als eine „erzählgrammatisch verknüpfte[ ] Kette von Wahrnehmungs-Experimenten" konzipiert, wobei die intradiegetisch eingebettete Anekdote keinen Erkenntniswert für die einander undurchschaubaren Charaktere hat, sondern allenfalls Vorurteile begünstigt.[329] Er charakterisiert Kleists Erzählungen somit als unauflöslichen Konflikt zwischen Anekdote und Novelle, „als die Unmöglichkeit, das Kontingente an die Providenz zu vermitteln, Providenz im Kontingenten aufzusuchen".[330] In der Reibung zwischen Anekdote und Novelle werde, im Einbruch des Kontingenten in die Teleologie des Erzählens, der Effekt des Realen erzielt.[331]

Neumanns Interpretation der Kleist-Novelle ist damit anschlussfähig an die Thesen des New Historicism, wenn sie den anekdotischen Augenblick als Effekt des Realen und Einbruch des Kontingenten interpretiert. Als „Ambivalenz-Keim" bleibt das Anekdotische somit in anderen Gattungen wirksam,[332] ohne ganz im Erzählgeschehen aufzugehen oder darin zu vermitteln. Es kann, im Gegenzug, sogar täuschen, verwirren, entzweien. In dieser Hinsicht zeigt der Kolonialkontext im Besonderen, welche Wirkmechanismen das Anekdotische als eingeflochtene Erzählweise bedient und welche Wirkung es entfalten kann. Denn im kolonialen Kontext kann Hilzingers These einer zu Krisenzeiten gesteigerten Anekdotenproduktion bestätigt werden. Dem Genre eigneten nach Anja Bandau einerseits system- und bewusstseinsstabilisierende Funktionen, ande-

---

328 Vgl. Gerhard Neumann, Die Verlobung in St. Domingo. Zum Problem literarischer Mimesis im Werk Heinrich von Kleists, in: Gewagte Experimente und kühne Konstellationen. Kleists Werk zwischen Klassizismus und Romantik, hg. von Christine Lubkoll und Günter Oesterle, Würzburg 2001, 93–118, hier: 98.
329 Vgl. Neumann, Die Verlobung in St. Domingo, 107.
330 Vgl. Neumann, Die Verlobung in St. Domingo, 115.
331 Roland Barthes' Konzept des *effet de réel* wurde auch in der jüngeren Kleist-Forschung auf Kleists Anekdoten angewandt, so etwa bei Thomas Nehrlich, ‚daß sie wahrscheinlich sei'. Zur Poetik von Kleists kleiner Prosa, in: Kleist Jahrbuch (2019), 273–254, hier: 243.
332 Vgl. Neumann, Die Verlobung in St. Domingo, 114.

rerseits sei es selbst sensibel für außertextuelle, gesamtgesellschaftliche Umbrüche und den öffentlichen Zeitgeist.[333] Kolonialtexte wie etwa Reiseberichte, die sogenannten *contes orientaux* oder Augenzeugenberichte von Aufständen, schlügen systematisch einen anekdotischen Tonfall an, denn im Medium des Anekdotischen könnten sich kulturelle Begegnungsszenarien, Kommunikationsprobleme und sozialer Austausch entfalten.[334] Die Schreibweise markiere einen Moment des Unerwarteten und also der Begegnung mit dem Anderen.[335]

Als rhetorisches Mittel der Persuasion und Gefühlsweckung wirkt dabei eine suggestive Taktik des „Vor-Augen-Führens", die *enargeia/energeia*.[336] Als Mittel der Evidenzbildung setzt sie voraus, dass das Wort ein schwächeres mimetisches Potenzial besitzt als das Bild. Darstellung soll durch das subjektive Erlebnis ersetzt werden und die Rezipierenden in die gleiche epistemische Situation versetzt werden wie die historische Zeugenschaft. Geschichte wird infolgedessen imaginiert als Szene.[337]

Dabei behandeln anekdotische Kolonialtexte einerseits die Ereignisse, die sie beschreiben, als nebensächliche Ausnahme, andererseits als singuläre Monstrosität. Was als sekundär präsentiert wird, kann einerseits über die marginale Gattung der Anekdote überhaupt erst erzählbar, andererseits zum exemplarischen Moment gemacht werden.[338] Indem sich die Anekdote auf ein vermeintlich nebensächliches, aber illustrierendes Detail und damit den skandalösen Einzelfall konzentriert, verharmlost bis verleugnet sie strukturelle

---

333 Vgl. Anja Bandau, Desaster und Utopie: Vom unerhörten Detail zum Romanfragment, Tübingen 2008, 123.
334 Vgl. Bandau, Desaster und Utopie, 123.
335 Vgl. Bandau, Desaster und Utopie, 123. Vgl. hierzu auch dies., Unglaubliche Tatsachen: Die haitianische Revolution und die anecdote coloniale, in: Revolutionsmedien – Medienrevolutionen. Die Medien der Geschichte 2, hg. von Sven Grampp, Kay Kirchmann, Marcus Sandl et al., Konstanz 2008, 569–592.
336 Vgl. Rüdiger Campe, Vor Augen Stellen. Über den Rahmen rhetorischer Bildgebung, in: Auf die Wirklichkeit zeigen. Zum Problem der Evidenz in den Kulturwissenschaften. Ein Reader, hg. von Helmut Lethen, Ludwig Jäger und Albrecht Koschorke, Frankfurt a. M. 2016, 106–136, hier: 108. Speziell für den Kontext der anekdotischen Geschichtsdarstellung und kulturellen bzw. ethnographischen Darstellungspraktiken, vgl. auch: Gerhard Neumann, Roland Barthes: Literatur als Ethnographie. Zum Konzept einer Semiologie der Kultur, in: Verhandlungen mit dem New Historicism. Das Text-Kontext-Problem in der Literaturwissenschaft, hg. von Jürg Glauser und Annegret Heitmann, Würzburg 1999, 23–48 sowie Dag Heede, Michel Foucault und Karen Blixen: Verhandlungen zwischen Literatur und Geschichte, in: Verhandlungen mit dem New Historicism, 63–79.
337 Auch Koschorke schreibt, das Narrativ bedarf der Szene, um anschaulich zu sein; vgl. Koschorke, Wahrheit und Erfindung, 38.
338 Vgl. Bandau, Desaster und Utopie, 130.

Probleme und stabilisiert die Mehrheitsmeinung.[339] Auf diese Weise kann der untilgbare Rest des Anekdotischen dann doch in der ‚großen Geschichte' aufgehen, weil wir unterstellen müssen, dass Erkenntniswert und Vorurteil einander nicht ausschließen, sondern ergänzen.

Belastet erscheint dann in dem Kleist-Beispiel das Verhältnis nicht primär aufgrund der Versklavung und Tyrannei durch die Weißen, sondern aufgrund der Niedertracht und Falschheit der Schwarzen. Somit werden Vorurteile bestätigt, aber dennoch der Schein objektiver Authentizität gewahrt.[340] Anekdotische Evidenz legitimiert die weiße Barbarei.

---

339 Vgl. Bandau, Desaster und Utopie, 121, 136
340 Vgl. Bandau, Desaster und Utopie, 122.

3 Kleine Formen im Journalkontext

In den vorangegangenen Kapiteln wurde untersucht, wie sich unter gattungs- und medientheoretischen, literatur- und sozialwissenschaftlichen Ansätzen Gerüchte und Gerede auf der einen Seite und literarische Kleinformen auf der anderen Seite einander annähern. Wir haben Aufschluss gewonnen über Funktionsmechanismen des Anekdotischen und seine Strukturäquivalenzen zum Klatsch in die eine Richtung und zum Novellistischen in die andere Richtung. Anekdotische Schreib- und Erzählweisen müssen in dieser Hinsicht von der ‚klassischen' Anekdote unterschieden werden. Dabei entfalten anekdotische Schreibweisen ihre Wirkung insbesondere im Journalkontext, wie in den folgenden Kapiteln verdeutlicht werden soll.

Literarisch-journalistische Grenzgänger haben Tradition, auch wenn erst in den 1960er-Jahren mit dem „Neuen Journalismus" die jahrhundertealte – mal mehr, mal weniger problematische – Beziehung zwischen Literatur und Journalismus begrifflich institutionalisiert wurde.[1] Im Folgenden soll dieses Verhältnis zunächst im Hinblick auf ihre Spezialphänomene wie die *media hoaxes* skizziert werden, weil diese zwar Ähnlichkeiten zu postfaktischen (Fake-)Nachrichten aufweisen, aber durch ihre kulturhistorische Einordnung und epistemologische Stellung klar abgegrenzt werden müssen. In einem zweiten Schritt werden kleine Formen als Ausdruck von Nicht-Wissen herausgestellt, weil sie die binäre Leitdifferenz von Fakt und Fiktion ebenso ins Wanken bringen wie die zwischen literarischen und journalistischen Schreibweisen. Wenn man davon ausgeht, dass es Formen gibt, denen keine eindeutige Schreibweise des Faktualen oder Fiktionalen zugeordnet werden kann,[2] dann ist der Kontext, in dem sie stehen, entscheidend: allerdings nicht (nur) im Sinne eines kontrollierbaren Erkennungszeichens, sondern als paratextueller Legitimationsrahmen, der die binäre Leitdifferenz noch weiter eliminiert. Zu ihrem unsicheren epistemischen Status treten die intrinsischen Merkmale Serialität, Kürze, Heterogenität und Selektivi-

---

[1] So urteilt etwa Dagmar Lorenz, dass die Praktiken des „Neuen Journalismus" keine Novität darstellten. Vgl. Dagmar Lorenz, Journalismus, Stuttgart 2002, 101 f.
[2] Nach Jürgen Link existiere kaum eine Unterscheidung zwischen literarischem und journalistischem Schreiben, da sich zwischen „kunstliterarischen und journalistischen Sorten von Symbolen" formal nicht wesentlich differenzieren ließe. Vgl. Jürgen Link, Die Struktur des Symbols in der Sprache des Journalismus. Zum Verhältnis literarischer und pragmatischer Symbole, München 1978, 255. Dagegen spricht das historische Selbstverständnis des Journalismus als Medium weitgehend nonfiktionaler und empirisch überprüfbarer Tatsachenvermittlung, worauf u. a. Lorenz aufmerksam macht. Vgl. Lorenz, Journalismus, 8 f.

tät, die kleine Formen im besonderen Maße für den Journalkontext prädestinieren. Diese Eigenschaften sollen sowohl am Beispiel der einfachen Formen von Fall und Memorabile, deren angewandte Kunstform die Fallgeschichte bzw. die Novelle ist, als auch an den sogenannten *faits divers*, den „Vermischten Meldungen", die sich auf den ersten Blick nicht durch Literarizität auszeichnen, aufgezeigt werden. Die These ist, dass es keiner als deviant markierten Spezialphänomene wie Hoaxes bedarf, um die Durchlässigkeit journalistischer und literarischer Schreibweisen deutlich zu machen. Die medialen und sozialen Funktionsmechanismen kleiner Formen im Journalkontext zeigen in der Theorie vielmehr auf, wie eine als krisengesteuert assoziierte Kommunikation den nachrichtentechnischen Normalfall abbildet.

In einem finalen Schritt soll dargestellt werden, wie diese Nähe zwischen journalistischen und literarischen Prinzipien speziell um 1800 als idealistische – weil didaktische oder strategische, da aufmerksamkeitsheischende – Steuerungsmöglichkeit einer Übergängigkeit zwischen Fakt und Fiktion erkannt wird. Als erste Beispiele fungieren, bevor in den folgenden Kapiteln näher auf diese Praxis eingegangen wird, Karl Philipp Moritz' *Ideal einer vollkommnen Zeitung* (1786) sowie seine Vorüberlegungen zum *Magazin zur Erfahrungsseelenkunde* (1783–1793) und eine poetologische Anekdote aus den Wiener *Friedensblättern*. Gerade literarische Formen zeigen hier, wie Journalismus (nicht) funktioniert bzw. (nicht) funktionieren soll. Die Möglichkeiten und Unzulänglichkeiten werden performativ am eigenen Medium exemplifiziert und kommuniziert.

3.1 Zwischen Fakt und Fama? Literarisch-journalistische Grenzgänge

Zwischen literarischem und journalistischem Schreiben wurde lange nicht in ähnlicher Weise unterschieden wie heute.[3] Zum einen reicht das Prinzip des

---

[3] Der frühe Journalismus war marktorientiert und zielte vor allem auf den publikumswirksamen Neuigkeits- und Sensationswert der Informationen ab, während auf die Triftigkeit der präsentierten Fakten wenig geachtet wurde. Vgl. hierzu Daniel Ehrmann, Facta, Ficta und Hybride. Generische als epistemologische Dynamik in Zeitschriften des 18. Jahrhunderts, in: Zwischen Literatur und Journalistik. Generische Formen in Periodika des 18. bis 21. Jahrhunderts, hg. von Gunhild Berg, Magdalena Gronau und Michael Pilz, Heidelberg 2016, 111–132, hier: 115. Vgl. hierzu auch Cecilia von Studnitz, Ist die Wirklichkeit Fiktion oder ist die Fiktion Wirklichkeit? Gedanken zum Bild des Journalisten in der Literatur, in: Literatur und Journalismus. Theorie, Kontexte, Fallstudien, hg. von Bernd Blöbaum und Stefan Neuhaus, Wiesbaden 2003, 73–89, hier: 77 sowie Lennard J. Davis, Factual Fictions. The Origins of the English Novel,

Boulevards, wie Michael Homburg ausführt, also Erzählungen, die dem mündlichen Tratsch und Klatsch nachgebildet waren, bis in die Frühphase des Zeitungswesens zurück, jedoch ohne als solches kenntlich gemacht worden zu sein. Bereits den Neuen Zeitungen des 16. und 17. Jahrhunderts eignete ein Sensationalismus, der sich aus einem „eigentümliche[n] Vexierspiel von Imaginationen, Gerüchten und Anekdoten"[4] speiste. Dabei kam den kurzen, vermischten Nachrichten, den sogenannten *faits divers* oder Miscellen, eine besondere Bedeutung zu, weil sie der Wahrheit von Tatsachen, Fakten und Ereignissen radikal indifferent gegenüberstanden.[5]

Zum anderen enthielten Zeitungen und Zeitschriften seit ihrem massenhaften Auftreten im späten 17. und 18. Jahrhundert auch literarische Beiträge in Prosaform, die auf aktuelle gesellschaftliche Fragen und Ereignisse Bezug nehmen konnten.[6] Dies lag mitunter daran, dass es aus literaturwissenschaftlicher Perspektive für die Prosaerzählung bis ins 19. Jahrhundert hinein kein ausdifferenziertes theoretisches Bewusstsein gab. Sie erschien fast ausschließlich in

---

New York 1983. Auf die Marktorientierung des frühen Journalismus wird auch an anderer Stelle aufmerksam gemacht. So legt Lorenz dar, wie das „Sammeln, Verfassen und Verkaufen" von Nachrichten in seinen Anfängen Mitte des 15. Jahrhunderts auch Ausdruck der zunehmenden Handelsbeziehungen und des aufkommenden Kapitalismus war. Insbesondere Flugblätter und Flugschriften, die auf ein breites Publikum zielten, sollten die Sensationslust des lesenden Publikums befriedigen, weswegen sie hauptsächlich von wunderlichen Begebenheiten oder Katastrophen berichteten. Vgl. Lorenz, Journalismus, 15–17. Auch Reinhart Meyer urteilt, die ‚Novelle' sei eine kommerziell verwertete Nachricht, also eine Neuigkeit, mit der gehandelt und die gewerbsmäßig ge- und verkauft werde. Vgl. Reinhart Meyer, Novelle und Journal, Erster Band: Titel und Normen. Untersuchungen zur Terminologie der Journalprosa, zu ihren Tendenzen, Verhältnissen und Bedingungen, Stuttgart 1987, 59.

4 Michael Homberg, Augenblicksbilder. Kurznachrichten und die Tradition der *faits divers* bei Kleist, Fénéon und Kluge, in: Kurz & Knapp. Zur Mediengeschichte kleiner Formen vom 17. Jahrhundert bis zur Gegenwart, hg. von Michael Gamper und Ruth Mayer, Bielefeld 2017, 119–139, hier: 120.

5 Vgl. Homberg, Augenblicksbilder, 120. Michael Homberg zitiert hier den Zeitungskritiker Kaspar Stieler, der in seiner Abhandlung *Zeitungs Lust und Nutz* bereits 1695 forderte: „Zu föderst muß dasjenige, was in die Zeitungen kommt, Neue seyn" – denn: „Neue Sachen sind und bleiben angenehm." Vollständiger Neudruck der Originalausgabe von 1695, hg. von Gert Hagelweide, Bremen 1969, 28–29. Für einen Überblick in die frühneuzeitliche Geschichte des Zeitungswesens, vgl. außerdem Manuela Günter und Michael Gamper, Serielles Vergnügen in der Frühen Neuzeit zwischen Gattungs- und Medieneffekten, in: Artes populares. Theorie und Praxis populärer Unterhaltungskünste in der Frühen Neuzeit 44/3 (2016), 257–293.

6 Vgl. Norbert Bachleitner, Fiktive Nachrichten. Die Anfänge des europäischen Feuilletonromans, Würzburg 2012, 7.

Journalen und galt als sozial wie literarisch tendenziell minderwertige Gattung[7] – was sich mit der Gattungsgeschichte kleiner Formen deckt, die, wie die Forschung herausgestellt hat, im Zuge der Etablierung des triadischen Gattungssystems um 1800 aus dem eigentlichen Bereich der Literatur hinausgedrängt wurden.[8] Gerade aufgrund dieser Randständigkeit aber eignet ihnen seit dem 19. Jahrhundert ein kritisch-subversives Moment, indem kleine Formen sowohl Genrekonventionen als auch soziale Wahrnehmungsweisen infrage stellen können.[9]

Noch im 17. Jahrhundert wurde mit der lateinischen Form der Gattungsbezeichnung *novella* die Zeitung selbst bezeichnet, unabhängig davon, ob die Zeitungen fiktionale Prosa enthielten.[10] Dass der Diskurs um Nachricht und Novelle hinsichtlich der Ambiguität von Fakt und Fiktion lange nicht ausdifferenziert war, zeigt sich mitunter daran, dass Boccaccios *Decamerone* bis ins 17. Jahrhundert hinein als „Historie", „neue Mär" oder auch „neue Zeitung" übersetzt wurde.[11] Nach Reinhard Meyer ist die frühe Novelle sogar synonym zum Medium zu begreifen, in dem sie erscheint und daher eindeutig und unverwechselbar durch ihre journalistische Publizität charakterisiert. Auch der Zeitungsschreiber könne als Novellist bezeichnet werden, denn beide fahndeten nach Stoffen und Begebenheiten, beide bemühten sich aber darum, nahe bei der historischen Wirklichkeit zu bleiben.[12] Nach Meyer postulierten die Zeitungen des 17. Jahrhunderts einerseits durchaus einen Wahrheitsanspruch; sie stünden „mithin der Poesie so fern, wie sie der Geschichtsschreibung näherücken".[13] Andererseits sei der selbst auferlegte Wahrheitsanspruch der Journale als ambivalentes Phänomen zu betrachten, denn auch das Verbreiten von unwahren Berichten konnte noch im Zeichen authentischer Berichterstattung geschehen.[14] Die Journale betonten zwar ihre Nähe zur Geschichtsschreibung, insofern beide die Wahrheit der Berichterstattung anstrebten, allerdings mit dem entscheidenden Unterschied, dass die Presse keine wissenschaftlichen

---

7 Vgl. Meyer, Novelle und Journal, 50.
8 Vgl. hierzu etwa Thomas Althaus, Wolfgang Bunzel und Dirk Göttsche, Ränder, Schwellen, Zwischenräume. Zum Standort Kleiner Prosa im Literatursystem der Moderne, in: Kleine Prosa. Theorie und Geschichte eines Textfeldes im Literatursystem der Moderne, hg. von densel., Tübingen 2007, IX–XXVII, hier: XIV.
9 Althaus/Bunzel/Göttsche, Ränder, Schwellen, Zwischenräume, XV.
10 Vgl. Bachleitner, Fiktive Nachrichten, 17 sowie Meyer, Novelle und Journal, 54.
11 Vgl. Aust, Novelle, 26.
12 Vgl. Meyer, Novelle und Journal, 55, 85.
13 Meyer, Novelle und Journal, 55.
14 Vgl. Meyer, Novelle und Journal, 74.

Deutungen und Zusammenhänge, sondern nur punktuell und unter Zeitdruck Einzelinformationen zu jeweils aktuellen Ereignissen liefern konnte.[15]

Im 17. Jahrhundert begannen regelmäßig erscheinende Nachrichtenblätter damit, sich von Prosaerzählungen abzugrenzen; die Ambivalenz von Fakt und Fiktion blieb jedoch erhalten.[16] Für Niklas Luhmann beginnt eine funktionale Trennung zwischen literarischen Texten und journalistischer Berichterstattung, also die Entstehung der binären Leitdifferenz zwischen Fakt und Fiktion, erst mit der drucktechnischen Massenmedialisierung im 18. Jahrhundert.[17] Dem Zeitungsmedium wird nun eine Schreibweise zugeordnet, die referenzielle Wirklichkeitserzählungen, aber keine romaneske Unterhaltungslektüre produzieren sollte.[18] Erst im Zuge dieser Leitdifferenz war es möglich, die Veröffentlichung fiktiver Geschichten als Tatsachenbehauptung in Zeitungen als Fälschung zu bezeichnen – und zu sanktionieren.[19] Falschmeldungen in Massenmedien sind also kein zeitgenössisches Phänomen, sondern traten immer schon mit der Herausbildung bestimmter, mit Wahrheitsgarantien versehener Veröffentlichungspraxen auf bzw. wurden erst ab dem Zeitpunkt sanktioniert, da publizistische Wahrheitsgarantien im Entstehen begriffen waren.[20]

---

15 So habe es für eine umfangreiche Quellenauswertung noch an Medientradition und -verständnis gemangelt. Vgl. Meyer, Novelle und Journal, 77.
16 Vgl. Norbert Bachleitner, Fiktive Nachrichten, 17 f.
17 Vgl. Niklas Luhmann, Die Realität der Massenmedien, Wiesbaden 1996, 10. Vgl. hierzu auch Ehrmann, Facta, Ficta und Hybride, 111 f.
18 Vgl. Ehrmann, Facta, Ficta und Hybride, 112.
19 Vgl. Martin Doll, Fälschung und Fake. Zur diskursanalytischen Dimension des Täuschens, Berlin 2012, 262 f.
20 Die programmatische Etablierung der Leitdifferenz Fakt/Fiktion ab der Mitte des 19. Jahrhunderts wird von Martin Doll mit Michel Foucaults Darlegung der Abgrenzung des medizinischen Diskurses von dem des Quacksalbers verglichen: Gegen Ende des 18. Jahrhunderts begann demnach der medizinische Diskurs, sich nach fixen Regeln und Normen zu organisieren, was zwar zunächst keine unmittelbaren Auswirkungen auf medizinische Praktiken zeitigte, aber half, zwischen ‚wahren' und ‚falschen' Medizinern zu unterscheiden. Erst nach dem Errichten solcher Diskursgrenzen konnte der Quacksalber als inkompetenter Sprecher, der den medizinischen Diskurs nur imitierte, deklariert werden. Vgl. Doll, Fälschung und Fake, 252 f. sowie Michel Foucault, Die Bühne der Philosophie (1978), in: ders., Schriften in vier Bänden, Bd. 3: 1976–1979, Frankfurt a. M. 2003, 718–747, hier: 735. Vgl. in diesem Kontext auch Doll, Widerstand im Gewand des Hyper-Konformismus. Die Fake-Strategien von ‚The Yes Men', in: Mimikry. Gefährlicher Luxus zwischen Natur und Kultur, hg. von Andreas Becker, Martin Doll, Serjoscha Wiemer et al., Schliengen 2008, 245–258.

Das Feld der Publizistik um 1800 lässt sich dennoch nicht auf die binäre Opposition von Fakten und Fiktion beschränken.[21] Ein entscheidender Grund dafür ist u. a. die Funktion von Zeitungen als Wissenstransfer. Dabei sind sie dem Dilemma ausgesetzt, auch bei unsicherer oder unvollständiger Faktenlage zugleich verlässlich, schnell und unterhaltsam zu informieren. Ein unerschöpfliches Reservoir für Journalist:innen bildeten somit seit jeher volkstümliche Überlieferungen, Gerüchte, Vorurteile, *idées reçues* usw., mit denen sie an bestehendes (Nicht-)Wissen anknüpfen, also Anschlusskommunikation gewährleisten, Informationslücken füllen und um Zustimmung werben konnten.[22]

Dieser Publikationsrahmen macht sie nicht nur anfällig für die unbewusste Verbreitung von Fehlinformationen, sondern gibt auch intentionalen Falschmeldungen, wie z. B. den erstmals 1708 dokumentierten[23] und seit Ende des 18. Jahrhunderts terminologisch fixierten *media hoaxes*, eine Bühne. Im Gegensatz zu den in der Einleitung angesprochenen postfaktischen Modi der medialen

---

21 Insbesondere die Gattung des Feuilletonromans repräsentiert diesen Authentizitätskonflikt, dass Fiktionen real und Nachrichten fiktiv sein können. Zwar ist hier das Fiktionssignal unübersehbar über das paratextuelle Element des Feuilletonstrichs markiert; die Grenze ist jedoch durchlässig, indem der Feuilletonroman auch Stellung zu aktuellen Nachrichten nehmen kann. Norbert Bachleitner nennt als Beispiele Charles Dickens, der mit dem Roman *Hard Times* (1854) Hinweise auf eine latente Revolutionsgefahr lieferte, während sein *Ground in the Mill* (1854) derart komplementäre Verbindungen zwischen Roman und Zeitungsartikeln schuf, dass die Romane, aus dem Kontext der Zeitung gerissen, unvollständig wirkten. Dabei problematisierte Dickens selbst das Verhältnis von *fact* und *fiction*, entlarvte etwa einige als Fakten kursierende Mythen als Fiktion. Vgl. Bachleitner, Fiktive Nachrichten, 9, 56–68. Bachleitner schreibt weiter, der Feuilletonroman sei ein frühes Produkt der Massenmedien: Als Kommunikationssystem der gesellschaftlichen Selbstbeobachtung seien Zeitung und Roman gleichermaßen als Massenmedien klassifiziert, die sich nur durch die Spezialisierung auf verschiedene Programmbereiche, nämlich auf Nachrichten bzw. Unterhaltung, unterscheiden, sodass der Roman problemlos in den Nachrichtenmodus wechseln und sich die Zeitung andererseits der Unterhaltung widmen könne. Vgl. Bachleitner, Fiktive Nachrichten, 11 f., 14. Schließlich operierten die Massenmedien, zu denen nach Luhmann auch die Zeitungen und Zeitschriften zu zählen sind, nicht nach dem Code wahr/unwahr, sondern nach dem Code Information/Nicht-Information. Vgl. Luhmann, Die Realität der Massenmedien, 51.
22 Vgl. Bachleitner, Fiktive Nachrichten, 18 f.
23 Für einen der ersten dokumentierten *media hoaxes* 1708 war Jonathan Swift verantwortlich, der unter dem Pseudonym Isaac Bickerstaff einen Fake Almanach veröffentlichte, in dem er in Form einer Elegie den Tod von einem der führenden Astrologen in England, John Partridge, prophezeite, nachdem dieser in seinen Almanach-Ausgaben fortwährend Todesfälle bekannter Persönlichkeiten vorhergesagt und darüber hinaus die Anglikanische Kirche als unfehlbar bezeichnet hatte. Swift setzte damit ein satirisches Zeichen gegen den herrschenden Volksaberglauben. Vgl. Lynda Walsh, Sins Against Science: The Scientific Media Hoaxes of Poe, Twain, and Others, New York 2006, 17 f.

Fehlinformation wie Fake News und Desinformation machen Hoaxes vielmehr auf epistemische Krisen im Sinne einer Schieflage zwischen Fach- und Alltagswissen aufmerksam, als dass sie selbst im Zentrum gesellschaftlicher Krisen stünden. Martin Doll nennt als Beispiel die Berichterstattung von imaginären wissenschaftlichen Entdeckungen und Errungenschaften (z. B. als authentisch deklarierte minutiöse Darstellungen einer Reise per Luftschiff zum Mond sowie einer Überquerung des Ärmelkanals per Heißluftballon), die Edgar Allan Poe im Publikationskontext des 19. Jahrhunderts u. a. in der *New York Sun* veröffentlichte und hiermit die pseudowissenschaftliche, leichtgläubige, fortschrittsvernarrte und sensationslüsterne Medienrezeption seiner Zeit kritisierte.[24]

Aus diesem populären Beispiel wird zweierlei deutlich: Zum einen sind Hoaxes, ähnlich wie moderne Sagen, kein Organ gezielter Propaganda, mit dem sich Politik machen ließe. Stattdessen kam und kommt ihnen eher Unterhaltungsstatus zu, in dem Sinne, dass sie eine Angst- oder Sensationslust bedienen können (mithin den *urban legends* nahestehen) oder schlicht als Witz erscheinen (z. B. als Aprilscherz[25]). Zum anderen sind Hoaxes zwar immer intentionale Falschmeldungen, aber sie intendieren nicht zwingend die Aushebelung des Faktums, vor allem nicht im politischen Kontext. Im Gegenteil sind sie sogar oft als bewusste Täuschungen identifizierbar oder sie werden von ihren Urheber:innen aufgelöst.[26] So sind viele Hoaxes aufgebaut wie Ankündigungen, die sich auf ein Ereignis in der Zukunft beziehen, das dann aber nicht eintritt. Sie spekulieren also auf die Erwartungshaltung der Lesenden und bedienen in besonderem Maße deren Sensationslust.

Somit liegt ein weiterer wichtiger Unterschied zu Fake News in ihrem kritischen Potenzial der medialen, ästhetischen und gesellschaftlichen Selbstbeschreibung. Während Fake News völlig humorfrei ihren (alternativen und oder gefühlten) Wahrheitsstatus behaupten und ‚literarisch' schmucklos, weil auf die kontrafaktische Botschaft ausgerichtet bleiben, können Hoaxes nicht nur über Literarizität verfügen – zumal sie schriftlich dargelegt werden –, sondern mittels literarischer Mittel, insbesondere Verfremdung, Ausschmückung, Übertreibung, zeitgenössische Diskurse aufgreifen und persiflieren. Die Sensationslust der Rezipient:innen wird nicht allein bedient, um Aufmerksamkeit zu generieren oder ein politisches Narrativ zu vermitteln, sondern um sie vorzuführen, wenn die angekündigten Ereignisse nicht eintreten.

---

24 Vgl. Doll, Fälschung und Fake, 253–255, 263.
25 Zur Rezeption von Media Hoaxes als Aprilscherz, vgl. z. B. George P. Mayhew, Swift Bickerstaff Hoaxes as an April Fool's Joke, in: Modern Philology 61/4 (1964), 270–280.
26 Vgl. Brunvand, American Folklore: An Encyclopedia, London 1998, 584.

Die Funktionsweise der Hoaxes illustriert das Dilemma zwischen Interessantheit und Anschlussfähigkeit, zwischen Information und Redundanz, dem jede Nachricht ausgesetzt ist.

> Die Signifikanz dieser Hoax-Kulisse lässt auch den Doppelcharakter der ‚Ereignishaftigkeit' von Nachrichten, von ‚News', besonders augenfällig werden: Einerseits muss nämlich ein Hintergrundwissen, eine akzeptierte zeitgenössische Wissenspraxis wiederholt, also Redundanz erzeugt werden, um die Neuigkeit wahrscheinlich erscheinen zu lassen [...] andererseits muss vor diesem Hintergrund eine Differenz, ein ‚Allerneuestes' erkennbar sein, damit eine Verlautbarung auf Interesse stößt.[27]

Hier erfährt die bereits aufgestellte Beobachtung, dass kleine Formen, zu denen die Hoaxes ja zu zählen wären, unter kommunikationstheoretischer Perspektive einerseits an Bekanntes anschließen, also Geschlossenheit suggerieren sollten, und andererseits eben darauf angelegt sind, ‚unerhörte' Begebenheiten zu präsentieren, also die Offenheit der Ereignishaftigkeit zu postulieren, eine wissenspoetologische Grundierung. Diesen Doppelcharakter, der der faktischen Nachricht zum Problem wird, machen sich Hoaxes gezielt zu Nutze, indem sie ihn überbetonen.[28]

3.1.1 Das ‚Zurichten' von Fakten

Die Ununterscheidbarkeit der Codes Unterhaltung vs. Information bzw. Fiktion vs. Fakt schlägt sich aber nicht vorrangig am Phänomen der medialen Hoaxes nieder. Aufgrund ihrer intentionalen Täuschung, ihrer satirischen oder scherzhaften Funktion sowie ihrer Tendenz, sich selbst zu entlarven, stellen sie keine Grenzgänger dar, auf die hier aus gattungspoetologischer und gattungspolitischer

---

27 Doll, Fälschung und Fake, 256.
28 Neben den medialen Hoaxes ist der mittlerweile sprichwörtlich gewordene „Grubenhund" eine frühe Figur des kritischen Nachrichten-Fake. Namentlich zurück geht sie auf einen von mehreren fingierten Berichten, die Arthur Schütz Anfang des 20. Jahrhunderts zunächst der Wiener Zeitung *Neue Freie Presse* und später auch anderen Journalen unterschob. Sein Anliegen war die Kritik an der journalistischen Praxis, unüberprüfte Leser:innenzuschriften als Grundlage für ihre Artikel zu nutzen. Auch Karl Kraus schob der *Neuen Freien Presse* fingierte Berichte unter. Hieraus resultierte eine regelrechte „Grubenhund"-Panik und schließlich wurden sogar für deren Entdeckung Prämien ausgesetzt – eine Praxis, die heute an diverse Plattformen im Netz denken lässt, die sich die Entlarvung von Fake News durch sogenanntes „fact checking" zur Mission gemacht haben. Satirische Nachrichtenportale wie *Der Postillon* haben ein historisches Vorbild in der DADA-Bewegung, deren Vertreter fingierte Zeitungstexte verfassten. Vgl. Doll, Fälschung und Fake, 265–272.

Perspektive das Hauptaugenmerk gerichtet werden soll. Anders verhält es sich mit den kleinen Formen wie Anekdoten oder Fallbeispielen, die im Gegensatz zum Roman, aber auch zu traditionellen (und stark pädagogisch, weil exemplarisch ausgerichteten) Kleingattungen wie Fabel, Idyll und Epigramm weniger streng regelpoetisch reguliert sind und deren Auftreten eng mit der Frühgeschichte der Zeitung in Zusammenhang steht.[29] Kleine Formen verfügen über Charakteristika, die den generischen Funktionsmechanismen der Nachrichtenverbreitung entsprechen. Zu nennen sind hier insbesondere Kürze (1), ein selektives Vorgehen bei der Stoffauswahl und -darbietung (2), ein provisorischer bis unsicherer epistemischer Status (3), die Affinität zu Serialität (4) und Heterogenität (5) sowie eine rezeptive Niedrigschwelligkeit, die Populäreffekte zeitigt (6).

Die Journalforschung hat die Entwicklung eines (trans)nationalen Pressewesens, die Professionalisierung neuer Medien- und Informationstechnologien sowie die Formation einer politisierten Öffentlichkeit und globaler Märkte in der Moderne eng mit dem Siegeszug einer Rhetorik der Kürze (1) in Zusammenhang gebracht.[30] So stellten im 18. Jahrhundert Kürze und Knappheit in den beschleunigten und veränderten Verfahren der Wissenserschließung und -vermittlung das geforderte Stil- und Darstellungsmerkmal dar.[31] Dass die Informationsökonomie dem Prinzip der *brevitas* unterlag, verschaffte wiederum kleinen Formen für die Wissensgenerierung, Wissenspräsentation und Wissenszirkulation einen enormen Popularitätsschub,[32] etwa indem ihre Medialisierung in Zeitschriften massive Populäreffekte zeitigte und auf soziale Interaktionen zurückwirkte.[33]

---

29 Vgl. Gustav Frank, Die Legitimität der Zeitschrift. Zu Episteme und Texturen des Mannigfaltigen, in: Zwischen Literatur und Journalistik, 27–45, hier: 37 f.
30 Diese Korrelation hängt insbesondere mit dem literarisch-publizistischen Genre des Feuilletons zusammen, das sich in Deutschland ab 1848 etablierte. Vgl. Lorenz, Journalismus, 102 f.
31 Vgl. Janine Firges, Erzählen als ‚bloß andeutender Fingerzeig'. Brevitas, Sprachverknappung und die Logik des Bildlichen in Karl Philipp Moritz' Signatur des Schönen, in: Kurz & Knapp, 47–66, hier: 47. Schon die antiken und mittelalterlichen Rhetoriken empfahlen Kürze und den Verzicht auf einen allzu ausladenden, amplifizierenden oder veranschaulichenden Stil, um eine Sache adäquat zur Geltung zu bringen. Vgl. Vogel, Kürze des Faktums, 141 f. Maren Jäger identifiziert Kürze als entscheidenden kommunikativen Imperativ der Moderne, denn sie sei wichtigstes Kriterium im Konkurrenzkampf um die Aufmerksamkeit der Rezipient:innen. So bedürfen kleine Formen einer aktiven Rezipierendenleistung mehr als eines mimetischen Objektbezugs. Vgl. Maren Jäger, Die Kürzemaxime im 21. Jahrhundert vor dem Hintergrund der *brevitas*-Diskussion in der Antike, in: Kulturen des Kleinen, 21–40, hier: 21.
32 Michael Gamper und Ruth Mayer, Erzählen, Wissen und kleine Formen. Eine Einleitung, in: Kurz & Knapp, 7–22, hier: 7, 1.
33 Vgl. Autsch/Öhlschläger, Das Kleine denken, 10.

Nach Michael Gamper und Ruth Mayer exemplifizieren kleine Formen die doppelte Wirkungsweise des Kurzen und Knappen, sowohl abschließend auf den Punkt zu bringen und apodiktisch festzustellen als auch einen Imaginations- und Spekulationsraum für Anschlusskommunikation zu eröffnen.[34] Dabei verbirgt das Stilmittel der *brevitas* nach Juliane Vogel die rhetorische Zurichtung einer Aussage hinter der Inszenierung reiner sachlicher Gegebenheit.[35] Die puristische Erscheinung des Faktums täuscht über die rhetorische Bearbeitung hinweg, die es hervorgebracht hat: „Fakten werden gesammelt und daraufhin gewichtet und gegebenenfalls verdichtet, das Faktum selbst ist also ein aus dem Kontinuum herausgelöstes Bruchstück."[36] Die einfache Form, die sich in diesem Kontext insbesondere durch ihre Affinität zum Journalmedium auszeichnet, ist das Memorabile.[37] Das Memorabile ergibt sich nämlich aus der Geistesbeschäftigung mit dem Tatsächlichen, in ihm hebt sich

> aus einer Reihe nebengeordneter Tatsachen eine übergeordnete Tatsächlichkeit heraus, auf die nun einmalig alle Einzelheiten sinnreich bezogen wurden – aus freien Tatsachen verwirklichte sich eine gebundene Tatsächlichkeit. [...] [I]ndem das Tatsächliche konkret wird, wird es glaubwürdig. [...] Der Geistesbeschäftigung, in der das Tatsächliche konkret wird, kommt es auf Glaubwürdigkeit an – aber sie findet Glaubwürdigkeit nur in ihrer eigenen Form, sie hält nur das, was die Form Memorabile annimmt, für ‚beglaubigt'.[38]

Im Memorabile werden also historische Tatsachen in der Weise angeordnet, dass sie den Sinn einer übergeordneten Tatsache aus dem Ganzen heraus selbstständig zur Geltung bringen, selbst wenn sie dafür nicht unmittelbar (also nicht notwendig) mit dieser übergeordneten Tatsache in Zusammenhang stehen.[39] Dies beschreibt das Prinzip der selektiven Stoffauswahl und -präsentation

---

34 Gamper/Mayer, Erzählen, Wissen und kleine Formen, 14.
35 Vgl. Vogel, Kürze des Faktums, 143
36 Firges, Erzählen als ‚bloß andeutender Fingerzeig', 51.
37 Bei der Bezeichnung Memorabile handelt es sich um die lateinische Übersetzung des griechischen Wortes *Apomnemoneuma*; zumindest scheint das, was die Griechen unter *Apomnemoneuma* verstanden, der „einfachen Form", die Jolles untersucht, sehr nahe zu kommen. Als Beispiel nennt er die *Apomnemoneumata*, die Xenophon über Sokrates nach dessen Tod schrieb. Zu dieser Zeit sei ein Streit zwischen Plato und Antisthenes über Sokrates' Persönlichkeit ausgebrochen, der sich nun in der biographischen Darstellung niederschlug. Xenophon hingegen beabsichtigte nicht, die Persönlichkeit Sokrates' nach seiner eigenen Auffassung dazulegen, wie es Plato und Antisthenes taten, „sondern sie aus dem Geschehen, wie es sich seiner Erinnerung eingeprägt hatte, herauswachsen, sich hervorheben" zu lassen. Vgl. Jolles, Einfache Formen, 210.
38 Jolles, Einfache Formen, 216.
39 Vgl. Jolles, Einfache Formen, 202.

(2), die auch immer eine besondere Temporalität ins Werk setzen. Denn in der pointierten An- und Beiordnung der Tatsachen hin zu einer übergeordneten Botschaft wird Zeitgeist hergestellt; im sich heraushebenden einmaligen Geschehen zeichnet sich Zeit, so Jolles.[40] Ein Zeitungsauschnitt sei bestrebt, „aus dem allgemeinen Geschehen etwas einmalig herauszuheben, das als Ganzes den Sinn dieses Geschehens bedeutet".[41] Er meint etwas, „was sich selbst aus dem Zeitgeschehen ausschneidet, lostrennt und in der Zeitung selbstständig wird, Form annimmt",[42] denn im Fluss des Geschehens ließen sich Tatsachen nicht beobachten, könnten nicht zur Geltung kommen.[43] Es wird deutlich, dass es auf die Anordnung der Fakten ankommt, auf das Gerüst der Einzelheiten, sodass sie das Übergeordnete am besten zur Geltung bringen.[44] Beim Memorabile ergibt sich aus freien, losen (aber nicht erfundenen!) Fakten die gebundene Tatsächlichkeit des Realen.

Die charakteristische Kürze und Zugerichtetheit des Faktums korrespondieren mit dem oftmals provisorischen Wissensstatus (3) kleiner Formen im Journalkontext.[45] Eine binäre Unterscheidung zwischen Wissen und Nicht-Wissen ist im epistemischen Erkenntnisprozess schon in der Aufklärung für obsolet erklärt worden.[46] Bereits ab der Mitte des 18. Jahrhunderts gewinnt „der Bereich des Dunklen und Unklaren, des Zufälligen und Nicht-Notwendigen, des Bloß-Wahrscheinlichen" an diskursiver Relevanz.[47] Nicht-Wissen wird als Faktor epistemischer Formation anerkannt, gerade vor dem Hintergrund nicht-objektivierbarer Wahrheitsbegriffe, die zunehmend in das Bewusstsein dringen: von Wahrscheinlichkeitsberechnungen, Strategien der Evidenz bis zur Diagnose einer „Kontingenzkultur".[48] Provisorisch ist um 1800 also nicht nur das Wissen vom Menschen, sondern auch der Status der Texte, innerhalb derer die dieses zukünftige Wissen vorbereitenden Beobachtungen gesammelt wurden. In die-

---

40 Vgl. Jolles, Einfache Formen, 203.
41 Vgl. Jolles, Einfache Formen, 203.
42 Vgl. Jolles, Einfache Formen, 209.
43 Vgl. Jolles, Einfache Formen, 210, 215.
44 Vgl. Jolles, Einfache Formen, 207.
45 Vgl. Vogel, Kürze des Faktums, 140.
46 Vgl. Godel, Literatur und Nicht-Wissen im Umbruch, 39.
47 Vgl. Godel, Literatur und Nicht-Wissen im Umbruch, 45.
48 Dass Kant in seiner *Anthropologie in pragmatischer Hinsicht* (1796/1797) das Nicht-Wissen des Volks zum Garanten bürgerlicher Ordnung mache, demonstriere, so Godel, ein Verhältnis von Wissen und Nicht-Wissen, das selbst in der Aufklärung nicht unabhängig von politischen Normen und Machtansprüchen verstanden werden könne. Vgl. Godel, Literatur und Nicht-Wissen im Umbruch, 40 f.

sem Zusammenhang haben Susanne Düwell und Nicolas Pethes herausgestellt, dass eine Epistemologie des Nicht-Wissens maßgeblich für die Herausbildung der „Fallgeschichten" verantwortlich war.[49]

Nach Jolles geht beim Kasus ein feststehendes, allgemeines Gesetz in anschauliches Geschehen über, in die Darstellung eines Verbrechens und also eines Normenverstoßes. Gegenständlich wird hier ein allgemeingültiges Gesetz dadurch, dass es individuell verletzt wird. Deshalb können die Fallgeschichten Kriminalfälle thematisieren, aber damit einhergehend auch medizinisch-pathologische Fälle, wenn sie sich dem Täter:in-Profil widmen. Diese Psychologisierung ist der einfachen Form des Kasus nicht inhärent, nur der angewandten Kunstform (Fallgeschichte, Novelle).[50] Der Fall (und seine Erweiterung zur Fallgeschichte) ist somit neben dem Memorabile die einfache Form, die eine besondere Affinität zum Journalmedium aufweist. Im ausgehenden 18. Jahrhundert ist jedoch noch nicht von Fall-, sondern von Beobachtungs- und Erziehungsgeschichten die Rede gewesen oder von „Fakta"[51], wie wir im Folgenden auch bei Karl Philipp Moritz sehen werden. Das Faktum als Fall meint dabei nicht (nur) das singuläre Ereignis, sondern angesichts eines aktuellen (Noch-)Nicht-Wissens besteht das epistemische Prinzip gerade in der seriellen Sammlung (4) einer möglichst großen Zahl von Beobachtungen.[52] Das Faktum bringt also seine eigene Fortsetzbarkeit hervor. Diesen Aspekt exemplifiziert Roland Barthes an der Struktur des sogenannten *fait divers*: Die eigentliche Nachricht beginnt erst dort, wo die Information vervielfältigt wird und damit die Gewissheit einer Meldung in sich trägt. Das bedeutet, jede Neuigkeit bedarf der Serialität zur Beglaubigung, will sie über das Kuriose hinaus wirken, und zwar – so die These dieser Arbeit – weil sie dann als Narrativ konstitutiv ist.

---

49 Vgl. Susanne Düwell und Nicolas Pethes, Noch nicht Wissen. Die Fallsammlung als Prototheorie in Zeitschriften der Spätaufklärung, in: Literatur und Nicht-Wissen, 131–167, hier: 137.
50 Düwell/Pethes hegen Zweifel an den gattungspoetischen Bestimmungen des Falls. Erstens dürften Kasus und moderne Fallgeschichte nicht gleichgesetzt werden, zweitens lasse sich auch der Kasus nicht auf einen einfachen (Gattungs-)Begriff bringen. Jolles' Bestimmung eigne nicht als Definition einer einheitlichen Textsorte; die Falldarstellungen bildeten historisch und disziplinär eine zu große narrative, mediale und epistemische Variationsbreite aus, als dass sie sich unter die essentialistische und überhistorische Konzeption „einfacher Formen" fassen ließen. Vgl. Susanne Düwell und Nicolas Pethes, Fall, Wissen, Repräsentation – Epistemologie und Darstellungsästhetik von Fallnarrativen in den Wissenschaften vom Menschen, in: Fall – Fallgeschichte – Fallstudie. Theorie und Geschichte einer Wissensform, hg. von dens., Frankfurt a. M. 2014, 9–33, hier: 21.
51 Vgl. Düwell/Pethes, Noch nicht Wissen, 147.
52 Vgl. Düwell/Pethes, Noch nicht Wissen, 135 f., 141, 146 f.

Das (Nicht-)Wissen kleiner Formen vermag es, serielle Narrative zu generieren, Metaphern zu produzieren, Genres zu bedingen, sich in Poetologien zu formieren.[53] Die kleine Prosa ist in diesem Kontext deshalb so bedeutsam, weil sie nicht als gattungstypologisch,[54] sondern nur als funktionsgeschichtlich klassifizierbare Rede die Schwelle zwischen der anschaulichen Darstellung zeitungsspezifischer und literarischer Formen auf der einen sowie der begrifflichen Sprache gelehrter und später wissenschaftlicher Zweckprosa auf der anderen Seite senke.[55] So bieten die teilweise eigens gegründeten periodisch erscheinenden und schnell zirkulierenden (Fach-)Zeitschriften und Anthologien ab der zweiten Hälfte des 18. Jahrhunderts ein Forum für das provisorische und serielle (Nicht-)Wissen kleiner Formen.[56] Anstatt Anspruch auf die Darstellung eines fixierten und elaborierten Wissenssystems zu erheben, fungieren sie als Plattform für Archiv und Austausch der noch so merkwürdigsten Beobachtungen aus heterogenen Quellen.[57] Die Zeitschrift sei das persistente Zentrum einer Heimsuchung durch das Mannigfaltige (5), der mediale Ort, dessen Praxis und Form es ausmacht, „erste Verhandlungen, also Aufbewahrung, weitere Zirkulation und Wiedereinspeisung dieser ersten Darstellung, dieser Notation des Mannigfaltigen, zu liefern".[58] Damit erweisen sich kleine Formen für Gustav Frank als eine Schaltstelle zwischen Zeitung und Buch, die Wissensströme in der Gesellschaft zwar reguliere, selbst aber im Unterschied zu regelpoetischen Systemen nur schwach reguliert sei.[59] Ihr eignen also massive Populäreffekte (6). So sind in ihrem Format selbst wissenschaftliche Berichte nicht mehr auf gelehrte Kommunikation beschränkt, sondern erreichen ein breit gefächertes Publikum.[60] Denn wissenschaftliche Publikationen beanspruchen, im Dienst des Fortschritts bislang Unbekanntes, Unerhörtes und Unwahrscheinliches zu präsentieren, so Nicolas Pethes, wobei es zu einer Art doppelten Lektüremög-

---

53 Ein literarischer Text ist nach Godel Element dieser Transformationen epistemologischer und epistemo-praktischer Prozesse; er ist Element einer *episteme*, die von der Dialektik und Dynamik von Wissen und Nicht-Wissen gekennzeichnet ist. Vgl. Godel, Literatur und Nicht-Wissen, 41 f.
54 Auch Öhlschläger und Autsch weisen auf die definitorische Unformulierbarkeit einer Theorie des Kleinen hin. Vgl. Autsch/Öhlschläger, Das Kleine denken, 11.
55 Vgl. Frank, Die Legitimität der Zeitschrift, 38, 42.
56 Vgl. Düwell/Pethes, Fall, Wissen, Repräsentation, 17 sowie dies., Noch nicht Wissen, 146 und Blasberg, Spannungsverhältnisse, 83.
57 Vgl. Düwell/Pethes, Noch nicht Wissen, 146.
58 Vgl. Frank, Die Legitimität der Zeitschrift, 32.
59 Vgl. Frank, Die Legitimität der Zeitschrift, 41.
60 Vgl. Düwell/Pethes, Fall, Wissen, Repräsentation, 17.

lichkeit komme, einer „Unentscheidbarkeit der Codes": Handelt es sich um eine wissenschaftliche, auf empirischen Fakten beruhende Abhandlung oder um eine unterhaltsame literarische Fiktion?[61]

3.1.2 Nachrichtenerzählungen als Schicksalserzählungen? Die Ordnung des Zufälligen in den *faits divers*

Aus dem Vorangegangenen ist deutlich geworden, dass der epistemische Status – auch nicht verifiziertes Wissen wird in die Berichterstattung mitaufgenommen –, das Vermittlungsmoment (in den seriell erscheinenden Zeitungen, Zeitschriften und Anthologien) und die Strukturmerkmale (Kürze, Knappheit, ‚Ausschnitthaftigkeit') kleiner Formen sich im Journalkontext wechselseitig bedingen, was sie zu generischen Medien des (Noch-)Nicht-Wissens werden lässt. Es ist ersichtlich, inwieweit die binäre Leitdifferenz von Fakt und Fiktion hier herausgefordert wird, vor allem in Bezug auf so einschlägige Grenzgänger wie den Fall, der einen Normenkonflikt darstellt, und das Memorabile, das eine prägnante historische Begebenheit wiedergibt. Literarisches Schreiben ist nicht gleichbedeutend mit unwissenschaftlichem Schreiben; zumindest kann ihm Kontrafaktisches nicht zum Vorwurf gemacht werden. Im Gegenzug ist nicht jede Zubereitung des Faktums eine literarische Operation. Wenn eine Fallgeschichte mit wissenschaftlichem und nicht literarischem Anspruch stark fiktionalisiert ist, dann stellt sie eine mangelhafte wissenschaftliche Leistung dar, ähnlich wie eine erfundene Reportage eben nicht Literatur, sondern eine journalistische Lüge ist. Das Arrangement, wie etwa bei dem Memorabile oder den Fallgeschichten, stellt hingegen keine unzulässige Fiktionalisierung dar. Entscheidend ist, dass keine erfundenen Einzelheiten hinzutreten. Deswegen müssen wir hier von narrativer Arbeit sprechen, nicht von fiktionaler.

Was aber eines zusätzlichen kritischen Blickes bedarf, ist das Verhältnis von Literatur und Nachricht am Beispiel der bereits erwähnten *faits divers*, weil diese – im Gegensatz zu Fall und Memorabile, die auch außerhalb des Journalkontextes bestehen – streng genommen keine literarischen Formen, sondern

---

[61] Diese Frage führt Pethes am Beispiel von Samuel Warrens Krankengeschichten genauer aus: Warren habe seine fiktiven Erzählungen sowohl als realistische Falldokumentationen in einer wissenschaftlichen Zeitschrift als auch in Romanform vorgelegt. Pethes zeigt außerdem auf, wie Poes Text *The Facts in the Case of M. Valdemar* eine um 1800 populäre Schreibweise im Schnittfeld zwischen Wissenschaft und Literatur vorführt – und zwar im kritischen Bewusstsein dieser Grauzonen. Vgl. Nicolas Pethes, Literarische Fallgeschichten. Zur Poetik einer epistemischen Schreibweise, Konstanz 2016, 21.

,reine' Neuigkeiten darstellen. Sie lassen sich keiner spezifischen Themenrubrik unterordnen und berichten oftmals skurrile, unerhörte Begebenheiten ‚aus aller Welt'. Lässt sich an ihnen ein Kontiguitätsverhältnis zwischen Information und Erzählung definieren, das über die oben genannten Merkmale hinausgeht? Worin besteht ihre Differenz?

Für Walter Benjamin liegt der Hauptunterschied zwischen Information und Erzählung darin, dass sich die Information im Augenblick verbraucht, „[a]nders die Erzählung; sie verausgabt sich nicht".[62] Stattdessen bewahre sie „ihre Kraft gesammelt und ist noch nach langer Zeit der Entfaltung fähig".[63] Die Information hingegen beanspruche „prompte Nachprüfbarkeit" und Plausibilität,[64] sie müsse also an ihrer (fremd-)referentiellen Funktion gemessen werden. Die sogenannten *faits divers* jedoch, also kleinere, meist unpolitische und scheinbar unzusammenhängende Meldungen über oft skurrile Ereignisse, die in Zeitungen unter der Rubrik „Vermischtes" erscheinen, folgen einer anderen Logik. So schreibt Roland Barthes in seinen *Essais critiques* (1964) über das *fait divers*, es sei eine „totale" und „immanente" Information, die in sich ihr ganzes Wissen enthalte.[65] Das *fait divers* bezieht sich also nur auf sich selbst, auch wenn sein Inhalt lebensweltlich eingebunden ist. Ethel Matala de Mazza erkennt in dieser Struktur ein Moment, in dem die vermeintliche Transparenz des faktischen Nachrichteninhaltes ins Obskure kippen kann.[66] Die Eindeutigkeit, die durch die Verdichtung des Faktums und unter Ausschluss spekulativer Erklärungen hergestellt wird, weicht dem „Bereich des Dunklen und Unklaren"[67] bezüglich dessen, was jenes Faktum denn eigentlich zu bedeuten hat. Nach Barthes kann diese Bedeutung des *fait divers* erst in einem zweiten, analytischen Schritt ermittelt werden:[68] in einer Art Signifikationsprozess. Auf der reinen Konsumationsebene wirkt es hingegen unmittelbar, total und autonom. Das *fait divers* kann alles und nichts bedeuten; es ist in seiner Selbstbezüglichkeit radikal uneindeutig.

---

[62] Vgl. Walter Benjamin, Der Erzähler. Betrachtungen zum Werk Nikolai Lesskows [1936], in: ders., Erzählen. Schriften zur Theorie der Narration und zur literarischen Prosa, hg. von Alexander Honold, Frankfurt a. M. 2007, 103–128, hier: 110.
[63] Vgl. Benjamin, Der Erzähler, 110.
[64] Vgl. Benjamin, Der Erzähler, 108.
[65] Vgl. Roland Barthes, Structure du fait divers, in: Essais critiques, Paris 1964, 188–197, hier: 189.
[66] Interview mit Ethel Matala de Mazza: microform. Der Podcast des Graduiertenkollegs Literatur- und Wissensgeschichte kleiner Formen, abrufbar unter: www.kleine-formen.de/interview-mit-ethel-matala-de-mazza, Berlin 2018, letzter Zugriff: 29.4.2021, 39:33–40:56.
[67] Godel, Literatur und Nicht-Wissen im Umbruch, 45.
[68] Vgl. Barthes, Structure du fait divers, 189 f.

Exakt in dieser Bestimmung, also in dem außerzweckmäßigen Aufgehen im Realen, ähnelt das *fait divers* nach Barthes der Kurzprosa.[69] Und tatsächlich lassen sich formale Parallelen zur Anekdote nicht bestreiten, die ebenfalls ‚im Moment aufgehen' kann und die, auch wenn sie sich auf historisch wahre Begebenheiten beziehen soll, doch kommunikationspoetologisch ganz bei sich bleibt.

Nach Barthes berühren sich Nachricht und Erzählung im Fall der *faits divers* im Aspekt der Mehrdimensionalität, die auf (gestörte) Kausalitäts- und Koinzidenzbeziehungen zurückzuführen ist. Kausalitätsstörungen, zum einen, bezeichnen die Abweichung in der Kausalität eines Ereignisses von der erwarteten. Dies sei beispielsweise der Fall, wenn von einem gewalttätigen Konflikt zwischen einem Paar berichtet wird, was intuitiv an ein ‚Verbrechen aus Leidenschaft' (*drame passionnel*) denken lässt, dann aber z. B. politische Unstimmigkeiten als Eskalationsgrund enthüllt werden.[70] Allerdings wird nur scheinbar mit der – erst im zweiten und analytischen Schritt ersichtlichen – stereotypen Beschaffenheit der Nachricht gebrochen. Denn in allen Fällen, in denen Kausalität erwartet werde, liege die Betonung nicht auf der kausalen Beziehung, sondern auf den sogenannten *dramatis personae*, also den Personen, die als Täter:innen oder Opfer zum Gegenstand der Nachricht werden, im genannten Beispiel also das streitende Paar.[71] Das Motiv erscheint im Gegensatz zu ‚Leidenschaft' zwar zunächst enttäuschend trivial, aber die enttäuschte stereotype Kausalität wird ausgeglichen durch die „emotionale Essenz, die mit der Belebung des Stereotyps beauftragt ist" („sortes d'essence émotionnelles, chargées de vivifier le stéréotype"),[72] des Stereotyps etwa, dass wahlweise Männer oder Frauen (je nachdem, wer für die Eskalation verantwortlich ist) in Konflikten gewalttätig bzw. hysterisch handelten.

Zum anderen bestimmen besondere Koinzidenzbeziehungen die Struktur des *fait divers*. Vermischte Meldungen haben oft zufällige Ereignisse zum Gegenstand, deren Kuriosität gesteigert wird, wenn sie sich wiederholen.[73] Und

---

69 Vgl. Barthes, Structure du fait divers, 190.
70 Vgl. Barthes, Structure du fait divers, 190 f.
71 Vgl. Barthes, Structure du fait divers, 191.
72 Vgl. Barthes, Structure du fait divers, 191.
73 Vgl. Barthes, Structure du fait divers, 194 f. Barthes nennt als Beispiel die Meldung, dass ein Juweliergeschäft gleich dreimal ausgeraubt wird oder ein Hotelbesitzer jedes Mal im Lotto gewinnt. Auch in Kleists *Abendblättern* wimmelt es von solchen Fällen, z. B. von einem Mann, der sich unter seltsamen Umständen wiederholt die Beine bricht und dessen Schicksal dann sowohl anekdotisch als auch in Form polizeilicher Meldungen verarbeitet wird. Vgl. hierzu

die Wiederholung seltsamer Zufälle veranlasst nach Barthes die Leserschaft zu Deutungsversuchen eines an sich bedeutungslosen Ereignisses.[74] Solche *faits divers* können dann zugleich als bloßes Faktum behandelt oder als deutbare Kurzerzählung gelesen werden können.

Das *fait divers* ist dann im Sinne Barthes' literarisch (wenn auch schlechte Literatur), insofern es Mehrdeutigkeiten schafft, die im Signifikationsprozess Scheinbedeutungen eröffnen.[75] Die Dinge, so scheint es, müssen etwas miteinander zu tun haben, obwohl sie nichts miteinander zu tun haben; sie müssen Zeichen sein, obwohl sie nur (prosaische) Fakten sind. Oder mit Barthes gesprochen: „un dieu rôde derrière le fait divers"[76] – hinter der Nachricht lauert ein Gott.

Was Barthes für die *faits divers* konstatiert, berührt die Grundfesten der Beziehung zwischen Nachricht und Erzählung. Die von ihm beschriebenen gestörten Kausalitäts- und Koinzidenzbeziehungen finden wir nämlich auch insbesondere in kleinen Erzählungen. Dies soll an der weitverbreiteten Geschichte um das populäre Motiv des „Kinderschlachtens" veranschaulicht werden,[77] die die Brüder Grimm in die erste Auflage ihrer Kinder- und Hausmärchen aufnahmen. Die erste Version ist den *Berliner Abendblättern* entnommen und geht auf Achim von Arnim zurück, der sie wiederum, wie er vorgibt, „aus einem alten Buch" gewonnen habe:

> In einer Stadt Franecker genannt, gelegen in Westfriesland, da ist es geschehen, daß junge Kinder, fünf- und sechsjährige, Mägdelein und Knaben mit einander spielten. Und sie ordneten ein Büblein an, das solle der Metzger seyn, ein anderes Büblein, das solle Koch seyn, und ein drittes Büblein, das solle eine Sau seyn. Ein Mägdlein, ordneten sie, solle Köchin seyn, wieder ein anderes, das solle Unterköchin seyn; und die Unterköchin solle in einem Geschirrlein das Blut von der Sau empfahen, daß man Würste könne machen. Der Metzger gerieth nun verabredetermaßen an das Büblein, das die Sau sollte seyn, riß es nieder und schnitt ihm mit einem Messerlein die Gurgel auf, und die Unterköchin empfing das Blut in ihrem Geschirrlein. Ein Rathsherr, der von ungefähr vorübergeht, sieht dies Elend: er nimmt von Stund an den Metzger mit sich und führt ihn in des Obersten Haus, welcher sogleich den ganzen Rath versammeln ließ. Sie saßen all' über diesen Handel und wußten nicht, wie sie ihm thun sollten, denn sie sahen wohl, daß es kindlicher Weise geschehen war. Einer unter

---

Birgit R. Erdle, Literarische Epistemologie der Zeit. Lektüren zu Kant, Kleist, Heine und Kafka, Paderborn 2015, 151 f.

74 Vgl. Barthes, Structure du fait divers, 194 f.
75 Vgl. Barthes, Structure du fait divers, 197.
76 Barthes, Structure du fait divers, 196.
77 Das Beispiel verdankt sich: Matías Martínez, Memorabile – Sage – Legende. Einfache Formen in Zacharias Werners *Der vierundzwanzigste Februar* und Pedro Calderon de la Barcas *La devocion de la cruz*, in: Geistiger Handelsverkehr. Komparatistische Aspekte der Goethezeit, hg. von Anne Bohnenkamp und Matías Martínez, Göttingen 2008, 287–310, hier: 295.

ihnen, ein alter weißer Mann, gab den Rath, der oberste Richter solle einen schönen rothen Apfel in eine Hand nehmen, in die andere einen rheinischen Gulden, solle das Kind zu sich rufen und beide Hände gleich gegen dasselbe ausstrecken: nehme es den Apfel, so soll es ledig erkannt werden, nehme es aber den Gulden, so solle man es tödten. Dem wird gefolgt, das Kind aber ergreift den Apfel lachend, wird also aller Strafe ledig erkannt.[78]

Die zweite Version befindet sich laut den Grimm'schen Anmerkungen in den *Miscell* (1661) des Barockdichters Martin Zeiller, der sie aus Johann Wolfs *lectiones memorabiles* (1600) entnommen haben soll:

> Einstmals hat ein Hausvater ein Schwein geschlachtet, das haben seine Kinder gesehen; als sie nun Nachmittag mit einander spielen wollen, hat das eine Kind zum andern gesagt: „du sollst das Schweinchen und ich der Metzger seyn;" hat darauf ein bloß Messer genommen, und es seinem Brüderchen in den Hals gestoßen. Die Mutter, welche oben in der Stube saß und ihr jüngstes Kindlein in einem Zuber badete, hörte das Schreien ihres anderen Kindes, lief alsbald hinunter, und als sie sah, was vorgegangen, zog sie das Messer dem Kind aus dem Hals und stieß es im Zorn, dem andern Kind, welches der Metzger gewesen, ins Herz. Darauf lief sie alsbald nach der Stube und wollte sehen, was ihr Kind in dem Badezuber mache, aber es war unterdessen in dem Bad ertrunken; deßwegen dann die Frau so voller Angst ward, daß sie in Verzweiflung gerieth, sich von ihrem Gesinde nicht wollte trösten lassen, sondern sich selbst erhängte. Der Mann kam vom Felde und als er dies alles gesehen, hat er sich so betrübt, daß er kurz darauf gestorben ist.[79]

Die erste Version hat einen anekdotenhaften Aufbau: Sie verfügt über einen lokalen Bezug, beschreibt das Spiel detailliert und endet mit einer auflösenden Pointe des Skandalons, wenn das Kind rehabilitiert und der Todschlag als bedauerliche, aber arglose Tat entschuldigt wird. Das Narrativ der kindlichen Unschuld überwiegt den schrecklichen Tabubruch und soll über den Fall hinaus moralisierend wirken. Das Kind und die Lesenden erhalten ihre Lektion. Die zweite Version entspricht, unabhängig von der inhaltlichen Variation, vielmehr dem Aufbau eines Memorabiles. Die Sprache ist prosaischer und lakonisch. Während die erste Version die Schuldfrage des Kindes in den Vordergrund stellt und also ein Thema hat, scheint die zweite Version auf keine höhere Moral hinauszulaufen, sondern reiht ein grauenvolles Ereignis an das andere. Die Geschichte endet mit dem Tod aller Familienmitglieder.

---

78 Heinrich von Kleist, Von einem Kinde, das kindlicher Weise ein anderes Kind umbringt, in: Brandenburger Kleist-Ausgabe. Kritische Edition sämtlicher Texte (BKA), Bd. 2, 7/8: Berliner Abendblätter 1 und 2 (BA), hg. von Roland Reuß und Peter Staengle, Basel/Frankfurt a. M. 1997, Bl. 39, 13.11.1810. Die Brüder Grimm veröffentlichten das so deklarierte Märchen in: dies., Kinder- und Hausmärchen, Bd. 1, 1. Aufl., Berlin 1812, 101–103. Das Märchen wurde in die weiteren Auflagen nicht wieder mitaufgenommen.
79 Kinder- und Hausmärchen, Bd. 1, Berlin 1812, 101–103.

Als Memorabile veranschaulicht die zweite Version, was Roland Barthes mit der (gestörten) Kausalitäts- und Koinzidenzbeziehung der Nachricht meint. Sie enthält nicht nur andere Einzelheiten; es geht darum, *wie* die Einzelheiten geordnet sind. Es wurde die Behauptung aufgestellt, dass keine höhere Moral das Geschehen, oder besser gesagt: die vielen Geschehnisse, motiviert. Und doch sind die Einzelheiten so angeordnet, dass sie in der Gesamtheit final motiviert scheinen. Ein Todschlag veranlasst den nächsten. Narrationslogisch hat man es mit einer verkehrten Kausalität zu tun: Ein schlimmes Ereignis passiert nicht, weil ihm ein anderes schlimmes Ereignis vorangegangen ist, sondern *damit* etwas noch Schlimmeres passieren kann.[80] An die Stelle einer moralisierenden Didaxe tritt gewissermaßen die wuchernde Kontingenz des Faktums.[81]

Auch vor dem Hintergrund, dass die Romantiker vor allem auf mittelalterliche Stoffe zurückgriffen, lassen sich aus der Funktionsweise der Erzählung um das Kinderschlachten Verbindungen zu mittelalterlichen oder frühneuzeitlichen Kurzerzählungen ziehen, deren Wirk- und Strukturmechanismen Walter Haug dargelegt hat. So kann etwa das Märe als kleine Form gefasst werden, insofern es nur *ex negativo*, in Abgrenzung zu anderen Gattungen und Medien, bestimmt werden kann.[82] Darüber hinaus ist es die Art und Weise, wie im Märe Sinndefizit und Sinnstiftung, teleologische Hauptlinie und zufällige Nebenstränge zusammenkommen, die es in die Nähe der hier dargestellten Beispiele rückt. So schreibt Haug über das Märe:

> Der Erzähler steht [...] immer in der Versuchung, ihr [der Erzählung, L. L.] Sinndefizit dadurch zu beheben oder wenigstens abzumildern oder auch nur zu kaschieren, daß er ihr explizit einen Sinn in Form einer Moral mitgibt. Solche auktorial-kompensatorischen Sinnbeigaben können der Erzählung äußerlich bleiben, ja als mehr oder weniger ironi-

---

80 Martínez zeigt dies – ohne den Bezug auf Barthes – am Beispiel einer modernen Sage, die aber das gleiche Motiv enthält: Ein Mädchen schneidet ihrem Bruder den Penis ab und als die Mutter mit dem Sohn ins Krankenhaus fahren will, überfährt sie aus Versehen die Tochter. Vgl. Martínez, Memorabile – Sage – Legende, 293–295.
81 Denn eine sinnvolle Lehre lässt sich nicht aus dem Stoff ziehen, auch weil keine kontingenzreduzierenden Erklärungen mitgeliefert werden, sondern sich auf das rein Faktische konzentriert wird. Formal aber lassen sich Scheinbedeutungen abringen: Wenn hinter der Nachricht ein Gott lauert, dann weiß er, dass der ursächliche Sündenfall – ein Kind tötet ein anderes – weitere Gräuel nach sich ziehen muss, die alsbald bestraft werden müssen. Oder ist es ein Gott, der die Menschen verlassen hat, weil er ihnen nicht die Kraft gibt, Tod und Trauer zu ertragen, sondern sie ihrer unheilvollen, mimetischen Raserei überlässt? Das Ergebnis ist in beiden Fällen aber identisch. Im Grunde sagt der Gott hinter der Nachricht: Es gibt keinen Gott.
82 Vgl. Walter Haug, Entwurf zu einer Theorie der mittelalterlichen Kurzerzählung, in: Kleinere Erzählformen des 15. und 16. Jahrhunderts, hg. von dems. und Burghart Wachinger, Tübingen 1993, 1–36, hier: 3–6.

sche Schnörkel fungieren, die an der Substanz des Erzählten vorbeigehen oder diese sogar verhöhnen, sie können aber auch auf die Erzählung einwirken und sie auf ihre Lehre hin abmagern lassen.[83]

Es geht also um ein Erzählen, das die Sinnlosigkeit des Zufalls entweder eliminieren oder bespielen muss – immer im Bewusstsein, dass der Zufall allein nur bedingt erzählfähig ist, „denn in letzter Konsequenz hat man es nurmehr mit der Wiedergabe von Unglücksfällen – eventuell auch mit Glücksfällen – in isolierter Punktualität zu tun"[84]. Dieser Punkt entspricht den Nachrichtenerzählungen im Stil der *faits divers*. So urteilt auch Haug: „Man steht am Übergang zur Zeitungsnotiz unter der Rubrik ‚Unglücksfälle und Verbrechen' oder zum Polizeiprotokoll."[85] Die fiktionalen Erzählungen können aber auch offensiv das Zufällige in eine moralische Botschaft umlenken, wobei sie sich insbesondere dem Mittel der Wiederholung, also der Serialität bedienen. Haug führt als Beispiel Boccaccios siebte Erzählung des vierten Tages aus dem *Decamerone* an, in der erst die Wiederholung einer tödlichen Handlung (das Kauen eines Salbeiblattes) den Grund für den Tod eines Liebespaares aufdeckt (unter dem Salbeiblatt hockt eine giftige Kröte, so die Auflösung einer zunächst unerklärlichen Kette von Todesfällen).[86]

Damit aber in einer Erzählung, in der ein Unglück auf ein anderes folgt, die Kontingenz und das Sinnlose des Zufälligen – anders als in Bocaccios Erzählung – eingehegt werden, muss es eine Selbstreflexion oder Selbstthematisierung der Figuren auf der Ebene der Diegese oder durch die Erzählinstanz selbst geben.[87] Wir werden diesem Aspekt in Kapitel 4.2 bei den (Schicksals-)Erzählungen Arnims und Brentanos erneut begegnen. Denn – so viel soll vorausgeschickt werden – die romantischen Restaurationsgeschichten weisen trotz ihrer Länge eine ähnliche Funktionsweise wie kleine Formen auf. Indem sie unerwartete Ereignisse in stereotypisierte Figurenkonstellationen einbetten, verbinden sie das nachrichtenförmige Sensationell-Kontingente mit einer unterschwelligen zeitlosen politischen Botschaft, die im Sinne der Restaurationsagenda steht.

Um aber zurück auf den in diesem Kapitel vor allem behandelten Journalkontext zu kommen, lässt sich an dieser Stelle konstatieren, dass die Argumentation dieser Arbeit eher Barthes als Benjamin folgt. Eine Zeitungsmeldung, die nach der einfachen Form des Memorabiles aufgebaut ist und/oder zu den *faits divers* zählt,

---

83 Haug, Entwurf zu einer Theorie der mittelalterlichen Kurzerzählung, 8
84 Haug, Entwurf zu einer Theorie der mittelalterlichen Kurzerzählung, 10.
85 Haug, Entwurf zu einer Theorie der mittelalterlichen Kurzerzählung, 10.
86 Vgl. Haug, Entwurf zu einer Theorie der mittelalterlichen Kurzerzählung, 11.
87 Vgl. Haug, Entwurf zu einer Theorie der mittelalterlichen Kurzerzählung, 13.

enthebt sich der „prompten Nachprüfbarkeit". Es stimmt, dass Informationen per definitionem neu sein müssen. Das heißt aber nicht, dass sie einer gewissen Narrativierung entbehren, mittels derer auch Nicht-Aktuelles transportiert werden kann – aber eben in einer weniger sinnfälligen Weise. Derartige Informationen ‚triggern' das Geschichtenerzählen, das Weitererzählen zu Geschichten. Eine Information mag sich als solche aufheben, wenn sie als unwahr identifiziert wird; eine Nachricht als ganze aber nicht, weil sie nicht nur auf der informativen, sondern auch auf der affektiven Ebene wirksam ist. Auch deshalb erreichen redaktionelle Richtigstellungen nicht die Reichweite der Falschmeldungen, auf die sie sich beziehen. Die Frage danach, wie stark *zubereitet* wird, um dem narrativen, seriellen Arrangement gerecht zu werden, ist dann exakt die Frage, die wir stellen müssen, wenn wir uns der Nachricht analytisch nähern.

3.1.3 Performative Selbstbeobachtungen (Moritz, Kleist, Wiener *Friedensblätter*)

Zeitung schreiben. Karl Philipp Moritz' anthropologischer Journalismus

> „Wahrlich es ist zu verwundern, da man bisher so viel von Aufklärung geredet und geschrieben hat, daß man noch nicht auf ein so simples Mittel, als eine Zeitung, gefallen ist, um sie in der That zu verbreiten." (IVZ, 173)[88]

Bis sich ab der Mitte des 19. Jahrhunderts eine programmatische Trennung von Nachrichtenjournalismus und fiktionalem Schreiben etablieren sollte, folgte eine lange „Periode des schriftstellerischen Journalismus"[89], die ihre Initialzündung in der von der Forschung gelegentlich als „Geburtsstunde des Journalismus" bezeichneten Aufklärung nahm.[90] Es ist der Beginn einer Hochphase des schriftstellerischen Journalismus, „der das Räsonnement über die berichteten Gegenstände miteinschließt bzw. selbst investigativ Inhalte erstellt", in Abgrenzung zum „korrespondierenden" oder „redaktionellen" Journalismus.[91]

Auf die Nähe zwischen journalistischen und literarischen Prinzipien macht bereits Karl Philipp Moritz in seiner Schrift *Ideal einer vollkommnen Zeitung*

---

[88] Alle Zitate aus Karl Philipp Moritz, Ideal einer vollkommnen Zeitung [1784], in: ders., Werke, Bd. 3: Erfahrung, Sprache, Denken, hg. von Horst Günther, Frankfurt a. M. 1981, 169–178 werden im Folgenden direkt im Fließtext in Klammern und unter Angabe der Sigle (IVZ) und der Seitenzahl wiedergegeben.
[89] Vgl. Doll, Fälschung und Fake, 262.
[90] Vgl. Lorenz, Journalismus, 24.
[91] Vgl. Lorenz, Journalismus, 24.

(1784) als frühes Plädoyer für einen „schriftstellerischen", investigativen Journalismus aufmerksam. Die hier dargelegten Überlegungen sind vergleichbar mit dem Programm für seine psychologische Zeitschrift *Magazin zur Erfahrungsseelenkunde*, die Moritz von 1783 bis 1793 in zehn Bänden herausgibt. Das „Schreiben in Fällen"[92] erweist sich für Moritz als Vorbild für das journalistische Schreiben unter idealen Bedingungen. Moritz bezeichnet die *vollkommne Zeitung* einerseits als „Mund, wodurch zu dem Volke gepredigt" (IVZ, 171) werde: Sie fungiere als pädagogisches Organ, „Volksvorurtheile; Volksirrthümer; religiöse Schwärmerei" (IVZ, 173) zu widerlegen. Andererseits handele es sich um ein unterhaltsames „Volksblatt" (IVZ, 171), das „nicht bloß den Gelehrten, oder gar nur eine besondere Klasse der Gelehrten, sondern die ganze Menschheit" (IVZ, 172) interessieren soll. Die niederen Stände sollten nicht nur zu Adressaten, sondern zugleich zum Gegenstand der Darstellung werden.[93] Moritz wendet sich somit gegen ein elitäres Konzept von Bildung, die in der zweiten Hälfte des 18. Jahrhunderts noch weitgehend einer schmalen Gebildetenschicht in den Lesegesellschaften vorbehalten war; stattdessen will er das Volk als Ganzes über den Weg des Zeitungswesens wieder angesprochen gefühlt wissen.[94] Ihm ist aber bewusst, dass die anthropologische Vorstellung von *Ganzheit* ein abstrakter und unfassbarer Begriff bleibe, der die „Seele nicht erwärmen" (IVZ, 174) könne. Somit sollten die ruhmreichen oder tadelnswerten Handlungen Einzelner, die „Fakta" (IVZ, 175) gesammelt werden, denn der einzelne Mensch sei die „wahre Quelle der großen Begebenheiten" (IVZ 173). Auch in seinem „Vorschlag zu einem Magazin zur Erfahrungs-Seelenkunde" plädiert Moritz dafür, noch auf die „geringsten Individuis" zu schauen und ihnen „ihre Wichtigkeit [...] begreiflich [zu] machen", damit eine allgemeine moralische Lehre gezogen werden könne (ESK, 804).[95]

Moritz verbindet also den anthropologischen Anspruch, durch eine ideale Zeitung bzw. durch ein Magazin für Erfahrungsseelenkunde die *ganze* Menschheit moralisch anzusprechen, mit der journalistischen und historiographischen

---

92 Wie weiter oben dargelegt, ist die gattungstheoretische Einordnung des Falls problematisch. Pethes konstatiert deshalb, dass nicht *der* Fall als Gattung vorliegt, aber das Denken *in* Fällen als Schreibweise. Vgl. Pethes, Literarische Fallgeschichten, 30 f.
93 Vgl. Bodo Rollka, Die Belletristik in der Berliner Presse des 19. Jahrhunderts, Berlin 1985, 36.
94 Vgl. Rollka, Die Belletristik in der Berliner Presse des 19. Jahrhunderts, 35.
95 Alle Zitate aus Karl Philipp Moritz, Vorschlag zu einem Magazin einer Erfahrungs-Seelenkunde [1783], in: ders., Werke in zwei Bänden, Bd. 1: Dichtungen und Schriften zur Erfahrungs-Seelenkunde, hg. von Heide Hollmer und Albert Meier, Frankfurt a. M. 2014, 793–809 werden im Folgenden direkt im Fließtext in Klammern und unter Angabe der Sigle (ESK) und der Seitenzahl wiedergegeben.

Praxis der Individualgeschichte als einer Geschichte ‚von unten' (was im Übrigen auch der Anspruch der Anekdote, insbesondere der Charakteranekdote ist). In der Praxis bedeutet das, dass in der idealen Zeitung jede öffentliche Handhabung, von feierlichen Zusammenkünften über das Gewerbe niedrigster Stände bis zu der Offenlegung von Kriminalakten, Erwähnung finden sollte – also eine allgemeine, heterogene Ansammlung von aktuellen Neuigkeiten und historischen Dokumenten, die das Volk angeht. So meint das Plädoyer für die Berichterstattung der „Fakta von einzelnen Menschen" (IVZ, 175) im Gegensatz zu den großen (und unsicheren) Begebenheiten zum einen (Lokal-)Beobachtungen der eigenen Gegenwart. Es gilt, „den Blick auf das wirklich Große und Bewundernswürdige [zu richten], das Gefühl für alles Edle und Gute [zu] schärfen, und den Schein von der Wahrheit unterscheiden [zu] lehren" (IVZ, 173). Dieses „wirklich Große und Bewundernswürdige" sei das Kleine und Partikuläre jenseits der vermeintlich „großen Begebenheiten" wie der „Kriegsheere[ ] und Flotten" (IVZ, 173). Zum anderen sind für die ideale Zeitung diejenigen Begebenheiten berichtenswert, die „irgend eine menschliche Kraft am meisten entwickelt" zeigten – eine „menschliche Kraft", die sich in den einfachen (Lebens-)Tätigkeiten und Tatsachen vollzieht (IVZ, 174).

Diese Idealvorstellungen entsprechen ziemlich genau der mit Jolles beschriebenen Struktur einfacher Formen als „sprachliche Gebärden, in denen [...] Lebensvorgänge [...] so gelagert sind, daß sie in jedem Augenblick besonders gerichtet und gegenwärtig bedeutsam werden können".[96] Journalistische und einfache Formen berühren sich hier also in ihren spezifischen Beobachtungs- und Schreibweisen, die keiner ontologischen Leitdifferenz unterstehen, sondern ganz in ihrer (auf)zeigenden Medialität aufgehen. Die Inklusion kleiner oder einfacher Formen im Journalkontext kann als eine Schreibgebärde beschrieben werden, die keiner separatistischen Logik folgt, weil sie mehr noch als die Grenze zwischen Fakt und Fiktion jene zwischen Sagbarem und Zeigbarem erodieren lässt.[97] Dies wird deutlich am Beispiel von Fall und Memorabile. Beide Formen zeichnen sich durch ihre selektiven Verfahren aus. Wenn Moritz schreibt, die ideale Zeitung „müßte aus der immerwährenden Ebbe und Fluth von Begebenheiten dasjenige herausheben, was die Menschheit interessiert" (IVZ, 173), entspricht das der Funktionsweise von Fall und Memorabile. Hinzu kommt, dass die Zubereitung des Interessanten die Aufmerksamkeit und Emotionen der Rezipient:innen erregen (und die Seele wärmen) soll, gerade indem

---

[96] Vgl. Jolles, Einfache Formen, 47.
[97] Vgl. hierzu auch Ehrmann, Facta, Ficta und Hybride, 122; Autsch/Öhlschläger, Das Kleine denken, 12 sowie Käuser, Theorie und Fragment, 50.

sie eine universale Gültigkeit der Lebenstätigkeit in „einzelnen Beispielen" (IVZ, 175) zeigt, etwa die „öffentliche Handhabung der Gerechtigkeit" (IVZ, 172). Gleiches gilt für die psychologischen Fallgeschichten im *Magazin zur Erfahrungsseelenkunde*, die von der akribischen (Selbst-)Beobachtung des einzelnen Menschen leben. Dieser

> müßte auf sein gegenwärtiges wirkliches Leben aufmerksam sein; die Ebbe und Flut bemerken, welche den ganzen Tag über in seiner Seele herrscht, und die Verschiedenheit eines Augenblicks von dem andern; er müßte sich Zeit nehmen, die Geschichte seiner Gedanken zu beschreiben. (ESK, 799)

In beiden Schriften bedeutet die Forderung nach den Fakta, (Informations-)„Lücken nicht durch leere Spekulazionen, sondern durch Tatsachen" (ESK, 798) – wenn möglich bezeugte, d. h. beobachtete – auszufüllen. So sollten sich „wichtige Reflexionen und wichtige Fakta" im *Magazin zur Erfahrungsseelenkunde* wechselseitig durchdringen und keineswegs zu viele Reflexionen eingewoben werden, sondern nur insoweit sie den wirklichen Fakta „zu Hülfe kommen" könnten.[98] Dieses Verfahren verschleiert allerdings, wie bereits problematisiert wurde, dass die Fakten ohne begleitende Reflexionen – seien diese nun transparent oder nicht – gar nicht existieren könnten. Allein das Framing, zu dem sich Moritz im Folgenden offen bekennt, stellt eine Art mitlaufende Reflexion und Zubereitung im Sinne eines selektiven und weisenden Arrangements dar:

> Alle diese Beobachtungen erstlich unter gewissen Rubriken in einem dazu bestimmten Magazine gesammlet, nicht eher Reflexionen angestellt, bis eine hinlängliche Anzahl Fakta da sind, und dann am Ende dies alles einmal zu einem zweckmäßigen Ganzen geordnet, welch ein wichtiges Werk für die Menschheit könnte dieses werden! (ESK, 796 f.)

Um übergeordnete Rubriken schaffen zu können, bedarf es der Abstraktion und Subsumtion, die das Einzelne in Beziehung setzen zum „zweckmäßigen Ganzen" (ESK, 797). Die Fakta ergeben nicht willkürlich ein Muster, sondern sie werden bereits danach ausgesucht, ob sie in Bezug auf das Allgemeine interessant sind. Pethes hat in diesem Zusammenhang richtig beobachtet, dass sich die Stoffe und Figuren der psychologischen Fallgeschichten im *Magazin zur Erfahrungseelenkunde* auffällig wiederholen.[99] Ein Denken und Schreiben in Fällen impliziert, dass das Einzelne nicht um seiner selbst willen interessant ist.

---

[98] Karl Philipp Moritz, Grundlinien zu einem ohngefähren Entwurf in Rücksicht auf die Seelenkrankheitskunde, in: ders., Werke, 812–815, hier: 812.
[99] Vgl. Pethes, Literarische Fallgeschichten, 62 f.

Dies wird auch bei Jolles deutlich, der den Kasus als einen Grenzfall der einfachen Formen versteht, da es ihm an Geschlossenheit und autonomer Selbstgesetzlichkeit mangele.[100] Er sei deshalb auf „Hilfe" angewiesen, womit sein Weg zur Kunstform – und zwar zur Novelle oder Fallgeschichte – bereits vorgezeichnet sei.[101] Das Kleine und Partikuläre reproduziert also seine eigene potenzielle Fortschreibung – entweder durch Serialität oder durch die Überführung in eine ‚große', angewandte Form – zugleich mit.

Investigativ ist Moritz' Ansatz deshalb, weil der Zeitungsschreiber zum einen „in alle Fugen der menschlichen Verbindungen einzudringen, und aufzudecken [habe], was in jedem Zweige derselben Lobens- oder tadelnswerthes, Verachtungs- oder nachahmungswürdiges sey" (IVZ, 172). Es soll also das Verborgene zu belehrenden Zwecken ans Tageslicht befördert werden – etwa in der Darstellung von Armut, um ihr abzuhelfen. Zum anderen nimmt die ideale Zeitung eine institutionelle Bedeutung ein. Denn sie trifft eine selektive Vorauswahl – ein Arrangement – für die Wahrheiten, die dann im Volk zirkulieren sollen.

Aus dieser Verantwortung, das wirklich Bedeutsame unter der Ereignisfülle zu erkennen und hervorzuheben, folgt aber auch, dass die Rolle des Zeitungsschreibers massiv aufgewertet und mit der des Schriftstellers gleichgesetzt wird. So sei es „das höchste Ziel" und der „edelste Zweck des Schriftstellers" (IVZ, 172), eine Zeitung für das Volk zu schreiben. Der Journalist wie der Schriftsteller[102] müsse die Menschen, über die er schreibt, kennen lernen, damit er jene mit sich selbst bekannt machen könne: „Er muß sich aber auch selber unter das Volk mischen, um seine Urtheile, seine Gesinnungen zu hören, und seine Sprache zu lernen. [...] Er muß die gegenwärtige Welt vorzüglich kennen lernen, [...]" (IVZ, 175 f.). Dieses aufklärerische Ziel, dass das „menschliche Geschlecht durch sich selber mit sich selber bekannter werden, und sich zu einem höhern Grade der Vollkommenheit empor schwingen könnte, so wie ein einzelner Mensch durch Erkenntnis seiner selbst vollkommener wird" (ESK, 797), verfolgte auch das *Magazin zur Erfahrungsseelenkunde*. Somit werden journalistische, schriftstellerische und aufklärerisch-philanthropische Ansprüche in der investigativen Arbeit des Zeitungsschreibers gebündelt.

Moritz' Überlegungen legen mit den Grundstein für eine neue Debatte um die Annäherung journalistischer und literarischer Prinzipien und um die Legitimation literarischer Schreibweisen in den Zeitschriften und Zeitungen. Nur zwei

---

100 Vgl. Jolles, Einfache Formen, 182.
101 Vgl. Jolles, Einfache Formen, 182.
102 Da Moritz sich hier auf den männlichen Schriftsteller bzw. Journalist bezieht, wird im Folgenden nur die maskuline Form gebraucht.

Jahrzehnte später hatten kleine Erzählformen einen festen Platz im Angebot der Nachrichtenzeitungen.[103] Dabei changierte insbesondere der Status der Anekdote stärker als heute zwischen „literarischer Kleinform" einerseits und „schlecht belegter Erzählhaltung" andererseits.[104] Anekdotische Schreibweisen in den Zeitungen waren kontroversen Betrachtungen ausgesetzt und könnten sich gerade deshalb als selbstreferenzielle Reflexionsfiguren erweisen, mithilfe derer sich der zeitgenössische Journaldiskurs selbst beobachtet und kommentiert.

Wahrhaftiges Erzählen. Kleists Poetik des ‚Unwahrscheinlich-Machens'
Kleists bekannte poetologische Erzählung *Unwahrscheinliche Wahrhaftigkeiten*[105], die in der Ausgabe vom 10. Januar 1811 der *Berliner Abendblätter* erscheint, führt scheinbar performativ ein wahrhaftiges Erzählen von unerhörten Begebenheiten samt ihrer Infragestellung seitens der Rezipient:innen vor. Neben der Problematisierung erkenntnis- und erzähltheoretischer Fragen inszeniert sie auch gattungs- und medientheoretische Unsicherheiten gleichsam am lebenden Objekt,[106] wie im Folgenden demonstriert werden soll.

Die Rahmenhandlung der *Unwahrscheinlichen Wahrhaftigkeiten*[107] ist bekannt: Ein alter Offizier trägt in einer Gesellschaft drei Geschichten vor, von deren Wahrheitsgehalt er zwar überzeugt ist, die aber derart unwahrscheinlich sind, dass er mit dem Erzählen seinen guten Ruf aufs (Erzähl-)Spiel setzt und riskiert, von der Zuhörerschaft als „Windbeutel" tituliert zu werden (UW, 376). Er distanziert sich also nicht von der Authentizität der dargebrachten Geschichten, zieht aber die Möglichkeit einer wahrhaftigen Vermittlung in Zweifel. Objektive Wahrheit stellt sich somit als eine für die Glaubwürdigkeit einer Geschichte irrelevante Kategorie heraus; hingegen erwartet das Publikum, dass sie wahrscheinlich ist. Nichtsdestotrotz fordert die Gesellschaft den Offizier ein-

---

103 Vgl. Rollka, Die Belletristik in der Berliner Presse des 19. Jahrhunderts, 73.
104 Vgl. Rollka, Die Belletristik in der Berliner Presse des 19. Jahrhunderts, 73.
105 Über die Gattungsbezeichnung der *Unwahrscheinlichen Wahrhaftigkeiten* herrscht Uneinigkeit: Während Ingo Breuer sie zu Kleists Novellen zählt, ordnet sie Klaus Müller-Salget den „Anekdoten, Geschichten, Merkwürdigkeiten" (KlDKV 3, 335–385) zu. Vgl. Ingo Breuer, Erzählung, Novelle, Anekdote, in: Kleist-Handbuch, hg. von dems., Stuttgart 2013, 90–97, hier: 90 sowie ders., Unwahrscheinliche Wahrhaftigkeiten, in: Kleist-Handbuch, 156–160, hier: 159. Vgl. hierzu auch Nehrlich, ‚daß sie wahrscheinlich sei', 244.
106 Der Text lässt sich auch als poetologischer Kommentar zu Kleists Anekdotenverständnis lesen. Vgl. Nehrlich, ‚daß sie wahrscheinlich sei', 244.
107 Erstmals erschienen in: Heinrich von Kleist, BKA 2,8, Bl. 8 vom 10.1.1811. Zur Übersichtlichkeit soll im Folgenden aber die Version in KlDKV 3, 376–379 direkt im Fließtext in Klammern und unter der Angabe der Sigle (UW) und der Seitenzahl wiedergegeben werden.

dringlich zum Erzählen auf, mit der Begründung, man kenne ihn „als einen heitern und schätzenswürdigen Mann", der sich niemals der Lüge schuldig mache (UW, 376). Die Erwartungshaltung setzt sich also zusammen aus dem Anspruch auf Wahrheit einerseits (eine Geschichte darf von ihrem Erzähler nicht als wahr deklariert werden, wenn sie es wissentlich nicht ist – d. h., das individuelle Glaubensbekenntnis, das ‚Für-wahr-Halten' des Offiziers bürgt nicht für den Wahrheitsgehalt der Geschichten) und dem Verlangen nach einer heiteren *Performance* andererseits. Ein weiteres Kriterium aber ist Erwartbarkeit. Die Gesellschaft verleiht dem Offizier einen Kredit auf Glaubwürdigkeit, ungeachtet seiner eigenen Bedenken, weil sie ihn und seinen Erzählstil kennt und schätzt.

Bereits die erste Geschichte widerspricht dann aber der Glaubwürdigkeit des Offiziers – nicht weil sie völlig unglaubwürdig wäre (was sie ist: Ein Soldat entgeht einem potenziell tödlichem Kugelschuss, indem die Patrone von seinem Brustknochen abprallt und durch die elastisch nachgebende Haut wieder heraustritt, ohne den Soldat ernsthaft zu verletzen, UW, 376 f.), sondern dadurch, dass der Offizier sie in der 1. Person Singular erzählt, als sei er unmittelbar Zeuge der unerhörten Begebenheit. Dies wirkt angesichts seines vorausgreifenden Diktums, er schenke allen Geschichten vollkommen Glauben, erstmal irritierend, denn hätte er wirklich selbst erlebt, was er erzählt, würde sich die Frage von Glauben oder Nicht-Glauben gar nicht stellen. Die Menge geht aber über diese Kleinigkeit hinweg – sie weiß, dass die grammatikalische Ich-Form in Anekdoten kein Garant für die tatsächliche Zeugenschaft des Erzählers ist,[108] sie findet aber auch nicht, dass die Nicht-Anwesenheit am erzählten Geschehen ein Garant für dessen Unwahrheit sein kann. Nichtsdestotrotz ist sie nach der ersten Geschichte „betroffen" und glaubt, „nicht recht gehört" zu haben (UW, 377); die Erwartungen an Erwartbarkeit wurden also enttäuscht. Der Offizier hingegen reagiert nicht etwa mit Rechtfertigungen, sondern hüllt sich in Schweigen, bevor er sogleich mit der zweiten Geschichte beginnt.

An dieser Stelle wird deutlich, dass seine Intention nicht war, die Menge von der Glaubwürdigkeit seiner Geschichten zu überzeugen. Das Ziel ist nicht, Wahrheitsfähigkeit durch kausales Erklären zu erzeugen – etwa wie eine Kugel den menschlichen Organismus unbeschadet durchstoßen kann. Vielmehr bedarf es gerade der Ungläubigkeit der Erzählungen, um deren Sprengkraft als „Unwahrscheinliche Wahrhaftigkeiten" voll zu entfalten. Die Erwartungen, die der Offizier an sein Publikum gestellt hatte, haben sich somit erfüllt; dessen Aufmerksamkeit ist ihm sicher gerade durch den kalkulierten Missstand zwi-

---

108 Vgl. Niehaus, Die sprechende und die stumme Anekdote, 196 f.

schen Wahrheit und Wahrscheinlichkeit, zwischen seinem subjektiven ‚Fürwahr-Halten' und allgemeiner Unglaubwürdigkeit.[109]

Auch der zweiten Geschichte über das physikalische Eigenleben eines Felssturzes wird durch das homodiegetische Erzählen des Offiziers sowie durch die zeitlich und vor allem räumlich exakte Einordnung („in dem Flecken Königstein in Sachsen, in dessen Nähe, wie bekannt, etwa auf eine halbe Stunde, am Rande des äußerst steilen, vielleicht dreihundert Fuß hohen, Elbufers, ein beträchtlicher Steinbruch ist", UW, 377) Authentizität verliehen. Die Reaktionen scheinen erneut von der Art, wie sie sich ein:e ambitionierte:r Erzähler:in wünscht: ungläubiges Nachfragen, erstauntes Ausrufen. (UW, 378) Die Geschichten erfüllen das Kriterium einer Neuigkeit, insofern sie einen hohen Informationswert darbieten. Kommunikationstheoretisch unterscheidet man bei einer Ereignismenge zwischen Redundanz (das schon Gewusste) und Information (das noch nicht Gewusste). Je größer die Wahrscheinlichkeit eines Ereignisses ist, so die Implikation, desto redundanter ist es; und je unwahrscheinlicher ein Ereignis ist, desto informativer ist es – ungeachtet des Wahrheitsgehaltes.[110] Dass ein hoch informatives Erzählen aber Kriterien der Geselligkeit gerade zuwiderläuft, soll im Folgenden noch problematisiert werden.

Im Anschluss an die dritte Geschichte (über einen Fahnenjunker, der durch eine Explosion unbeschadet von einem Ufer zum anderen befördert wird) verabschiedet sich der Offizier wie nach einer erfolgreichen Performance (UW, 379). Das scherzhafte Verlangen der Menge, er solle doch seine Quellen nennen, beendet ein namenloses Mitglied, indem es die dritte Geschichte (fälschlich[111])

---

109 Die Spannung wird hier gerade aus der Unentscheidbarkeit der Wahrheit bezogen, die für Campe die Struktur des Erzählens selbst ausmacht. Vgl. Rüdiger Campe, Spiel der Wahrscheinlichkeit. Literatur und Berechnung zwischen Pascal und Kleist, Göttingen 2002, 436. Man könnte ergänzen, dass sich die Spannung aber auch zwischen Wahrhaftigkeit, Wahrheit und Wahrscheinlichkeit ergibt. Hier differenziert etwa Thomas Nehrlich in seiner Analyse zwar zwischen Wahrscheinlichkeit und Wahrheit, aber nicht zwischen Wahrheit und Wahrhaftigkeit, die er gleichsetzt.
110 Dieses Verhältnis wurde im Vorangegangenen gerüchtetheoretisch veranschaulicht: Eine Nachrichtentechnik, die nicht an Sinnhaftigkeit, sondern allein an Übertragung orientiert ist, steht für eine autonome Kommunikation, die immer auch Überschüsse produziert und dadurch interessant wird. Vgl. hierzu auch Stanitzek, Fama/Musenkette, 140, 148. Dieses Prinzip eignet dem Gerücht, aber auch autonomer (Erzähl-)Kunst, was Kleist in seiner Anekdote als poetologische Probebühne performativ unter Beweis stellt.
111 Vgl. Sandro Zanetti, Geschichtengläubigkeit. Was Literatur zum Storytelling zu sagen hat, in: Geschichte der Gegenwart, 14.7.2019, [https://geschichtedergegenwart.ch/geschichten glaeubigkeit-was-literatur-zum-storytelling-zu-sagen-hat/], letzter Zugriff 6.4.2021. Zanetti bezieht sich in seiner Analyse der *Unwahrscheinlichen Wahrhaftigkeiten* auf die *Spiegel*-Affäre

auf Schillers *Geschichte vom Abfall der vereinigten Niederlande* zurückführt – hier habe der Verfasser ausdrücklich bemerkt, „daß ein Dichter von diesem Faktum keinen Gebrauch machen könne, der Geschichtsschreiber aber, wegen der Unverwerflichkeit der Quellen und der Übereinstimmung der Zeugnisse, genötigt sei, dasselbe aufzunehmen" (UW, 379). Diese Aussage hebt erneut auf das Moment der Verifizierbarkeit von unwahrscheinlichen Ereignissen ab. In der Geschichtsschreibung bürgen historische Quellen für ihren Wahrheitsgehalt, sie müssen sogar aufgenommen werden (wenn auch nur im Anhang), um den Anspruch auf Vollständigkeit zu erfüllen.[112] Bei Erzählungen verhält es sich anders: Wenn „ein Dichter von diesem Faktum keinen Gebrauch machen könne", dann weil es, erstens, zu unwahrscheinlich ist und zweitens, ihm nicht die Authentifizierungsstrategien des Historikers zur Verfügung stehen. Somit hat der Offizier (bzw. Kleist) streng genommen die aristotelische Unterscheidung zwischen faktenbasierter Historie, die das Besondere mitteilen könne, und fiktiver Dichtung, die das Allgemeine nach den Regeln der Wahrscheinlichkeit darstellen solle, missachtet.[113]

Auch die kommunikationstheoretischen Anforderungen, die an ein wirksames Narrativ gestellt werden, werden nicht erfüllt. Nach Birger Priddat müssen im Medium anekdotischen Erzählens Wahrscheinlichkeiten hergestellt werden, die sich dann in assoziativer Nachbarschaft reproduzieren können.[114] Systemtheoretisch ist ein Narrativ besonders wirkmächtig, wenn es Erwartungssicherheit schafft. Diese Kriterien treffen auf die Geschichten des Offiziers gerade nicht zu.[115] Zwar ergänzen sie einander und es gibt wiederkehrende Themen

---

um den Fall Relotius und verteidigt das Prinzip des *storytelling* vor dem Vorwurf der mutwilligen Täuschung. Er verwehrt sich dagegen, Claas Relotius' Täuschungsmanöver als literarisch zu bezeichnen. Zu den Hintergründen und zur Analyse des Falls, vgl. auch Nicola Gess, Halbwahrheiten, Kapitel 4: Der journalistische Hochstapler, oder: Der Fall Relotius, 49–63.

112 Nehrlich interpretiert die Schlusspointe als finale Selbstermächtigung des Anekdotendichters gegenüber dem zur historischen Wahrheit verpflichteten Geschichtsschreiber. Hierin zeigten sich die bewusste „anti-aristotelische Tendenz" sowie die „Priorisierung der Ästhetik", die die Anekdote ins Werk setze: Statt das Literarische – Unwahre – aus der Historiographie zu verbannen, werde im Umkehrschluss aus der Literatur das Historische ausgeschlossen, wenn es sich als unwahrscheinlich erweist. Vgl. Nehrlich, ‚daß sie wahrscheinlich sei', 247, 249. Dass diese – als unglaubwürdig identifizierten – Teile trotzdem nicht ausgeschlossen werden, liegt an dem faktualen Erzählmodus des Anekdotischen. Vgl. Nehrlich, ‚daß sie wahrscheinlich sei', 241–243.

113 Aristoteles, Werke in deutscher Übersetzung, hg. von Hellmut Flashar, Bd. 5: Poetik, übers. und erläutert v. Arbogast Schmitt, Berlin 2008, 14.

114 Vgl. Priddat, Märkte und Gerüchte, 216.

115 Dass Kleists Erzählen vielmehr unter dem Zeichen des ‚Unwahrscheinlich-Machens' steht, ist in der Kleist-Forschung eine breit diskutierte und dokumentierte Beobachtung. Unter kom-

und Motive wie die außer Kraft gesetzten Naturkräfte oder das Kriegs-Setting, aber sie folgen eben nicht ‚natürlich' aufeinander, sondern sind – wie ein Zuhörer auch bemerkt – gut gewählt. Sie sollen gerade nicht die Menge zum weiteren Fabulieren anstiften und Wiedererkennungseffekte erzeugen. Dies wird nicht zuletzt dadurch deutlich, dass der Erzähler selbst die Gesellschaft augenblicklich nach der letzten Geschichte verlässt. Der Erzähler setzt sein „Für-wahr-Halten" damit als absolut.

Nach Jürgen Habermas ist der Geltungsanspruch der Wahrhaftigkeit subjektiver Natur und eingebettet in selbstinszenatorisches Handeln: Der Sprecher, der Erzähler muss ehrlich zu sich selbst sein.[116] Doch im Faktor der Selbstinszenierung liegt schon beschlossen, dass Wahrhaftigkeit auch fingiert werden kann. Es handelt sich um eine Strategie, um anekdotische Wahrheit anstelle von historischen Wahrheiten zu vermitteln.

Entscheidend ist hierbei, dass die Wahrhaftigkeit des Erzählers zunächst als eine Art Trigger für die Aufmerksamkeit der Zuhörenden fungiert, dann aber dazu führt, dass die Kommunikation abbricht. Am Ende wird ja nicht nur die Wahrheit der Geschichten angezweifelt, sondern auch die Wahrhaftigkeit des Erzählers, indem, erstens, auf seine vermeintliche Quelle hingewiesen wird und, zweitens, indirekt konstatiert wird, er habe gegen das Gebot des Dichters verstoßen, nur wahrscheinliche Fakten aufzunehmen.

Tatsächlich illustriert Kleists *Unwahrscheinliche Wahrhaftigkeiten*, dass und wie Anekdoten und anekdotische Evidenzen, literarische Fiktionen und geselliges Fabulieren voneinander unterschieden werden können. Nicht zuletzt spielen dabei auch Kriterien der (fingierten) Mündlichkeit und Schriftlichkeit eine Rolle. Die verschachtelten Satzgefüge etwa lassen Schriftlichkeit als zugrundeliegende Kommunikationsform erkennen statt einer durch die Gesprächssitua-

---

munikationstheoretischer Perspektive konstatiert Torsten Hahn, dass Kleist bewusst die Mechanismen ausstelle, die Kommunikation gelingen lassen würden, z. B. Vertrauen, diese aber dann sabotiere. Vgl. Torsten Hahn, Rauschen, Gerücht und *Gegensinn*. Nachrichtenübermittlung in Heinrich von Kleists *Robert Guiskard*, in: Kontingenz und Steuerung. Literatur als Gesellschaftsexperiment 1750-1830, hg. von Torsten Hahn, Erich Kleinschmidt und Nicolas Pethes, Würzburg 2004, 101–122, hier: 103. Weil bei Kleist das Unerwartete zum Strukturprinzip geworden ist, ist Unwahrscheinlichkeit der Normalzustand der Welt. Vgl. hierzu auch Manfred Schneider, Die Welt im Ausnahmezustand. Kleists Kriegstheater, in: Kleist Jahrbuch (2001), 104–119, hier: 105 f. Im Medium des Zufalls wird Literatur selbst unwahrscheinlich, so Kleinschmidt. Vgl. Erich Kleinschmidt, Fällige Zufälle. Spiele der (Un)Ordnung in der Literatur um 1800, in: Kontingenz und Steuerung, 147–166, hier: 148, 151.

116 Vgl. Jürgen Habermas, Erläuterungen zum Begriff des kommunikativen Handelns [1982], in: ders., Vorstudien und Ergänzungen zur Theorie des kommunikativen Handelns, Frankfurt a. M. 1995, 571–606, hier: 588.

tion fingierten Mündlichkeit. Die mediale Eigentümlichkeit der Anekdote besteht gemeinhin gerade darin, sowohl schriftlich festgehalten als auch mündlich erzählt werden zu können sowie erneuerbar zu sein, ohne ihren Wiedererkennungswert zu verlieren. Das Unerhörte stellt dabei eine stille Übereinkunft zwischen Rezipierenden und Erzählenden dar. Dieser Mechanismus ist aber in *Unwahrscheinliche Wahrhaftigkeiten* außer Kraft gesetzt; sonst würde die Menge nicht nach den Quellen fragen und ein Mitglied nicht den Verstoß des Offiziers gegen das Erzählgesetz kritisieren. Die Anekdoten, die der Offizier erzählt, fungieren hier gerade nicht als Medium wirkmächtiger Narrative oder alltagspraktischer Wissensverarbeitung. Sie zeitigen vielmehr ungesellige, unkommunikative Wirkmechanismen,[117] verfügen dafür aber über ein hohes Maß an Poetizität. Der Text imitiert also nicht mal glaubhaft die orale Erzählsituation einer geselligen Wirtshausrunde, sondern verweist auf das (Schrift-)Medium zurück, in dem er erscheint: die *Berliner Abendblätter*, die Kleist immer auch als Experimentierraum anspruchsvollerer künstlerischer Formen und deren Überschreitung galten.

Merkwürdigkeiten kolportieren. Die Medienkritik der *Friedensblätter*
Die Konvergenz zwischen ‚entstellten' Nachrichten, Anekdoten und Gerüchten wird in den Journalen um 1800 selbstreferenziell beobachtet: Kleists *Abendblätter* beschreiben durch Gerüchte entstandene Panikzustände, die sie vorgeblich verhindern wollten; Arnim plädiert im *Preußischen Correspondenten* für eine Einbindung von Gerüchten, wenn sie sich als politisch nützlich erweisen (worauf in den nachfolgenden Kapiteln noch detailliert einzugehen ist); und die von Brentano mitinitiierte Zeitung *Friedensblätter*[118] nutzt das Medium der Anekdote selbst, um Kritik an Nachlässigkeit oder Kalkül im nachrichtentechnischen Umgang zu üben, was an dieser Stelle exemplarisch vorgeführt werden soll.

---

117 Auch Nehrlich sieht den Zweck der *Unwahrscheinlichen Wahrhaftigkeiten* nicht in der Unterhaltung, sondern in der „narrative[n] Probe aufs Exempel". Es gelte zu beweisen, dass der als faktisch gesetzte Status der Erzählung fiktiv erscheinen könne – Ontologie werde zur Ästhetik. Kleists Anekdote begreife ‚Wahrscheinlichkeit' als ästhetische Kategorie „nicht im Sinne probabilistischer Berechenbarkeit, sondern [...] als Darstellungsleistung der Erzählung". Literarischer „Wahrschein" liegt also in der performierten Überzeugungsfähigkeit begründet, was aber nicht heißt, dass das Erzählte unterhaltsam sein muss. Vgl. Nehrlich, ‚daß sie wahrscheinlich sei', 245 f.
118 Zur Entstehung und zum Programm der Zeitung, vgl. Kapitel 4.1.3.

Unter dem Titel *Merkwürdige Anekdote* erscheint in der Ausgabe vom 26. Juli 1814 ein Beitrag über eine „traurige Begebenheit aus Rom", die sich im August 1812 ereignet haben soll. Der Beitrag scheint zunächst auf einen klassischen Nachrichtentext hinzuweisen, wenn er denn nicht in Anführungszeichen gesetzt wäre:

> Ein Knabe, der einzige Sohn einer armen Mutter [...] gewinnt wenigstens die Summe von zweihundert Thalern. Als er nun im Bureau gegen Vorzeigung des Scheins das Geld begehrt, wird ihm geantwortet, [...] er solle irgendeinen Verwandten mitbringen. Der Knabe erwiedert: ‚Ich habe niemand als meine arme Mutter, und die ist krank; ich wollte die Freude haben, ihr das Geld zu bringen, das ich ja doch gewonnen habe.' Man gibt hierauf dem Knaben vierzig Thaler, mit dem Auftrag, daß er diese seiner Mutter bringen, und mit ihr den Rest holen solle. Der Knabe, voll von seinem Glücke, eilt mit dem Gelde zuvor zu seinem Lehrherrn, und erzählt ihm den ganzen Vorfall. Dieser, ein wohlhabender Mann, wird von dem Anblick des Geldes auf eine so unbegreifliche Weise gereizt, daß er dem Knaben seine theilnehmende Freude heuchelt, aber sogleich auf den Tod desselben denkt. Er schickt ihn nach Kohlen in den Keller, folgt ihm aber sogleich mit einem schweren Hammer nach und erschlägt ihn. Dann begibt er sich mit dem Schein des Lotto-Bureaus zur Zahlungsstätte, und verlangt für den Knaben den Rest des Geldes. Man forscht, wo der Knabe sey, ohne dessen Gegenwart das Geld nicht ausgezahlt werden könne. Der Schlosser sagt, der Knabe sey nicht wohl. Man schöpft sogleich Verdacht. Er wird angehalten, und der unglückliche Knabe todt im Keller gefunden. Nun weint die Mutter um ihr Glückskind, und der gewissenlose Bösewicht ist dem Gerichte übergeben.[119]

Eine sich anschließende Dialogszene kennzeichnet dann tatsächlich den ganzen Beitrag als Erzählsituation und den Eingangsbericht als intradiegetische Erzählebene. Eine zweite Sprecherinstanz gibt sich als fiktiver Leser[120] der *Friedensblätter* selbst zu erkennen, indem sie auf den Titel des Beitrags *Merkwürdige Anekdote* metadiegetisch Bezug nimmt. Sie wundert sich, die Geschichte schon einmal gehört zu haben, und zwar in den *Aarauer Miscellen für die Neueste Weltkunde*, mehr noch: Die Geschichte sei in Wien als wahre Begebenheit erzählt worden. Der Erzähler der „traurigen Begebenheit aus Rom", der zugleich der Erzähler der „merkwürdigen Anekdote" ist, kann als redaktionelle Auktorialinstanz identifiziert werden, die hier systematisch und performativ die Rekonstruktion einer Falschmeldung vorführt: Er fügt den bisherigen Zuschreibungen – „Anekdote", „traurige Begebenheit", „Miscelle", „wahre

---

119 Vgl. Friedensblätter. Eine Zeitschrift für Leben, Litteratur und Kunst, Wien 1814–1815, Nachdruck der ersten beiden Jahrgänge, Wien 1814 und 1815, Teil 1: Wien 1814, (Nr. 1-77) Teil 2: Wien 1815, (Nr. 78-143) 1970, hier Ausgabe vom 26.7.1814.
120 Da diese Instanz im Folgenden mit „mein Herr" angesprochen wird, wird hier ausschließlich die maskuline Form gebraucht.

Begebenheit" – eine weitere hinzu: Als „Gerücht" habe die Geschichte 1813, also ein Jahr nach Meldung in Rom und ein Jahr vor der jetzigen Erzählsituation in den *Friedensblättern*, eine Zeitlang die öffentlichen Gemüter erregt, bis man dem Verdacht nachgegangen sei und herausgefunden habe, dass es sich um eine Unwahrheit handele. Die Öffentlichkeit habe sodann darüber gestaunt, wie so eine Falschmeldung entstehen könne, denn – so fügt die Redaktion gewitzt hinzu – man habe nicht die *Aarauer Miscellen* oder die Nachrichten aus Rom gelesen.

Um wahre von falschen Berichten unterscheiden zu können, müsse man also über journalistische Lektüreerfahrungen und über Medienkompetenz verfügen, suggeriert der Beitrag. Mehr noch: mündliche und schriftliche Überlieferungen müssen zwangsläufig mit Vorsicht genossen werden. Dass die Geschichte – eine letzte Pointe – sogar in Wien lokalisiert in einer weiteren Zeitung, nämlich im *Correspondenten des Freymüthigen*, erschienen sei, bürge gerade nicht für deren Wahrheit, wenn man weiß, dass es sich bei dem *Freymüthigen* um ein Blatt mit Vorliebe für „Mord- und Schaudergeschichten" handele, das das mündlich zirkulierende Stadtgerücht aufgenommen und publiziert habe.

Der Beitrag schließt mit dem allgemeinen Fazit, „[s]o geh[e] es mit den Anekdoten", die sich nicht für die Sache selbst verbürgen könnten, und mit dem Ausspruch „O Pilatus! O historische Wahrheit!" Diesen Ausruf kann man als Wunsch nach historischer anstelle anekdotischer Wahrheit verstehen, wie sie im Beitrag vorgeführt wird. Dieser Wunsch wird aber durch den Verweis auf „Pilatus", der die unbeantwortete Frage „Was ist Wahrheit?" an Christus gestellt haben soll (Joh 18,38) und aus dessen Leben wenig historisch, stattdessen aber vieles in Legenden überliefert ist, relativiert, wenn nicht gar konterkariert.

Anekdotische Wahrheiten stehen im Gegensatz zu (verifizierten) historischen Wahrheiten für ein verstreutes, unvollständiges, zubereitetes und publikationsabhängiges Wissen: So verirrt sich der Stoff der *Merkwürdigen Anekdote* in diverse Zeitungen oder wird mündlich weitergetragen, er unterliegt bruchstückhaften Variationen, etwa wenn Ort und Zeit der angeblichen Begebenheit verändert werden und er erscheint nicht (nur) willkürlich in einem beliebigen Medium, sondern u. a. in einer Zeitung mit Hang zu „Mord- und Schaudergeschichten", das ihm eine besonders aufmerksame Rezeption und Reichweite verspricht.

Fazit

Kleine Formen haben sich in Kapitel 2.3 u. a. mit den Methoden des New Historicism als Teil einer alternativen Geschichtserzählung unter Wiedergewinnung des Realen erwiesen, aber auch als politisch instrumentalisierbare und in verschiedenen Text- und Erzählweisen integrierbare Narrative, die Einzelfälle zu generalisierbaren Aussagen und essentialistischen Letztbegründungen stereotypisieren. Im schriftstellerischen Journalismus der Aufklärung avancieren die Fallgeschichten, also das, was Moritz als „Fakta" einzelner Menschen bezeichnet, zum Teil eines ästhetischen Erziehungsauftrags. Auf der anderen Seite des Beurteilungsspektrums steht das Beispiel der *Merkwürdigen Anekdote*, das zwar in seiner Kritik an einer systematischen Nachrichtenverfälschung, an der Vermischung von Fakt und Fiktion und an der mangelnden Medienkompetenz der Leserschaft weder für die *Friedensblätter* noch für andere zeitgenössische Journale einen Sonderfall darstellt, aber in seiner poetologischen Funktionsweise als performative, selbstbeobachtende Reflexionsfigur doch an dieser Stelle exponiert hervorgehoben werden sollte. Anekdotisches Erzählen gerät hier einerseits unter Verdacht, Unwahrheiten auf unterhaltsame Weise in unterschiedlichen Formen und Formaten zu verbreiten: Die *Merkwürdige Anekdote* erweist sich als Gestaltwandlerin. Andererseits verfällt sie gerade in der behaupteten Lossagung vom „Anekdotisieren" und in der moralischen (Selbst-)Vorführung ins Exempelhafte und knüpft damit wiederum an eine genuin literarische Tradition kleiner Formen im Stil der Fabel an. Man könnte sagen, die Anekdote geht hier voll in ihrer Form auf, während sie nur mehr Nachricht sein will und inhaltlich abstreitet, Anekdote zu sein, anekdotische Wahrheiten verurteilend. Auch hier wird ein Raum der Ununterscheidbarkeit oder besser: Mehrdimensionalität betreten, von dem Roland Barthes in Bezug auf Nachricht und Erzählung spricht.

In literarisch-journalistischer Perspektive hat insbesondere Kleist diese Gestaltwandlung vorangetrieben. Seine *Berliner Abendblätter* werden im folgenden Kapitel analytisch als Experimentierraum für kleine Formen und Nachrichtenerzählungen herauszustellen sein.

3.2 Kleist und die *Berliner Abendblätter*. Journalistisches Anekdotisieren

3.2.1 Kleist als Zeitungsherausgeber

Die Kleist-Forschung trennte lange scharf zwischen dem literarischen und dem publizistischen Schaffen Kleists.[121] Die Editionsarbeit tendierte dazu, diejenigen als literarisch identifizierten Texte, die in den *Berliner Abendblättern* erschienen waren, aus ihrem Veröffentlichungskontext herauszulösen und in die Lese- und Studienausgaben zu übernehmen.[122] Hingegen wurde die augenscheinliche Poetisierung kleinerer Meldungen sowie das Zusammenspiel von faktualen und fiktionalen Schreibweisen missachtet. Das liegt auch daran, dass einzelne Beiträge ohne Verfasserangabe erschienen sind und Kleists Autorschaft erst nachträglich oder nicht gesichert eruiert werden konnte.[123] In den letzten zwei Jahrzehnten wurde verstärkt dazu übergegangen, auch diese Texte in ihrem Medienkontext zu veröffentlichen und zu analysieren.[124] Es wurde erkannt, dass die *Abendblätter* als ein komplexes Nebeneinander von poetischen Texten, wissenschaftlichen Abhandlungen und offensichtlich an dem Massengeschmack orientierten Meldungen gelesen werden können.[125] So beinhaltet die Zeitung zu einem großen Anteil Anekdoten und anekdotenähnliche Nachrichtenerzählungen, deren Stoff Kleist zuvor anderen publizistischen Medien entnommen hatte und dann bearbeitet als Miszellen, Tagesbegebenheiten, Stadt-Neuigkeiten und Vermischte Nachrichten neu veröffentlichte.[126] Heterogenes

---

121 Wenig Beachtung schenkte die Kleist-Forschung lange der Tatsache, dass viele seiner Anekdoten für den spezifischen medialen Kontext der Tageszeitung geschrieben wurden – selbst wenn Kleists (Journal-)Anekdoten im Kleinen abbildaten, was für das Kleist'sche Oeuvre in Gänze gültig sei, wie u. a. Gesa von Essen postuliert. Vgl. Von Essen, Prosa-Konzentrate, 137.
122 Vgl. Gabriella Gönczy, Zur Kommunikations- und Redaktionsstrategie der ‚Berliner Abendblätter', in: Internationale Konferenz „Heinrich von Kleist" für Studentinnen und Studenten, für Nachwuchswissenschaftlerinnen und Nachwuchswissenschaftler, hg. von Peter Eisberg und Hans-Jochen Marquardt, Stuttgart 2003, 159–168.
123 Vgl. Hilzinger, Anekdotisches Erzählen im Zeitalter der Aufklärung, 134.
124 Einen großen Anteil hieran hatte die Brandenburger Ausgabe sämtlicher Werke und Briefe Kleists, deren erster Band 1988 erschienen ist und das gesamte überlieferte Textkorpus, auch die *Abendblätter*, in authentischer Form präsentiert.
125 Vgl. Gönczy, Zur Kommunikations- und Redaktionsstrategie der ‚Berliner Abendblätter', 159.
126 Nach Homberg erweisen sich Kleists *Abendblätter* als „Emblem einer Nachrichtenliteratur, die sich durch Adaption und Sublimation" verschiedener Formen kurzer Prosa und einfacher

steht nebeneinander und macht sowohl der gebildeteren als auch der nur am „Stadtgespräch" interessierten Leserschaft ein Angebot. Zudem wurde der inszenatorischen Informationspolitik in den *Abendblättern* und der Übertragung poetologischer Mechanismen auf die Redaktionsarbeit bis zur „Annullierung der Differenz von Täuschung und Wahrheit"[127] Aufmerksamkeit geschenkt.

Die Beobachtung dieser Arbeit ist zum einen, dass sich Kleist als Redakteur und Herausgeber der *Berliner Abendblätter* die Bedeutung anekdotischen Schreibens im journalistischen Kontext zu Nutzen macht und – entgegen eigener Ankündigung – einen um 1800 zunehmend in die Kritik geratenen, aber doch unverzichtbaren, weil ökonomisch rentablen und zensurbedingt spekulativen Sensationsjournalismus bedient. Er integriert nicht nur literarische Beiträge in die *Abendblätter*, er präsentiert „unerhörte Begebenheiten" als Nachrichten und wiederum Nachrichten oder Polizeirapporte in anekdotischer Form. Dabei sind die Verfahren des Anekdotisierens vielfältig und sollen hier analytisch und auch an weniger kanonischen Texten der *Abendblätter* ermittelt werden.[128] Zum anderen erfahren die Anekdoten vor dem Hintergrund der Befreiungskriege eine nicht unerhebliche politische Instrumentalisierung,[129] was wir in den folgenden Kapiteln dezidiert mit Achim von Arnim und Clemens Brentano sowie unter dem Zeichen der politischen Romantik betrachten werden. Kleists politische Stellung gilt als umstritten[130] und ist auch in Bezug auf seine Herausgeber- und redaktionellen Tätigkeiten nicht ganz geklärt.[131]

Formen auszeichnet „und so die medienarchäologisch zentrale Referenz für ein integratives Verständnis der Genres der kleinen Formen" bildet. Vgl. Homberg, Augenblicksbilder, 121.

127 Sibylle Peters, Von der Klugheitslehre des Medialen. (Eine Paradoxe.) Ein Vorschlag zum Gebrauch der ‚Berliner Abendblätter', in: Kleist Jahrbuch (2000), 136–160, hier: 140.

128 Für Rüdiger Campe ist die formale Korrelation von Anekdoten und Meldungen bei Kleist Ausprägung einer reinen, informationellen Prosa, in der die Lebenswirklichkeit zwar radikal eingeschränkt werde (vor allem in den Lokalnachrichten), aber gerade darin grundsätzlich die Welt der Lesenden anspreche. Vgl. Rüdiger Campe, Prosa der Welt. Kleists Journalismus und die Anekdoten, in: Unarten. Kleist und das Gesetz der Gattung, hg. von Andrea Allerkamp, Matthias Preuss und Sebastian Schönbeck, Bielefeld 2019, 235–264, hier: 263 f. Vgl. zu den Anekdoten in den *Abendblättern* außerdem Matthias N. Lorenz und Thomas Nehrlich, Kleists Anekdoten – Zur Größe der Kleinen Formen, in: Kleist Jahrbuch (2019), 231–235 sowie Michael Niehaus, Zeitungsmeldung, Anekdote. Gattungstheoretische Überlegungen zu einem Textfeld bei Heinrich von Kleist, in: Kleist Jahrbuch (2019), 295–308.

129 Vgl. hierzu z. B. Jenny Sréter, Irreguläre Truppen. Kleists Militär-Anekdoten in den ‚Berliner Abendblättern', in: Kleist Jahrbuch (2014), 155–171.

130 Rüdiger Görner etwa argumentiert, dass das Politische Kleist vielmehr zum gattungspoetischen Experimentierraum wurde. Hierüber gebe z. B. die spätere „Kriegslyrik" Aufschluss: Kleist hatte in Dresden im April 1809 Heinrich Joseph von Collins patriotische, antinapoleonische *Lieder österreichischer Wehrmänner* gelesen, die ihm zum Vorbild wurden, das

Bereits bei seiner ersten Zeitschrift, dem *Phöbus* (Januar bis Dezember 1808), handelte es sich um ein grenzgängerisches, weil offen zwischen Literatur und Publizistik vermittelndes Journal, wofür Kleists Mitherausgeber, der Philosoph und Staatstheoretiker Adam Müller, maßgeblich mitverantwortlich war.[132] Müllers Position war, dass die höchste Staatskunst im Vermitteln zwischen entgegengesetzten Interessen bestehen und die Zeitung diese Rolle kritischer Vermittlung einnehmen müsse. So entwickelte er die Idee, eine Regierungszeitung und eine Oppositionszeitung gleichzeitig herauszubringen, um zu einer „wahren, ernsthaften, preußischen, öffentlichen Meinung" zu gelangen.[133] Die preußische Regierung sollte sich stärker von der öffentlichen Meinung beein-

---

politisierende Potenzial der Gattung des politischen Gedichts zu erproben. Görner erkennt hier humoristische und ironische Tendenzen, die ein entscheidendes Gegengewicht zum unverhohlen kriegslüstern scheinenden Patriotismus bildeten. Das politische Gedicht ist zwar eingebettet in einen politischen Kontext, es kann als literarische Form aber auch davon losgelöst stehen; es changiert also zwischen Funktionalität und Eigengesetzlichkeit. Vgl. Rüdiger Görner, Gewalt und Grazie. Heinrich von Kleists Poetik der Gegensätzlichkeit, Heidelberg 2011, 241–243, 246–248. Dirk Grathoff problematisiert außerdem, dass bisher aus Kleists antinapoleonischen Propagandaschriften aus den Jahren 1808/09 auf ein antirevolutionäres Potenzial geschlossen wurde. Kleist nehme aber vorrangig die letzte Phase der Französischen Revolution in den Blick, nämlich die der napoleonischen Fremdherrschaft in Europa. Für Grathoff könnten Kleists Aussagen über Napoleon gleichermaßen auf eine anti- wie prorevolutionäre Haltung verweisen. Vgl. Dirk Grathoff, Heinrich von Kleist und Napoleon Bonaparte, der Furor Teutonicus und die ferne Revolution, in: Heinrich von Kleist. Kriegsfall – Rechtsfall – Sündenfall, hg. von Gerhard Neumann, Freiburg i. Br. 1994, 31–60, hier insbesondere 35 f., 41, 49.
131 Bodo Rollka hat ermittelt, wie Kleist im Zuge der preußischen Zensurvorgaben seine aufklärerischen Ambitionen zurückdrängen musste. Eine rein unterhaltende Zeitung stand jedoch seinen politischen Ambitionen entgegen. Die Umwandlung tradierter literarischer Gebrauchsformen in Vehikel direkter und indirekter Meinungsbeeinflussung als Kompromiss stießen jedoch auf Desinteresse oder durch ihre Affinität zum Skandalösen auf Ablehnung, so Rollka. Vgl. Rollka, Die Belletristik in der Berliner Presse des 19. Jahrhunderts, 66, 80, 84.
132 Dass Müller gar die eigentlich treibende Kraft hinter dem Projekt war, glaubt Johannes Bobeth, der Kleist für die *Phöbus*-Phase jedwedes journalistische Interesse abspricht. Stattdessen sei es seine Hauptmotivation gewesen, im *Phöbus* Fragmente aus den Dramen und Erzählungen zu veröffentlichen. Vgl. Johannes Bobeth, Die Zeitschriften der Romantik, Leipzig 1911, 167, 173, 178, 186. Dieser einseitige Blick ist in der neueren Kleist-Forschung umstritten. So beschreibt Astrid Dröse die Idee einer gemeinsamen Zeitungsherausgeberschaft zunächst als eine Art Zweckgemeinschaft: Kleist wollte mehrere seiner literarischen Manuskripte, Müller seine in Dresden gehaltenen Vorlesungen (z. B. über seine Gegensatzlehre) veröffentlichen. Weil ihr Plan zur Gründung einer Verlagsbuchhandlung jedoch scheiterte, entwickelten sie das Konzept einer Zeitschrift im Selbstverlag. Vgl. Astrid Dröse, Journalpoetische Konstellationen. Kleist, Körner, Schiller, in: Kleist Jahrbuch (2019), 188–203, hier: 192.
133 Jakob Baxa, Adam Müllers Lebenszeugnisse, 2 Bde., Bd. 1, München/Paderborn/Wien 1966, 483. Vgl. hierzu auch Koehler, Ästhetik der Politik, 119.

flussen lassen und sie als Kontrolle und Regulativ staatlicher Politik nutzen.[134] Dieses Projekt, auf das in Kapitel 4.4.3 noch ausführlicher eingegangen wird, kam zwar über die Planung nie hinaus, beeinflusste wohl aber die politische Konzeptualisierung des *Phöbus* im Sinne eines Organs für die öffentliche Meinung.[135]

Nach dem Scheitern des *Phöbus* aus mehrheitlich finanziellen Gründen entwickelte Kleist ab dem Frühjahr 1809 die Idee, ein patriotisches Wochenblatt mit dem Titel „Germania" herauszugeben,[136] aber auch dieses Journal ist nicht über die Planung hinausgekommen,[137] wohl auch, weil bereits seit dem Sieg der napoleonischen Truppen 1806 jeder offene Patriotismus unterbunden wurde.[138] Dennoch wuchs das Bedürfnis nach einer neuen Tageszeitung, weil die beiden einzigen preußischen Zeitungen unter Napoleon, die *Vossische* und die *Spenersche Zeitung* (*Berlinische Nachrichten von Staats- und gelehrten Sachen*), als ‚franzosenfreundlich' galten[139] und somit im Anspruch versagten, Sprachrohr des zunehmend politisierten Volkes zu sein.[140] Diese Konstellation erwies sich als günstig für die Gründung der *Abendblätter*.[141] Einem politischen, dezidiert antifranzösischen und antisemitischen Netzwerk wie der 1811, also im zweiten Jahr der *Abendblätter*, von Arnim und Müller gegründeten Deutschen Tischgesellschaft, auf die noch exemplarisch einzugehen sein wird, hat Kleist nicht

---

134 Vgl. Koehler, Ästhetik der Politik, 120.
135 Vgl. Koehler, Ästhetik der Politik, 119. Über die Bedeutung des *Phöbus* in dieser Konstellation herrschen unterschiedliche Meinungen: Während Bobeth der Meinung ist, dass der *Phöbus* das deutsche Nationalbewusstsein (wieder) zu erwecken versuchte, lässt sich ihm nach Görner nur indirekt eine politische Bedeutung zuschreiben, etwa im Sinne einer gegenpolitischen Kunstprogrammatik. So stehe das Journal für eine Emanzipation der Kunst von Regelpoetiken, aber auch von politischer Instrumentalisierung. Vgl. Bobeth, Die Zeitschriften der Romantik, 187 sowie Görner, Gewalt und Grazie, 210. Die vorliegende Arbeit schließt sich eher Görner an: Eine direkte (national)politische Ausrichtung ist hinsichtlich der mehrheitlich ästhetischen Beiträge nicht erkennbar und bedarf weiterer Analysen. Im Kontext dieser Arbeit kann dies jedoch nicht geleistet werden.
136 Vgl. Klaus Müller-Salget, Kommentar, in: KlDKV 3, 492 f. Die Forschungslage zu der „Germania" ist indes dünn. Vgl. hierzu u. a. Gesa von Essen, Kleist anno 1809: Der politische Schriftsteller, in: Kleist – ein moderner Aufklärer?, hg. von Marie Haller-Nevermann, Göttingen 2005, 101–132 sowie Richard Samuel, Heinrich von Kleists Teilnahme an den politischen Bewegungen der Jahre 1805-1809 [1938], deutsch von Wolfgang Barthel, Frankfurt/O. 1995, 229–261.
137 Vgl. Gerhard Schulz, Kleist. Eine Biographie, München 2007, 461.
138 Vgl. Peter Philipp Riedl, Öffentliche Rede in der Zeitenwende, Berlin 1997, 201.
139 Vgl. Bobeth, Die Zeitschriften der Romantik, 235.
140 Vgl. Peter de Mendelssohn, Zeitungsstadt Berlin. Menschen und Mächte in der Geschichte der deutschen Presse, Frankfurt a. M./Berlin/Wien 1982, 55, 73
141 Vgl. Bobeth, Die Zeitschriften der Romantik, 235.

angehört. Er erhoffte sich zwar redaktionelle Unterstützung durch die Tischgenossen, die aber gering ausfiel und sich weitgehend auf Müller konzentrierte, sodass Kleist über weite Strecken alleinverantwortlicher Redakteur blieb.[142]

Kleist suizidierte sich bekanntlich im Herbst 1811, also vor dem Beginn der Befreiungskriege, der Leipziger Schlacht und der Beendigung der Napoleonischen Ära mit dem Wiener Kongress. Weil im zweiten Teil dieser Arbeit nach einer politischen Erzähltheorie kleiner Formen im Rahmen dieser Übergangszeit gefragt wird, kann Kleist als politischer bzw. politisch vernetzter Akteur hierfür nur eine untergeordnete Rolle spielen. Die *Abendblätter* erweisen sich aber nicht nur als ausgezeichneter poetologischer Referenzrahmen für die im vorangegangenen Kapitel beschriebenen dynamischen Verhandlungen zwischen Literatur und Journalismus, indem sie spezielle Formen des Anekdotisierens als Schreibgebärde ins Material setzen. Sie demonstrieren auch auf der Metaebene, welche politischen Effekte etwa die Inklusion von Gerüchten und Halbwahrheiten in die Berichterstattung hat. Kleists *Abendblätter* sind also insofern politisch, als dass sie die öffentliche und öffentlichkeitskonstituierende Kommunikation neumodellieren.

Dabei hat Kleist die regierungspolitische Steuerung der öffentlichen Meinung und die damit einhergehende Korrumpierung medial vermittelter Wahrheiten kritisiert, allerdings nur seitens Frankreich.[143] So polemisiert sein *Lehrbuch der französischen Journalistik* (1810), zunächst ein für die *Abendblätter* publizierter Beitrag, gegen Napoleons nachrichtentechnische Propagandamethoden: Das Prinzip des französischen Pressewesens bestehe demnach darin, dass die eine Zeitung niemals lüge, aber nur indem sie die Wahrheit verschweige, und die andere Zeitung zwar die Wahrheit sage, aber nur indem sie Erlogenes hinzudichte.[144]

In Kleists dramatischem Werk fungiert Gerüchtekommunikation in Verbindung mit Vertrauensmissbrauch und -verlust[145] bisweilen als Katalysator der

---

142 Vgl. Bobeth, Die Zeitschriften der Romantik, 252.
143 Peter Philipp Riedl hat in diesem Kontext analysiert, wie die antifranzösische Propaganda um 1800 im Zeichen jener rhetorischen Strategien steht, die man dem politischen Gegner vorhält: Die polemische Beredsamkeit der Jakobiner, die nicht Argumente emotional verstärkten, sondern Affekte argumentativ untermauerten, nahmen sich die deutschen Befreiungskämpfer paradoxerweise zum Vorbild. Vgl. Riedl, Öffentliche Rede in der Zeitenwende, 155–158, 171, 174 f.
144 Vgl. Heinrich von Kleist, Lehrbuch der französischen Journalistik, in: KlDKV 3, 462–468, hier: 463 f.
145 Anne Fleig führt aus, dass die Vertrauensfrage um 1800 zum gesellschafts- und identitätspolitischen Krisenphänomen wird. Vgl. Anne Fleig, Achtung Vertrauen! Skizze eines For-

literarischen Binnenkommunikation, z. B. in *Die Familie Schroffenstein* (1803), *Robert Guiskard* (1808) und *Die Hermannsschlacht* (1808).[146] Und auch Kleists Anekdoten thematisieren einerseits inhaltlich den Sachverhalt einer ungenauen Quellenlage, insbesondere den der Gerüchtekommunikation (z. B. *Geistererscheinung, Unwahrscheinliche Wahrhaftigkeiten*); andererseits zeigen sich formale Äquivalenzen zu den so deklarierten Korrespondentenberichten in den *Abendblättern*. Auch die ganze Serie um die sogenannte „Mordbrennerbande" baut mitunter auf „Stadtgerüchten" auf und das *Beispiel einer unerhörten Mordbrennerei* findet sogar als eigentlich journalistischer Beitrag Einzug in Kleists Anekdotensammlungen. Ähnlich verfahren die *Abendblätter* bei der militärischen Berichterstattung aus den von Napoleon besetzten Gebieten, deren Quellenlage sich einerseits auf „unverbürgte Gerüchte" stützt – aber andererseits Gerüchte widerlegen will – sowie bei Seuchenberichten aus Kriegsgebieten, die schließlich als „Kurze Geschichte des Gelben Fiebers in Europa" narrativiert werden (und das Ansteckungsmotiv in *Die Verlobung in St. Domingo* zu inspirieren scheinen).[147]

Die These des folgenden Kapitels ist also, dass in den *Abendblättern* Gerüchtekommunikation, serielle Berichterstattung[148] und anekdotisches Erzählen konvergieren. Wie die Anekdote zur Stifterin für größere Erzählungen avancieren kann, so scheint das Gerücht anekdotisches Erzählen zu dynamisieren, was im politischen Kontext an Brisanz gewinnt.

---

schungsfeldes zwischen Lessing und Kleist, in: Kleist Jahrbuch (2012), 329–335, hier insbesondere 330.
146 Vgl. Gesa von Essen, Hermannsschlachten. Germanen- und Römerbilder in der Literatur des 18. und 19. Jahrhunderts, Göttingen 1998, 181. Kleist integriert den performativen Faktor in die literarische Gestaltung seiner Nachrichtenpropaganda, z. B. in der *Hermannsschlacht* und im *Guiskard*-Fragment. Riedl führt aus, dass er diese Strategie nicht nur im literarischen Kontext inszenatorisch entfaltet, sondern im journalistischen Kontext selbst anwendet. Vgl. Peter Philipp Riedl, ‚Für den Augenblick berechnet'. Propagandastrategien in Heinrich von Kleists *Die Hermannsschlacht* und in seinen politischen Schriften, in: Heinrich von Kleist. Neue Ansichten eines rebellischen Klassikers, 189–230, hier: 200 f. Vgl. zu diesem Themenkomplex außerdem Eva Horn, Hermanns ‚Lektionen'. Strategische Führung in Kleists ‚Hermannsschlacht', in: Kleist Jahrbuch (2011), 66–90 sowie Elke Dubbels, Zur Dynamik von Gerüchten bei Heinrich von Kleist, in: Zeitschrift für deutsche Philologie 131 (2012), 191–210.
147 BA, Bl. 6 vom 8.1.1811 sowie Bl. 19 vom 23.1.1811.
148 Zur Tendenz der thematischen Serienbildung in den *Abendblättern*, vgl. Von Essen, Prosa-Konzentrate, 141.

3.2.2 Die Popularität der Polizei-Rapporte

Serielles Verbrechen – serielles Berichten. Nachrichten(erzählungen) von Mordbrennern

Im ersten Jahr der Herausgeberschaft der *Abendblätter* stehen sich Miszellen und „Polizeiliche Tages-Mittheilungen" noch gegenüber, denn während letztere vor allem Lokalnachrichten vermelden, berichten erstere aus aller Welt. Es handelt sich also überwiegend um politische Korrespondentenberichte, wobei unverbürgte Gerüchte allerdings für beide Rubriken als Quellenhinweise fungieren.[149] Die *Berliner Abendblätter* reklamierten für sich das Monopol der aktuellen und authentischen Berichterstattung aus und über Berlin.[150] Neben ihrer Funktion als Publikumsmagnet verliehen die Polizeirapporte der Zeitung, die Kleist regelmäßig vom befreundeten Berliner Polizeichef Justus Gruner bekam, den Anschein von unzensierter Authentizität.[151] Das wohl bekannteste Beispiel für die Popularität und politische Durchschlagkraft der bearbeiteten Polizeirapporte ist die serielle Berichterstattung um die sogenannte „Mordbrennerbande".

Erstmals berichten die Rapporte vom 28. September bis zum 1. Oktober 1810 von gleich mehreren nächtlichen Bränden. Die Redaktion hält sich zunächst mit Unterstellungen einer absichtlichen Tat zurück, indem sie z. B. auf die Baufälligkeit eines der abgebrannten Häuser aufmerksam macht und klarstellt, dass die Brandursache noch nicht ermittelt sei. Auch von einer deutenden Synthetisierung der Ereignisse nimmt der Rapport Abstand. Er spinnt also (noch) keinen Plot, die einzelnen Brände stehen scheinbar zusammenhangslos nebeneinander. Aufgrund der Vielzahl der Ereignisse verdichtet sich aber für die Lesenden der Eindruck, dass es sich eben doch um ein Verbrechen handeln muss. Dieser Mechanismus ist bereits im vorangegangenen Kapitel mit der Serialität des

---

[149] Beispielsweise im Extrablatt vom 16.10.1810 („Ein französischer Courier, der vergangenen Donnerstag in Berlin angekommen, soll, dem Vernehmen nach dem Gerücht, als ob die französischen Waffen in Portugal Nachtheile erlitten hätten, widersprochen, und im Gegentheil von Siegsnachrichten erzählt haben, die bei seinem Abgang aus Paris in dieser Stadt angekommen wären") oder in der Ausgabe vom 5.11.1810 („Nichts ist ungegründeter, als das Gerücht, daß am 1sten bis 3ten eine allgemeine Schlacht Statt [sic] gefunden, in welcher Massene gefangen und 27000 Mann verloren haben soll") oder vom 18.11.1810 („Hier ist eine offizielle Bekanntmachung erschienen, in welcher das von unruhigen Politikern verbreitete Gerücht, als ob ein neuer Krieg im Norden ausbrechen werde, durchaus widerlegt wird").

[150] Vgl. Peter Staengle, Achim von Arnim und Kleists ‚Berliner Abendblätter', in: Universelle Entwürfe – Integration – Rückzug: Arnims Berliner Zeit (1809–1814), Wiepersdorfer Kolloquium der Internationalen Arnim-Gesellschaft, hg. von Ulfert Ricklefs, Tübingen 2000, 73–88, hier: 74.

[151] Vgl. Staengle, Achim von Arnim und Kleists ‚Berliner Abendblätter', 74.

Faktums erläutert worden: In der Anhäufung vieler ähnlicher Begebenheiten erfahren nicht nur die je einzelnen Ereignisse Beglaubigung, sondern es wird auch ein sinnstiftender Zusammenhang zwischen ihnen suggeriert.

So berichtet einer der Rapporte von Indizien, die auf einen Raubzug in Verbindung mit gezielten Brandanschlägen hindeuten:

> Zu bemerken ist, daß bei einem, in Schönberg verhafteten Vagabonden gestohlne Sachen gefunden worden sind, welche dem abgebrannten Schulzen Willman in Schönberg und den abgebrannten Krüger in Steglitz gehören.
> Dieses giebt Hofnung den Brandstiftern auf die Spur zu kommen, deren Dasein die häufigen Feuersbrünste wahrscheinlich machen. Sobald die Redaction, durch die Gefälligkeit der hohen Polizeibehörde, von diesem glücklichen Ereigniß unterrichtet sein wird, wird sie dem Publico, zu seiner Beruhigung, davon Nachricht geben. (BA, Bl. 1, 1.10.1810)[152]

Dass die Redaktion von „Brandstiftern" im Plural spricht, legt nicht nur den Schluss nahe, dass es sich um organisierte Taten, sondern auch um eine organisierte Bande handelt.

Nach Roland Barthes seien – um noch einmal auf das *fait divers* in seiner Vorbildfunktion für die Nachricht zurückzukommen – rätselhafte, unerklärliche Verbrechen in der Presse zwar einerseits selten, andererseits zwinge die reale Unkenntnis ihrer Ursache, das *fait divers* eine Zeitlang zu ‚strecken', d. h. hinauszuzögern („l'ignorance réelle de la cause oblige ici le fait divers à s'étirer sur plusieurs jours").[153] Das Ephemere kleiner Formen erweist sich abermals selbst als ephem, denn durch diese Verlängerung und/oder Vervielfältigung des Faktums erodiert natürlich auch die Hoheit seiner reinen Immanenz.

Unerklärlich („inexplicable") seien die *faits divers* nicht, sondern vielmehr unerklärt („inexpliqué").[154] Der Unterschied besteht darin, dass das Unerklärte exakt den epistemischen Status des ‚Noch-nicht-Wissens', also das nachrichtenspezifische Provisorium des Faktums beschreibt, während das Unerklärliche eher den Bereich literarischer (kleiner) Formen tangiert: Je nach Genrekonventionen oder deren Herausforderungen können Verbrechen hier ungelöst, mysteriöse Ereignisse mysteriös bleiben. Hier stiftet die Fiktionalität eine Kontingenzsteigerung, die dem *fait divers* in seiner Zeitungsförmigkeit nicht zusteht. Denn nach Barthes kann die ‚kausale Verzögerung' („le ‚retard' causal") in der Berichterstattung ein Verbrechen, oder überhaupt ein Ereignis, auch vergessen

---

152 Wenn nicht näher erläutert, werden Zitate aus den Abendblättern (BKA) im Folgenden als BA mit Blattzahl und Datum direkt im Text zitiert.
153 Vgl. Barthes, Structure du fait divers, 188–197, 192.
154 Vgl. Barthes, Structure du fait divers, 192.

machen.¹⁵⁵ Hier zeigt sich also erneut das nachrichtentechnische Dilemma einer öffentlichkeitswirksamen Inszenierung, weil Neuigkeiten einer geringen Halbwertszeit unterliegen, bis sie uninteressant werden: Entweder weil sie zu schnell aufgelöst werden oder weil sich ihre Erklärung zu lang verzögert.

Ausdruck dieses schmalen Grats ist auch eine scheinbar unentschiedene Leser:innen-Ansprache. Es ist in diesem Zusammenhang auffällig, dass die Rhetorik der Rapporte um die Mordbrennerbande zwischen Beruhigung und Beunruhigung schwankt.¹⁵⁶ So berichtet z. B. eine Meldung quasi in Echtzeit („brennt in diesen [sic!] Augenblick", BA, Bl. 1, 1.10.1810)¹⁵⁷ von einem brennenden Bauernhof in Lichtenberg, was erstmal Alarm auslöst, nur um direkt anzufügen, hier sei die Ursache noch unbekannt und „alle Vorkehrungen gegen die weitere Verbreitung getroffen", was wiederum einen beruhigenden Effekt erzielen soll. Auf die abschließende, durchaus wieder beunruhigende Vermutung, dass es sich um Brandstiftung handeln könnte, folgt dann auch zugleich das Versprechen, „sobald die Redaction [...] von diesem glücklichen Ereigniß [der Aufklärung, L. L.] unterrichtet sein wird, [...] dem Publico, zu seiner Beruhigung, [...] Nachricht [zu] geben". Durch dieses kalkulierte Wechselspiel behält das Ereignis zugleich seinen sensationellen Neuigkeitsstatus, aber auch seine tendenzielle Erklärbarkeit.

Das Faktum und seine mediale Repräsentation sind hier in ihrer Serialität untrennbar miteinander verbunden. Dies wird besonders deutlich dadurch, dass Kleists Rapporte teilweise mit dem Verweis auf eine Fortsetzung enden („Die Fortsetzung folgt"), die sich sowohl auf das Ereignis bzw. die Ereignisreihe als auch auf die Berichterstattung beziehen kann. Die serielle Form der Rap-

---

155 Vgl. Barthes, Structure du fait divers, 192.
156 Vgl. hierzu auch Jörg Schönert, Kriminalität und Devianz in den Berliner ‚Abendblättern', in: Perspektiven zur Sozialgeschichte der Literatur. Beiträge zu Theorie und Praxis, hg. von dems., Tübingen 2007, 113–126, hier: 119 sowie auch: Johannes Lehmann, (Un-)Arten des Faktischen. Tatsachen und Anekdoten in Kleists Berliner Abendblättern, in: Unarten, 265–283, hier: 280. Schönert und Lehmann interpretieren beide den performativen Widerspruch der *Abendblätter*, das Publikum einerseits beruhigen zu wollen und andererseits an ihre Sensationslust zu appellieren, als mediale Strategie. Schönert betont zudem, dass die Effizienz der Institutionen bestärkt werde und meint damit die Polizei. Allerdings folgt aus der medialen Strategie auch eine institutionelle (Selbst-)Ermächtigung des Zeitungsmediums – im Wechselspiel mit anderen Institutionen, der Polizei.
157 Nach Homberg folgten Kleists Nachrichtenbearbeitungen dem „Reiz der Präsenzsuggestion"; sie simulierten eine „,Gleichzeitigkeit' von Meldung und Geschehen, die sich im ‚Augenblick' der Zeitungslektüre realisierte". Vgl. Homberg, Augenblicksbilder, 121–123. Vgl. hierzu auch Christian J. Emden, Die Gleichzeitigkeit des Ungleichzeitigen, in: KulturPoetik 6/2 (2006), 200–221, hier: 207–209.

porte lässt sich somit augenfällig analogisieren mit der vermeintlichen Verbrecherserie, was nicht einer zynischen Ironie entbehrt: Das journalistische Kommunikationssystem muss natürlich auf Anschlussfähigkeit spekulieren und auf die Fortsetzung von Katastrophen- und Unglücksfällen hoffen, also darauf, dass sich die Dinge eher zum Schlechten als zum Guten wenden. So werden auch Indizien in die Logik dieser Angstlust verstrickt, zum einen ein

> alter baumwollener Handschuh [...] mit einer Menge Holzkohlen, Feuerschwarm, Papier und einem Präparat von Kohlenstaub und Spiritus gefüllt, welches schon bei Annäherung der Flamme, Feuer fing,

zum anderen ein „Brandbrief", „nach dessen Inhalt Berlin binnen wenigen Tagen an 8 Ecken angezündet werden soll" (BA, Bl. 3, 3.10.1810). Obwohl dieser Brandbrief wohl nicht nur denjenigen Sorge bereitete, die Kleists Erzählung *Michael Kohlhaas* (1808) gelesen hatten, in der Kohlhaas auf seinem Rachefeldzug droht, Wittenberg „an allen Ecken" anzustecken,[158] soll seine Bekanntmachung laut redaktioneller Ansprache die Leserschaft nicht verängstigen, sondern „blos das Stadtgespräch [...] berichtigen, welches aus einem solchen Brandbrief deren hundert macht, und ängstliche Gemüther ohne Noth mit Furcht und Schrecken erfüllt" (BA, Bl. 4, 4.10.1810). Die *Abendblätter* verfolgen hier also das Prinzip, dass ein offizielles Gerücht die frei zirkulierenden Gerüchte in der Öffentlichkeit einzuhegen vermag, als domestiziere der institutionelle Rahmen des Journalistischen die Gerüchtekommunikation. Dabei greifen in den *Abendblättern* sogar Gerüchte den eigentlichen Meldungen voraus, so etwa im sechsten Blatt, in dem folgende Kurzmeldung mit der Überschrift „Gerüchte" versehen ist:

> Ein Schulmeister soll den originellen Vorschlag gemacht haben, den, wegen Mordbrennerei verhafteten Delinquenten Schwarz – der sich, nach einem andern im Publico coursirenden Gerücht, im Gefängniß erhängt haben soll – zum Besten der in Schöneberg und Steglitz Abgebrannten, öffentlich für Geld sehen zu lassen. (BA, Bl. 6, 6.10.1810)

---

158 Dieser Vergleich ist nicht ganz willkürlich. Tatsächlich lassen sich Bezüge zwischen *Michael Kohlhaas* und der Mordbrenner-Berichterstattung herstellen. So unterzieht etwa Arndt Niebisch der *Kohlhaas*-Novelle eine medientheoretische Lektüre und kommt zu dem Schluss, dass Kleist hier ein „hochmodernes Narrativ über die Steuerung von Kommunikation in einer auf Massenmedien aufgebauten Gesellschaft" zum Ausdruck bringt. Damit meint er vor allem, wie Kohlhaas' Taten öffentlich wahrgenommen und weitererzählt werden. Vgl. Arndt Niebisch, Kleists Medien, Berlin/Boston 2019, 285–319, hier: 295.

Dass es sich bei dem so bezeichneten „Delinquenten Schwarz" (dessen richtiger Name Johann Christoph Peter Horst erst später genannt wird) um jenen unbenannten Vagabunden handelt, der bereits im Polizeirapport des ersten Blatts Erwähnung gefunden hatte, differenzieren dann die polizeilichen Tages-Mittheilungen im Extrablatt zur siebten Ausgabe.

Es soll also, allem Anschein nach, das Publikum neugierig gemacht und eingestimmt werden auf das Extrablatt, das den Fall der Mordbrennerbande von Beginn an aufrollt und die Täterschaft des „Delinquenten Schwarz" mitsamt seiner Gefolgschaft zu erhellen bemüht ist. Der Bericht verliert allerdings kein Wort darüber, ob er sich tatsächlich im Gefängnis erhängt hat oder nicht. Die eigentliche Enthüllung des Täters und also die Erklärung der Verbrecherserie fallen wiederum einer Verzögerungstaktik anheim.

Die Redaktion stellt in Zusammenhang mit der Gerüchtethematisierung auch klar, dass die Polizei-Rapporte nicht nur dem Zweck der Unterhaltung dienten, sondern vor allem um eine authentische Berichterstattung von Tagesbegebenheiten bemüht seien:

> Die Polizeilichen Notizen, welche in den Abendblättern erscheinen, haben nicht bloß den Zweck, das Publikum zu unterhalten, und den natürlichen Wunsch, von den Tagesbegebenheiten authentisch unterrichtet zu werden, zu befriedigen. Der Zweck ist zugleich, die oft ganz entstellten Erzählungen über an sich gegründete Thatsachen und Ereignisse zu berichtigen, [...]. (BA, Bl. 4, 4.10.1810)

Der Verweis auf das Unterhaltungsmoment zeigt, wie eng Sensations- und politischer Journalismus um 1800 noch miteinander verzahnt sind. Unterhaltung scheint ein selbstverständliches Ziel zu sein. Der Zweck der *Abendblätter* sei aber, „die oft ganz entstellten Erzählungen über an und für sich gegründete Thatsachen und Ereignisse zu berichtigen", insbesondere sollte dabei das Lesepublikum zu einer Mitarbeit aufgefordert werden, um bereits geschehene Verbrechen aufzuklären und zukünftigen vorzubeugen.[159]

---

[159] Auch Jörg Schönert ist zu dem Ergebnis gekommen, dass die Lesenden der Abendblätter zu „gleichberechtigten Mitspielern" werden. Er konzentriert sich in seiner *BA*-Analyse auf den Themenkomplex der Devianz und damit hauptsächlich auf den Fall um die Mordbrennerbande, aber auch auf kleinere Meldungen kriminalistischer und kriminologischer Art. Die Frage zwischen Faktum und Fiktion spielt bei Schönert eine Rolle, ebenso epistemologisch geprägte Überlegungen zum Verhältnis einer medienaffinen Öffentlichkeit zu ‚Devianz'. Spezifische gattungs- und medientheoretische Aspekte (warum wird gerade Anekdotisches zum Medium polizeilicher Berichterstattung?) kommen hingegen weniger zur Sprache. Vgl. Schönert, Kriminalität und Devianz in den Berliner ‚Abendblättern', 117. Vgl. zur Darstellung von Devianz in den Abendblättern auch: Jan Lazardzig, Polizeiliche Tages-Mittheilungen. Die Stadt als Ereig-

Die Polizei-Rapporte verfolgen also neben der vermeintlichen Gerüchte-Domestizierung ein integratives Konzept, das die Leserschaft zugleich geschickt an sich bindet: Die Nachrichten sollen sie im lebenswirklichen Alltag begleiten. Dies kann sich so äußern, dass die Lesenden ihrerseits Angst vor einem Brandanschlag haben, oder aber, indem sie in den Nachrichtenentstehungsprozess miteinbezogen werden – sie sollen selbst für Nachrichten sorgen, indem sie ihre Wachsamkeit verdoppeln und sich an der Tätersuche beteiligen. Die *Abendblätter* entwerfen hier eine wechselseitige Nachrichtenzirkulation: Einerseits bekommt die Zeitung Nachrichten von der Polizei, die sie an die Leserschaft weitergeben kann, andererseits soll das lesende Publikum die Polizeibehörden mit eben diesen Nachrichten versorgen, indem es als Zeuge und Vermittlungsinstanz auffälliger Indizien fungiert. Weil die Polizei ihre Rapporte dann wiederum an die *Abendblätter* weitergibt, ist die Leserschaft im Grunde selbst verantwortlich für die Nachrichten, die sie verfolgt. Sie ist damit auch verantwortlich für eine Beruhigung der Lage, obwohl doch der Aufruf zu einer kollektiven Verbrecherjagd erstmal nicht sonderlich beruhigend, sondern eher aufrührerisch anmutet.

Doch durch das als produktiv gezeichnete Zusammenspiel von Bevölkerung, Polizei und Presse im Informationsprozess gelingt es der Redaktion erneut, „Furcht und Schrecken" in wohlige Anteilnahme zu verwandeln, die im Rahmen der schützenden Institutionen zwar Spannung verspricht, aber nicht Gefährdung.

Anschlussmoralisierung. (Nachrichten-)Erzählungen von Mordbrennern
Ab dem 15. Dezember berichten die *Abendblätter* dann erneut, allerdings nur mehr sporadisch und teilweise unter der Rubrik Miszellen, von einer Serie von Bränden und Indizien, die auf Brandstiftung hinweisen und schließlich auf Verbündete von Horst zurückgeführt werden können. Am 8. Januar 1811 erscheint gewissermaßen abschließend mit dem *Beispiel einer unerhörten Mord-*

---

nisraum in Kleists Abendblättern, in: DVJS 87/4 (2013), 566–587. Zum Verhältnis zwischen Leserschaft und Zeitungsmeldung auch unter gattungspoetischer Perspektive, vgl. Jochen Marquardt, Selbsterkenntnis und Verantwortung – Wirkungsstrategische Aspekte der Publizistik Heinrich von Kleists, in: Zeitschrift für Germanistik 10/5 (1989), 558–566, hier: 561 f. So stellt Marquardt etwa die Novelle als prädestiniert für das Medium Zeitung als Forum literarischer Kommunikation heraus; vgl. außerdem ders., Der mündige Zeitungsleser – Anmerkungen zur Kommunikationsstruktur der ‚Berliner Abendblätter', in: Beiträge zur Kleist-Forschung, Frankfurt/O. 1986, 7–36.

brennerei dann ein Beitrag, der im Folgenden auf seine Anekdotenhaftigkeit untersucht werden soll:[160]

> Als vor einiger Zeit die Gegend von Berlin von jener berüchtigten Mordbrennerbande heimgesucht ward, war jedem Gemüte, das Ehrfurcht vor göttlicher und menschlicher Ordnung hat, die entsetzliche Barbarei dieser Greuel unbegreiflich; und doch war es noch wenigstens nur, um zu stehlen. Was wird man nun zu einem Rechtsfall sagen, der im Jahr 1808 bei dem Kriminalgericht zu Rouen statthatte? Daselbst ward die Todesstrafe, der Mordbrennerei wegen, über einen Mann verhängt, der bis in sein 60. Jahr für einen rechtschaffenen Mann gegolten und der Achtung aller seiner Mitbürger genossen hatte. Johann Mauconduit, Bauer zu Hattenville, war sein Name. Von bloßem Vergnügen an Mordbrennerei geleitet, hatte er, seit längerer Zeit; hie und da Gebäude in Brand gesteckt, ohne daß es jemand einfiel, ihn deshalb als den Täter anzusehn. Er hatte eine eigene Maschine erfunden, die sich vermittelst einer Batterie entzündete, und warf sie auf die Häuser, denen er den Brand zugedacht hatte. Innerhalb 8 Monaten hatte er nicht weniger als zehnmal dieses Verbrechen begangen, und zuletzt seine eigene Wohnung in Brand gesteckt: er wußte wohl, daß der Besitzer des Grundstücks verpflichtet war, ihm eine neue zu bauen. Aber da fand man in einem seiner Schränke dergleichen Zündmaschinen, wie man schon öfters, in Fällen, wo sie nicht losgebrannt waren, auf den Dächern der Häuser gefunden hatte; und so klärten sich eine Menge anderer Zeugnisse gegen ihn auf, so, daß er sich endlich zu alle den Feuersbrünsten als Urheber angeben mußte, welche in seiner Nachbarschaft vorgefallen waren. (BA, Nr. 6, 8.1.1811)

Erstaunlich ist hier, dass Kleist die aktuelle serielle Berichterstattung nicht etwa zusammenfasst, sondern ein zeitlich zurückliegendes Ereignis aufgreift: einen Fall vom Jahr 1808. Die Bezeichnung „Fall" ist hier zutreffend, denn es handelt sich nicht um ein Täterkollektiv, sondern um die Tat eines Einzelnen, auf dessen psychologisches Profil fokussiert wird. So habe Johann Mauconduit, Bauer zu Hattenville bis zu seinem 60. Lebensjahr als ein rechtschaffener und geachteter Mann gegolten, bis man ihn als Verursacher einer Reihe von Brandstiftungen ausmachen konnte, der mutmaßlich noch weitere Verbrechen geplant hatte. Die Gründe scheinen im Charakter Mauconduits zu liegen und somit pathogener Natur zu sein. Zur Mordbrennerei sei er „von einem Vergnügen verleitet" worden, von purer Boshaftigkeit also. Hier hat man es weder mit dem planhaften Vorgehen einer Räuberbande zu tun, noch mit dem spontanen Affekt eines wahnsinnigen Individuums. Vielmehr betont der Beitrag erstens die Niedertracht von Maucondit, der sogar seine eigene Wohnung anzündete, im Wissen, dass er eine neue erhalten würde, und zweitens seine kalkulierte Zerstörungslust, die sich in der Entwicklung spezieller „Zündmaschinen" manifes-

---

160 In der Leseausgabe des Deutschen Klassiker Verlags wird dieser Text unter Kleists Anekdoten subsumiert. Vgl. KlDKV 3, 373 f.

tiert. Diese automatischen Brandbeschleuniger sind keine einzelnen Indizien, die auf eine geplante Tat hinweisen, wie das willkürliche Behelfsmittel des präparierten Handschuhs der Berliner Mordbrennerbande; stattdessen verweisen sie auf den verdorbenen Charakter des Täters selbst, der nicht weniger als eine Automatisierung des Verbrechens geplant hat.

Dass diese Tat als viel schlimmer zu bewerten ist als die Brandserie der Mordbrennerbande, daran lässt der Beitrag bereits im Einstiegssatz keinen Zweifel: „[J]edem Gemüte, das Ehrfurcht vor göttlicher und menschlicher Ordnung hat, [müsste] die entsetzliche Barbarei dieser Greuel [der Berliner Bande, L. L.] unbegreiflich [sein]; und doch war es noch wenigstens nur, um zu stehlen." Wenn schon die Mordbrennerbande der „Ehrfurcht vor göttlicher und menschlicher Ordnung" spottet, dann sprengt die moralische Verkommenheit von Mauconduit jeden Rahmen. Selbst die „entsetzlich[s]te Barbarei", so scheint es, lässt sich noch übertreffen, wenn der Blick über das je Lokale und Aktuelle hinaus ausgeweitet wird. Hier setzen die *Abendblätter* anekdotisch eine nachrichtentechnische Logik ins Werk, nämlich dass es immer auch noch schlimmer kommen kann oder schlimmer hätte kommen können. Zudem wird auch eine rückblickende moralische Bewertung der Berliner Mordbrennerbande ermöglicht, die sich in den nachrichtenförmigen Polizei-Rapporten nicht ergeben hatte.

Inwiefern weist der Beitrag also, zusammengefasst, anekdotische Züge auf? Erstens handelt es sich um eine „unerhörte" Begebenheit, die sich aber tatsächlich so zugetragen hat und also historisch ist. Zweitens hat sie einen exemplarischen Charakter, worauf bereits ihr Titel hindeutet. Weil die Rahmung des Geschehens aber, drittens, stark moralisch wertend ist, und zwar den Charakter eines Einzelnen hervorhebt, aber nicht psychologisch differenziert, entspricht der Beitrag mehr einer Anekdote als einer (psychologischen) Fallgeschichte. Schließlich ist im Werkkontext Kleists die Formulierung von der „Ehrfurcht vor göttlicher und menschlicher Ordnung" auffällig geworden, die so auch in Kleists Novelle *Die Verlobung in St. Domingo* vorkommt.[161] Es wird hier deutlicher noch als bei der „Ecken"-Formulierung, die in Verbindung mit ausbrechenden Feuern sowohl in der Mordbrenner-Berichterstattung als auch in Kleists Erzählungen *Michael Kohlhaas* und *Der Findling* auftaucht, dass wohl kalkulierte, weil wiederholt verwendete und Poetizität erzeugende Sprachbildungen in die *Abendblätter* einfließen. So ist zwar zu erklären, warum der Beitrag, losgelöst von der eigentlichen Berichterstattung um die Mordbrennerbande, als Anekdote in den Leseausgaben abgedruckt wurde. Aber um das

---

161 Vgl. Reinhold Steig, Heinrich von Kleists Berliner Kämpfe, Berlin/Stuttgart 1901, 583–585.

Zusammenspiel und die Unterschiede journalistischer und literarischer Schreibweisen zu begreifen, bedarf es der Untersuchung des Neben-, Mit- und Gegeneinanders ihrer Formen. Auch ist es produktiver, den Beitrag vor dem Hintergrund anekdotisierender Schreibgebärden im journalistischen Kontext zu fassen, weil so eine pauschal dichotomische Gegenüberstellung von Nachrichtenserie einerseits und literarischen Kleinformen andererseits bei Kleist infrage gestellt werden kann. Denn die Ausprägungen anekdotischen Schreibens sind vielfältig, wie auch Arnims ursprünglich für die *Abendblätter* vorgesehener, aber nie erschienener Beitrag *Erinnerung an eine ältere Mordbrennerbande* demonstriert. Im Gegensatz zu Kleists Text *Beispiel einer unerhörten Mordbrennerei*, der nach der Auflösung der aktuellen Berichterstattung verfasst und abgedruckt wurde, entstand Arnims Version unter dem unmittelbaren Eindruck der Geschehnisse, also mutmaßlich im Oktober oder November 1810.[162] Während Kleist ein Beispiel aus dem Jahr 1808 anführt, geht Arnim zeitlich noch weiter zurück und behandelt Brandstiftungsfälle aus der Neuzeit und dem Reformationszeitalter, die er in Johann Heinrich Kindervaters *Curieuser Feuer- und Unglücks-Chronica* fand.[163]

Arnim realisiert seine Ankündigung, „merkwürdige Geschichten" nachzuerzählen, indem er sich nicht auf die Nennung exemplarischer Mordbrennerfälle in den Geschichtschroniken beschränkt, sondern jedes der vier historisch datierten Ereignisse „von innen heraus", als eine wahrlich *merkwürdige* Begebenheit erzählt, die sich vor der kriminalhistorischen bzw. religionspolitischen Kulisse abgespielt haben soll:

> [V]iele wundern sich über die entsetzliche Verderbtheit der Menschen, die um so ungewissen und meist beschränkten Vorteils willen, so unübersehbar viel Elend verbreiten mögen, daß wir zur Rechtfertigung unsrer Zeit einige merkwürdige Geschichten von einer Bande nacherzählen wollen, von der zur Zeit der Reformation über vier hundert Mitglieder gezählt wurden, die alle besoldet waren die protestantischen Länder auszubrennen; wenigstens war diese religiöse Absicht von den Chronikenschreibern und Rechtgelehrten der Zeit, selbst von Luther angenommen, der dieses Unternehmen für eine neue Eingebung des bösen Geists hielt, um mit Mord die neue Lehre zu dämpfen.[164]

Während Kleist in seiner Erzählung *Michael Kohlhaas* Luther als bemüht schlichtende Autorität und Hoffnung, Kohlhaas' Rachefeldzug Einhalt zu gebieten, auftreten lässt, erwähnt Arnim Luther hier als jemanden, der sich nicht nur

---

[162] Vgl. Roswitha Burwick, Jürgen Knaack und Hermann F. Weiss, Kommentar, in: ArnDKV 6, 1083–1458, 1204 f.
[163] Vgl. Burwick/Knaack/Weiss, Kommentar, 1204.
[164] Achim von Arnim, Erinnerung an eine ältere Mordbrennerbande, in: ArnDKV 6, 323–325.

entschieden gegen die Mordbrennerei stellte, sondern sie als gewaltsamen Eindämmungsversuch der neuen protestantischen Lehre interpretierte. Diese Strategie Arnims, seltsame Ereignisse vor dem Hintergrund politischer Umstände zu erzählen, sodass das Kleine mit dem Großen scheinbar zusammenhängt, wird uns bei seinen Anekdoten und Erzählungen zur Zeit der Befreiungskriege wieder begegnen. Die Begebenheiten, die Arnim schildert, lassen sich vor allem durch ihre Kuriosität und durch den Zufall als ordnendes Prinzip als anekdotisch markieren, so z. B. ein Vorfall in der Stadt Eimbek, die zu Beginn des 18. Jahrhunderts beinahe ganz ausbrannte.

> Damals befand sich im Hospital ein armer Mensch, welcher durch einen Liebes-Trank seiner Vernunft war beraubt worden [...]. Dieser Mensch wurde wunderlich erhalten. Denn als nun alles niedergebrannt war und jedermann in dem Gedanken stand, er würde in seinem Kerker verschmachtet und verbraten sein, kam er von selbst hervorgekrochen und sagte: O wie ist die Nacht allhie so warm gewesen![165]

Weniger humoristisch, aber nicht minder merkwürdig erscheint die Geschichte, in der ein Mordbrenner qua göttlicher Eingebung von seinen Plänen ablässt.[166] Und am Ende steht noch die „wunderliche Geschichte", wonach im 17. Jahrhundert in Österreich und Teilen des heutigen Tschechiens ein Trunk in Umlauf gewesen sein soll, „davon [die Leute] alsobald rasend worden und nicht ehe wieder zurecht kommen können, bis sie etwas angezündet hatten".[167]

Sowohl in Kleists als auch in Arnims Bearbeitungen des Stoffs sehen wir, wie im Medium anekdotischen Erzählens Zeitgeschichte verarbeitet wird. Dabei wird, wie bei der seriellen Mordbrenner-Berichterstattung, sehr ambivalent mit dem Verhältnis von Nähe und Distanz gespielt. Einerseits sollen Empathie und moralisches Urteilsvermögen der *Abendblätter*-Leserschaft geweckt werden, weswegen in der Rahmung Parallelen zu den aktuellen Ereignissen gezogen werden. Andererseits soll der Stoff aber auch über den gegenwärtigen Bezug hinaus interessieren und (weiter)erzählbar sein, ohne durch unmittelbare Identifikation allzu großen Schrecken zu entfachen, weswegen er räumlich und zeitlich von den aktuellen Geschehnissen weggerückt wird. Dieses aufmerksamkeitsspezifische Kriterium, das Nachrichten, Erzählungen und Nachrichtenerzählungen zugrunde liegt, ist nicht ohne gesellschaftspolitische Relevanz für die Herausbildung moderner kommunikativer Öffentlichkeiten. Denn hier kommen nicht nur im journalistischen Kontext als investigativ zu bezeichnende

---

165 Arnim, Erinnerung an eine ältere Mordbrennerbande, 323 f.
166 Vgl. Arnim, Erinnerung an eine ältere Mordbrennerbande, 324.
167 Vgl. Arnim, Erinnerung an eine ältere Mordbrennerbande, 324 f.

Methoden seitens der Redaktion zum Vorschein. Auch der:die Leser:in soll investigativ rezipieren, bedarf dabei aber der institutionellen Lenkung. Es entsteht eine Form von (Zeitungs-)Dialogizität, die Partizipation am berichteten Geschehen verspricht und dabei ihre kompositorischen, rahmenden und selektiven Momente bei der Stoffauswahl und -darbietung gerade verschleiert. Man könnte auch sagen: Die augenscheinliche Öffnung gesellschaftlicher Diskurse durch die Übertragung des ‚Stadtgesprächs' auf Nachrichteninhalte trägt vielmehr zu dessen Domestizierung bei. Gerade die anekdotisierenden Schreibgebärden partizipieren dann unbemerkt an einer Schließung des Diskurses, weil sie – mit Barthes – nur mehr in analytischen Schritten entlarvt werden können, aber beim allgemeinen Lesepublikum intuitiv und affektiv wirken.

3.2.3 Programmatisches Anekdotisieren

Im Publikationsjahr 1811 werden die Polizeiberichte immer spärlicher, bis sie schließlich ganz ausbleiben, was zu einer erheblichen Einschränkung der Lokalnachrichten führt.[168] Somit entwickeln sich die *Abendblätter* zu einer Plattform von Gerüchten und Stadtgesprächen, obwohl deren Entkräftigung doch zu ihrem publizistischen Auftrag erhoben wurde. Während die Ausgaben im Publikationsjahr 1810 zwischen Bulletins, polizeilichen Tagesmitteilungen und Miszellen noch deutlicher zu trennen wussten, hinterlässt das Ausbleiben der Polizeirapporte und damit auch die Einschränkung der Lokalnachrichten im darauffolgenden Jahr (bereits ab dem 25. Januar) eine Lücke, die gefüllt werden muss.

Im Publikationsjahr 1811 richten sich die *Abendblätter* gezwungenermaßen also neu aus, wobei verschiedene Verfahren des Anekdotisierens zu beobachten sind. Zum einen finden anekdotische Schreibweisen Einzug in diverse Rubri-

---

[168] Unter anderem protestierten wohl die *Vossische* und die *Spenersche* Zeitung gegen Kleists Vorzugsbehandlung durch Polizeichef Gruner und forcierten bei der Regierung eine strengere zensorische Überwachung der *Abendblätter*. Vgl. Steig, Heinrich von Kleists Berliner Kämpfe, 134–141. Auch soll es Konflikte zwischen Kleist und Gruner aufgrund von Kleists eigenmächtigen Bearbeitungen der Polizeirapporte gegeben haben. Vgl. Peters, Von der Klugheitslehre des Medialen, S. 139. Kleists redaktionelle Schwierigkeiten sind insgesamt gut dokumentiert, z. B. bei Roland Reuß, Zu dieser Ausgabe, in: BKA II/8, 384–392, hier: 384–386; Helmut Sembdner, Die Berliner Abendblätter Heinrich von Kleists, ihre Quellen und ihre Redaktion, Berlin 1929, hier 23; Müller-Salget, Kommentar, 1093–1096 sowie Dirk Grathoff, Die Zensurkonflikte der ‚Berliner Abendblätter'. Zur Beziehung von Journalismus und Öffentlichkeit bei Heinrich von Kleist, in: Ideologiekritische Studien zur Literatur. Essays I, hg. von Klaus Peter, Dirk Grathoff, Charles N. Hayes et al., Frankfurt a. M. 1972, 35–168.

ken, allererst in die Miszellen, aber auch vollständig neue Rubriken werden für diese Sorte Text geschaffen. Auch ausländische Nachrichten, die zunehmend die Lokalnachrichten ersetzen, sind stark anekdotisch aufbereitet. Zum anderen ergeben sich immer mehr und offensichtlichere Wechselwirkungen zwischen Nachrichten, Anekdoten und Erzählungen.

Anekdotische Aufbereitung von Nachrichten: Miszellen und Korrespondenzberichte

Die *Abendblätter* gestalten nun kleinere Meldungen detaillierter. Einer der letzten polizeilichen Tagesberichte umfasst bereits nur noch zwei Meldungen, wovon die zweite über 15 Zeilen von einem versehentlich in Brand gesteckten Bett handelt (BA, Bl. 1, 2.1.1811). Weitere Beispiele für diese Art der Berichterstattung sind Meldungen um ausgesetzte Kinder, die von Ratten bis zur Unkenntlichkeit zerbissen wurden (BA, Bl. 68, 21.3.1811), um eine Braut, die sich auf dem Weg zum Traualtar durch ein Fremdverschulden beide Beine bricht (BA, Bl. 51, 1.3.1811) und um einen Floßunfall, ausgelöst durch einen unfähigen, greisen Steuermann (BA, Bl. 74, 28.3.1811). Hier werden Nachrichten als unerhörte Begebenheiten inszeniert und es wird auf illustre Details abgehoben, die das Skandalon markieren sollen.

Zudem enthalten die Miszellen mehr denn je Belangloses wie Bonmots oder kommentierte Kleidermode. Außerdem erscheinen vermehrt Texte, die keiner Rubrik untergeordnet werden können und die deshalb mit „Kalender-Betrachtung", „Randglosse" oder „Räubergeschichte" überschrieben werden. Kleists Zuordnung der Beiträge unter die einzelnen Rubriken scheint insgesamt eher willkürlich zu erfolgen. Die Anekdote findet deshalb Einzug in diverse Rubriken; vornehmlich wird sie unter die sogenannten Miscellen subsumiert, unter die alles gefasst wird, was sonst keinen klar zuordenbaren Platz hat. Dort verhandelt sie dann Tagesaktualitäten gleichermaßen wie Geschichten vom Hörensagen.

Auch die besagte *Räubergeschichte* (BA, Bl. 24, 29.1.1811) hat eindeutig anekdotische Kennzeichen: Eine Räuberbande will sich mittels eines perfiden Tricks Einzug in ein einsam gelegenes und bis auf die weiblichen Dienstbotinnen verlassenes Landgut verschaffen. Einer der Räuber verkleidet sich als „arme alte Frau", bittet darum, sich aufwärmen zu können, während die Diebesbande in der Nähe ausharrt. Doch „[d]ie gute Bonne [...] bemerkt [...] bald, daß die Alte einen übelverstekkten Backenbart habe" (BA, Bl. 24, 29.1.1811). Ihre Reaktion auf die Täuschung ist nicht minder spektakulär: „Ohne ihre Sprache zu ändern, sagt sie, sie werde gehen, ihr ein Stück Fleisch abzuschneiden, wetzt ihr Küchenmesser, kommt dann zur Alten zurück, und stößt ihr das Messer in die

Kehle, daß sie todt bleibt" (BA, Bl. 24, 29.1.1811). Schließlich findet man sogar noch „Pistolen und Messer in dem falschen Bauche des Verkleideten" (BA, Bl. 24, 29.1.1811). Als Quelle ist die Nürnberger Zeitschrift *Der Korrespondent von und für Deutschland* angeführt, die Kleist aber auch oft angeführt haben soll, wenn er Zeitungsmeldungen verschiedenen Ursprungs kolportierte und eigenmächtig ergänzte.[169] Der Schriftsteller Kleist ist wiederum für seine literarische Inszenierung von Verkleidungs- und Täuschungsmanövern bekannt. Außerdem weist die Geschichte Ähnlichkeiten zu einer anderen in den *Abendblättern* erschienenen Meldung auf, nach der ein vermeintlich armer Obdachloser von einer Frau aufgenommen und gepflegt wird, dieser sich aber als „Wahnsinniger" entpuppt und Frau und Kind auf grausame Weise massakriert:

> Zu St. George, unweit St. Gallen [...]. Eine Wittwe nahm aus Mitleiden einen herumirrenden Wahnsinnigen auf, pflegte seiner, und sprach sogar die Hülfe des Arztes für ihn an. Am 22. Dec. [...] fiel [der Wahnsinnige] plötzlich über die Wittwe her, und mißhandelte sie schrecklich; zuletzt ergriff er ihren 7jährigen Knaben bei den Füßen, und schlug ihn so lange gegen den Ofen, bis er den Geist aufgab. Leider kam die Hülfe zu spät. Dieß zur Warnung gegen unzeitiges Mitleiden! (BA, Bl. 21, 25.1.1811)

Beiden Beiträgen eignet zudem durch ihre moralische Pointe Anekdotizität: Während die Geschichte mit dem Wahnsinnigen vor einem Übermaß an Mitleid und Gastfreundschaft warnt (und dabei an Lafontaines Fabel von der eingefrorenen Schlange erinnert, die zunächst steif gefroren mit nach Hause gebracht wird, und dort aufgewärmt ihre mitfühlenden Retter angreift), endet die Räubergeschichte mit der glücklichen Nachricht, dass die gute Bonne – nicht weniger als eine „moderne[ ] Judith" (BA, Bl. 21, 25.1.1811) – von ihrem Hausherrn von nun an eine hohe jährliche Pension ausgezahlt bekommt.

Eine weitere Auffälligkeit ist, dass ausländische Nachrichten Lokalnachrichten zunehmend ersetzen. Zuvor hatten die polizeilichen Tagesmitteilungen als Spannungsaufhänger die *Abendblätter* eröffnet, z. B. bei der Mordbrennerbande, deren publikumswirksame Berichterstattung die Öffentlichkeit immer wieder selbst adressierte und nonchalante Selbstbeschreibungen einstreute, was eine gute Zeitung in solchen Zeiten zu leisten habe. Nun übernehmen die Bulletins der öffentlichen Blätter diese Funktion. Damit gewinnt die (anekdoti-

---

169 Vgl. Monika Schmitz-Emans, Wassermänner und Sirenen und andere Monster. Fabelwesen im Spiegel von Kleists ‚Berliner Abendblättern', in: Kleist Jahrbuch (2005), 162–182, hier: 166. Vgl. zu Kleists Quellenarbeit auch: Sembdner, Die Berliner Abendblätter, 251 sowie Friedrich Strack, Heinrich von Kleist im Kontext romantischer Ästhetik, in: Kleist Jahrbuch (1996), 201–218, hier insbesondere 213.

sche) Bearbeitung und Aufnahme von Korrespondentenberichten, Nachrichten aus aller Welt und aus anderen (ausländischen) Zeitungen massiv an Raum.

Ein Beispiel für die Aufbereitung internationaler Meldungen ist die serielle Berichterstattung um die Krankheit des britischen Königs Georg III., in dessen Regierungszeit die Koalitionskriege gegen Frankreich, die Niederlage Napoleons 1815 und der Wiener Kongress fallen. Allerdings war die zweite Hälfte seiner Herrschaft von einer zunächst sporadisch auftretenden und schließlich permanenten psychischen Krankheit geprägt. Während sich seine Ärzte die Krankheit nicht erklären konnten und sich falsche Gerüchte über seinen Zustand verbreiteten, glaubte der König selbst, die Krankheit sei eine Folge aus dem Kummer und Stress über den Tod seiner jüngsten Tochter Amalia.

Die politische Neuigkeit in den *Abendblättern* lautet dazu wie folgt:

> Die heutigen französischen Blätter bringen die für den ganzen Continent von Europa so wichtige Nachricht, von dem durch den Tod der Prinzessin Amalie veranlaßten Rückfall des Königs von England in seine alte Krankheit. (BA, Bl. 43, 19.11.1810)

Die Erkrankung des Königs war insofern politisch relevant, als dass sich nur noch Großbritannien Napoleon entgegenstellte. Die Französische Revolution sorgte in allen europäischen Ländern für Verunsicherung und Revolutionsangst. Die *Abendblätter* prognostizieren daher eine tiefe Krise, die bis zum Ausbruch einer Revolution führen könne, falls der König bis zum Tag der Eröffnung des Parlaments nicht wieder genesen sei, also sein Parlament nicht einberufen könne. Die physische Krankheit des Königs geht demnach einher mit der politischen „großen Crise, die das Genie Napoleons über Großbritannien zusammen zu ziehn gewußt hat" (BA, Bl. 43, 19.11.1810). Und in der Ausgabe vom 20.11.1810 heißt es „[ü]ber die gegenwärtige Lage Großbrittanien":

> Es gehört ein hoher Grad von Verblendung dazu, um die gegenwärtig verzweiflungsvolle Lage Englands abläugnen zu wollen. [...] Dazu nun die Krankheit des Königs und alle politischen Gräuel in ihrem Gefolge? (BA, Bl. 44, 20.11.1810)

Auch in der Ausgabe vom 25. November 1810 korrespondieren protokollarische Meldungen über den Gesundheitszustand mit der politischen Analyse gesellschaftlicher Unruhen:[170]

---

[170] Ein Themenkomplex, der bereits Einzug in Kleists frühes Dramenfragment *Robert Guiskard* (1808) fand. Hier ist der König mutmaßlich an der Pest erkrankt und verbirgt sich vor dem Volk, weil er einen Autoritätsverlust befürchtet. Das Volk verliert aber gerade dadurch das Vertrauen in den König und eine unsichere, verdachtgesteuerte Gerüchtekommunikation bringt den König schließlich zu Fall, nicht die vermeintliche Krankheit selbst. Vgl. Heinrich

> Die traurige Krankheit Sr. Maj. scheint häufigen Abwechslungen von Ruhe und Unruhe unterworfen zu sein; ihr Puls variirte in zwei Tagen von 80 zu 120 Schlägen. Noch andern Nachrichten zufolge, soll Sr. Maj. Zustand sehr bedenklich, und in London unruhige Auftritte vorgefallen sein, weil das Volk glaubt, man verberge ihm die Wahrheit. (BA, Bl. 48, 25.11.1810)

Die Redaktion gibt mitunter die bloße Berichterstattung auf und *erzählt*, wenn sie meldet, auch die Königin und die Prinzessin seien inzwischen *aus* „Kummer und Betrübniß" krank (BA, Bl. 49, 26.11.1810).

Der britische Autor Edward Morgan Forster hat anhand des folgende Erzählmusters den Unterschied zwischen *story* und *plot* erklärt: „Der König stirbt und dann stirbt die Königin" sei eine *story*; „Der König stirbt und dann stirbt die Königin aus Kummer" dagegen sei ein *plot*.[171] Der kausale Zusammenhang macht in der zweiten Variante die Narration aus, während die erste Variante lediglich zwei Ereignisse in zeitlicher Abfolge unverbunden nebeneinanderstellt. Die *Abendblätter* machen nun Gebrauch von dieser zweiten, narrativen Variante, indem sie spekulieren, dass Königin und Prinzessin krank seien aus Kummer um den kranken Gatten und Vater. Sie nehmen damit das Argumentationsmuster wieder auf, auch der König sei erkrankt aufgrund seines Kummers über den Tod seiner jüngsten Tochter Amalia, schaffen also zum einen beim Lesepublikum einen Wiedererkennungseffekt und stärken somit den Glaubwürdigkeitsfaktor, zum anderen suchen sie, das Lesepublikum affektiv zu binden, indem sie Mitleid und Rührung zur Identifikationsstiftung erzeugen.

Wie bereits angedeutet, ist den beiden oben zitierten Ereignissen (Unruhen des Volkes, Krankheit der Königsfamilie) ein politisches Moment inhärent, denn sie verschärfen die Revolutionsangst. Die *Abendblätter* verfolgen aber auch bei diesem Beispiel, ähnlich wie bei der Mordbrennerbande, ihre Strategie zwischen Beruhigung und Beunruhigung. Während die kürzeren Meldungen die politische Aufmerksamkeit und Spannung des Lesepublikums, das eine Revolution in England befürchtet, halten soll, relativiert die „Erinnerung aus der Krankheitsgeschichte des Königs" (BA, Bl. 75, 28.10.1810), diesen Eindruck, um das System zu stabilisieren. Dieser längere Beitrag thematisiert nicht etwa, wie der Titel ankündigt, eine frühere Krankheitsphase des Königs, sondern er verfolgt das Interesse, in Form von anekdotisch erzählten Episoden die Popularität des Königs hervorzuheben und damit implizit das monarchische System zu stärken, also Revolutionsangst abzuwenden.

---

von Kleist, Sämtliche Werke und Briefe, Bd. 1: Dramen 1802-1807, hg. von Ilse-Marie Barth und Hinrich C. Seeba, Frankfurt a. M. 1987, 235–256 (KlDKV 1).
171 Vgl. E. M. Forster, Aspects of the Novel, London 1927, 93 f.

Den Krankheitssymptomen widmet der Beitrag somit keine Zeile und auch die politischen Schwierigkeiten um die Interimsregentschaft während dieser ersten Krankheitsperiode sind nur ansatzweise erfasst. Hingegen soll die Tugendhaftigkeit der Königsfamilie anekdotisch untermauert werden, z. B. des Prinzen von Wales: Dieser habe die Nachricht von der Genesung des Königs (und damit auch vom Ende seiner Interimsregentschaft) zeitgleich mit der Nachricht über eine Deputation zur uneingeschränkten Regierung über Irland erhalten. Letzteres habe er aber „natürlich" abgelehnt und dem Überbringer der Genesungsbotschaft „mit einem Händedruck und voll Freude" gesagt, dass er sich für „diese" Nachricht aufrichtig bedanke (also nicht für die Deputation), sie sei für ihn nicht weniger als die angenehmste, die er je in seinem Leben gehört habe (BA, Bl. 75, 28.10.1810). Ebenfalls anekdotische Merkmale, weil sie einen vortrefflichen Charakter exemplifiziert, hat die Episode über den König, wie er 200 Arbeitern, die während seiner Abwesenheit ihre Arbeiten in den Gärten eines der königlichen Lustschlösser hatten niederlegen müssen, den vollen Arbeitslohn ausgezahlt haben soll (BA, Bl. 75, 28.10.1810).

Die „Erinnerung aus der Krankheitsgeschichte des Königs" berichtet außerdem davon, wie der 23. April, Fest des heiligen Georg, kurzerhand zum offiziellen Dankesfest anlässlich der Genesung des Königs umgewandelt wurde. Auch hier werden lobend die Tugenden des Königs hervorgehoben: entweder unmittelbar – wenn seine Ehe als vorbildlich dargestellt („ein seltenes Beispiel von Liebe, Achtung, Aufmerksamkeit") und hierfür eine Beobachtung herangezogen wird, wie der König der Königin beim Aussteigen aus dem Wagen hilft – oder mittelbar, vor allem durch die Beschreibung des öffentlichen Andrangs anlässlich des Dankesfests. Die Reaktion des Volks, „die Begierde, den königlichen Zug zu sehen" (und sich mit eigenen Augen von der Genesung zu überzeugen), kann nicht anders, als auf eine große Beliebtheit des Königs schließen zu lassen (BA, Bl. 75, 28.10.1810).

Der Beitrag ist also anekdotisch, weil er funktioniert wie ein Sittengemälde, in dem die Charakterzüge der Persönlichkeit(en) episodisch hervorgehoben werden. Als „Gemälde" bezeichnet sich der Beitrag am Ende sogar selbst und gibt sich somit – entgegen seiner Titelankündigung – als das aus, was er ist: als eine panegyrische Schrift für den König und die Monarchie, die mit einer bezeichnenden anekdotischen Episode endet:

> Es läßt sich zu dem Gemählde schwerlich etwas hinzusetzen, als ein Wort des Königs selbst. Man rieth ihm, ehe er nach der Kirche fuhr, sich in dem kühlen Gebäude warm zu halten. Seine Antwort war: Mir ist niemals kalt in einer K i r c h e. (BA, Bl. 75, 28.10.1810)

Anekdoten mit Nachrichten lesen

In das Publikationsjahr 1811 fällt ein Großteil derjenigen (literarischen) Texte, die entweder unter der Rubrik „Anekdote" erscheinen oder später als solche deklariert und in Kleists Erzählbänden abgedruckt wurden,[172] etwa *Sonderbare Geschichte, die sich, zu meiner Zeit, in Italien zutrug*; *Der neue (glücklichere) Werther*; *Unwahrscheinliche Wahrhaftigkeiten* und *Geistererscheinung* (wovon letztere nicht eindeutig Kleist zugeschrieben werden kann[173]).

Spätere Erzählbände nahmen ebenfalls Texte wie *Mutterliebe*, *Beispiel einer unerhörten Mordbrennerei* sowie *Wassermänner und Sirenen* in das Korpus mit auf und deklarierten sie als Anekdoten. Zudem lassen sich immer mehr Querverweise zwischen kleineren Meldungen und längeren Nachrichtenerzählungen ausmachen, was faktuale und fiktionale Schreibweisen zunehmend verwischen lässt, nicht zuletzt, weil in mehreren Fällen nicht Kleist als Verfasser namentlich in Erscheinung tritt, sondern auf die Provenienzangabe *Der Korrespondent von und für Deutschland* verwiesen wird, der eigentlich für die politischen Fakten aus dem Ausland verantwortlich ist. Ein Beispiel hierfür ist die Berichterstattung um ein junges Liebespaar, das sich aus Verzweiflung, nicht heiraten zu dürfen, gemeinsam suizidierte. Die *Abendblätter* vermelden dieses Ereignis zunächst in den Miszellen vom 5.11.1810: „Zu Dijon haben sich ein junger Mann und ein junges Mädchen, aus unglücklicher Liebe (indem die Eltern nicht in die Heirath willigen wollten) erschossen" (BA, Bl. 31, 5.11.1810). Die Ausgabe vom 14.11.1810 vermeldet dann unter Bezug auf das *Journal de la Cote d'or* weitere Details: Der Plan zum Doppelselbstmord sei „zuerst in dem Hirn des jungen Mädchens [entwachsen], und der junge Mann, ihr Liebhaber, [suchte] lange Zeit diesen Entschluß in ihr zu bekämpfen" (BA, Bl. 39, 14.11.1810). Außerdem habe eine gerichtliche Untersuchung ergeben, dass das Mädchen „die Erste gewesen ist, die sich die Kugel durch das Hirn gejagt".

Der längere Beitrag *Mord aus Liebe* (BA, Bl. 5, 7.1.1811), den wir hier als Anekdote bezeichnen wollen, berichtet schließlich unter Bezugnahme auf den im

---

172 Meyer macht darauf aufmerksam, dass im Journalkontext Kleists Prosatexte oft Authentizität suggerierende Zusätze tragen wie „aus einer alten Chronik" oder „nach einer wahren Begebenheit", die bei der Publikation der Buchfassungen allerdings wegfielen. Die einfachste Form der Wahrheitsbeteuerung sei, dass man sie schon in den Titel setzte. Vgl. Meyer, Novelle und Journal, 17, 72.

173 Dabei ist auffällig, dass alle Texte, mit Ausnahme der *Geistererscheinung*, am Stück erscheinen und nicht seriell aufgeteilt werden, wie es für die mittellange *Sonderbare Geschichte*, die beinahe die gesamte Ausgabe vom 3. Januar füllt, durchaus angebracht gewesen wäre. Dies kann als Argument gegen Kleist als Verfasser angebracht werden.

November 1810 gemeldeten Doppelselbstmord eines Liebespaars nun einen ähnlichen Fall aus dem Jahr 1770.

Die Anekdote beginnt mit einem Verweis auf eine journalistische Quelle: „Man hat vor einiger Zeit in den öffentlichen Blättern gelesen, daß ein Paar Liebende sich gegenseitig aus Verzweiflung getödtet hatten" (BA, Bl. 5, 7.1.1811). Ein „ganz gleicher Vorfall" habe sich „im Jahre 1770 zu Lyon" ereignet und sei der diesjährigen Ausgabe des *Journal Encyclopédique* zu entnehmen (BA, Bl. 5, 7.1.1811).

Der Effekt ist paradox, wird hier doch einerseits das Geschehen ausdrücklich als vermitteltes ausgegeben, noch dazu als lokal und zeitlich distanziertes, was den Identifikations- und Spannungsgrad erstmal zu schmälern scheint. Andererseits verbürgt gerade die Nennung der Quelle für den Authentizitätsfaktor, ebenso die Parallelisierung von aktuellem Ereignis und zurückliegendem, die beide schriftlich fixiert sind. Hier legitimiert gerade der Verweis auf die Quelle eine detailreiche und lebendige Darstellung, die die Geschichte auch im fiktiven Spektrum verorten ließe[174] – zumal der Beitrag im *Journal Encyclopédique* als „Erzählung" ausgegeben wird. Und auch *Mord aus Liebe* beginnt zu *erzählen*; der Duktus löst sich im Verlauf der Anekdote sukzessive von der bloßen Berichterstattung. Wird zu Beginn noch in einer Parenthese („heißt es daselbst") auf die Quelle verwiesen, gewährt der Erzählstil sodann ‚Detailaufnahmen', etwa durch Verwendung direkter Rede:

> In einem Augenblicke der Zärtlichkeit und des Schmerzes ließ er sie mehrmals wiederholen, daß ihr ohne ihn das Leben ganz gleichgültig, ja verhaßt sei. Hierauf zog er ein Fläschchen aus der Tasche und sagte: das ist Gift! und sogleich verschlang er es. (BA, Bl. 5, 7.1.1811)

Was den Beitrag auch eher im Spektrum einer Erzählung denn einer Nachricht verorten lässt, ist die Erwähnung eines Abschiedsbriefes des Mädchens an seine Eltern, der auf eine zusätzliche Kommunikationsebene verweist und dem Geschehen dadurch Komplexität verleiht.

Dieses psychologisierende Moment ist streng genommen nicht anekdotentypisch, aber spezifisch für die Kleist'schen Anekdoten und Erzählungen, die Kommunikation und ihre Schwierigkeiten thematisieren.[175] Den Höhepunkt des Beitrags markiert das grotesk anmutende Bild der mit einem Band zusammengeschnürten Leichen der Liebenden:

---

174 Vgl. zu den Authentifizierungsstrategien der *Abendblätter* auch Peters, Von der Klugheitslehre des Medialen, 143 f.
175 Vgl. Volker Weber, Anekdote. Die andere Geschichte, Tübingen 1993, 75.

> Nachdem sie hierauf alle Bedienten entfernt hatten, verschlossen sich die Liebenden in die Hauskapelle. Hier setzten sie sich am Fuße des Altars nieder, und schlangen mit dem linken Arme ein Bande um sich. Jedes hielt ein Pistol auf das Herz des andern, und mit Einer Bewegung gingen beide Pistolen los und durchbohrten die Brust von beiden mit Einem Male. Die Mutter war indessen, um den unglücklichen Plan zu vereiteln, sogleich, in der größten Eile von Lyon abgereist, allein sie fand nur die entseelten Körper fest an einander geschlossen. (BA, Bl. 5, 7.1.1811)

Ganz sachlich wiederum endet der Beitrag mit der Nennung des Alters der beiden Verstorbenen: „Der Liebhaber war 30, und seine Geliebte 20 Jahr alt" (BA, Bl. 5, 7.1.1811). Hier verfällt der Text wieder in den faktischen Nachrichtenjargon und entbehrt einer – für das Anekdotische charakteristischen – moralisierenden Schlusspointe. Zurück bleibt der Eindruck einer kalkulierten Unentschiedenheit des Textes, dessen Hybridstatus zwischen Meldung und Anekdote oszilliert und der sogar novellistische Momente[176] enthält.

Anekdoten *mit* Nachrichten zu lesen, bietet somit eine weitere Möglichkeit neben der Lektüre von Anekdoten als Nachrichtentypus und der Interpretation von anekdotischen Merkmalen in Nachrichten. Es handelt sich aber hier nicht nur um ein Rezeptionsverhalten, das sich zwischen Lektüre und Interpretation bewegt, sondern auch um eine Inszenierungsstrategie von Seiten der redaktionellen bzw. der Autorinstanz. Aber nicht nur lassen sich die verschiedenen Textsorten in den *Abendblättern* neben- und miteinander lesen.[177] Die Beiträge verweisen auch über ihren paratextuellen Kontext hinaus auf Kleists literari-

---

176 An dieser Stelle muss daran erinnert werden, dass Kleist selbst seine Texte nie als Novellen bezeichnete. Bernd Balzer führt diese bewusste Vermeidung des Gattungsbegriffs auf sein ironisches Verhältnis zu einer um 1800 bereits verfestigten Novellentradition zurück. Zwar seien Situations- und Ordnungsumschläge in den Kleist'schen Novellen auffällig gestaltet und Goethes zum Signalmoment erhobenes Merkmal der „unerhörten Begebenheit" bis zur Vollendung getrieben. Charakterisiert man die Novelle also durch ihre Ereignishaftigkeit, so scheint der Kleist'sche Typus der Gattung im Besonderen zu entsprechen. Aber Balzer räumt zu Recht ein, dass in Kleists Texten selten das Ereignis an sich im Mittelpunkt stehe. Vielmehr verbinde sich die Gefühlssicherheit des Einzelnen, „motiviert tragisches Scheitern", mit den „gebrechlichen Einrichtungen der Welt" – Kleists Chiffre für die gesellschaftlichen Verhältnisse. Deshalb ist das Postulat einer „neuen Ordnung" für Balzer auch äußerst fragwürdig angesichts einer für Kleist offenbar immer schon vorausgesetzten ‚Gebrechlichkeit' der Welt. Kleists ironisches Konterkarieren von Reorganisation und Harmonisierung begründe somit ein Novellenkonzept, das Widersprüchlichkeiten als notwendig (und) aushaltbar sichtbar mache. Vgl. Balzer, Die ‚gebrechlichen Einrichtungen der Welt', 15–23.
177 Vgl. hierzu auch Katharina Grabbe, Das anekdotische Verhältnis von Geheimnis und Öffentlichkeit. Mediale Konstellationen in Heinrich von Kleists ‚Sonderbare Geschichte, die sich, zu meiner Zeit, in Italien zutrug.' in den ‚Berliner Abendblättern', in: Kleist Jahrbuch (2019), 329–341, hier: 340.

sches Werk, etwa im Fall der seriellen Berichterstattung um den Ausbruch des Gelbfiebers in weiten Teilen Südeuropas und Südamerikas, die Verbindungen zu Kleists Erzählung *Die Verlobung in St. Domingo* aufzeigt. Bereits in Kapitel 2.3.4 wurde hier auf die poetologische Bedeutung der eingeflochtenen Anekdote eingegangen, in der eine erkrankte Sklavin aus Rache ihren Peiniger wissentlich infiziert. Diese Anekdote ist in Bezug auf das Ansteckungsmotiv aber nicht willkürlich gewählt. So waren Seuchen und ihre Verbreitung ein fester Bestandteil der *Abendblätter* und auch eine Möglichkeit, die Zensur zu umgehen.[178]

Wegen seiner Berichterstattung über den Kriegsschauplatz Spanien, wo die napoleonischen Truppen auf Widerstand gestoßen waren, bekam Kleist Schwierigkeiten mit der Zensur, war doch Berlin seit der Niederlage bei Jena von den Franzosen besetzt. Bald veröffentlichte er stattdessen Seuchenberichte von der Iberischen Halbinsel sowie aus anderen von Napoleon besetzten Teilen Europas, denn an diesen war das Lesepublikum gleichermaßen interessiert wie an den Kriegsberichten. Die *Abendblätter* vom 3. Dezember 1810 berichten das erste Mal von der Verbreitung einer pestartigen Krankheit in Spanien und Italien und vermuten, dass es sich um das Gelbfieber handeln muss. Einzelne Länder hätten bereits strenge (Quarantäne-)Maßnahmen angekündigt (BA, Bl. 55, 3.12.1810). Im Bulletin der öffentlichen Blätter vom 11. Dezember 1810 werden dann militärische Nachrichten mit gesundheitspolitischen verbunden: Ausgerechnet ein Krankenhaus mit „14 bis 1500 Kranken" sei im Zuge der kriegerischen Auseinandersetzungen zwischen Portugal und Frankreich portugiesischen Milizen zum Opfer gefallen. Zugleich folgt ein Korrespondenzbericht aus Italien, der Aufschlüsse über den Ausbruch der Beulenpest in Italien gibt; demnach sei sie durch ein spanisches Schiff eingeschleppt worden. Die Symptome werden beschrieben, aber es wird keine Aussicht auf Heilung oder Schutzmaßnahmen gegeben (BA, Bl. 62, 11.12.1810).

Seuchenmeldungen sind dabei nicht nur mit militärischen Nachrichten, sondern auch mit handelstechnischen verbunden: Symptome des Gelbfiebers

---

178 Niebisch macht in diesem Zusammenhang zudem auf die poetologischen Korrelationen zwischen Ansteckungsprinzip und medialer Übertragung aufmerksam. Vgl. Niebisch, Kleists Medien, 202. Dieser Gedanke ist nicht neu. Bereits Gerhard Neumann identifizierte ‚Infizierung' als eine Generalmetapher im Kleist'schen Werk. Vgl. Gerhard Neumann, Das Stocken der Sprache und das Straucheln des Körpers. Umrisse von Kleists kultureller Anthropologie, in: Heinrich von Kleist. Kriegsfall – Rechtsfall – Sündenfall, 13–30, hier: 26. ‚Infizierung' kann sich bei Kleist aber auch als transgenerisches Formprinzip erweisen. In dem Sinne bezeichnet Neumann etwa die Anekdote als „Ambivalenz-Keim", der andere Formen ‚anstecken', also zum einen kontaminieren, zum anderen überhaupt erst hervorbringen kann. Vgl. Gerhard Neumann, Die Verlobung in St. Domingo, 114–117.

hätten sich nun auch an der Südküste von Spanien gezeigt; dem Verdacht, die Krankheit sei aus Afrika übergekommen, wird aber offiziell widersprochen, sodass das Embargo afrikanischer Schiffe aufgehoben sei. Im Januar 1811 erscheint mit der *Kurzen Geschichte des gelben Fiebers in Europa* eine Zusammenfassung der monatelangen Berichterstattung im Reportage-Stil (BA, Bl. 19, 23.1.1811) und in *Die Verlobung in St. Domingo* findet das Motiv schließlich literarischen Niederschlag. Indem die *Abendblätter* also die Ausbreitung der Krankheit auf die Ausweitung der Kriegshandlungen zurückführen, äußert Kleist eine offensichtliche Kritik an den französischen Expansionsplänen.[179] Die Politisierung der Ansteckungsfurcht erscheint als Teil einer Strategie, trotz Zensurandrohungen aus den von Napoleon besetzen Gebieten Europas berichten zu können. Dabei stützen sich die Meldungen zum Großteil auf ungesicherte Quellen, nähren sich vornehmlich von der Ansteckungsangst der Bevölkerung und bedienen eine Verdachtshaltung gegen jegliche Fremdeinflüsse.

3.2.4 Die Geisterdebatte als frühes Beispiel für die diskursive Legitimation von Fake News

Querverweise zwischen Journalbeiträgen und literarischen Erzählungen ergeben sich auch zwischen dem Kleist zugeschriebenen Beitrag *Geistererscheinung* und seiner Erzählung *Das Bettelweib von Locarno*, die ebenfalls in den Abendblättern erschienen ist (BA, Bl. 10, 11.10.1810). Außerdem lassen sich aus heutiger Sicht beide Texte als eine frühe Auseinandersetzung mit der Legitimation von Fake News am Beispiel der Geister(seher)debatte im 18. Jahrhundert lesen. Insbesondere *Die Geistererscheinung* knüpft dabei nicht nur thematisch an den (pseudo)wissenschaftlichen Diskurs im Spannungsfeld zwischen Aufklärung und Aberglauben an, sondern problematisiert auch den Zusammenhang zwischen Gerüchte- und Geisterkommunikation. Der Text behandelt einerseits Übertragungsstörungen, wenn die Geisterbotschaften nicht richtig verstanden und gedeutet werden können und gibt sich andererseits selbst als unsicheres Übertragungsmedium aus; als heterogenes Gebilde, teils auf offiziellen gerichtlichen Dokumenten beruhend, teils auf mündlichen Gerüchten.

Wenn man in die (zeitgenössischen) Rezensionen des *Bettelweibs* schaut, fällt auf, dass eine große Unklarheit über den gattungstheoretischen Status des Textes vorherrschte. So schreibt etwa Wilhelm Grimm in der *Zeitung für die*

---

179 Vgl. Sembdner, Die Berliner Abendblätter Heinrich von Kleists, ihre Quellen und ihre Redaktion, 311–315.

elegante Welt vom 10.10.1811, die „Sage" sei „schlicht erzählt" und gebe sich „wie ein rätselhaftes Faktum, das man dahin gestellt sein läßt".[180] Für Ludwig Tieck ist die Darstellung „weder Gespenstergeschichte, Märchen, noch Novelle"[181] und auch Theodor Fontane urteilt: „Eine Art Gespenstergeschichte, aber [...] ‚doch nicht recht'. Eine Art Nemesis [...] hebt den Gespenstergeschichten-Charakter etwas auf und gestaltet das Ganze zu einer ‚moralischen Erzählung'." Aber für eine solche sei das begangene Unrecht wiederum zu gering. Und Joseph von Eichendorff spricht von einer „kleine[n], fast epigrammatisch-grausenhafte[n] Erzählung".[182] Mit all diesen Zuschreibungen, gerade weil sie so unentschieden ausfallen, prädestiniert sich *Das Bettelweib von Locarno* für eine Publikation in den *Abendblättern*. Trotz ihres geringen Umfangs nimmt die Erzählung im Erstdruck immer noch beinahe den Gesamtumfang des 10. Blattes ein. Sie erscheint also nicht als Fortsetzungsgeschichte – anders als *Die Geistererscheinung*, die trotz geringeren Umfanges in drei Ausgaben (BA, Nr. 63, 65 und 66 vom 15., 18. und 19.3.1811) publiziert wird.[183]

In *Geistererscheinung* entfacht ein Gerücht eine Geschichte, und zwar nicht weniger als *diese* der Exposition „nachstehende Geschichte", eben die ‚Geistererscheinung'. So heißt es im Prolog:

> Im Anfange des Herbstes 1809 verbreitete sich in der Gegend von Schlan (einem Städtchen 4 Meilen von Prag auf der Straße nach Sachsen) das Gerücht einer Geistererscheinung, die ein Bauerknabe aus Stredokluk (einem Dorfe auf dem halben Wege von Schlan nach Prag) gehabt habe. Dies Gerücht ward endlich so allgemein und so laut, daß endlich ein hochlöbl. Kreisamt zu Schlan eine gerichtliche Untersuchung der ganzen Sache beschloß, und

---

180 Vgl. Heinrich von Kleists Lebensspuren. Dokumente und Berichte der Zeitgenossen, hg. von Helmut Sembdner, Frankfurt a. M. 1996, 393–395, hier: 395.
181 Vgl. Ludwig Tieck, Vorrede, in: Heinrich von Kleist's ausgewählte Schriften, Bd. 1, hg. von Ludwig Tieck, Leipzig 1846, XXXV.
182 Vgl. Joseph von Eichendorff, Kleist [1846], in: Schriftsteller über Kleist, hg. von Peter Goldammer, Berlin/Weimar 1976, 69–85, hier: 75 f.
183 Die Forschung ist sich nicht nur aufgrund dieser für Kleist untypischen Aufspaltung unsicher, ob der Beitrag ihm zuzuschreiben ist, sondern auch aus stilistischen Gründen. Steig spricht sich für eine Autorschaft Kleists aus, indem er Parallelen zu dessen *Das Bettelweib von Locarno* heranzieht. Für Müller-Salget ist aber gerade dieser Vergleich ein Argument gegen Kleists Verfasserschaft, denn die Funktionen des (dreimaligen) geisterhaften Auftretens seien in *Das Bettelweib von Locarno* ganz anders gestaltet als in der *Geistererscheinung*; außerdem mangele es letzterer an der typisch Kleist'schen Pointierung bzw. Zuspitzung. Salget stuft die Erzählung als „schwach" ein und hält allenfalls die flüchtige Bearbeitung einer fremden Vorlage für wahrscheinlich. Er führt eine ganze Reihe von Redewendungen an, die er als untypisch für den Kleist'schen Sprachstil kennzeichnet. Vgl. Steig, Kleists Berliner Kämpfe, 599–605 sowie Müller-Salget, Kommentar, 952 f.

> demzufolge eine eigene Kommission ernannte, aus deren Akten zum Teil, und zum Teil aus mündlichen Berichten an Ort und Stelle, nachstehende Geschichte gezogen ist. (GE, 388 f.)[184]

Wir haben diese performative, sich vermeintlich selbst beglaubigende Textbewegung bereits am Beispiel der „Merkwürdigen Anekdote" in den Wiener *Friedensblättern* gesehen, die jedoch schrittweise dekonstruiert wurde. In der *Geistererscheinung* geht es vielmehr um das narratologische Potenzial des Gerüchts, das gewissermaßen den Ursprung einer Erzählung ausmachen und weiterhin in ihr als Erzählbaustein wirksam bleiben kann. Dabei ist interessant, wie schon im Prolog Spekulation mit Fakten verbunden wird: Das Gerücht der Geistererscheinung ist mit einer genauen Ortsangabe, wo sich das Ereignis zugetragen haben soll bzw. wo das Gerücht zirkulierte, verbunden, was in diesem Fall dasselbe ist, denn die Geistererscheinung wäre kein erzählenswertes Ereignis, hätten nicht Gerüchte als ihr Medium fungiert.

Nicht nur die Verstrickung von Gerücht, Geschichte und gerichtlicher Prüfung, auch die Verständigungsprobleme zwischen dem heimgesuchten Bauersjungen Josef und dem Geist sowie zwischen Josef und seiner Familie scheinen typisch für das Kleist'sche Prinzip handlungsverzögernder, aber auch spannungsdynamisierender Missverständnisse. So werden Josefs Bezeugungen, regelmäßig von einem Geist aufgesucht zu werden, zunächst mit Prügel erwidert und ihm wird erst geglaubt, als er berichtet, ein „fremder Herr [...] in einem weißen Mantel und mit sehr bleichem Angesichte" habe ihm aufgetragen, seine Gebeine auszugraben; er werde auch fünf Truhen finden, in denen Josefs Mutter „so etwas von einem Schatze" wittert (GE, 390). Die Nachricht verbreitet sich, bis eine professionelle Ausgrabung „von Amts wegen beschlossen wird" (GE, 392). Allein: „[M]an grub und grub; umsonst, die Truhen zeigten sich nicht"; selbst in Josephs Gegenwart nicht, den man als eine Art „sympathetische[s]" Medium herbeigeholt hatte (GE, 392). Die Suche wird schließlich erfolglos beendet, aber die Erzählerstimme muss einräumen, dass

> der Geist gegen Joseph nicht ganz undankbar gehandelt [hat], als es auf den ersten Anblick scheinen möchte; denn, wenn er ihm auch den gehofften Schatz, den er ihm übrigens nie versprach, entrückte, so hatte er doch wahrscheinlich veranstaltet, daß die Leute von nah und von fern herbeiströmten, um den kleinen Geisterseher zu sehn und reichlich zu beschenken. (GE, 393)

---

184 Für die Übersichtlichkeit soll im Folgenden die Version aus KlDKV 3, 388–393 direkt im Fließtext in Klammern und unter Angabe der Sigle (GE) und der Seitenzahl wiedergegeben werden.

Die *Abendblätter* stehen mit der Gespensteranekdote ganz im Geist ihrer Zeit. So kommt der Gespenster(seher)diskurs vor dem Hintergrund insbesondere wissenschaftlicher und publizistischer Debatten im 18. Jahrhundert auf, die sich mit der Manipulation von Nachrichten, vor allem im journalistischen Spektrum, auseinandersetzen.[185] Das Reich der Geister wird dabei selbst als ein Ort der permanenten Zirkulation von Nachrichten stilisiert, die von den meisten Menschen aber nicht als Botschaften wahrgenommen werden könnten.[186] Erika Thomalla verweist in diesem Kontext insbesondere auf den mystisch-spirituellen Schriftsteller Heinrich Jung-Stilling, der eine geisterhafte Medienwelt skizziert habe, „in der die Botschafter ihre Mitteilungen auf den Geschmack der irdischen Rezipienten abstimmen und Gerüchte mehr Gewicht haben als göttliche Wahrheiten".[187] Das unsichtbare Nachrichtensystem funktioniere mehr nach dem Hörensagen als nach den Prinzipien der gewissenhaften Berichterstattung.[188] Während etwa Engel traditionell als Versinnbildlichung einer idealisierten Kommunikationssituation und störungsfreien Nachrichtenübertragung gelten,[189] bestehe die Funktion der Geister vielmehr darin, durch ihre dauerhafte Präsenz auf der Erde das Bewusstsein einer allgegenwärtigen Überwachung zu erzeugen und somit als unsichtbare Zeugen für die Verinnerlichung moralischer Prinzipien zu sorgen.[190] Gespenstergeschichten regeln somit auch immer (je gegenwärtige) Beziehungen zwischen Menschen und operieren auf der Grundlage von Gemeinschaftsbildung – „indem sie zeigen, auf wessen

---

185 Erika Thomalla registriert eine hohe Zahl von gespensterkritischen Anthologien um 1800, die wiederum Nachfolgebände nach sich ziehen, z. B. Siegmund Philipp Paulus, *Neueste Blicke in das abentheuerliche Reich der Gespenster und bösen Geister*, Göttingen 1833; Karl von Eckartshausen, *Sammlung der merkwürdigsten Visionen, Erscheinungen, Geister- und Gespenstergeschichten; nebst einer Anweisung, dergleichen Vorfälle vernünftig zu untersuchen, und zu beurtheilen*, München 1792; Samuel Christoph Wagener, *Die Gespenster. Kurze Erzählungen aus dem Reiche der Wahrheit*, Berlin 1797-1800. Vgl. Erika Thomalla, Botschafter aus dem Geisterreich. Die Gespensterdebatte um 1800, in: Lernen mit den Gespenstern zu leben. Das Gespenstische als Figur, Metapher und Wahrnehmungsdispositiv in Theorie und Ästhetik, hg. von Lorenz Aggermann, Berlin 2015, 31–44, hier: 32 f., 42 f.
186 Vgl. Thomalla, Botschafter aus dem Geisterreich, 40. Vgl. hierzu auch Heinrich Jung-Stilling, Theorie der Geister-Kunde, in einer Natur-, Vernunft- und Bibelmäßigen Beantwortung der Frage, Nürnberg 1808, 111.
187 Thomalla, Botschafter aus dem Geisterreich, 43.
188 Vgl. Thomalla, Botschafter aus dem Geisterreich, 42. Vgl. hierzu auch Jung-Stilling, Theorie der Geister-Kunde, 71–73.
189 Vgl. Michel Serres, Die Legende der Engel, Berlin 1995, 99.
190 Vgl. Thomalla, Botschafter aus dem Geisterreich, 41. Vgl. hierzu auch Ernst Gustav Wilhelm Dedekind, Uber Geisternähe und Geisterwirkung, Hannover 1825, 4.

Kosten sie vonstattengeht".[191] So sei etwa das Gespenster- als Wiedergängermotiv prominent vertreten in nationalistisch ausgerichteten Kriegsanekdoten und -memoiren.[192] Sowohl Geisterseher:innen als „Rezipienten der Geisternachrichten" als auch Publizisten als „Rezipienten der Rezipienten der Geisternachrichten" müssen über Medienkompetenz verfügen, um wahre von falschen Aussagen unterscheiden zu können – und letztere müssen der Wahrheitsfrage eine größere Bedeutung beimessen als dem Sensationsbedürfnis.[193]

In diesem Kontext wurde prominenten Zeitschriften wie der *Berlinischen Monatsschrift* vorgeworfen, den Aberglauben nicht zu widerlegen, sondern den Spekulationen eine Plattform zu bieten, was man vor allem in deren dualistischer Diskussionskultur begründet sehen kann: Die serielle Berichterstattung und das dialogisch-demokratische Prinzip der Zeitschriften, also das Nebeneinanderstellen entgegengesetzter Meinungen und die bisweilen unterhaltsame bis polemische Kommentierung der Geistergeschichten, hätten den Prozess der Wahrheitsfindung hinausgezögert – wie den Herausgebern vorgeworfen wurde – auch um das öffentliche Interesse über einen langen Zeitraum und somit die Auflage stabil zu halten.[194]

Das Thema sollte für die Romantik nicht nur aus spirituellen oder gegenaufklärerischen Gründen noch lange von Interesse bleiben, sondern auch vor dem Hintergrund einer Diskussionskultur im Spannungsverhältnis von rationalistischer Erkenntnistheorie, Medienkonsum und Rehabilitierung des Aberglaubens als ernstzunehmender Faktor menschlicher Einbildungskraft. In diesem wohlwollenden Sinne rezensiert auch Arnim 1817 Jung-Stillings *Theorie der Geister-Kunde* (1808) und attestiert dem Autor, „Verteidiger eines ehrwürdigen Glaubens" (JG, 539)[195] zu sein. Die Kritik an Jung-Stilling speise sich nach Arnim vor allem aus dem Gegenstand der Beschäftigung mit Geistern selbst; dogmatisch werde sie als Wiederherstellung „des alten Aberglaubens" (JG, 541) verunglimpft. Für Arnim hingegen bleibt „das Buch historisch auch dem wichtig, der an Geister gar nicht glaubt, aber aufrichtig und wahr die Welt betrachtet" (JG,

---

191 Philipp Schulte, Geschichte und Heimsuchung, in: Lernen mit den Gespenstern zu leben, 87–96, hier: 91.
192 Vgl. Schulte, Geschichte und Heimsuchung, 92 sowie Vera Kaulbarsch, ‚I saw a ghost in Béthune'. Wiedergänger im Ersten Weltkrieg, in: Lernen mit den Gespenstern zu leben, 109–120, hier: 119.
193 Vgl. Thomalla, Botschafter aus dem Geisterreich, 42.
194 Vgl. Thomalla, Botschafter aus dem Geisterreich, 42.
195 Zitate aus Achim von Arnim, Über Jungs Geisterkunde [1817], in: ArnDKV 6, 539–550 werden direkt im Fließtext in Klammern und unter Angabe der Sigle (JG) und der Seitenzahl wiedergegeben.

541). Wo aber diese Aufrichtigkeit fehle, werde „auch das Wahrste zum Aberglauben" und anstelle von „aller belebenden Wahrheitsliebe" finde Arnim unter den Kritikern „nichts als hypochondrischen Wahn [...], wozu auch die heimliche Gespensterfurcht gehört, die jeder Erzählung davon aus dem Weg geht oder sie verächtlich belächelt, während sie übermächtig davon beherrscht wird" (JG, 541). Diese Beobachtung lässt Arnim zu dem Schluss kommen, dass

> [d]iesem heimlichen hypochondrischen Glaubenszwang der Zeit [...] die Meinung der Roheit gegenüber [stehe], dass all und jeder Glaube als Krankheit zu betrachten sei, als Abweichung von der normalen Richtigkeit, worin sie eigentlich das Wesen der Menschheit setzt. (JG, 541)

Abergläubisch seien also nicht etwa diejenigen, die sich mit Geisterkunde beschäftigten, sondern deren strikte Gegner, denen Arnim vorwirft, aus rein affektiven Gründen, also aus heimlicher Geisterfurcht, oder ideologischen, also aus Ablehnung alles Nicht-Rationalen als ‚krankhaft', gegen das Thema zu polemisieren (JG, 541). In der pauschalen Delegitimierung des bloßen Debattengegenstands offenbaren die Widersacher des Geisterglaubens nach Arnim nicht nur Ignoranz, wo sie Wahrheit suchen, sondern auch Hypochondrie, wo sie Heilung (von Aberglauben) versprechen. Somit sei Jung-Stillings Werk einer unangemessenen Verurteilung ausgesetzt, wo er doch gerade „gegen die Gespensterfurcht, gegen Betrug und Einbildung" einstehe, dabei Gespenstergeschichten bzw. „was sich in allen Zeiten unter allen Völkern erzählt und bewahrt hat" nicht unhistorisch leugne, sondern versuche, „dieses gefürchtete Reich mit dem übrigen Menschenleben würdig zu verknüpfen" (JG, 541). Aus dieser Verteidigungsrede spricht ein früher Ansatz moderner Erzähltheorie, die nicht dabei stehen bleibt, das Erzählen für eine anthropologische Konstante zu halten (weil in seinem Medium das Unerklärbare fassbar gemacht werden kann), sondern die davon ausgeht – wie sich mit Koschorke der Schluss ziehen lässt –, dass jede Reflexion der Weltwahrnehmung (Selbst-)Erzählung ist und jedes Darbieten dieser Weltwahrnehmung politisches Erzählen darstellt.[196]

---

[196] Man kann die einleitenden Ausführungen in *Wahrheit und Erfindung* über den ‚homo narrans', der nicht in seiner Disziplin Halt macht, beständig „Transformationen zwischen Spiel und Wirklichkeit" kreiert, wobei die Ausbalancierung von Fakten und Fiktion und die ontologische Indifferenz des Erzählens nicht sozial folgenlos bleiben, so verstehen, dass für Koschorke der politische Mensch der erzählende ist und der erzählende Mensch politisch, sobald er innerhalb der Gemeinschaft erzählt, also sich narrativ auf seine Umwelt bezieht. Vgl. Koschorke, Wahrheit und Erfindung, insbesondere 15–22.

Mentalitäts- oder ideengeschichtlich lassen sich somit Gespenstergeschichten als Alltagserzählungen und also soziale Wahrheiten einordnen. Sie zu ignorieren würde bedeuten, einen Teil historischer Wahrheit auszublenden, weil Wahrheit – nochmal – eben auch das ist, „was sich in allen Zeiten unter allen Völkern erzählt und bewahrt hat" (JG, 541). In dieser Haltung spiegelt sich Arnims Plädoyer für eine poetische Genese historischer Wahrheit wider, für eine romantisierende Anerkennung von geglaubter als gelebter Wirklichkeit, von den Überlieferungen aus der „Vorzeit" als Debattengegenstand der Gegenwart und von der Neigung zum Wunderbaren als „Ahnung", was hinter „wirklich unerklärlichen Erscheinungen" liegen könnte (JG, 542). Die Aufgabe, den „Geist ganzer Nationen" (JG, 546) zu fixieren, kommt nach Arnim der Mythologie zu, wodurch der idealistische Gebrauch des Begriffs einerseits eine Wende ins Metaphysische findet, andererseits an Stoffliches zurückgebunden wird: nämlich an Geschichten, die sich sammeln lassen („Die Voraussagungen über unsre Zeit verdienten eine vollständige Sammlung", JG, 546). Denn „es liegt in diesen Sagen ein Schicksal, dass sie erhält, welchem gemäß sie in ihrer Riesengröße oft unerwartet hervortreten und die entarteten Völker zur großen Tat erwecken" (JG, 547). „[I]n einem krankhaften Zustande" ist nach Arnim also allein das Ahndungsvermögen der Menschen (JG, 542), was für ihn viel schwerer wiegt als eine „herumwandernde Geistergeschichte [...], die, wenn sie auch nicht historisch zu belegen ist, wo sie sich ereignete, wenigstens das Tröstliche einer Prophezeiung in sich trägt" (JG, 548). Geschickt relativiert Arnim hier das Diktum historischer Belegbarkeit, wenn er der Geschichte Ereignishaftigkeit attestiert. Die Geschichte lässt sich nicht historisch belegen, sie hat sich aber ereignet und dort, wo sie sich ereignete, hat sie einen moralischen Trost gespendet. Gleich mehrere Aspekte dieses Beispiels verweisen auf das Anekdotische: Geistergeschichten ‚wandern herum', im Grunde selbst wie Geister, wobei sie ihres Ursprungs enthoben sind; sie müssen nicht historisch wahr sein, doch eine zeitlose moralische Pointe bieten, wodurch sie exemplarisch wirken; sie ereignen sich im Sinne von erzählbaren – anekdotischen – Tatsachen.

Arnims Rezension schließt also an die mit Kleists *Geisterseher*-Anekdote aufgeworfenen gattungs-, medien- und erzähltheoretischen Fragen an, erweitert den kommunikationstheoretischen Problemhorizont aber um eine programmatische Perspektive auf die Genese, Veröffentlichung und Diskussion von Wahrheit.

Fazit

Das Kapitel hatte das Ziel, die theoretisch beschriebenen Wechselwirkungen zwischen Erzählungen und Nachrichten mit Kleists *Abendblättern* auch analytisch aufzuzeigen. Wenn auch die *Abendblätter* mit Kleist als Herausgeber eine spezifische Konstellation darstellen, so sind die hier skizzierten journalistisch-schriftstellerischen Praktiken keine Ausnahme in der stark umkämpften Berliner Medienlandschaft um 1800. Kleists – bisweilen als ästhetische Spielereien mit Authentifizierungsstrategien interpretierte – redaktionelle Arbeit verweist nicht nur auf den Schriftsteller und Solitär Kleist zurück, sondern steht in Zusammenhang mit den (medien)historischen und gesellschaftspolitischen Entwicklungen seiner Zeit. Kleists anekdotisierende – und bisweilen sensationelle – Nachrichtenaufbereitung können wir auf Moritz' aufklärerisches Plädoyer für einen investigativen Journalismus ebenso zurückführen wie auf die Zensurkonflikte aufgrund der Preußischen Reformen. Aber noch ein weiterer, dem journalistischen Ethos zugrunde liegender Gedanke könnte sich als Zeitsymptom erweisen, nämlich – wie wir am Beispiel der Berichterstattung über die Mordbrennerbande gesehen haben –, dass Zeitschriften und Zeitungen nicht nur als supplementäres Medium einer sich formierenden Öffentlichkeit gesehen werden, sondern quasi als ihr institutioneller Austragungsort fungieren sollen. Denn was Einzug in die öffentlichen Blätter hält, unterliegt wiederum der institutionellen Kontrolle anderer gesellschaftlicher Teilsysteme (z. B. der Polizei). Damit ist verbunden, dass nicht nur deviante Taten öffentlich werden, sondern auch deviante – oder als deviant angesehene – Gedanken und Diskurse. Dies wurde deutlich am Beispiel von Arnims Jung-Stilling-Rezension, die dieses Kapitel nicht zufällig abschließt. Bei Arnim finden wir die Überzeugung wieder, dass nur durch die Bekanntmachung von Geschichten, die bisher im „heimlichen Herzensschluß bewahrt" wurden, ihnen der Wert zukomme, der ihnen gebühre. Er wehrt somit den Vorwurf ab, „die Schriftsteller" seien verantwortlich für Aber- und Irrglauben der Menschen.

> Und wirklich sind solche geglaubte Erscheinungen darum nicht seltener geworden, weil die Schriftsteller, aus Furcht vor Lächerlichkeiten etwas davon bekannt zu machen, sich scheuen. [...], es gibt vielleicht keine Familie, die nicht einige solcher Geschichten im heimlichen Herzensverschluß bewahrt, durch deren Bekanntmachung besonders der eine Zweck des Verfassers erreicht würde, daß auf die Erscheinungen aus der Geisterwelt kein anderer und nicht mehr Wert gelegt wird, als ihnen zukommt. (JG, 542)

„Ahnungen und Vorhersagungen" ergänzen die Wissenschaften (JG, 545). Inwieweit sie das tun (dürfen), darüber kann erst entschieden werden, wenn sich Schriftsteller dieser Geschichten annehmen und sie qua Publikation auf den

Prüfstand gestellt werden. „Ahnungen und Vorhersagungen" ergänzen aber auch das journalistische Tagesgeschäft, wie wir im kommenden Kapitel sehen werden. Als Zeitungsschreiber und -herausgeber suchte Arnim nämlich die Vermittlung von Überzeitlichem und Tagesaktualitäten. Seine Priorisierung erfährt dabei von der Herausgabe der romantischen *Einsiedler*-Zeitung im Jahr 1808 (die streng genommen mehr eine Zeitschrift war) bis zur Übernahme der politischen Tageszeitung *Der preußische Correspondent* Anfang 1813 eine pragmatische Wende: Während die *Einsiedler*-Zeitung Tagesneuigkeiten noch kategorisch ausgeschlossen hatte, forderte der *Preußische Correspondent* – vor dem Hintergrund der Befreiungskriege und Preußischen Reformen – eine öffentliche Diskussion auch über Staatsangelegenheiten.[197] Dass das Heimliche zutage gefördert, dass ihm Ausdruck verliehen werden soll, erscheint somit nicht nur als ein romantischer Gedanke, sondern auch als eine politische Forderung.[198] So definiert etwa Jürgen Knaack das demokratische Ziel der Herstellung von Öffentlichkeit als romantisches Ideal und sieht im Pressewesen um 1800 ein Vehikel für den romantischen Volksbegriff und dessen politische und literarische Bedeutung.[199] Inwieweit diese These zutreffend ist oder ob sie in Bezug auf den demokratisch anmutenden Impetus relativiert werden muss, soll in den folgenden Kapiteln genauer untersucht werden.

---

197 Vgl. Stefan Nienhaus, ‚Wo jetzt Volkes Stimme hören?' Das Wort ‚Volk' in den Schriften Achim von Arnims von 1805 bis 1813, in: Universelle Entwürfe – Integration – Rückzug: Arnims Berliner Zeit (1809-1814), 89-99, hier: 91.
198 Zugleich manifestiert sich darin der nach Prokop der Anekdote inhärente Zug, Tatsachen aus dem Bereich des Arkanen und Halböffentlichen in die Öffentlichkeit zu tragen und publik zu machen.
199 Vgl. Jürgen Knaack, Achim von Arnim, der Preußische Correspondent und die Spenersche Zeitung in den Jahren 1813 und 1814, in: Arnim und die Berliner Romantik: Kunst, Literatur und Politik, Berliner Kolloquium der Internationalen Arnim-Gesellschaft, hg. von Walter Pape, Tübingen 2001, 41–52, hier: 41.

4 Zwischen Konterrevolution und Restauration. Kommunikationsgemeinschaften in der Übergangszeit

4.1 Arnim und Brentano als Zeitungsherausgeber

4.1.1 Die romantische Zeitung als Kunstkammer

Im preußischen Kulturraum hatte das Journalwesen – bereits vor der napoleonischen Ära – keinen einfachen Stand. So fand unter Friedrich Wilhelm I. die öffentliche Meinung kaum Einzug in Zeitungen und Zeitschriften, Politisches und Militärisches durfte nur aus dem Ausland veröffentlicht werden und Neuigkeiten hatten sich auf kleinere Skandale und Ankündigungen zu beschränken, bis im Zuge der pommerschen Feldzüge die Berichterstattung gänzlich verboten wurde.[1] Doch statt der Zeitung beeinflussten nun Gerüchte die öffentliche Meinung, weswegen Friedrich Wilhelm I. die Zeitung wieder erlaubte, die sich damit als gesellschaftliche Einrichtung etabliert hatte.[2] Friedrich der Große stärkte dann das Zeitungswesen im Rahmen seiner Möglichkeiten, weil er dessen Potenzial erkannt hatte, die öffentliche Meinung und damit eine Art Stimmungsbarometer der Gesellschaft abzubilden – wie auch zu beeinflussen.[3] Die Zeitung galt ihm zugleich als Informationsquelle und Agitationsinstrument: Der König bediente sich der beiden großen Berliner Zeitungen, der *Vossischen* und der *Spenerschen*, zur Veröffentlichung richtiger und falscher Nachrichten, die entweder bewusst täuschen oder von relevanten politischen Manövern ablenken sollten.[4]

---

1 De Mendelssohn, Zeitungsstadt Berlin, 37.
2 De Mendelssohn, Zeitungsstadt Berlin, 37.
3 De Mendelssohn, Zeitungsstadt Berlin, 42–44.
4 De Mendelssohn, Zeitungsstadt Berlin, 43, 47. Die heutigen postpolitischen Strategien asymmetrischer Demobilisierung, d. h. der bewussten Vermeidung von Kontroversen und also Ruhigstellung kritischer Stimmen oder der Überflutung der Nachrichtenkanäle mit redundanten, irrelevanten Informationen, um die Aufmerksamkeit von realpolitischen Fakten abzulenken, stellen also keine Neuigkeit dar. Diese Situation beschreibt insbesondere die politische Lage in Deutschland unter Angela Merkel (CDU). Ihr Regierungsstil zeichnete sich 16 Jahren erfolgreich zum einen durch strategisches Ausharren und programmatische Inhaltsleere aus, zum anderen durch eine Taktik der ‚Einverleibung' des politischen Gegners und einer opportunistischen Orientierung an der jeweiligen ‚Mehrheitsmeinung' (im Sinne gesellschaftlich hegemonialer Gruppen). Auf Dauer gefährdet dieser Stil die Demokratie, denn er führt erstens zu einem Absinken der Wahlbeteili-

Die Auflösung des alten Deutschen Reiches im Jahr 1806 bedeutete zwar einerseits das Ende der jahrhundertelangen kaiserlichen Buch- und Pressezensur, läutete andererseits aber den Beginn eines Pressekontrollsystems unter Napoleon ein, der die propagandistischen und nachrichtenpolitischen Potenziale der Presse geschickt nutzte, etwa indem er auf seinen Feldzügen eine eigene Druckerei mit sich führte und Armeezeitungen herausgab.[5] Den kurzlebigen Journalprojekten der politischen Romantik war wiederum die Mission eingeschrieben, die gespaltene Nation auf ein gemeinsames Feindbild einzuschwören und einigend auf die deutsche Bevölkerung einzuwirken. Der Balanceakt, den die romantischen Zeitschriften zwischen strengen Zensurauflagen und aufkommendem Nationalbewusstsein vornehmen mussten, war gewissermaßen eine kulturprogrammatische Politisierung unter Ausschluss des Politischen: Journale standen unter dem Zeichen des Patriotismus und fungierten als Kompensation für den mangelnden Nationalstaat.

Ziel und Funktion der deutschen Nationaljournale, z. B. *Teutscher Merkur*, *Deutsches Museum*, waren es, der Zersplitterung des deutschen Publikums entgegenzuwirken. Die Journallektüre sollte also homogenisieren, dabei aber dennoch regionale Vielstimmigkeit abbilden und die Deutschen ‚mit sich selbst bekannt machen'.[6] Diese Mission verfolgten auch Achim von Arnim und Clemens Brentano.[7] Unter dem Zeichen, die Deutschen mit sich selbst bekannt zu

---

gung, zweitens zu einer Eliminierung des Streits aus dem politischen Diskurs und drittens zu einer Negation von Meinungs- und Bedürfnispluralismus in der heterogenen Gesellschaft. Vgl. hierzu z. B. Andreas Blätte, Reduzierter Parteienwettbewerb durch kalkulierte Demobilisierung. Bestimmungsgründe des Wahlkampfverhaltens im Bundestagswahlkampf 2009, in: Die Bundestagswahl 2009. Analysen der Wahl-, Parteien-, Kommunikations- und Regierungsforschung, hg. von Karl-Rudolf Korte, Wiesbaden 2009, 273–297.

5 Vgl. Lorenz, Journalismus, 33.
6 Vgl. hierzu auch Hannes Fischer, Korrespondenten. „Auszüge aus Briefen" im Nationaljournal *Deutsches Museum* (1776–1788), in: Journale lesen. Lektüreabbruch – Anschlusslektüren, hg. v. Volker Mergenthaler, Nora Ramtke und Monika Schmitz-Emans, Hannover 2022, 191–204, hier: 191–193. So könnte in den Journalen fortgesetzt worden sein, was durch Schwurgemeinschaften und Freundschaftsbünde begründet wurde. Nach Erika Thomalla wurde die Sphäre freundschaftlicher Intimität der Hainbündler nämlich vor allem auch in den Briefwechseln, also in permanenter Korrespondenz begründet. Diese Vernetzungskultur legte mit den Grundstein für spätere gemeinsame Publikationen, darunter auch Zeitschriften und Zeitungen. So gehörten z. B. Voß und Heinrich Christian Boie zunächst zum Göttinger Hain, bevor sie mit dem *Musenalmanach* eine Zeitschrift publizierten. Vgl. Erika Thomalla, Die Erfindung des Dichterbundes. Die Medienpraktiken des Göttinger Hains, Göttingen 2018, insbesondere Kapitel 4: Der vernetzte Bund. Zur Korrespondenzpolitik des Göttinger Hains, hier: 104.
7 Nach Konrad Feilchenfeldt sei die Sammlung *Des Knaben Wunderhorn* keine moderne textkritische Edition von Volksliedern, sondern sie erinnere „an ein Volk, das politisch im Zeitpunkt

machen, stand bereits ihre Sagensammlung *Des Knaben Wunderhorn*. In seinem als Anhang zum *Wunderhorn* erschienenen Aufsatz *Von Volksliedern* postulierte Arnim, kein „Volksschauspiel" könne dort entstehen, wo es kein Volk gebe; „Volkstätigkeit" und Volksdichtung bedingten sich wechselseitig.[8] Die Arbeit des Dichters oder Künstlers sei nur deshalb notwendig, um mangelndes Volksbewusstsein auszugleichen und Volkstätigkeit – also die schöpferische Beschäftigung mit den alten Volkssagen – anzustoßen.[9] Auch zur Programmatik der im April 1808 gegründeten und anonym von Arnim unter redaktioneller Mitwirkung von Brentano und Joseph Görres herausgegebenen *Zeitung für Einsiedler* gehörte die Idee, dass das Volk in das Wesen der Volkspoesie eingeführt werden müsse, um seinen wahren (National-)Charakter zu erkennen.[10] Die Zeitung sollte, so Brentano, aufbereitet sein, „als sei sie aus der Zeit des Mittelalters, oder vielmehr einer imaginären literarischen Zeit"; sie sollte „[n]ichts Modernes, nichts Gelehrtes, nichts Getändeltes, nichts Bekanntes, nichts Langweiliges" enthalten und „eine schöne reizende Kunstkammer [darstellen], welche sich selbst erklärt, und in welcher sowohl Alt als Jung sich gerne begeistern".[11] Auf den ersten Blick konterkariert der „Kunstkammer"-Vergleich[12] die mit einem

---

der Herausgabe nicht mehr und noch nicht wieder existierte. Es vermittelt nicht die Kenntnis von Dichtungen verkannter Autoren, sondern will ein Volk bekannt werden lassen, dessen Existenz in der publizistischen Aufmachung der Ausgabe als ‚Denkmal' zum Mythos, zur Fiktion wird". Konrad Feilchenfeldt, Vorwort, in: Achim von Arnim und Clemens Brentano, Des Knaben Wunderhorn. Alte deutsche Lieder [1805–1808]. Nachdruck der Ausgabe von 1923 mit einem Vorwort von Konrad Feilchenfeldt, Frankfurt a. M. 1974, 11. Zu militaristischen und nationalistischen Gedanken im Wunderhorn, vgl. auch Heinz Rölleke, ‚Des Knaben Wunderhorn' – eine romantische Liedersammlung: Produktion – Distribution – Rezeption, in: Das Wunderhorn und die Heidelberger Romantik: Mündlichkeit, Schriftlichkeit, Performanz: Heidelberger Kolloquium der Internationalen Arnim-Gesellschaft (2005), hg. von Walter Pape, Tübingen 2005, 3–20.
8 Arnim, Von Volksliedern, 171 f.
9 Arnim, Von Volksliedern, 172. Vgl. hierzu auch Bobeth, Die Zeitschriften der Romantik, 195 f.
10 Vgl. Bobeth, Die Zeitschriften der Romantik, 195 f.
11 Clemens Brentano im Brief an Johann Georg Zimmer vom 29.11.1807. Darstellung bei Heinrich W. B. Zimmer, Johann Georg Zimmer und die Romantiker, Frankfurt a. M. 1888, 178 f. Die Formulierung „als sei sie aus der Zeit des Mittelalters" verweist hier auf den Geschichtsbegriff der Romantiker, der dem einer konservativen Utopie entspricht: Es handelt sich nicht um die historische Epoche des Mittelalters, sondern um eine fiktive Zeit, um einen Imaginations- als Projektionsraum, der zum Modell für das gegenwärtige Denken und Handeln werden soll. So urteilt auch Feilchenfeldt: „Der Gedanke an die Wiedergeburt eines Reichs deutscher Nation konnte jedoch nur aus einem unter veränderten sozialen Bedingungen völlig anachronistischen Verständnis des Mittelalters hervorgehen." Vgl. Feilchenfeldt, Vorwort, 13 f.
12 Implizite Vergleiche mit Kunstkammern im wissenschaftlichen und künstlerischen Bereich waren keine Seltenheit. Auch eine bestimmte Schreibweise, die des (ver)sammelnden Aufzäh-

Zeitungsprojekt assoziierten Vorzüge wie eine anlassbezogene, also zeitgeschichtliche Einordnung des aufgenommenen Stoffes.

Das Spezifische an den Kunstkammern besteht darin, dass sie Heterogenes nebeneinanderstellen und trotzdem einen universalen Zusammenhang zwischen den Dingen nahelegen. Sie partizipieren damit an der neuzeitlichen Idee von Ganzheit – auf den Menschen bezogen, aber auch und vor allem auf sein Wissen und das Wissen über ihn: In Kuriositätenkabinetten werden Dinge nicht nur gesammelt, sondern sie werden zu quasi lebenden Wissensobjekten, an denen sich forschen lässt und die somit einen performativen Weltbezug behaupten können.[13]

Wenn der Anspruch der *Einsiedlerzeitung* also war, nicht „antiquarisch" zu sammeln, sondern für die Gegenwart darzubieten,[14] dann zum einen in diesem ideellen Sinne der Etablierung eines organischen Zusammenhanges zwischen dem Menschen und seiner Kulturgeschichte und zum anderen in der praktischen und verlebendigenden Begegnung mit Geschichten als Artefakten. Die *Einsiedlerzeitung* nimmt also hier das performative Sammlungskonzept auf, das bereits mit dem *Wunderhorn* ins Werk gesetzt wurde: Ein heterogenes Publikum soll sich als aktive Zuschauer- bzw. Leserschaft versammeln und im Vielfältigen das/ihr Gemeinsame(s) erkennen.[15] In und hinter einem scheinbar chaotischen, zufällig arrangierten Zustand verbirgt sich eine intrinsische Ordnung. Dem Kunstkammer-Charakter inhäriert aber immer auch die Gefahr, ins Zufällige,

---

lens und Nebeneinanderstellens, kann mit dem Kunstkammer-Prinzip assoziiert werden. Nach Horst Bredekamp weist Francis Bacon sein 1620 veröffentlichtes *Novum Organum*, in deutscher Übersetzung *Neues Organon*, als eine Art fiktive Kunstkammer aus. Vgl. Horst Bredekamp, Antikensehnsucht und Maschinenglauben. Die Geschichte der Kunstkammer und die Zukunft der Kunstgeschichte, Berlin 1993, 63. Brentanos offensichtliche Affinität zu dieser – in seiner Zeit eigentlich bereits überkommenen – Kulturinstitution findet auch motivischen Einzug in sein Erzählwerk, etwa in die Novelle *Geschichte vom braven Kasperl und dem schönen Annerl* (1817).

13 Bredekamp betont in diesem Zusammenhang die akademisch-universitäre Funktion der Kunstkammer als „aktives Labor" neben ihrer herrschaftlich-repräsentativen Bedeutung als ‚bloß' „passive Sammlung". Vgl. Bredekamp, Antikensehnsucht und Maschinenglauben, 53.

14 Vgl. hierzu auch Claudia Nitschke, Die legitimatorische Inszenierung von ‚Volkspoesie' in Achim von Arnims ‚Schmerzendem Gemisch von der Nachahmung des Heiligen', in: Das „Wunderhorn" und die Heidelberger Romantik, 239–254, hier: 240.

15 Ethel Matala de Mazza bezeichnet das *Wunderhorn* und die *Einsiedlerzeitung* als kulturpolitische Unternehmen, die vor allem hinsichtlich ihres performativen – (ver)sammelnden – Gehaltes auch in Zusammenhang mit der Gründung der Deutschen Tischgesellschaft stehen. Vgl. Ethel Matala de Mazza, Der verfasste Körper. Zum Projekt einer organischen Gemeinschaft in der Politischen Romantik, Freiburg i. Br. 1999, 362–364. Zum literarischen Sammeln, vgl. außerdem Günter Häntzschel, Sammel(l)ei(denschaft). Literarisches Sammeln im 19. Jahrhundert, Würzburg 2014, hier insbesondere Kapitel 2.3: Entdeckendes und bewahrendes Sammeln – *Des Knaben Wunderhorn*, 43–51.

Abstruse, Unnütze oder bloß Repräsentative abzudriften. So verloren Kuriositätenkabinette spätestens seit der Aufklärung weitgehend ihre kulturelle Kraft, was auch in Zusammenhang mit der (natur)philosophischen Abwertung des Staunens bzw. dessen erkenntnistheoretischen Rolle stand.[16] Nach und nach wurden sie durch die spezifisch ausgerichteten Museen oder durch repräsentative Schatzkammern ersetzt.[17]

Viele der hier genannten Charakteristika der Kunstkammer als Beschreibungsdispositiv für einen bestimmten, ganzheitlich konzeptualisierten, aber dennoch sich im Kleinen und ‚Kleinodischen' verästelnden Umgang mit dem Wissen vom Menschen und seinen Artefakten lassen sich auch auf die Gattung und Schreibweise der Anekdote übertragen: der anthropologische Anspruch, der Reputationsverlust im Zuge der Aufklärung sowie das Interesse am Abseitigen, bisweilen Abstrusen oder aber auch an der Huldigung ‚großer' Persönlichkeiten. Ebenso lässt sich der institutionengeschichtliche Kontext um die Kunstkammern auf das Zeitungswesen übertragen, dessen (Volks-)Bildungsauftrag einerseits in Verruf einer seichten Unterhaltungskultur geraten kann, wenn der Anteil des ‚bloß' Kuriosen Überhand gewinnt. Solche Zeitungen und Zeitschriften werden nicht überraschend als ‚Klatschblätter' bezeichnet, denn auch der Klatsch wird mit einem erratischen, affektiv gesteuerten und sich der Kolportage bedienenden Kommunikationstyp assoziiert.[18] Andererseits kann eine Zeitung, die konzeptuell „aus der Zeit des Mittelalters, oder vielmehr einer imaginären literarischen Zeit" stammt, die also buchstäblich ‚aus der Zeit gefallen' wirken soll, auch schnell den Eindruck des ‚bloß' Repräsentativen erzeugen. Die Lesenden scheitern dann daran, sich mit dem Gesammelten zu identifizieren, zumal die *Einsiedlerzeitung* neben Volkssagen zu einem nicht geringen Anteil auch ästhetische Aufsätze oder satirische Spitzen enthielt. So ist in diesem Zusammenhang bezeichnend,

---

16 Zur naturphilosophischen Skepsis gegenüber dem Staunen als „naive[m] Effekt" und ‚Neuigkeitssucht' ab dem Ende des 17. Jahrhunderts, vgl. Nicola Gess, Staunen. Eine Poetik, Göttingen 2019, hier insbesondere 34–38.
17 Insbesondere im 19. Jahrhundert findet im Zuge von Historisierung und Verwissenschaftlichung das Museum seinen Siegeszug und damit seine unter den Gesichtspunkten historischer Wissenschaftlichkeit behauptete erinnerungskulturelle und nationalidentische Dimension. Vgl. Bredekamp, Antikensehnsucht und Maschinenglauben, 80–85.
18 Hedwig Pompe macht zum einen auf den Zusammenhang zwischen der Neugierde (‚curiositas') als herausragender Topos des 17. Jahrhundert und der Durchsetzung periodischer Zeitungskommunikation aufmerksam. Zum anderen führt sie an, dass dem ‚geschwätzigen' Zeitungsdiskurs kulturkritische Implikationen des Weiblichen eingeschrieben sind. Vgl. Hedwig Pompe, Famas Medium. Zur Theorie der Zeitung in Deutschland zwischen dem 17. und dem mittleren 19. Jahrhundert, Berlin/Boston 2012, hier 61–64.

dass die *Einsiedlerzeitung* zwar einen Höhepunkt der Heidelberger Romantik markierte, aber nach nur 37 Nummern wegen wirtschaftlichem Misserfolg eingestellt werden musste und die nicht verkauften Exemplare unter dem Titel *Tröst Einsamkeit, alte und neue Sagen und Wahrsagungen, Geschichten und Gedichte* als gebundene Ausgabe neu herausgegeben wurden.[19]

Wenn wir mit Jürgen Knaack also einerseits in dem Pressewesen um 1800 ein Vehikel für den romantischen Volksbegriff und dessen politische und literarische Bedeutung sehen,[20] müssen wir andererseits auch festhalten, dass gerade die sich um eine Etablierung von Volkstümlichkeit bemühenden romantischen Zeitschriften daran scheiterten, die breiten Schichten der Bevölkerung – das so konstruierte ‚einfache' Volk – zu erreichen. So hatten den Misserfolg vieler ambitionierter Zeitungsprojekte nur teilweise die Preußischen Behörden und ihre strenge Zensuraufsicht zu verantworten.[21] Literatur und Journalistik zeigten sich im Sinne politischer Aufklärungsarbeit ‚von unten' noch als schwaches Bündnis,[22] wie im Folgenden konkretisiert werden soll.

Wie Urs Büttner gezeigt hat, konzentrierte sich die patriotische Öffentlichkeit zu Arnims Zeiten vor allem auf Staatsbeamte, Schriftsteller und Intellektuelle, denn infolge der preußischen Reformen, die u. a. einen Abbau von Bürokratie intendierten, herrschte eine Art Überangebot an Experten für die Organisation des Allgemeinwesens.[23] Ihre Aufgabe sahen sie darin, ein Problembewusstsein für die aktuelle Situation zu wecken, wobei sie sich nicht nur von den politischen Entscheidungsträgern distanzierten,[24] sondern auch von eben jenen Schichten, die sie eigentlich anzusprechen und zu inkludieren vorgaben. Dies werden wir noch deutlicher bei den romantischen Gesellschaften sehen, die sich, teilweise parallel zu den publizistischen Herausgebertätigkeiten, als regierungskritische

---

19 Vgl. Knaack, Achim von Arnim und der ‚Preußische Correspondent'. Eine letzte großstädtische Aktivität vor dem Umzug nach Wiepersdorf, in: Universelle Entwürfe – Integration – Rückzug: Arnims Berliner Zeit (1809-1814), 133–141, hier: 134. Vgl. hierzu auch Nitschke, Die legitimatorische Inszenierung von ‚Volkspoesie', 240.
20 Vgl. Knaack, Achim von Arnim, der Preußische Correspondent und die Spenersche Zeitung in den Jahren 1813 und 1814, in: Arnim und die Berliner Romantik, 41–52, hier: 41.
21 Vgl. Gönczy, Zur Kommunikations- und Redaktionsstrategie der ‚Berliner Abendblätter', 160 f. sowie Hilzinger, Anekdotisches Erzählen im Zeitalter der Aufklärung, 133.
22 Nach Rollka bildeten sich unterhaltende literarische Beiträge erst im Vormärz, also in der zweiten Jahrhunderthälfte, zu einem das Politische begleitenden und kommentierenden Werkzeug gesellschaftlicher Sozialisation heraus. Vgl. Rollka, Die Belletristik in der Berliner Presse des 19. Jahrhunderts, 85.
23 Vgl. Urs Büttner, Poiesis des „Sozialen". Achim von Arnims frühe Poetik bis zur Heidelberger Romantik (1800-1808), Berlin/Boston 2015, 193.
24 Vgl. Büttner, Poiesis des „Sozialen", 193, 196.

Teilöffentlichkeiten zu formieren begannen – Teilöffentlichkeit auch deshalb, weil sie eben nicht für die ganze Gesellschaft zu sprechen vermochten. Der Anspruch, ein „Volk" zu einigen, war weniger mit demokratisch-egalitären Ambitionen verbunden als mit der Schöpfung eines „literarische[n] Mythos"[25]. Diese Organe der Öffentlichkeit sollten sich nicht an ein reales „Volk als Masse"[26] wenden. Mit dem Volk war nicht die Gesamtheit der Bevölkerung oder der vierte Stand gemeint.[27] Büttner glaubt gar mit Blick auf die deutlich geringere Auflagenzahl gegenüber wichtigen Aufklärungszeitschriften festzustellen, dass das Selbstverständnis der Agitatoren von einer Verachtung des Massenpublikums geprägt gewesen sei.[28] Die der *Einsiedlerzeitung* bisweilen attestierte Funktion, nach dem Vorbild des *Wunderhorns* einen „Beitrag zum Projekt der Nationalerziehung"[29] zu leisten, muss also dahingehend relativiert werden, dass das vorgebliche ‚zu erziehende' Zielpublikum gar nicht erst erreicht wurde. Die romantischen Zeitungen gaben also vor, ein Fundus nationaler Identität zu sein und sich an das Volk zu richten, waren aber insgesamt doch eher einem kleineren, elitäreren Kreis zugewandt.

Anders verhält es sich mit der Herausgabe dezidiert politischer Tageszeitungen oder der Publikation politischer Manifeste und Schriften, die einen konkreten Zweck verfolgten, nämlich die allgemeine Bevölkerung zu informieren und zu militarisieren. Die Idee einer Volksbewaffnung sowie die Unterstützung von (politischer) Vereinsbildung trotz deren offiziellen Verbots zeigen, dass publizistisches Handeln auch ganz konkret politisch war.[30] Kontinuität zwi-

---

25 Feilchenfeldt, Vorwort, 14 f.
26 Feilchenfeldt, Vorwort, 14 f.
27 Vgl. Klaus Peter, Achim von Arnim: Gräfin Dolores, in: Romane und Erzählungen der deutschen Romantik. Neue Interpretationen, hg. von Paul Michael Lützeler, Stuttgart 1981, 240–263, hier: 250.
28 Vgl. Büttner, Poiesis des „Sozialen", 199.
29 Stefan Nienhaus, ‚Wo jetzt Volkes Stimme hören?' Das Wort ‚Volk' in den Schriften Achim von Arnims von 1805–1813, in: Universelle Entwürfe, 89–99, hier: 92. Zur Vorbildfunktion des *Wunderhorns* für das Einsiedlerprojekt, vgl. auch Matala de Mazza, Der verfasste Körper, 363; Walter Pape, ‚Der König erklärt das Volk adlig': ‚Volksthätigkeit', Poesie und Vaterland bei Achim von Arnim 1802–1814, in: 200 Jahre Heidelberger Romantik, 531–549 sowie Ulfert Ricklefs, Das ‚Wunderhorn' im Licht von Arnims Kunstprogramm und Poesieverständnis, in: Das Wunderhorn und die Heidelberger Romantik, 147–194.
30 Nach Jochen Strobel bedeutete im frühen journalistischen 19. Jahrhundert politisches Handeln publizistisches Handeln. Vgl. Jochen Strobel, Ein hoher Adel von Ideen.' Zur Neucodierung von ‚Adeligkeit' in der Romantik (Adam Müller, Achim von Arnim), in: Zwischen Aufklärung und Romantik. Neue Perspektiven der Forschung, hg. von Konrad Feilchenfeldt et al., Würzburg 2006, 318–339, hier: 321.

schen den – pauschalisiert ausgedrückt – poetischen und politischen Projekten zeigt sich dann in der Fokussierung auf den zentralen Gemeinschaftsgedanken der (politischen) Romantik, der sich in neuen Bündnissen von einer Landwehr über den Tugendbund bis zu Tisch- und Turngesellschaften formieren konnte.

4.1.2 Arnim und der *Preußische Correspondent*. Publizistischer Widerstand

Die Militarisierung des Zeitungswesens um 1800 zeigt sich daran, dass Zeitungen allein aus Motiven der politischen Agitation oder Einflussnahme gegründet wurden, dass sie politische Kommentare und Beiträge enthielten und schließlich daran, dass ihre Begründer und Akteure vielfältig in militärische und/oder politische Aktivitäten involviert waren. Dieses Engagement konnte dann den redaktionellen Aufgaben in die Quere kommen. So wurde der *Preußische Correspondent* ursprünglich von Barthold Georg Niebuhr gegründet, der die Herausgeberschaft aber an Friedrich Schleiermacher übergab, weil er sich fortan dem internationalen Kriegsgeschäft widmen wollte.[31] Bei Arnim war es umgekehrt: Sein Plan, eine politische Zeitung herauszugeben, folgte unmittelbar auf seine gescheiterten militärischen Ambitionen. Arnim hatte sich bereits ab 1806, dem Jahr der Schlacht bei Jena und Auerstedt, in der Preußen Frankreich unterlag, publizistisch mit den Möglichkeiten einer Militarisierung der Gesamtbevölkerung auseinandergesetzt, z. B. in den Aufsätzen *Was soll geschehen im Glücke*, *Von dem einzigen Rettungswege unsres Staates* und *An die Pommern und Märker*, die die Reformer im preußischen Staatsdienst, Freiherr von Stein und Carl von Clausewitz, zu einer Einführung der allgemeinen Wehrpflicht und eines Volksheeres motivierten.[32]

So mussten sich nach der „Verordnung über die Organisation der Landwehr" vom 17. Januar 1813 alle waffenfähigen Männer zwischen 17 und 40 Jahren, die nicht zum Kriegsdienst eingezogen waren, für eine Landwehr zur Verfügung stellen. Weitergehend wurde mit der „Verordnung über den Landsturm" vom 21. April 1813 jeder Staatsbürger, der nicht schon im Heer oder in der Landwehr diente, zum bewaffneten Widerstand verpflichtet, womit die gesamte

---

31 Vgl. Jürgen Knaack, ‚Die Alltäglichkeit der Zeitungsschreiberei': Achim von Arnim als Redakteur des ‚Preußischen Correspondenten', in: Die alltägliche Romantik. Gewöhnliches und Phantastisches, Lebenswelt und Kunst, hg. von Walter Pape unter Mitarbeit von Roswitha Burwick Schriften der Internationalen Arnim-Gesellschaft, Bd. 11, Berlin/Boston 2016, 185–190, hier: 185.
32 Vgl. Helene M. Kastinger Riley, Achim von Arnim in Selbstzeugnissen und Bilddokumenten, Reinbek 1979, 60 f.

männliche Bevölkerung in den preußischen Waffendienst gestellt war. Arnim selbst trat im April 1813 in die Landwehr ein und wurde Hauptmann und Vizechef eines Berliner Landsturmbataillons.[33] Wenige Monate später löste sich die schlecht organisierte und ausgerüstete Freiwilligenarmee jedoch bereits wieder auf[34] und so hatten sich Arnims Hoffnungen auf die Volksbewaffnung als Fundament einer neuen gesellschaftlichen Verfassung nicht erfüllt.[35]

Im Oktober 1813 übernahm Arnim dann die Herausgabe des *Preußischen Correspondenten*,[36] nachdem Schleiermacher aus politischem Protest gegen die strengen Zensurmaßnahmen die Redaktion niedergelegt hatte.[37] Arnims militärische und publizistische Tätigkeiten waren eng miteinander verzahnt, worüber sein ursprünglich für den *Preußischen Correspondenten* gedachter, aber nie darin veröffentlichter Text *Landsturm* (1813) Aufschluss gibt. Indem Arnim schreibt, es bedürfe „langer Zeiten, um den Streit der Meinungen gegen Meinungen zu bändigen"[38], interpretiert er einerseits die Auseinandersetzung mit Waffen als Teil eines Meinungskrieges und andererseits den Krieg gegen Frankreich als Informationskrieg. Für diese Position spricht auch seine Gleichsetzung der französischen Presse mit der napoleonischen Regierung, z. B. im Zuge seiner im *Preußischen Correspondenten* publizierten Verteidigung des deutschen Tugendbundes gegen die französischen Zensurmaßnahmen. Arnim bezieht hier Stellung gegen einen Aufsatz aus dem *Journal de l'Empire*, der von deutschen Zeitungen übersetzt und aufgenommen wurde und der sich anklagend mit dem 1808 gegründeten patriotischen Tugendbund und der um 1810 ins Leben gerufenen Turnbewegung unter Friedrich Jahn auseinandersetzt. Die französische Presse bezeichnete sie als Geheimgesellschaften und rückte sie in die Nähe militärischer Bünde wie dem Lützowscher Freikorps, das als Freiwilligenverband der preußischen Armee zwar wenig erfolgreich war, dafür aber eine hohe Symbolkraft innehatte. Nach dem *Journal de l'Empire* sei „die Schöpfung von Mitteln zum Widerstand gegen Frankreich" nur der vorgebliche Zweck deutscher Geheimgesellschaften, denn weil sie „zu einer Zeit gestiftet wurden, wo der Krieg noch nicht existierte", sei ihr „wahrer Zweck [...] kein anderer, als den Umsturz der jetzt bestehenden gesellschaftlichen vollkommensten Gleichheit" auszulösen.[39] Infolgedessen vergleicht das *Journal de l'Empire* die deutschen Geheimgesellschaften mit dem Club der Jako-

---

33 Vgl. Kastinger Riley, Achim von Arnim in Selbstzeugnissen und Bilddokumenten, 90.
34 Vgl. Nienhaus, ‚Wo jetzt Volkes Stimme hören?', 96.
35 Vgl. Kastinger Riley, Achim von Arnim in Selbstzeugnissen und Bilddokumenten, 57 f.
36 Vgl. Kastinger Riley, Achim von Arnim in Selbstzeugnissen und Bilddokumenten, 92.
37 Vgl. Knaack, Achim von Arnim und der ‚Preußische Correspondent', 135 f.
38 Vgl. Achim von Arnim, Landsturm [1813], in: ArnDKV 6, 411.
39 Zit. in Achim von Arnim, Tugendbund [1813], in: ArnDKV 6, 444.

biner in Frankreich.[40] Arnim kontert nun im *Correspondenten*, ihn wundere, wie die französischen Journale und also die Regierung überhaupt Kenntnis von den deutschen Tugendbünden haben könnten, denn deren Agenten seien „selten weiter als zu alten Weibern [vorgedrungen], da sie überall kenntlich genug waren, um dem Mutwillen freies Spiel zu lassen, ihnen allerlei Späße aufzuhängen", und so seien ihre Berichte „mit altem Geschwätz und Fopperei angefüllt, […], hauptsächlich aber bemühten sie sich nach ihrer Jakobinischen Tücke, irgendeinen Funken der Zwietracht zwischen Völker und Regierung zu säen".[41] Das jakobinische Schreckgespenst wird also hier von beiden Seiten vorwurfsvoll heraufbeschworen. Zudem platziert Arnim eine Polemik gegen die französischen Pressestandards, die sich auf die Gerüchte „alte[r] Weiber"[42] verließen. Was den Deutschen ihr Tugendbund, sei den Franzosen ihr „Lasterbund", so Arnim.[43] Das Lützowsche Freikorps verkörpert für ihn – wenig überraschend – einen „Tugendbund der Geister":

> Gefangne Lützower kamen überall durch, indem sie ganz offen den Leuten sagten, wie sie sich für deutsche Freiheit zu kämpfen entschlossen gehabt, wie sie durch Verrat gefangen worden, da zeigte ihnen der eine den Weg nach Hause, der andre gab ihnen sein Kleid, der dritte wünschte ihnen Glück und Heil, der vierte ging wohl gar mit ihnen fort, um auch der deutschen Freiheit zu dienen.[44]

Dieser wahre Tugendbund könne nur mit dem gesamten deutschen Volk aussterben.[45] Auch die Aktivitäten der Turnbewegung hat Arnim gegen französische Zensurmaßnahmen verteidigt und auch gegen den preußischen Staat in Schutz genommen, zuletzt 1819,[46] wie wir noch sehen werden.

Arnim äußert sich im *Preußischen Correspondenten* aber nicht nur in plumper antifranzösischer Manier. So gilt etwa seine Stellung zu der Westphälischen Verfassung als ambivalent. Zeigte er sich zunächst optimistisch in Bezug auf das unter französischer Herrschaft neu gegründete Königreich Westphalen, dessen Regierung und Verfassung als Vorbild für Preußen gehandelt wurden, schlägt er 1813, wohl noch unter dem Eindruck der Leipziger Schlacht und des

---

40 Zit. in Arnim, Tugendbund, 444.
41 Arnim, Tugendbund, 442.
42 Arnim, Tugendbund, 442.
43 Vgl. Arnim, Tugendbund, 442.
44 Arnim, Tugendbund, 443.
45 Vgl. Arnim, Tugendbund, 443,
46 Vgl. Achim von Arnim, Rezension zu: Turnziel. Sendschreiben an den H. P. Kayßler und die Turnfreunde. Von Henrich Steffens. (Breslau 1818, bei Joseph May und Comp.) [1819], in: ArnDKV 6, 649–652.

Zerfall des Satellitenstaates, im *Preußischen Correspondenten* überaus kritische Töne an – und zwar in Form einer Anekdote unter dem Titel *Schlechte Geschichten*. Die Kritik wird hier repräsentiert durch die Figur des Bürokraten, eines „ehemaligen Westphälischen Angestellten", der so verblendet in seiner Napoleon-Vergötterung ist, dass er sich nicht scheut, ein von Napoleon verschmähtes und weggeworfenes Brot als Andenken zu behalten, als sei es „geweihtes Brot".[47] Selbst dass Napoleon, „der dem deutschen Enthusiasmus nicht mehr recht traut", den Mann durch einen Gendarmen hinausführen lässt, schmälert dessen Verehrung nicht.[48] Er erzählt jedem von seiner Begegnung, sogar noch als ein Korps von Husaren, die von der preußischen Armee als Leichte Kavallerie gegen Napoleon eingesetzt wurden, am „Freudentage" in die Stadt einläuft, also mutmaßlich am Tag nach der napoleonischen Niederlage bei Leipzig.[49] In der Folge wird er nicht nur ausgelacht, sondern – bezeichnenderweise von den Frauen – gescholten, „der Geschichte und dem großen Manne ab[zu]schwören".[50] Bei genauerer Lektüre ist die Anekdote aber kein antifranzösisches Pamphlet, keine Agitation gegen die Westphälische Verfassung als solche, sondern eine Kritik am Napoleon-Kult, der den wahren Volksgeist verrate. Wie das Alte und das Neue unter politischer und ästhetischer Perspektive bei Arnim vermittelt sind, werden wir noch in seinen Erzählungen ausfindig machen können. Deutlich wird bereits an dieser Stelle, dass das Politische auch immer erzählt werden muss.

Im Vorangegangenen wurde bereits auf den epistemischen Paradigmenwechsel um 1800 aufmerksam gemacht, der die Anekdotenbildung im Nach-

---

47 Vgl. Achim von Arnim, Anekdoten zur Zeitgeschichte, in: ders., Werke in sechs Bänden, Bd. 3: Sämtliche Erzählungen 1802–1817, hg. von Renate Moering, Frankfurt a. M. 1990, 895–906, hier: 897 (ArnDKV 3).
48 Vgl. Arnim, Anekdoten zur Zeitgeschichte, 897.
49 Vgl. Arnim, Anekdoten zur Zeitgeschichte, 897.
50 Vgl. Arnim, Anekdoten zur Zeitgeschichte, 897. Dass hier die Frauen als „gnadenlos" auftreten, während die Männer nur lachen, erscheint vielleicht kontraintuitiv, wenn man das Schwärmerische und das unreflektierte Teilhaben an Öffentlichkeit im zeitgenössischen Diskurs eher mit dem Weiblichen assoziiert und wenn man an die vielfachen Darstellungen weiblicher Napoleon-Verehrerinnen denkt – Arnim selbst porträtiert in seiner Erzählung *Frau von Saverne* das weibliche Geschlecht als begeisterungsanfällig für die königliche Gestalt und Person, hier Louis XVI. Es verwundert aber weniger vor dem Hintergrund, dass Arnim in seinem Erzählwerk, vor allem in der *Novellensammlung*, aber auch in den hier behandelten Restaurationsgeschichten, auffallend oft Frauenfiguren in Szene rückt, die mit ernsthaftem politischem Patriotismus – eben mit „unerbittlicher Strenge" (vgl. *Seltsames Begegnen*) und ohne „Gnade" (wie in der hier zitierten Anekdote) auftreten – oder eben gerade den dogmatischen Patriotismus und die wahnhaften Traumata ihrer Männer ausbalancieren müssen (vgl. *Der tolle Invalide*); dabei sind sie fast immer integer und keine lächerlichen Figuren.

richtenwesen maßgeblich mitvorangetrieben hatte. Dazu gehören prozessuale Wahrheitsfindung, Nicht-Wissen als Faktor epistemischer Formation sowie die Hinwendung zum Detail, zum Aktuellen und Lokalen als vermeintlicher Authentizitätsquelle. Aber auch die in diesem Kapitel beschriebene politische Entwicklung trug der Bewegung Rechenschaft: Wenn sich eine hegemoniale Ordnung auflöst, bieten sogenannte *master narratives* oder *grand récits* keine angemessenen Möglichkeiten mehr, die Realität des Sozialen zu erzählen. Die Integration kleiner Erzählungen in den Nachrichtentransfer und die anekdotische Anverwandlung größerer politischer Kontexte hingegen stiften auch dann die Fiktion von kultureller Kohärenz und Einheit, wenn es keine allgemeingültigen Verbindlichkeiten mehr zu geben scheint. Der Typus der historisch-biographischen Anekdote blieb so unter der französischen Besatzung nicht unbeeinflusst von nationalistischen, patriotischen Tendenzen, politischen Unruhen und Kriegen und entwickelte sich selbst zum zensurtauglichen Agitationsmittel.[51] Denn die Auflösung des Heiligen Römischen Reichs im Jahr 1806 läutet den Beginn eines Pressekontrollsystems unter Napoleon ein, im Zuge dessen mit den preußischen Reformen strenge Zensurmaßnahmen durch die Regierung Stein/Hardenberg durchgesetzt wurden. In dieser Phase hatte eine Zeitung als Informationsquelle und Meinungsbildnerin für das Volk nichtsdestotrotz außerordentliche Bedeutung.[52]

So fällt Arnims Herausgeberschaft des *Correspondenten* zwar in einen kurzen Veröffentlichungszeitraum, aber mit dem Befreiungskrieg[53] gegen Frank-

---

[51] Zum Anekdotischen im *Preußischen Correspondenten* vgl. auch Knaack, Achim von Arnim, der Preußische Correspondent und die Spenersche Zeitung, 46, 51.

[52] Vgl. Knaack, Achim von Arnim und der ‚Preußische Correspondent', 136.

[53] Wichtige Akteure in diesem Kreis der Befreiungskämpfer waren Theodor Körner, Dichter und Dramatiker, den es aus den Wiener Salons in den Lütowschen Freikorps zog, um im bewaffneten Widerstand gegen Napoleon sein Leben zu lassen; Ernst Moritz Arndt, Verfasser von Flugschriften gegen Napoleon, bekannt für seine Schlachtendarstellungen und Anhänger der Urburschenschaft und Friedrich Ludwig Jahn, (Be-)Gründer der Turnbewegung sowie des Geheimen Deutschen Bundes und der Urburschenschaft. Ihr Franzosenhass findet als „deutsch-französische Erbfeindschaft" programmatischen Einzug in das publizistische und poetische Werk der Agitatoren (z. B. bei Arndt: Geist der Zeit, 1806-1818; Der Rhein, Teuschlands Strom, nicht aber Teuschlands Grenze, 1813; Über Volkshass und über den Gebrauch einer fremden Sprache, 1813 sowie in Arndts Mährchen und Jugenderinnerungen, 1818) und fungiert als ideologische Beschwörungsformel für ihre patriotischen Vereinigungen, wobei sich antifranzösische und antisemitische Ressentiments vermischen. Vgl. zu den hier genannten Akteuren z. B. Hans-Joachim Bartmuß, Eberhard Kunze und Josef Ulfkotte, „Turnvater" Jahn und sein patriotisches Umfeld: Briefe und Dokumente 1806-1812, hg. von dens., Köln/Weimar/Wien 2008; Werner Bergmann, Jahn, Friedrich Ludwig, in: Handbuch des Anti-

reich, dem Sieg Preußens mit seinen Alliierten über Frankreich in der Leipziger Schlacht[54] und dem anschließenden Rückzug der französischen Armee in eine historische Übergangszeit.[55]

Die erste Ausgabe des *Correspondenten* erscheint nur wenige Tage nach dem Beginn des Befreiungskrieges gegen Frankreich, womit das Blatt von Beginn an prädestiniert war, für die (verdeckte) Kriegsberichterstattung und für die darin veröffentlichten Anekdoten zeitgeschichtliche Stoffe aufzunehmen. Im Zuge dieser Entwicklungen erfuhr die Gattung der Anekdote in Zeitungsmedien ihre Prägung als Transportvehikel einer antifranzösischen Stimmung und patriotischer Gedanken.[56] Als besondere Herausforderung gestaltete sich Arnims Anspruch (den bereits Kleist verfolgte), zugleich unterhaltsam, informativ und aktuell zu sein und nicht in Konflikt mit der Berliner Zensurbehörde zu geraten. Seine Informationsquellen waren aufgrund der allgemein desolaten Lage des Presse- und Nachrichtenwesens zwar begrenzt, dafür aber äußerst vielfältig:[57] Die Artikel erscheinen überwiegend anonym, aber mit Verweisen auf andere Zeitungen aus dem In- und Ausland oder mit vagen Informantenangaben.[58]

Dabei unternimmt Arnim auch eigens (Meta-)Reflexionen über das Zeitungswesen,[59] indem er offen für eine Inklusion von Gerüchten in den *Preußischen Correspondenten* plädiert, wenn sie sich als politisch nützlich erwiesen:

---

semitismus, Bd. 2/1, Personen A–K, hg. von Wolfgang Benz, Berlin 2009, 403–406; Clemens Escher, Arndt, Ernst Moritz, in: Handbuch des Antisemitismus, Bd. 2/1, Personen A–K, hg. von Wolfgang Benz, Berlin 2009, 33–35 sowie Erhard Jöst, Opfertod fürs Vaterland. Der literarische Agitator Theodor Körner, in: Dichtung und Wahrheit: Literarische Kriegsverarbeitung vom 17. bis zum 20. Jahrhundert, hg. von Clauda Glunz und Thomas F. Schneider 2015, 7–46.
54 Arnim prägte im *Preußischen Correspondenten* den Begriff der „Leipziger Völkerschlacht". In dem betreffenden Artikel zieht Arnim eine Parallele zwischen der Schlacht bei Leipzig und der Hermannschlacht – beide Auseinandersetzungen müssten als ein Befreiungsakt anerkannt werden. Arnim will hier der Schlacht bei Leipzig den offiziellen Titel „Deutsche Schlacht" geben. Durchschlägiger, weil sie seit Arnims Artikel tatsächlich mehrheitlich so verwendet wurde, ist jedoch die Bezeichnung „Völkerschlacht". Es wird also nicht nur ein verfälschender, propagandistischer Titel eingeführt, sondern auch Völkerschlacht und Deutsche Schlacht werden gleichgesetzt. Vgl. Achim von Arnim, Völkerschlacht [1813], in: ArnDKV 6, 427 f.
55 Vgl. hierzu auch Hilzinger, Anekdotisches Erzählen im Zeitalter der Aufklärung, 135.
56 Vgl. Knaack, Achim von Arnim, der Preußische Correspondent und die Spenersche Zeitung, 46 sowie Rollka, Die Belletristik in der Berliner Presse des 19. Jahrhunderts, 74.
57 Vgl. Knaack, Achim von Arnim und der ‚Preußische Correspondent', 137.
58 Vgl. Knaack, Achim von Arnim, der Preußische Correspondent und die Spenersche Zeitung, 43.
59 Vgl. Knaack, Achim von Arnim, der Preußische Correspondent und die Spenersche Zeitung, 45 f.

> Wir können es uns zuweilen nicht versagen, Gerüchte, insofern wir sie von glaubwürdigem Munde empfangen, selbst wenn wir einigen Zweifel gegen ihre Wahrscheinlichkeit hegen, unsern Lesern mitzuteilen. Eine Zeitung muß wiedergeben, was die Zeit ihr darbietet, und bei so nahen Begebenheiten kann selbst eine verfälschte Nachricht nicht bloß erfreulich, sondern selbst nützlich werden. Diese Gerüchte nachher jedesmal zu berichtigen, wäre allzu umständlich, dennoch wünschten wir unsrem Blatte einige historische Brauchbarkeit für den künftigen Geschichtsfreund zu geben und versprechen deswegen von Zeit zu Zeit eine Durchsicht und Berichtigung der mitgeteilten Materialien zu liefern.[60]

Zwar gehöre das Gerücht als Meldung nicht zu den Qualitätsstandards eines Nachrichtenjournals, das einen Wahrheitsanspruch verspricht, andererseits scheine eine flexible Einstellung zu Gerüchten angebracht, wenn keine anderen Quellen eine relevant erscheinende Meldung zu belegen vermögen, so Knaack.[61] Das Gerücht als Medium für eine Meldung erfährt somit Legitimation. Auch die anekdotische Aufbereitung von Nachrichten sowie die Aufnahme von Meldungen zweiter Hand gehörten zur redaktionellen Tagesordnung Arnims. So forderte er etwa Brentano auf, ihm „Neuigkeiten, besonders Anecdoten, manches was dort [in Wien, L. L.] nicht zu drucken erlaubt ist", zu senden, „nur keine satyrischen Sarkasmen", der Zensur wegen.[62] Arnim selbst bezeichnete das alltägliche Moment der Zeitungsredaktion ganz salopp als „unzähliges Laufen und Schmieren"[63] und Knaack fasst seine Arbeitsweise wie folgt zusammen:

> Als erstes und wesentliches: andere Zeitungen lesen, auswerten und möglicherweise kürzen oder auch übersetzen, und wenn nötig, auch mit eigenem erfundenen Kolorit ausschmücken. Zweitens: Herumlaufen und mündliche Informationen einholen. Als drittes Zusatzinformationen zu dem Gelesenen beschaffen und viertens Eingereichtes bei Bedarf abdrucken.[64]

Brentano schrieb Arnim dann tatsächlich aus Wien Briefe über den Tiroler Befreiungskampf. Einige der „Neuigkeiten, Kriegsanekdoten etc." erhielt Arnim auf Anfrage auch von den Brüdern Grimm, die ihrerseits in Kassel eine Zeitung plan-

---

60 Achim von Arnim, Anzeige [1813], in: ArnDKV 6, 424.
61 Vgl. hierzu auch Knaack, Achim von Arnim, der Preußische Correspondent und die Spenersche Zeitung, 47.
62 Vgl. Clemens Brentano, Arnim und Brentano, Freundschaftsbriefe, Bd. 2: 1807–1829, hg. von Hartwig Schultz, Frankfurt a. M. 1998, 689.
63 Arnim und Brentano, Freundschaftsbriefe, 688–692. Nach Knaack war Alltäglichkeit an und für sich negativ besetzt und wurde bei Arnim einem Zustand „lebendigen Eindrucks" gegenübergestellt; gleichwohl aber sei das alltägliche Moment der Zeitungsherstellerei Arnim bewusst gewesen. Vgl. Knaack, ‚Die Alltäglichkeit der Zeitungsschreiberei', 186.
64 Vgl. Knaack, ‚Die Alltäglichkeit der Zeitungsschreiberei', 187.

ten; Wilhelm versprach „[k]leine Landesanecdoten", Jacob übersandte Nachrichten aus Frankreich, wo er sich in diplomatischer Mission befand, sowie aus dem befreiten Kassel. Maßgeblich auf diese Weise entstehen Arnims *Anekdoten zur Zeitgeschichte*, die oft von Kriegsberichterstattung nicht klar abzugrenzen sind und die eine Übergängigkeit zwischen Wahrheit und Fiktion im Sinne einer unterhaltungs- und informationsbegierigen Leserschaft systematisch ausloten.

In Reaktion auf die *Kriegs-Anekdote*, die Arnim von Jacob Grimm aus Frankreich zugesandt bekam und die er leicht überarbeitet im *Preußischen Correspondenten* veröffentlichte,[65] erhielt er eine Richtigstellung von dem Soldaten, der die Geschichte selbst erlebt hatte.[66] Arnims Anmerkungen zu diesem Fall geben Aufschluss darüber, wie seiner Meinung nach in Krisenzeiten Nachrichten vermittelt und Geschichte überliefert werden muss. Auf den Einwand des Soldaten, dass „[i]n dieser tatenreichen Zeit [...] kleine Abenteuer kein Interesse haben [können], als etwa für die Freunde dessen, der sie bestand,"[67] entgegnet Arnim:

> Würden die größeren Begebenheiten vollständig erzählt, so möchten sie den einzelnen Ereignissen das Interesse nehmen, da aber jene eigentlich der Nachwelt erst entschleiert werden, so geben uns diese allein einige Anschauung der Zeit; die hier berichtigte Anekdote ist von mehreren andern Zeitungen wieder aufgenommen worden, hat unverkennbar ein allgemeines Interesse erweckt und unsere Aufnahme gerechtfertigt.[68]

Dieser Kommentar kann folgendermaßen interpretiert werden: Zum einen bieten nach Arnim allein die einzelnen Ereignisse einen zeitdiagnostischen Ausschnitt, wenn die größeren Begebenheiten zum gegenwärtigen Zeitpunkt nicht vollständig erzählt werden können. Dass diese erst in der Rückschau ‚entschleiert' werden können, bedeutet, dass sie zum gegenwärtigen Zeitpunkt eine hohe Anfälligkeit für Unsicherheiten und Verfälschungen bieten. Verfälschungen im Nebensächlichen und Kleinen hingegen scheinen legitim. In diese Richtung zielt auch Arnims Antwort auf die Verwunderung des Soldaten, wie das Erlebnis Einzug in den *Correspondenten* finden konnte, hatte er doch nur Freunden davon berichtet. Nämlich

> [d]urch einen weiteren Kreis von Wiedererzählung, so daß, wenn auch nicht in der Hauptsache, doch in Nebensachen allerdings sich manches verändert hat, was wir hier mit Ver-

---

65 Vgl. Arnim, Anekdoten zur Zeitgeschichte, 895 f.
66 Dieses Beispiel findet sich auch in: Liese, Die unverfälschte Gemeinschaft, 12–14.
67 Darstellung der Richtigstellung vom 27.11.1813 (Nr. 138) bei Renate Moering, Kommentar, in: ArnDKV 3, 1336–1338, hier: 1336.
68 Arnim, Richtigstellung, 1336.

gnügen berichtiget lesen, da außer dem allgemeinen Interesse an einem merkwürdigen Ereignis, hier auch das einzelne historische Interesse sein Recht hat.[69]

In Arnims Argumentation rechtfertigt vor allem das mediale Interesse eine Publikation, nicht allein Faktentreue. Das historische Interesse an Wahrhaftigkeit und das allgemeine Interesse an einem merkwürdigen Ereignis werden hier auf eine Stufe gestellt. Arnim formuliert mit seinen Anmerkungen also ein krisenbedingtes Plädoyer für die narrative Erschließung von (Zeit-)Geschichte im Kleinen.

Ein weiteres Beispiel für die Bedeutung von Nachrichten ‚vom Hörensagen', bildet eine Anekdote, die Arnim ohne Titel 1814 im *Correspondenten* veröffentlicht, die aber bereits 1810 in Kleists *Abendblättern* unter dem Titel *Der verlegene Magistrat* erschienen ist und bis heute eher mit Kleist als mit Arnim in Verbindung gebracht wird. In der Anekdote geht es um einen Stadtsoldaten, der sich während der Wache unerlaubt von seinem Posten entfernt. Dieser Regelverstoß wird eigentlich mit dem Tod geahndet. Praktisch wird diese Strafe jedoch nicht mehr angewandt und stattdessen eine Geldbuße gefordert. Der Stadtsoldat in der Anekdote ist nicht willens, zu bezahlen und spekuliert gegenüber seinem Vorgesetzten (bei Kleist der „verlegene Magistrat") listig darauf, dass die Todesstrafe ohnehin nicht vollzogen würde. Damit liegt er richtig und ihm wird schließlich auch die Geldstrafe erlassen.

Kleist und Arnim erzählen die gleiche Begebenheit auf unterschiedliche Weise. Zunächst setzt Kleist den Fokus auf den schuldhaften Soldaten selbst. Dessen Vergehen, sich unerlaubt vom Wachposten entfernt zu haben, bildet *in medias res* den Einstieg für die Anekdote: „Ein H…r Stadtsoldat hatte vor nicht gar langer Zeit, ohne Erlaubnis seines Offiziers, die Stadtwache verlassen."[70] Arnim hingegen beginnt mit der Schilderung des historisch überkommenem Kriegsgesetzes. So heißt es im *Preußischen Correspondenten*:

> Hamburg hatte in ältester Zeit strenge kriegerische Verhältnisse und Vorsicht gegen die Nachbarn zu beobachten, da wurde das ernste Gesetz gegeben, daß jeder Bürger an dem Leben gestraft werden solle, der seinen Wachposten verließe. Statt der Lebensstrafe war dann in späterer Zeit die Strafe von 12 Schillingen eingeführt, doch traf es sich vor einigen Jahren […].[71]

---

69 Arnim, Richtigstellung, 1336.
70 Heinrich von Kleist, Der verlegene Magistrat. Eine Anekdote, [1810] in: KlDKV 3, 354 f., hier: 354.
71 Arnim, Anekdoten zur Zeitgeschichte, 905 f., hier: 905.

Beide siedeln das Gesetz in der Vergangenheit an, Arnim „in ältester Zeit" und auch nach Kleist ist es „uralt"; die Begebenheit um den renitenten Soldaten hingegen habe sich „vor einigen Jahren" bzw. „vor gar nicht langer Zeit" ereignet. Damit mokieren sich beide über anachronistische militärische Bräuche, die in der gelebten Gegenwart jede Wirksamkeit verloren haben.[72]

Arnims Erzählstil unterscheidet sich in mindestens zweierlei Hinsicht von dem Kleists. Zum einen fällt die Exposition bei ihm bedächtiger aus, indem er die genauen Hintergründe und zufälligen Begebenheiten um das Verlassen des Wachpostens beschreibt:

> [D]och traf es sich vor einigen Jahren, daß ein sehr geiziger Pantoffelmacher auf Wache war und nothwendige Arbeit zum Feste zu Hause hatte stehen lassen, und immer etwas weiter von seinem Posten abging, bis er endlich zu Hause war und beim Arbeiten die Zeit der Ablösung nur um einen Augenblick versäumte.[73]

Zum anderen gibt Arnim die Geschehnisse aus einer distanzierten und zielgerichteten Nullfokalisierung wieder:

> Als er nun außer Athem der Ablösung nachgelaufen kam, verurtheilte ihn der Officier in die Strafe der 12 Schillinge, er aber des alten Rechts kundig, erklärte, daß er keinen Schilling gebe, er wolle nach dem Kriegsrecht hingerichtet sein. Umsonst machte ihm der Officier Vorstellungen, er bestand auf seinen Sinn, es wurde der Beichtvater geschickt, alles vergebens, was sollten die Kameraden thun, sie baten ihn um Gottes willen, ausser den 12 zu Bezahlung der Strafe 24 von ihnen als Geschenk anzunehmen, damit sie ihn nur nicht zu erschießen brauchten.[74]

So endet Arnims Anekdote mit dem Skandalon einer absurd anmutenden Machtumkehr, die zwar überrascht, jedoch durch den gemächlich, aber unnachgiebig aneinanderreihenden Erzählstil aufgefangen wird. Genauso ‚unnachgiebig' scheint der Zusammenhang zwischen veraltetem Militärgesetz und unerhörter Begebenheit, d. h. die Entscheidung, mit den historischen Rahmen-

---

[72] Zur bei Kleist verhandelten Ratlosigkeit gegenüber einer gewandelten Rechtsprechung und zum Gesetzeskonflikt, vgl. Peter Gilgen, Ohne Maß: Kleists ‚Der verlegene Magistrat', in: Kleist revisited, hg. von Hans Ulrich Gumbrecht und Friederike Knüpling, Paderborn 2014, 147–161, hier: 156 f. Lehmann betont die Funktion des Anekdotischen in dem Sinne, dass es die Problematik einer sich selbst fremdgewordenen und zur Selbstreflexion gezwungenen Gegenwart (angesichts der Unpraktikabilität eines anachronistischen Gesetzes) insbesondere zum Ausdruck verhelfe. Zur Funktion des Anekdotischen in Bezug auf die zur Selbstreflexion gezwungene Gegenwart, vgl. Lehmann, (Un-)Arten des Faktischen, 281 f.
[73] Arnim, Anekdoten zur Zeitgeschichte, 905.
[74] Arnim, Anekdoten zur Zeitgeschichte, 905 f.

bedingungen zu beginnen, und die vergleichsweise ausladende Exposition waren exakt auf das Ende hin ausgerichtet. Die Geschichte hat sich nur so und nicht anders ereignen können – das suggeriert auch das schnell eingeschobene „alles vergebens" –, denn solche Gesetzte, dieser Schluss drängt sich auf, kann mit List selbst ein „geizige[r] Pantoffelmacher" brechen.[75]

Der Beitrag im *Preußischen Correspondenten* ist eindeutig als Anekdote zu identifizieren, auch wenn er ohne Titel oder Gattungsbezeichnung erscheint. Anders bei Kleist: In den *Abendblättern* erhält die Geschichte den bekannten Titel *Der verlegene Magistrat* und den Untertitel *Eine Anekdote*. Obwohl sich auch eine motivische Parallele zu einigen in der Zeitung koexistierenden Nachrichten ziehen lässt,[76] sind eher diese anekdotisch aufbereitet, als dass *Der verlegene Magistrat* nachrichtenähnliche Züge hätte. Die Selbstbeschreibung als Anekdote scheint also in diesem Fall zutreffend, wenn es sich auch um eine anders gestaltete als bei Arnim handelt. Kleist erzählt zum einen wendungsreicher, indem er den Soldaten als einen Charakter zeichnet, dem seine List – so scheint es – spontan und zufällig in den Sinn gekommen ist und der sich durch Sturheit und den Einsatz von schauspielerischem Talent auch nicht mehr davon abbringen lässt:

> Der besagte Kerl aber, der keine Lust haben mochte, das Geld zu entrichten, erklärte, zur großen Bestürzung des Magistrats: daß er, weil es ihm einmal zukomme, dem Gesetz gemäß, sterben wolle. Der Magistrat, der ein Mißverständnis vermutete, schickte einen Deputierten an den Kerl ab, und ließ ihn bedeuten, um wieviel vortheilhafter es für ihn wäre, einige Gulden Geld zu erlegen, als arquebusiert zu werden. Doch der Kerl blieb dabei, daß er seines Lebens müde sei, und daß er sterben wolle: dergestalt, daß dem Magistrat, der kein Blut vergießen wollte, nichts übrig blieb, als dem Schelm die Geldstrafe zu erlassen, und noch froh war, als er erklärte, daß er, bei so bewandten Umständen am Leben bleiben wolle.[77]

Das anekdotische Kriterium des Merkwürdig-Sonderbaren wird somit bei Kleist stärker personenzentriert erfüllt (dass der „verlegene Magistrat" als Gegenspieler sogar titelspendend wird, ist hier kein Widerspruch); die Tat des Soldaten erscheint vordergründig als ein kurioser Einzelfall von Bauernschläue, wohingegen Arnim nicht zuletzt durch die Schlusspointe, dass der Schuldige nicht nur begnadigt, sondern sogar beschenkt wird, strukturell Kritik übt.

Arnims Interpretation vertritt einen moralischeren Ansatz, aber weder in erster Instanz gegen den Soldaten als „geizigen Pantoffelmacher" noch gegen

---

75 Arnim, Anekdoten zur Zeitgeschichte, 905.
76 Vgl. zu paratextuellen Beziehungen der Anekdote in den *Abendblättern* Gilgen, Ohne Maß, 148.
77 Kleist, Der verlegene Magistrat, 355.

die Kameraden, die ihrerseits Rechtsbruch begehen, indem sie sich vor der Strafausübung drücken, sondern vor allem gegen die Absurdität eines historisch geltenden, aber praktisch nicht ausgeführten und unverhältnismäßig strengen Gesetzes.

So könnten wir mit den von Michael Niehaus aufgestellten Kriterien einer sprechenden und einer stummen Anekdote Kleists Version durchaus als sprechend klassifizieren, weil sie mit einer pointierten Stellungnahme des Soldaten selbst endet und die Situation als zeitlose List zugleich transzendiert. Arnims Version hingegen definiert sich über ihren historischen Stoff, aber ohne Anteil an der ‚großen Geschichte' zu beanspruchen. Das kleine Ereignis verschafft sich Geltung allein in der narrativen Zugerichtetheit, die Arnim ihm einräumt. Sie wird aber nicht in größeren geschichtlichen Sinnzusammenhängen aufgelöst und bleibt deshalb stumm. Das bedeutet aber nicht, dass sie auch zum *Verstummen* bringt. Im Gegenteil hat die lebenspraktische Form der Anekdote dem toten Gesetz Einhalt geboten. In Arnims Version wird das noch augenfälliger als bei Kleist.

Beide Versionen werden in veränderten zeitpolitischen Kontexten publiziert. Während die *Abendblätter*-Version vor dem Beginn des preußisch-französischen Krieges erscheint, steht Arnims Interpretation im *Correspondenten* unmittelbar unter den Kriegseindrücken. Reinhold Steig vermutet allerdings, dass tatsächlich Arnims Version zeitlich der Kleist'schen vorangeht.[78] So soll Arnim die Anekdote in ähnlicher Niederschrift ursprünglich für die *Abendblätter* geschrieben und sie Kleist überlassen haben. Weil Kleist in seiner Herausgeberzeit das Eingesandte stark bearbeitete und die letztendlich publizierten Beiträge nicht mehr eindeutig einem Verfasser zuzuordnen waren, argumentiert Steig, dass wohl mehr Aufsätze auf Arnim zurückgehen als ausgewiesen.[79] Im Fall des *Verlegenen Magistraten* rechtfertigt Steig seinen Eindruck außerdem so, dass Arnims Version viel „anekdotenhaft-unschuldiger", „absichtsloser" sei und mehr einem Urtext ähnele, wohingegen Kleist den Stoff witzig pointiert anverwandelte.[80] Diese These kann nicht eindeutig verifiziert werden und sie ist auch einigermaßen irrelevant für die vergleichende Lektüre vor dem Hintergrund unterschiedlicher Publikationsbedingungen, die Steig an dieser Stelle ignoriert. Denn er scheint sich vor allem dafür interessiert zu haben, wer hier „der echte Anekdotenjäger" ist, inmitten einer „Unmasse von Geschichten, [...] die von Mund zu Mund" herumlaufen.[81]

---

78 Vgl. Steig, Heinrich von Kleists Berliner Kämpfe, 352–355. Sembdner stimmt mit Steig überein. Vgl. Sembdner, Die Berliner Abendblätter Heinrich von Kleists, 100.
79 Vgl. Steig, Heinrich von Kleists Berliner Kämpfe, 354.
80 Vgl. Steig, Heinrich von Kleists Berliner Kämpfe, 354.
81 Vgl. Steig, Heinrich von Kleists Berliner Kämpfe, 354.

Die Rekonstruktion erhält somit selbst anekdotenhafte Züge und degradiert die Texte zugleich zur „leichte[n] Umgangsware", insbesondere Arnims zu einem „aufgeschriebenen Spaß".[82] Diese Verniedlichungen und somit Entpolitisierungen des Anekdotenerzählens seitens rechtsnationalistischer oder nationalsozialistischer Wissenschaftler sind auffällig.[83] Ihre Konzentration auf den so stilisierten deutschen Reichtum ‚herumwandernder Anekdoten' ist Teil einer völkischen Idealisierung, die das Bild einer dichtenden Kollektivseele auch im Kleinen heraufbeschwört.

Unabhängig davon, wer den Stoff zuerst ‚behandelte' (denn bei den Quellen handelt es sich um mündliche Überlieferungen), gibt die chronologische Lesendenperspektive (entgegen Steigs vermuteter Reihenfolge der Niederschrift) aus medientheoretischer Perspektive einen anderen Aufschluss über das Verhältnis beider Varianten. Denn gerade weil die Anekdote schon 1810 in den *Abendblättern* erschienen ist, kann Arnim nun, vier Jahre später und unter unmittelbarem Eindruck des Krieges, trotz Zensurdruck dezidierter Kritik an überkommenen Militärkonventionen äußern, als es ihm wahrscheinlich mit einer Erstpublikation möglich gewesen wäre. Denn hier kommt ihm das Prinzip ‚Hörensagen' zu Hilfe: Kleist hat die Anekdote als Witz erzählt/bearbeitet und in der Art hat sie sich mutmaßlich für die Lesenden erhalten. Die als bekannt vorausgesetzte Pointe verschleiert so die – vor allem eingangs vorgenommene – kritische Auseinandersetzung mit dem Kriegsrecht bei Arnim. Nur so ist zu erklären, dass der Witz vom verlegnen Magistraten trotz nochmals verschärfter Zensurmaßnahmen eine Entwicklung zur Anekdote mit zeitgeschichtlichem Bezug im *Correspondenten* erfahren bzw. in ihrer ursprünglich vorgesehenen Form erscheinen kann.

So klar die *Abendblätter*-Version die Pointe vorgeben mag, so flexibel bleibt der Stoff durch die Kleist-typischen Aussparungen in seiner Ausdeutung. Infolgedessen kann Arnim das Narrativ um *stories* bereichern bzw. sie beibehalten: einerseits den individualpsychologischen (oder vielmehr -praktischen) Hintergrund, warum sich der Soldat überhaupt vom Wachposten entfernte, andererseits den rechtshistorischen Exkurs und die zeitgenössische politische Kritik. Die anekdotische Aufbereitung und ihre Berührung zu verwandten kleinen bzw. einfachen Formen ermöglicht hier äußerste Dehnbarkeit des Stoffs. Mittels anekdotischer Aufbereitung im Journalmedium vermochte es Arnim also, „die Alltäglichkeit der Zeitungsschreiberei"[84] doch noch für sich fruchtbar zu machen.

---

82 Vgl. Steig, Heinrich von Kleists Berliner Kämpfe, 354.
83 Vgl. hierzu auch Heinz Grothe, Anekdote, Stuttgart 1984.
84 Achim von Arnim, An die Leser [1814], in: ArnDKV 6, 471 f., hier 471.

4.1.3 Friedenspropaganda. Die Wiener *Friedensblätter* und die neue unpolitische Zeit

Auch Brentano war – wider Willen – als Zeitungs(mit)herausgeber aktiv, allerdings in Wien. Sein primäres Anliegen in Österreich war es ursprünglich, dem in den Befreiungskriegen gefallenen Theodor Körner als Theaterdichter zu folgen. So war Brentano anfangs darum bemüht, Theaterjournalismus und Dramenproduktion zu verbinden und schrieb unter Pseudonym Beiträge für den *Dramaturgischen Beobachter*.[85] Sein Drama *Die Gründung Prags* löste in den Wiener Salons allerdings nur mäßige Begeisterung aus.[86] Ohnehin konnten sich romantische Stücke auf den Bühnen nur schwer durchsetzen,[87] hingegen erfuhren Prosatexte in der ersten Hälfte des 19. Jahrhunderts einen regelrechten Popularitätsschub beim Lesepublikum und so publizierten Schriftsteller zunehmend aus ökonomischen Gründen ihre Erzähltexte gegen ein Honorar in Zeitungen und Zeitschriften.[88]

Politisch ist Brentano in seiner Wiener Zeit nicht auffallend in Erscheinung getreten.[89] Zwar hat er Kriegslyrik verfasst, den späten Eintritt Österreichs in den Krieg kritisiert und Arnim Stoff für den *Preußischen Correspondenten* geliefert, aber, so schätzt Dietmar Pravida ein, lange nicht riskiert, dass sein Engagement Konsequenzen tragen würde, etwa durch die Verpflichtung zum Kriegsdienst.[90] Dass Brentano dennoch eine indirekte politische Rolle zugeschrieben

---

[85] Von den Werken, an denen Brentano in Wien arbeitete – überwiegend lyrisches Material – ist nur ein Bruchteil vollendet und zu seinen Lebzeiten veröffentlicht worden. Weil sich Brentano zu der Zeit der Deklamationslehre zuwandte, sich am Wiener Theater etablieren wollte und seine Stücke auch in der Salonszene vorgetragen werden sollten, konzipierte er aus eher privaten Gedichttexten öffentlichkeitstaugliche Dramen; als aber die Aufführungsabsichten scheiterten, wurden die abgeschlossenen Fassungen wieder aufgelöst und entweder in private Texte zurückverwandelt oder für eine andere Veröffentlichungsform und für eine andere Öffentlichkeit umgeschrieben. Dabei nahm Brentano das offizielle Deklamatorium und dessen sich konventionell gebende Rhetorik zunächst wieder in sein eigenes öffentlichkeitsabgewandtes Schreiben zurück. Vgl. Dietmar Pravida, Brentano in Wien. Clemens Brentano, die Poesie und die Zeitgeschichte 1813/14, Heidelberg 2013, 107–114.
[86] Die zwiespältigen Reaktionen des Publikums sind überliefert in den Erinnerungen Caroline Pichlers. Vgl. Pravida, Brentano in Wien, 79 f.
[87] Vgl. Pravida, Brentano in Wien, S29.
[88] Vgl. Pravida, Brentano in Wien, 225.
[89] Die Einschätzung geht zurück auf Pravida: „Während er in Darstellungen seines Verhaltens in Salons meist die Position des Zentrums einnimmt, findet er sich an der Peripherie, ‚still in der Ecke', wenn politische Dinge verhandelt werden." Pravida, Brentano in Wien, 55.
[90] Vgl. Pravida, Brentano in Wien, 57.

wird, lässt sich durch sein soziales Umfeld begründen. So verkehrte er z. B. in Prag mit dem preußischen Generalmajor Friedrich Wilhelm von Roeder, der in Berlin die Deutsche Tischgesellschaft besucht hatte und in vielen antinapoleonischen Plänen Gerhard von Scharnhorsts zur Reformierung Deutschlands erwähnt wird, woraus geschlossen werden kann, dass auch Brentano von den geheimdienstlichen Unternehmungen gewusst haben muss.[91] Brentano hat in Wien nachweislich sowohl die „Rebhühner"- als auch die „Strobelkopf"-Gesellschaft regelmäßig besucht,[92] wobei sich vor allem letztere für sein literarisches Schaffen als wichtig erwies. Erstmals berichtete er im Oktober 1813 in einem Brief an Arnim von seinem neuen Bekanntenkreis in Wien. Er spricht von „etwa sechs" jungen Leuten, denen er sich angeschlossen habe und mit denen er sich regelmäßig im Gasthaus „Zum Strobelkopf" treffe.[93] „Strobelkopf" meint somit nicht die Selbstbezeichnung der Gesellschaft, sondern die Gaststätte, in der sich die Beteiligten getroffen haben, was einen ersten Hinweis auf ihren eher geringen Organisationsgrad gibt. Die Mitglieder waren größtenteils Künstler, Intellektuelle und/oder preußische Offiziere und gehörten dem Kreis der Wiener Romantik an, so etwa Friedrich August von Klinkowström, Anton und Johann Nepomuk Passy, aber auch Jacob Grimm. Die Größe der Gesellschaft scheint nach Brentanos Eintritt sehr schnell gewachsen zu sein; die Zahl der Teilnehmenden wird schließlich auf zwanzig bis dreißig angesetzt, wobei von einer hohen Fluktuation auszugehen ist.[94] Während die Rebhühner-Gesellschaft als literarisches und aufklärerisch geprägtes Forum angesehen und rezipiert wurde, galt die Strobelkopf-Gesellschaft lange als ihr katholisches Gegenstück, weil vor allem katholische Autoren von der Wiener Romantik berichteten und dabei die Strobelkopf-Gesellschaft erwähnten.[95] Dass die Veranstaltung aber hauptsächlich literarischen Themen gewidmet war und also von ihr kein direk-

---

91 Saul Ascher hat in Brentanos Philisterabhandlung eine kryptische Programmschrift einer dem Tugendbund nahestehenden Vereinigung sehen wollen. Vgl. Pravida, Brentano in Wien, 51–56.
92 Vgl. den Tagebucheintrag von Johann Karl Passavant vom 29.12.1813, Darstellung bei Adolf Helfferich, Johann Karl Passavant. Ein christliches Charakterbild, Frankfurt a. M. 1867, 361, 365.
93 Darstellung in: FBA, Bd. 33: Briefe V. 1813–1818, hg. von Sabine Oehring, Frankfurt a. M. 2000, 75. Vgl. hierzu auch Pravida, Brentano in Wien, 97.
94 Gegenüber den Zensurbehörden hat sich wahrscheinlich nur eine kleinere Gruppe als die betreffende Gesellschaft ausgegeben, da nicht die Aufmerksamkeit auf alle Beteiligten gelenkt werden sollte. Vgl. Pravida, Brentano in Wien, 99.
95 Der Wiener Prediger Klemens Maria Hofbauer begann aber erst nach 1813, während der Kongresszeit, einen eigenen Kreis zu bilden, als sich der Kreis um Friedrich Schlegel und Adam Müller bereits aufgelöst hatte. Vgl. Pravida, Brentano in Wien, 96.

tes politisches Risiko ausging, beschreibt ein Spitzelbericht.⁹⁶ Aus dieser Quelle ist auch bekannt, dass gegenseitige künstlerische Anregungen, Theater- und Literaturkritik, aber auch die Planung gemeinsamer Unternehmungen Gegenstand der Diskussionen waren.

Von 1814 bis 1815 gab die Strobelkopf-Gesellschaft dann auf die Initiative Brentanos hin eine eigenständige Zeitschrift heraus, die *Friedensblätter. Eine Zeitschrift für Litteratur, Leben und Kunst*, die in der Grundhaltung den romantisch-christlichen Geist der Gesellschaft widerspiegelt. Die *Friedensblätter* setzten sich in vielerlei Hinsicht vom Wiener Journalwesen ab, das sich durch eine große Beliebigkeit auszeichnete und von „seichten, klatschsüchtigen Unterhaltungs[blättern]", so Pravida, dominiert wurde.⁹⁷ Hingegen artikulieren die *Friedensblätter* in ihrer programmatischen Vorrede einen gewissen Niveauanspruch an die aufzunehmenden Beiträge, die

> reflektierende, [...] möglichst interessante [...] Betrachtungen über den Zeitgeist, [...] erzählende und beschreibende [Aufsätze, L. L.], [...] beurtheilende – Anzeigen von merkwürdigen Schriften, [...] anziehende Anekdoten, Erzählungen von auffallend klugen und guten, dummen oder schlechten Handlungen und Reden, treffende Maximen, unterhaltende und belehrende Miscellen – unter was für Titeln man die heiteren Spiele des Witzes und der Laune zu geben pflegt. /Rätsel, Charaden u. ä./⁹⁸

umfassen sollten. Vor allem nach der Übernahme der Herausgeberschaft durch Klinkowström ab 1815 erlebten die *Friedensblätter* einen literarischen Aufschwung: Autoren wie Kleist (*Das letzte Lied*), Friedrich Schlegel (*Manifest an die Deutschen*) und Müller (Auszüge aus *Über die Beredsamkeit, Die Quelle der Beredsamkeit, Die Kunst des Hörens* und *Die Schriftstellerey*) lieferten Texte. Brentanos wichtigster Beitrag war indes die Erzählung *Die Schachtel mit der Friedenspuppe*, der im folgenden Kapitel gesonderte Betrachtung geschenkt werden soll.

---

96 Wie in Berlin herrschte auch in Wien eine große „Verschwörungsfurcht" und so wurde im Oktober 1815 die Polizei auf die Strobelkopf-Gesellschaft aufmerksam und entsandte einen Spitzel zu den Treffen. Vgl. das Dekret der Polizeihofstelle, Verwaltungsarchiv des Österreichischen Staatsarchivs, Polizeihofstelle, Zahl 4283/1815, Karton 645, Faszikel 572. Akten über die polizeiliche Bewilligung zur Herausgabe und über Zensurangelegenheiten müssen vorhanden gewesen sein, wurden aber beim Brand des Wiener Justizpalastes 1927 vernichtet. Vgl. Pravida, Brentano in Wien, 99.
97 Vgl. Pravida, Brentano in Wien, 66 f. Eine Übersicht über die Wiener Zeitungen und Zeitschriften bietet Anton Fellner, Wiener Romantik am Wendepunkt, 1813-1815. Die „Friedensblätter" und ihr Kreis, Wien 1951.
98 Friedensblätter Bd. 1, Nr. 2, 21.6.1814.

Obwohl sich die *Friedensblätter* als ein unpolitisches Medium verstanden, wählten sie für das Erscheinungsdatum ihres Begründungsexemplars im Juni 1814 ein dezidiert politisches Ereignis, nämlich die Rückkehr des österreichischen Kaisers in die Hauptstadt nach dem Sieg über die französischen Truppen.[99] Ihr Ziel war es, „für die ganze neue Friedenszeit ein klarer, treuer Spiegel" zu sein.[100] Sie setzen ihr Erscheinen also unmittelbar in Verbindung mit dem Anbruch einer neuen Zeit und markieren einen Bruch nicht nur mit den zurückliegenden Kriegsjahren, sondern auch mit deren Berichterstattung:

> Fern liegt ihnen der Krieg und was man unter dem Namen der Politik begreift; die Ungewitter der vergangenen Zeit sind an dem wolkenlosen Himmel, in dem die Musen wohnen, untergesunken; auf die frohe Gegenwart und ihre schönen Hoffnungen, auf eine noch schönere Zukunft, und auf das Schöne, das Gebieth der Phantasie, der Kunst und Wissenschaft allein, sind sie gestellt; allem Guten, Schönen und Nützlichen hold, dem Schlechten und Gemeinen abgeneigt.[101]

Wenn der Krieg hier „unter dem Namen der Politik" begriffen, der Krieg aber für beendet und der Frieden ausgerufen wird, dann läuten die *Friedensblätter* auch ein postpolitisches Zeitalter ein, das ein Zeitalter der „Eintracht", „wohlthätig und segenreich" sein soll.[102] Das Programm der *Friedensblätte*r, die den Beginn des Wiener Kongresses und damit die politische und soziale Neuordnung Europas orchestrieren, weicht also völlig von dem der politischen Tageszeitungen während der Befreiungskriege, namentlich des *Preußischen Correspondenten*, ab. Damit ändert sich auch die Rolle des Literarischen im Zeitungskontext. Hat sich das Anekdotische bei Arnim noch als Surrogat der durch Zensur und Krieg erschwerten Informationsbeschaffung und -zubereitung herausgestellt, soll es nun einen intentionalen, nicht supplementären Stellenwert einnehmen. So schreiben die *Friedensblätter* in ihrer Selbstvorstellung, „die Zeit der Eintracht [solle, L. L.] auch in der deutschen Literatur walten, und darin ihr sichtbares Denkzeichen haben".[103] Während in den Revolutions- und Kriegsjahren alte

---

[99] Der Titel *Friedensblätter* sollte zunächst nur eine Sehnsucht ausdrücken, denn bei der Konzeption wusste man noch nichts von der Abdankung Napoleons; das Abweichen vom geplanten periodischen Turnus und intendierte Zusammenfallen mit dem kaiserlichen Einzug verlieh so der Zeitung bzw. ihrem Zeitungstitel einen performativen Klang. Vgl. Nicola Kaminski, „Zeit/Schrift: Interferenzen von Tagebuch und Journal in den Wiener Friedensblättern 1814/15", in: Zwischen Literatur und Journalistik, 133–152, hier: 144.
[100] Vgl. Friedensblätter Bd. 1, Nr. 1, 16.6.1814.
[101] Friedensblätter Bd. 1, Nr. 1, 16.6.1814.
[102] Vgl. Friedensblätter Bd. 1, Nr. 1, 16.6.1814.
[103] Vgl. Friedensblätter Bd. 1, Nr. 1, 16.6.1814.

Denkmäler eingerissen wurden, gilt es also nun, neue „Denkzeichen" zu errichten, und zwar vor allem in der (unpolitischen) Kunst. Dass die jüngste Vergangenheit aber dennoch nicht einfach vergessen werden soll – denn schließlich sieht man sich als siegreich gegenüber Frankreich – daran gemahnen die *Friedensblätter* auch:

> Wie unsere Regenten und Krieger das große Werf im öffentlichen Leben tapfer und herrlich ausgeführt: So steht es dem friedlichen Bürger, Gelehrten und Künstler zu, ihr Denkspiel in der geistigen Welt nachzuahmen, die im Geräusche der Waffen erwachten Ideen zu entwickeln und zu begründen, die Segnungen dieser neuen Zeit preisend zu verzeichnen, die glorreiche Friedensstiftung in das Reich der Wissenschaft und Kunst einzuführen, und so den ruhmvoll erkämpften Lorbeer mit Oelzweigen, Blumen und erquickenden Früchten zu schmücken. Das wollen denn mit Bescheidenheit und Muth auch unsere, dem Frieden und feinen Regungen geweihten Blätter, an ihrem Theile sehn und thun.[104]

Die „friedlichen Bürger, Gelehrten und Künstler" sollen das nachahmen und fortführen, was die „Regenten und Krieger" im öffentlichen Leben erstritten haben; im „Geräusche der Waffen" erwachte Ideen sollen in Kunst und Wissenschaft kanalisiert, Sieg und Ruhm ästhetisiert werden. Der Dienst für die Allgemeinheit ist in Friedenszeiten ein anderer als in Kriegszeiten, aber es bleibt ein Dienst, den die braven Bürger erfüllen müssen, wollen sie das tapfer Errungene nicht verraten. Die *Friedensblätter* implementieren mit dieser Programmatik, wenngleich sie auch nicht politisch sein wollen, eine Art Friedenspropaganda, die vor allem das Ästhetische in den Dienst nimmt und gegen das Politische, d. h. dasjenige, das die Eintracht gefährdet, ausspielt. Sie erweisen sich damit als ein Medium, das prädisponiert ist für die Restaurationsjahre, wie wir im folgenden Kapitel noch genauer sehen werden.

4.2 Versöhnung im Zeichen der Restauration? Arnims und Brentanos Journalerzählungen *post bellum*

Brentano zog sich rasch aus der Herausgebergesellschaft der *Friedensblätter* zurück und auch seinen wohl wichtigsten und denkwürdigsten Beitrag, die Erzählung *Die Schachtel mit der Friedenspuppe*, lieferte er erst nach seiner Abreise ab.[105] Über seine weitere redaktionelle Einbindung ist wenig bekannt. Anders verhält es sich bei Arnim und dem *Preußischen Correspondenten*. Die Arnim-Forschung führt dessen Scheitern unter Arnims nur viermonatiger

---

104 Friedensblätter Bd. 1, Nr. 1, 16.6.1814.
105 Zur Entstehungsgeschichte, vgl. Kluge, Kommentar, 701.

Herausgeberschaft auf drei Hauptgründe zurück:[106] Erstens legte Arnim wie sein Vorgänger Schleiermacher die Herausgabe des *Correspondenten* aufgrund anhaltender Zensurschwierigkeiten nieder. So hatte Arnim bereits an anderer Stelle moniert: „Die Censur aber und die Buchdruckerei sind mein steter Kummer. Aufsätze aus der Königsberger Zeit werden so zerstrichen, daß am Ende eine Lüge übrig bleibt; [...]."[107] Zweitens hätten ihn nur „wenige[ ] Freunde[ ]" mit Beiträgen unterstützt, während wiederum andere Zeitungen seine zeitdiagnostischen Beiträge übernahmen, ohne aber den *Correspondenten* als Quelle zu nennen.[108] Drittens geht aus dem Abschiedswort „[a]n die Leser" hervor, dass Arnims primäre Motivation,

> bei den nahen zweifelhaften Kriegsereignissen durch Zutrauen einige Haltung den Zweiflern, einiges Behagen den Gläubigen mitzuteilen, die Schrecknisse der Furcht mit Träumen guter Ahndung zu bekämpfen und von einer geräuschvollen zerstreuenden Außenwelt auf die notwendige Sammlung und Stimmung des Innern hinzudeuten[,]

nicht umgesetzt werden konnte.[109] Denn, „das, was die Alltäglichkeit der Zeitungsschreiberei erfrischte, ist mit der Gefahr von uns fortgerückt, der lebendige Eindruck naher Begebenheiten fehlt, die Beiträge aus der Ferne bleiben gewöhnlich beim Allgemeinsten stehen".[110]

Arnim schrieb aber weiterhin für andere Zeitungen Beiträge und veröffentlichte im Zeitraum bis 1818 auch einen Großteil seiner kürzeren Erzählungen, die den französisch-preußischen Krieg und seine Folgen thematisieren, in seriell erscheinenden Publikationsmedien, teilweise, um mit dem Erlös Invaliden der Freiheitskämpfe zu unterstützen. Nach seinem Wiener Aufenthalt lebte Brentano eine Zeitlang bei Arnim auf dessen Landsitz in Wiepersdorf. Es ist davon auszugehen, dass sich beide intensiv über ihr literarisches Schaffen austauschten und gegenseitig beeinflussten, wenn auch ein echtes Gemeinschaftswerk ausblieb.[111]

---

106 Vgl. neben den hier zitierten Arbeiten Knaacks auch Burwick/Knaack/Weiss, Kommentar, in: ArnDKV 6, 1236–1238.
107 Arnim im Brief an den Verleger Georg Andreas Reimer am 18.11.1813, Darstellung bei Knaack, Arnim und Niebuhr: Ein gespanntes Verhältnis, in: Neue Zeitung für Einsiedler. Mitteilungen der Internationalen Arnim-Gesellschaft, hg. von Walter Pape, Jg. 4/5 (2004/2005), Köln 2006, 21–40, hier: 29 f.
108 Vgl. Arnim an Reimer, 29 f.
109 Vgl. Arnim, An die Leser, 471.
110 Vgl. Arnim, An die Leser, 471.
111 Arnims Erzählung *Melück Maria Blainville* hat Brentanos *Die Schachtel mit der Friedenspuppe* in vielerlei Hinsicht beeinflusst; teilweise wurden ganze Namen übernommen. Es kann vermutet werden, dass Arnims Erzählung ihn dazu anregte, sich auch erzählerisch mit der

Bemerkenswert ist, dass Arnim seine und Brentanos Erzählungen, die in diesen Zeitraum und medialen Kontext fallen, – nicht gattungstypisch – als „Biographien und Anekdoten" bezeichnet.[112] Hierin offenbart sich ein von Brentano und Arnim beschworener enger Bezug der Anekdote zur Biographie als Teil einer alternativen Geschichtsschreibung, genauer: Die synonyme Bezeichnung lässt auf Arnims und Brentanos biographisches Verständnis der Anekdote schließen, nach der die Anekdote Ausdruck eines Charakters oder einer Person ist – die aber von einem apophthegmatischen (nach Niehaus „sprechenden") Grundschema weit entfernt ist. Die Anekdotenbezeichnung ist hier allein vor dem Hintergrund des Kürze-Verdikts gattungstheoretisch nicht zulässig. Unter einer gattungsgeschichtlichen Perspektive wurde hingegen darauf hingewiesen, dass die Begriffe Novelle und Anekdote oft noch synonym oder in nur gradueller Unterscheidung verwendet wurden. Bei Arnim und Brentano definiert sich das Anekdotische – so geht es aus der privaten Mitteilung Arnims hervor – zunächst durch den Stoff: Der Stoff der Anekdote ist das merkwürdige Ereignis, das losgelöst von seinen zeitlichen Rahmenbedingungen interessant sein muss. Arnim und Brentano entnehmen nun diesen Stoff aus historischen Quellen, insbesondere Memoiren, verlegen ihn in die Gegenwart und reichern ihn mithilfe zeitgenössischer Quellen, Zeitungsberichten und Ähnlichem an, wodurch sie ihn politisieren. In der Folge entstehen Texte, in denen in anekdotischer Tradition politische Ereignisse, z. B. die Französische Revolution, zum Hintergrund für merkwürdige Lebensereignisse avancieren.[113] Die Gattungsgesetze der Dichtung verfolgen schließlich nicht den Zweck, sich ausschließlich an – lückenhaft überlieferte – Fakten zu halten.[114] In seiner Einleitung zum ersten Band des *Kronenwächter*-Romans (1817) erläutert Arnim in diesem Sinne das Verhältnis von Dichtung und Geschichte:

Französischen Revolution auseinanderzusetzen. Zur Zusammenarbeit von Arnim und Brentano jenseits *Einsiedler-Zeitung* und *Wunderhorn*, vgl. Helene M. Kastinger Riley, Kontamination und Kritik im dichterischen Schaffen Clemens Brentanos und Achim von Arnims, in: Colloquia Germanica, 13/4 (1980), 350–358, hier: 351 f.

112 Arnim in einem Brief an Savigny vom 13.10.1814, Darstellung bei Kluge, Kommentar, 698.
113 Vgl. hierzu auch Kluge, Kommentar, 698 f.
114 Voß und seine Anhänger kritisierten im Streit um die Formrevolution romantischen Dichtens Friedrich Schlegels Begriff der romantischen Arabeske als einen Ausbruch ungezügelter Fantasie. In diesen Vorwurf reiht sich auch die Resonanz zu einigen späteren Erzählungen Arnims und Brentanos, deren stilbildende Verschränkungen als Mangel guten Geschmacks bewertet wurden. Es ist ein Verfahren des romantischen Erzählens, im Individuellen das Allgemeine, im Konkreten das Symbolische und im Einzelfall das Modellhafte zu entdecken und zu analysieren. Vgl. Wolfgang Frühwald, Achim von Arnim und Clemens Brentano, in: Handbuch der deutschen Erzählungen, hg. von Karl Konrad Polheim, 145–158, hier: 145 f.

> Dichtungen sind nicht Wahrheit, wie wir sie von der Geschichte und dem Verkehr mit Zeitgenossen fordern, sie wären nicht das, was wir suchen, was uns sucht, wenn sie der Erde der Wirklichkeit ganz gehören könnten, denn sie alle führen die irdisch entfremdete zu ewiger Gemeinschaft zurück.[115]

Der Mensch stehe dem selbst Erlebten zu nahe, um den Ablauf der Geschichte in seiner eigenen Lebensspanne zu begreifen. Aber

> die Geschichte in ihrer höchsten Wahrheit gibt den Nachkommen ahndungsreiche Bilder und wie die Eindrücke der Finger an harten Felsen im Volke die Ahndung einer seltsamen Urzeit erwecken, so tritt uns aus jenen Zeichen in der Geschichte das vergessene Wirken der Geister, die der Erde einst menschlich angehörten, in einzelnen, erleuchteten Betrachtungen, nie in der vollständigen Übersicht eines ganzen Horizonts vor unsre innere Anschauung. Wir nennen diese Einsicht, wenn sie sich mitteilen lässt, Dichtung, sie ist aus Vergangenheit in Gegenwart, aus Geist und Wahrheit geboren.[116]

Schon Schlegel hatte in seinem *Brief über den Roman* (1800) konstatiert, die romantische Poesie berücksichtige nicht „den Unterschied von Schein und Wahrheit, von Spiel und Ernst".[117] Während die antike Poesie historische Stoffe und wahre Begebenheiten vermeide, ruhe die romantische „ganz auf historischem Grund", bzw. auf „wahre[r] Geschichte [...], wenngleich vielfach umgebildet".[118] Romantische Erfindungen, sofern sie geistreich seien, beruhten auf Wahrheit.[119] Hierbei fällt die Formulierung in Bezug auf das Beispiel Boccaccios ins Auge: Sein Werk sei „fast durchaus wahre Geschichte".[120]

Wie ist das gemeint? Beruht fast das ganze Werk auf wahren Begebenheiten oder ist das ganze Werk fast *durchaus* wahr? Dass wahre Geschichte das Fundament romantischer Dichtung sei, begründet Schlegel bezeichnenderweise damit, dass „das Beste in den besten Romanen nichts anders [sei] als ein mehr oder minder verhülltes Selbstbekenntnis des Verfassers, der Ertrag seiner Erfahrung, die Quintessenz seiner Eigentümlichkeit".[121] Die auto(r)biographische Anteilnahme und idiosynkratische Bearbeitung sind also Qualitätsmerkmale der romantischen Erfindung, sie konstituieren deren „geistreiche Intrigue".[122]

---

115 Achim von Arnim, Die Kronenwächter. Einleitung. Dichtung und Geschichte, in: ders., Werke in sechs Bänden, Bd. 2: Die Kronenwächter, hg. von Paul Michael Lützeler, 14 (ArnDKV 2).
116 Arnim, Die Kronenwächter, 13.
117 Vgl. Schlegel, Brief über den Roman, 334.
118 Vgl. Schlegel, Brief über den Roman, 334.
119 Vgl. Schlegel, Brief über den Roman, 334.
120 Vgl. Schlegel, Brief über den Roman, 335.
121 Vgl. Schlegel, Brief über den Roman, 337.
122 Vgl. Schlegel, Brief über den Roman, 334.

Nach Schlegel ist das Romantische ein Element der Poesie, das „mehr oder minder herrschen und zurücktreten, aber nie ganz fehlen" dürfe.[123] Das Romantische erscheint also mehr als gattungsbildende Schreibweise denn als eigenständige Gattung, was auch die grammatikalische Vollzugsform des ‚Romantisierens' in Novalis' Definition nahelegt.

In Bezug auf die politischen Erzählungen Achim von Arnims und Clemens Brentanos lässt sich in diesem Sinne also vielleicht eher vom anekdotischen Romantisieren als von romantischen Anekdoten sprechen. Die Gattungsarbeit, die zugleich verzeitlicht und politisiert, liegt hier im Prozess des Schreibens selbst. Die These des folgenden Kapitels lautet also, dass Brentano und Arnim als Vertreter der politischen Romantik eine neue Form der Anekdote prägen, die sich ähnlicher medialer Aufmerksamkeitsökonomien bedient wie Zeitungsnachrichten. Die Autoren kreieren Gattungshybride, die sowohl Geschichtsnarrative etablieren als auch an der Verzeitlichung der Gegenwart arbeiten. Strategisch machen sie sich zu Nutze, dass sich ein unsicheres Wissen und kleine Formen des Erzählens besonders effektiv verbreiten.

4.2.1 Romantische Gattungshybridität als Bewältigungsstrategie. Brentanos *Die Schachtel mit der Friedenspuppe*

Anamnetisches Erzählen. Von Binnen- und Vorgeschichten
Brentano hatte sich nach dem Scheitern all seiner theatralischen Unternehmungen in Wien erneut Prosaerzählungen zugewandt. Unmittelbar nach seiner Rückkehr aus Wien, im Herbst 1814 und um den Jahrestag der Leipziger Schlacht, verfasste er in Wiepersdorf bei Arnim zwei Erzählungen, von denen eine vollendet, *Die Schachtel mit der Friedenspuppe*, und die andere, *Erzählung aus der französischen Revolution*, Fragment geblieben ist. Die Erzählungen fallen entstehungsgeschichtlich mit dem Beginn der Metternichschen Restaurationsbewegung sowie der Wiedereinsetzung der bourbonischen Monarchie in Frankreich zusammen und beschäftigen sich beide mit der Aufarbeitung der Französischen Revolution und der Koalitionskriege gegen Napoleon. Sie können aber nicht nur vor diesem historischen Hintergrund als Restaurationsgeschichten interpretiert werden,[124] sondern auch aufgrund der ins Werk gesetzten

---

123 Vgl. Schlegel, Brief über den Roman, 335.
124 Brigitte Weingart liest die Novelle als „literarisch projektierte Restauration" und als Beitrag zur Historiographie „ästhetischer Regime" um 1800, der die Frage nach den angemessenen Äußerungs- und Inszenierungsweisen von Machtverhältnissen und politischer

gattungspoetischen und -politischen Arbeiten, die in den folgenden Kapiteln eine genaue Betrachtung erfahren sollen.

Die Erzählung *Die Schachtel mit der Friedenspuppe* spielt auf einem Landsitz eines preußischen Barons, als während der Vorbereitung für die Jahresfeier ein Zug Franzosen und Französinnen, aus russischer Gefangenschaft entlassen, vorbeizieht. Derweil spielen die Kinder des Barons mit einer Pariser Modepuppe in bunter Schachtel, die sich für die französischen Protagonist:innen als fatales Requisit aus der Vergangenheit entpuppt und sie in Aufregung versetzt: Eine Frau, Antoinette, fällt in Ohnmacht und zwei Männer, Pigot und St. Luce, verletzen einander schwer. Gemeinsam mit Antoinettes Mann Frenel werden sie auf dem Landsitz untergebracht und erst mithilfe des detektivischen Spürsinns des preußischen Barons werden ihre Schicksale aus den Revolutionsjahren zusammengeführt. Dabei bilden die sich widersprechenden, lückenhaften und teilweise erlogenen Schilderungen aus der Vergangenheit auf komplizierte Weise miteinander verstrickte Binnengeschichten, die durch das fatale Requisit der Schachtel miteinander verbunden sind und die sich erst nach und nach entwirren: Pigot und St. Luce erweisen sich als Sanseau und Dumoulin. Sanseau ist der Sohn des Advokaten Sanseau, eines ehemaligen Geschäftsfreundes des Vaters von Frenel, des Chevaliers de Montpreville, welcher vor der Geburt Frenels verstorben war. Der junge Sanseau hatte sich einen Plan ausgedacht, wonach der schwangeren Frau des Chevaliers ein totes Kind untergeschoben werden sollte, damit es so aussehe, als hätte sie ihr leibliches Kind, den rechtmäßigen Sohn des Chevaliers, verloren und dieses durch ein anderes Kind ersetzt. So sollte das ganze Erbe des Chevaliers an dessen Tochter – die Halbschwester Frenels aus der ersten Ehe des Chevaliers – gehen, die, mit dem jüngeren Sanseau liiert, sich gemeinsamen mit ihm republikanischen Idealen angeschlossen und sich vom Vater entfernt hatte. Der Plan wird mithilfe von Dumoulin durchgeführt, der als Totengräber ein totes Kind ausgräbt und es mithilfe eines auf dem Friedhof entführten Kindes in jener Schachtel in das Haus des Chevaliers schmuggeln lässt. Das Vorhaben gelingt: Das tote Kind

---

(Un-)Ordnung poetologisch reflektiert. Vgl. Brigitte Weingart, Macht und Ohnmacht der Dinge: Clemens Brentanos Schachtel mit der Friedenspuppe, in: Ästhetische Regime um 1800, hg. von Friedrich Balke, Harun Maye und Leander Scholz, München 2009, 119–138, hier: 125. Vgl. zur Einschätzung der Novelle als Restaurationserzählung auch Vicky L. Ziegler, Justice in Brentanos ‚Friedenspuppe', in: Germanic Review 53 (1978), 174–179, hier: 175 und Gerhard Schaub, ‚Die Schachtel mit der Friedenspuppe.' Brentanos Restaurations-Erzählung, in: Clemens Brentanos Landschaften. Beiträge des ersten Koblenzer Brentano-Kolloquiums, hg. von Hartwig Schultz, Koblenz 1986, 83–122 sowie Heinz J. Gartz, Brentanos Novelle „Die Schachtel mit der Friedenspuppe". Eine kritische Untersuchung, Bonn 1955.

wird für das leibliche und Frenel für ein untergeschobenes Kind gehalten, sodass alle Erbansprüche sowohl des Kindes, Frenels als auch der angeheirateten Mutter verfallen. Dumoulin und seine Frau fliehen danach mit dem entführten Mädchen nach Russland. Die Schachtel nun hatte der preußische Baron kürzlich aus Paris in einem Krämerladen erworben. Als die Kinder des Barons mit ihr spielen, erkennt Antoinette die Schachtel wieder: Sie war jenes kleine Mädchen, das die Verwechselung besorgt hatte. Sie ist also nicht die leibliche Tochter von St. Luce bzw. Dumoulin. Als die Pläne herauszukommen drohen, begeht Sanseau einen Suizidversuch. Als man ihn aber rechtzeitig auffindet, löst er die Geschichte auf und bittet um Vergebung, wodurch er den Segen erhält. Dumoulin hingegen bringt sich in derselben Nacht unter den Klängen der Friedenslaute – es wird der Jahrestag der Leipziger Schlacht gefeiert – um und stirbt unversöhnt und ohne den Segen der Gesellschaft. In seinem Testament stellt sich heraus, dass er ein Jude war, der sich seit dem 14. Lebensjahr als Christ ausgegeben hatte.

Brentano verfolgt in seiner Erzählung das Narrativ, dass in den allgemeinen Revolutions- und Kriegswirren ‚natürliche' Genealogien und Ordnungen durcheinander gingen. Erst im Zuge der Restaurationsbewegung werden diese Eingriffe wieder restituiert.[125] Am Ende erscheint die Jahresfeier der Leipziger Schlacht als Fest der Buße und Versöhnung, durch das die Menschen (wieder) im Bund mit Gott stehen. Während sich Brentano bei der Festdarstellung von zeitgenössischen Zeitungs- und Augenzeugenberichten hat inspirieren lassen, was noch detailliert zur Sprache kommen wird, gehen die Binnengeschichten z. T. zurück auf eine französische Quelle, nämlich auf die Memoiren des Grafen von Letaneuf aus dem 17. Jahrhundert.[126] Hieraus ergibt sich der anekdotische Anspruch auf biographische Authentizität, so abwegig die Ereignisse auch erscheinen mögen und auch wenn sie in die gegenwärtige Zeit verlegt wurden – die Verbrechen in die Revolutionsjahre und ihre Auflösung in die Restaurationszeit.[127] Was

---

125 Vgl. zur Symbolik der Korrektur auch Ethel Matala de Mazza und Joseph Vogl, Poesie und Niedertracht. Über Brentanos Restaurationsgeschichte, in: Die Lesbarkeit der Romantik. Material, Medium, Diskurs, hg. von Erich Kleinschmidt, Berlin 2009, 235–250, hier insbesondere 241 f. sowie Weingart, Macht und Ohnmacht der Dinge, 126 f.
126 Vgl. Kluge, Kommentar, 707–720, hier insbesondere 719.
127 Dabei verhalten sich die Ereignisse der französischen Revolution und der Völkerschlacht bzw. deren Jahresfeier zueinander wie „Verwirrung und Entwirrung", so Matala de Mazza und Vogl, mehr noch: „[S]ie werden auch durch die Hinterlassenschaft undeutlicher Zeichen und Chiffren miteinander verknüpft, die sich unschwer als Geschichtszeichen identifizieren lassen." Diese Geschichtszeichen seien „Indizien" einerseits, etwa Verwüstungen durch marodierende französische Truppen, und „Symptome" andererseits, z. B. die sichtbare nervliche Er-

sie verbindet, liegt im (noch) pränarrativen Bereich, im Unerzählten der Vorgeschichte – die zufällig enthüllt wird und gerade nicht durch analytisches Verhör –, wie im Folgenden erläutert werden soll.[128]

Die Schachtel mit der Friedenspuppe scheint dem Gattungscharakteristikum, das der idealen Novelle ihrer Zeit zugeschrieben wurde – dass sie nämlich, so Zeitgenossen, „eine Erzählung seyn solle, welche auf eine romantische, gesellschaftlich interessierende und beziehungsreiche Weise die Aufmerksamkeit und die Neugier stimmen, spannen, befriedigen soll"[129] – in besonderer Weise zu entsprechen. Während sich moderne Formen des Erzählens, Novelle und Anekdote, als besonders geeignet dafür erweisen, aktuelle Ereignisgeschichte mit Wahrheitsanspruch poetisch anzuverwandeln, rückt aber in *Die Schachtel mit der Friedenspuppe* noch eine andere Geschichtsebene in den Fokus der Narrativierung: die romantische Interpretation der Vorgeschichte. So werden die intrikaten Begebenheiten zwar vor dem Hintergrund aktueller Zeitgeschichte entfaltet, aber die mit schauerromantischen und schicksalspoetischen Elementen gespickte Auflösung wird in einen höheren – ästhetischen wie politischen – zeitlichen Zusammenhang gestellt.

Johannes Lehmann erklärt das Prinzip der Vorgeschichte am Beispiel des Falls, dem immer auch die Frage zugrunde liege, wie alles angefangen habe.[130] Denn was sich als Fall sichtbar manifestiere, liege als Latentes in der Vorgeschichte verborgen:

> So ist eine als Vorgeschichte zu fassende Vergangenheit in der Geschichte einerseits untergründig präsent und wirksam, aber andererseits doch auch zugleich nicht präsent, nämlich als Vorgeschichte (und Wirkungsfaktor) nicht unmittelbar wahrnehmbar. Vorgeschichte und Geschichte sind so in der Regel durch eine nicht-offensichtliche Kausalität miteinander verbunden.[131]

---

schütterung eines preußischen Amtsboten beim Anblick der Stelle, an der er von einem Franzosen misshandelt wurde. Vgl. Matala de Mazza/Vogl, Poesie und Niedertracht, 238.

128 Kluge bemerkt richtig, dass die Binnengeschichten erstmal nicht – wie in Rahmennovellen üblich – zur Aufklärung der in der Rahmenhandlung verhandelten Probleme beitragen, u. a. weil sie teilweise erlogen sind. Heilung und Freiheit im Sinne einer Über- bzw. Rückführung von Chaos in Ordnung verschafft aber nur das ehrliche und sich der Vergangenheit erinnernde „Erzählen im Erzählen". Vgl. Kluge, Brentanos Erzählungen 1810-1818, 107, 126.

129 Brentano, Sämtliche Werke, Bd. 13: Spanische Novellen. Der Goldfaden, hg. von Heinz Amelung und Carl Schüddekopf, München 1911, XX f. Vgl. hierzu auch Aust, Novelle, 108 f.

130 Vgl. Johannes F. Lehmann, Was der Fall war: Zum Verhältnis von Fallgeschichte und Vorgeschichte am Beispiel von Lenz' Erzählung *Zerbin*, in: Was der Fall ist. Casus und Lapsus, hg. von Inka Mülder-Bach und Michael Ott, Paderborn 2015, 73–87, hier: 74.

131 Lehmann, Was der Fall war, 82.

Dabei verweisen die Zeichen zwar auf die Vorgeschichte eines Falls, geben aber keinen Aufschluss über deren Details. Deswegen muss hier das (Nicht-)Wissen des Imaginären greifen, das sich nicht auf Medien der Überlieferung stützen kann und dem Einfluss des Vorgeschichtlichen – oftmals als traumatische Erfahrung, die sich dann in Mythen und Gebräuchen manifestiert – ausgeliefert ist. Es sei der Gedanke von der „Macht der Vorgeschichte jenseits nachrichtlicher Mitteilung", den Freud populär gemacht habe.[132]

Im Zeitalter der Aufklärung wurde der Begriff der „Vorgeschichte" erstmals verwendet, aber in einem negativen Gestus der Ausschließung, wie Lehmann rekonstruiert: Weil die Wirkung einer früheren Zeit auf eine spätere nur nachrichtentechnisch gedacht wurde, also im Sinn einer Weitergabe von Informationen, ließen mangelnde schriftliche Quellen eine wie auch immer geartete Vorgeschichte als unzulänglich erscheinen, als *lapsus* also, der von der eigentlichen Geschichte (der Überlieferung) abfalle und zu trennen sei.[133] Diese Vorstellung ändere sich aber dann bei Herder und Nicolas Antoine Boulanger, so Lehmann: Die Vorgeschichte werde nun als ein nichtsprachliches Medium der Weitergabe anerkannt, das gerade deshalb so mächtige, unhintergehbare Wirkungen entfalte, weil der Übertragungsweg nicht über (schriftliche) Nachrichten laufe:

> Das Nicht-Wissen um das Medium der Weitergabe wird hier selbst zum Medium der Weitergabe erklärt, so dass der Zusammenhang zwischen Vorgeschichte und Geschichte letztlich nur narrativ, nämlich in der Figur der Wiederholung plausibilisiert werden kann.[134]

Unter den vier Transportmedien, die Lehmann als zentral für die Bereitstellung von Wissen und für die Erklärung der Wirkung der Vorgeschichte herausstellt,[135] sind im Kontext dieser Arbeit besonders die sogenannten „magischen Medien" (Flüche, Spuk, Vererbung) und die kulturellen Medien (Legenden, Mythen, Riten oder Gebräuche) von Bedeutung. Diese Medien transportieren nicht einfach ein dezidiert unsicheres Wissen, sondern ihre Wirkmechanismen sind geradezu abhängig von der Unsicherheit des Vermittelten. Einerseits muss das lückenhafte Wissen des Vorgeschichtlichen narrativ verknüpft werden, andererseits stiftet gerade das unsichere Wissen (etwa um Spukerscheinungen, ver-

---

132 Vgl. Lehmann, Was der Fall war, 83. Lehmann verweist hier exemplarisch auf: Sigmund Freud, „Der Mann Moses und die monotheistische Religion: Drei Abhandlungen" [1937/1939], in: ders.: Studienausgabe, Bd. 9: Fragen der Gesellschaft, Ursprünge der Religion, hg. von Alexander Mitscherlich, Andrea Richards und James Strachey, Frankfurt a. M. 1974, 455–581, hier: 548.
133 Vgl. Lehmann, Was der Fall war, 77, 82 f.
134 Lehmann, Was der Fall war, 84.
135 Vgl. Lehmann, Was der Fall war, 84.

erbbare Flüche etc.) die Narration. Daraus ergibt sich, nach Lehmann, eine Zirkulation zwischen Erzählen und Wissen, wobei das Wissen von der Verknüpfung zwischen davor und danach den performativen Effekt der Erzählung selbst ausmacht.[136] Die unbekannte Vorgeschichte und ihre Anamnese sind also wichtige poetologische Bausteine, Übergangszeiten zu erzählen.

In diesem Zusammenhang ist zu erklären, warum die romantische Schicksalsdichtung zu Beginn des 19. Jahrhunderts so populär wurde.[137] Auch die von Brentano erzählten Begebenheiten in *Die Schachtel mit der Friedenspuppe* um Ordnungsbrüche und deren anamnetische Bewältigung werden von einem verstrickten Zusammenspiel zwischen Schicksal und Zufall getragen, wobei dem fatalen, zugleich Erinnerung und Narration stiftenden Requisit der Schachtel besondere Relevanz zukommt. Denn einerseits haftet ihr die Erinnerung an die Kinderleiche an, also an die monströse Tat in der Vergangenheit, die alle Figuren bis in die Gegenwart verbindet. Andererseits erweisen sich die einzelnen Begegnungen bzw. Figurenkonstellationen als pure Zufälle, etwa wie die Schachtel aus der Revolutionszeit in den Besitz des preußischen Barons überging. Dabei sei es fast gleichgültig, ob Schicksal oder Zufall das Geschehen dynamisierten, so Gerhard Kluge, denn so oder so erweise es sich als ein „vom Menschen kaum mitgestaltetes Geschehen".[138] Die Figuren verfügen weitgehend nicht über Handlungsmacht, es sei denn, sie üben an sich oder an anderen Gewalt aus, was aber vielmehr aus Ohnmacht geschieht. Die ganze Handlungsdynamik liegt in der Performanz des Erzählens, die vergangene Ereignisse und latente Traumata reaktualisiert und die Lebensbeichten als Binnengeschichten wieder an die Oberfläche der Rahmenhandlung zurückholt, damit die Figuren ‚geheilt' werden können. Die Binnengeschichten entfalten somit ihre Wirkung als Vorgeschichten.

---

136 Vgl. Lehmann, Was der Fall war, 85.
137 Die Einführung des Schicksalsmotivs in die deutsche Novellenform durch Kleist markierte einen Paradigmenwechsel. Vgl. Aust, Novelle, 100. Heinz J. Gartz stellt vor diesem Hintergrund in Bezug auf Brentanos *Die Schachtel mit der Friedenspuppe* die These auf, die Novelle stehe unter dem Eindruck Kleists; vor allem die Konzentration des Geschehens auf das fatale Objekt und die Verhörszenen erinnerten an dessen Erzähltechnik. Vgl. Gartz, Brentanos Novelle Die Schachtel mit der Friedenspuppe, 89. Vgl. zur Schicksalsthematik bei Brentano außerdem Kluge, Brentanos Erzählungen 1810–1818, insbesondere 131–134.
138 Vgl. Kluge, Brentanos Erzählungen 1810–1818, 133.

Lokalpatriotismus. ‚Vaterländisches' en passant
Eine Figur aber verweigert sich dieser Heilung: Während schließlich am Tag der Jahresfeier der Leipziger Schlacht, der als „Tag der Rechenschaft" (SFP, 346)[139] bezeichnet wird, alle gemeinsam feiern, schaut Dumoulin „mit großem Schmerz" vom Fenster aus zu und richtet sich schließlich selbst. Im Text heißt es, nicht ohne Zynismus: „[U]nter den vielen Freudenschüssen, die rings gefallen sind, war auch der, der seinem Leben ein Ende machte" (SFP, 351). Dumoulin stirbt somit während des Festes „wie ein Feind der Freyheit und des Friedens" (SFP, 351). Er steht abseits des geselligen Treibens und also auch fernab der Gemeinschaft.

Dumoulin ist damit die einzige Figur der Erzählung, die unversöhnt bleibt mit seiner Vergangenheit, denn sein hinterlassenes schriftliches Geständnis ist nur mehr ein formales Dokument, das die mündliche Beichte und das intime Gespräch nicht ersetzt. Und im Gegensatz zu dem Franzosen Sanseau bereut er seine Taten nicht, sondern er scheint bis zuletzt immun gegen den Aufruf zur Beichte und Versöhnung am Tag des zum Jüngsten Gericht allegorisierten Friedensfestes. So verdient er in der Logik der Erzählung auch kein Bedauern. Durch seinen Freitod sei der „Prozeß [...] sehr einfach geworden" (SFP, 352), stellt der Gerichtshalter fest und meint damit nicht nur den Prozess der Aufklärung, Verurteilung und Wiedergutmachung von Dumoulins Taten, also die rechtmäßige (Um-)Verteilung des erschlichenen Erbes. So scheint bereits mit der Eingangsfeststellung des in Auszügen verlesenen Testaments – „Dumoulin war ein Jude gewesen" – der Fall auch aus moralischer Perspektive geklärt:

> Dumoulin war ein Jude gewesen, der aus Gewinnsucht schon in seinem 14ten Jahre die Rolle eines Christen zu spielen angefangen; er war eigentlich nie getauft, und hatte eine Menge Stände durchlaufen, bis er endlich die Tochter eines Todtengräbers heirathete und mit ihr den Dienst erhielt. Er hatte lange Zeit Gräber geplündert, und war dadurch zu einem ansehnlichen Vermögen gekommen, [...]. Einst erschien Sanseau [...] und forderte ihn auf, ihm die Leiche eines neugebornen Kindes zu anatomischen Untersuchungen zu verschaffen. [...] Das Uebrige ist bekannt. In seinem Testament erklärte er, daß 15,000 Livres, die er von Sanseau empfangen, natürlich dessen Erben Frenel gehörten, [...] Hernach folgte eine Specification seines sämmtlichen Vermögens und seine Klage, daß das schöne Geld wieder auseinander kommen sollte, das er mit so mancher Gefahr und Arbeit zusammengebracht. Der Schluß war: „Das Gewehr des Jägers steht vor mir, ich habe noch niemals eine Flinte losgedrückt, ich will es probieren; erschrick nicht Antoinette, ich brauche keine Gnade, was soll mir die Gnade? mein Geld werden sie mir doch nehmen!" (SFP, 352 f.)

---

[139] Zitate aus Clemens Brentano, Die Schachtel mit der Friedenspuppe, in: FBA 19, 315–356 werden direkt im Fließtext in Klammern und unter Angabe der Sigle (SFP) und der Seitenzahl wiedergegeben.

Dem harmonischen Menschenbund, in dem schließlich sogar Franzosen und Deutsche miteinander versöhnt sind, wird bei Brentano also die antisemitische Karikatur des geldgierigen, sich verstellenden und hartherzigen Juden als ultimatives Feindbild entgegengesetzt, der sogar aus dem Metanarrativ ‚Menschheit' ausgeschlossen ist. Nach Ethel Matala de Mazza und Joseph Vogl werden hier „Franzosentum und Judentum" denunziatorisch verknüpft und eine „Kodierung des Juden als gefährlichen, weil unkenntlichen Fremdkörper, der in allen vertrauten Beziehungen haust", vorgenommen.[140] Die Erzählung trage alle Signalelemente zusammen, die das jüdische Subjekt herabsetzen und eine Feindschaft begründen, die jenseits aller entzweiten Beziehungen liegt; dies werde historisch legitimiert durch den Sieg über die Revolution, der mit der Annullierung des Code Napoleon im Zuge des Wiener Kongresses auch das Bürgerrecht für Juden zurücknimmt.[141] So ist bei Brentano das Narrativ vom Sieg über die Französische Revolution auch ein antisemitisches.

Diese Allianz von Antisemitismus und antifranzösischem Restaurationswillen schlägt sich auch programmatisch in den *Friedensblättern* nieder, in denen die Erzählung erscheint.[142] Der restaurative Zeitgeist hatte die Zeitung überhaupt erst ins Leben gerufen. So rücken die *Friedensblätter*, wie bereits angemerkt, in ihrem Gründungsexemplar ein Ereignis in Szene, das sie als ihre Begründung inszenieren: Die Rückkehr des österreichischen Kaisers in die Hauptstadt. Dieses Ereignis wird, so Nicola Kaminski, nicht im Modus eines präteritalen Berichts, sondern in präsentischer Beschwörung einer epiphanischen Präsenz angestimmt.[143] Wie Kaminski zeigt, etablieren die *Friedensblätter* damit auch eine Zeitlichkeit, die Berichterstattung und Ereignis performativ aufeinander abstimmt.[144] Hier geht es aber nicht, anders als wir am Beispiel der *Abendblätter* gesehen haben, um die (bloße) journalistische Praxis, Simultaneität im informationsökonomischen Sinne zu erzeugen. Der appellative Charakter erfährt hier eine programmatische Wende, denn er bleibt nicht darauf beschränkt, die lesende Bevölkerung punktuell an aktuellen Ereignissen interaktiv zu beteiligen. Statt um serielle Nachrichtenerzählungen und um die Erzeu-

---

140 Vgl. Matala de Mazza/Vogl, Poesie und Niedertracht, 245.
141 Vgl. Matala de Mazza/Vogl, Poesie und Niedertracht, 248.
142 Zur Wahl des Publikationsmediums für die *Die Schachtel mit der Friedenspuppe*, vgl. auch Kluge, Kommentar, 705 sowie Weingart, Macht und Ohnmacht der Dinge, 124.
143 Kaminski, Zeit/Schrift, 137 f., 144.
144 Denn das „Kongreß-Tagebuch" wurde nicht in kaufmännischer Manier geführt, vielmehr sollte das Verhältnis von Lebenszeit und Protokoll neu gedacht und produktiver gestaltet werden in Form eines „moralischen Tagebuchs", das die Ereignisse nicht strikt am linearen Zeitverlauf ausrichtete. Vgl. Kaminski, Zeit/Schrift, 150.

gung von Spannung geht es darum, die Bevölkerung auf ein gemeinsames höheres Ziel einzustimmen: auf eine religiös bestimmte Idee des Nationalen.[145] Denn wie für die Berliner Tischgesellschaft sind für die „Strobelkopf"-Gesellschaft als mutmaßliche Herausgeberin der *Friedensblätter* das Nationale und das Christliche zwei konzeptuelle Leitgedanken, was durch die Auswahl der Beiträge untermauert wird. Dies manifestiert sich auch in patriotischen Abhandlungen wie im programmatischen Aufsatz *Lasset uns Deutsche seyn* von dem preußischen Hofrat Johann Karl Christian Fischer, der sich im Zeitraum des Wiener Kongresses als Privatgelehrter in Wien aufhält. Fischer zieht hierin eine direkte Linie vom nationalen Patriotismus zum religiösen, der der höchste sei.[146]

Es handelt sich also um eine Zeitung, die suggestiv den restaurativen Zeitgeist nicht nur abbildet, sondern performativ ins Werk zu setzen versucht. Hieran trägt auch *Die Schachtel mit der Friedenspuppe*, die den zweiten Jahrgang der Zeitung eröffnet, ihren Anteil.[147] Sie ist nämlich nicht nur Journalerzählung, weil sie in einem seriellen Publikationsmedium erscheint, sondern sie ist politisch, weil sich zwischen Erzählung und Publikationsmedium zeitdiagnostische Bezüge identifizieren lassen, wie im Folgenden analysiert werden soll.

Zunächst ist auffällig, dass Zeitungsmedien in der Erzählung explizit erwähnt bzw. in den Handlungsverlauf integriert werden.[148] So dürstet es den preußischen Baron, nachdem er aus dem Krieg zurückgekehrt ist, nach einer heimischen Zeitung, deren „liebkosende" Lektüre symptomatisch für sein quasi-libidinöses Verhältnis zum „Vaterland" steht:

> [...] und der Baron hieb eine Birke um, den Block damit zu lüften, als die Baronin mit der Zeitung den Hügel heraufkam. Er warf sein Beil nieder und durchlief die Blätter mit der Begierde, die ihm, der lange von dem Vaterlande im Kriegstreiben getrennt, sehr natürlich war. Alles ist an den Blättern, die ruhig das Forum und den Gemüsemarkt des täglichen Lebens ausstellen, unter solchen Umständen interessant, ja selbst die ewig wiederkehrenden Namen der Auktionskommissaire, Buchhändler, und Schenkwirte. Die Baronin folgte seinen Blicken; die Ungeduld, mit welcher er las und alles Vaterländische liebzukosen schien, tat ihr selbst wohl. (SFP, 318 f.)

Was hier für den Baron von Relevanz ist, sind nicht etwa globalpolitische Zusammenhänge, sondern das, was ihm ein Heimatgefühl stiftet: das Kleine, Alltägliche und Lokale. Die vermeintlich harmlose Berichterstattung über wieder-

---

145 Vgl. hierzu auch Kluge, Kommentar, 705.
146 Vgl. Friedensblätter Nr. 2, 21.6.1814, 5–7. Vgl. hierzu auch Kluge, Kommentar, 701.
147 Vgl. Kaminski, Zeit/Schrift, 151 f.
148 Teile der folgenden Analyse sind erschienen in: Liese, Die unverfälschte Gemeinschaft, 15–20.

kehrende Trivialitäten aus dem täglichen Leben ist aber nur auf den ersten Blick eine unpolitische. Dass der Baron mit dieser erzählten Lebenswirklichkeit „Vaterländisches"[149] identifiziert, überhaupt der gleich zweifache Verweis auf das „Vaterland" in dieser doch so nebensächlich anmutenden, kurzen Passage, offenbart den Chauvinismus der Befreiungskämpfer, deren Patriotismus sich nun nach dem Sieg über Napoleon und die französische Vorherrschaft offener artikulieren kann. Schließlich erweisen sich die Lokalnachrichten, die der Erzähler hier einstreut, als gezielte Vorbereitung für die eigentlich handlungslogisch entscheidende Information, die der Baron aus seiner Zeitungslektüre ziehen soll:

> „Gut! Das muß geschehen," sagte der Baron, „und zwar hier auf der Stelle." Die Baronin fragte, was er meine, und er las ihr aus der Vossischen Zeitung die Aufforderung eines deutschen Patrioten vor, den 18. Oktober, den Jahrestag der Leipziger Schlacht, mit Freudenfeuern auf allen Anhöhen zu feiern. (SFP, 319)

So verweist die Passage aus medientheoretischer Perspektive auf die Interaktivität zwischen, erstens, Zeitungsleser und Zeitungsnachricht auf der Binnenebene: Der Baron nimmt einen in der Zeitung veröffentlichten Aufruf zum Handlungsanlass. Wir erinnern uns an den Typus der Zeitungslesenden, an den Kleists *Abendblätter* appelliert hatten: Die investigativen Leser:innen sind mitverantwortlich für die Nachrichten, die sie konsumieren. Der Baron erweist sich im Textbeispiel als so ein engagierter Leser, der dem patriotischen Ruf folgt. Und auch die realen Friedensfeste zum Jahrestag der Leipziger Schlacht waren auf einen Zeitungsaufruf zurückgegangen; Brentano verlegt lediglich den wirklichen Beitrag aus der *Spenerschen Zeitung* vom 11. Oktober 1814, den der ultranationalistische, antisemitische Schriftsteller Ernst Moritz Arndt verfasst hatte, in die *Vossische Zeitung*.[150]

So tut sich, zweitens, auf der rezeptiven Ebene sowohl ein Verhältnis zwischen dem:der Novellenleser:in *als* Zeitungsleser:in und dem literarischen Text (*Die Schachtel mit der Friedenspuppe*) als auch mit dem Medium auf, in dem sie erscheint (*Friedensblätter*) – und sogar mit zwei weiteren Zeitungen, der *Vossischen* und der *Spenerschen*. So wie sich der Aufruf zum Friedensfest im real existierenden Nachrichtenspektrum verorten lässt, so findet auch der im Text

---

149 Zur ‚vaterländischen' Symbolpolitik, vgl. auch Weingart, Macht und Ohnmacht der Dinge, hier vor allem 130, sowie Christina E. Brandtner, Zur Problematik des vaterländischen Freiheitsgedankens in Brentanos ‚Die Schachtel mit der Friedenspuppe', in: German Life and Letters 46/1 (1993), 12–24.
150 Darstellung der Quellen bei Kluge, Kommentar, 724–734.

erwähnte Lokalteil, den der Baron lesend liebkost und der „das Forum und den Gemüsemarkt des täglichen Lebens ausstell[t]" sowie „die ewig wiederkehrenden Namen der Auktionskommissaire, Buchhändler, und Schenkwirte" (SFP, 319), Anschluss an die Programmatik der *Friedensblätter*, die in ihrem Tagsblatt „von allen merkwürdigen Tagesvorfällen in der neuen Friedenswelt" berichten wollen, „vorzüglich aber aus Wien selbst", d. h. lokal, sowie „von neuen Erfahrungen und Ereignissen in allen Zweigen des Gewerbfleißes, der Haus, Stadt- und Landwirthschaft und dem Handel"[151].

Diese „neue Friedenswelt" manifestiert sich also auch oder insbesondere ‚im Kleinen', im Tagesgeschäft und also in einem ‚Lokalpatriotismus', der sich leicht auch zu denjenigen Leser:innen Zugang verschafft, die beiläufig und nicht investigativ lesen, die unterhalten werden und eben nicht wissentlich politisiert werden wollen. Er verschafft sich, in den Novellenkontext eingespeist, auch Zugang zu den Leser:innen, die aus ästhetischer Perspektive über viele andere Aspekte der *Schachtel mit der Friedenspuppe* ratlos zurückgeblieben sein mochten. In diesem Sinne erweist sich die zitierte Passage also als poetologischer Kommentar, der zugleich einen unterschwelligen Patriotismus transportiert.

Um die eigentlichen Festaktivitäten authentisch darzustellen, hat sich Brentano ebenfalls zeitgenössischer Zeitungsberichte bedient, denn es sind keine Dokumente bekannt, die bezeugen könnten, dass eine solche Jahresgedächtnisfeier auch in Wiepersdorf stattgefunden hätte.[152] Beispielsweise hat Brentano die Erscheinung eines Meteors am Nachthimmel, der die allegorische Ergänzung zu den Freudenfeuern der Deutschen bildet, der medialen Berichterstattung entnommen. So heißt es bei Brentano:

> Die Erscheinung des Meteors hatte über die ganze Versammlung eine tiefe Feyerlichkeit gebracht, Alle sanken ohne Aufforderung auf die Knie nieder und sangen mit einer heiligen Rührung: Herr Gott dich loben wir! und umarmten sich nachher unter Freudengejauchze und Thränen. – Wie muß die Erscheinung dieses Meteors die trefflichen Männer gerührt haben, welche aus eigner frommer Gesinnung diese Feste durch unser befreytes Vaterland in Ausführung gebracht. (SFP, 350)

---

151 Friedensblätter Nr. 2, 21.6.1814, 7.
152 Brentano hat zwar nachweislich am 15. Oktober 1814 an dem Richtfest eines neuen Stallgebäudes teilgenommen, von dem Arnim am 14. Oktober 1814 Savigny berichtet. Nach Kluge stützen sich jedoch die literarischen Festdarstellungen auf Zeitungsartikel, nicht auf eigene Erfahrungen. Vgl. Kluge, Kommentar, 748.

Die *Spenersche Zeitung* vom 20. Oktober 1814 schrieb im Vergleich: „Ein noch helleres Feuer leuchtete inzwischen als glückliches Zeichen vom Himmel herunter, und zog eine Viertelstunde lang sichtbar als Feuerkugel vorüber."[153] Und die Ausgabe vom 3. November präsentiert den Augenzeugenbericht eines Pfarrers:

> Auch schien der Himmel sich dieses ländlichen Schauspiels zu freuen, denn es durchschimmerten späterhin zwei leuchtende Meteore sein tiefes Lasur! – Ja, wir sind Teutsche, und wollen, das schwuren wir Angesichts des ganzen zuschauenden Himmels, als Teutsche leben und sterben [...].[154]

Brentanos pathetische Inszenierung kosmischer Einheit und das vermeintlich göttliche Wohlwollen durch die Gestirne ist somit keine Erfindung Brentanos, sondern schließt an medial geförderte, zeitgenössische Vorstellungsbilder im Kontext der Jahresfeier an. Teils fielen diese viel nationalpatriotischer aus,[155] als wir im direkten Wortlaut bei Brentano lesen können.

Für Gerhard Kluge zeigt sich darin, wie Brentano bei der Darstellung und Deutung der Feier nationalistisches Pathos und „Teutschtümelei" vermieden habe, stattdessen betone er den Gedanken der Völkerverbrüderung und die religiöse Auslegung des Ereignisses.[156] Aber gerade dadurch, dass als Quelle der Augenzeugenbericht eines Pfarrers, also eines Vertreters des *christlichen* Glaubens, genutzt wird, erhält die an sich aufklärerische und universale Idee der „Völkerverbrüderung" eine christliche Prägung, die eben – in der Logik der Erzählung – auch den Ausschluss der einzigen jüdischen Figur legitimiert. Zudem nähert sich Brentano – wenn auch subtiler – mit dem Verweis auf die, vom Anblick des Meteors gerührten, „trefflichen Männer", die das „Vaterland" befreit haben, dem patriotischen Bekenntnis zum ‚Teutsch-Sein' an, das der Pfarrersbericht angestimmt und in eine Linie mit der Himmelserscheinung gestellt hatte. Indem sowohl die medialen Berichte als auch der Erzähltext das zufällige Naturereignis mit dem zum Schicksalstag glorifizierten Jubiläum der Leipziger Schlacht poetisch zusammenfallen lassen, erfahren beide eine Apotheose. Ex-

---

153 Darstellung bei Kluge, Kommentar, 743.
154 Darstellung bei Kluge, Kommentar, 747.
155 Vgl. die Darstellung bei Kluge, Kommentar, 742–747.
156 Vgl. Kluge, Kommentar, 747 f. Diese Arbeit folgt eher Weingart, die urteilt, das programmatische Selbstverständnis der Novelle liege nicht (vornehmlich) in der Beförderung des Friedens, sondern in der des Patriotismus und des Christentums. Vgl. Weingart, Macht und Ohnmacht der Dinge, 131.

akt hierin manifestiert sich die religiös bestimmte Idee des Nationalen, die zum Programm der *Friedensblätter* und ihrem Herausgeberkreis gehörte.

Die Stimmung auf der Erzähleebene wurde also analog zu dem programmatischen Stimmungsbild zeitgenössischer Publikationsmedien konzipiert. Sie wurde auch analog zu der erwartbaren Stimmung einer Leserschaft perspektiviert, die sich zeitgleich im Beobachtungsmodus der aktuellen politischen Ereignisse – des Wiener Kongresses – befand. Somit wurde nicht nur binnenliterarisch eine fiktive Gemeinschaft heraufbeschworen – unter Ausschluss ihrer Störfaktoren –, sondern auch medial, was sich in realen Praktiken ausbuchstabierte.[157]

Pervertierter Patriotismus: Gegenüberstellung von Revolutions- und Friedensfesten

Bei Brentano ist der Jahrestag der Leipziger Schlacht für die einen ein Tag zum Feiern, für die anderen ein Tag der Buße und der Reue, nämlich für die, die abtrünnig waren gegenüber Gott und der kosmischen Ordnung, also die ehemaligen Revolutionär:innen, die einem unheiligen Patriotismus frönten.[158] Diesem universellen Friedensfest setzt Brentano in der Rückschau ein Revolutionsschauspiel entgegen, in dem der junge Sanseau und die Tochter des Chevalier Montpreville, die Stiefschwester Frenels, auftreten. Mademoiselle Montpreville,

---

157 Wie die bei Kluge nachgezeichneten Quellen offenbaren, wurden die festlichen Feuer zum Jahrestag der Leipziger Schlacht in Berlin vor allem von der Turngesellschaft Jahns entzündet. Hieraus wird ersichtlich, dass neben Arndt, der zu ihnen aufgerufen hatte, mit Jahn bereits ein zweiter wichtiger Akteur aus dem Kreis der Befreiungskämpfer unmittelbar an den Festlichkeiten beteiligt war, was ihren patriotischen – und nationalistischen – Charakter offenbart. Von hier aus ist es nicht weit bis zum ersten Wartburgfest von 1817, das anlässlich des vierten Jahrestages der Leipziger Schlacht stattfand und das weniger ein Fest als eine politische Kundgebung darstellte, in deren Rahmen auch Bücher und Schriften, vor allem jüdischer Schriftsteller, und obrigkeitsstaatliche Sinnbilder verbrannt wurden. Auch wenn sich insbesondere Arnim und Müller von der deutschen Nationalbewegung und deren martialischen und anti-intellektuellen Gestus, der sich etwa in Autodafés ausdrückte, distanzierten, kann nicht geleugnet werden, dass die romantischen Schriftsteller ihr den Weg bereiteten. Brentanos *Die Schachtel mit der Friedenspuppe* manifestiert diese Einflussgeschichte – auch hinsichtlich der widersprüchlichen Beurteilung symbolpolitischer Regime wie das Feiern von Kultfesten – in besonderer Weise.

158 Vgl. hierzu auch Ziegler, Justice in Brentano's ,Die Schachtel mit der Friedenspuppe', 177 f. sowie Kluge, Kommentar, 705. Auch Weingart hat in diesem Zusammenhang festgestellt, dass der Text einerseits die Selbstinszenierungen der französischen Revolutionsherrschaft als willkürlich diskreditiere, sich aber andererseits „auf emphatische Weise an einer ‚vaterländischen' Symbolpolitik und an patriotischen Triumphbekundungen seitens der deutschen Siegermacht" beteilige. Vgl. Weingart, Macht und Ohnmacht der Dinge, 130.

die Tochter des Chevaliers, ist schon seit Jahren die Geliebte des jungen Sanseau, der begeisterter Redner im (Jakobiner-)Klub ist. Auf Drängen von Vater und Sohn Sanseau gibt sie ihrer Lust nach, im Revolutionsschauspiel aufzutreten, und überwindet die Bedenken, ihren Vater zu kränken:

> Zu dem Feste hatte der junge Sanseau mehrere Gedichte verfertigt; er bestürmte seine Geliebte, die Mademoiselle Montpreville, die Rolle der Gleichheit zu übernehmen, [...]. Der Gleichheitsrock wurde geschneidert und angezogen. [...] Sie waren alle frei und gleich, obschon sie eine ziemlich garstige Gleichheit vorstellte, denn sie war häßlich; [...] so war sie doch auf der einen Schulter etwas zu uneben, und die Pariser Witzlinge bemerkten, als sie in dem Tempel der Vernunft spazierte, daß sie [...] eine Achselträgerin, daß sie noch nicht ganz gleich sei. [...] Da erschien auf einer kleinen Bühne der junge Sanseau als der Patriotismus, der zum Kampfe ziehen wollte; er sah die Noblesse, Mademoiselle Montpreville, unter einem Stammbaum mit vielen Wappen schlummern, der, vom Blitze getroffen, niederzustürzen und sie zu zerschmettern drohte; er bedauerte ihre Gefahr, er wollte sie wecken. [...] Sie umarmte den Stammbaum, da führte sie der Patriotismus in den Tempel der Freiheit; diese riet ihnen, sich eine Hütte aus dem alten Stammbaum zu bauen, und kleidete die Noblesse als Egalité ein, und nun stürzte sich die Egalité und der Patriotismus dem Chevalier Montpreville zu Füßen und baten um seinen Segen. Der Chevalier war überrascht, aber er war nicht ungeneigt; auch wäre Weigerung gefährlich gewesen, denn das ganze Festspiel war unter den Augen und dem lauten Beifalle der heftigsten Jakobiner, die der Bierbrauer mitgebracht hatte, vorgegangen. Der Chevalier gab seine Einwilligung, seinen Segen, der Stammbaum ward niedergerissen, ja der wirkliche Stammbaum des Chevaliers, welchen der Advokat unter anderen Papieren im Hause hatte, ward herbeigebracht und auf dem Altar des Vaterlandes verbrannt. Der Chevalier weinte dabei: „Tränen der Rührung" rief der Patriotismus aus, und die Gleichheit setzte ihm eine Bürgerkrone auf, worauf der Bierbrauer ein „Vive la nation, vive la liberté, vive l'égalité, vive le citoyen Montpreville!" ausrief, das die ganze Gesellschaft nachbrüllte, worauf das Fest mit Champagner und Ça ira geschlossen wurde. Am folgenden Tage ging die Citoyenne Montpreville als etwas bucklichte Egalité neben der Liberté, Citoyenne Sanseau, im öffentlichen Aufzuge, und am Abend ward sie von dem Maire zur Citoyenne Sanseau erklärt. (SFP, 337 f.)

Brentano rekurriert hier satirisch auf die Feiern der Französischen Revolution. Die Französische Revolution hatte ein System republikanischer Feiern eingeführt, durch die die nationale Gemeinschaft und die neue Republik emotional gefestigt und symbolisch begründet werden sollten. In der zugespitzten Phase der Revolution 1793/1794, in der die ideologische Bestärkung der von innen und außen bedrohten Revolution besonders akut wird, wird ein regelrechtes Kultsystem errichtet, in dem die Ideale der Französischen Revolution (z. B. Freiheit, Gleichheit, Vernunft) in kultischen Feiern als allegorische Gottheiten auftreten. Dabei wird versucht, die christliche Religion vollständig zugunsten eines Vernunftkultes abzuschaffen bzw. deren Zeichen und Artefakte zu einer ‚Vernunftreligion' umzufunktionalisieren. Das gilt vor allem für die Sakralbauten, die zu

‚Tempeln der Vernunft' umgestaltet werden, aber auch für herrschaftliche Zeichen sowie aristokratische Besitztümer. Der Revolutionskult ist so mit einer Welle ikonoklastischer und vandalistischer Akte verbunden, die insgesamt als symbolische Auslöschung des *ancien régime* verstanden werden können.[159]

Brentano stellt nun diese beiden Aspekte des Revolutionskultes dar: zum einen den allegorischen Auftritt der Revolutionsideale (Mademoiselle Montpreville als Egalité), wodurch die Inthronisierung der neuen Zeit inszeniert werden sollte; zum anderen die Zerstörung des *ancien régime* durch die Verbrennung des Stammbaumes. Die Kritik am Revolutionsfest ist hier auch eine ästhetische. Die Frau Sanseaus, die Tochter des Chevaliers Montpreville, die im Kultschauspiel zur Citoyenne wird, wird als „garstig" und „häßlich" beschrieben. Sie verkörpert mit ihrer körperlichen Disproportion, den unebenen Schultern, eine entstellte Gleichheit. Dadurch sollen die Auswüchse des revolutionären Patriotismus als denaturiert delegitimiert werden.[160] Wenn Brentano auch eine realistische Szene aus der Praxis des Revolutionskultes zitiert, so setzt er mit der Gegenüberstellung der allegorischen Begriffsgottheit und des genealogischen Moments des Stammbaums symbolisch ein öffentlich-egalitäres und letztlich zukunftsgerichtetes Prinzip einem durch Geburt, Vergangenheit und Schicksal verbürgten Prinzip gegenüber. Dabei obsiegt das Prinzip des Stammbaums und der Genealogie bei Brentano nicht nur auf der Inhaltsebene, sondern durch die Intrige, indem die familiären Verhältnisse und persönlichen Verstrickungen durch den Text selbst entfaltet und der Stammbaum der Familien offengelegt werden. Damit führt die Novelle die Macht des Schicksalsprinzip vor, das ihr Urteil auch über die ‚Ursünder:innen' der intrikaten Ereigniskette spricht: über Sanseau und dessen Frau, die sich, vom revolutionären Engagement verführt, zur Gleichheit als Citoyens begeben und den Vater, und damit das genealogische Prinzip, zurückweisen. Mit der Bestrafung und Einsicht Sanseaus wird die Ursünde, der symbolische Vatermord, der hier an den ‚Vatermord' am König

---

159 Vgl. Michel Vovelle, La Révolution contre l'Église. De la Raison à l'Être Supreme, Brüssel 1988, 68 sowie Richard Clay, Iconoclasm in Revolutionary Paris. The Transformation of Signs, Oxford 2012, 68–80, 78 f. Zu den Revolutionsfesten, vgl. auch Yashar Mohagheghi, Fest und Zeitenwende. Französische Revolution und die Festkultur des 18. Jahrhunderts bei Hölderlin, Stuttgart 2019, 242–246.
160 Auch Weingart hat erkannt, wie Brentanos Bezug auf die realhistorischen Revolutionsfeste deren Inszenierung einer entchristianisierten Allegorik diskreditiert. Vgl. Weingart, Macht und Ohnmacht der Dinge, 133 f. Matala de Mazza/Vogl heben indes auch auf die polemische Darstellung des Schauspiels ab. Vgl. Matala de Mazza/Vogl, Poesie und Niedertracht, 247 f.

und Vater der Nation Ludwig XVI. gemahnt,[161] aufgehoben und es werden durch die Offenlegung der Abstammungsverhältnisse alle Personen gleichsam wieder in ihre geburtsmäßige Zugehörigkeit eingesetzt.

Dem Geburtsprinzip tritt schließlich das Christentum zur Seite. So wird am Ende der Erzählung über Sanseaus Grab in einer gotischen Kapelle ein Denkmal errichtet:

> Als sie nachher mit dem Gerichtshalter zusammenkamen, bevollmächtigte Frenel diesen, die Beerdigung der beiden Verstorbenen zu besorgen; er bat den Baron um die Erlaubnis, seinen Schwager Sanseau unter dem Steine, durch dessen Aufrichten sie sich kennengelernt hatten, begraben lassen zu dürfen, er wolle ihm dann, da er doch bald wieder aus Frankreich nach Moskau, um den Nachlaß zu ordnen, zurück müsse, hier ein Denkmal setzen lassen. Der Baron war dies wohl zufrieden. [...] Sodann übergab er dem Baron die Zeichnung eines Denkmals, welches er mit seiner Erlaubnis über dem Grabe seines Schwagers aufgerichtet wünschte; es bestand in einer kleinen gotischen Kapelle. Jener Stein sollte roh drinn liegen bleiben, und auf demselben das Bild der Jungfrau Maria, welche die Schlange zertritt, aufgerichtet werden; sie sollte eine Lilie und das Jesuskind eine Palme in der Hand tragen, auf ihr Haupt aber die Taube sich mit dem Ölzweig niederlassen, die Aufschrift des Tempels aber: Paci et Providentiae sein. Er wies dem Baron, um diese Arbeiten den Winter über in der Residenz ausführen zu lassen, die gehörigen Summen an, und sie trennten sich am folgenden Morgen mit dem Versprechen, den nächsten Frühling hier wieder zusammenzutreffen, und den kleinen Tempel des Friedens und der Vorsehung einzuweihen. (SFP, 354, 356)

Hier findet eine Restauration im ursprünglichen Sinne des lateinischen Wortes *restauratio* statt, das hauptsächlich den Wiederaufbau zerstörter Gebäude bezeichnet[162] – aber symbolpolitisch weit darüber hinausgeht. So ist die Wiedererrichtung der christlichen Sakralstätte als Umkehrung der dechristianistischen Umfunktionierung zu Vernunfttempeln zu begreifen. Wenn die revolutionären ‚Tempelstürmer' christliche Kirchen symbolisch in Vernunfttempel transformierten, so bleibt auch das Grab des Jakobiners Sanseau in der Kapelle bestehen („Jener Stein sollte roh drinn liegen bleiben", SFP, 356) und wird zu einem Mahnmal umgedeutet, dessen christliche Ikonographie – abgebildet ist auf dem Stein die Jungfrau Maria, die die Schlange zertritt – den Sieg von Christentum und Restauration über die Ursünde der Revolution darstellt.

Dabei hatte die Errichtung, und somit die Restauration, schon zu Anfang der Erzählung begonnen, die mit der Rückkehr des Barons und der Neuerrichtung einer abgebrannten Scheune begann und durch die zufälligen Ereignisse

---

161 Vgl. zum symbolischen Vater- als Königsmord auch Matala de Mazza/Vogl, Poesie und Niedertracht, 239 f.
162 Vgl. hierzu auch Kondylis, Reaktion, Restauration, 183.

um das Ehepaar Frenel, Dumoulin und Sanseau unterbrochen worden war (SFP, 315 f.). Die Erzählung kehrt somit an ihrem Ende zum Anfang zurück und erfährt damit textintern selbst eine Restauration.

Diese Versöhnung der Geschichte mit sich selbst gilt auch für die große Geschichte, die Historie. Sanseaus Grab als Zeichen der Revolution wird nicht getilgt, sondern bleibt als (Mahn-)Mal erhalten und wird in den neuen christlichen Bau reintegriert, so wie auch Sanseau seinen Frieden gemacht hat. Die Restauration besteht nicht in einem Neubau (wie durch die in diesem Sinne prinzipien- und vergangenheitslose Revolution, die keine Identität hat), sondern lediglich in der Wiedererrichtung dessen, was nie erloschen war. Im Unterschied zur Revolution, die die Hütte des Barons abgebrannt hatte, lässt der Baron den Stein bewusst liegen. Der Frieden ist in diesem Sinne auch ein Frieden mit der Geschichte selbst. Wenn die Revolution die alte Geschichte tilgen wollte, so bleibt im Restaurationsdenkmal „Geschichte, zur Freude einer forschenden Nachwelt" (SFP, 356) erhalten.[163] So wird zwar innertextlich Versöhnung mit der Revolutionsvergangenheit geschlossen, allerdings nicht ohne einen Sündenbock der Geschichte zu kreieren, was sich auch erneut deutlich im Umgang mit Dumoulin nach seinem Tod zeigt: Während Sanseaus Grab zum Signum der versöhnten Geschichte wird, verscharrt man Dumoulins Leiche in einer Kartoffelgrube, und zwar „einstweilen", d. h. vorläufig, „denn man könne der nächsten Israelitischen Gemeinde erlauben, ihn sich abzuholen, wofür er [Frenel, L. L.] derselben den Pelzrock und die Zobelmütze des Verstorbenen zum Preis aussetzte" (SFP, 354). Der ehemalige Leichengräber Dumoulin darf selbst nicht ruhen. Sein Schicksal verweist damit bei Brentano auf das antisemitische Narrativ des ‚ewig wandernden Juden' Ahasveros, das seit dem Mittelalter in Volkssagen und -erzählungen Einzug fand.

Zudem erhält der Versöhnungsgedanke eine Modifizierung, indem er auf die symbolisch inszenierte Hegemonialstellung der ‚deutschen' Restaurations- als Friedensbewegung verengt wird. Hier offenbart sich ein Friedensbegriff, der streng genommen nicht als Versöhnung des Heterogenen, sondern als Domestizierung gedacht wird. Indem die Restauration scheinbar Frieden mit ihrer Antagonistin, der Revolution, macht, hegt sie diese ein, anstatt politischen Dissens

---

163 Vgl. hierzu auch Matala de Mazza/Vogl, Poesie und Niedertracht, 243. Nach Kluge ist mit dem Transzendieren der Geschichte ins Religiöse zugleich eine Rechtfertigung des Dichters verbunden; Kluge setzt die Passage berechtigterweise mit dem Ende von Brentanos Novelle *Geschichte vom braven Kasperl und schönen Annerl* in Analogie. Vgl. Kluge, Brentanos Erzählungen aus den Jahren 1810–1818, 123, 125. Dieses Moment der Verbindung von dichterischer Aneignung und Bewahrenwollen markiert aber auch, so argumentiert die vorliegende Arbeit, das Programm einer romantischen Restauration bzw. einer restaurativen Romantik.

produktiv zu machen und *wirklich* Neues entstehen zu lassen. Und weil der politische *Gegner* Frankreich besiegt ist, bedarf es in Gestalt des Juden eines ideologischen und moralischen *Feindes*, mit dem sich nicht verhandeln lässt.[164] Hinterfragen wir dieses Narrativ auf das Verhältnis von Politik und Ästhetik, so können wir die vorläufige These aufstellen, dass eine romantische Restaurationsgeschichte, wie sie Brentanos *Die Schachtel mit der Friedenspuppe* darstellt, einerseits einen fiktiven und kosmischen Konsens etablieren will und andererseits an antagonistischen Freund-Feind-Beziehungen festhält. Der Text enthebt sich somit der demokratischen Sphäre.

4.2.2 *Die Einquartierung im Pfarrhause.* Mikro- und Makrokosmos des Krieges

Im Folgenden sollen drei Erzählungen von Arnim einer vergleichenden Lektüre unterzogen werden, deren Zusammenhang aufgrund unterschiedlicher Publikationsdaten und -orte bisher nicht hinreichend beleuchtet wurde: *Die Einquartierung im Pfarrhause, Seltsames Begegnen und Wiedersehen* und *Der tolle Invalide auf dem Fort Ratonneau*. Die *Einquartierung im Pfarrhause* erscheint im Februar 1817 in der von Friedrich Wilhelm Gubitz herausgegebenen Zeitschrift *Der Gesellschafter oder Blätter für Geist und Herz*, in der auch Brentano im Oktober desselben Jahres seine Erzählung *Die mehreren Wehmüller und ungarischen Nationalgesichter* veröffentlichen wird. *Seltsames Begegnen und Wiedersehen* erscheint dann im Juli 1817 innerhalb der Sammlung *Die Sängerfahrt*, einem von Brentano mitinitiierten und von dessen Freund Friedrich Förster herausgegebenen Taschenbuch. Als letztes erscheint im April 1818 *Der tolle Invalide auf dem Fort Ratonneau* in dem ebenfalls von Gubitz herausgegebenen Almanach *Gaben der Milde*. Renate Moering vermutet aber, dass Arnim die drei Erzählungen bereits im Herbst oder Winter 1816/17 im Rahmen eines Gemeinschaftsprojekts mit Brentano konzipierte, das aber letztendlich nie zustande kommen sollte.[165] Für diese These spricht nicht nur, dass Arnim in einem Brief an die Brüder Grimm vom 19. Februar 1817 die Erzählungen in einem Zusammenhang erwähnt.[166] Auch die Motive und der Aufbau ähneln sich.

---

164 Chantal Mouffe schreibt, dass, wenn eine (für sie konstitutive) Wir-Sie-Konfrontation moralisch zwischen Gut und Böse statt politisch zwischen „Gegnern" formuliert werde, der Gegenspieler nur als ein zu vernichtender Feind wahrgenommen werden könne. Der Konflikt werde dann nicht wettstreithaft-agonistisch geführt, sondern feindselig-antagonistisch. Vgl. Chantal Mouffe, Über das Politische. Wider die kosmopolitische Illusion, Frankfurt a. M. 2007, 12, 32.
165 Vgl. Renate Moering, Kommentar, in: ArnDKV 3, 999–1383, hier: 1342.
166 Vgl. Moering, Kommentar, in: ArnDKV 3, 1342.

So verfolgt Arnim in allen drei Erzählungen das Narrativ, dass in den allgemeinen Revolutions- und Kriegswirren Verwandtschaftsverhältnisse und (nationale) Identitäten durcheinandergebracht werden. Dabei erweist sich die Kommunikationssituation als durchgehend gestört, denn weder der private Briefverkehr noch Zeitungsmeldungen über den Verbleib verlorener Angehöriger sind verlässlich. Der Krieg reißt die Menschen auseinander, aber bringt sie über Umwege und Zufälle auch (wieder) zusammen und enthüllt verborgene Beziehungen unter ihnen.

Auffällig ist, dass jeweils Familiengeschichten ins Zentrum gerückt werden, und zwar adlige Familien, die sich als zutiefst zerrissen erweisen.[167] Wenn man aber bedenkt, dass es Arnim in politischer Hinsicht nicht um eine Abschaffung des Adels ging, sondern um die Beseitigung des erbrechtlichen Adels zu Gunsten eines meritokratischen Prinzips[168] – mit der Folge, dass sich das ganze Volk zum Adel erheben sollte[169] –, dann könnten die verworrenen und verlorenen

---

167 Vgl. Klaus Peter, Nach dem Krieg: Für Versöhnung im Alten Europa – Achim von Arnims Erzählung ‚Seltsames Begegnen und Wiedersehen', in: Das „Wunderhorn" und die Heidelberger Romantik, 89–97, hier: 94.
168 Vgl. Nienhaus, Ein ganz adeliges Volk. Die deutsche Tischgesellschaft als aristokratisches Demokratiemodell, in: Kleist Jahrbuch (2012), 227–238, hier: 230.
169 Arnim macht z. B. in seinem Aufsatz *Indem ich die Feder ansetze* (1806) Reformvorschläge: Der König solle das ganze Volk für adlig erklären; d. h. ein allgemeiner Verdienstadel, der durch Verbrechen aberkannt werden könne, solle an die Stelle des Erbadels treten, den Arnim mitsamt der Ständegesellschaft als Symptome für die obsoleten Strukturen im unterlegenen Preußen betrachtete. Mit dem allgemeinen Adelsstatus sollte einhergehen, dass jedem Bürger die Offizierslaufbahn freistehen sollte. Arnim schwebte also ein Volksheer vor, das die preußische Armee reformieren sollte. Außerdem macht er Vorschläge, dass man ab einem bestimmten Rang in einen „Deutschen Orden", in eine „Akademische Genossenschaft", in eine „Krieger-Genossenschaft" aufgenommen werden könne. Vgl. ArnDKV 6, 199. Auch in *Was soll geschehen im Glücke* (1806) fordert Arnim: „Das ganze Volk muß aus einem Zustand der Unterdrückung durch den Adel zum Adel erhoben werden." ArnDKV 6, 203. Nienhaus interpretiert diese Schriften als „konsequente Reaktion auf die Unumstößlichkeiten der Französischen Revolution": Weil Napoleon den Geist der Revolution verraten habe, sei es jetzt an Deutschland, deren Ideale umzusetzen. Vgl. Nienhaus, Ein ganz adeliges Volk, 230. Dass sich das ganze Volk zum Adel erheben solle, ist hier so gemeint, dass ‚alles Gute' allgemein werden solle, so auch Peter. Während die Revolution die Gleichheit „nach unten" angestrebt habe, so Arnim die „Gleichheit aller nach oben." Vgl. Peter, „Achim von Arnim: Gräfin Dolores", 242. Allerdings muss diese Idee in ihren reformistischen Implikationen an dieser Stelle etwas modifiziert werden. Zum einen sind die hier zitierten Aufsätze beide 1806, also im Jahr der deutschen Niederlage bei Jena und Auerstedt und also der Auflösung des Heiligen Römischen Reiches, erschienen. Sie standen also unter dem Eindruck des Kriegseintritts und der verlorenen Schlacht und verfolgen somit wohl in erster Linie militärpolitische Motivationen im Sinne einer allgemeinen Volkserhebung und -bewaffnung. Zum anderen ist die Idee einer allgemei-

Beziehungs- und Verwandtschaftsverhältnisse darauf hindeuten, dass sich die Bedeutung von Genealogien nicht in der Abstammungsfrage erschöpfen kann. Vielmehr werden sie kosmologisch transzendiert und finden hierin eine Rückbindung an das Politische im Sinne eines christlichen Konservatismus. Diesem Transzendenzgedanken untersteht auch die schicksalhaft anmutende Komposition zahlreicher Zufälle, die sich an Unwahrscheinlichkeit übertreffen.[170] Trotz der Etablierung von historischen Fakten und Rahmenereignissen geht es angesichts dieses wohldurchdachten Zusammenspiels von Schicksal und Zufall nicht um eine realistische Inszenierung der Kriegsbegebenheiten.[171] In gattungspoetischer Hinsicht setzen die Geschichten somit Verfahren des romantischen Anekdotisierens ins Werk, denn sie lassen höchst unwahrscheinliche, *seltsame* und *tolle* Begebenheiten vor historischer Kulisse spielen und speisen sie einer romantischen, d. h. auf Vorbestimmung und Universalität beruhenden Erzähllogik ein. Politisch sind die Geschichten wiederum, weil die universalen Motive (z. B. Liebe und Familie) ausbalanciert werden durch ihre Prägung als Restaurationsnarrative. Dies kann bereits modellhaft an der kürzesten der drei Erzählungen – *Die Einquartierung im Pfarrhause* – analytisch präzisiert werden.

Die Einquartierung durchziehender Truppen – um 1812 napoleonischer, in den Folgejahren russischer – war in Deutschland während der Kriegsjahre eine beinahe alltägliche Erfahrung von Hausbesitzern, aber auch ein populäres Motiv für Erzählungen und Anekdoten, mitunter in den Journalen, worüber sich auch Arnim in einem Brief vom 5. April 1812 an die Brüder Grimm echauffiert hatte: Nun gebe es „lauter Einquartierungsgeschichten"; seinem Bruder habe man etwa den Weinkeller aufgebrochen, aber er selbst habe noch nicht die Erfahrung einer Einquartierung machen müssen.[172] Arnim verbindet nun dieses an und für sich triviale Ereignis der Einquartierung mit einer verborgenen Liebesgeschichte und dem romantischen Motiv des Wiedererkennens. Dass hier der politische Kontext unmittelbar mit dem privaten Mikrokosmos verflochten ist, zeigt bereits der Untertitel *Eine Erzählung aus dem letzten Kriege* an. Obwohl

---

nen Erhebung zum Adel eine ästhetische, die in der Tradition mit Novalis' frühromantischem Essay *Glauben und Liebe oder Der König und die Königin* (1798) steht. ‚Adeligkeit' bedeutet vor diesem Hintergrund vielmehr ‚Veredelung', bildet also eine ästhetische Kategorie ab, keine politische.

170 Klaus Peter bezeichnet aufgrund der vielen Zufälle die Erzählung *Seltsames Begegnen und Wiedersehen* gar als ‚wildwüchsiges' Produkt von Arnims „bizarrer" Fantasie. Vgl. Peter, Nach dem Krieg, 89.

171 Vgl. Peter, Nach dem Krieg, 90.

172 Arnim berichtete davon in einem Brief an Wilhelm Grimm am 20. April 1814. Darstellung in Steig 3, 302. Vgl. hierzu auch Moering, Kommentar, in: ArnDKV 3, 1350 f.

die Erzählung, ähnlich wie *Die Schachtel mit der Friedenspuppe*, wenn auch weniger ausgestaltet, verwickelte Beziehungen und unwahrscheinliche Begegnungen zutage fördert, suggeriert dieser – anekdotisch anmutende – Untertitel, es handele sich um eine beliebige Geschichte aus den Kriegsjahren, die sich genauso auch hätte zutragen können.

Arnims Text erzählt von einem Oberst des russischen Regiments, der gegen Ende der Befreiungskriege bei einem deutschen Pfarrer und seiner jungen Frau Dorothee einquartiert wird. Ein Gespräch zwischen dem Pfarrer und dem Oberst fördert familiäre und intime Verbindungen zutage. Nachdem sich herausstellt hat, dass beide am selben Ort, aber zu verschiedenen Zeiten Theologie studiert hatten, offenbart sich, dass der Oberst eine Beziehung zu der Mutter der jetzigen Pfarrersfrau einging (die ebenfalls Dorothee heißt), sie aber aufgrund von plötzlichen Studententumulten und seiner Relegation überstürzt verlassen musste. Weil der Krieg „bald [s]eine ganze Seele" (EiP, 914)[173] beschäftigte und er nach all den Jahren der Abwesenheit ihre Erinnerung nicht mehr stören wollte, ließ er sie in dem Glauben, er sei tot. Der Oberst entpuppt sich somit als Vater der Pfarrersfrau und als Schwiegervater des Pfarrers, der diese zufällige Begebenheit mit folgenden Worten kommentiert: „Heiliger Gott, [...], reißt der Krieg viele aus einander, so führt er doch auch manche zusammen" (EiP, 913). Dies geschieht allerdings nicht im Guten, denn Dorothees Mutter und ehemalige Geliebte des Obersts liegt im Sterben. Das Wiedersehen, von dem Pfarrer als „Schrecken der Schlacht" (EiP, 914) bezeichnet, gestaltet sich also denkbar kurz, aber beide erkennen einander und Dorothee (die Ältere) kann versöhnt aus dem Leben scheiden. Wenn es auch für den Oberst und seine Geliebte keine Wiedervereinigung mehr geben kann, so entsteht doch der Tochter „aus dem Todeshauche der Mutter [...] der Vater" (EiP, 915).

An diese Szenen des Wiedererkennens und Erkennens gesellt sich aber auch noch ein Moment des *Verkennens*, nämlich als die uralte Mutter der Verstorbenen unerwartet eintritt, die Enkelin für ihre Tochter hält, im Oberst aber den ehemaligen Geliebten ihrer Tochter wiedererkennt, was diesem unheimlich anmutet:

> Die gesprächige Alte war so ganz mit den Lebenden beschäftigt, so von Freude überfüllt, daß sie der Toten nicht achtete, sie küßte tausendmal die Enkelin als ihre Tochter und warf ihr vor, daß sie so lange geschwiegen, da sie ihr doch längst den Fehler verziehen gehabt. [...] Dem Obersten schauderte bei den Worten, und er führte beide Frauen der Türe

---

[173] Zitate aus Achim von Arnim, Die Einquartierung im Pfarrhause, in: ArnDKV 3, 907–917 werden direkt im Fließtext in Klammern und unter Angabe der Sigle (EiP) und der Seitenzahl wiedergegeben.

> zu, die Stube schien ihm ein Grab, worin er, lebend begraben, die Gespräche der Verwesenten höre, ihm war wie einem Sterblichen, der unbewußt in die Gesellschaft von Geistern geraten ist und nicht weiß, ob es Täuschung sei, ob er die Täuschung stören könne und dürfe, und doch fürchtet, wahnsinnig in diesem Umgange zu werden. (EiP 916)

Doch vom Wahnsinnigwerden halten ihn seine militärischen Verpflichtungen ab, die er beinahe dankbar anzunehmen scheint. Er verlässt seine neue Familie, als sei es sein Schicksal, wieder in den Krieg zu ziehen:

> Da durchdrang ihn draußen der freie Himmel und seine Regimentsmusik wie der Stundenschlag, der die Geisterstunde endet; schon waren alle zum Abmarsch gesammelt, alle harrten auf ihn, auf den geliebten Führer, ihn rief die ernste Pflicht, der er sein Leben verschworen hatte. [...] [K]aum hatte er seinen Befehl zum Abmarsch der Ordonnanz gegeben, so kehrte er zur Toten und zum Pfarrer in das dunkle Zimmer zurück, warf sich noch einmal bei der Verblichenen nieder, küßte sie noch einmal, drückte dem Pfarrer seine Brieftasche in die Hand mit einem Schwure, es sei alles was er habe, es sei die Mitgabe seiner Tochter. Der Pfarrer flehte ihn an, daß er unter ihnen weile, daß er sich unter ihnen ausruhe bei seinem einzigen Kinde. (EiP, 916 f.)

Das politische Schicksal des Kriegers wird in dieser Passage durch den Verweis auf den „freie[n] Himmel" kosmologisch überhöht – ähnlich wie in Brentanos *Die Schachtel mit der Friedenspuppe* das Denouement der persönlichen Verhältnisse von kosmologischer Warte, durch einen am Himmel erscheinenden Meteoriten, bestätigt wird. Eine Trennung – und damit Vereinbarkeit – von militärischer Dienstöffentlichkeit und privatem (Un-)Glück gibt es nicht. Wo im Privaten der Trost versagt bleibt, bleibt dem Oberst „die Bahn des Kriegers":

> Draußen warten meiner tausend liebe Söhne, antwortete der Oberst; der Himmel hat mich nicht umsonst dem feierlichen Leben entrissen, denn vergessen hatte er's mir nicht, was ich als Jüngling mir als Glück träumte, er führte mich zum Troste in dessen Nichtigkeit, hier sah ich Tod und Täuschung als Grenze aller Bestrebungen fürs häusliche Glück, will sehen, ob etwas anderes, etwas Daurendes die Bahn des Kriegers schließt; versuch's auch auf deiner frommen Bahn, breite Gottes Reich als frommer Streiter auf Erden aus und bete für mich, denn dazu fehlt mir die Zeit und das Wort. (EiP, 917)

Die Versöhnung als private Befriedung der Familienverhältnisse war also – oberflächlich betrachtet – nur ein zufälliger Moment. An seine Stelle muss die Versöhnung mit dem eigenen Schicksal treten, die mit der Wiederherstellung der Genealogie vollzogen ist.[174]

---

[174] Claudia Nitschke argumentiert zudem, dass die natürliche Familienkonstruktion im paternalen Verhältnis des Obersts zu seinen Soldaten strenggenommen abstrahiert und ersetzt werde. Vgl. Claudia Nitschke, Utopie und Krieg bei Ludwig Achim von Arnim, Tübingen 2004, 364.

Die Geschichte ist, obwohl sie tragisch endet, somit auch mit sich selbst versöhnt, weil sich eine textimmanente Vorsehung erfüllt: Es war die Geliebte des Obersts, die ihm als junge Frau die Trennung, gegen seinen Spott für ihr „Traumgesicht", vorhersagt und ihn vorausblickend als ihren „Verführer" bezeichnet hatte (EiP, 914).[175] Tatsächlich tritt dies auch ein, da der Oberst aufgrund von Studententumulten relegiert wird und sich durch seine politische Aufrührerei mit den Eltern überwirft (EiP, 913), was in Arnims und Brentanos Erzählungen regelmäßig als ‚Ursünde' qualifiziert wird und die verwickelte Wiederherstellung der familiär-genealogischen Verhältnisse nach sich zieht. Diese biblische Sehergabe besitzt die Mutter noch am Sterbebett, da sie der Hoffnung gewiss ist, „sie werde noch eine fröhliche Botschaft erhalten" (EiP, 915). Ihr so verstandenes Evangelium bestätigt sich mit der Wiederzusammenführung. In Gestalt ihrer Figur mit der Gabe zur Vorhersage waren also Trennung und Wiedervereinigung, Sünde und Vergebung prädestiniert. Am Ende ist tatsächlich „alles vergeben und vergessen" (EiP, 916).

Die Verbürgung schicksalhafter Zusammenhänge von Menschen und Ereignissen in Gott allein deutet ein Gebet und/oder Gedicht an, das dem Pfarrer bei der Abreise des Obersts einfällt und das die Erzählung abschließt:

> Der Mensch ist bald vergessen, / Der Mensch vergißt so bald, / Der Mensch hat nichts besessen, / Er sterb' jung oder alt. / Der Mensch ist bald vergessen, / Nur Gott vergißt uns nicht, / Hat unser Herz ermessen, / Wenn es in Schmerzen bricht. / Wir steigen im Gebete / Zu ihm, wie aus dem Tod, / Sein Hauch, der uns durchwehte, / Tat unserm Herzen not. (EiP, 917)[176]

Die Erzählung, wenn auch kurz und scheinbar schlicht, setzt mehrere Aspekte ins Werk, die aus narrativer und politischer Perspektive für das Framing der vorliegenden Erzählungen von großer Bedeutung sind: erstens die erzählerische Aufarbeitung der *unwahrscheinlichen*[177] Vergangenheit, die unwahrscheinlich ist, weil sie, zweitens, von fatalen Zufällen geprägt ist – was den Figuren auch

---

175 Diese versteckte alttestamentliche Anspielung auf die Verführung zur Ursünde ist auch in Brentanos Erzählungen (*Fragment einer Erzählung aus der Französischen Revolution* und *Die Schachtel mit der Friedenspuppe*) zu finden.
176 Nitschke interpretiert die abschließende Replik des Pfarrers als Gebet, das die Funktion einer religiösen Kontingenzbewältigung erfüllt und die persönlichen Geschehnisse im Spiegel göttlicher Transzendenz deutet. Vgl. Nitschke, Utopie und Krieg bei Ludwig Achim von Arnim, 365.
177 Nach Wolfdietrich Rasch nimmt das Unwahrscheinliche bei Arnim die Stelle ein, die vormals das Wunderbare innehatte: als „ein Zeichen göttlicher Kräfte oder göttlichen Willens", als „eine übermenschliche Macht, ein Schicksal, eine höhere, göttliche Fügung". Vgl. Wolfdietrich Rasch, Reiz und Bedeutung des Unwahrscheinlichen in den Erzählungen Arnims, in Aurora. Jahrbuch der Eichendorff-Gesellschaft 45 (1985), 301–309, hier: 302.

bewusst ist. So hatte bereits der Pfarrer seine junge Frau über „seltsam[e]" „Umwege" kennengelernt, die er zugleich auf „höhere Geschicke" zurückführt:

> Lieber erzähle ich ihnen, wie seltsam meine Frau an mich und ich zu meiner Frau gekommen, das ist heitrer anzuhören. – Hat das so viele Umwege gemacht? [...] – Es gibt doch noch höhere Geschicke, fuhr der Prediger fort, die alles für uns tun, wenn wir am wenigsten es ahnen. (EiP, 910)

Sowohl bei Brentano als auch bei Arnim ist das Seltsame mit dem Schicksalhaften gattungspoetisch verschränkt. Schließlich ist die Verschränkung von privater und politischer Geschichte in *Die Einquartierung* beinahe mustergültig für die Aufhebung aller Trennlinien von familiärer und öffentlicher Gemeinschaft, wie sie die romantische Staatsphilosophie thematisierte und wie sie uns in den folgenden Erzählungen auch wieder begegnen wird.

4.2.3 *Seltsames Begegnen und Wiedersehen*. Scheinversöhnungen

Entwendete Dinge – entwurzelte Menschen. Von Aufsteigern, Überläufern und edlem Bewahren

Die Erzählung *Seltsames Begegnen und Wiedersehen* beginnt wie *Die Einquartierung im Pfarrhause* mit einer Einquartierung, diesmal mit der eines Feindes. Dabei verlieben sich der auf französischer Seite kämpfende Rittmeister Stauffen und die deutsche Julie ineinander. Ihre Liebe nimmt allerdings eine tragische Wendung, als offenbar wird, dass der französische Verlobte im Krieg, wahrscheinlich in der Schlacht bei Jena und Auerstedt[178], unwissentlich Julies Vater getötet hatte. Angestachelt durch ihre Freundin Constanze weicht Julies (Nächsten-)Liebe resolutem Patriotismus.

Auch hier wird ein privates Familienunglück mit den Kriegsereignissen verknüpft und dies bereits in der Eingangssequenz, in der Stauffen mit Schauder davon berichtet, im Zuge des Gefechts einen ungewöhnlich tapferen alten Mann getötet zu haben („als hätte ich meinen Vater unbewusste umgebracht", SB, 920[179]), ohne zu wissen, dass er tatsächlich seinen zukünftigen Schwiegervater, also Julies Vater, umgebracht hatte.

---

[178] So vermutet Klaus Peter, vgl. Peter, Nach dem Krieg, 90.
[179] Zitate aus Achim von Arnim, Seltsames Begegnen und Wiedersehen, in: ArnDKV 3, 918–962 werden direkt im Fließtext in Klammern und unter Angabe der Sigle (SB) und der Seitenzahl wiedergegeben.

Dieses tragische Moment der schuldlosen Schuld bleibt nicht auf Einzelschicksale begrenzt. Vielmehr erfolgt sowohl in der *Einquartierung* als auch im *Seltsamen Begegnen* die Kriegsbeteiligung nicht aus ideologischen Beweggründen, sondern aus zufälligen. So ist der französische Rittmeister „von Geburt ein Deutscher", aber „durch ein Spiel des Zufalls während der Revolution aller Unterstützung seiner unbekannten Eltern beraubt", weswegen er „sich gezwungen gesehen [hätte], gegen seine bessere Überzeugung mit den andern [den Franzosen, L. L.] in den Kampf zu ziehen" (SB, 923). So wird zugleich das – schicksalslogische und narrative – Moment schuldloser Schuld gegenüber der unzweifelhaften politischen Schuld relativiert, derer sich Stauffen als Kollaborateur schuldig macht. Julie verteidigt ihren Geliebten vor ihrer ‚hoffräuleinmäßigen' (SB, 921) Freundin Constanze mit den Argumenten, dass Stauffens Kriegsdienst aus pragmatischen Gründen erfolgt und der Dienst auf der französischen Seite ein zufälliges Übel sei. Constanze hingegen sieht es als eine „Hauptlüge unsrer Zeit, beschönigen zu wollen, was in sich unverbesserlich schlecht sei" (SB, 923).

Mit den beiden Figuren legt der Text gleichberechtigt zwei konkurrierende Ansichten nahe. Einerseits zwinge der Krieg zu Anpassung und Opportunismus und fördere darin Mimikry, Verstellung und Unaufrichtigkeit. Andererseits offenbare der Krieg nur, was in den Menschen angelegt sei. In diesen konkurrierenden Ansichten stellt sich also gewissermaßen die Frage nach Authentizität. Ihr gegenübergestellt ist die Verstellung. Im Kontext der bürgerlich-politischen Bewegung wurden Verstellung und Täuschung dem Adel zugesprochen, während das Bürgertum seinen heimlichen Machtanspruch durch einen moralischen Überlegenheitsanspruch legitimierte, der sich durch Ehrlichkeit und emotionale Natürlichkeit definierte.[180] Mit der Restauration wird nun das Kleinbürgertum mit dem Vorwurf der Mimikry und Unehrlichkeit belastet. In *Seltsames Begegnen* handelt es sich hierbei um einen Diskurs und Handlungsstrang, der sich parallel zum eigentlichen Handlungsstrang entwickelt und das Kleinbürgertum bzw. die Bedienstetenschicht geradezu als eine Art Parallelgesellschaft behandelt. Deren Verstellung äußert sich in zwei negativ konnotierten Praktiken: Schauspiel und Diebstahl.

---

180 Zum bürgerlichen Anspruch emotional authentischer Kommunikation gegenüber den höfischen Codes der Verstellung, vgl. Gerhard Sauder, Empfindsamkeit, 3 Bde., Bd. 1: Voraussetzungen und Elemente, Stuttgart 1974, 154–157. Zu der daraus erwachsenden moralischen Kritik am Ständestaat überhaupt, vgl. Reinhart Koselleck, Kritik und Krise. Eine Studie zur Pathogenese der bürgerlichen Welt, Frankfurt a. M. 1976.

Zwei Diebstähle, die unmittelbar an eine Szenerie des Schauspielens gekoppelt sind (womit ein Spiel im Spiel und also Ordnungen im Kleinen erprobt werden), werden mithin auch zu handlungsantreibenden Momenten. Der erste ist dabei nicht eigentlich ein Diebstahl – jedenfalls ist er das nicht in den Augen der Diebin, der Köchin Charlotte, die sich als begeisterte Amateurschauspielerin ein Kleid Julies für eine Theateraufführung zu ‚borgen' meint, von dieser aber erwischt wird:

> Mit hohen, abgemessenen Schritten ging die Gestalt ans Fenster und sprach pathetisch die Schlußworte aus der Jungfrau von Orleans: Kurz ist der Schmerz und ewig ist die Freude! – Trotz der prachtvollen Stimmenerhöhung erkannte Julie in derselben ihre Charlotte, welche die Dienste einer Kammerjungfer und Köchin zu gleicher Zeit bei ihr verwaltete, seit die Kriegslasten ihr die Beschränkung der Ausgaben rätlich gemacht hatten. Sie sah der geschmückten Köchin verwundert zu, [...]. Was für Possen, fragte Julie, mein Kleid anzuziehen, meinen Helm aufzusetzen? mir ist es unleidlich, meine Kleider auf andern zu sehen! – Ich hatte keine schlechte Absicht, sagte die Köchin, es war nur aus Liebe zur Kunst. – Was für Kunst? rief Julie ungeduldig [...] – Wäre mir nicht unwohl, sprach Julie, so könnte ich lachen, alles studiert, alles künstelt, und keiner kann was Rechts zustande bringen. Welcher verderbliche Leichtsinn in unserm Unglücke, es ist mir, als litte ich selbst an allen den Übeln, weil ich sie in meinem Vaterlande sehe. Schnell die Kleider ausgezogen, das Schauspiel ist heut geschlossen. Du verdientest Strafe, aber mir ist unwohl, geschwind mache Tee. – Ach gnädiges Fräulein, rief Charlotte bekümmert, ich kann keinen Augenblick abkommen, der gute Mensch, der den König spielt, wird mich gleich abholen. Denken Sie, er wäre früher gekommen und Sie später, so hätten Sie mich doch nicht mehr gefunden, ich hatte ihm die Türe aufgelassen und höre ihn schon kommen. – Zieh meine Kleider aus und geh aus meinem Dienst, wenn dir das Lumpentheater mehr als ich zu befehlen hat, antwortete Julie. – Ich kann nicht bleiben, schrie die Köchin, ich kann die Kleider nicht ausziehn, denn es ist schon zu spät, um andre zu mieten; ich müßte mir das Leben nehmen, wenn ich die Künstler so anführte und in unanständigen Kleidern aufträte; was an Fettflecken aufs Kleid kommt, will ich gern wieder ausmachen. – Charlotte, sei vernünftig, sprach Julie, ich muß sonst zur Polizei schicken. (SB, 924 f.)

Dass Julie Charlottes Vergehen als Diebstahl bewertet, diese aber weiterhin darauf beharrt, sich das Kleid für die Theateraufführung auszuleihen, soll das fehlende Unrechtsbewusstsein der ärmeren Schichten zum Ausdruck bringen, insbesondere aber das divergierende (Rechts-)Verständnis in Hinblick auf Besitz und Eigentum. Julie macht den Aufstieg der ärmeren und Bedienstetenschichten für die systematische Enthemmung von Raub- und Betrugsdelikten verantwortlich. Sie fordert daher von den Polizeibehörden, „die Zusammenkünfte der dienenden Klasse [zu, L. L.] beobachten, [denn, L. L.] da ist die Ursach zu finden, warum wir in einer mit Polizei bevölkerten Hauptstadt, wie auf den Diebsinseln uns befinden" (SB, 926).

Dieser (echte oder vermeintliche) Diebstahl wird in der Erzählgegenwart zum initialen Moment der Anamnese, indem er einen früheren Diebstahl aufdeckt, der als Vorgeschichte das folgende Geschehen losstößt. Es tritt sodann Hans auf, der Stallknecht Stauffens, der in der gemeinsamen Theatergruppe Charlottes die Rolle des Königs verkörpert. Vor Julie spielt er im Angesicht von Charlottes Diebstahl den Entrüsteten und kündigt ihr, wie er vorgibt,

> alle Freundschaft, eine Diebin sei ehrlos. – Charlotte trat ihm keck entgegen und fragte ihn, was er denn besser sei als sie, wenn sie den Wein ihrer Herrschaft genommen habe, wer sei es denn gewesen, der ihn getrunken? – Mit erhabnem Antlitze aufblickend, drückte Hans beide Hände gegen seinen Magen und rief in französischer Sprache: Bewahrst du noch etwas, armer Unwissender, von dem gestohlenen Gute, so gib es ihr mit Wucherzinsen zurück! – dann aber warf er dem Mädchen einen Blumenstrauß vor die Füße und rief: Nimm alles zurück, was ich von dir habe, ich will mich nicht mehr mit dir gemein machen. Charlotte weinte wütende Tränen und schwor, es sei auch ihr recht, und sie wolle auch nichts von ihm bewahren. So warf sie ihm ein seidnes Umschlagetuch hin und nahm dann von ihrem Halse eine goldne Kette, woran ein schlechtes Miniaturbild befestigt (beides war von dem Tuche bisher versteckt gewesen), und warf sie auf den Tisch. Die Kette schurrte über den Tisch bis zu Julien, die unwillkürlich ihre Augen darauf heftete und mit erstarrtem Auge ausrief: Ach, mein Vater, mein lieber Vater! (SB, 927)

Es handelt sich um eine Kette mit Julies eigenem Miniaturbild, die sie ihrem Vater kurz vor dessen Kriegseintritt geschenkt hatte. Weil Hans Charlotte eben diese Kette geschenkt hat, muss sie also in seinen Besitz gekommen sein und etwas über den Verbleib des Vaters aussagen können, so hofft Julie. Dieser Diebstahl ist für sie „kein Diebstahl, wie bei meinem Kleide, hier hat der Krieg ein liebes Eigentum in unrechte Hände gespielt" (SB, 927). Aber Hans entzieht sich der Aufklärung und flüchtet zu seiner Theateraufführung, wo er

> mit erhabenem Haupte seine königliche Rolle überlas, während eine artige Dame ihm den Stiefel abrieb, den er auf einen Thron gesetzt hatte; ein grauenvolles Bild jener Zeit, wo ein fremder Krieger [Napoleon, L. L.] seinen harten Fuß auf den Thron und in den Nacken der Franzosen gesetzt hatte, und Germania ihm mit ihren Tränen und dem Blut ihrer Kinder höchstens seine Stiefel zu putzen gewürdigt wurde! (SB, 930)

Das obszön anmutende Schauspiel, dessen Parallele zum allegorischen Revolutionsspiel in Brentanos *Die Schachtel mit der Friedenspuppe* offenkundig ist, zieht nicht nur das „Aufsteigen der ärmeren Klassen zu geselligen Verhältnissen" (SB, 926), gegen das sich Julie verwehrt hatte, ins Groteske, sondern die nur gespielten Gefühle auf der Bühne wirken auch kalt und empathielos gegenüber Julies wahrer Emotionalität angesichts der unverhofften Schicksalsspur ihres Vaters. Erst im Anschluss an das Schauspiel kann Jule endlich – und gemeinsam mit Stauffen – Hans ausfragen. Dass Hans die Kette tatsächlich dem von Stauffen tödlich verwundeten Vater Julies nach dessen Tod abgenommen hatte (ohne Stauffens Wissen und Erlaubnis), kommt zunächst gar nicht zur Sprache, da Hans die allein am Schicksal des Vaters interessierte Frage Julies als Diebstahlsvorwurf missversteht und sich mit „allerlei unzusammenhängende[n] Reden von Wunden und Schlachtfeldern" (SB, 931) damit rechtfertigt, dass das Ausplündern von Kriegsverstorbenen mit dem Kriegsrecht konform sei:

> Wo hast du die Kette gefunden, was sollen die verwirrten Reden? hast du noch nicht so viel Artigkeit gelernt, einer Dame Rede zu stehen, so darfst du noch nicht den König spielen. – Julie bat für den entthronten König, dieser aber verlangte keine Schonung mehr, sondern in seiner Eitelkeit über alles Maß gekränkt entgegnete er trotzig: Was für ein Lärmen um eine Armkette, die ich einem Toten abnahm! ich will mich vor jedem Kriegsgerichte rechtfertigen. – Es ist hier gar nicht vom Nehmen die Rede, sondern von Rede und Antwort, die du zu geben verpflichtet bist, oder ich lasse dich sogleich festsetzen, sprach der Rittmeister; wo hast du den Toten gefunden? (SB, 931 f.)

Wenn hier die Bedienstetenfiguren explizit kriminalisiert werden, so wird impliziert, auch wenn kein justiziables Vergehen vorliegt, dass ihnen ein Bewusstsein für das Legitime und moralisch Richtige fehlt. Die Unterscheidung zwischen dem Justiziablen und dem Rechten, dem Recht und der Moral, unterliegt hier abermals der Unterscheidung von Äußerlichkeit und innerer Lauterkeit. Die implizite Abwertung des Kleinbürgertums erfolgt auf der Linie dieser Unterscheidung: nicht als ‚rechtlich definierte' Schicht, wie es noch für den dritten Stand des *ancien régime* galt, wird es abgewertet; denn dieses Unterscheidungsmerkmal wäre selbst ein äußeres und gehorchte dem äußerlichen Gesetz. In Übereinstimmung mit Arnims prinzipiell meritokratischen Ansichten ist es vielmehr das ‚innere' moralische Defizit, das die Schicht vom Adligen unterscheidet. Adel bestimme sich demnach nicht mehr rechtlich, sondern in Hinblick auf die moralische Größe, die in der etymologischen Verwandtschaft zum ‚Edlen' besteht. Mit diesem Fehlen von innerer Moral verbindet sich aber auch ein Fehlen emotionaler Innerlichkeit. Während für Hans die Kette nur einen materiellen Wert besitzt, ist sie für Julie ein persönlicher Erinnerungsgegenstand, der den Bezug zum Vater, und damit letztlich die genealogische Verortung, verkörpert.

Das Aufsteigertum des Kleinbürgertums wird also denunziert, indem man ihm Ignoranz für die Bedeutung von Besitz – akzentuiert als persönlich-emotionale Besetzung von materiellen Dingen – unterstellt. Dieselbe Dichotomie gilt auch für die Ebene der Nationalitäten: Auch bei Stauffen ist ein defizitäres Verhältnis zu alteingesessenen Dingen zu konstatieren, das – trotz eines gewissen Edelmuts, den er etwa in seinem Respekt für die Tapferkeit von Julies

Vater zeigt – der Loslösung von der *natio*, der durch Geburt und Herkunft bestimmten Zugehörigkeit, durch den Übertritt ins französische Heer entspricht.

Noch eine andere markante Szene offenbart sein charakterliches Defizit, das im Folgenden genauer beleuchtet werden soll. Nachdem Julie über die hier geschilderten Umwege erfahren hat, dass Stauffen für den Tod ihres Vaters verantwortlich ist, bricht sie mit ihm und kurz darauf wird Stauffen nach Madrid in den dortigen napoleonischen Generalstab abkommandiert. Nach vier Jahren kehrt er zurück nach Deutschland und macht, auf dem Rückweg durch Spanien, in einem abgebrannten Kloster Rast. Dort trifft Stauffen in dem Kloster auf seine Mutter Clara, die sich, taubstumm geworden, dort als Nonne zurückgezogen hatte, „bis auch hier die Mordfackel der Weltstürmer eindrang" (SB, 948). Dabei entwendet er ein Madonnenbild, das ihn an Julie erinnert. Dadurch wird das Wunder der Wiederbegegnung gewissermaßen entweiht, denn, so kommentiert der Erzähltext, „seine Mutter hier bewahrt wiederzufinden hätte ihn zur Verherrlichung, nicht zur Beraubung der Kirche bewegen sollen" (SB 949). Aber diese Neigung, das Alteingesessene zu ignorieren, ist Stauffen – gemäß Arnims Narrativ – durch die Franzosen eingegeben, denn „zu tief war in ihn die Sitte des Volkes eingedrungen, dem er diente, er glaubte das Bild erst zum Dasein zu erwecken, indem er es nach dem kunstgebildeten Frankreich brächte" (SB, 949).[181]

Wie die Bediensteten erkennt auch Stauffen keinen vorsätzlichen Diebstahl. Erstens sind durch die Gewöhnung an den Vandalismus und Bildersturm der Revolutionäre („gewohnt, täglich Kirchenbilder nicht geraubt und verehrt, sondern geraubt, als Wachtfeuer verbrannt, oder zu einer Bank zerhauen zu sehen", SB, 949) Unrechtsbewusstsein und Pietät auf eine niedrige Schwelle gesunken, sodass er zweitens tatsächlich glaubt, durch den Diebstahl Gutes zu tun, indem er das Bild vor dem Vandalismus der Revolutionäre rettet, denn „das Bild wäre gewiß von dem nächsten Soldatenhaufen verbrannt worden" (SB, 950). Diese Gründe sind aber nur vorgehalten, um die Mutter mit „Scheingründen zu beruhigen", denn „er habe den Untergang so vieler Meisterwerke mit ansehen müssen, dieses sei das Abbild seiner Geliebten, das er hätte retten müssen" (SB, 950). Nicht aus Pietät, sondern aus eigenem Antrieb, als Andenken an Julie, rettet er das Bild. Damit wird das Bild zum fetischisierten Objekt. Der Zusammenhang von revolutionärem Ikonoklasmus (der christlichen Zeichen) und dem neuen Götzenkult wird hier offenkundig und verweist textintern auf das Schauspiel der Bediensteten, das auf die Revolutionskulte und ihre

---

[181] Angespielt wird hier nicht nur auf die revolutionäre Dechristianisierung, sondern es wird zugleich die napoleonische Expansionspolitik angeprangert. Vgl. hierzu auch Peter, Nach dem Krieg, 95.

Devotionspraxis neuer revolutionärer ‚Heiligenfiguren' anspielt. Zugleich wird das Madonnenbild mit dem Hinweis auf die „Meisterwerke" auf seinen monetären bzw. Kunstwert reduziert. Das wird umso deutlicher dadurch, dass das Klosterbild, in Frankreich angekommen, „die Bewunderung aller Kenner [erregte]" und „ein reicher Lieferant [...] eine hohe Summe [bot]" (SB, 950). Dabei entfernt Stauffen es nicht nur aus seinem natürlichen Ort in der Kirche, sondern auch aus der eingesessenen Gemeinde, in dem das Heiligenbild seinen naturgemäß regionalen Ort hatte: „[S]eine eigene Ergötzung daran ging ihm weit über die Erbauung eines frommen Bauernvölkchens, dessen Sprache ihm freilich nur wenig bekannt war" (SB, 949).

Zudem wiederholt Stauffen mit dem Raub des Bildes auch seine ‚Ursünde': die Kollaboration mit Frankreich, die sich aus dem Verlust seiner echten Familie ergeben hatte. Die entweihende Entfernung des Bildes, das Stauffen aus der „goldnen Strahlenfassung" (SB, 949) bricht, kommt der eigenen nationalen Entwurzelung Stauffens gleich. Mit dem Eintritt in Frankreich hat die Mutter mithin das Gefühl, als „gehörte ihr der Sohn nicht mehr" (SB, 950). So wird bereits mit dem Raub angedeutet, dass ihm auch die Wiedervereinigung mit Julie und damit die Versöhnung mit der deutschen Nation vorenthalten bleiben wird. Hierauf werden wir im folgenden Kapitel zu sprechen kommen.

Gestörte Nachrichtenkommunikation und vermittelnde Handschrift: Tyrannische Geschichte und persönliches Schicksal

In der vorangegangenen Analyse hat sich die Kette mit Julies Miniaturbild – ähnlich wie die Schachtel bei Brentano – als fatales Objekt erwiesen, indem sie enthüllt, dass Julies geliebter Rittmeister, „dem sie noch vor wenig Augenblicken die älteste Freundschaft, langgehegte Gesinnung, Vaterland und Freiheit geopfert hätte" (SB, 932 f.), im Gefecht unwissentlich ihren Vater getötet hatte. Sie bricht mit ihm und versöhnt sich mit Constanze, mit der sie sich kurz zuvor entzweit hatte, einräumend,

> daß sie erst jetzt durch die Hand des Geschicks, das ihr den Mörder ihres Vaters unter Hunderttausenden als Bräutigam zugeführt, die Weisung erhalten habe, daß eine Liebe zu den noch unversöhnlichen Feinden des Vaterlandes immerdar ein Frevel bleibe. (SB, 932 f.)

Privates und Geschichtliches, die für Julie zuvor trennbar erschienen, werden aneinandergekoppelt. Das gilt auch für die Störung der Nachrichtenkommunikation, die als wesentliches Moment der persönlichen Missverständnisse und des Schicksalslaufes von der allgemeinen Kommunikationslage im weltgeschichtlichen Ereignis der Befreiungskriege bestimmt ist. Auf der privaten Ebene der Figuren spielen Störungen im Briefverkehr, der abgefangen oder zurückgehalten wird, eine wesentliche Rolle. So hält Constanze die Briefe Stauffens zurück, als dieser nach der Trennung von Julie nach Spanien abkommandiert wird, jedoch seine militärische Laufbahn für Julie aufgeben will. Diese Nachricht erreicht Julie zunächst nicht, weil Constanze sie abfängt – sodass beide enttäuscht werden: Julie darüber, dass Stauffen sich nicht verabschiedet, Stauffen darüber, dass Julie nicht geantwortet habe. So wartet Constanze mit der Übergabe des Briefes bis zum Wiedersehen mit dem aufgebahrten Vater. Hier ist Julie am unempfänglichsten für eine Versöhnung. Denn seitdem sie „die Wunde [ihres] Vaters" gesehen habe, seien ihr die „leeren Redensarten" (SB, 942) des französischen Volkes – zu dem sie Stauffen nun doch zählt – verhasst. Constanze gibt den Inhalt des Briefes zwar korrekt wieder, nutzt aber die situative Stimmung, um die Botschaft einem ihr dienlichen Framing zu unterziehen. Julie diktiert daraufhin einen kühlen Abschiedsbrief, den Constanze mit ihrem Namen unterschreibt, was Stauffen schmerzlich irritiert. Aber dann ruft – unerwartet – Constanzes Handschrift in ihm ein nostalgisches Gefühl wach:

> Jetzt sah er die Aufschrift, trat näher zum Licht, sah wieder und schrie überrascht laut: Gott, meine arme Mutter! – Er riß den Brief auf und las das Todesurteil seiner Liebe von eben der Constanze unterzeichnet, die er wohl im Vorübergehen gesehen, aber niemals näher kennen gelernt hatte. Dreierlei Bewegungen brachen jetzt in seiner Seele gegeneinander ihre Heftigkeit: gekränkte Zärtlichkeit, empörter Stolz und neuerregter Schmerz eines von aller Welt verlassenen Kindes um die verlorne Mutter, die es allein geliebt hatte. [...]. – Mitten in seiner Verzweifelung war ihm die Handschrift ein tiefeindringender Trost, denn unverkennbar war es dieselbe Handschrift, aus der seine Mutter ihm Unterricht im Lesen gegeben hatte, er fand sich gedrängt, das Schmerzlichste immer wieder zu lesen, ja zu buchstabieren, wie er am Knie seiner Mutter bis zu dem Augenblicke getan, als die Nationalgarde sie ihm in den ersten Zeiten der Revolution entriß. (SB, 943)

Die Handschrift bürgt hier für ein – durch die Revolution – abgebrochenes Abstammungsverhältnis. Verwundert darüber, wie der von Constanze verfasste Brief die Handschrift seiner Mutter trägt, wird das Auffinden der Handschrift selbst wieder zum Anlass der Ermittlung und neuer Kommunikationsversuche:

> Wie war es aber möglich, daß Constanze, die jünger als er, damals schon Briefe an seine Mutter könnte geschrieben haben, sie lebte noch nicht zu jener Zeit, das war ihm gewiß; wer hatte ihr den Brief geschrieben oder für sie abgeschrieben? das ließ ihm keine Ruhe; sein Stolz war bald überwunden, sein Schmerz über Juliens Entschluß, sein Verlangen, den Urheber jener Handschrift zu erfahren, der Constanzens Brief abgeschrieben, wurde mit der ganzen Ursache dieser Neugierde ausführlich erzählt, der Brief schon am andern Tage auf die Post gegeben. (SB, 944)

Diese Briefe, die Stauffen zur Ermittlung an Constanze schickt, werden aber auf (Napoleons) behördliche Anweisung hin zurückgehalten, womit Stauffens Versuche, den:die Urheber:in zu ermitteln, vergeblich bleiben. Erst am Ende der Erzählung tritt Stauffens verlorengeglaubter Vater Constantin in Erscheinung, der sich zugleich als Pflegevater von Constanze erweist, sodass sich die Frage nach der Handschrift klärt: Constanze hatte die Handschrift ihres Pflegevaters Constantin angenommen, der ihr das Schreiben beigebracht hatte. Stauffens Mutter wiederum hatte ihm als Kind aus der Handschrift des Vaters das Lesen gelehrt, um dessen Abwesenheit in der Schrift zu kompensieren. Der Schreibunterricht ist zugleich auch ein Unterricht in der eigenen Familiengeschichte. Indem Arnim die Bedeutung der Handschrift von *derselben* zu *der gleichen* verschiebt, macht er aus ihr, die in der deutschen Sprache für das *principium individuationis* steht, das Prinzip genealogischer Verbürgung. Die Handschrift erweist sich als verbindendes Element der durch die „Revolutionsstürme" entzweiten Familie und zugleich auch als ein ideologische Feindschaften versöhnendes Moment. Denn Constanze und der ihr verhasste Stauffen rücken durch sie, vermittelt durch den gemeinsamen (Pflege-)Vater, in ein verwandschaftsähnliches Verhältnis. Die genealogische Dimension der Handschrift wird auch durch die Rekurrenz des doppeldeutigen Begriffes ‚Urheberschaft' deutlich, die zugleich auf das Leben wie auch die Schrift bezogen wird. Die Handschrift ist damit ebenfalls narrativ ein Verbindung herstellender Aktant, der die Figuren zueinander führt und die persönlichen Verstrickungen auflöst.

Die Handschrift ist gleichfalls verantwortlich für die bereits erwähnte rätselhafte Wiederzusammenführung Stauffens mit seiner Mutter Clara. Sie erkennt ihren Sohn anhand von Constanzes Brief, in dem sie die Handschrift ihres Mannes wiedererkennt.

> Die Alte bewegt sich nicht, die Tränen schienen das einzige Lebendige in ihr. Er springt auf, er sieht zu, was sie so rührt, und sieht erstaunt, daß sie Constanzens Brief betrachtet und ihn zu lesen scheint. Jetzt bemerkte ihn die Alte, blickt auf und begrüßt ihn mit dem Zeichen des Kreuzes und redet ihn an mit deutschen Worten und sagt ihm, daß sie lange auf sein Erwachen warte, [...], er solle ihr erklären, wie er zu dieser seltsamen Handschrift komme, zugleich reichte sie ihm eine Schiefertafel und einen Griffel, denn ihr fehlte der glückliche Sinn, das Gehör. – Nur zweimal bedurfte es der Schrift auf der Schiefertafel, da erkannten sie sich, die in den Revolutionsstürmen hieher verschlagene arme Mutter den verlornen Sohn, den die Welle hoch emporgetragen hatte. (SB, 947)

Es handelt sich um eine doppelte Vermittlung: Die Wiedererkennung ist durch die Handschrift, diese wiederum durch die Reproduktion der ursprünglichen Handschrift des Vaters in Constanzes Handschrift vermittelt.

Am Ende findet auch der Vater zu seinem Sohn – allerdings zu spät. Stauffen stirbt, kurz nach seiner Rückkehr nach Deutschland und vor Julies Augen (die ihn zunächst nicht erkennt), an seinen Kriegsverwundungen. Er verflucht dabei den unbekannten „Urheber seines Lebens" (der zugleich Urheber der Handschrift ist) sowie „den Urquell alles Lebens" (SB 959), sodass er selbst im Sterben dem Prinzip der Herkunft, der biologischen und der göttlichen, entsagt – nicht wissend, dass sich sein Vater ganz in seiner Nähe befindet. Dieser erkennt seinen Sohn erst nach dessen Tod, indem er in dessen mitgeführten Briefen seine eigene Handschrift identifiziert:

> Julie konnte sich nicht halten, sie lief zu den Versammelten, und er war unter ihnen und war doch nicht mit ihnen. Es ist mein Sohn, rief der Oheim, seine Mutter lebt, ich lebe, und der mußte sterben, der unsres Lebens einziges Glück war. Julie hörte nicht mehr, sie war besinnungslos in die Arme Constanzens gesunken. Constanze erfuhr jetzt, daß [...] inzwischen der Oheim herbeigekommen und durch einige aus dem Rocke herabgefallene Briefe verwundert aus der eignen Handschrift, aus den Erzählungen seiner Clara, selbst aus der Ähnlichkeit mit sich selbst in früheren Jahren, den Sohn ihrer heimlichen Liebe erkannte. (SB, 961)

Für das private Familienunglück und tragische Einzelschicksal werden sodann die in das zivile Leben eingreifenden Regierungsmaßnahmen schuldig gemacht:

> So löste sich zu spät das Geheimnis der Handschriften, mehrere Monate später kamen erst die Briefe an, die Stauffen zu dessen Enträtselung zutraulich der Post übergeben hatte; die, von den grausamen Befehlen des Alleszerreißenden mehrere Jahre zurückgehalten, das Geschick eines Hauses, das zu einem ruhigen Dasein reifen konnte, nicht mehr zu retten vermochten. (SB 961)

Der ‚Alleszerreißer' Napoleon zeichnet sich auch für die Zerreißung familiärer Bande verantwortlich. Privates und nationales Schicksal werden engegeführt. Die Verknüpfung der allgemeinen Geschichte mit dem privaten Schicksal wird so ansichtig gemacht.

Zugleich stellt sich das persönliche Geschick der Menschen in den Erzählungen als Antipode zur Tyrannei nicht nur Napoleons dar, sondern auch der allgemeinen Geschichte, die das Einzelne in seinen Strom zieht – in einer Zeit, so Constantin, „als die Welt von Freiheit und Mut, von edler Aufopferung und Vaterland sang, während die härteste Sklaverei jede Freiheit erdrückte, und eigennützige Grausamkeit alle menschlichen Freuden und Gefühle verspottete" (SB, 953).

Am Ende kündigt sich aber doch eine Art Versöhnung an: Nachdem auch Constantin verschieden ist, bringen Julie und Clara das von Stauffen entwendete Madonnenbild zurück in das spanische Kloster, in dem sie sich zugleich beide niederlassen:

> [N]ichts war von der Kirche übrig, so wunderbar war das heilige Bild erhalten, daß eine neue unentweihte Kirche wie ein Vorhimmel sich darüber wölbe allen Glücklichen zur Erhebung, allen Unglücklichen eine beruhigende Grabesdecke, von dem Lichte einer andern Welt durchstrahlt. (SB, 962)

Als ironische Fügung des Schicksals erweist es sich, dass das Heiligenbild gerade durch den frevelhaften Raub Stauffens erhalten wurde. Stauffen musste durch seine Schuld untergehen, aber das Marienbild wurde durch seine Entwendung gerettet. So wird auch sein Handeln schließlich mit der Geschichte versöhnt.

Auch in dieser Erzählung scheint mit der himmlischen Kirche am Schluss die ursprüngliche lateinische Bedeutungsdimension des Restaurationsbegriffes auf. Dabei vereint der Begriff in sich die zwei Bedeutungskomponenten des aktiven ‚Wiederherstellens' und des (reaktiven) ‚Bewahrens'. Erst in dieser Verbindung kann sich die Restauration für die (post)politische Romantik als ewige Wahrheit gegenüber der stürmischen Flüchtigkeit der Revolutionsjahre bewähren. Erst in dieser Verbindung enthüllt sich der Kern konservativen Glaubens: Nicht das Bewahren um des Bewahrens willen macht dessen Kern aus – so hat sich das fetischisierte Festhalten an Dingobjekten wie der Kette und dem Madonnenbild als fatal erwiesen. Vielmehr muss restauratives Bewahren immer zugleich mit der aktiven Wiederbelebung verbunden sein. In der Handschrift, die als Artefakt zugleich Objekt wie auch wiederholte Praxis ist, verbinden sich die beiden Momente des Restaurativen: das (zu) Bewahrende mittels des Wiederbelebenden. Als bewahrend erweist sich die Handschrift, indem sie belebt (die abgestumpften Sinne der Mutter, die Erinnerungen Stauffens, die verschütteten Familien- und Verwandtschaftsverhältnisse) und zugleich selbst der Wiederbelebung bedarf, indem sie praktiziert wird und mit den realen Begegnungen verbunden ist. In diesem Prinzip manifestiert sich das ästhetische Programm der (post)politischen Romantik.

Aus politischer Sicht ist die deutsch-französische Versöhnung, die am Ende der Erzählung in Aussicht gestellt wird, allerdings nur eine scheinbare. Auch hier hat die Forschung das religiöse Moment betont, das über der Bedeutung des Nationalen stehe.[182] Vielmehr geschieht die Versöhnung allein und aus-

---

182 So schreibt Peter, die Versöhnung hänge mit der romantischen Überbetonung des Kosmisch-Transzendenten im Kontrast zum Politisch-Nationalen und mit dem Plädoyer für „eine Welt ohne Feindschaft und Haß", „in der die Liebe und das ‚natürliche' Wachsen der Familie möglich wären", zusammen. Vgl. Peter, Nach dem Krieg, 96 f. Auch Moering liest die späteren Erzählungen mehrheitlich als Versöhnungsgeschichten. Arnim schlage in *Der tolle Invalide* versöhnliche Töne an, nachdem er in seinem Erzählzyklus *Der Wintergarten* (1809) und *Gräfin*

schließlich unter dem Zeichen der Restauration. Nicht um eine Versöhnung gleichberechtigter Parteien handelt es sich, sondern die Restauration versöhnt die Geschichte mit sich selbst und also auch mit ihren Verirrungen, die sie im Nachhinein reintegriert. Anstatt von der politischen Warte aus narrativ für eine Völkerversöhnung einzustehen, ästhetisiert die Erzählung vielmehr politische Narrative der Restauration, die eine Friedenszeit nur dem Anschein nach war.

4.2.4 *Der tolle Invalide auf dem Fort Ratonneau*. Konservative Utopie

Fluch, Trauma, Therapie. Politische Katharsis
Wie in den bereits erwähnten Erzählungen wird auch in *Der tolle Invalide auf dem Fort Ratonneau* mit deutsch-französischen Traumata Politik betrieben. Protagonist ist der französische Invalide Francoeur, der mutmaßlich wegen einer vernachlässigten Kopfverletzung, die er sich im Siebenjährigen Krieg zuzog, unter Wutanfällen und Verwirrung leidet, weswegen er an einen abgelegenen Ort, auf das Fort Ratonneau, abkommandiert werden soll. Francoeur wittert im Wahn einen Komplott gegen sich und droht, Amok zu laufen. Allein seine Frau Rosalie kann ihn letztendlich wieder zur Vernunft bringen.

Nach einer politischen Lesart bedeutet der Wahnsinn des Invaliden sein unbewältigtes Trauma des Siebenjährigen Krieges, das durch die Heirat mit der deutschen Rosalie aus Leipzig und die feindliche Reaktion ihrer Mutter reaktiviert wird. So könnte die Raserei Francoeurs den Hass zwischen Franzosen und Deutschen symbolisieren.[183] Denn vor der Hochzeit verflucht die Mutter ihre Tochter und übergibt sie „mit feierlicher Rede dem Teufel" (TI, 36),[184] als den sie Francoeur bezeichnet. Die Zeremonie wird geleitet von einem in schwarz gekleideten, alten Geistlichen, der Francoeur

---

Dolores zum Freiheitskampf aufgerufen hatte. Diese Versöhnung und die kritische Auseinandersetzung mit einem militaristischen Nationalismus seien jedoch ohne die vorausgegangene Niederlage des expansiven Frankreichs nicht möglich gewesen. Vgl. Renate Moering, Kommentar, in: Achim von Arnim, Werke in sechs Bänden, Bd. 4: Sämtliche Erzählungen 1818–1830, hg. von ders., Frankfurt a. M. 1992, 947–1432, hier: 982 (ArnDKV 4).
183 Vgl. Moering, Kommentar, in: ArnDKV 4, 981.
184 Zitate aus Achim von Arnim, Der tolle Invalide auf dem Fort Ratonneau, in: ArnDKV 4, 32–55 werden direkt im Fließtext in Klammern und unter Angabe der Sigle (TI) und der Seitenzahl wiedergegeben.

> alles ans Herz legte, was [Rosalie] für ihn getan, wie [sie] ihm Vaterland, Wohlstand und Freundschaft zum Opfer gebracht, selbst den mütterlichen Fluch auf [sich] geladen, alle diese Not müsse er mit [ihr] teilen, alles Unglück gemeinsam tragen. (TI, 37)

Die Liebe steht also unter dem Zeichen eines (mütterlichen) Fluchs, der bei der Vermählung auf Francoeur übergeht, so vermutet Rosalie, denn seitdem empfindet dieser so heftigen Groll und Unbehagen gegen Geistliche, dass er beim bloßen Gedanken an sie zu fluchen beginnt. Auf Vorschlag eines alten Kommandanten soll Francoeur wegen seines geistigen Zustandes auf das alte Fort Ratonneau abkommandiert werden, weil er dort – ein fataler Irrtum, wie sich herausstellt – keinen Schaden anrichten kann. Weil der Kommandant aber die Gewohnheit hat, „wenn er nicht schlafen konnte, alles was am Tage geschehen, laut zu überdenken, als ob er dem Bette seine Beichte hätte abstatten müssen" (TI, 39), erfährt sein Kammerdiner Basset von der Angelegenheit und trägt sie an Francoeur weiter, was bei diesem einen Schock auslöst:

> Das Herz war schon dem armen Schwätzer Basset gefallen, er sprach dünnstimmig wie eine Violine, von Gerüchten beim Kommandanten: er sei vom Teufel geplagt, [...], auch sei ja dieser Teufel die Ursache, warum Francoeur vom Regimente fortgekommen. Und wer brachte dem Kommandanten die Nachricht? fragte Francoeur zitternd. Eure Frau, antwortete Jener, aber in der besten Absicht, um Euch zu entschuldigen, wenn ihr hier wilde Streiche machtet. Wir sind geschieden! schrie Francoeur und schlug sich vor den Kopf. (TI, 43)

Das allabendliche Selbstgespräch des Kommandanten zur Verarbeitung des Tagesgeschehens stößt über Umwege einen Prozess des Ausbruchs und – glücklicherweise – der Verarbeitung eines verdrängten Traumas bei Francoeur an.

Wie in *Seltsames Begegnen* spielen auch in *Der tolle Invalide* Kommunikationsstörungen eine wichtige Rolle – nicht nur zwischen den Figuren, sondern ebenso in Bezug auf die Erzählsituation. So vermutet Francoeur im Wahn in der gutgemeinten Absprache zwischen seiner Frau und dem Kommandanten einen Komplott gegen sich, woraufhin er sich auf dem Fort verschanzt und die Habseligkeiten seiner Familie an einem Seil niederlässt mit den Worten:

> [D]as schicke ihr Satanas, und diese alte Fahne, um ihre Schande mit dem Kommandanten zu zu decken! Bei diesen Worten warf er die große französische Flagge, die auf dem Fort geweht hatte, herab und fuhr fort: dem Kommandanten lasse ich hierdurch Krieg erklären. (TI, 46)

Die französische Flagge wird sodann ersetzt durch „eine große weiße Flagge [...], auf welcher der Teufel gemalt sei" (TI, 51), jedenfalls Augenzeugen zufolge. Indirekte Wiedergaben, deren Wahrheit man in Zweifel ziehen darf, kennzeichnen die Berichterstattung über die Belagerung, wie sich auch im Folgenden zeigt:

> Die Besorgnis dieses Kriegsrats richtete sich besonders auf den Verlust des schönen Forts, wenn es in die Luft gesprengt würde; bald kam aber ein Abgesandter der Stadt, wo sich das Gerücht verbreitet hatte, und stellte den Untergang des schönsten Teiles der Stadt als ganz unvermeidlich dar. (TI 46 f.)

Das bloß Mögliche wird als „unvermeidlich" dargestellt, obwohl die Einschätzung bloß von Gerüchten gespeist ist. Diesem spekulativen und passiven Gerüchteverkehr setzt Rosalie die mutige Tat und ihren unerschütterlichen Glauben an Francoeurs Liebe entgegen, als sie sich mit dem gemeinsamen Baby auf den Weg zu ihm macht. Der dämonischen Raserei Francoeurs wird ihre religiös konnotierte Zuversicht gegenübergestellt:

> Was siehst du, Weib! brüllte Francoeur, sieh nicht in die Luft, deine Engel kommen nicht, hier steht dein Teufel und dein Tod. – Nicht Tod, nicht Teufel trennen mich mehr von dir, sagte sie getrost und schritt weiter hinauf die großen Stufen. Weib, schrie er, du hast mehr Mut als der Teufel, aber es soll dir doch nichts helfen. – Er blies die Lunte an, die eben verlöschen wollte, der Schweiß stand ihm hellglänzend über Stirn und Wangen, es war, als ob zwei Naturen in ihm rangen. Und Rosalie wollte nicht diesen Kampf hemmen und der Zeit vorgreifen, auf die sie zu vertrauen begann; sie ging nicht vor, sie kniete auf die Stufe nieder, als sie drei Stufen von den Kanonen entfernt war, wo sich das Feuer kreuzte. (TI, 52)

Rosalies aufopferungsvolle Besonnenheit nimmt sich wie ein Exorzismus aus, bei dem das Böse erst an die Oberfläche befördert werden muss. Francoeur

> riß Rock und Weste an der Brust auf, um sich Luft zu machen, er griff in sein schwarzes Haar, das verwildert in Locken starrte, und riß es sich wütend aus. Da öffnete sich die Wunde am Kopfe in dem wilden Erschüttern durch Schläge, die er an seine Stirn führte, Tränen und Blut löschten den brennenden Zundstrick, ein Wirbelwind warf das Pulver von den Zündlöchern der Kanonen und die Teufelsflagge vom Turm. (TI, 53)

Unmittelbar darauf besinnt sich Francoeur und ruft aus:

> Der schwarze Bergmann hat sich durchgearbeitet, es strahlt wieder Licht in meinen Kopf, und Luft zieht hindurch, und die Liebe soll wieder ein Feuer zünden, daß uns nicht mehr friert. Ach Gott, was hab ich in diesen Tagen verbrochen! (TI, 53)

Als letzten, medizinischen Teil der Austreibung zieht ihm der Chirurg einen Knochensplitter aus der offenen Wunde,

> der ringsumher eine Eiterung hervorgebracht hatte; es schien als ob die gewaltige Natur Francoeurs ununterbrochen und allmählich an der Hinausschaffung gearbeitet habe, bis ihm endlich äußere Gewalt, die eigne Hand seiner Verzweiflung die äußere Rinde durchbrochen. (TI 54)

Der Chirurg versichert sodann, „daß ohne diese glückliche Fügung ein unheilbarer Wahnsinn den unglücklichen Francoeur hätte aufzehren müssen" (TI, 54). So erweist sich die Heilung Francoeurs in einer Art Mischung aus Exorzismus und Psychoanalyse als Hervortreiben eines verborgenen Traumas, das verarbeitet werden muss – mit all den Schmerzen, die mit dem Zutagefördern verbunden sind.

Sowohl im *Tollen Invaliden* als auch in Brentanos *Die Schachtel mit der Friedenspuppe* spielt bei der Verarbeitung vergangener Traumata die Wunde bzw. ihr erneutes Aufgehen eine entscheidende, weil kathartische Rolle.[185] In *Die Schachtel mit der Friedenspuppe* tragen Sanseau und Dumoulin Wunden von ihrem Streit davon, die sich allerdings nicht unmittelbar, sondern erst in „einige[n] Tagen[n]" (SFP, 326) tödlich auswirken, wie ein Chirurg prognostiziert. Die Verzögerung des Todes hat handlungslogische Gründe: Die Figuren müssen beichten, damit die Geschichte eine Auflösung finden kann.[186] Für Sanseau ist die Anamnese so schmerzlich, dass er sich lieber umbringen will, als sich der Verarbeitung der Vergangenheit zu stellen. So löst er in suizidaler Absicht den Verband an seiner Kopfwunde, wird aber gerettet – mit dem Ergebnis, dass er zur Einsicht gelangt, seine Tat mündlich gesteht und schließlich mit der Aussicht auf göttliche Gnade stirbt. Dumoulins Suizid hingegen gelingt, er scheidet unversöhnt aus dem Leben.

Die Wunden der Figuren stehen im Kontext anamnetischer Erzählverfahren, die sowohl psychologische als auch handlungslogische Effekte haben. Zudem verweist das Motiv der wiederaufbrechenden Wunde auch auf die Stigma-Lehre der katholischen Kirche. Demnach kann man Rosalies eskalatorische Mühe um eine direkte kommunikative Konfrontation als exorzistische Austreibung des Bösen deuten. Arnim spielt damit auf die zeitgenössische Topik einer religiösen Erneuerung nach dem Ende der Freiheitskriege an.[187] Er scheint gegenüber dieser Debatte zwiegespalten. Einerseits erkennt er in der bayerischen Erweckungsbewegung „wahrhaft protestantische Gesinnungen", andererseits mokiert er sich über den „Teufelsspuk" der „bayrische[n] Natur".[188] Ob vor diesem

---

185 Matala de Mazza/Vogl schreiben, Brentanos Text betreibe eine Art „Trauma-Politik" und installiere die ‚Wunde' der Revolution als insistierenden Signifikanten des historischen Textes. Vgl. Matala de Mazza/Vogl, Poesie und Niedertracht, 247.
186 Vgl. Kluge, Brentanos Erzählungen 1810–1818, 126 f.
187 Vgl. Moering, Kommentar, in: ArnDKV 4, 974.
188 Arnim in einem Brief an Wilhelm Grimm vom 20.7.1816. Vgl. Steig 3, 353. Arnim reagierte auf einen Rundbrief von Johann Nepomuk Ringseis über Teufelsaustreibungen von mutmaßlich Besessenen, den dieser Ende Mai 1816 aus München nach Berlin an Savigny schickte, der aber über Umwege auch Arnim, Bettina von Arnim und Brentano in Wiepersdorf erreichte. Vgl. die Darstellung bei Heinz Härtl, Arnims Briefe an Savigny, 1803–1831, Weimar 1982, 139, 335 f.,

Hintergrund im *Tollen Invaliden* die Liebe als einzige Verständigungsform zwischen den Nationen sowohl über den Exorzismus nach katholischem Ritus als auch über die alten ideologischen Vorurteile obsiege – was Arnims Skepsis gegenüber übersteigerten Frömmigkeitsideen seiner Zeit, zugleich aber auch seine Distanzierung von apodiktischen antifranzösischen Ressentiments zum Ausdruck bringe[189] –, bleibt zu klären.

Denn die religiösen Impulse in Arnims Erzählungen lassen sich nicht universalistisch (etwa unter dem Prinzip der Liebe[190]) relativieren, sondern müssen erstens im Kontext seiner Gattungspoetik und zweitens als Teil seiner konservativen Position gelesen werden, wie im Folgenden demonstriert werden soll.

Romantik und Restauration. Arnims Erzählung im Spiegel der Gattungspolitik
Arnim greift bei seiner Erzählung auf zwei historisch und gattungspoetisch divergierende Quellen zurück: auf eine vorrevolutionäre französische und eine nachrevolutionäre deutsche.[191] Der Kern der Erzählung beruht auf einer historischen Begebenheit, von der Arnim bei seiner Reise durch Marseille im Winter 1802/03 gehört haben dürfte.[192] Josef Lesowsky hat 1911 zwei Darstellungen des Vorfalls ermittelt und publiziert, die Arnim – wie aus Entsprechungen deutlich wird – beide als Quellen benutzte. Der ältere Text stammt von Grosson und steht im *Almanach historique de Marseille pour l'année 1772*,[193] die deutsche Bearbeitung erscheint 1809 in der von August von Kotzebue herausgegebenen Berliner Zeitung *Der Freymüthige*.[194] Die Aufnahme beider Quellen ist nach Moering am Inhalt von Arnims Erzählung erkennbar: So übernimmt er den Namen

---

Christof Wingertzahn, Ambiguität und Ambivalenz im erzählerischem Werk Achim von Arnims, St. Ingbert 1990, 132 f. sowie Moering, Kommentar, in: ArnDKV 4, 974 f.
189 So bilanziert Moering. Vgl. Moering, Kommentar, in: ArnDKV 4, 975.
190 Für Wolfgang Frühwald etwa bedeutet „Heilung des Wahnsinns durch Liebe" auch die „Erlösung Frankreichs von der Unvernunft der Revolution". Frühwald, Achim von Arnim und Clemens Brentano, 151.
191 Vgl. Günter Oesterle, Der tolle Invalide auf dem Fort Ratonneau. Aufklärerische Anthropologie und romantische Universalpoesie, in: Universelle Entwürfe – Integration – Rückzug: Arnims Berliner Zeit (1809–1814), Wiepersdorfer Kolloquium der Internationalen Arnim-Gesellschaft, hg. von Ulfert Ricklefs, Tübingen 2000, 25–42, hier: 25.
192 Vgl. Moering, Kommentar, in: ArnDKV 4, 975.
193 Vgl. dazu Josef Lesowsky, Der tolle Invalide auf dem Fort Ratonneau, in: Archiv für das Studium der neueren Sprachen und Literaturen 65 (1911), 302–307, hier: 302 f. Vgl hierzu auch Moering, Kommentar, in: ArnDKV 4, 975–979.
194 Darstellung bei Lesowsky, Der tolle Invalide auf dem Fort Ratonneau, 304. Vgl hierzu auch Moering, Kommentar, in: ArnDKV 4, 979 f.

Francoeur aus der französischen Fassung, aus der deutschen hingegen die Tatsache, dass dieser Kommandant des Forts war.[195]

Inhaltlich hat Arnim also den historischen Stoff, der auf das Ereignis der Schießerei eines wahnsinnigen Invaliden auf dem Fort Ratonneau begrenzt war, um Narrative der politischen Romantik bzw. der Restaurationszeit angereichert, die in abgewandelter Form auch in den anderen Restaurationserzählungen auftauchen: die Erfahrung des Siebenjährigen Krieges und der Leipziger Schlacht als kollektive Traumata auf deutsch-französischer Seite, das Wiedererstarken des Aberglaubens im Zuge einer restaurativen Absage an aufklärerische Vernunftmaximen, nationalistische Figurenstereotype und schließlich die Liebe einer deutschen Frau als Mittel der Völkerverständigung.

Günter Oesterle zeigt vor diesem Hintergrund, dass Arnims Version Spuren einer doppelten Perspektive beider historischen Vorlagen trägt, wobei seine Umschrift „die Erweiterung und Umformung von der Prosa der Anekdote zur Poesie der Novelle" verfolge.[196] Während die Einleitung der französischen Quelle mit der Ankündigung, von einem Ereignis zu berichten, das „aussi singulier que bizarre", also gleichermaßen einzigartig wie merkwürdig sei,[197] auf zwei Merkmale des Anekdotischen verweist, erfährt der Stoff in der deutschen Bearbeitung eine inhaltliche Ergänzung, etwa um das Motiv des Wahnsinns, und damit eine formale Erweiterung zur Novellengattung. Arnim nun schreibt die ursprüngliche Anekdote unter dem Einsatz des Grotesken (zu nennen ist etwa die Darstellung des diabolisch wirkenden alten Geistlichen und Francoeurs blasphemisches Fluchen) sowie durch die Inszenierung von Kommunikationsstörungen (etwa im Verbarrikadieren Francoeurs auf dem Fort) gänzlich zur Kunstform der Novelle um.[198] Unter dem Eindruck romantischer Universalpoesie vollzieht sich bei der Umwandlung der prosaischen Anekdote zur poetischen Novelle aber auch eine Integration anderer literarischer Formen. Das Novellistisch-Anekdotische mit seiner Poetik des Neuen und Einmaligen, dem Bezug zur Zeitgeschichte und der Hervorhebung von Individualität und Schicksalshaftigkeit erhalte ein Gegengewicht in der Legende, die auf kollektive „Langzeiterfahrung" und „Einfriedung" ausgerichtet sei und im Gegensatz zur Novelle das

---

195 Vgl. Moering, Kommentar, in: ArnDKV 4, 980.
196 Vgl. Oesterle, Der tolle Invalide auf dem Fort Ratonneau, 26.
197 Vollständig zitiert beginnt die Quelle nach Lesowsky mit dem Satz: „Nous croyons devoir rapporter un évenement aussi singulier que bizarre, qui se passa dans la Forteresse de Ratoneau en l'année 1765." Vgl. Lesowsky, Der tolle Invalide auf dem Fort Ratonneau, 302. Vgl. hierzu auch Moering, Kommentar, in: ArnDKV 4, 976.
198 Vgl. Oesterle, Der tolle Invalide auf dem Fort Ratonneau, 28.

Überindividuelle und Schicksalslose betone.[199] Das Novellistisch-Anekdotische des „Skandalon[s]"[200] – das Ereignis um die Schießerei eines psychisch labilen Invaliden auf dem Fort Ratonneau – wird also ausbalanciert durch die Topik der entindividualisierten Heiligengeschichte, für die Rosalie steht. Das Neue wird so durch das Alte, das Einmalige durch überhistorische Muster kanalisiert.

Oesterle charakterisiert dieses Verfahren gattungspoetischer Ausbalancierung als spezifisch romantisch.[201] Das konservative Programm der Restaurationsbewegung spielt für ihn dabei allerdings keine explizite Rolle. Doch die Aufnahme einfacher Formen wie derjenigen der Legende ist nicht allein erklärlich durch den theoretischen Rekurs auf die romantische Universalpoesie, sondern ist aus einer spezifisch restaurativen Gattungspolitik heraus zu verstehen. Vor dem akuten politischen Kontext haben die zeitgeschichtlichen Bedingungen wesentlichen Anteil am gattungspoetischen Wandel.

Sinnfällig wird dies in der Religionsthematik, die sich im *Tollen Invaliden* (und auch in den anderen Erzählungen) nicht nur in der Symbolik des Wunderbaren niederschlägt, welches alte Feindschaften und Ressentiments aufzulösen vermag, sondern die zugleich auf den politischen Konflikt einer nur scheinbaren Versöhnung, eines nur scheinbaren Friedens verweist. Dieser Zusammenhang bedarf im Folgenden einer näheren Betrachtung. Es sollen daher diejenigen Erzählelemente identifiziert werden, die über das ‚bloß-Romantische' hinausgehen.

Arnims Religionsbegriff ist, wie Klaus Peter am Beispiel von Arnims Roman *Gräfin Dolores* (1818) argumentiert, konfessionslos. Sein Religionsideal bestehe vielmehr in einer dogmenlosen, lebendig-volkstümlichen Religion, die die Basis für die Erneuerung der Gesellschaft bilden soll.[202] Eine volkstümliche Religion definiert sich dann als Volkstradition, deren Sinnzusammenhänge in den alten Sitten und Symbolen, in Volksliedern, Sagen und Märchen bewahrt sind.[203] Nur dieser volkstümliche Kulturbestand ermöglicht eine überhistorische Identifikationsfigur. Bestand hat das Volk in seinen Liedern, Märchen und Mythen.[204] Die

---

199 Vgl. Oesterle, Der tolle Invalide auf dem Fort Ratonneau, 28 f. Oesterle bezieht sich hier auf den Legendenbegriff Herders. Vgl. Johann Gottfried Herder, Wahrheit der Legenden, in: Herders Sämmtliche Werke, Bd. 16: Wahrheit der Legenden, hg. von Bernhard Suphan, Berlin 1887, 338–392.
200 Oesterle spricht von einer „Ästhetik des Skandalons", die durch die Topik des Wunderbaren ausbalanciert werde. Vgl. Oesterle, Der tolle Invalide auf dem Fort Ratonneau, 29.
201 So Oesterle: „Die Romantik wäre nicht Romantik, wenn sie bei der Umwandlung von prosaischer Anekdote in poetische Novelle stehenbliebe und nicht zur Potenzierung der Formen weiterschritte." Oesterle, Der tolle Invalide auf dem Fort Ratonneau, 28. Vgl. hierzu auch 29, 31.
202 Vgl. Peter, Achim von Arnim: Gräfin Dolores, 247.
203 Vgl. Peter, Achim von Arnim: Gräfin Dolores, 254.
204 Vgl. Peter, Achim von Arnim: Gräfin Dolores, 251.

damit verbundene Geschichtsauffassung fordert geschichtliche Vermittlung in Form einer organischen Vereinigung von Altem und Neuem, in der „alle Epochen gleich nah zu Gott" sind und das Vergangene nie wirklich vergangen ist.[205] Diese Auffassung steht nicht nur dem Fortschrittsoptimismus der Aufklärung entgegen, sondern wendet sich auch von der frühromantischen Geschichtsphilosophie ab, in der das Alte und das Neue – etwa in einem triadischen Geschichtsmodell – geschieden sind und mittels Spekulation vermittelt werden sollen.[206] Bei Arnim ist für die Vermittlung der Zeiten nicht erst spekulative Energie erforderlich, sondern diese ist vielmehr durch die Geschichte je gegeben, indem jede Gegenwart durch ihr Geschichtlich-Sein schon Vergangenheit verkörpert. Peter spricht in diesem Sinne bei Arnim von „Historismus".[207] Arnims Religionsbegriff ist also nicht universalistisch, sondern erweist sich als Kind seiner Zeit, der Restaurationszeit.

Geschichtliche Vermittlung übernimmt das *Bewahren*. In Arnims Religionsthematik drückt sich somit, politisch gesehen, ein konservatives Verständnis aus, denn an die Stelle der frühromantischen prospektiven Utopie, die schon die Aufklärung bestimmte, tritt bei ihm die konservative Utopie: Das Neue sucht seine Legitimation in der Rückbesinnung auf das Alte, während das Alte eher einen idealtypischen Wert als ein tatsächlich historisches Vorbild darstellt.

Dass vor diesem Hintergrund die Konservativen nicht beklagen, dass Neues auf Altes folgt, sondern im Neuen das Alte vernichtet werde, wie Peter schreibt,[208] macht deutlich, dass die konservative Utopie eben doch das Neue unter einer Bedingung ausschließen muss: wenn es das Alte bedroht.

Wenn Arnims Erzählung auch augenscheinlich weder militaristische noch nationalistische Elemente zu propagieren, sondern als Moral vielmehr versöhnlichen Frieden anzubieten scheint, macht sich die Politisierung vor dem Hintergrund des zeitgenössischen, kontrovers geführten Friedensdiskurses und des scheinbaren Pazifismus der Restaurationszeit bemerkbar.

Im aufklärerischen Denken gehörten innerer und äußerer Frieden untrennbar zusammen. Der theoretische Friedensbegriff reduzierte sich nicht auf öffentliche Ruhe, Sicherheit und Ordnung, wie in der Restauration, sondern Frieden wurde vielmehr als ein Zustand realisierter Moral verstanden.[209] Der Krieg wur-

---

205 Vgl. Peter, Achim von Arnim: Gräfin Dolores, 251.
206 Vgl. Peter, Achim von Arnim: Gräfin Dolores, 252.
207 Vgl. Peter, Achim von Arnim: Gräfin Dolores, 252.
208 Vgl. Peter, Achim von Arnim: Gräfin Dolores, 251.
209 Vgl. Wilhelm Janssen, Friede, in: Geschichtliche Grundbegriffe, Bd. 2: E–G, Stuttgart 1975, 543–591, hier: 567 f., 574.

de im Gegenzug jedoch nicht pauschal als unmoralisch bewertet, wie es für den Eroberungskrieg der Fall war: Der Bürgerkrieg konnte durchaus als moralisch gerechtfertigter Krieg verstanden werden.[210] Dem folgt die – auch von Arnim geteilte – Annahme, dass das einfache Volk die Welt des Friedens, die Dynastien hingegen einen amoralischen kriegerischen Despotismus repräsentieren.[211] Der im 18. Jahrhundert aufkommende Bellizismus stellt damit eine Reaktion auf den gleichzeitig entstehenden Pazifismus dar.[212]

Dass Kriegs- oder Friedenszeiten nicht pauschal negativ oder positiv konnotiert sind,[213] zeigt auch Arnims im *Preußischen Correspondenten* (noch unter Schleiermachers Herausgeberschaft) erschienene Rezension zu August Neidhardt von Gneisenaus Schrift über den Feldzug von 1813 in Glatz. Arnim führt hier an, dass der Beginn der Befreiungskriege eine „Freiheit der gedruckten öffentlichen Meinung" hervorgebracht habe.[214] Zudem kritisiert er an anderer Stelle einen Friedensbegriff, der innere soziale Spannungen und Spaltungen durch einen äußeren Schein der Ruhe überdecke.[215] In diesem Sinne sei Krieg notwendig, wenn er um der Wahrheit willen geführt werde.[216] Arnims eher bellizistische Haltung zeigt sich hier von den anhaltenden Befreiungskriegen bestimmt.

---

210 Vgl. Janssen, Friede, 573.
211 Vgl. Janssen, Friede, 574.
212 Vgl. Janssen, Friede, 575 f.
213 Carl von Clausewitz etwa prägte in diesem Zusammenhang den Begriff des „interimistischen schlechten Friedens", der schlecht sei, weil er schlicht zu lange andauere. Vgl. Carl von Clausewitz, Vom Kriege, 16. Aufl., hg. von Werner Hahlweg, Bonn 1952, 310. Jacob Burckhardt pflichtet ihm bei: „Der lange Friede bringt nicht nur Entnervung hervor, sondern er lässt das Entstehen einer Menge jämmerlicher, angstvoller Notexistenzen zu, welche ohne ihn nicht entständen und sich dann noch mit lautem Geschrei um ‚Recht' irgendwie an das Dasein klammern, den wahren Kräften den Platz vorwegnehmen und die Luft verdicken, im Ganzen auch das Geblüt der Nation verunedeln. Der Krieg bringt wieder die wahren Kräfte zu Ehren." Jacob Burckhardt, Weltgeschichtliche Betrachtungen, Gesammelte Werke, Bd. 4, Darmstadt 1962, 117, 119. Mit dieser infamen und martialischen Argumentation ließen und lassen sich Rassismus, Antisemitismus, Sozialdarwinismus und Eugenik rechtfertigen. Vgl. hierzu auch Janssen, Friede, 579.
214 Vgl. Achim von Arnim, Der Feldzug von 1813 bis zum Waffenstillstande. Glatz 1813, in: ArnDKV 6, 415–419, hier: 415.
215 Arnim schreibt, Friede solle kein „äußerer ruhiger Schein bei innerem Zwiespalte" sein. Vgl. Achim von Arnim, 1. Die Siege bei Leipzig/gefeiert zu Reichenbach! Reichenbach in der Stadtbuchdruckerei bei Müller. 2. Predigt am Martinsfeste/und am Feste der Rückkehr alter teutscher Freiheit von Märtens. Halberstadt bei Delius [1813], in: ArnDKV 6, 439–441, hier: 439.
216 So Arnim: „Friede ist löblich, wo er in Wahrheit sich zeigt, und Krieg ist notwendig, wenn er um der Wahrheit willen geführt wird […]." Vgl. Arnim, Die Siege bei Leipzig/Predigt am Martinsfeste, 439 f.

Die Restaurationsbewegung hingegen wird als pazifistisch charakterisiert. Sie wird teilweise unmittelbar mit dem Frieden gleichgesetzt, wie am Beispiel der paratextuellen Bedingungen der *Friedensblätter*, von der Namensgebung bis zum Erscheinungsdatum, schon deutlich wurde. Für den deutsch-österreichischen Schriftsteller und politischen Berater von Fürst Metternich etwa, Friedrich von Gentz, gewährleistete die Restaurationspolitik im Sinne einer Vermeidung zukünftiger Revolutionen die Aufrechterhaltung einer stabilen Ordnung und die Sicherung eines dauerhaften Friedens.[217] Der Staat als „Friedenskorporation",[218] wie ihn die Verfechter einer organischen Staatslehre begriffen, war aber nicht unumstritten: Für Friedrich Schlegel etwa war das Zeitalter der Restauration gekennzeichnet durch „inneren Unfrieden, der bei Fortdauer eines fest und sicher begründeten äußeren Friedens dennoch überall hervorbricht, d. h. durch einen unentschieden schwankenden Zustand zwischen eigentlichem Unfrieden und scheinbarem Frieden".[219] Die Friedensdebatte im Europa der Restaurationszeit unterscheidet also einen wahren Frieden von einem Zustand bloßer Ruhe und Ordnung, der die Gefahr einer „latenten Revolution" birgt.[220] Dieser „scheinbare[] Frieden" in seinem latenten Bedrohungsmodus bestimmt Arnims und Brentanos Restaurationserzählungen maßgeblich. Deren religiös gefärbte Versöhnungspoesie und -politik führt zwar immer wieder Gemeinschaftsbildungen vor: jedoch nur solche unter Ausschluss – oder Bekehrung – derjenigen, die eine erneute Revolution anstiften könnten. Die restaurative Gemeinschaftsutopie ist in diesem Sinne konstitutiv restriktiv und stellt sich dem kosmologisch tingierten Kosmopolitismus sowohl der (vor)revolutionären Menschheitsutopie (etwa bei Schiller) als auch der frühromantischen spekulativen Allvereinigung entgegen.

Restauratives Bewahren und romantisches Potenzieren müssen als Formelemente einander nicht ausschließen, wie wir in den Erzählungen gesehen haben. Und doch liegt auf dem Bewahren als restaurativem Formelement eine andere Gewichtung – nämlich die einer gattungs*politischen* und nicht (nur) gattungspoetischen Arbeit, wie sie Oesterle beschreibt.

---

217 Vgl. Friedrich von Gentz, Über den zweiten Pariser Frieden und gegen Görres [1816], in: Schriften von Friedrich Gentz. Ein Denkmal, Bd. 2, hg. von Gustav Schlesier, Mannheim 1838, Nachdruck Hildesheim/Zürich/New York 2002, 399–431, hier: 422. Vgl. hierzu auch Kondylis, Reaktion, Restauration, 188.
218 Vgl. Friedrich Schlegel, Signatur des Zeitalters [1820/23], in: KFSA, Bd. 7: Studien zur Geschichte und Politik, hg. von Ernst Behler, Paderborn 1966, 483–598, hier: 546. Vgl. hierzu auch Janssen, Friede, 581.
219 Vgl. Schlegel, Signatur des Zeitalters, 572 f. Vgl. hierzu auch Janssen, Friede, 581.
220 Vgl. Janssen, Friede, 581.

Fazit

Ziel dieses Kapitels war es zum einem, die bei Arnim und Brentano wirksamen politischen Narrative im Kontext der deutsch-französischen Auseinandersetzungen aufzuzeigen. Zeitgenössische kollektivstiftende Praktiken wie das Fest finden Aufnahme in die Erzählungen Arnims und Brentanos und erfahren eine ideologische Dichotomisierung: Während die deutsche Jahresfeier der Leipziger Schlacht als kosmische Versöhnung erscheint, werden die französischen Revolutionsfeste als Auswüchse eines falschen und gottlosen Patriotismus gebrandmarkt und lächerlich gemacht. Die Gegenüberstellung der Nationen wird zudem enggeführt mit der suggestiven Gegenüberstellung von Adelsgeschlecht und Citoyen bzw. Kleinbürger, von Sage und Vernunft, ‚jüdischer Falschheit' und preußischem Großmut.

Zum anderen sollte untersucht werden, wie diese Narrative durch anekdotische Verfahren, genau genommen durch anekdotisches Romantisieren, verarbeitet werden. Die Form der Erzählung, die Brentano und Arnim prägen, ist als Medium politischer Narrative wirksam, weil sie nicht nur authentische Berichte, Geschichten vom ‚Hörensagen' und Erfundenes – also verschiedene Nuancen im Spektrum von Wahrheit und Fiktion – miteinander verbindet, sondern auch verschiedene Zeitebenen kombiniert: geschichtliche Quellen, Figuren des Vorgeschichtlichen, zeitgenössische Stoffe. Aus dem Bedürfnis heraus, sowohl das Unaufgearbeitete der Vergangenheit narrativ zu bewältigen als auch die aktuelle Gegenwart zu historisieren und greifbar zu machen, resultiert die Schreibweise eines romantischen Anekdotisierens, die eine Durchlässigkeit von historischen Fakten, zeitgeschichtlichen Stimmungen und romantischen Narrativen herstellt und Rückkopplungseffekte zwischen Literatur und tagesaktuellen Nachrichten herstellt.

Dabei setzen Arnims und Brentanos Erzählungen einen Restaurationsbegriff ins Werk, der zwei Bedeutungskomponenten in sich vereint: das aktive Wiederherstellen und das (reaktive) Bewahren. Nicht das Bewahren allein stellt einen Wert an sich dar, vielmehr müssen das Wiederbelebende und das (zu) Bewahrende sich verbinden, was sich in der Verbindung von Erinnerungsobjekt und (narrativer) Praxis zeigt. Damit erscheint auch die zeitliche Partikularität des Anekdotischen (das Zufällige, Unwahrscheinliche, Individuelle) im Schein einer es transzendierenden zeitlichen Beständigkeit, die die Restaurationserzählungen zu konsolidieren suchen. Doch werden die individuellen Lebensgeschichten nicht so sehr in die große geschichtliche Erzählung eingebettet, sondern die große Geschichte stellt sich erst in der kleinen dar.

Wie wir außerdem gesehen haben, heben die Erzählungen in der anekdotischen Bearbeitung der historischen und zeitgenössischen Quellen und unter Einbezug einfacher Formen (etwa der Legende) auf die szenische Suggestivkraft der Ereignisse ab: Dumoulins suizidaler Todesschuss, der einhergeht mit den „Freudenschüssen" der Feiernden (*Die Schachtel mit der Friedenspuppe*); Dorothee, der „aus dem Todeshauche der Mutter [...] der Vater entsteht" (*Die Einquartierung im Pfarrhause*); die polemische Darstellung der französischen Kultfeste (*Die Schachtel mit der Friedenspuppe, Seltsames Begegnen und Wiedersehen*); Francoeurs Exorzismus (*Der tolle Invalide auf dem Fort Ratonneau*); Stauffen, wie er das Madonnenbild des katholischen Klosters entwendet und Julie und Clara, wie sie es wieder restituieren (*Seltsames Begegnen und Wiedersehen*). Geschichte(n) ereigne(n) sich hier als Szene, als Bild. Dadurch lassen sich aber auch kollektive Vorurteile (antisemitischer, nationalistischer, sozialer Art) erzählbar machen. Wir können hier also gewissermaßen anknüpfen an das, was wir bereits in Bezug auf Kleists Verknüpfung des Anekdotischen mit dem Novellistischen gesehen haben: Das Prägnante, Unerhörte und Zufällige lässt sich vor allem dann gut in die Teleologie des Erzählens integrieren, wenn es übergeordnete Fixpunkte – Narrative – gibt, die Kontingenz und Providenz einander vermitteln. Auf diese Weise zeitigen die anekdotischen Erzählweisen der politischen Romantik einen manipulativen Geschichtseffekt, indem sie bestimmte Narrative als exemplarisch und mithin allgemeingültig ausgeben. Es wird ein Wissen produziert, das wiederum effektiv Anschlusskommunikation in anderen gesellschaftlichen Teilsystemen (in der Publizistik, in Vereinen usw.) findet und sich dort selbst bestätigt sieht. Dies werden wir im folgenden Kapitel am Beispiel der geselligen Treffen der ‚Deutschen Tischgesellschaft' sehen.

4.3 Romantische Gemeinschaftsentwürfe. Stammtischparolen im Gewand sittlicher Geselligkeit

Im Kontext dieser Arbeit werden anekdotisches Erzählen und Gerüchtekommunikation als Medien sozialer Poetiken und Dynamiken begriffen. Eine „Poiesis des Sozialen" nach Urs Büttner entsteht um 1800 als ästhetische Alternative zu der ausbleibenden politischen Revolution und als Krisensymptom in einem Spannungsfeld zwischen Aufbruchsstimmung und Revolutionsangst.[221] Damit ist gemeint, dass kulturelle und künstlerische Praktiken einen Versuchsraum für alternative Lebens- und Ausdrucksweisen bieten und somit ein Modell von

---

221 Vgl. Büttner, Poiesis des „Sozialen", 13, 29.

Vergemeinschaftung schaffen können.[222] Büttner sieht diese Kriterien in der politischen Romantik im besonderen Maße erfüllt, da deren Vertreter die Politik ausgehend von der Öffentlichkeit neu zu begründen suchen – in Opposition zu der realpolitischen ‚Elite'.[223]

Nicht nur Literatur und Zeitungsmedien, auch die neuen (Männer-)Gesellschaften (z. B. Stammtischrunden, Turnvereine, Burschenschaften), die um 1800 zu einer Art Gegenöffentlichkeit werden und mit der liberalen und frankophilen Salonkultur des 18. Jahrhunderts brechen, steuern über das Erzählen von Schwänken, Anekdoten etc. Ein- und Ausschlusskriterien. Hier bot die Gattung der Anekdote die Möglichkeit, regierungskritische Positionen, vor allem antifranzösischer und antisemitischer Art, auszusprechen und zu verbreiten.

Das folgende Kapitel konzentriert sich exemplarisch auf die von Arnim gegründete Deutsche Tischgesellschaft, die eine deutsche Abstammung zum Teilnahmekriterium machte, Juden und Frauen ausschloss und von intellektuellen Kritikern der preußischen Reformen besucht wurde. Dass die vermeintlich rein gesellige Verbindung handfeste politische Virulenz besitzt, wird nicht nur in der oftmals martialischen, nationalpropagandistischen und antisemitischen Rhetorik deutlich, sondern auch an dem Umstand, dass die Mitgliedsbeiträge zur Finanzierung eines kriegsdienstwilligen Soldaten herangezogen wurden. So soll im Folgenden gezeigt werden, dass die Tischgesellschaft erstens weder eindeutig literarische Salon- noch politische Vereinsstruktur aufweist und zweitens das romantische Ideal zweckfreier Geselligkeit auslotet, daran aber literarisch sowie politisch scheitert.

4.3.1 Das Gastmahl als gesellige Aktion und kultursoziologische Institution (Knigge, Kant, Schleiermacher)

Partikularisierte Geselligkeit. Knigges *Über den Umgang mit Menschen*
Im 18. Jahrhundert erfahren Geselligkeitsformen und ihre Diskursivierung einen Auftrieb, zum einen durch das Aufkommen Gemeinschaft stiftender Verbindungen, darunter Salons, Lesegesellschaften und akademische Clubs, und zum anderen aufgrund allgemeiner Alphabetisierungskampagnen und eines ver-

---

222 Vgl. Büttner, Poiesis des „Sozialen", 16–18.
223 Vgl. Büttner, Poiesis des „Sozialen", 183.

stärkten Medienkonsums im Zuge der Aufklärung.[224] Allerdings haben sich aufgrund der kaum noch überschaubaren Partikularisierung von sozialen Gruppen im Zuge der allgemeinen Dekorporierung[225] auch intersubjektive und gesprächskonventionelle Probleme ergeben. So erfährt die Frage nach sozialen Umgangsformen und Gesprächskonventionen in einer immer heterogener werdenden Gesellschaft verstärkt Aufmerksamkeit. Adolph Freiherr Knigges Aufsatz *Ueber den Umgang mit Menschen* (1788) entwirft vor diesem Hintergrund den Versuch, einer allgemein fühlbaren Verunsicherung im Verhalten, die sich aus den vervielfältigten und im Umbruch befindenden Lebensformen ergibt, mit einer Schicklichkeitslehre entgegenzuwirken, die mehr Orientierungshilfe denn dogmatisches Regelwerk sein will und somit sozialer Desintegration vorzubeugen verspricht.[226]

Als ein mögliches Begegnungsszenario beleuchtet Knigge das Gastmahl, wobei die Unterhaltung bei Tisch streng nach den Bedürfnissen und Interessen der Gäste ausgerichtet sein solle und nach den Prinzipien der „Weltklugheit und Menschenkenntnis" zu erfolgen habe.[227] Es sei dies die Kunst,

> mit seinen Gästen nur von solchen Dingen zu reden, die sie gern hören, in einem größern Zirkel solche Gespräche zu führen, woran alle mit Vergnügen teilnehmen und sich dabei in vorteilhaftem Lichte zeigen können. [...] Jeder Gast muss Gelegenheit bekommen, von etwas zu reden, wovon er gern redet.[228]

Knigge verwehrt sich dagegen, Details aus dem privaten Leben im geselligen Gespräch anekdotisch aufzubereiten und preiszugeben, beruhen sie doch nicht auf allgemeingültigen Maximen, sondern auf Beobachtungen. Das Erzählen von „kleinen Anecdoten"[229] wird als Negativbeispiel angeführt, wie man soziale Barrieren gerade nicht überwinde, weil die anspielungsreichen Geschichten nur in ihren je eigenen sozialen Wirkkreisen funktionierten. Weil außerhalb dieses Wirkkreises nur Unverständnis zu erwarten sei, sorgten Anekdoten gerade für

---

224 Vgl. Arno Meteling, Verschwörungstheorien. Zum Imaginären des Verdachts, in: Die Unsichtbarkeit des Politischen. Theorie und Geschichte medialer Latenz, hg. von Lutz Ellrich, Harun Maye und Arno Meteling, Bielefeld 2015, 179–212, hier: 193 f.
225 Vgl. Reinhart Koselleck, Bund, in: Geschichtliche Grundbegriffe, Bd. 1: A–D, Stuttgart 1972, 582–671, hier: 641.
226 Unter der Perspektive der Authentizität des anekdotischen Erzählens sind Teile der Knigge-Analyse bereits erschienen in: Liese, Die unverfälschte Gemeinschaft, 4–6.
227 Vgl. Adolph Freiherr Knigge, Ueber den Umgang mit Menschen [1788], in: ders., Werke, Bd. 2, hg. von Michael Rüppel, Göttingen 2010, 250.
228 Knigge, Ueber den Umgang mit Menschen, 250.
229 Knigge, Ueber den Umgang mit Menschen, 25.

einen Ausschluss aus der Unterhaltung und somit bei einem Großteil der Beteiligten für „tödtende Langeweile"[230].

Auffällig ist auch Knigges wiederholte Skepsis gegenüber der sozialen Mobilität eines sich kosmopolitisch gebenden Bildungsbürgertums, das Worte zirkulieren lasse wie Handelswaren, dabei aber nicht die „Kunst" beherrsche, „sich nach Sitten, Ton und Stimmungen andrer zu fügen", weil es sich selbst aus Mangel an Erfahrung mit der extrem breiten Auffächerung sozialer Gemeinschaften als absoluten Maßstab setze.[231] So erscheint bei Knigge ein voraussetzungsreiches, unempathisches Sprechen, das mehr der eigenen Performance und Profilschärfung als einer gegenseitigen Verständigung und allgemeinen Geselligkeit zugute kommt, als Problem der „sogenannten großen Welt"[232]. Ironisch wird zugestanden, dass derartiges Verhalten zwar zur höfischen Konversations- und Geselligkeitspraxis gehört haben mag, nun aber überkommen sei und nicht zur Nachahmung dienen sollte.[233] Trotz aller Emanzipationsversuche werden adlige Kommunikations- und Geselligkeitsformen im bürgerlichen Milieu imitiert – im Glauben, sie seien manierlich. Dass Knigge die sogenannte „Anecdoten-Jagd" als Adelssignum bzw. -stigma betrachtet, stellt die Anekdote in einen allgemeinen Zusammenhang mit Verstellung und Falschheit.[234] Sie scheint hier entgegen ihrer typischen Charakterisierung nicht Authentizität zu verbürgen, sondern negativ konnotierten Gesprächsphänomenen wie dem Klatsch strukturell näher zu stehen als literarischen Gattungen.

Darüber hinaus gilt das Anekdotische als Schreib- und Erzählweise im Kontext eines unseriösen Sensationsjournalismus, den periodische Publikationsorgane, namentlich „Musen-Almanach[e]"[235], betrieben. So stünden „nichtswürdige Anekdotensammlungen" in einer Reihe mit „unbedeutende[n] Romane[n], leere[n] Journale[n], platte[n] Schauspiele[n]".[236] Dass der Massengeschmack anekdotische Aufbereitung goutiert, erscheint Knigge als ein Ärgernis seiner Zeit, vor allem, wenn Anekdoten genutzt werden, um zu diskreditieren. Knigge warnt deshalb ausdrücklich davor, Gespräche mit Lästerungen, Spott oder persiflierenden Tönen zu spicken. Anekdoten scheinen also nicht nur

---

230 Knigge, Ueber den Umgang mit Menschen, 27.
231 Vgl. Knigge, Ueber den Umgang mit Menschen, 27.
232 Knigge, Ueber den Umgang mit Menschen, 332.
233 Vgl. Knigge, Ueber den Umgang mit Menschen, 332–334.
234 Vgl. Knigge, Ueber den Umgang mit Menschen, 332–333.
235 Knigge, Ueber den Umgang mit Menschen, 355.
236 Vgl. Knigge, Ueber den Umgang mit Menschen, 433.

in die Nähe eines „leere[n] Geschwätz[es]" zu rücken, sondern sie entfalten in der Gesellschaft sogar eine asoziale Wirkung.[237]

In diesem Zusammenhang kritisiert Knigge auch die Übertragungstechnik einer rein auf Hörensagen beruhenden Erzähltaktik, die er als korrumpierten Nachrichtenaustausch diskreditiert:

> Erzähle nicht leicht Anekdoten, besonders nie solche, die irgendjemand in ein nachteiliges Licht setzen, auf bloßes Hörensagen nach! Sehr oft sind sie gar nicht auf Wahrheit gegründet oder schon durch so viele Hände gegangen, daß sie wenigstens vergrößert, verstümmelt worden, und dadurch eine wesentlich andre Gestalt bekommen haben. Vielfältig kann man dadurch unschuldigen guten Leuten ernstlich schaden und noch öfter sich selber großen Verdruß zuziehn.[238]

Anekdoten erweisen sich hier als Steuerungsmittel öffentlicher (Miss-)Achtung und also öffentlicher Aufmerksamkeit seitens der Rezipierenden. Somit gewinnt auch der Vergleich von Anekdoten und Schauspielen an Schärfe. Von einer vermeintlichen geselligkeitsfördernden Rolle ist hier nicht im Ansatz die Rede, wohl aber davon, dass eine öffentliche Rufschädigung den Massengeschmack befriedigt.

Von dieser Warte aus betrachtet werden die anekdotische Schreib- und Erzählweise und die mit ihr assoziierten Kommunikationsformen zu einer unschicklichen sozialen Verhaltensweise erklärt und somit zu einem negativen soziokulturellen Distinktionsmerkmal gemacht: Wer schwätzt, verhält sich ungesellig und muss ausgeschlossen werden. Zugleich perspektiviert Knigges Abhandlung die esoterisch-exklusive Seite der Anekdote, wenn auch im Negativen: Bestimmte Erzählweisen und -inhalte wirken gruppenkonsolidierend, weil sie nur einem kleinen Kreis eingeschworener Rezipierender vertraut sind und nicht für ‚Dritte' geöffnet werden sollen.

Wir werden später am Beispiel der Tischgesellschaft sehen, dass beide Praktiken zugleich angewandt werden können; einerseits, um missliebigen sozialen Gruppen Geschwätzigkeit zu unterstellen und Geselligkeit abzusprechen; andererseits, um selbst qua anekdotischem Erzählen Ausschlusskriterien zu zementieren.

---

237 Vgl. Knigge, Ueber den Umgang mit Menschen, 50.
238 Knigge, Ueber den Umgang mit Menschen, 52.

Institutionalisierte Geselligkeit: Kants *Anthropologie in pragmatischer Hinsicht*
Wenn auch eine Ess- oder „Freßgesellschaft", wie Arnim sie scherzhaft in einem Brief an Jacob und Wilhelm Grimm um 1810/11, kurz vor dem ersten Treffen, bezeichnet,[239] weniger kulturgeschichtlich institutionalisiert war als der Salon, widmeten zeitgenössische Gesprächstheoretiker um 1800 – neben Knigge z. B. auch Kant und Schleiermacher – dem Gastmahl als Rahmen geselligen Austauschs besondere Aufmerksamkeit.

Denn das gemeinsame Essen ist eine soziale Institution, die einerseits Menschen aus unterschiedlichen Haushalten, Regionen oder gar sozialen Schichten zusammenbringt, aber andererseits auch auf klar definierten Verhaltens- und Benimmregeln und zeitlichen Reglementierungen beruht.[240] Im Umkehrschluss lässt sich über das Besuchsverbot von Tischgemeinschaften sozialer Ausschluss regulieren.[241] Georg Simmel führt als Beispiel die Verordnung des Wiener Konzils von 1267 an, nach der Christen nicht gemeinsam mit Juden die Tafel teilen durften.[242] Gemeinsames Essen und Trinken kann zu einem kulturellen Symbol werden, „an dem sich die Sicherheit des Zusammengehörens immer von neuem orientierte"[243]. Wesentlich ist dabei die institutionelle Form und Regelmäßigkeit.[244] Indem eine formale Norm – so etwa Tischmanieren wie der Gebrauch von Besteck – über die individuellen Bedürfnisse des:der Einzelnen gestellt wird, gehen Sozialisierung und Ästhetisierung der Mahlzeit wechselseitig einher.[245]

Kants *Anthropologie in pragmatischer Hinsicht* (1796/1797) zufolge erlaubt die ästhetische Vereinigung den zweckfreien ‚Selbstgenuss' der Teilnehmenden

---

239 Arnim in einem Brief an Jacob und Wilhelm Grimm (Jahreswende 1810/11), in: Steig 3, 95.
240 Georg Simmel argumentiert aus kultursoziologischer Perspektive, inwiefern gerade die physiologische Selbstsucht der Nahrungsaufnahme zum Inhalt gemeinsamer Aktionen bis zur sozialen Institution werden kann. So seien die primitivsten Formen und Funktionen ihrer Gattung allen Menschen gemein; weil es leichter falle, hinab- als hinaufzusteigen, sei das Niveau, auf dem sich alle begegneten, nämlich, „daß sie essen und trinken müssen", notwendigerweise das niedrigste. Vgl. Georg Simmel, Die Soziologie der Mahlzeit [1910], in: Theorien des Essens, hg. von Kikuko Kashiwagi-Wetzel und Anne-Rose Meyer, Frankfurt a. M. 2017, 69–76, hier: 69.
241 Vgl. hierzu auch Elke Stein-Hölkeskamp, Das römische Gastmahl. Eine Kulturgeschichte, München 2011, 44.
242 Vgl. Simmel, Die Soziologie der Mahlzeit, 70.
243 Simmel, Die Soziologie der Mahlzeit, 71.
244 Vgl. Simmel, Die Soziologie der Mahlzeit, 71.
245 Vgl. Simmel, Die Soziologie der Mahlzeit, 71.

– nebst dem der Speisen.[246] Dafür bedarf es aber eines institutionellen Reglements, das vor allem auf das Gespräch bei Tisch bezogen ist, wie wir bereits bei Knigge gesehen haben. Das Tischgespräch besitzt nach Kant drei Ebenen: erstens das Erzählen, das die Neuigkeiten des Tages betrifft – zunächst die lokalen, dann die auswärtigen, wobei sich auf private Korrespondenz und Zeitungen als Quellenlage gestützt wird; zweitens das Räsonieren über einen Aspekt des zuvor Angesprochenen, indem vielfältiges Beurteilen und Debattieren den Appetit anregen sollen; drittens das Scherzen als Ausgleich für das anstrengende Vernünftigsein, das zudem dazu dient, den – ausnahmsweise anwesenden – „Frauenzimmern" zu gefallen, deren Geschlecht Anlass für witzige Sticheleien biete.[247]

Die Regeln eines geschmackvollen Gastmahls nach Kant beziehen sich erstens auf den Stoff der Unterhaltung, „der alle interessiert und immer jemandem Anlaß gibt, etwas schicklich hinzuzusetzen", also Anschlusskommunikation gewährleistet, sodass sich zweitens „[k]eine tödtliche Stille einstellt (beim Stocken des Gesprächs soll etwas „Verwandtes" eingeworfen werden). Drittens dürfe sich ein Themenwechsel nicht zu rasch vollziehen, sondern die Gesprächsführung muss zusammenhangsvoll und kontinuierlich entfaltet werden.[248] Viertens dürften sich die einzelnen (meist männlichen) Redner nicht in den Vordergrund spielen, denn die Unterhaltung sei Spiel und nicht Geschäft; Ernsthaftigkeit solle „durch einen geschickt angebrachten Scherz" abgewendet werden.[249] Fünftens stünden im Falle eines (trotz aller Regeln wahrscheinlichen) Streites ein moderater Ton sowie wechselseitige Achtung und Wohlwollen vor dem Trieb, seinen Affekten „schreihälsig" Ausdruck zu verleihen.[250]

Diese Regel erscheint als die wichtigste, denn eine Tischgemeinschaft dürfe nicht zerstritten auseinandergehen.[251] Wie Anwesende nicht beleidigt werden sollen, so ist Indiskretion gegen Abwesende ein Tabu. Verpönter wäre es aller-

---

246 So Kant: „Wenn ich eine Tischgesellschaft aus lauter Männern von Geschmack (ästhetisch vereinigt) nehme, so wie sie nicht blos gemeinschaftlich eine Mahlzeit, sondern einander selbst zu genießen die Absicht haben [...], so muß diese kleine Tischgesellschaft nicht sowohl die leibliche Befriedigung – die ein jeder auch für sich allein haben kann, – sondern das gesellige Vergnügen, wozu jene nur das Vehikel zu sein scheinen muß, zur Absicht haben." Immanuel Kant, Werke, Bd. 7: Der Streit der Fakultäten, Anthropologie in pragmatischer Hinsicht, Berlin 1968 [Faksimile-Druck von Abt. 1 der Akademie Ausgabe 1907/17], 278.
247 Vgl. Kant, Anthropologie in pragmatischer Hinsicht, 280.
248 Vgl. Kant, Anthropologie in pragmatischer Hinsicht, 281.
249 Vgl. Kant, Anthropologie in pragmatischer Hinsicht, 281.
250 Vgl. Kant, Anthropologie in pragmatischer Hinsicht, 281.
251 Vgl. Kant, Anthropologie in pragmatischer Hinsicht, 281.

dings noch, wenn diese Indiskretion nach außen dringen sollte. Üble Nachrede an sich ist also weniger moralisch verwerflich als das ‚Nach-außen-Tragen' des in der Gesellschaft Besprochenen, etwa in der Absicht, die betroffene abwesende Person von dieser üblen Nachrede in Kenntnis zu setzen:

> Es versteht sich hiebei von selbst, daß in allen Tischgesellschaften selbst denen an einer Wirthstafel das, was daselbst von einem indiscreten Tischgenossen zum Nachtheil eines Abwesenden öffentlich gesprochen wird, dennoch nicht zum Gebrauch außer dieser Gesellschaft gehöre und nachgeplaudert werden dürfe. Denn ein jedes Symposium hat auch ohne einen besonderen dazu getroffenen Vertrag eine gewisse Heiligkeit und Pflicht zur Verschwiegenheit bei sich in Ansehung dessen, was dem Mitgenossen der Tischgesellschaft nachher Ungelegenheit außer derselben verursachen könnte: weil ohne dieses Vertrauen das der moralischen Cultur selbst so zuträgliche Vergnügen in Gesellschaft und selbst diese Gesellschaft zu genießen vernichtet werden würde. – Daher würde ich, wenn von meinem besten Freunde in einer sogenannten öffentlichen Gesellschaft (denn eigentlich ist eine noch so große Tischgesellschaft immer nur Privatgesellschaft, und nur die staatsbürgerliche überhaupt in der Idee ist öffentlich) – ich würde, sage ich, wenn von ihm etwas Nachtheiliges gesprochen würde, ihn zwar vertheidigen und allenfalls auf meine eigene Gefahr mit Härte und Bitterkeit des Ausdrucks mich seiner annehmen, mich aber nicht zum Werkzeuge brauchen lassen, diese üble Nachrede zu verbreiten und an den Mann zu tragen, den sie angeht.[252]

Hier wird differenziert zwischen der breiten sozialen Öffentlichkeit und der Halböffentlichkeit der Wirtstafel. Das Vertrauensverhältnis innerhalb der Tischgemeinschaft, besiegelt durch einen stummen Vertrag nicht ohne eine „gewisse Heiligkeit", wiegt moralisch schwerer als die jeweilige Solidarität mit Außenstehenden. Moralische Kultur wird also zuallererst gewährleistet durch Vertrauen. Nach außen besteht dann die Etablierung des gruppennormativen Verhaltenskodex im Schweigen-Können. Dass sich Vertrauen einstellt, ist an bestimmte – eben einladende – Gesten gekoppelt und gilt kulturübergreifend.

Ein wesentlicher Unterschied zwischen Salon und Tischgesellschaft bestand darin, dass Frauen der Zutritt zu letzteren oftmals untersagt blieb, nicht zuletzt deshalb, weil die Diskussion hier auch für das politische Tagesgeschäft geöffnet wurde.[253] Kant und Schleiermacher widersprechen sich in der Frage, ob Frauen einer festlichen Tafel beiwohnen sollen. Obwohl für Kant die Anwesenheit von Frauen die Freiheit der Zusammenkünfte hemmt, macht er ein indirektes Zugeständnis an das geselligkeitsfördernde Konversationstalent von Frauen,

---

252 Kant, Anthropologie in pragmatischer Hinsicht, 279.
253 Zu den Unterschieden zwischen Essgesellschaft und Salon als Formen nichtrepräsentativer Öffentlichkeit, vgl. Stefan Nienhaus, Geschichte der deutschen Tischgesellschaft, Tübingen 2003, 45.

da sie eine unangenehme Stille durch eine allgemeine Bemerkung aufzulockern vermögen. Da dazu aber „eine einzige Person, vornehmlich [...] die Wirtin des Hauses" ausreiche, wird das Zugeständnis sogleich relativiert:

> In einer festlichen Tafel, an welcher die Anwesenheit der Damen die Freiheit der Chapeaus von selbst aufs Gesittete einschränkt, ist eine bisweilen sich ereignende plötzliche Stille ein schlimmer, lange Weile drohender Zufall, bei dem keiner sich getraut, etwas Neues, zur Fortsetzung des Gesprächs Schickliches hinein zu spielen: weil er es nicht aus der Luft greifen, sondern es aus der Neuigkeit des Tages, die aber interessant sein muß, hernehmen soll. Eine einzige Person, vornehmlich wenn es die Wirtin des Hauses ist, kann diese Stockung oft allein verhüten und die Conversation im beständigen Gange erhalten: daß sie nämlich wie in einem Concert mit allgemeiner und lauter Fröhlichkeit beschließt und eben dadurch desto gedeihlicher ist; gleich dem Gastmahle des Plato, von dem der Gast sagte: ‚Deine Mahlzeiten gefallen nicht allein, wenn man sie genießt, sondern auch so oft man an sie denkt.'²⁵⁴

Der Beitrag der weiblichen Gesellschafterin zum Gespräch wird auf ein Moment des Plauderns beschränkt oder aber, wie weiter oben erwähnt, auf ihre Funktion als Kommunikationsstifterin, indem man *über* sie redet. In Schleiermachers Sicht hingegen sind Frauen maßgebliche Instanz einer freien (konversationellen) Geselligkeit, weil sie sich einerseits gegenüber äußeren Zwängen der bürgerlichen und politischen Sphäre indifferent verhalten könnten, andererseits bestrebt seien, sich von ihrem rein häuslichen Dasein zu emanzipieren.²⁵⁵ Die Rolle der Gesellschafterin ermögliche also konversationelle Freiheit, bildungsbürgerliche Selbstinszenierung und ein soziales Sich-ins-Spiel-Bringen ohne Zwang.²⁵⁶

---

254 Kant, Anthropologie in pragmatischer Hinsicht, 278.
255 Vgl. Friedrich Schleiermacher, Versuch einer Theorie des geselligen Betragens [1799], in: ders., Kritische Gesamtausgabe (KGA), Bd. 5,1: Schriften aus der Berliner Zeit 1793–1799, hg. von Günter Meckenstock, 48–184, hier: 178. Vgl. hierzu auch Andreas Arndt, Friedrich Schleiermacher als Philosoph, Berlin 2013, 54.
256 Schleiermacher schreibt über die Frauen als bessere Gesellschafterinnen, die Isolation in der häuslichen und die Distanz zur geschäftigen Sphäre „treibt sie dann weg unter die Männer, bei denen sie denn, weil sie mit dem bürgerlichen Leben nichts zu thun haben, und die Verhältnisse der Staaten sie nicht interessieren, jener Maxime nicht mehr folgen können, und eben dadurch, daß sie mit ihnen keinen Stand gemein haben, als den der gebildeten Menschen, die Stifter der besseren Gesellschaft werden." Schleiermacher, Versuch einer Theorie des geselligen Betragens, 178.

Zweckfreie Geselligkeit: Schleiermachers *Versuch einer Theorie des geselligen Betragens*

Eine zweckfreie ästhetische Kommunikation ist auch das Ziel von Schleiermachers Fragment gebliebenem *Versuch einer Theorie des geselligen Betragens* (1799). Schleiermachers am Modell der bürgerlich geprägten Berliner Salonszene[257] orientierter Versuch will die Einheit von freier Geselligkeit und moralischer Tendenz nachweisen und dadurch das gesellige Leben als ästhetische Erfahrung erproben. Schleiermacher zielt auf eine freie, ungebundene Geselligkeit ab – anders als bei einem zeremoniellen Ball, auf dem, wie er beispielhaft beschreibt, „jeder Tänzer [...] eigentlich nur mit der, die in diesem Augenblick seine Tänzerin ist, in Verbindung" stehe.[258] Bedingung für diese freie Geselligkeit ist die wechselseitige Einwirkung der Teilnehmenden aufeinander:

> Es soll keine bestimmte Handlung gemeinschaftlich verrichtet, kein Werk vereinigt zu Stande gebracht, keine Einsicht methodisch erworben werden. Der Zweck der Gesellschaft wird gar nicht als außer ihr liegend gedacht; die Wirkung eines Jeden soll gehen auf die Tätigkeit der übrigen, und die Thätigkeit eines Jeden soll seyn seine Einwirkung auf die andern.[259]

Schleiermachers Ideal vom freien Gedankenspiel impliziert eine allseitige Wechselwirkung, angeregt durch die gegenseitige Mitteilung von Individualität, notwendig beschränkt durch die Gesellschaft.[260] Die Wechselwirkung mache das ganze Wesen der Gesellschaft aus, in ihr sei sowohl Form als auch Zweck der geselligen Tätigkeit enthalten.[261] Aus der Forderung, dass alle, unabhängig von Beruf und Bildungsstand, zum freien Gedankenspiel angeregt werden sollten, die Art der gegenseitigen Anregung aber unendlich mannigfaltig sei, leitet Schleiermacher das Gesetz ab: „[D]eine gesellige Thätigkeit soll sich immer innerhalb der Schranken halten, in denen allein eine bestimmte Gesellschaft als ein Ganzes bestehen kann."[262] Es besteht also die Notwendigkeit, die prinzipiell schrankenlose soziale Assoziation auf eine einigermaßen homogene Gruppe einzuschränken. Diese Homogenisierung schränkt den Gesprächsausschluss

---

257 Schleiermacher war mit der Salonkultur wohl bestens vertraut, wie Andreas Arndt vermutet. Seine Erfahrungen hätten ihm Stoff für die Abhandlung geliefert. Vgl. Arndt, Friedrich Schleiermacher als Philosoph, 32 f.
258 Vgl. Schleiermacher, Versuch einer Theorie des geselligen Betragens, 169.
259 Schleiermacher, Versuch einer Theorie des geselligen Betragens, 169.
260 Vgl. Arndt, Friedrich Schleiermacher als Philosoph, 54.
261 Vgl. Schleiermacher, Versuch einer Theorie des geselligen Betragens, 169 f. Vgl. hierzu auch Arndt, Friedrich Schleiermacher als Philosoph, 8.
262 Schleiermacher, Versuch einer Theorie des geselligen Betragens, 171.

von Dritten sowie Bildungsasymmetrien (etwa in Form von Experten- oder Spezialistentum) auf ein Minimum ein. Eine gesellige Mitteilung müsse immer auf die Gesellschaft als Ganzes abzielen und jedem Anwesenden unmittelbar verständlich sein. Wir erinnern uns, dass dies bereits Knigges Forderung in *Über den Umgang mit Menschen* war und dass er aus diesem Grund dem Anekdotenerzählen skeptisch gegenüberstand.

Doch während Knigges aufklärerische Idealvorstellung von Geselligkeit derjenigen einer Nutzengemeinschaft entspricht,[263] wird in der Romantik eine autonome Geselligkeit als Moment der ästhetischen Erfahrung postuliert.[264] Diese ist bei Schleiermacher (mithin) nicht mit der Zurücknahme von Individualität zugunsten intersubjektiver Gemeinschaft und Kommunikabilität verbunden, denn gerade auf „Individualität" und „Eigenthümlichkeit" sei „das freie Spiel [der] Gedanken und Gefühle [...] gegründet".[265] Schleiermacher geht sogar noch einen Schritt weiter:

> Es gehört gradehin zur Vollkommenheit einer Gesellschaft, daß ihre Mitglieder in ihrer Ansicht des Gegenstandes und ihrer Manier ihn zu behandeln, so mannigfaltig als möglich von einander abweichen, weil nur so der Gegenstand in Beziehung auf die Gesellschaft völlig ausgebildet werden kann. Die Scheu, seine eigne Art frei gewähren zu lassen, wenn sie auch untergeordnet und fehlerhaft seyn sollte, ist eine der Gesellschaft höchst verderbliche Blödigkeit.[266]

Schleiermacher plädiert für eine offene Debattenkultur, die alle Teilnehmenden herausfordert, sich uneingeschränkt ins Spiel zu bringen. Die Gemeinschaft fungiert dabei selbst als Regulativ der Idiosynkrasien des:der Einzelnen, denn „seine unbequemen Eigenschaften in Schranken zu halten, das ist dann die Angelegenheit der Andern, und sie werden schon dafür sorgen."[267] Jede:r soll die je eigene Position ausdrücken dürfen, allerdings nicht als „verführerische Sirene, sondern aus freundlicher Meinung".[268]

---

263 Vgl. Günter Oesterle, Diabolik und Diplomatie. Freundschaftsnetzwerke in Berlin um 1800, in: Strong ties/Weak ties. Freundschaftssemantik und Netzwerktheorie, hg. von Natalie Binczek und Georg Stanitzek, Heidelberg 2010, 93–110, hier: 99.
264 Vgl. Gerhard Kurz, Das Ganze und das Teil. Zur Bedeutung der Geselligkeit in der ästhetischen Diskussion um 1800, in: Kunst und Geschichte im Zeitalter Hegels, hg. von Christoph Jamme, Hamburg 1996, 91–113, hier: 96.
265 Vgl. Schleiermacher, Versuch einer Theorie des geselligen Betragens, 172.
266 Schleiermacher, Versuch einer Theorie des geselligen Betragens, 175.
267 Schleiermacher, Versuch einer Theorie des geselligen Betragens, 175.
268 Schleiermacher, Versuch einer Theorie des geselligen Betragens, 175.

Die Vollkommenheit einer Gesellschaft liegt nach Schleiermacher also gerade in relativer Heterogenität, nicht in konsensueller Uniformität. Dies erfordert ein permanentes Aushandeln und Aushalten von gruppendynamischen Spannungen sowie flexible Kommunikationsweisen, die ein hohes Maß an Anschlussmöglichkeiten bereitstellen können und auch Streit zulassen.[269] Das wichtigste gesprächsphilosophische Prinzip bleibt wohl das Gefühl, sich jederzeit frei äußern zu können. Schleiermacher geht allerdings hier davon aus, dass sich eine Gemeinschaft schon gebildet hat, damit sie Stabilisator und Garant der freien Kommunikation sein kann. Wir werden diesem essentialistischen Kern der vermeintlich freien Gesprächs- und Gemeinschaftsbildung bei Müller noch wiederbegegnen.

4.3.2 Gelebte Selbstwidersprüche. Die Konterkarierung des romantischen Gesprächsideals durch die Tischgesellschaft

Das Verhältnis von Mündlichkeit und Schriftlichkeit. Institutionalisierte Medienergänzung

Ins (Real-)Politische gewendet erfährt dieses Gefühl im Zuge der preußischen Reformen, als regierungskritische Vereinigungen und Publikationen verboten wurden, einen Dämpfer. So lautet zumindest das selbstviktimisierende Narrativ der ‚Deutschen Tischgesellschaft', die 1811 von Achim von Arnim und Adam Müller gegründet und von prominenten Kritikern der Preußischen Reformen, darunter Künstler (Brentano, Iffland), Professoren (Schleiermacher, Fichte), Politiker und Vertreter des Militärs (Clausewitz), besucht wurde. Von den 86 bekannten Mitgliedern gehörte etwa die Hälfte dem Adelsstand und die andere dem Bürgertum an, darunter überwiegend Beamte – vor allem Professoren – und Vertreter aus dem Militär. Von einer besonders heterogenen Konstellation kann hier also nicht die Rede sein. Nach Stefan Nienhaus wollte Arnim dennoch im Kleinen eine Art Nationalversammlung verwirklichen.[270] Als Aufnahmebedingung forderte er, „daß es ein Mann von Ehre und guten Sitten und in christlicher Religion geboren sey, unter dieser Angemessenheit, daß es kein lederner Philister sey, als welche auf ewige Zeiten daraus verbannt sind".[271] Ausgeschlossen waren insgesamt Frauen, Juden und ‚Philister'; dass Franzosen keinen Zu-

---

269 Vgl. hierzu auch Oesterle, Diabolik und Diplomatie, 99.
270 Vgl. Nienhaus, Ein ganzes adeliges Volk, 234.
271 Vgl. Achim von Arnim, Vorschlag zu einer deutschen Tischgesellschaft, in: Texte der deutschen Tischgesellschaft, hg. von Stefan Nienhaus, Tübingen 2008, 4–5, hier: 5.

tritt hatten, verstand sich von selbst. Mit Stefan Nienhaus lassen sich als wesentliche Identifikationsgehalte der Tischgesellschaft preußischer Patriotismus, die Einheit von Christentum und Deutschheit und dementsprechend der Ausschluss des ‚Nicht-Deutschen' und ‚Nicht-Christlichen' benennen.[272] Selbst getauften Juden wurde die Mitgliedschaft verwehrt.[273] Darin grenzt sich die Tischgesellschaft zum einen kulturell ab von der Salonkultur.[274] Denn bereits ab 1791 hatte ein Gesetz Juden in Frankreich emanzipiert und unter dem napoleonischen Einfluss sollte diese Tendenz spätestens ab 1812 auch in Deutschland fortgeführt werden.[275] Im Gegenzug verwehrten jüdische Salons in Berlin den französischen Besatzungsbeamten und Diplomaten nicht den Eintritt.[276] Zum anderen grenzt sich die Tischgesellschaft mit ihren Zugangsbeschränkungen auch von dem politischen Kurs der preußischen Regierung ab. Nienhaus charakterisiert die Tischrunde in diesem Zusammenhang als

> Ort bürgerlicher Demokratie und Freiheit in einer Zeit, in der ansonsten im zur Modernisierung gezwungenen Preußen die reformatorische Regierungspolitik weiterhin in einer absolutistisch-diktatorischen Weise der Gesellschaft aufgezwungen wurde.[277]

---

272 Vgl. Nienhaus, Geschichte der deutschen Tischgesellschaft, 14.
273 Vgl. Nienhaus, Geschichte der deutschen Tischgesellschaft, 10.
274 Nienhaus beschreibt die Versammlungsform als „private Öffentlichkeit". Paradoxal ist diese Struktur deshalb, weil die Gesellschaft einerseits auf Mitgliederzuwachs angelegt war, andererseits die Zugangsmöglichkeiten direkt und indirekt limitiert wurden; einerseits öffentliche Wirksamkeit erzielt werden sollte, andererseits die genauen Versammlungsabläufe und -themen nur den Mitgliedern bekannt waren und bleiben sollten. Die Tischgesellschaft bestritt zwar – wohl primär aus politisch-pragmatischen Gründen – jeden Geheimcharakter, betrachtete sich aber durchaus als geschlossene Gesellschaft. Vor diesem Hintergrund sei weder die Bezeichnung eines konservativen Herrenclubs noch die Einordnung als vormoderne Parteienbildung zutreffend. Noch weniger könne die Tischgesellschaft als Geheimgesellschaft bezeichnet werden. So fehle in ihrer Versammlungsstruktur – trotz aller Idealisierung für Geheimbünde wie die Freimaurer – das Prinzip des Arkanen. Und allein aus zensurtechnischen Gründen hätte sich Arnim darum bemüht, den Verdacht konspirativen Umtriebs und umstürzlerischer Intention abzuwehren und jedwede Nähe zur Freimaurerbewegung zu leugnen. Vgl. Nienhaus, Geschichte der deutschen Tischgesellschaft, 25–29.
275 Vgl. Klaus Peter, Deutschland in Not. Fichtes und Arnims Appelle zur Rettung des Vaterlandes, in: ders., Problemfeld Romantik. Aufsätze zu einer spezifisch deutschen Vergangenheit, Heidelberg 2007, 185–206, hier: 203.
276 Vgl. Matala de Mazza, Sozietäten, in: Kleist-Handbuch, hg. von Ingo Breuer, Stuttgart 2009, 283–285, hier: 284.
277 Stefan Nienhaus, Zur Topik der Tischrede: ‚Verehrte Tischgenossen', in: Topik und Rhetorik. Ein interdisziplinäres Symposium, hg. von Thomas Schirren und Gert Ueding, Tübingen 2000, 345–354, hier: 349.

Dafür spricht auch, dass Arnim selbst die Tischgesellschaft als „kleine[n] Freystaat" bezeichnete.[278] Matala de Mazza hingegen attestiert der Tischgesellschaft, sich nur nach außen hin als „Verfechterin eines politischen Konstitutionalismus" zu präsentieren.[279] Sie wendet sich entschieden gegen Tendenzen in der Forschung, die Tischgesellschaft als Medium einer modernen Verfassungsgebung zu betrachten,[280] vielmehr gehe von ihr eine rechtskonservative bis rassistische Signalwirkung aus.[281] Während sich die Salons als „soziale Aktionsräume emanzipatorischen Probehandelns" verstanden, stellte die Tischgesellschaft gewissermaßen deren „Zerrbild" dar,[282] das Meinungsfreiheit allerhöchstens in Form von „Gedankenexperimenten mit dem Gestus des Scherzhaften und Spielerischen"[283] förderte.

Zudem hätte es neben dem offiziellen Ausschluss von Frauen, Juden und Philistern erst recht keinen Platz gegeben für „Räuber, Landsknechte und Handwerksburschen, die das *Wunderhorn* noch als kulturtragenden Teil des Volkes umworben hatte", so Matala de Mazza.[284] Damit wird auch die vermeintliche Absicht, das ganze Volk und besonders die unteren Schichten anzusprechen, wie es auch die Zeitungsprojekte der politischen Romantik für sich reklamierten, in keiner Weise eingelöst.

Neben den exklusiven Zugangsbedingungen der so verstandenen kulinarischen Begegnung konterkarierte auch die Investition eingenommener Gelder die These vom Selbstzweck des Gemeinschaftlichen. So sollte von den finanziellen Beiträgen der Mitglieder ein freiwilliger Soldat mit Waffen ausgestattet und in den Krieg gegen Frankreich geschickt werden, was den rein geselligen und also nicht dezidiert politischen Charakter der Verbindung infrage stellt.

---

278 Vgl. Achim von Arnim, Rede von 1815, in: Texte der deutschen Tischgesellschaft, 202–209, hier: 206. Vgl. hierzu auch Nienhaus, Zur Topik der Tischrede, 349.
279 Vgl. Matala de Mazza, Der verfasste Körper, 369.
280 Vgl. hierzu Jürgen Knaack, Achim von Arnim. Nicht nur Poet. Die politischen Anschauungen Arnims in ihrer Entwicklung. Mit ungedruckten Texten und einem Verzeichnis sämtlicher Briefe, Darmstadt 1976, 35.
281 Vgl. Matala de Mazza, Der verfasste Körper, 371.
282 Vgl. Matala de Mazza, Der verfasste Körper, 387.
283 Matala de Mazza, Der verfasste Körper, 376.
284 So heißt es in der *Ankündigung der allgemeinsten Zeitung. Zeitung für Einsiedler* wörtlich: „ihr Landprediger und Förster, Nachtwächter und Krankenwärter, [...]". Vgl. Achim von Arnim, Werke und Briefwechsel. Historisch-Kritische Ausgabe. Bd. 6: Zeitung für Einsiedler. Fiktive Briefe für die Zeitung für Einsiedler, hg. von Renate Moering, Teil 1: Text, 1 f. Die Einleitung geht auf Arnim zurück: Teil 2: Kommentar, 723. Vgl. hierzu auch Matala de Mazza, Der verfasste Körper, 370.

In den Dienst genommen wurde, sowohl zum Zwecke der Politisierung als auch, um den Treffen Struktur und Legitimationsgrundlage zu geben, insbesondere das (literarische) Erzählen.[285] Arnim und Brentano forderten die Mitglieder immer wieder dazu auf, Anekdotisches vorzutragen. Konkret sollte „jeder, der einen unbekannteren Zug vaterländischer Treue und Tapferkeit oder überhaupt tüchtiger Gesinnung, oder einen guten ehrbaren Schwank wisse, solchen der Gesellschaft zu allgemeiner Ergötzung" vortragen, denn „[d]urch solche allgemeine Mittheilung wird eine Tischgesellschaft erst recht zu einer Tischgeselligkeit, und entgeht der Gefahr, nur eine Reihe nebeneinander essender Menschen vorzustellen".[286]

Das überlieferte Textmaterial, das die Tischgenossen nicht nur sammelten, sondern auch selbst produzierten, erweist sich als sehr heterogen. Es umfasst neben literarischen Texten wie Schwankerzählungen, Hymnen und Liedern insbesondere Tischreden, die meist Vorschläge zum Vereinsleben thematisierten, sowie satirische Abhandlungen, die häufig antisemitischen Inhalts waren. Die Beiträge der Tischgenossen sollten dabei nicht nur mündlich dargeboten, sondern auch schriftlich festgehalten werden bzw. konnten durch Schriftmedien begleitet werden. Gelebte Performance wurde bürokratisiert. So forderte Brentano in seiner Vorrede, dass

> ein großes Buch angelegt werde in welches immer die beste Geschichte, die erzählt worden, eingetragen werde, zu eigner und der Nachwelt Ergötzung, und daß zur Vorstehung dieses Buches, dem Herrn Sprecher, ein Herr Schreiber zugeordnet werde.[287]

Zur Anlage dieses „scherzhaften Archivs" konnten etwa ein „komische[r] Brief, ein lächerliches Aktenstück, eine sehr lächerliche ZeitungsAnnonce" und auch „Briefe von Wahnsinnigen" dienen.[288] Es werden also Wechselwirkungen zwischen Treffen und Publikationstätigkeiten, Mündlichkeit und Schriftlichkeit ersichtlich, die materialiter in der Einführung eines „Tagblattes" gipfeln – eine Bezeichnung, wie sie eigentlich im Zeitungskontext üblich ist.[289] Dieses Tagblatt sollte aber nicht das Berliner Stadtgespräch protokollieren, nicht die Tagesaktua-

---

285 Zu dem Zweck anekdotischen Erzählens als Teil einer authentischen Performance, vgl. Liese, Die unverfälschte Gemeinschaft, 7–12.
286 Vgl. Clemens Brentano und Achim von Arnim, Vorrede, in: Texte der deutschen Tischgesellschaft, 22–28, hier: 22.
287 Clemens Brentano, Vorschläge zur aüßeren [sic!] Verzierung der deutschen christlichen Tischgesellschaft, in: Texte der deutschen Tischgesellschaft, 14–18, hier: 16.
288 Vgl. Brentano, Vorschläge, 17.
289 Vgl. Achim von Arnim, Bericht, in: Arnim, Geschichte der deutschen Tischgesellschaft, 6–7, hier: 6.

litäten und -nachrichten, sondern betraf die Vereinsstrukturen und -reglemente. So lautet die Anordnung,

> das Tagblatt von jedem Versammlungstage zu schreiben, worin die neu eingeführten Gesetze eingetragen, die gehaltenen Reden so wie alle andre allgemeine Mitheilungen an Kunstsachen, Büchern, Gesänge erwähnt oder beygelegt die aufgenommenen Mitglieder genannt werden, den Schluß jedes Tagblats [sic!] macht die Zahl der gegenwärtig gewesenen Mitglieder und die Namen der Gäste und derer, die sie eingeführt haben.[290]

Schriftliche Medien wurden also in die Treffen miteinbezogen, entweder zum Zweck der Selbstbeschreibung und -rechtfertigung, wie im Fall des Tagblattes als protokollführendes Dokument, oder aber als Kommunikationsstifter.

Somit gestaltet sich das Verhältnis zwischen Mündlichkeit und Schriftlichkeit in den Treffen komplexer, als es die Assoziation mit romantischer Geselligkeit als primär mündlich hergestellter zunächst vermuten ließe. Aufschluss über dieses Verhältnis gibt in diesem Zusammenhang auch Friedrich Schlegels *Brief über den Roman* (1800), in dem er für die gesellige Gesprächs- und Streitkultur eine Differenzierung zwischen Mündlichkeit und Schriftlichkeit vornimmt. Anlass ist Schlegels Bedürfnis, seine Haltung in einem Disput mit der Herzogin Anna Amalia schriftlich zu revidieren, für die er in der geselligen Runde noch Partei ergriffen hatte – um das „gesellige Gleichgewicht" nicht zu zerstören, wie er schreibt.[291] Im schriftlichen Medium des Briefes scheint es ihm natürlicher, „Belehrungen zu geben", in mündlicher Form hätten jene hingegen „die Heiligkeit des Gesprächs entweih[t]".[292] Nach Schlegel kann also die unmittelbare Präsenz dem kontroversen Ideenaustausch sogar abträglich sein, weil es nicht allein um die Verständigung in der Sache gehen kann, sondern auch darum, die Beziehungskonstellation im Blick zu behalten. Schlegel hatte sich im vorherigen Gespräch nicht nur nicht gegen die Herzogin positioniert, sondern ihr sogar – trotz anderer Meinung – beigepflichtet. Er hatte nicht in der Sache gestritten, sondern *für sie*.[293] Das Schriftmedium fixiert also die fachliche Haltung, während das mündliche Gespräch die Beziehungsebene markiert.

Diese Episode zeigt im Zusammenhang mit den Praktiken der Tischgesellschaft, dass die These von einer ideologischen Opposition zwischen Mündlich-

---

290 Arnim, Bericht, 6.
291 Vgl. Schlegel, Brief über den Roman, 329.
292 Vgl. Schlegel, Brief über den Roman, 329.
293 Vgl. Schlegel, Brief über den Roman, 329.

keit und Schriftlichkeit in der Romantik modifiziert werden muss.[294] Vielmehr lässt sich aus medientheoretischer Perspektive sowohl in Bezug auf die Medienergänzung als auch auf die wechselseitige inhaltliche Bezugnahme eine dialektische Situation identifizieren. Der Faktor Mündlichkeit sollte also nicht überbetont werden, sondern es sollte insbesondere auf das mediale Zusammenspiel zwischen Mündlichkeit und Schriftlichkeit geachtet werden.

Neben diesem gesprächsphilosophischen Aspekt diente Schriftlichkeit auch der Strukturierung der Treffen. Diese waren insgesamt – gemäß Simmels These zum Gastmahl als soziologischer Institution[295] – durch eine starke Reglementierung von Abläufen und Codes geprägt. Im Unterschied zum Salon, aber auch zum romantischen Selbstverständnis ungebundener Geselligkeit, unterliegen die Treffen der Tischgesellschaft daher einer ausgeprägten Institutionalisierung, Bürokratisierung und Abschließung nach außen, was sie in die Nähe der Vereinsbildung rückt. Die Reglements wurden dabei selbst schriftlich detailliert festgehalten. Zum Beispiel sollten „[a]lle Verhandlungen über die Gesetze [...] nach der Suppe [geschehen], nach Gefallen darf jeder stehend oder sitzend seinen Vortrag halten". Festgelegt wurde auch, dass eine ernste Geschichte „mit der Meßerklinge an das Glaß schlagend" angekündigt werden solle, hingegen „Scherzzhaftes mit dem Meßerstiele auf den Tisch schlagend".[296] Weil „Ernst" und „Scherz" durch festgelegte Codes als solche erkennbar gemacht werden, können politische Reden oder ressentimentgeladene Pamphlete als „Scherz"

---

[294] Matala de Mazza deutet Müllers *Zwölf Reden über die Beredsamkeit*, die im Folgenden noch genauer behandelt werden sollen, vor allem als ästhetische Umorientierung hin zu einer Sprache, die Schrift und Literatur hinter sich lassen und im Gesprochenen einen Zugang zum „Körper der Gemeinschaft" suchen wolle. Sie bezeichnet die *Reden* als emphatische Parteinahme für eine politische Kultur der Rhetorik", die mit einer „Polemik gegen das Buchstabenwesen" einhergehe. Dabei schließe Müllers Schriftkritik die Schriftstellerei ausdrücklich mit ein, gegenüber der die Beredsamkeit in ihrer ganzen Überlegenheit hervortrete. Auch die Tischgesellschaft wird von Matala de Mazza in diesem Kontext ‚leiblich-sinnlicher', d. h. mündlich geprägter Gemeinschaftsbildung verortet. Vgl. Matala de Mazza, Der verfasste Körper, 265, 301, 325, 341. Aber nicht nur die starken Wechselwirkungen zwischen schriftlicher und mündlicher Kommunikation, die sich in den medialen Praktiken der Tischgenossen sowie in den (personalen und diskursiven) Verbindungen zum Zeitungsgeschäft zeigen, relativieren die These einer ideologischen Verdrängung der Schriftsprache. Auch die im vorherigen Kapitel behandelten Erzählungen, deren Entstehung sich unmittelbar an Arnims Rückzug aus der Tischgesellschaft 1815 anschließt, sind intrikate und artifizielle Gebilde, die kaum für ein rein mündliches Weitererzählen taugen. Streng genommen funktionieren sie, auch wenn sie auf mündlich geprägte Überlieferungstraditionen rekurrieren, nur geschrieben.
[295] Vgl. Simmel, Die Soziologie der Mahlzeit, 71.
[296] Vgl. Brentano, Vorschläge, 15.

ausgegeben werden. Die unzulässige bzw. unzutreffende paratextuelle Deklarierung schafft also nicht nur kreative, sondern auch politische Freiheiten.

Die Reglements betreffen vor allem die Form der Darbietung. Als ein wichtiges Kriterium in der formalen Ausgestaltung der erzählerischen Darbietung erscheint die Neuheit der Geschichte. Arnim stellte dieses Kriterium auch in seiner Herausgeberschaft des *Preußischen Correspondenten* auf.[297] In den Tischrunden wurde es aber nicht streng befolgt, wie an dem folgenden protokollierten Beispiel deutlich wird.

Arnim und Brentano tauschen Schwanküberlieferungen aus, die jeweils mit „Ernst" bzw. „Scherz" überschrieben sind, indem sie der erzählten Geschichte im Anschluss eine Variante mit Gegenwartsbezug und parodistischer Tendenz gegenüberstellen. Arnim lässt zunächst einen altdeutsch-ernsthaften Schwank mit dem (seinen Plot nahezu vollständig erfassenden) Titel „Bürgermeister Jochim Appelmann zu Stargard läßt seinen ungehorsamen Sohn köpfen im Jahr 1576" vorlesen.[298] In Reaktion auf diese „rührende vaterländische Begebenheit" fällt dem Schreiber, also Brentano, ein „ähnliches Verhältnis zwischen Vater und Sohn aus neuerer Zeit ein, welches sich zu obigem ganz parodirend anschließt".[299] Brentano erzählt diese Geschichte nun aber nicht nur, weil sie sich parodistisch anschlösse und damit den Anspruch der Tischgesellschaft erfüllte, eine lebendige Unterhaltung mit einander ergänzenden Erzählungen zu bestreiten, sondern auch in Vorausschau einer eventuellen Bearbeitung des Stoffes zur Bühnenadaption: In dem Fall, dass „dieser herrliche vaterländische Gegenstand" im Theater aufgeführt werden würde, „könnte folgender etwas freche Scherz etwa einer lustigen Person aus des Sohnes Gesellen zugelegt werden", so Brentano.[300] Er präsentiert nun die scherzhafte Variante des Stoffs: „Der Professor N. N. in Gießen läßt seinen ungehorsamen Sohn nicht köpfen".[301] Im Unterschied zur ersten Variante erweist sich hier der ungehorsame Sohn als nicht ganz so ungehorsam; er begleicht sogar seine Schulden beim Vater und wird

---

[297] So forderte er, wie bereits dargelegt wurde, Freunde und Bekannte auf, ihm Neuigkeiten zu senden. Vgl. Arnim und Brentano, Freundschaftsbriefe, 689.
[298] Brentano und Arnim, Vorrede, 23. Zu den Quellen vgl. Nienhaus, Geschichte der deutschen Tischgesellschaft, 145–147 sowie ders., Kommentar, in: Texte der deutschen Tischgesellschaft, 233–500, hier: 321–325.
[299] Vgl. Brentano und Arnim, Vorrede, 25.
[300] Vgl. Brentano und Arnim, Vorrede, 25. Tatsächlich erscheint in Arnims *Schaubühne* von 1813 eine dramatische Bearbeitung des Stoffes als Puppenspiel „Die Appelmänner". Vgl. Nienhaus, Geschichte der deutschen Tischgesellschaft, 146.
[301] Vgl. Brentano und Arnim, Vorrede, 25 f.

zum „tüchtige[n] und rechtschaffende[n] Beamte[n]".[302] Die Handlung streift mit dem Berufswechsel des Vaters – vom Bürgermeister zum Professor – auch die Philisterthematik, die insbesondere Brentano, aber auch die anderen Tischgenossen affizierte. Die scherzhafte Variante fällt durch ihre komödiantisch-körperliche Derbheit auf (wie sie auch in Arnims *Kennzeichen des Judentums* augenfällig ist), z. B. wenn das verschwenderische Laster des Sohnes beschrieben wird:

> Als aber der Sohn [...] in kurzer Frist immer wieder von neuem des Vaters Aerger und Galle nicht sowohl aus dem Magen desselben als sein Geld und dessen Geld Sack mit dem Brechweinstein seiner Erscheinung ausleerte, ließ der Vater ihm auf das Dorf hinaus, wo er sich in einer Kneipe niedergelaßen.[303]

Die wechselseitige Ergänzung von Ernst und Scherz, die Arnim und Brentano hier vorführen, setzt einen Narrativbegriff in die Praxis, nach dem das Narrativ als eine Art Grundgerüst allgemeine Erzählschemata anbietet, die dem:der Erzähler:in die Integration eigener Erzählmotivation und zugleich das Bedienen von Publikationserwartungen erlauben.[304] Daneben scheint das Beispiel die anekdotischen Selbstverstärkungsmechanismen zu demonstrieren, die sich einstellen, wenn eine in Alltagskonversationen erzählte Geschichte eine weitere, ähnliche Anekdote nach sich zieht. Doch der Eindruck täuscht, weil es sich bei Arnims und Brentanos Gesprächskonstellation nicht um ein freies und spontanes Assoziieren handelt, sondern um das (Neu-)Arrangement eines altbewährten Erzählrepertoires. Die Tischrunden avancieren mehr zu Probebühnen für die Schriftsteller, als dass sie zweckfreier Geselligkeit eine Plattform bieten.

Zudem zeigt dieses Beispiel eindrücklich, wie sich die Tischgesellschaft auch mit ihrem literarischen Programm von der Salonkultur französischer Prägung absetzte. Der französischen Konversationslehre galt seit dem 17. Jahrhundert, als kurze, pointierte Rede das Ideal anschaulichen Erzählens verdrängt hatte, das Scherzen als eine freiere, konfrontativere Art des Redens.[305] Kleinste und wichtigste Kommunikationseinheit ist hier das Bonmot, der höfische Nachfolger der *dicacitas*, die Cicero in seiner rhetorischen Witzlehre als kurzes, schlagfertiges Witzwort von der *cavillatio*, dem ausführlichen Schwank, unter-

---

302 Vgl. Brentano und Arnim, Vorrede, 26.
303 Brentano und Arnim, Vorrede, 25.
304 Vgl. Koschorke, Wahrheit und Erfindung, 34.
305 Vgl. Claudia Schmölders, Die Kunst des Gesprächs. Texte zur Theorie der europäischen Konversationstheorie, München 1986, 27.

schieden hatte.³⁰⁶ Die *cavillatio* kann insofern als konversationelles Äquivalent zur Novelle betrachtet werden, als dass die Geschichte nicht wahr, aber anschaulich erzählt sein muss.³⁰⁷ Der Kommunikationsspielraum wurde im Zuge kleiner, komprimierter Gesprächsformen zwar einerseits eingeschränkt, beförderte aber andererseits eine Allusionskonversation, die chiffriertes Sprechen und Verrätselung einschloss³⁰⁸ und also Vertrautheit der Personen untereinander erforderlich machte. Diese spielerisch-doppeldeutige Allusionskultur implementierte insbesondere Madeleine de Scudéry in ihrem 1650 gegründeten Salon, der bis ins 19. Jahrhundert als Vorbild für die sozialen Verbindungen des Bürgertums galt.³⁰⁹ Damit rückte die hintersinnige Aggression in die Konversation, denn die Allusionskultur erlaubte, die Wahrheit unter dem Deckmantel scherzhafter Rhetorik auszusprechen, also ehrlich zu beleidigen, ohne dass sich der:die andere mit Recht beleidigt fühlte.³¹⁰ Dabei verstehe der:die wahre Gesellschafter:in die Kunst, „de detourner [sic!] les choses: die Dinge zu wenden; das heißt, von schwierigen Sachen einfach [...] und von einfachen gekonnt zu reden", so Claudia Schmölders in Bezug auf Scudérys Essay *De la Conversation* (1680).³¹¹

Die Tischgesellschaft scheint sich hingegen eher in der Tradition der *cavillatio* zu bewegen, was sich in der Affinität zum Schwank zeigt. Dieser versprach zum einen Volkstümlichkeit, also unterhaltsame und/oder moralische Geschichten mit Regionalbezug. Zum anderen markierte der Schwank eine größere Distanz zum Bonmot. So ist auffällig, dass sich in den Texten der Tischgesellschaft kaum kurze, komprimierte Formen finden, sondern im Gegenteil mehrseitige, beinahe redundant anmutende Abhandlungen, Erzählungen und Reden. Hier zeigt sich erneut die Elastizität der kleinen Form, die zum Geschwätz anschwellen kann.

Eingeschlossen ist nämlich ausdrücklich auch die politische Kommunikation. Gerade der Hass gegen Juden äußerte sich dabei nicht in ironischen Anspielungen, sondern wurde ganz offen ausgetragen, wie wir im folgenden Kapitel sehen werden.

---

306 Vgl. Schmölders, Kunst des Gesprächs, 27.
307 Vgl. Schmölders, Kunst des Gesprächs, 27.
308 Vgl. Schmölders, Kunst des Gesprächs, 29 f.
309 Vgl. Schmölders, Kunst des Gesprächs, 32 f.
310 Vgl. Schmölders, Kunst des Gesprächs, 33.
311 Vgl. Schmölders, Kunst des Gesprächs, 34.

Klatsch als inklusive und exklusive Authentifikationsstrategie im Kampf gegen Juden und Philister

Die Gründung der Deutschen Tischgesellschaft könnte programmatisch dort eingesetzt haben, wo die *Einsiedlerzeitung* gescheitert war, indem sie sich an neuen – gewissermaßen performativen – Bedingungen einer geselligen Vereinigung versuchte.[312] So war die Suche nach alter Volkspoesie sowie (sagenhafter) Anekdoten- und Schwankliteratur, um aus einer imaginären (Vor-)Zeit Verbindlichkeiten für die Gegenwart abzuleiten, bereits dem kulturpolitischen Projekt der *Zeitung für Einsiedler* eingeschrieben. Die politische Funktion, die Peter Seibert dem gemeinsamen Erzählen im literarischen Salon einräumt, nämlich „gesellige Bereiche als sozial intakte auszugrenzen [oder vielmehr *einzu*grenzen, L. L.] und die empirische Wirklichkeit zum Verschwinden zu bringen"[313], trifft auch auf die narrativen und rhetorischen Praktiken der Tischgesellschaft zu, die großes Interesse daran hatte, weite Teile ihrer empirischen Wirklichkeit, die sie als überpräsent im öffentlichen Diskurs empfanden, aus den Tischgesprächen auszuklammern oder zu verhöhnen.

Knigges Abhandlung hatte in dieser Hinsicht bereits die exklusive Seite vermeintlich geselligkeitsfördernder Kommunikation perspektiviert, die aber auch eine politische Dimension umfasst. Hatte sich im Zeichen der Aufklärung ehemals eine assoziativ-offene, tendenziell demokratische Gesellschaftsform gebildet, die Frauen und Juden noch gleichberechtigt einschloss,[314] verhandelte die Tischgesellschaft über anekdotisches Erzählen und Tischreden in geselliger Runde gemeinschaftliche Ein- und Ausschlusskriterien.

Insbesondere die Gattung der Tischrede avanciert hierbei zum bewusst gesetzten Kontrapunkt zur tendenziell inklusiven Konversation der Salons.[315] Eine wesentliche Funktion besteht in der Beschwörung der Gemeinschaft, so Nienhaus:

> Dieser positiven Förderung und Bestätigung des Einheitsgefühls durch Trinksprüche und patriotische Gesänge auf König und Vaterland einerseits entspricht auf der anderen Seite eine Abgrenzung der Vereinigung nach Außen durch die Fixierung der von ihr Ausgeschlossenen.[316]

---

312 Vgl. Nienhaus, Geschichte der deutschen Tischgesellschaft, 144.
313 Peter Seibert, Der literarische Salon. Literatur und Geselligkeit zwischen Aufklärung und Vormärz, Stuttgart 1993, 266.
314 Vgl. Matala de Mazza, Sozietäten, 284.
315 Vgl. Nienhaus, Zur Topik der Tischrede, 347.
316 Nienhaus, Zur Topik der Tischrede, 350.

Dieses Prinzip repräsentieren auch Brentanos antibürgerliche Abhandlung *Der Philister vor, in und nach der Geschichte* und Arnims antisemitisches Pamphlet *Über die Kennzeichen des Judenthums*, die in den Treffen erstmals öffentlich vorgetragen wurden und eine gruppenkonsolidierende und identitätsstiftende Funktion einnahmen, weil sie zugleich alles Französische, Jüdische und Weibliche ausschließen sollten. In der Betonung des ‚Antijüdischen', ‚Preußischen' und ‚Männlichen' gehen somit Authentifizierungs- mit Exklusionsstrategien einher.

In dem Zusammenhang kommt dem Klatsch als inklusive *und* exklusive Authentifikationsstrategie eine besondere, weil gruppenspezifische und personengebundene Relevanz zu.[317] Denn Klatsch bedarf einer spezifischen Netzwerkaktualisierung, was bedeutet, dass er selektiv innerhalb eines begrenzten sozialen Netzwerks weitergegeben wird.[318] So vollzieht sich der Klatsch hauptsächlich im kleinen Personenkreis und richtet sich gegen bekannte, aber der Gesprächssituation ausgeschlossene Dritte. Dabei sind Wahrhaftigkeit und Zeugenschaft und mithin die Zuverlässigkeit von Informationen Kategorien, die für den Klatsch nicht völlig irrelevant sind, selbst wenn die Teilnehmenden sehr niedrige Standards ansetzen.[319] Auf dem Gebiet der persönlichen Erfahrungen und anekdotischen Evidenzen können Diskursteilnehmer:innen zu Expert:innen avancieren;[320] Klatsch lässt jede:n Anwesende:n mitreden und erklärt jede Aussage für zulässig.[321] Zudem entlastet er von der Verantwortung, ernsthaft für das Gesagte einzustehen, was Diffamierungen aller Art legitimiert. Eine facettenreiche Anspielungskultur, wie sie Oesterle für die Berliner Netzwerke beschreibt, profitiert also strukturell von einer Gesprächsdynamik, die als Klatsch bezeichnet werden kann.[322]

Der Klatsch- und Gerüchtekommunikation sind im hegemonialen Diskurs vornehmlich kulturgeschichtliche Assoziationen mit dem Weiblichen und Jüdischen eingeschrieben. Die Unterstellung von Schwatzhaftigkeit funktioniert, wie wir bereits bei Knigge (und auch bei LeBon) gesehen haben, selbst als Distinktionsmittel gegen andere soziale oder kulturelle Gesellschaftsschichten, um sie

---

317 Vgl. zum Klatsch als Authentifikationsstrategie auch Liese, Die unverfälschte Gemeinschaft, 8 f.
318 Vgl. Bergmann, Klatsch, 65, 96.
319 Vgl. Adler, Gossip and Truthfulness, 73.
320 Vgl. Stangneth, Lügen lesen, 133.
321 Vgl. Adler, Gossip and Truthfulness, 72.
322 Die intellektuellen Netzwerke um 1800 waren nach Oesterle insbesondere in Berlin von einem Wechselspiel der „Allusionspolitik sowohl im Bereich des amüsanten Klatschs wie im Gebiet brisanter auch politischer Nachrichten und Gerüchte" geprägt. Vgl. Oesterle, Diabolik und Diplomatie, 103.

aus dem geselligen Diskurs auszuschließen. Tendenzen dafür, dass kommunikations- und identitätspolitische Spannungen und Widersprüche sich in der Auseinandersetzung mit Klatsch als Stilfrage und Distinktionsmittel manifestieren, zeigten sich bereits bei Brentano, Jahre bevor er in die Tischgesellschaft eintrat.

In seiner wenig bekannten Abhandlung *Über das Klatschen*, die 1806 in der *Kurfürstlich privilegierten Wochenschrift für die Badischen Lande* erschienen ist, bezieht sich Brentano auf das Klatschen als eine „gesellschaftliche Unart" einerseits, zugleich aber als gesellschaftlich relevantes Phänomen andererseits.[323] So entzündet sich an der Klatscherei für Brentano nicht weniger als die Frage, „wie wir eine bessere Menschenrasse bekommen könnten".[324] Deshalb begegne man „bösartigen Klätschern" mit „unerschütterlichem Ernste".[325]

Im Gegensatz zu Knigge, der das Klatschen als eine von den adligen Ständen abgeguckte und nun im Bürgertum verbreitete Unsitte klassifiziert, vermutet Brentano, dass der Klatsch in kleinstädtischen Gemeinschaften besonders verbreitet sei:

> Die Bewohner kleiner Städte berühren sich täglich in hundert Bedürfnissen; ja, sie machen gewissermaßen nur eine große Familie zusammen aus. Die wichtigsten Dinge, die in einer kleinen Stadt vorkommen, sind – Neujahr und Ostern, die Tage, wo die Mägde wechseln, oder wo ein Geburtsfest gefeiert wird. Eine Hochzeit oder eine neue Haube, der Verlust einer Stricknadel oder eines guten Namens – alles ist hier gleich wichtig [...] und die Unterredung findet bald wieder einen andern ähnlichen Gegenstand, denn um Subjekte zum Präparieren ist man dergleichen moralisch anatomischen Anstalten in keiner Jahreszeit verlegen.[326]

Das Klatschen ermöglicht „Wechsel" und Beständigkeit zugleich, indem es die großen und kleinen Ereignisse, die zeremoniellen und die profanen, das Wiederkehrende und das Neue begleitet. Der Klatsch vermittelt das Alte mit dem

---

[323] Clemens Brentano, Über das Klatschen, in: ders., Werke, Bd. 2, hg. von Friedhelm Kemp, München 1963, 1025–1028, hier: 1025. Brentanos Abneigung gegen journalistische Klatscherei, gegen „ästhetische Lumpensammler", ist auch durch ein persönliches Trauma ausgelöst: durch einen „Angriff" auf ihn, der im Januar 1807 in Bertuchs *Journal des Luxus und der Moden* erschienen war. Bei diesem so bezeichneten Angriff handelt es sich um einen Nachruf auf seine verstorbene Frau Sophie, dessen Quelle mutmaßlich ein abgefangener Brief Brentanos gewesen ist. Der Verfasser des Nekrologs gibt vor, in dem Haus der Brentanos gewesen zu sein; Brentano kann dies weder bestätigen noch entkräftigen, meint aber, es sei gelogen, was über seinen Schmerz geschrieben wird. Vgl. Clemens Brentano, Warnung vor literarischer Klätscherei unter uns, in: Werke, Bd. 2, 1028–1030.
[324] Vgl. Brentano, Über das Klatschen, 1026.
[325] Vgl. Brentano, Über das Klatschen, 1028.
[326] Brentano, Über das Klatschen, 1025 f.

Neuen. Die Parallelisierung von (zyklischen) Kommunikations- und Naturprozessen („in keiner Jahreszeit") suggeriert zudem eine soziale Gesetzmäßigkeit: Wer in der Provinz lebt, kann nicht anders als zu klatschen. Aber auch in den größeren Städten werde geklatscht, wenn auch vornehmer.[327] Das ehemals kleinstädtische Symptom habe sich also zu einer allgemeinen Sucht und Krankheit entwickelt.[328] So gibt Brentanos kleine Schrift Aufschluss darüber, wie das Klatschen um 1800 in seiner ambivalenten Funktion als gemeinschaftskonsolidierende, aber auch -zersetzende Aktivität verhandelt wurde.

Knigges Agitation gegen das Klatschen, das er vom Anekdotenerzählen nicht unterscheidet, lässt sich, wie ausgeführt, auf seine Kritik am orientierungslosen Bürgertum zurückführen. Bei Brentano verhält es sich anders. Seine Argumentation trägt Züge einer nationalpolitischen (Selbst-)Kritik: Die ganze Nation sei kleinstädtisch geworden. Das Klatschen wird damit zu einem Problem, das die ganze Nation, „unser Vaterland", angeht.[329] Denn die Tendenz, dass der Mensch „einheimisch im Kleinen und Gemeinen" wird, weil er „seine täglichen Umgebungen nicht verändern kann",[330] verweist auf eine unter politischem Druck hin zersplitterte und in ihrer Mobilität eingeschränkte Nation, die notwendigerweise ins Kleinstädtische, Provinzielle verfallen muss.

Ähnlich wie Knigge kritisiert Brentano insbesondere die „politischen und literarischen Klätschereien" in den Tagesblättern, die wohl auch dazu beitragen, dass die Lust an Gerüchten sich nicht auf kleine Städte beschränkt.[331] Der Klatsch, der sich innerhalb einer Dorfgemeinschaft verbreitet, ist von derselben Art wie der einer global vernetzten Gemeinschaft – letztere könne sich aber leichter tarnen, nämlich unter dem Deckmantel der Pressefreiheit:

> Die so hochgerühmte teutsche Preßfreiheit ist eigentlich nur eine öffentliche, allgemeine Klatschfreiheit, und nichts beweist so sehr die überwiegende Neigung dazu als der Umstand, daß so viele, um ihre Freude daran haben zu können, die Inseratsgebühren dafür bezahlen, andern dagegen, die sich im Klatschen schon einen Namen gemacht haben, nach Maßgabe der Stimme, ein Honorar bezahlt wird.[332]

Nach Brentano sind Gerüchte also Werbemittel und Einnahmequelle, weswegen sie in die Journale aufgenommen werden. Aber selbst ein Inserat als potenziel-

---

327 Vgl. Brentano, Über das Klatschen, 1025.
328 Vgl. Brentano, Über das Klatschen, 1025.
329 Vgl. Brentano, Über das Klatschen, 1025.
330 Vgl. Brentano, Über das Klatschen, 1026.
331 Vgl. Brentano, Über das Klatschen, 1025.
332 Brentano, Über das Klatschen, 1025.

len Klatsch zu behandeln, wie Brentano suggeriert, bedeutet, jedwede gedruckte Bekanntmachung, also z. B. auch Todesanzeigen, unter den Verdacht der Geschwätzigkeit zu stellen. Fama offenbart aus dieser Perspektive nicht mehr ihre Doppelkonnotation als ‚Kunde' – sachliche Informationsvermittlung einerseits, rufschädigende Nachrede andererseits –, sondern ist gänzlich reduziert auf ihr marktschreierisches Moment.

Der Einfluss der Journale begünstige nach Brentano überdies das Klatschen, dem es eine neue Quelle biete: „Hier und da hat man [...] das Lesen von Journalen zu einer stehenden Rubrik neben der Tarotkarte in solchen Kränzchen gemacht."[333] Dass hier die gesellige Praxis der gemeinschaftlichen Zeitungslektüre selbst in Journalsprache („stehende Rubrik") beschrieben wird, ist eine auffällige Engführung zwischen den Funktionsprinzipien des Journals und denen einer kommunikativen Gemeinschaft. Brentano schlägt vor, bei der Wahl der Gesprächsgrundlage selektiv vorzugehen und nur Schriften zu lesen, die eine „Beförderung des sittlichen und bürgerlichen Wohls zum Zwecke" hätten.[334] Die Neigung zum Gemeinen muss der Neigung zum Gemeinschaftlichen weichen. Gemeinschaftsstiftend ist dabei das gemeinsame Bekenntnis zu einer Volkskultur.

Was bei Knigge als stilethischer Ratgeber und inklusive Hilfestellung intendiert war – mit dem Ziel, sich in der zunehmend heterogener werdenden Gesellschaft zurecht zu finden – wird im ideologischen Diskurs der politischen Romantik identitätspolitisch instrumentalisiert. In dieser Hinsicht markierten bereits das Programm des *Wunderhorns* und das der *Einsiedlerzeitung* eine Absetzbewegung gegen die zeitgenössische ‚Neuigkeitssucht', die vor allem Philistern, aber auch jüdischen Intellektuellen und Gesellschafter:innen zugeschrieben wurde. So lässt sich eine Linie ziehen von Brentanos Schrift *Über das Klatschen* bis zu seiner – im Kontext der Tischgesellschaft – entstandenen *Philister*-Abhandlung, in der er das Interesse für Neuigkeiten dem Philister zuordnet, der „Zeitungen, Wochenblätter und Comödienzettel" sammelt und immer weiß, „wer predigt, [...] aber nur des Credits halber in die Kirche" geht.[335]

Selbst wollten die Tischgenossen ausdrücklich kein Klatschverein sein und auch nicht damit verbunden werden. Wenn das in den Treffen Verhandelte an die Öffentlichkeit geriet, war das für die Tischgesellschaft nicht nur ein Ärgernis, weil ihr aufgrund der verschwörungsängstlichen Stimmung in Berlin ein

---

333 Brentano, Über das Klatschen, 1027.
334 Vgl. Brentano, Über das Klatschen, 1027.
335 Vgl. Clemens Brentano, Der Philister vor, in und nach der Geschichte, in: Texte der Tischgesellschaft, 38–90, hier: 64.

Verbot drohte. Vielmehr ließen sich die Tischgenossen über das verunglimpfende „Stadtgeträtsch und Judengeklatsch" aus, das ihnen „Dinge angedichtet" und sie „in den Mund der Journale" gebracht hätte.[336] Negative Presse führten sie demnach auf „jüdische[ ] Stimmen in öffentlichen Blättern"[337] zurück. Kritische Argumente wurden durch den Vorwurf des „Judengeklatsch[es]"[338] als persönliche Ressentiments diskreditiert. Man reagierte also auf die Empörung angesichts antisemitischer Aussagen wiederum mit antisemitischen Denunziationen und versuchte somit, sich qua Selbstviktimisierung gegen jegliche Kritik zu immunisieren.[339]

So wurde immer wieder die jüdische Negativfolie der „teuflische[n] Neugierde"[340] heraufbeschworen, die nur auf „die ephemeren Neuerungen der Tageswelt"[341] spekuliere. Dabei scheinen die nicht im Textkorpus der Tischgesellschaft enthaltenen und aus Gedächtnisprotokollen wiedergegebenen Gespräche der Tischgenossen selbst eine „Mischung aus Klatsch über personelle Interna und Skandale, von politisch-ernsthafter Meinungsäußerung und Räsonieren über allgemeine gesellschaftlich-kulturelle Gegenstände" abzubilden, „gekennzeichnet von einem zwanglosen Übergang von Scherz zu Ernst", wie Nienhaus einschätzt.[342] Die Abgrenzung erweist sich ebenfalls in Bezug auf die „langweilige[n] Abhandlungen" und „platten Satiren", die sich laut Brentano Philister gegenseitig vorlesen,[343] als schwierig, denn aus- und abschweifende Abhandlungen bestimmen auch den überlieferten Textkorpus der Tischgenossen. Die Tischgesellschaft bewegt sich damit auf dem schmalen Grat permanenter

---

336 Vgl. Ludolph Beckedorff, Abschiedsrede, in: Texte der Tischgesellschaft, 151–155, hier: 152.
337 Arnim, Rede von 1815, 206.
338 Beckedorff, Abschiedsrede, 152.
339 Namentlich gegen die des jüdischen Schriftstellers Saul Aschers. Dabei machten antisemitische Äußerungen einen so großen Teil der mündlichen und schriftlichen Vereinskonversation aus, dass ihr Durchsickern und Weiterverbreiten, zumal vor dem Hintergrund, dass (patriotische) Vereinigungen in Berlin überwacht oder verboten waren, wenig verwundern. Hinzu kommt, dass zu den Treffen ja offiziell nur eingetragene Mitglieder zugelassen waren, d. h. diese waren selbst dafür verantwortlich, dass das Besprochene seinen Weg ‚nach draußen' finden musste. So schreibt Nienhaus, die aggressive Haltung gegenüber Juden in der Anfangszeit und die herausfordernden Gesten, mit welchen diese ausgedrückt wurde, mussten unvermeidlich bald zu Gerüchten führen. Vgl. Nienhaus, Geschichte der Tischgesellschaft, 272–292.
340 Achim von Arnim, Über die Kennzeichen des Judenthums. Bericht von einem der Mitglieder des gesetzgebenden Ausschusses, in: Texte der Tischgesellschaft, 107–128, hier: 109.
341 Beckedorff, Abschiedsrede, 153.
342 Vgl. Nienhaus, Geschichte der Tischgesellschaft, 69.
343 Vgl. Brentano, Philister, 66.

Selbstwidersprüche und kognitiver Dissonanzen, die durch ständige Rechtfertigungsreglemente ausgeglichen werden mussten. Aus systemtheoretischer Perspektive ließe sich diese Praxis wiederum als paradigmatisch für die zwischen Selbst- und Fremdreferenz oszillierende Operationsweise romantischer Kommunikation beschreiben. In kulturhistorischer Hinsicht und im spezifischen Umfeld der politischen Romantik muss aber vor allem die essentialistische Neuakzentuierung der Philistersemantik im Schnittpunkt von Antisemitismus und Nationalbewegung ausgemacht werden, die der eigenen Legitimation durch vermeintliche Abgrenzung dient.[344]

Die Philisterthematik steht insbesondere für eine differenzielle Identitäts- und damit auch Authentizitätsauffassung, die sich mit Selbstwidersprüchen konfrontiert sieht. Ein Selbstwiderspruch – bzw. eine kognitive Dissonanz – besteht darin, dass sogenannte Philistersymptome immer auch an sich selbst erkannt werden können. Denn im Unterschied zur philiströsen Identität, die durch den Berufsstatus eindeutig festgelegt ist, behauptet ‚Nichtphiliströsität' einen unsicheren Identitätsstatus, der sich durch permanente Selbstbeobachtung vom Philiströsen abgrenzen muss. Das drohende Umschlagen ins Philiströse, in Komfortabilität und Uniformität, etwa beim Eintritt in ein bürgerliches Berufsleben, ist im Nichtphiliströsen immer schon vorhanden.[345] Deswegen kann das Philiströse auch nie als das radikal Andere markiert werden, sondern muss immer in den Selbstbezug miteingeschlossen werden. Aus einer systemtheoretischen Perspektive könnte man diesen permanenten Widerstreit mit sich selbst, der einer Verlagerung äußerer Markierungs- und Differenzierungsoperationen ins Innere der Person entspricht, als radikal selbstbezüglich bezeichnen.[346] Dies würde aber implizieren, dass eine endgültige Fixierung von Identität ausdrücklich nicht erwünscht ist und Identität als ein Effekt diskursiver Praktiken angesehen wird. In Bezug auf die Tischgesellschaft findet diese These jedoch wenig Rückhalt. Vielmehr wird die philiströse ‚Nicht'-Differenz nur widerwillig eingestanden und auf sie wird mit Spott und Ironie reagiert. Das Denken der politischen Romantik bedarf des radikal Anderen für den Selbstbezug. Deshalb geht die Semantik des Philisterfeindlichen in der

---

344 Vgl. Remigius Bunia, Till Dembeck und Georg Stanitzek, Elemente einer Literatur- und Kulturgeschichte des Philisters. Einleitung, in: Philister. Problemgeschichte einer Sozialfigur der neueren deutschen Literatur, hg. von dens., Berlin 2011, 13–51, hier: 32.
345 Vgl. Maren Lehmann, Philiströse Differenz. Die Form des Individuums, in Philister, 101–120, hier: 117.
346 Zum Thema der tautologischen Selbstbezüglichkeit in der Frühromantik unter systemtheoretischer Perspektive forscht Julia Soytek, deren Dissertation mit dem Titel „Tautologiepoetik. Begründungen frühromantischer Formkunst im Grenzbereich moderner Kommunikation" 2023 erscheinen wird.

politischen Romantik eine Allianz mit dem rassistischen Antisemitismus ein, der im ideologischen Denken eine eindeutige Abgrenzung zu versprechen scheint.[347] So wird in der Tischgemeinschaft auch ganz offen unterschieden zwischen „eine[m] oberflächlichen, scherzhaften und ironischen [Krieg] gegen die Philister" und „eine[m] andren gründlichen, ernsthaften und aufrichtigen gegen die Juden".[348] Dieser sei notwendig, weil Philister eben kein identifizierbares „Geschlecht" seien, hingegen die Juden

> ein Gezücht, welches mit wunderbarer Frechheit, ohne Beruf, ohne Talent, mit wenig Muth und noch weniger Ehre, mit bebendem Herzen und unruhigen Fußsohlen, wie Moses ihnen prophezeit hat, [Auslassung im Text, L. L.] sich in den Staat, in die Wissenschaft, in die Kunst, in die Gesellschaft und letztlich sogar in die ritterlichen Schranken des Zweikampfes einzuschleichen, einzudrängen und einzuzwängen bemüht ist.[349]

Weil sie sich schon ungehindert in Staat, Wissenschaft und Kunst einmischten, so sei es nicht weniger als die Pflicht der Tischgenossen, Juden „vom Hufeisen dieses Tisches [...] zu verbannen".[350]

Es ist also nicht nur so, dass der scherzhafte Gestus es vermochte, den offenkundigen Hass auf Franzosen, Philister und vor allem Juden in seiner Ernsthaftigkeit zu verschleiern. Sondern der „halb scherz- halb ernsthafte Krieg"[351] gegen Philister und Juden ist durchaus auch so zu verstehen, dass er eben scherzhaft gegen Philister und ernsthaft gegen Juden geführt wurde.

An dieser Stelle muss zwischen satirischem und ironischem Spott unterschieden werden. Jolles hat in seinen *Einfachen Formen* eine Definition vorgelegt, nach der sich die Satire immer gegen etwas richtet, das einem selbst fernsteht, wohingegen Ironie stets auch Teilnahme an dem hat, was sie tadelt: „Satire vernichtet – Ironie entzieht."[352] Die romantische Auseinandersetzung mit dem Philiströsen kann und muss sogar ironisch sein, weil die Gefahr, Philistersymptome auch an sich selbst zu erkennen, konstitutiv vorhanden ist. Im Gegenzug wird das Jüdische in der mitleidlosen[353] Satire abgegrenzt als etwas,

---

347 Vgl. Stefan Nienhaus, Brentanos Philisterabhandlung und ihre Kommentierung im Rahmen der historisch-kritischen Edition, in: Philister, 241–251, hier: 242.
348 Vgl. Beckedorff, Abschiedsrede, 153.
349 Beckedorff, Abschiedsrede, 153.
350 Vgl. Beckedorff, Abschiedsrede, 153.
351 Beckedorff, Abschiedsrede, 151.
352 Jolles, Einfache Formen, 255.
353 Jolles schreibt, in der Ironie gegen den anderen erkenne man auch seine eigenen Unzulänglichkeiten, während man in der Satire dem anderen „ohne Mitempfinden, ohne Mitleid" gegenüberstehe. Vgl. Jolles, Einfache Formen, 255.

zu dem man keine Gemeinsamkeit markieren will, zu dem keine Gemeinsamkeit bestehen *darf*.

Die Inszenierung eines Präzedenzfalls: Arnims Fehde gegen Moritz Itzig

Die Angst vor Unkenntlichkeit manifestiert sich vor allem im Narrativ des ‚Unterwanderns'. So äußert Arnim in *Über die Kennzeichen des Judenthums* eine große Angst, dass „heimliche [weil getaufte, L. L.] Juden" in die Gesellschaft einziehen könnten,

> daß an die Stelle dieser christlichen Tischgesellschaft eine Synagoge sich versammelte, welche statt des frohen Gesanges auerte, statt der Fasanen Christenkinder schlachtete, [...] statt der großen Wohlthaten, die wir künftig noch wollen ausgehen lassen, die öffentlichen Brunnen vergiftete und dergleichen kleine Missethaten mehr verübte, um derentwillen die Juden in allen Ländern Europens bis aufs Blut geneckt worden sind.[354]

Denn Juden, „listig" und „still lauernd"[355], beherrschten die „seltene Kunst sich zu verstekken"[356]. Als „Probe" wird vorgeschlagen, ihnen „das große Landesunglück von der Jenaer Schlacht" sowie „vom Tode der Königin [Luise von Preußen, L. L.]" zu erzählen: Der Jude würde alsbald mit seinen „alten Späße[n]" hervorbrechen und mit Gleichgültigkeit reagieren.[357] Ernst hätten sie nur in der „eigenen miserablen Geschichte".[358] Die vermeintliche „Verkehrtheit der Juden"[359] wird also an der für die Tischgenossen so wichtigen Ausbalancierung zwischen Ernst und Scherz verortet. Zwar seien Juden „närrisch" und würden „daher zur Unterhaltung einer fröhlichen Tischgesellschaft recht eigentlich dienen", doch ihr Scherz treffe meist „an die unrechte Stelle".[360]

Für die angebliche Unmöglichkeit jüdischer Geselligkeit schafft Arnim einen perfiden Präzedenzfall in der Auseinandersetzung mit Moritz Itzig, der durch Arnims Erscheinen im Salon seiner Tante, der Mäzenin und bekannten Salonnière Sarah Levy, beleidigt wurde.[361] Daraufhin forderte der erst 16-jährige Itzig Arnim zum Duell heraus, woraufhin Arnim über diese Aufforderung spotte-

---

354 Arnim, Kennzeichen, 108.
355 Arnim, Kennzeichen, 114.
356 Arnim, Kennzeichen, 109.
357 Vgl. Arnim, Kennzeichen, 125.
358 Vgl. Arnim, Kennzeichen, 126.
359 Arnim, Kennzeichen, 126.
360 Vgl. Arnim, Kennzeichen, 126.
361 Die antisemitische Schlagrichtung der Tischgesellschaft war nämlich bereits durchgesickert. Denn wenn in Tischreden immer wieder der Ausschluss von Juden gefordert wurde, bezeichnet Nienhaus das als offene Provokation. Vgl. Nienhaus, Geschichte der Tischgesellschaft, 51–55.

te, indem er sich – auch im Rahmen der Tischgesellschaft – mündlich und schriftlich bei diversen Adligen erkundigte, ob ein solches Duell überhaupt standesgemäß sei.[362] Dies wurde nicht nur einhellig verneint, sondern auch von antisemitischen Anfeindungen begleitet. Nach einem entsprechenden Schreiben an Itzig überfiel dieser Arnim im Badehaus.[363]

Aus diesem Ereignis wurde im Rahmen der Tischgesellschaft, im öffentlichen Diskurs und in großen Teilen der wissenschaftlichen Aufarbeitung die sogenannte „Itzig-Affäre" oder der „Itzig-Skandal".[364] „Itzig" war zwar der Name der weit verzweigten Berliner Familie jüdischer Herkunft, von der sich einige Familienmitglieder nach dem Übertritt ins Christentum in Hitzig umbenannten. Der Ausdruck „Itzig" ist aber auch ein Ethnophaulismus, d. h. er wird als abwertendes Kollektivum für Juden gebraucht.[365] Bereits im 19. Jahrhundert entwickelte sich der so stigmatisierte „Itzig"-Typus zum sprachlich mitkonstituierten festen Repertoire antisemitischer Diskriminierung. Daran arbeiteten Arnim und die Tischgenossen maßgeblich mit. Der Überfall im Badehaus, der zu weiteren halböffentlichen Diskreditierungen veranlasste, gereichte ihnen zur Rechtfertigung ihrer antisemitischen Invektiven. Den einstigen Beschluss, Juden den Eintritt in die Tischgesellschaft zu verwehren, mithin die Vorstellung von der Nicht-Integrierbarkeit der Juden in die christlich-deutsche Gemeinschaft, sahen sie damit bestätigt. Im Folgenden soll die sprachstrategische Gestaltung dieses Umstandes in den Protokollen der Tischgesellschaft beleuchtet werden.

In seiner *Rede zum Itzig-Skandal* berichtet Arnim der Gesellschaft von seiner tätlichen Auseinandersetzung mit Moritz Itzig im Badehaus, die er wie beiläufig in das Tischgespräch miteinfließen lässt, um dann aber den Vorfall umso weit-

---

362 Auch die Duellthematik hatte exemplarische Funktion: Es ging den weitgehend aus adligen Kreisen (ab)stammenden Tischgenossen mit der Prinzipienfrage des Duells zum einen darum, soziale Barrieren gegen das Bürgertum und zum anderen darum, die gesellschaftliche Diskriminierung von Juden aufrechtzuerhalten. In diesem Sinne galt die sogenannte „Itzig-Affäre" beiden Seiten, so Nienhaus, als Präzedenzfall: „Entweder bekräftigte die Duellverweigerung die gesellschaftliche Ächtung der Juden unabhängig von ihrer ökonomischen oder rechtlichen Gleichstellung – oder es käme tatsächlich zu dem unerhörten ‚Fall eines Duells zwischen einem landsässigen Edelmann und einem Juden', dann würde dies beweisen, daß auch auf dem Gebiet der gesellschaftlichen Integration die antisemitischen Reaktionen Arnims und der Tischgesellschaft in hoffnungsloser Minorität wären." Nienhaus, Geschichte der Tischgesellschaft, 252.
363 Zu den Hintergründen, vgl. auch Moering, Kommentar, in: ArnDKV 3, 1230–1236 sowie Nienhaus, Geschichte der Tischgesellschaft, 243 f.
364 Zur sogenannten Itzig-Affäre, vgl. Liese, Die unverfälschte Gemeinschaft, 10–12.
365 Vgl. Hans Peter Althaus, Lexikon deutscher Wörter jiddischer Herkunft, München 2010, 93.

schweifiger und mit agitatorischer Absicht zu erzählen.[366] Arnim schafft hier eine ganz eigene Form von assoziativer Anschlusskommunikation, wenn er in seiner Rede scheinbar zunächst darüber sinniert, ob die durch die Tischgesellschaft erworbenen Gelder zu Wohltätigkeitszwecken gespendet werden sollten:

> In unsrer letzten Versammlung wurde bey Gelegenheit der Verhandlungen über eine Unterstützung der Königsberger Abgebrannten, die Frage von mehreren Mitgliedern aufgeworfen: Ob dergleichen Wohlthätigkeitsangelegenheiten, die entweder eine stille Eingebung des Herzens seyn sollen, wozu die Veranlassung in unsrer Zeit keinen Augenblick fehlen kann, oder eine allgemein eingreifende öffentliche Maaßregel, wodurch die Ehre des Einzelnen zum Besten grosser Staatsunglücke angerufen wird, auf eine Gesellschaft je passen können, die aus den verschiedensten Verhältnissen zum Staate zusammengesetzt, ja den einzelnen schon in seinem Verhältnisse zu Beyträgen aufgefordert findet.[367]

Diese einleitenden Worte dienten Arnim aber bloß als Vorwand, das eigentliche Ereignis, Itzigs Überfall im Badehaus, als umso devianter und skandalöser – als plötzlich einbrechende Störung – zu erzählen:[368]

> So weit war ich in meiner Untersuchung gekommen, deren Schluß eine allgemeine Abstimmung veranlassen sollte, ob künftig in unsrer Gesellschaft zu irgend einem andern Zwecke, als was die Gesellschaft als solche angeht, collectirt werden sollte, als ich auf eine unerwartete Art gestört wurde, welches ich in der ersten Verwunderung nur in Versen aussprechen konnte, die freilich die Sache viel feierlicher ansehen.[369]

In Arnims Rede wird der Vorfall inszeniert wie eine Störung: nicht nur der so konstruierten Kontemplation Arnims in der erzählten Geschichte, sondern auch der gegenwärtigen Erzählsituation, die doch mit der Spendenfrage gesamt- und vereinspolitisch so viel Wichtigeres thematisiert hatte. Die Tischgenossen sollen sich offenbar von der Digression – die keine ist[370] – ebenso gestört fühlen, wie Arnim sich durch Itzig belästigt sah. Hinzu kommt, dass der so etablierte Rahmen den Erzähler Arnim, im Gegensatz zu Itzig, als ruhig und besonnen profilieren soll. Diese Selbstdarstellung widerspricht sich durch die indirekten und direkten Beleidigungen allerdings performativ selbst.

---

366 Vgl. Achim von Arnim, Rede zum Itzig-Skandal, in: Texte der Tischgesellschaft, 161–176. Vgl. hierzu auch Nienhaus, Geschichte der Tischgesellschaft, 246.
367 Arnim, Rede zum Itzig-Skandal, hier 161.
368 Vgl. hierzu auch Nienhaus, Geschichte der Tischgesellschaft, 246.
369 Vgl. Arnim, Rede zum Itzig-Skandal, 161.
370 Nienhaus erkennt, dass der Vorfall inszeniert wird wie eine Digression; tatsächlich kommt Arnim aber nicht zu seinem Einstiegsthema zurück, sondern die Rede hatte einzig den Zweck, Itzig vorzuführen. Vgl. hierzu auch Nienhaus, Geschichte der Tischgesellschaft, 246.

Die inszenierte Digression bleibt nicht der einzige rhetorische Kniff Arnims. Es schließt sich ein fünfstrophiges Gedicht in Form eines religiösen Volksliedes an, in dem Arnim die private Fehde mit Itzig mit dem Kampf zwischen dem christlichen *miles*, dem ‚Soldat Christi', und dem jüdischen Diener Satans parallelisiert und somit religionspolitisch und exemplarisch überhöht.[371] Es soll damit, so Nienhaus, das „Ewiggültige des [...] Geschehens" suggeriert werden.[372]

Neben das Volkslied treten noch andere Darstellungs- und Verarbeitungsformen. Arnim präsentiert der Tischgesellschaft außerdem kommentierend den Briefwechsel mit Moritz Itzig und Sarah Levy, der die Vorgeschichte des Vorfalls (einseitig) schildert. Die Affäre stellt nämlich auch einen Präzedenzfall für die Konfrontation zweier Geselligkeitsformen dar: des Salons und der Tischgesellschaft. Auslöser des Skandals war Arnims Erscheinen im Salon Sarah Levys gewesen, was Moritz Itzig provoziert hatte. Während Arnim in dem Briefwechsel mit Sarah Levy einen demonstrativ höflichen Tonfall anschlägt und sich jovial gibt, nehmen sich die Schmähungen gegenüber ihrem Neffen unter den Tischgenossen drastisch aus und bleiben nicht gegen Itzig allein gerichtet:

> [G]ewiß ist es aber, daß unter dem andern Judenvolke die lächerliche Idee sich bildete, worauf nie ein Christ gekommen wäre, daß mein Besuch, meine Anwesenheit bey einer Frau, die mein Haus besucht und meine Frau zu sich einladet, eine Beleidigung für dieselbe seyn könne. Aus dieser Erfahrung mache ich die dringende Warnung jedem, der seine Zeit und Laune sich nicht durch ähnliche Vorfälle, wie die, welche mir daraus entstanden, will verderben lassen, sich in keinem Falle sich [sic!] weder durch die wohlthätige, gutmüdthige [sic!], noch durch die literarische witzige Aussenseite der geselligen Judenschaft täuschen zu lassen, nur der christliche Glaube und zwar nach vielen Jahren erst kann die innerliche und ursprüngliche Verkehrtheit dieses Volkes bezwingen, was kein geselliger Verkehr imstande ist. Dieses Judengeklatsch hatte einen jungen Neffen der Madame Levy, einen hypochondrischen Herren Moritz Itzig ergriffen, ich kannte ihn nicht und war darum über folgenden Brief, den ich ein Paar Tage darauf von ihm erhielt um so mehr überrascht. Jezt muß ich mir sogar noch die Mühe geben, das Geschmiere des Judenjungen hier abzuschreiben, o Vaterland was kannst du mir für Entschädigung gegen diese Aufopferung geben?[373]

Dem ganzen „Judenvolke"[374] – aus dem Arnim die in Berliner Kreisen hoch geschätzte Salonnière Sarah Levy nur scheinbar herausnimmt – wird eine Neigung zum vorschnellen und übertriebenen Beleidigtsein unterstellt als Zeichen

---

371 Zu der Analyse des Volkslieds als „feierlichere" Auseinandersetzung mit dem so inszenierten Skandal, vgl. Nienhaus, Geschichte der Tischgesellschaft, 246–248.
372 Vgl. Nienhaus, Geschichte der Tischgesellschaft, 248.
373 Arnim, Rede zum Itzig-Skandal, 164.
374 Arnim, Rede zum Itzig-Skandal, 164.

einer „innerliche[n] und ursprüngliche[n] Verkehrtheit" der Juden.[375] Diese Verkehrtheit wird nicht nur auf eine vorgebliche innere Falschheit und Künstlichkeit, sondern auch auf das Fehlen gängiger Konversations- und Geselligkeitskonventionen der Juden bezogen. Dass Arnim die jüdische Salonkultur in diesem Sinne abwertet, wird an einer gestrichenen Lesart der Tischrede deutlich, in der er bekundet hatte, sich im Salon Sarah Levys „unter Mücken und Juden, so gut [er] konnte, zu amüsieren".[376] In der späteren Fassung mildert er diese menschenverachtende Beleidigung ab, indem er betont, den Salon aufgesucht zu haben, „um eine Höflichkeit zu vollbringen".[377] Die ursprüngliche Formulierung musste Arnim verändern, da er sich gegenüber dem verfemten Itzig als preußischer Ehrenmann profilieren wollte,[378] ohne die geschätzte Berliner Salonkultur öffentlich zu diskreditieren. Diese vorgebliche Milde wird auch dadurch zum Ausdruck gebracht, dass Arnim immer wieder daran erinnert, er selbst habe bei der Gründung der Tischgesellschaft ja zunächst aus christlicher „Nachsicht" und „Freundlichkeit" dafür gestimmt, getaufte Juden aufzunehmen, sei nun aber eines Besseren belehrt worden.[379]

Verantwortlich für die so behauptete „hypochondrische"[380] und damit pathologische Überreaktion Itzigs macht Arnim das „Judengeklatsch" unter den Salonbesuchenden, das er zum kompromittierenden Merkmal ‚jüdischer Geselligkeit' erklärt.[381] Der Itzig-Skandal gereichte ihm dabei zum Präzedenzfall, zwei Gesellschaftsformen gegeneinander auszuspielen. Falsch sei mithin die „aus Gutmüthigkeit" vertretene Ansicht, „daß den Juden, insofern man ihnen nur gleiches gesellliges Verhältnis gestatte, schon geholfen sey".[382] Denn Juden erwiesen sich als unfähig zur Integration in die preußisch-christliche Gesellschaft. Jede „wohlthätige, gutmüdthige" wie auch „literarische witzige Aussenseite der geselligen Judenschaft", womit insbesondere die Salonszene gemeint ist, sei nichts als Täuschung.[383]

Damit rechtfertigt Arnim also auch das Verbot jüdischer Teilnehmer an der Tischgesellschaft; weibliche Teilnehmerinnen – obwohl viele Salons von Frauen geführt wurden und Schleiermacher die Rolle der Gesellschafterin betont

---

375 Vgl. Arnim, Rede zum Itzig-Skandal, 164.
376 Zur gestrichenen Version, vgl. Nienhaus, Geschichte der Tischgesellschaft, 255.
377 Vgl. Nienhaus, Geschichte der Tischgesellschaft, 255.
378 Vgl. Nienhaus, Geschichte der Tischgesellschaft, 255.
379 Vgl. Arnim, Rede von 1815, 206.
380 Arnim, Rede zum Itzig-Skandal, 164, 169, 171, 173.
381 Vgl. Arnim, Rede zum Itzig-Skandal, 164.
382 Vgl. Arnim, Rede zum Itzig-Skandal, 163.
383 Vgl. Arnim, Rede zum Itzig-Skandal, 164.

hatte – waren ja ohnehin ausgeschlossen. Hier vermengen sich die mit antisemitischen Stereotypen assoziierten Eigenschaften mit misogynen Attribuierungen, wofür die Unterstellung der Verbreitung von Klatsch und falschen Nachrichten ein Beispiel liefert.

Antisemitismus und Glaubensgemeinschaft: *Die Versöhnung in der Sommerfrische*

Der Streit mit Moritz Itzig sollte also ein Exempel statuieren und deswegen wurde er auch auf verschiedene Art und Weise immer wieder erzählt, wie Arnim selbst bezeugt. So würden unter seinen Zuhörern

> auch die, welche ich in dieser Angelegenheit um ihren Rath angesprochen habe, sich die kleine Langeweile der Wiederholung gern gefallen lassen; meine Geschichte als einzelner Fall betrachtet ist kaum der Rede so werth, aber in so fern sie aus Grundsätzen hervorgegangen diesen eine neue Lebendigkeit giebt, so meine ich die Zeit und Mühe nicht vergebens angewendet.[384]

Der zum Präzedenzfall stilisierte Vorfall, dessen Redundanz gegen das aufklärerische Gesprächsideal einer pointenreichen Verdichtung in der Tradition der *dicacitas* verstößt, gab Arnim mutmaßlich auch Stoff für seine literarische Erzählung *Die Versöhnung in der Sommerfrische* (1811). Hier wird die Geselligkeit zur Glaubensfrage, weil die Religion darüber entscheidet, wie gesellig sich eine Gemeinschaft verhält. Vorstellungen von ‚Volk' und ‚Glauben' werden also mit Kalkül engeführt. Wenig überraschend erscheint die christliche Glaubensgemeinschaft als gesellig, sodass schon Juden allein der Geselligkeit wegen zum Christentum konvertiert seien.[385] Doch „es ließe sich mit ihnen kein freudiges deutsches Gemüt teilen, wenn sie auch noch so anständig wären, mitten in der ärgsten Schwelgerei zählten sie ihren Gästen die Bissen in den Mund".[386] Mit dem Jüdischen antisemitisch assoziierte Eigenschaften wie Geldgier werden in dieser Passage als ungesellig und asozial denunziert. Eine weitere stereotype Eigenschaft, die der Überempfindlichkeit, wird damit erklärt, dass Juden in Gesellschaftskreise eindringen würden, zu denen sie nicht gehörten, und sich infolgedessen immer fremd und verspottet fühlten.[387] Ihre Zerstreuung „unter

---

384 Arnim, Rede zum Itzig-Skandal, 163.
385 Vgl. Achim von Arnim, Die Versöhnung in der Sommerfrische, in: ArnDKV 3, 541–610, hier: 557.
386 Vgl. Arnim, Die Versöhnung in der Sommerfrische, 585.
387 Arnim, Die Versöhnung in der Sommerfrische, 565.

fremden Völkern" wird verglichen mit der Situation der Deutschen unter französischer Besatzung,

> als so viele ihren Volksnamen verändert fanden und sich die neuen Verhältnisse nicht denken konnten, da glaubten sich so viele in der Fremde unter Franzosen verhöhnt, wo jedermann ihnen wohlwollte, einige Minuten Unterredung machten ihnen schlaflose Nächte oder sie fuhren in Beleidigung aus, die niemand sich erklären konnte.[388]

Die Diskriminierung der Juden wird also einerseits auf ein selbstverschuldetes Gefühl reduziert, andererseits durch den schiefen Vergleich, der zudem die Deutschen als wahre Opfer ausgibt, trivialisiert. Sowohl in Arnims Erzählung als auch in seinen Tischreden finden sich somit Narrative – die parasitäre Unterwanderung einer friedlichen Gemeinschaft durch einen Störfaktor, die Verstellungskunst und Falschheit der Juden, die Besinnung auf die christliche Glaubensgemeinschaft als nationale Mission –, die Brentano wenige Jahre später in *Die Schachtel mit der Friedenspuppe* als Leitidee für das mediale – unzensierte – Sendungsbewusstsein einer neuen (Herausgeber-)Gemeinschaft der Restaurationszeit umsetzen sollte.

Dass die Juden kein (geistiges) Vaterland und also auch keinen rechten Glauben hätten, ist in den Reden der Tischgesellschaft einer ihrer verhandelten „Grundsätze".[389] Juden fehle der „bildende vereinende Mittelpunkt des Christenthums, der jeden einzelnen Puls zu einem gemeinschaftlichen Herzen führt".[390] Allein als Kompensations- und Assimilationsleistung versuchten sie deshalb eine Geselligkeit zu kultivieren, die aber immer falsch bleibe. Sei der Vorschlag der „Verbannung" von Juden aus der Tischgesellschaft zunächst nur aus einer „bewustlosen Eingebung" hervorgegangen und als „Scherz im Sinne, sie durch den kleinen Aerger ihrer neugierigen Natur [...] zu bestrafen," gemeint gewesen, würde es sich jetzt als „schönste Bestimmung meines [Arnims, L. L.] Lebens" erweisen, gegen den „zerstörenden Strome [...] der Juden die ihrem Glauben nach noch ohne ein Vaterland sind, wie ein Damm entgegenzutreten".[391]

An diesen Gedanken schließt sich das verschwörungstheoretische Narrativ an, es sei folglich Plan der Juden, die christlich-deutsche Geselligkeit, d. h. die Tischgesellschaft, zu torpedieren, nämlich aus Neid, nicht selbst dazuzugehören. Hier wird also der Grundstein gelegt für den strukturellen politischen rassistischen Antisemitismus. Hieraus wird dann auch gleich der Grund für die

---

388 Arnim, Die Versöhnung in der Sommerfrische, 566.
389 So z. B. in Arnim, Rede zum Itzig-Skandal, 163.
390 Arnim, Rede zum Itzig-Skandal, 175.
391 Arnim, Rede zum Itzig-Skandal, 163.

Probleme des inneren Zusammenhalts der Tischgesellschaft gesponnen, wie Arnim in seiner *Abschiedsrede von 1815* insinuiert. Die Rede wirft erneut die Frage nach dem Zweck der Gesellschaft auf, über den sie sich in ihrer Selbstbeobachtung und -beschreibung zugleich Rechenschaft ablegt:

> Unser kleiner Freystaat hatte sich wohlgestaltet zu seinem Zwecke, zum Essen und Trinken, als es deutlich wurde, daß dieser Zweck allein in so karger Zeit, eine Gesellschaft nicht zusammenhalte, daß der mitgeborne Scherz über Philister und Juden seinen Kreislauf vollendet, vollständig belacht und ausgesprochen sey und daß eine feste Bestimmung die Gesellschaft beleben müsse.[392]

Es sieht also zunächst danach aus, als habe der äußere Zweck, Juden und Philister zu hassen, nicht für den inneren Zusammenhalt gereicht. So musste etwas gefunden werden, was die Gesellschaft im Inneren zusammenhält und das konnte nur die gemeinsame Beschäftigung und das gemeinsame Interesse für kulturelle Errungenschaften sein, für

> deutsche Geschichte, Kunst und Wissenschaft für Sprache oder andre allgemeine Bedürfnisse. [...] Manches der Art wurde vergeblich in Vorschlag gebracht, insbesondre Gesang, andres wurde versucht, Kupferstiche aus älterer Zeit vorgezeigt, ältere seltsame Geschichten gelesen, lustige Aneckdoten gesammelt, ein Berliner Idiotikon angelegt.[393]

Dies war jedoch nicht ausreichend:

> [Z]u bald bestätigte es sich, einestheils plenus venter non studet libenter, vor dem Essen war Hunger störend, während dem Essen das Essen, nach dem Essen die Füllung, auch war die Gesellschaft zu mannigfaltig, als daß ein Gegenstand alle angesprochen hätte, Viele Mitglieder der Gesellschaft waren zurückhaltend mit dem, was sie der Gesellschaft hätten mittheilen könnten, so daß die wenigen, die sich thätig bezeigten, endlich einen Ueberdruß empfanden, sich selbst immer wiederhören zu müssen, die Geistesluft Berlins, mehr kritisierend als produzierend, übte auch ihre alte zerstörende Kraft, auch wurden schon vor dem Kriege mehrere thätige Mitglieder durch andre Bestimmung und Reisen zerstreut, [...] selbst das Essen wurde schlechter.[394]

Letztendlich verantwortlich für die Probleme der Tischgesellschaft werden aber nicht das mangelnde Engagement ihrer Mitglieder gemacht, sondern „thörigte[ ] Schwätzer[ ] und französische[ ] Spione[ ]" sowie „die jüdischen Stimmen in öffentlichen Blättern",[395] denen jeder ‚scherzhafte' Trinkspruch unberechtigter-

---

392 Arnim, Rede von 1815, 206.
393 Arnim, Rede von 1815, 206 f.
394 Arnim, Rede von 1815, 207.
395 Vgl. Arnim, Rede von 1815, 206.

weise zum Anlass werde, gegen die Tischgesellschaft zu polemisieren oder ihr verschwörerische Pläne zu unterstellen:

> Daß wir aus Liebe zu dieser Krone und zu Deutschland alles Französische herzlich hassen, daß wir uns als Deutsche nach deutscher Art herzlich und offen lustigmachen wollten versteht sich da bey allen von selbst, daß man sich vereinigte, um nicht durch Andersgesinnte gestört zu seyn, war auch natürlich, daß sich diese Gesinnung in manchem Trinkspruch äusserte folgte von selbst, aber gegen Frankreich in einer Gesellschaft etwas Geheimes, wie es die Zeit forderte, wirken zu wollen, die jedem Gast und vielen Dienern zugänglich war, konnte nur thörigten Schwätzern und französischen Spionen einfallen, die darüber in unsreren öffentlichen Blättern, sogar im Moniteur sich äusserten und die Besorgnisse manches hohen Depertmantschefs [sic!] so lebhaft erregten, daß Beamttete gewarnt wurden, diese gefährliche deutsche Gesellschaft nicht zu besuchen. So verhasst dieses Aufsehen der Gesellschaft war, sie ließ sich dennoch nicht trennen, die Gesetzgebung schritt fort. Besänftiger wurden ernant zur Stillung grosser Unruhen, auch die jüdischen Stimmen in öffentlichen Blättern, die sich gegen die Gesellschaft erhoben, wurden zurückgewiesen.[396]

In dieser Passage deutet sich erneut das selbstviktimisierende Narrativ an: Patriotische und gegen „Andersgesinnte" gerichtete Trinksprüche wurden angeblich nur geäußert, weil freie Meinungsäußerung, d. h. offener Franzosenhass und Antisemitismus, nicht erlaubt gewesen waren. Daraufhin hätten sich verleumderische und nahezu paranoide Reaktionen seitens der erwähnten Gruppen eingestellt, die das Wachstum und den Zusammenhalt der Tischgesellschaft bedrohten. Im Fall der Auseinandersetzung um Moritz Itzig hatten die Tischgenossen diese Reaktionen zum Anlass der Selbstvergewisserung genommen, dass Juden nicht nur aus der Tischgesellschaft, sondern aus der gesamten deutsch-christlichen Gemeinschaft ausgeschlossen werden müssten. Die Kritik an den antijüdischen Pamphleten der Tischgesellschaft und die Sorge um die Folgen für die im Wandel begriffene politische Öffentlichkeit, wie sie etwa Saul Ascher äußerte, wurden zum einen lächerlich gemacht, zum anderen als Grund angeführt, wiederum mit noch härteren Anfeindungen auf die Reaktionen selbst zu reagieren.

---

396 Arnim, Rede von 1815, 206.

4.3.3 Die Tischgesellschaft im Zeichen bürgerlicher Emanzipation und Nationalpatriotismus

> Zusammen zu kommen, zusammen zu essen, in Lust und Heiterkeit des eignen Geistes unter Scherz und Ernst uns zusammen zu bewegen, war unser Wunsch, und so thaten wir's, zweck- und absichtslos. Da aber vielfältig von außen her ein Zweck uns hat aufgedrungen werden sollen, so hat aus natürlicher Gegenwirkung ein solcher auch unter uns sich nach und nach gestalten müßen, und ich glaube denselben nunmehr auf folgende Weise am besten ausdrücken zu können. Die Absicht dieser Tischgesellschaft ist: sich ohne alle äußere Absicht um diesen Tisch zu versammeln, ohne Absicht daran zu essen und zu trinken, ohne Absicht Juden und Philistern, als welche bey allen Dingen eine Absicht haben, ein Schnippchen zu schlagen und endlich ebenfalls ohne alle Absicht jedesmal auf das Wohl unsrer Krone und unsres Königshauses mit immer größerer Liebe und höherem Jubel laut und jauchzend anzustoßen.[397]

So fasst der Arzt und Pädagoge Ludolph Beckedorff in seiner Abschiedsrede, in der er sein Amt als erster „Sprecher", d. h. Vereinsvorsitzender, niederlegt, noch einmal den Zweck oder besser gesagt: die Zwecklosigkeit der Gesellschaft zusammen. Dabei bedient er sich selbst hier dichotomischer und selbstverharmlosender („Juden und Philistern ein Schnippchen schlagen") Argumentationsmuster: Wären nicht „von außen" Absichtsunterstellungen an die Gesellschaft herangetragen worden – von jenen, die wirklich „bey allen Dingen eine Absicht" verfolgten –, hätte die Tischgesellschaft das Ideal zweckfreier Geselligkeit umsetzen können, so die Klage. Dass solche Selbstviktimisierung der tatsächlichen Situation widersprach, haben wir in Hinblick auf die Judendiskriminierung gesehen, die schon von Anfang an ein gemeinschaftskonstituierendes Element darstellte und nicht erst in Folge von Verdächtigungen und Verleumdungen vorgeblich „aus natürlicher Gegenwirkung", wie Beckedorff formuliert, entwuchs.

Selbstwidersprüche bestimmten die Tischgesellschaft. Die offensichtliche politische Agitation wurde bestritten, die ästhetische Produktion kam nur in Ansätzen zum Zuge und die ideelle Geselligkeit geriet zur Farce. Aber der wohl fundamentalste Widerspruch bestand darin, einerseits die Modernisierung des preußischen Staates und die demokratische Teilhabe der Gesellschaftsmitglieder an politischen Prozessen zu fordern, sich aber andererseits gegen demokratische Rechte auch für vermeintliche Minoritäten zu wehren.[398] Diese kognitive Dissonanz fand ihre identitätspolitische Entsprechung in der essentialistischen

---

397 Beckedorff, Abschiedsrede, 154.
398 Oesterle kennzeichnet die „Schichten und Minoritäten übergreifende" Atmosphäre in den geselligen Netzwerken um 1800 als vielfältig und konfliktreich. Vgl. Oesterle, Diabolik und Diplomatie, 100 f.

Neusemantisierung der Philisterthematik durch antisemitische Allianzbildungen. Auf diese Weise entfaltete sich der Hass gegen Juden, Frauen, Franzosen und Philister auf dem schmalen Grat zwischen Ernst und Scherz, kollektiver Identitätsstiftung nach innen und ideologischer Abschottung nach außen.

Die Tischgesellschaft erweist sich vor diesem Hintergrund tatsächlich als ein „Glaubenssystem im Kleinen"[399], in dem sich radikale Überzeugungen ohne Widerstand mitteilen und moralische Legitimation erfahren können. Darüber hinaus kann mit Blick auf neuere Forschungsansätze davon ausgegangen werden, dass der gruppendynamische Prozess in den Konversationen und literarischen Darbietungen innerhalb des zwar relativ homogenen, doch unterschiedlich ausgeprägten Meinungsspektrums, insbesondere bei den Gemäßigten, eine Radikalisierung bewirkt hat.[400] Damit ist der – für Nienhaus irritierende – Umstand zu erklären, dass politisch Inkorrektes im Rahmen der Versammlungen nicht nur keinen Anstoß erregte, sondern begeisterte Anteilnahme fand – und zwar selbst bei Vertretern der preußischen Reformbewegung.[401]

Ein weiterer Selbstwiderspruch der Tischgesellschaft – so wie der politischen Romantik generell – betrifft ihr ungeklärtes Verhältnis zum Bürgerlichen. Die Gründung der Tischgesellschaft stand im Zeichen eines Wandlungsprozesses. So prosperierten seit der Mitte des 18. Jahrhunderts vielfältige, berufs- und ständeübergreifende Gruppenbildungen, die „demokratische[ ] Organisation" im Kleinen erprobten.[402]

Dabei bildeten insbesondere die im Kontext bürgerlicher Emanzipation und Politisierung entstandenen Freundschaftsbünde ein Gegenbeispiel zu der Tischgesellschaft. Das ist insofern keine Selbstverständlichkeit, denn zum einen waren auch die Freundschaftsbünde patriotisch geprägt und wollten ein neues Deutschland in Abgrenzung zu Frankreich als Prototyp aristokratischer Kultur errichten. Zum anderen gab es im Zuge des politischen und vor allem symbolischen Bedeutungsverlusts des Adels nach der Französischen Revolution Adaptionsversuche von seiner Seite, sich ‚bürgerliche' Konzepte wie moralische Strenge ‚einzuverleiben'. Dazu konnte es gehören, seinen Grundbesitz durch die Ausübung von Erwerbstätigkeit, insbesondere im Staatsdienst oder an Universi-

---

399 Koschorke, Wahrheit und Erfindung, 190.
400 Hier lässt sich das von James Ball beschriebene Echoblasenprinzip in der Praxis nachvollziehen. Demnach gehen Teilnehmende aus einer Diskussion mit ähnlich Denkenden in ihren je eigenen Meinungen gestärkter hervor. Gruppenbildung befördert somit Radikalisierung. Vgl. Ball, Post-Truth, 190–192.
401 Vgl. Nienhaus, Zur Topik der Tischrede, 351.
402 Vgl. Emanuel Peter, Geselligkeiten. Literatur, Gruppenbildung und kultureller Wandel im 18. Jahrhundert, Tübingen 1999, 152.

täten, zu ergänzen oder zu ersetzen.[403] Tatsächlich ergriffen eine Reihe Adliger Beamtenberufe. Diese Klientel machte auch den größten Teil der Deutschen Tischgesellschaft aus. Arnim selbst gehörte zum preußischen Landadel, wurde aber in bürgerlichen Institutionen sozialisiert und akademisch ausgebildet. Auch er wollte Reformen anstoßen, aus der Überzeugung heraus, dass die Ständeordnung in ihrer bestehenden Form in Deutschland überkommen war.

So war die Tischgesellschaft als überwiegend bürgerlich geprägter, heterogener Zusammenschluss gedacht, dessen Mitglieder sich in einem durch und durch bürgerlichen Milieu, dem Wirtshaus, treffen und einander unterhalten, dabei aber auch Politisches und gesellschaftsdiagnostische Beobachtungen austauschen sollten. Ein bürgerliches Ethos hingegen, wie es in den Freundschaftsbünden vorbereitet wurde und der Aufklärung und Französischen Revolution zum Durchbruch verhalf, wurde in den Treffen nicht zelebriert. Vielmehr lässt sich an der Kontrastfolie der Freundschaftsbünde das (un)gesellige Profil der Tischgesellschaft noch deutlicher machen.

Die Zusammenschließung zu Freundschaftsbünden, für die literarische Welt besonders populär beim Göttinger Hainbund, zeichnete sich durch ein hohes Maß an Empfindsamkeit, Pathos und Festlichkeit aus, dessen Ernsthaftigkeit als antiaristokratisches bürgerliches Distinktionsmittel erscheint.[404] Die Ausstellung heiliger Ernsthaftigkeit, die sich sowohl in der Dichtung als auch in den festlichen Ritualen des Göttinger Hainbundes manifestierte, war auch Teil des politischen Selbstverständnisses der bürgerlichen Zusammenschlüsse.[405] Innerhalb dieser Assoziationen bildete sich eine sich selbst als authentisch begreifende Kommunikationskultur aus, die sich von den mit künstlichen Codes belegten, höfischen Gesprächskonventionen – sowie von der zwanglosen Geselligkeit der Salongesellschaften mit ihren scherzhaft-pikanten und unverbindlichen Kommunikationsformen – abgrenzen sollte.[406] Das Bürgertum reklamierte für sich moralische Überlegenheit, um seinen politischen Bedeutungsmangel zu kompensieren; Ausdruck dieser so idealisierten moralischen Unkorrumpiertheit wurde der Freundschaftskult, der in der Idee des Bundes gipfelte. Mittels per-

---

403 Vgl. Peter, Achim von Arnim: Gräfin Dolores, 240 f.
404 Zur Bedeutung der Freundschaftsbünde für die Herausbildung der Idee einer bürgerlichen Nation, vgl. Koselleck, Bund, 641. Zum Göttinger Hainbund, vgl. etwa Thomalla, Die Erfindung des Dichterbundes.
405 Zur Politisierung der Bünde, vgl. Jost Hermand, Freundschaft. Zur Geschichte einer sozialen Beziehung, Köln 2006, 13.
406 Vgl. Sauder, Empfindsamkeit, 154–157. Vgl. hierzu auch Yashar Mohagheghi, Das Bundesfest als Gründungsakt der neuen Zeit. Zum Wandel der Festkultur im 18. Jahrhundert (Göttinger Hain, J.-L. David, Französische Revolution), in: DVJS 94 (2020), 1–15, hier: 6 f.

formativer Sprechakte wie dem gemeinsamen Schwören des Eides sollte eine neue Gemeinschaft konstituiert und sich auf ein gemeinsames (politisches) Telos hin ausgerichtet werden.[407] Die prospektive Zukunftsausrichtung hatte also zugleich einen vergegenwärtigenden Effekt, indem im Augenblick des Schwörens ein ‚ewiger' Bund geschlossen wurde.[408] Die Treffen waren aber nicht (nur) esoterischer Natur, sondern avancierten zur Probebühne des politisierten Bürgertums, das die alte, überkommene Ständeordnung abzulösen versuchte. In der politischen Romantik scheint es dieses gemeinsame politische Telos nicht zu geben.

Am augenfälligsten stehen sich mit der Gegenüberstellung von Hainbund und Tischgesellschaft Zukunfts- und Vergangenheitsbeschwörung sowie identitätspolitische Inklusion und Exklusion gegenüber, mitsamt ihren ästhetischen Praktiken. Die Tischgenossen kultivierten vor allem die Formen des unernsten und/oder unaufrichtigen Sprechens, etwa in Form von Spott und Persiflage, im Gegensatz zum gemeinsamen Eidschwören im Freundschaftsbund. Die Tischreden und Schwankerzählungen hatten weniger den Effekt des politischen Wahr-Sprechens,[409] sollten die Gemeinschaft nicht näher zusammenrücken lassen, sondern sie halfen vielmehr, sich regressiv auf ein gemeinsames Feindbild einzuschwören.

Dieses Moment sollten wiederum bürgerliche Bewegungen wie studentische Burschenschaften und Turnvereine übernehmen. Diese verfochten allesamt die Idee des ästhetischen Zugangs zur nationalen Identität und setzten verstärkt auf performative Versammlungen als Kommunikationsformen.[410] Arnim hatte diese patriotischen Vereinigungen nicht nur während des deutsch-französischen Krieges verteidigt, z. B. im *Preußischen Correspondenten*, sondern auch in der so bezeichneten Friedensphase, als sich der radikale Nationalismus der Bewegungen bereits abzeichnete. Insbesondere trat hier Jahns Turnverein hervor, dessen Aktivitäten Arnim 1819, also nur zwei Jahre nach dem polarisierenden Wartburgfest, gegen Zensurmaßnahmen verteidigte. Der Naturphilosoph Henrich Steffens hatte sich mit seiner Streitschrift *Turnziel* auf die Seite der preußischen Regierung gestellt, die den Aktivitäten der von Jahn angeführten Turner seit dem Ende der Befreiungskriege mit Misstrauen und Unverständnis gegenüberstand, vor allem weil es Verbindungen zwischen ihnen und den oppositionellen

---

407 Zum sozialpolitischen Funktionswandel des Eides, vgl. Paolo Prodi, Das Sakrament der Herrschaft. Der politische Eid in der Verfassungsgeschichte des Okzidents, Berlin 1997, 394.
408 Zur zeitlichen Dynamik der Bünde als Schwurgemeinschaft, vgl. Mohagheghi, Das Bundesfest als Gründungsakt der neuen Zeit, 11 f.
409 Wie beim Eid, vgl. Marcus Twellmann, ‚Ueber die Eide'. Zucht und Kritik im Preußen der Aufklärung, Konstanz 2010, 23.
410 Vgl. Büttner, Poiesis des „Sozialen", 447.

Burschenschaften gab.[411] Während der sogenannten Turnfehde an der Universität Breslau 1818/19 unterstützten führende Professoren, darunter der Philosoph Adalbert Bartholomäus Kayßler, die Ziele der Turnbewegung, etwa die Überwindung sozialer Unterschiede und der Kleinstaaterei. Arnims in der *Wünschelrute* veröffentlichte Rezension des Sendschreibens *Turnziel* von Steffens an Kayßler richtet sich aber nicht in erster Linie gegen den mit ihm befreundeten Verfasser Steffens, sondern gegen die preußische Regierung.[412]

In seiner Rezension gibt Arnim vor, das Turnen weder für schädlich noch für (politisch) wichtig zu halten; in der eigenen Jugend habe man „Ritter und Knappe" gespielt, heute spiele die Jugend eben „Deutschlands Befreier".[413] Der joviale Tonfall und die Bezeichnung als Spiel werten die Aktivitäten aber nicht ab, weil Arnim einen auf das Spiel folgenden Ernst sogleich mitdenkt: Der Ernst des Lebens lasse demnach das Spiel vergessen und bilde jeden zu dem, „was er zu werden vermochte".[414] Insofern lenkt das Spiel nicht ab vom Ernst, das Turnen sei also nicht schädlich, argumentiert Arnim. Zugleich spricht Arnim das gemeinschaftliche Turnen vom Verdacht einer nationalpolitischen Mission frei, gerade weil er die Streitfrage dahingehend lenkt, ob die Aktivitäten aus pädagogischer Sicht zu verbieten seien, nicht aus politischer. Der Turnplatz wird als Ort der Liebe und des Vertrauens beschrieben, an dem Standesunterschiede obsolet werden: „Standes-Unterschiede werden so wenig auf Schulen wie auf dem Turnplatze gemacht, und fangen für die bürgerliche Gesellschaft erst da an, wo der Mensch seinen Stand vertreten kann."[415]

Dass auf dem Turnplatz eigene Sprachgewohnheiten herrschten („z. B. eine gewisse Sprach-Pedanterie, eine Liebhaberei im oberflächlichen, politischen Räsonnieren"), bezeichnet er als Zufälligkeit, die an konkrete Persönlichkeiten geknüpft und nicht strukturell sei.[416] Es muss bezweifelt werden, ob diese Unterscheidung von Bedeutung ist, wenn konkrete Personen wie Jahn, der 1814 die Berlinische Gesellschaft für deutsche Sprache, die u. a. den Gebrauch von Fremdwörtern bekämpfte und die Turnbewegung (be)gründete, die Strukturen von Vereinsbildung, politischer Agitation und Freizeitbeschäftigung maßgeblich mitbestimmten. Doch die politische Gefahr, die von der Turnbewegung ausging, sei nicht größer als die

---

411 Vgl. Burwick/Knaack/Weiss, Kommentar, in: ArnDKV 6, 1315 f., hier: 1315.
412 Vgl. Burwick/Knaack/Weiss, Kommentar, in ArnDKV 6, 1315.
413 Vgl. Arnim, Turnziel, 649.
414 Vgl. Arnim, Turnziel, 649.
415 Arnim, Turnziel, 650 f.
416 Vgl. Arnim, Turnziel, 651.

beim Erntedankfest der Landleute und beim Wurstpicknick der Städter [...]; aber die Feder talentvoller Männer wird durch dies Geschreibe abgenutzt, [...]; bei den Andern ist es freilich völlig gleichgültig, ob sie über's Turnen oder über andere Tags-Neuigkeiten schreiben.[417]

Arnim resümiert:

> Daß diese Turnjugend Völkerfeste auch mitfeiert, kann ihr gegönnt werden, und wir sehen kein Unglück dabei: daß es zuweilen etwas lächerlich heraus kommt, wenn sie ins Erhabene hinein quickt. [...] Schließlich glauben wir: daß in Büchern, Liedern und Zeitschriften für die nächste Zeit so wenig wie möglich vom Turnwesen die Rede sein sollte, da die Sache ziemlich erschöpft ist.[418]

Arnim verfolgt hier eine Strategie der rhetorischen Entpolitisierung. Die Bedeutung einer „Poiesis des Sozialen" nach Büttner, wie sie ja auch gemeinsame Aktivitäten sowie das Feiern von Festen ausmachen, wird nach außen hin bewusst unterschlagen. Diese ideologische Reinwaschung steht in einer Linie mit seinem gespielt spielerischen Umgang mit politischen Themen und Verantwortungen während der Treffen der Deutschen Tischgesellschaft einige Jahre zuvor. Wenn die politische Romantik den als bürgerlich bezeichneten Bewegungen wie Jahns Turnvereinen und den Burschenschaften den ideologischen Boden bereitete, dann liegt das gemeinsame Moment in der Allianzbildung zwischen demokratischem Liberalismus (Idee einer vorgeblich autonomen, in sich herrschaftsfreien Gemeinschaft mit dem Plädoyer für die Freiheit der Meinung) und autoritativem Chauvinismus (Nationalismus, Militarismus, rassistischer Antisemitismus).

4.3.4 Wie alles ‚Fremde' einverleibt wird. Arnims *Melück Maria Blainville*

Ließe sich aus dem Vorangegangenen die These ableiten, dass konservative Zusammenschlüsse, wenn sie auch das Gemeinschaftsmoment fortwährend für ihre Selbstbeschreibung betonen, gar kein Interesse an ‚echter' Gemeinschaftsbildung haben? In den Restaurationserzählungen Arnims und Brentanos veranlassen mindestens zwei Aspekte diese Vermutung: zum einen das Festhalten an devianten Figuren, stereotypen Nationalismen und dichotomischen Beziehungen, obgleich die Erzählungen als Versöhnungsgeschichten stilisiert wurden; zum anderen das Oszillieren des gemeinschafts- oder beziehungsstiftenden

---
417 Arnim, Turnziel, 652.
418 Arnim, Turnziel, 651 f.

Faktors zwischen Zufall und Schicksal. So sind die Lebenswege der Figuren in Brentanos *Die Schachtel mit der Friedenspuppe* und in Arnims *Seltsames Begegnen und Wiedersehen* so weitreichend miteinander verquickt, dass sie schicksalsträchtig anmuten. Ihre Enthüllungen beruhen jedoch auf spontanen, unvorhergesehenen Ereignissen. Das Ereignis wird also nur inszeniert, um etwas anderes zu enthüllen – nämlich das schicksalhaft Verdeckte. Beide Faktoren jedoch – Schicksal und Zufall – haben gemein, dass sie die autonome Entscheidungs- und Handlungsmacht ein Stück weit außer Kraft setzen.[419] Wir haben es infolgedessen mit Figuren zu tun, deren Selbstermächtigung einzig im Geschehenlassen und im Reagieren besteht und die dem anamnetischen Verlauf des Erzählens quasi eingespeist werden. Dies wird besonders deutlich an den Frauenfiguren. Rosalie bringt in *Der tolle Invalide* einerseits als einzige den Mut auf, dem wahnsinnigen Francoeur aktiv gegenüberzutreten. Andererseits reagiert sie erst in einer akuten Krisensituation auf die offenkundigen Traumata ihres Mannes. Wie gezeigt wurde, nimmt die Erzählung nicht allein das skandalöse Ereignis auf dem Fort Ratonneau in den Blick, so wie es der anekdotische Zeitungsbeitrag getan hatte. Vielmehr erzählt Arnims Version auch von einer verschleppten Kommunikationskrise, die in der Vorgeschichte des unerhörten Ereignisses begründet ist, und markiert damit ein Versäumnis, das in dem unaufgearbeiteten Lebensschicksal des Invaliden besteht.

Aus diesem Grund sind die aufbrechenden, also ‚sprechenden' Wunden der Vergangenheit so fundamental für den Handlungsverlauf der Restaurationsgeschichten, der sonst auf das anekdotische Moment unvorhergesehener Ereignisse und Begegnungen begrenzt bliebe. Der entscheidende Punkt ist, dass die Figuren in ihren Handlungen von einer großen Passivität zeugen, die nicht auf ein aktiv gemeinschaftskonsolidierendes – und auch nicht auf ein ‚bürgerliches' – Ethos im Sinne kommunizierender Herzen verweist. Ganz im Gegenteil sind spontane Assoziationsbildungen eher mit Misstrauen belegt, unabhängig davon, ob sie politisch motiviert sind, wie die Revolutionsfeste in *Die Schachtel mit der Friedenspuppe* und im *Melusinen*-Fragment, oder aus Privatinteressen erfolgen, wie die Theateraufführungen des Dienstpersonals in *Seltsames Begegnen und Wiedersehen*.

Ein weiterer Aspekt ist, dass zugleich alles ‚Fremde' oder ‚Fremdartige', wozu auch unkonventionelle Verhaltensweisen wie Francoeurs blasphemisches Fluchen zählen, dem narrativen Korrektiv einverleibt, d. h. ‚weg erklärt' werden muss. Hinter jeder (anekdotischen) Nachricht muss ein Gott lauern (anders als

---

[419] Auch Peter schreibt, in den Geschichten walte ein Schicksal, das den Figuren keinen Spielraum zum individuellen Handeln lasse. Vgl. Peter, Nach dem Krieg, 91.

bei Kleist). So ist nach Matala de Mazza und Vogl die politische Botschaft in *Die Schachtel mit der Friedenspuppe* deshalb so infam, weil jeder (aus)deutbare symbolische Rest narrativ getilgt werde.[420] Die lakonische Feststellung „Dumoulin war ein Jude gewesen" fungiert, wie weiter oben gezeigt wurde, als essentialistische Letztbegründung, die keine Ambivalenzen zulässt und zugleich antisemitistische Analogiebildungen nahelegt. Die Einquartierungserzählungen, zu denen *Die Schachtel mit der Friedenspuppe* im weiteren Sinn auch gehört, beantworten somit die Frage nach Gemeinschaftsbildung sehr deutlich: Nur das, was sich eingliedern lässt, gehörte auch immer schon dazu, während der nicht integrierbare ‚Rest' das radikal Fremde ist, das ausgetrieben werden muss.

Ein weiteres Beispiel für diese Einverleibungsstruktur bietet auch Arnims als Anekdote deklarierte Erzählung *Melück Maria Blainville, die Hausprophetin aus Arabien*. Der in der *Novellensammlung von 1812* erschienene Text erzählt die Geschichte von Melück, der Tochter eines arabischen Emirs, die aus ihrem Land vertrieben wird und auf einem türkischen Schiff nach Frankreich flüchtet. Dort angekommen gelingt es ihr, zwischen den befeindeten Nationen Türkei und Frankreich zu schlichten. Sie wird sodann dankbar in Marseille willkommen geheißen, wo sie ein geselliges Leben als Schauspielerin beginnt. Sie geht eine Beziehung mit dem vom Hof verbannten Grafen Saintree ein, der aber die Adlige Mathilde heiraten wird. Saintree erkrankt physisch und psychisch an seinem Zwiespalt zwischen Mathilde und Melück. Verantwortlich wird ein Liebeszauber einer anthropomorphisierten Gliederpuppe in Melücks Besitz gemacht, die aber offenkundig für Melück selbst steht. Melück zerstört die Gliederpuppe und durchbricht den Fluch. Saintree und die Frauen scheinen sich im Laufe der Jahre mit ihrer sympathetischen Dreierbeziehung zu arrangieren, die darin gipfelt, dass Mathilde Kinder gebiert, die alle eine auffallende Ähnlichkeit mit Melück aufweisen. Die Geschichte erfährt eine Wende, als die Französische Revolution Marseille erreicht und Melück dem Adel und der Dreierliaison das Ende voraussagt. Saintree ignoriert die Warnungen und stirbt, als das Volk das Schloss einnimmt. Auch Melück kommt ums Leben, bringt aber zuvor Mathilde in Sicherheit, die in die Schweiz fliehen kann und nach der Revolution ihre Güter zurückerhält.

Die Rahmenhandlung der Erzählung umfasst die drei politischen Etappen der jüngeren französischen und europäischen Geschichte: *ancien régime*, Revolution und Wiedereinsetzung der bourbonischen Monarchie. Analog zu diesen unruhigen Jahren begegnen uns auf der Binnenebene Fluktuations- und Migrationsbewegungen, am markantesten natürlich Melücks Flucht nach und Mat-

---

420 Vgl. Matala de Mazza/Vogl, Poesie und Niedertracht, 247, 249.

hildes Flucht aus Frankreich jeweils am Anfang und am Ende der Erzählung. Dabei ist auffällig, dass der kulturelle (zeitliche) Bruch zwischen Monarchie und Republik, *ancien régime* und Revolution, einschneidender ausfällt als die kulturelle (räumliche) Kluft zwischen dem so stilisierten „Morgen-" und dem „Abendland". Melücks soziale Herkunft und Prinzessinnenstatus relativieren die im Titel angedeutete romantische Orientalisierung („Prophetin aus Arabien"). So findet sie rasch Einzug in die „ersten Gesellschaften" und zeigt Sinn für „gesellige Schicklichkeit" (MMB, 748)[421], was aber nicht allen behagt, weswegen versucht wird, „Gerüchte [über Melück, L. L.] in Umlauf zu bringen" (MMB, 749) und ihr Lasterhaftigkeit anzudichten. ‚Schwatzhaftigkeit' steht also auch in den literarischen Erzählungen[422] und analog zu den Tischreden und dem geselligen Profil der Tischgesellschaft in Opposition zu gepflegter Geselligkeit.

Melück versteht sich aber nicht nur als ausgezeichnete Gesellschafterin, die „mit ihrem morgenländischen Feuer" (MMB, 751) Stellen aus der *Phädra* rezitieren kann, sie ist auch Prophetin, also befähigt, vorausschauende Worte zu sprechen. Im Grunde vereint die Erzählung also zwei Interpretationen der Fama: das diffamierende Geschwätz der Neider:innen und die griechische Göttin der weissagenden Kunde.[423] Es ist dann auch einzig Melück, die – ausgestattet mit dem besten Glauben aller Welten (in Arnims Erzähllogik), nämlich einerseits dem christlichen aus dem Abendland (der sich angesichts der veränderten politischen Lage bedroht sieht) und andererseits dem zauberisch-prophetischen aus dem Morgenland – erkennt, dass die Revolution für alle Hauptfiguren kein gutes Ende nehmen wird. Melück weiß die Zeichen der Zeit bereits vor allen anderen zu deuten, nämlich noch

> ehe der Wunsch nach Erneuerung aller Verhältnisse des Landes [...] die Aufmerksamkeit von der notwendigen Entwicklung des Volkes ablenkte, und die Besseren zum Spiele der niedrigsten Bosheit machte. [...] Es war eine schöne Zeit, wo das Interesse der Einzelnen vor dem Wohl des Ganzen verschwunden zu sein schien. Der Graf und die Gräfin, statt von diesen Zeichen des Untergangs ihrer Vorrechte geärgert zu werden, freuten sich vielmehr dieses Emporsteigens aller. Bisher, sagte der Graf, war die Geschichte Frankreichs nichts als die Geschichte seines Adels, der es mit seinem Blute so viele Jahre gesichert und vergrößert hat. Jetzt treten Helden aus allen Häusern hervor und wir erhalten die Geschichte eines ganzen Volkes. (MMB, 766 f.)

---

[421] Zitate aus Achim von Arnim, Melück Maria Blainville, die Hausprophetin aus Arabien. Eine Anekdote, in: ArnDKV 3, 745–777 werden im Folgenden direkt im Fließtext in Klammern und unter Angabe der Sigle (MMB) und der Seitenzahl wiedergegeben.
[422] So auch in *Seltsames Begegnen und Wiedersehen*, während in *Der tolle Invalide* Gerüchte die unmittelbare Kommunikation und den Nachrichtenfluss blockieren.
[423] Vgl. Gall, Monstrum horrendum ingens, 31 sowie Brokoff, Fama, 18 f.

Der kosmopolitische Traum des Grafen erweist sich als Hybris. Melücks Weissagungen konstituieren keine kommende Gemeinschaft, sie destruieren eine sympathetische Schicksalsbeziehung.

So finden nicht nur Geselligkeitsformen im Kleinen, sondern auch Gemeinschaftsbildung im Großen in *Melück Maria Blainville* besondere Beachtung. Einer genaueren Betrachtung bedarf es hier, wie Melück in die französische Gesellschaft eingeführt wird.[424] Zunächst schlichtet sie die Sprach- und Verständnisprobleme zwischen Türkei und Frankreich („Jeder schien nur soviel von der Sprache des andern gelernt zu haben, um die beleidigendste Spottrede auswählen zu können", MMB, 745), die verhindern, dass das türkische Schiff am Hafen von Toulon anlegen darf. Der französischen Sprache mächtig fleht sie, an Land gehen und in einer christlichen Kirche Schutz suchen zu dürfen. Ihre Worte in der Nationalsprache des Feindes wirken im wahrsten Sinne des Wortes entwaffnend – sie ist also Friedensstifterin und Dolmetscherin in einer Person. Schließlich kann Melück das Schiff verlassen und wird qua Taufe in die französische (und christliche) Gemeinschaft aufgenommen (MMB, 746 f.). Sie erhält den Namen Melück Maria Blainville – „den ersten aus ihrer arabischen Heimat, den zweiten nach der heiligen Mutter Gottes, der sie sich täglich durch Gebet empfehlen sollte, den dritten von ihrem Beichtvater, dem sie nie genug für sein christliches Bemühen danken konnte" (MMB, 747).

Die Taufe als performativer Sprechakt ist hier von ähnlich autoritativer Gestalt wie die Vermählung Francoeurs und Rosalies in *Der tolle Invalide*, die ja sogar mit einem Fluch gegen den Franzosen einhergeht. Diese Beispiele von Assoziationsbildungen, die durch einen Eid geschworen werden (Vermählung und Taufe), verweisen also auf ein institutionelles, domestizierendes ‚Außen' anstatt auf die innige Kohäsion des ‚Herzensbundes' wie in den (vor)revolutionären Bünden. Rosalies loyale und todesmutige Zuwendung scheint demnach durch das qua Sprachmagie auf sie übergegangene Gesetz der Ehe motiviert.

So bestätigen auch die literarischen Texte – neben den Statuten der Tischgesellschaft –, welche Art von (Kommunikations-)Gemeinschaft der politischen Romantik vorgeschwebt haben mochte. Zum einen entspricht die Fiktion einer Schicksalsgemeinschaft nicht der aufgeklärten Idee und gelebten Realität einer mobilen Gesellschaft im Zuge der Dekorporierung,[425] wie sie mit den Freund-

---

[424] Matala de Mazza interpretiert in diesem Zusammenhang, dass Melück im Verlauf der Erzählung zwar nicht diskriminiert werde, aber bis zum Schluss in das „Zwielicht der Dubiosität" getaucht bleibe. Vgl. Matala de Mazza, Der verfasste Körper, 405.
[425] Vgl. Koselleck, Bund, 641.

schaftsbünden im vorangegangenen Kapitel angesprochen wurde. Zum anderen zeigt die ästhetische Modellierung von Begegnung und (Re-)Konstituierung von Gemeinschaftlichkeit, wie ‚Restauration' und ‚Romantik' zusammengedacht werden können: Nämlich nicht in der bloßen Restituierung des Alten. Wie erwähnt, gehörten viele der Tischgenossen selbst zum Kreis der Reformer; auch Arnim kritisierte das *ancien régime* und eine Rückkehr zur alten Ordnung scharf. Die Idealisierung des Vergangenen bedeutet nicht die Wiederherstellung eines tatsächlich dagewesenen Zustandes. Die literarischen Erzählungen zeigen vielmehr, dass die (Wieder-)Begegnung mit der Vergangenheit – ob in Form von reaktivierten Erinnerungen durch Dingsymbole oder in Gestalt tot bzw. verloren geglaubter Familienangehöriger – auch immer ein neues Kennenlernen impliziert. Zudem bleiben in der ‚romantischen', weil schicksalshaft verknüpften Begegnung sowie in der Wiederholung vergangener Beziehungen (hierzu gehört auch die Begegnung mit Wiedergängerfiguren wie in *Die Einquartierung im Pfarrhause*) die Institutionen wirksam.

So werden in den hier analysierten Erzählungen zum einen Restaurationsideen romantisiert und zum anderen romantische Motive dem Narrativ der Restauration eingespeist, was Anschluss an die organologische Staats- und Gesellschaftstheorie Müllers findet, die im folgenden Kapitel genauer betrachtet werden soll.

4.4 Ästhetik der Politik? Adam Müllers Gesprächs- und Staatstheorie im Kontext der politischen Romantik

Mit der napoleonischen Fremdherrschaft in Deutschland hatte eine gesamtgesellschaftliche Politisierung eingesetzt, die sich auch im veränderten Kriegsverständnis niederschlug, indem politische Entscheidungen zur Sache der Nation erklärt wurden.[426] Bereits Schleiermacher hatte 1806 die freie Rede zu einem kriegsentscheidenden Kampfmittel gegen Napoleon erklärt und auch Adam Müller, der Kenntnis von konspirativen Insurrektionsplänen besaß,[427] appellier-

---

426 Vgl. Peter, Deutschland in Not, 185.
427 Vgl. Matala de Mazza, Der verfasste Körper, S. 305. Matala de Mazza führt hier z. B. einen Entwurf Gerhard von Scharnhorsts zum Aufbau milizartiger Provinzialtruppen an. Vgl. Gerhard von Scharnhorst, Vorläufiger Entwurf zur Verfassung der Provinzialtruppen (15.3.1808), in: Publikationen aus den Preußischen Staatsarchiven, Bd. 94 N. F., Erste Abteilung: Die Reorganisation des Preußischen Staates unter Stein und Hardenberg. Zweiter Teil: Das Preußische Herr vom Tilsiter Frieden bis zur Befreiung 1807–1814, hg. von Rudolf Vaupel, Leipzig 1938, 321 f.

te an die Bürger, angesichts der Unwahrscheinlichkeit eines militärischen Sieges Deutschlands über Napoleon zu den gemeinschaftlichen „Waffen der Rede"[428] zu greifen.[429] In seinen *Elementen der Staatskunst* (1809) argumentiert er, dass ein erfolgreicher Krieg vom ganzen Volk getragen werden müsse, womit er sich gegen das Kantische Ideal des ewigen Friedens positionierte und an die Militärschriftsteller und -theoretiker Otto August Rühle von Lilienstern und Carl von Clausewitz anknüpfte. Die Idee ist, dass der ‚wahre' Krieg eine staatliche Gemeinschaft sogar stärken kann, indem er getragen wird vom Volkswillen.[430] Matala de Mazza bewertet Müllers Konzept der organischen Staatskunst klar als politische Theorie des Krieges;[431] unter diesem Zeichen stünden auch seine *Zwölf Reden über die Beredsamkeit* als Teil einer rhetorischen Mobilmachung in Bezug auf das Verständnis eines „Volkskrieges".[432]

Die 1812 in Wien[433] gehaltenen (und 1816 in Leipzig veröffentlichten) *Reden* sind eingebettet in eine Reihe von Vorlesungen, die sich allesamt mit dem Zusammenhang von Politik und Rhetorik beschäftigen, allen voran Fichtes *Reden an die deutsche Nation* (1808) und Schleiermachers *Reden über die Religion an die Gebildeten unter ihren Verächtern* (1799). Die Reden sind aber nicht so sehr dadurch politisch, dass Müller die napoleonische Imperial- und Pressepolitik angreift.[434] Vielmehr stilisiert Müller die patriotische Beredsamkeit im Gegensatz zur Revolutionsrhetorik in Frankreich zu einer sittlichen Handlung,[435] indem er

---

428 Adam Müller, Zwölf Reden über die Beredsamkeit und ihren Verfall in Deutschland [gehalten in Wien 1812], in: Kritische, ästhetische und philosophische Schriften, kritische Ausgabe, 2. Bde., Bd. 1, hg. von Walter Schoeder und Werner Siebert, Berlin 1967, 297–454, hier: 306.
429 Vgl. Matala de Mazza, Der verfasste Körper, 299 f.
430 Vgl. Koehler, Ästhetik der Politik, 139.
431 Vgl. Matala de Mazza, Der verfasste Körper, 298 f.
432 Vgl. Matala de Mazza, Der verfasste Körper, 307. Nach Matala de Mazza erschließen Arnims *Wunderhorn* und Müllers *Zwölf Reden* die „‚affektbesetzte' Region einer Sensibilität". An den beschworenen „Volksgeist" dringe nur, „was die Schwelle kognitiver Bearbeitung" unterlaufe. Matala de Mazza assoziiert den Volksgeist sowohl im *Wunderhorn* als auch in den Tischgesellschaften mit einer sinnlichen Grunderfahrung. Sie sieht in der gemeinschaftlichen Rede die „sinnliche[ ] Stimulation durch den Volkston der eigenen Sprache", also eine sinnliche Reproduktion eines christlich deutschen (Volks-)Körpers unter Vorgabe sozialer Sinnstiftung. Vgl. Matala de Mazza, Der verfasste Körper, 362–383.
433 In Wien schien sich derzeit Müller als Repräsentant einer romantischen Rhetorikschule etabliert zu haben. Vgl. Koehler, Ästhetik der Politik, 163.
434 Vgl. Koehler, Ästhetik der Politik, 174.
435 Zentral wird hier der Versöhnungsgedanke: Die Rede sollte sowohl mit der Poesie versöhnt als auch am Gemeinschaftssinn orientiert sein. Vgl. Riedl, Öffentliche Rede in der Zeitenwende, 145–154 sowie 123–126. Zur Rehabilitierung der Revolutionsrhetorik, vgl. Riedl, Öffentliche Rede in der Zeitenwende, insbesondere 87–123.

die Sprache ganz grundsätzlich als gesellschaftliches Phänomen auffasst, das als Kriterium für eine freiheitliche Nation und als Indikator politischer Kultur auftritt.[436]

Im Folgenden soll überprüft werden, inwiefern Müllers organologisches Denken nicht nur Ausdruck in Gegensatzlehre und Staatstheorie, sondern insbesondere in seinen Rhetorikvorlesungen und im Zeitungsplan findet und inwiefern beide Projekte nicht die Kunst zu politisieren versuchen, sondern Politik ästhetisieren.[437]

4.4.1 Romantischer Konservatismus: *Die Elemente der Staatskunst*

Müllers 1808/09 in Berlin gehaltene Vorlesungsreihe *Elemente der Staatskunst*, die im Geiste der zur Vermittlung tendierenden Gegensatzlehre entstanden ist, hat das Denken der politischen Romantik massiv geprägt.[438] Nach Müllers *Lehre vom Gegensatz* (1804) beruht die organische[439] Ganzheit und fortschreitende Bewegung allen natürlichen, geistigen, sozialen und politischen Lebens auf dem Gegensatz zwischen sich widersprechenden und doch aufeinander bezogenen Elementen.[440] Zu den Kerngedanken der romantischen Naturphilosophie als organologische Staatsphilosophie, wie sie Müller implementiert, gehört somit die Überzeugung, dass die Existenz jedes einzelnen Menschen überhaupt nur durch seine Einbindung in einen größeren organischen Zusammenhang näher zu be-

---

436 Vgl. Koehler, Ästhetik der Politik, 174, 177.
437 Walter Benjamin unterscheidet in seinem Kunstwerk-Aufsatz zwischen Ästhetisierung der Politik, die der Faschismus betreibe, und Politisierung der Kunst im Kommunismus. Eine „Ästhetik der Politik" als Beschreibungsdispositiv für die politische Romantik (so titelgebend bei Benedikt Koehler, der jedoch nicht auf Benjamins Unterscheidung rekurriert, sondern den Titel im affirmativen Sinne versteht) muss also auf den ideologiekritischen Prüfstand gestellt werden. Auf diesen Punkt soll in Kapitel 5 noch genauer eingegangen werden. Vgl. Walter Benjamin, Das Kunstwerk im Zeitalter seiner technischen Reproduzierbarkeit [1935], in: Gesammelte Schriften, Bd. VII.1, hg. von Rolf Tiedemann und Hermann Schweppenhäuser, Frankfurt a. M. 1989, 350–384, hier: 382.
438 Vgl. Müller-Schmid, Adam Müller (1779–1829), 115–117.
439 Die der Gemeinschaft zugrunde liegende Handlungsweise bezeichnet Müller als organisch. Dabei gebraucht Müller die Begriffe Staat, Gemeinschaft und Gesellschaft weitgehend synonym. Der Begriff der harmonischen Gemeinschaft wird verstanden als ein sämtliche gesellschaftliche Bereiche umfassendes Prinzip. Vgl. Harm-Peer Zimmermann, Ästhetische Aufklärung. Zur Revision der Romantik in volkskundlicher Absicht, Würzburg 2001, 371, 377 f., 440.
440 Vgl. Müller-Schmid, Adam Müller, 126.

stimmen ist.[441] Gemäß dieser universalistischen Ordnungsvorstellung perspektiviert Müllers Staatstheorie nicht im modernen Sinne die Trennung von Staat und Gesellschaft, Staat und Kirche sowie Recht und Moral, sondern im traditionalistischen das Gemeinwohl als Grund aller Lebenszusammenhänge.[442] Zur Überwindung des Gegensatzes von Staat und Gesellschaft bedürfe es nach Müller aber keiner Volkssouveränität, sondern der vermittelnden Macht „eines Richters, Patriarchen, Monarchen, Fürsten", die, wenn sie auch unvollkommen sein mögen, so doch in jedem Fall ein „lebendiges Gesetz" verkörperten, das besser als ein „noch so logisches, künstliches, aber todtes Gesetz" sei.[443] Darin bestehe „der große Vorzug aller monarchischen Verfassung: das Gesetz wird nicht bloß mechanisch ausgelegt, sondern wirklich repräsentiert durch eine Person"[444]. Während eine abstrakt-philosophische und nicht am Leben orientierte mechanistische Vernunft künstliche Verfassungen hervorbringe,[445] richtet sich das konservative Denken als konkretes Denken auf eine vorgeblich lebendige, vielfach in sich gegliederte Einheit der Organismen,[446] was sich bei Müller politisch übersetzen lässt in die Forderung nach einer ständisch gegliederten, hierarchisch organisierten Feudalgesellschaft mit einem Monarchen an der Spitze.[447] Eine vertragstheoretische Staatsbegründung wird von Müller also abgelehnt.

Ein entscheidendes organologisches Argument für die monarchische Verfassung sieht Müller dabei in der Einheit der Generationen.[448] Denn während die republikanische Verfassung von der bloß „augenblickliche[n] Freiheit der Bürger", also einem willkürlichen Freiheitsbegriff[449], bestimmt werde, definiere sich nach Müller das monarchische Prinzip „über die ewige Freiheit der unsterblichen Staats-Familie"[450]. Die revolutionäre Freiheit realisiere einzig das Gleichheitsprinzip, das aber jede Freiheit zur „Eigenthümlichkeit, d. h. Verschiedenartigkeit" aufhebe.[451] Diese Richtung zu korrigieren, identifiziert der

---

441 Vgl. Hans-Christof Kraus, Politisches Denken in der deutschen Spätromantik, in: Politische Theorien des 19. Jahrhunderts, 33–69, hier: 42.
442 Vgl. Müller-Schmid, Adam Müller, 109.
443 Vgl. Adam Müller, Die Elemente der Staatskunst, 3 Bde., Berlin 1809, Neuausgabe von Jakob Baxa, 2 Halbbde., 1. Halbbd., Jena 1922, 175.
444 Müller, Die Elemente der Staatskunst, 175.
445 Vgl. Müller-Schmid, Adam Müller, 113, 119.
446 Vgl. Göhler, Konservatismus im 19. Jahrhundert – eine Einführung, 28.
447 Vgl. Göhler, Konservatismus im 19. Jahrhundert, 26.
448 Vgl. Müller, Die Elemente der Staatskunst, S. 178. Vgl. hierzu auch Müller-Schmid, Adam Müller, 120–122.
449 Vgl. Müller-Schmid, Adam Müller, 118.
450 Müller, Die Elemente der Staatskunst, 178.
451 Vgl. Müller, Die Elemente der Staatskunst, 151.

Historiker Hans-Christof Kraus als Hauptanliegen der politischen Romantik, denn ein organologisch gegliederter Verfassungsstaat könne nicht anders als von einer natürlichen Ungleichheit, von natürlichen Gegensätzen auszugehen.[452]

Konservatives Denken profiliert sich in dieser Hinsicht als ‚geschichtsbewusst'.[453] Denn die Ordnung des menschlichen Zusammenlebens sei keine einmalig, möglichst in der Gegenwart zu bewältigende Aufgabe nach festen Kriterien, sondern sie steht, so der Politikwissenschaftler Gerhard Göhler, „im Fluß der Geschichte, in der Abfolge der Generationen"[454]. Herrschaftsprinzipien und Gesellschaftsstrukturen, die sich langfristig entwickelt hätten, seien bis zum Beweis des Gegenteils als sinnvoll anerkannt, was „behutsame" Reformen nicht ausschließe, wohl aber radikale revolutionäre Veränderungen.[455] Der Reformkonservatismus der politischen Romantik postulierte somit auf der Basis überindividueller Werte von Religion, Natur und Geschichte einen evolutionären Gesellschaftsprozess statt revolutionärer Umbrüche.[456] Im romantischen Denken kommt es, so Joseph Görres, darauf an,

> die rechte Mitte [zu] finden, wo die Vergangenheit ihr Recht erhält, die auch einst Gegenwart gewesen, und die Gegenwart, die einst als eine Vergangenheit hinter die kommende Zeit tritt, sich nicht selbst aufgeben darf. Denn aus Zeiten wird die Geschichte, wer eine negiert, muß alle verneinen, die vorangegangen.[457]

Vor diesem Hintergrund kennzeichnet Müller in *Die Elemente der Staatskunst* den aufgeklärten Individualismus und den emanzipatorischen Gedanken, aus überkommenen Ordnungen auszutreten, als Hybris. Die Französische Revolution sieht er als einen Protest Einzelner gegen „das Werk der Jahrtausende"[458] an, also gegen Institutionen und Ordnungen einerseits, gegen gesellschaftliche Verbindungen und Verbindlichkeiten andererseits, die sich allesamt in der Geschichte bewährt hätten. Er bedient sich dabei körperschaftlicher Metaphern: So wirft Müller den Revolutionären vor, aus einem alten, wenn auch unvollkommenen, aber erprobten Staats*körper* einen neuen machen zu wollen, dessen

---

452 Vgl. Kraus, Politisches Denken in der Spätromantik, 69.
453 Vgl. Göhler, Konservatismus im 19. Jahrhundert, 28.
454 Göhler, Konservatismus im 19. Jahrhundert, 28
455 Vgl. Göhler, Konservatismus im 19. Jahrhundert, 28.
456 Vgl. Müller-Schmid, Adam Müller, 133.
457 Joseph Görres, Auswahl in zwei Bänden, Bd. 2: Deutschland und die Revolution; mit Auszügen aus den übrigen Staatsschriften, hg. von Arno Duch, München 1921, 115. Vgl. hierzu auch Kraus, Politisches Denken in der Spätromantik, 48.
458 Müller, Die Elemente der Staatskunst, 26.

Wirkungen in der Zeit kaum antizipierbar seien – nicht einmal für „die nächsten vierzehn Tage", also für die allernächste Zukunft:

> Treffen nicht 1) alle unglücklichen Irrthümer der Französischen Revolution in dem wahne überein, der Einzelne könne wirklich heraustreten aus der gesellschaftlichen Verbindung, und von außen umwerfen und zerstören, was ihm nicht anstehe; der Einzelne könne gegen das Werk der Jahrtausende protestiren; er brauche von allen Instituten, die er vorfinde, nichts anzuerkennen; kurz, es sey wirklich eine Stelle außerhalb des Staates da, auf die sich jeder hin begeben, und wo er dem großen Staatskörper neue Bahnen vorzeichnen, aus dem alten Körper einen ganz neuen machen, und dem Staate, anstatt der alten unvollkommenen, aber erprüften Constitution, eine neue, wenigstens für die nächsten vierzehn Tage, vollkommene, vorzeichnen könne?[459]

Müller kritisiert, dass sich die Revolutionäre verhielten, als stünden sie entweder am Beginn oder am Ende aller Zeiten, als wollten sie das Regieren völlig neu erfinden und definitive Letztbegründungen schaffen, „das Werk der Jahrtausende" beenden:

> Stellen sich nicht 2) die meisten politischen Schriftsteller so, als ständen sie entweder im Anfange aller Zeiten, und als sollten die Staaten erst jetzt errichtet werden; als wären die großen Werke der Staatskunst, welchen wir in der Geschichte begegnen, nichts weiter als armselige Versuche, und die Geschichte selbst nichts anders, als ein Cursus der Experimental-Politik; als würden erst jetzt Staaten in die Welt kommen, erst jetzt das Regieren angehen? Oder als ständen sie am Ende aller Zeiten, und als müßten die Vorfahren sich gefallen lassen, was sie – die letzten, weisesten Enkel, großgefüttert mit der gemeinschaftlichen Vernunft und Erfahrung aller früheren Geschlechter – über die Werke, über die tausendfaltigen Satzungen und Ausbrüche, ja über die Gräber der Ahnherren beschließen würden; kurz, als wären sie wirklich die Letzten.[460]

Die Vorstellung, dass die Revolutionäre den Verlauf der Geschichte beenden wollten, war nicht nur unter konservativen Kritikern verbreitet.[461] Mit dieser für

---

459 Müller, Die Elemente der Staatskunst, 26.
460 Müller, Die Elemente der Staatskunst, 27.
461 In diesem Zusammenhang hat Franz von Baader den Begriff der „Zeitschuld" geprägt: Revolution wirke wie eine „Selbstentzündung" oder „Selbstverwesung" und wird der organisch gedachten Evolution entgegengesetzt. Die Selbstermächtigung des Menschen sei nur scheinbar souverän. Vgl. Franz von Baader, Über Evolutionismus und Revolutionismus oder die positive und negative Evolution des Lebens überhaupt und des sozialen Lebens insbesondere [1834], in: ders., Sämtliche Werke in 16 Bänden, Bd. 6: Gesammelte Schriften zur Societätsphilosophie, hg. von Franz Hoffmann, Leipzig 1854, 75–108, hier: 91 f., 101. Karl August Fürst von Hardenberg unterscheidet ebenfalls zwischen der negativ besetzten eruptiven Revolution und der positiv konnotierten langfristigen Evolution. Vgl. Karl August Fürst von Hardenberg, Denkschrift über die Reorganisation des preußischen Staates (1807), in: Die Reorga-

Müller geschichts- und gottvergessenen Haltung gegen die Errungenschaften früherer Generationen stehen „die meisten politischen Schriftsteller" außerhalb des Staates. Der Mensch müsse aber im gesellschaftlichen Leben eingebunden sein, zu dem auch das Netz persönlicher Beziehungen gehöre:

> So wie jedes Geschöpf der Natur in der Mitte der Natur zu stehen meint; wie jede Creatur, wenn sie die Wahrheit gestehen will, sich einbildet, die ganze Welt bewege sich um sie her; wie keine Seele außer der Natur, oder auf ihrer untersten Stufe zu stehen glaubt; wie kein Wurm schlecht von sich denkt: – so steht jeder Mensch in der Mitte des bürgerlichen Lebens, von allen Seiten in den Staat verflochten, da; und so wenig er aus sich selbst heraustreten kann, eben so wenig aus dem Staate.[462]

Ebenso sei er zeitlich in Staat und Gesellschaft eingeboren, von deren Geschichte er sich deshalb nicht lösen könne:

> [E]ben so steht jeder Staatsbürger mitten in der Lebenszeit des Staates, und hat hinter sich eine Vergangenheit, die respectirt, vor sich eine eben so große Zukunft, für die gesorgt werden soll; aus diesem Zeitzusammenhange kann niemand heraustreten, ohne sich selbst zu widersprechen.[463]

Müller betont also den Staat als Bedingung für das bürgerliche Leben: nicht nur für das gute, annehmliche Leben mit „Haus, Hof, Knecht, Magd, Vieh", also mit Besitz; mit „organisierte[n] Polizei-Anstalten", also mit einer funktionierenden Exekutive; mit „Wissenschaften, [den] schönen Künsten, Freundschaft, Liebe, häusliche[m] Glück", also mit den Errungenschaften durch Bildung – sondern für das *organische Leben* schlechthin, denn „überall und zu allen Zeiten" könne der Mensch „ohne den Staat nicht hören, nicht sehen, nicht denken, nicht empfinden, nicht lieben".[464] Müller bilanziert kurzum, der Mensch sei „nicht anders zu denken [...] als im Staate".[465]

---

nisation des preußischen Staates unter Stein und Hardenberg, Bd. 1, hg. von Georg Winter, Leipzig 1931, 313–362, hier: 305 f. Geschichte als Geschichtsbewusstsein ist in diesen Plänen ausdrücklich mitgedacht. Hieran wird ersichtlich, dass gesellschaftlicher und politischer Wandel im postrevolutionären Preußen nicht per se abgelehnt wurde, allerdings strebten die preußischen Reformer eine Revolution von ‚oben an', die mit der auf Partizipation drängenden Französischen Revolution nicht viel gemein hatte. Vgl. hierzu auch Koselleck, Revolution, 749–752 sowie zur Revolution als zeitliche Kluft, Reinhart Koselleck, Christian Meier, Odilo Engels et al., Geschichte, Historie, in: Geschichtliche Grundbegriffe, Bd. 2: E–G, Stuttgart 1975, 593–718, hier insbesondere 702–706.
462 Müller, Die Elemente der Staatskunst, 28.
463 Müller, Die Elemente der Staatskunst, 28.
464 Müller, Die Elemente der Staatskunst, 31.
465 Vgl. Müller, Die Elemente der Staatskunst, 31.

Der Staat wird bei Müller zur „unabänderlichen, natürlichen Ordnung der Dinge"[466] inthronisiert. Nur „durch den Gehorsam gegen das Individuum, gegen die positiven Einrichtungen, Gebote und Satzungen des obersten Weltenrichters und durch den Beistand der göttlichen Gnade"[467] sei die Herstellung einer richtigen politischen Ordnung zu erreichen. Gemeinschaft wird somit als vorgängig und damit als essentialistisch gedacht, was wir im Grunde schon bei Schleiermacher gesehen haben.

Das bedeutet aber zum einen, dass sich alle Staatsgewalt durch die Tatsache der göttlichen – immer schon vorhandenen – Weltregierung legitimiert.[468] Zum anderen ist laut konservativem Denken der unumgängliche Rahmen für das freie Wechselspiel der gegensätzlichen Elemente in der organischen Kommunikationsgemeinschaft ein religiöser. Der Faktor, der Kommunikation gelingen lässt, ist Gott. Dennoch ist Müllers universalistische Staatsphilosophie nicht kosmopolitisch.[469] Stattdessen betont er insbesondere in seinen *Zwölf Reden über die Beredsamkeit* die Idee des Nationalen für die Umsetzung des unendlichen, alle Ungleichheiten vermittelnden Gesprächs. Deutschland entspreche dem Ideal einer harmonischen Kommunikationsgemeinschaft im besonderen Maße, werde aber durch politische Faktoren an der Umsetzung gehindert. Wie undemokratisch Müllers Gesprächstheorie angelegt ist, werden wir im Folgenden sehen.

4.4.2 Gesellige Rede und ästhetischer Staat: *Zwölf Reden über die Beredsamkeit und deren Verfall in Deutschland*

Rhetorisches Ringen um Harmonie
Müller definiert in seinen Reden den Verfall der Beredsamkeit in Deutschland zunächst in Abgrenzung zu insbesondere den romanischen Ländern, die eine Kunst des Redens pflegten (ZR, 302).[470] Als Gegenbeispiele mit Vorbildfunktion fungieren insbesondere die Redetradition im britischen Parlament (ZR, 313 f.),

---

466 Adam Müller, Schriften zur Staatsphilosophie, hg. von Rudolf Kohler, München 1923, 204. Vgl. hierzu auch Kraus, Politisches Denken in der Spätromantik, 40.
467 Müller, Schriften zur Staatsphilosophie, 208. Vgl. hierzu auch Kraus, Politisches Denken in der Spätromantik, 40 f.
468 Vgl. Kraus, Politisches Denken in der Spätromantik, 40.
469 Vgl. Müller-Schmid, Adam Müller, 136.
470 Zitate aus Adam Müller, Zwölf Reden über die Beredsamkeit und ihren Verfall in Deutschland werden im Folgenden direkt im Fließtext in Klammern und unter Angabe der Sigle (ZR) und der Seitenzahl wiedergegeben.

aber auch Frankreich als „Schule der Beredsamkeit [...] für ein ganzes Jahrhundert" (ZR, 318), womit Müller auf die Hochkultur französischer Konversation im 17. Jahrhundert anspielt. Die französische Sprache sei zwar ärmer an Worten, dafür aber „so vollendet, so ausgesprochen, so ausgespielt, wie man von musikalischen Instrumenten zu sagen pflegt" (ZR, 318). Dazu bedürfe es keiner Tiefsinnigkeit (die Müller eher in Deutschland verortet sieht):

> Die Worte untereinander haben denselbigen leichten Abord wie die Personen in der Gesellschaft: Bei allem Mißklang in den einzelnen Worten hört man ganz deutlich einen Wohlklang in den Zusammenstellungen der Worte. – Dies sind die Vorzüge einer Sprache, die aus dem lebendigen Gespräch hervorgegangen; die nicht wie die deutsche mehr geschrieben als gesprochen und zu einem Signal einsamer Geister mißbraucht worden ist. (ZR, 318)

In Frankreich befördere eine spezifische Sinnlichkeit der Sprache die Geselligkeit, die im Zeichen höherer Harmonie stehe. Themen- und Wortwahl in der beherrschten Gesprächskultur Frankreichs seien natürlich gewachsen und stünden somit in „eins [...] mit dem körperlichen Pulsschlag der Nation" (ZR, 315 f.). In Deutschland sieht Müller hingegen keinen „gemeinschaftliche[n] Grundton der Harmonie [...], wenn nicht etwa in dem Nachklang dessen, was wir einst waren, und in der Ahnung dessen, was wir werden können" (ZR, 316 f.). Müller beklagt in seiner Kritik am Verfall der Rede das fehlende gemeinschaftsstiftende Moment der deutschen Sprache und plädiert für eine Vergesellschaftung in der Sprache. In Deutschland habe zwar die Poesie, aber nicht die Beredsamkeit ein Publikum gehabt, dessen sie doch bedarf, um zur Kunst heranzuwachsen. (ZR, 322) Poesie und Rhetorik stehen bei Müller so eng beieinander wie Geselligkeit und Wahrheit, Nationenbildung und Redekunst.

Aus dem Vorangegangen wird deutlich, dass das „Ringen mit der Sprache" (ZR, 303), um ein fehlendes „harmonische[s] Ineinandergreifen[ ]" (ZR, 316) herzustellen, für Müller kein sprachontologisches, sondern ein nationales Problem ist:

> [Dass, L .L.] einer Nation wie die deutsche, die lange in sich und auf ernste und ewige Dinge gekehrt, nun auf einmal gewahr wird, daß sie das äußere Leben, Vaterland und Gesellschaft versäumt hat; daß ihre Gedanken unendlich weiter reichen als ihre Sprache; daß sie viel mehr besitzt, als sie mitzuteilen imstande ist – während sie zu fühlen anfängt, daß die Fähigkeit, ihn auszusprechen, den Gedanken erst zum Gedanken macht; und der wahre Ernst und die eigentliche Ewigkeit des Sinnes nur darin liegt, daß er sich mit dem bürgerlichen und gesellschaftlichen Leben verträgt. [...] Die Worte Schillers: Spricht die Seele usw., gelten also nicht etwa überhaupt als eine traurige Wahrheit von aller Sprache, sondern von der dermaligen deutschen. (ZR, 302 f.)

Die Unversöhnbarkeit von Sprache und Gedanke sieht Müller nicht in der Sprache überhaupt begründet, sondern als spezifisch deutsches Dilemma der Nationenbildung und Sprachpraxis. Unverkennbar sind Müllers *Reden über die Beredsamkeit* deswegen auch eine Streitschrift wider den wissenschaftlichen Diskurs sowie gegen die Politik und staatliche Verwaltung, wenn er dem deutschen Gelehrten vorwirft, sich in der Schriftsprache von den wirklichen Lebensbedingungen entfernt zu haben:

> So regiert der deutsche Gelehrte auf dem Papier den Staat, gibt Gesetze, verbessert die Sitten, erfindet Terminologien, martert die Sprache, und wird gegen den wirklichen Staat, die wirklichen Gesetze und Sitten nur immer feindseliger gestellt, von den äußeren Bedingungen des Lebens nur immer mehr gepeinigt, von der wirklichen Sprache zerrissen und von der eignen Terminologie verwirrt. (ZR, 304)

In Deutschland werde das Sprechen als gleichrangig zum „anderweiten Schaffen" betrachtet; das Sprechen sei Mittel zum Zweck, und zwar, um die „übrigen Lebensfunktionen" zu verrichten (ZR, 302). Müller bedauert einerseits, Deutschland sei „abgefallen" von dem lebendigen Wort, andererseits plädiert er dafür, dass gerade Deutschland berufen für das lebendige Wort wäre: Mehr als alle anderen europäischen Länder könnte Deutschland „die Macht und die unendliche Beweglichkeit des Wortes" beweisen, denn keine andere europäische Sprache sei so verschiedenartig individualisiert worden wie die deutsche (ZR, 379). Somit sei das „stumme[ ] Treiben unsrer Nation" (ZR, 416) nicht gerechtfertigt.

Zu Müllers Bedauern sei nun in Deutschland die am weitesten verbreitete Redekunst die Schriftstellerei (ZR, 405). Es sei in „tausend Zeugnisse" niedergelegt, dass die Deutschen reden könnten, „in Schrift für die Ewigkeit", aber Müller ergänzt direkt, dass gerade darin das Problem liege, denn was bedeute „diese tote Schriftsprache ohne das lebendige Gespräch?" (ZR, 322) Deswegen ist es für Müller auch nur ein schwacher Trost, dass dem deutschen Volk, das keinen Nationalstaat und keine Einigkeit hat, zumindest die Sprache geblieben ist, wenn diese auch als tote Schriftsprache zirkuliert (ZR, 322). Mit der Buchdruckerkunst sei zudem dafür gesorgt, dass auch das „Schlechte, Falsche und Unbedeutende" überdauere, aufbewahrt für die „unwürdigen Nachkommen" (ZR, 328). Müller polemisiert gegen das Publikations- und Zeitschriftenwesen, das mit der Schriftstellerei ein Gewerbe betreibe und sich einer „literarischen Geschäftigkeit" allein aus wirtschaftlichen Gründen freue (ZR, 406). Vor dem Hintergrund der hier analysierten Reden der Tischgesellschaft kann auch dies wieder als antisemitische Spitze gedeutet werden. Doch selbst den „glücklichsten Falle, wo große, neue und ergreifende Gedanken durch die Presse mitgeteilt werden", sieht Müller kritisch, da „ein so leichtes, [...] feiges Mittel, als die Presse, allgemeine Wirkungen auf den Gang des menschlichen Geistes äußern, die Geister regieren, antreiben, entzünden" kann statt der lebendigen Rede (ZR, 406). Die Zeitschriften dürften die lebendige Redekultur also nicht ersetzen; stattdessen solle nur gedruckt werden, was auch gesprochen worden sei. Das Druckwesen solle also mehr Beihilfe statt Ersatz der mündlichen Rede sein (ZR, 412). Denn zwar sei die Buchdruckerkunst alleiniges Mittel, die Rede auch über größere räumliche Distanzen hinweg zu verbreiten, allerdings versiege die Wirkung mit der Entfernung wie versiegende „Wellenkreise" (ZR, 415 f.) – eine Formulierung, die aus der Gerüchte-Terminologie bekannt ist, hier aber anders gebraucht wird: Es wird die Assoziation einer Rede wachgerufen, die zunächst als Naturereignis wirkt und sich wellenförmig ausbreitet, genauso wellenförmig aber auch wieder abebben kann. Für die Rede gelten somit auch andere Gesetze als für das volkstümliche Erzählen, das sich wellenförmig ausbreiten kann, ohne je ganz zu versiegen bzw. das, wie im Fall des Gerüchts, immer wieder aufflammen kann.[471] Müller koppelt die Macht der Rede an ihr performatives Moment – aus der Sicht der Figur des ‚Redners', aber auch seitens der des ‚Hörers', wie im Folgenden erläutert wird.

Das Gespräch als „Quelle der Beredsamkeit" oder: Die Redenden müssen wieder zu Hörenden werden

Müller postuliert, „daß die ganze Welt durch die Rede ausgedrückt" wird und dass das notwendige Äquivalent zum Sprechorgan das Ohr ist, durch das diese ganze Welt vernommen wird (ZR, 324). Dass heute alle mehr reden als hören wollten, „während die Natur das ganz Entgegengesetzte zu wollen scheint, indem sie angeordnet hat, daß zwar viele hören können, was einer spricht, unmöglich aber einer hören kann, was viele zur gleichen Zeit reden" (ZR, 325), ist für Müller ein Bruch zwischen gesellschaftlichem Zeitgeist und dem Naturgesetz. Speziell in Deutschland gebe es nur einzelne, die *hörten*, aber „kein Ganzes, keine Gemeinde" die eine gemeinsame Sprache vernehme (ZR, 298). Dabei sei das Hören nicht gleichbedeutend mit dem Verstummen, denn es genüge nicht, dass sich das Wort nur einpräge „wie das Siegel in dem Wachs" (ZR, 332). Vielmehr könnten Hörer und Redner ihre Rollen beliebig vertauschen. Ob es sich hier wirklich um eine wechselseitige Einwirkung zweier Dialogpartner handelt, darauf wird zurückzukommen sein.

---

[471] Vgl. Petzold, Einführung in die Sagenforschung, 147 f.

Müller schreibt also in seiner Pressekritik und seiner Rehabilitierung des Zuhörens gegen die aufklärerische Monopolisierung des Auges[472] an. Stattdessen soll dem Hörsinn zu neuer Bedeutung verholfen werden. Das Gesprächsideal besteht darin, „einzugehn [...] in das Ohr des Nachbars" (ZR, 334). Dies allein begründe nach Müller das wahre Gespräch, das auch als Vorbild für die Rede fungieren solle. Denn die wahre Rede sei ein „unendliche[s] Gespräch" (ZR, 399). Dabei gelten jedoch zwei Spielregeln: Zum einen muss Konsens über den gesprächskonventionellen Rahmen und allgemeinen Wertekodex herrschen, „man muß über gewisse Hauptsachen einig, man muß an Geist, an Sinn, an hervorstechender Zuneigung und Abneigung wenigstens von einerlei Art sein, um über das andre recht lebhaft, innig und ohne Ende streiten zu können" (ZR, 314). Zum anderen bestehe kein Recht auf seine „eigne[ ] Wahrheit", weil nur die „göttliche[ ] und ewige[ ] Wahrheit" die eigene und die des anderen auszubalancieren vermöge (ZR, 315, 318f.). In diesem Sinne bedeute die Rede als Gespräch, „seinen Gegner auf den gemeinschaftlichen Boden herüber[zu]ziehn, über sich und ihn den gemeinschaftlichen Himmel [zu] wölben, beide in eine und dieselbe Luft [zu] versetzen, einen Grundakkord zwischen beiden an[zu]ordnen" (ZR, 315). Der Redner vereinige also drei Personen in sich: „[Z]uvörderst die beiden Sprecher des Gesprächs in ihrer eigenthümlichen Farbe und Manier, dann aber beide gedämpft, veredelt sichtbar und unsichtbar versöhnt durch eine dritte höhere Person, die Seele des Redners, die über dem Streite der Glieder thront" (ZR, 319 f.) – also bei Gott. Denn wenn Müller sein Gesprächsideal in einem „Ganzen", einer Gemeinde repräsentiert sieht, die eine gemeinsame Sprache vernehmen muss (ZR, 298), dann handelt es sich hier nicht weniger als um das Modell des Pfingstwunders: um ein harmonisches Kollektiv als „Klangutopie"[473].

---

472 So ist der Sensualismus ein wichtiges Thema in der Romantik. Die Aufklärung hatte versucht, den Einfluss des Sinnlichen zurückzudrängen, die Stilfigur der romantischen Synästhesie als „Schmelztiegel der Sinne" versucht sie hingegen nutzbar zu machen. Vgl. Peter Utz, Das Auge und das Ohr im Text. Literarische Sinneswahrnehmungen in der Goethezeit, München 1990, 198.
473 Vgl. Serres, Der Parasit, 203. Serres unterscheidet drei Kommunikationsmodelle: Das erste ist das Leibniz'sche, das die Kommunizierenden als voneinander abgeschlossene Monaden kennzeichnet. Hier ist der Parasit maximal reduziert: Einer („Gott") sendet, viele empfangen. Das zweite Kommunikationssystem ist das des Hermes, das dem Leibniz'schen diametral entgegengesetzt ist, denn hier steht der Parasit („Hermes") an den Schalt- und Knotenstellen der kollektiven Kommunikationsbeziehungen, also zwischen den Vielen, die senden, und den vielen, die empfangen. Er nimmt also die Position eines Verteilers und Transformators (der vermittelten Nachrichten) und somit eines Übersetzers heterogener Welten ein. Das dritte Kommunikationsmodell ist das des Pfingstwunders; hier werden mehrere Sprachen zur glei-

Von dieser Warte aus betrachtet ließe sich Müllers Programm der Vorwurf machen, nicht politisch, sondern rein ästhetisch zu sein. Nach dem umstrittenen nationalsozialistischen Staatsrechtler Carl Schmitt steht Adam Müller wie kein anderer seiner Zeit für das, was er in seiner Polemik gegen die politische Romantik als „subjektivierte[n] Occasionalismus"[474] bezeichnet. Okkasionalismus nach Schmitt meint, dass die Beschäftigung mit der Gemeinschaft ausschließlich der Produktivität des romantischen Ichs diene, ohne kausal begründet zu sein:[475]

> So erklären sich die scheinbar verwickelten romantischen Phänomene: Fichtes absolutes Ich, ins Gefühlsmäßig-Ästhetizistische umgebogen, ergibt eine nicht durch Aktivität, sondern in Stimmung und Phantasie veränderte Welt. Die romantische Produktivität lehnt jeden Zusammenhang einer causa bewußt ab und damit auch jede in die realen Zusammenhänge der sichtbaren Welt eingreifende Tätigkeit. Trotzdem kann sie wie Fichtes Ich in absoluter Subjektivität absolut schöpferisch sein, indem sie nämlich Phantasien produziert, „poetisiert". [...] Die Hingabe an diese romantische Produktivität enthält den bewußten Verzicht auf ein adäquates Verhältnis zur äußern, sichtbaren Welt. Alles Reale ist nur ein Anlaß. Das Objekt ist substanzlos, wesenlos, funktionslos, ein konkreter Punkt, um den das romantische Phantasiespiel schwebt. Dieses Konkrete bleibt als Anknüpfungspunkt immer vorhanden, aber in keiner kommensurablen Beziehung zu der allein wesentlichen romantischen Abschweifung. Daher fehlt jede Möglichkeit, ein romantisches Objekt klar vom andern – die Königin, den Staat, die Geliebte, die Madonna – zu unterscheiden, weil eben nicht mehr Objekte, sondern nur noch occasiones vorhanden sind.[476]

Das Problem der politischen Romantik sei nach Schmitt, dass deren Okkasionalismus „alle wahre Ursache" allein in Gott finde, während er die weltlichen Vorgänge „für einen bloß occasionellen Anlaß" erklärt habe.[477] Bestätigung für diese These findet Schmitt u. a. in Müllers späterer Schrift *Über die Notwendigkeit einer theologischen Grundlage der Staatswissenschaften* (1819). Hier legt Müller dar, wie allein Gott den Gang der Geschichte zu bewegen vermag, wohingegen die Menschen aus seinen Geschicken keine politischen Entscheidungen ableiten könnten.[478] Für Unklarheit sorgt zudem, dass gemäß romantischem

---

chen Zeit gesendet und empfangen. Es senden viele an viele, ohne dass es aber ein vermittelndes, transformierendes Drittes gibt. Der Parasit wird aus dieser einvernehmlichen, deterritorialisierten und überzeitlichen Verständigung getilgt. Unmittelbares Verständnis kommt einem Wunder gleich. Vgl. Serres, Der Parasit, insbesondere 67, 71–73, 108.

474 Carl Schmitt, Die politische Romantik [1919], Berlin 1998, 18.
475 Vgl. Schmitt, Die politische Romantik, 92.
476 Schmitt, Die politische Romantik, 92 f.
477 Schmitt, Die politische Romantik, 94.
478 Vgl. Schmitt, Die politische Romantik, 99.

Okkasionalismus alles zum Anlass für Gottes Geschicke werden kann.[479] Der Okkasionalismus vermittle Dualismen nicht, sondern weiche in ein spekulatives, nicht näher bestimmtes Drittes aus.[480] Schmitt macht Müller und der politischen Romantik also zum Vorwurf, dass sie sich nicht für die konkrete Realisierung politischer Pläne interessiert hätten,[481] nicht dass ihr Programm demokratiefeindlich oder gemeinschaftsideologisch wäre.

Tatsächlich lässt Müllers Gesprächstheorie aber genau diesen Schluss zu. Denn wenn Müller in den *Zwölf Reden* weiter schreibt, in Republiken sei die Beredsamkeit besonders ausgeprägt, gerade nicht, weil alle mitreden, sondern weil alle zuhören könnten (ZR, 334), dann nimmt er im Grunde eine romantische Umwertung des republikanischen Prinzips vor, die politisch wird, wo sie die Ein- und Unterordnung fordert, nämlich unter einen Gott, einen Monarchen, unter ein organologisch und patriotisch gedachtes Staatskonzept, das kein Ausscheren erlaubt:

> Der Mensch soll nicht denken über die Sprache hinaus oder in Gedanken weiter schweifen als die Sprache reicht: die Grenzen der Sprache sind die göttlichen Grenzen, die allem unserm Tun und Treiben angewiesen sind; und diese Grenzen sind keine Mauern; sie wachsen wie die innerliche, treibende Kraft unsrer Seele wächst. Wir sollen alles aussprechen können, was wir denken: denn nur die Gedanken, die das Vaterland mit uns denkt durch die Sprache, sind gute Gedanken. Der einzelne Geist, der hoffärtig heraustritt aus seiner Nation und ihrer Sprache, sich erheben will über sie, muß über kurz oder lang eben so weit unter sie hinab: um so viel er mehr verstehn will als sie, wird er auch weniger verstehn. (ZR, 303)

Die Forderung, dass man alles aussprechen könne, was gedacht werde, erfährt hier eine augenblickliche Relativierung dadurch, dass die Gedankenfreiheit ins Öffentlich-Nationale gewendet wird. Vor dem Hintergrund, dass Müllers staatsphilosophische und gesprächstheoretische Überlegungen auch im Kreis der Tischgenossen rezipiert wurden und er insbesondere mit Arnim im Austausch stand, lässt sich auch ein kritischer Blick auf die in der Forschung verhandelte These werfen, Arnim habe sich als Herausgeber des *Preußischen Corresponden-*

---

479 Der Vorwurf, dass das Programm der politischen Romantik allein auf Spekulation gründet, ließe sich jedoch genauso gegen die Restauration richten: Dass Müllers Staatslehre in einen theologischen Rahmen eingebettet ist, überrascht nicht, wenn man bedenkt, dass die Restaurationsbewegung einer spezifischen Grundlage entbehrte. Vgl. Mayer, Literatur der Übergangszeit, 55 f., 60.
480 Vgl. Schmitt, Die politische Romantik, 96 f., 120.
481 Vgl. Schmitt, Die politische Romantik, 81.

ten besonders für Meinungsfreiheit und Transparenz eingesetzt.[482] Als Beispiel kann an dieser Stelle aus seinem im *Preußischen Correspondenten* erschienenen Text *Letzter Brief eines Freiwilligen* (1813) zitiert werden. Hier fordert Arnim:

> Täglich sollte es gesagt werden, daß nur darum so viel Falschheit und Verkehrtheit in der Welt sei, weil die Menschen sich scheuen, ihre Überzeugung wahr und frei auszusprechen; [...]. Darum ehre den Widerspruch höher als die Zustimmung, meide vor allem die Heimlichkeitskrämereien, besonders wo vom Geschicke der Völker die Rede.[483]

Das absichtliche Geheimnis könne nur im praktischen Leben sinnvoll Anwendung finden, aus den Meinungen dürfe jedoch kein Geheimnis gemacht werden, sie müssten laut verhandelt werden: „Wer seiner Meinung die Öffentlichkeit schädlich glaubt, der kann von ihrer innern Verderblichkeit überzeugt sein, es muß aber an den Tag kommen, welcher Geist quält und zerstört und welcher beseligt und beseelt."[484] Die zitierte Passage lässt sich nicht bloß als Plädoyer für eine kritische Öffentlichkeit begreifen. Nach Arnim müssen die Gedanken frei sein, insofern sie die „Geschicke der Völker" betreffen, damit „schädliche" Meinungen in ihrer „innern Verderblichkeit" als solche identifiziert werden können. So lassen sich Müllers und Arnims Einlassungen auch interpretieren als Einwilligung in ein staatlich reguliertes Korrektiv der öffentlichen Meinung, das auch mit dem organologischen Prinzip konform geht, dass individuelle Entfaltung nur innerhalb der vorgegebenen Ordnung des Ganzen möglich ist.

Das immer mitdenkende und mitgedachte Vaterland (das bei Müller eine Apotheose erfährt) soll als Korrektiv für den „einzelnen Geist" wirken, der als einzelner nicht imstande ist, „gute Gedanken" zu Tage zu fördern. So scheint der Einwand gegen den Redner legitim, aber niemals der Einwand gegen das ordnende und bewertende Ganze. Dies wird auch deutlich durch Müllers Diktum, man brauche „die Werke der antwortenden Redner" und man müsse „die Wechselrede einer ganzen Nation Jahrhunderte hindurch verfolgen, [...] des gesamten Nationalgesprächs inne werden" (ZR, 83), um überhaupt ein wahres Gespräch führen, wahrhaftig sprechen zu können. Dass man sich selbst zuhören müsse „wie ein Dritter, mit Protestation, mit Opposition, mit anderen Gesinnungen, nicht bloß mit einem andern Ohr, sondern fast mit einem andern Herzen als dem seinigen" (ZR, 334), hat dann weniger mit demokratischer Kom-

---

482 Vgl. Knaack, Achim von Arnim, der Preußische Correspondent und die Spenersche Zeitung, 41.
483 Achim von Arnim, Letzter Brief eines Freiwilligen, in: ArnDKV 6, 425–427, hier: 425 f.
484 Arnim, Letzter Brief eines Freiwilligen, 426.

promissbildung oder empathischem Perspektivwechsel zu tun, sondern mit einem vollständigen Aufgehen im Geist der Nation.

4.4.3 Regierungswiderstand: Müllers Zeitungsplan

Müllers so verstandene Lehre vom Gegensatz, die den hier untersuchten Schriften zugrunde liegt, lässt sich also in ihrem Vermittlungsanspruch sowohl aus politischer als auch aus rhetorischer Perspektive infrage stellen, weil sie letztendlich auf einer rein spekulativ-theologischen Grundlage fußt. Vor dem Hintergrund, dass die Figur des Dritten in letzter Instanz nur Gott sein kann, perspektiviert Müller sie mehr als Korrektiv und großen ‚Gleichmacher' denn als dialektische Vermittlungsfigur. Dieses Denken manifestiert sich auch in publizistischer Hinsicht, nämlich an Müllers Plan, ein manipulatives Regierungsblatt als Korrektiv der öffentlichen Meinung herauszubringen.

Die preußische Regierung diskutierte im März 1809 die Vor- und Nachteile eines offiziellen Regierungsblattes, für das laut eines ersten Gutachtens drei Optionen bestanden: Es könne entweder nur den Text der erlassenen Gesetze enthalten; es könne diesen Text kommentierend begleiten bzw. didaktisch aufbereiten (mittels Belehrungen, Empfehlungen, Ermahnungen etc.); oder es könne ihn mit Extrakten aus den darüber stattgefundenen Verhandlungen ergänzen.[485] Während die erste Version aus Sicht der Verfasser, dem Staatsrat Karl Nikolaus von Rehdiger und dem Verwaltungsbeamten Wilhelm Anton von Klewitz, überflüssig erschien und nur geringen Absatz, im schlimmsten Fall Überreizung des Publikums versprach, da bloße Gesetzestexte auch in den Bulletins der öffentlichen Blätter publiziert werden könnten (des Weiteren sei „die Einschiebung der Gesetze mitten zwischen lügenhafte Zeitungsberichte oder abgeschmackte Privatannoncen durchaus unschicklich"), sah sich eine kommentierte Version mit dem Problem konfrontiert, nur als Privatunternehmen Wirkung zu erzielen.[486] Denn eine Regierung, die sich zu viel Rechenschaft ablege, mache sich unglaubwürdig, verliere an Autorität und Vertrauen („sie muss dem schon an sich selbstverständlich sein Sollenden, dem Gesetz, nicht noch Supplemente zur Verständlichmachung selbst hinzufügen wollen").[487] So schien allein die

---

[485] Vgl. Gutachten über ein offizielles Regierungsblatt (Nr. 80), Königsberg, 26./28.3.1809, in: Von Stein zu Hardenberg. Dokumente aus dem Interimsministerium Altenstein/Dohna, hg. von Heinrich Scheel und Doris Schmidt, Berlin 1986, 213–215, hier: 213 f.
[486] Vgl. Von Stein zu Hardenberg, 214.
[487] Vgl. Von Stein zu Hardenberg, 214.

dritte Veröffentlichungsvariante ein erfolgsversprechendes Supplement zu der Gesetzgebungssektion darzustellen, denn es könnte Vorwürfe seitens der kritischen und vielstimmigen Öffentlichkeit durch eine dokumentarische Einsicht in die multiperspektivischen Entscheidungsfindungsprozesse antizipieren und glaubwürdig entkräften.[488] Zudem würde es, laut Regierung,

> die Schreier und Schwätzer gleichsam offiziell beschämen und verstummen machen und das alles auf eine Art, die von seiten der Regierung keine eigentliche Rechtfertigungstendenz, als welche getadelt worden, verriete, sondern nur den Anschein hätte, der Publizität zu huldigen.[489]

Augenfällig ist hier die despektierliche Behandlung von Regierungskritikern wie auch die Funktion des bloßen Anscheins, die das (halb)offizielle Regierungsblatt haben soll. Wenn die Forschung Müllers Plan, „1) öffentlich und unter der Autorität des Staatsraths ein Regierungsblatt 2) anonym und unter der bloßen Connivenz desselbigen ein Volksblatt, mit andern Worten, eine Ministerial- und Oppositionszeitung zugleich zu schreiben"[490], als karrieristischen Opportunismus bewertet,[491] unterschätzt sie den geistig-politischen Problemhorizont, vor dem dieser Plan entwickelt wird. In einem konspirativ-kalkulierenden Umfeld, das massive Repräsentations- und Glaubwürdigkeitsprobleme in der Bevölkerung hat, aber gleichermaßen Macht und Vertrauen suggerieren will, erscheint Müllers Zeitungsplan als zielführende politische Strategie.

Müller möchte mit seinem Projekt zum einen dem Vorwurf entgegenwirken, die Regierung wolle sich nur rechtfertigen. Zwar räumt er ein, dass es

> unter der Würde der Souveränität [sei], ihre Befehle und Beschlüsse zu motivieren; nichtsdestoweniger verlangt der Zeitgeist und eine immer weiter sich verbreitende politische Geschwätzigkeit der Nationen, die von ihren Fortschritten in der Kultur unzertrennlich ist, die Motive der Regierung zu wissen; jeder einzelne Untertan möchte über die Maßregel der Regierungen befragt werden; jeder glaubt, der Regierung mit seinen individuellen Ansichten und Erfahrungen dienen zu können.[492]

Darum bedürfe es eines Organs, um „dem beschränkten Vorwitz der Untertanen die wahren und populär vorgetragenen Gesichtspunkte ihres [der Regierung,

---

488 Vgl. Von Stein zu Hardenberg, 214.
489 Von Stein zu Hardenberg, 214 f.
490 Adam Müller, Lebenszeugnisse, 483.
491 Vgl. hierzu z. B. Walter Jens, Von deutscher Rede, München 1969, 71–79.
492 An den König eingereichtes Memoire von Hofrat Müller (Nr. 150) [22.9.1809], in: Von Stein zu Hardenberg, 409–415, hier: 409 f.

L. L.] erhabenen Verfahrens entgegen[zu]stellen".[493] In England würde dies durch das Parlament und die Pressefreiheit bewerkstelligt, dies sei aber der gegenwärtigen Lage in Preußen unzulässig.[494] Nach französischem Vorbild sollten vielmehr die Maßregelungen der Regierung vor den Repräsentanten des Volks durch Redner der Regierung verteidigt werden, indem sie, mit den Motiven vollständig bekannt, ohne der Souveränität etwas zu vergeben, ihre Privatmeinung ausdrückten:

> Es bliebe dem Wortredner des Staatsrats überlassen, diese Parteien, es versteht sich mit Anstand und unter Aufsicht der Zensur, [...], sprechen zu lassen, indem er, entweder die patriotischen Einwendungen namhafter Korrespondenten wirklich einführte oder selbst eine Opposition fingierte, die dann mit Kraft, Vorsicht und Überlegenheit des Urteils niedergeschlagen würde: kurz, alles dies, um die Opposition vorwegzunehmen und aller gründlichen Kritik auf eine gründliche und offensive Weise im voraus zu begegnen.[495]

All diese Zwecke könnten aber nur erreicht werden, wenn der Wortredner, Müller selbst,

> in wahre Bekanntschaft sowohl mit der öffentlichen Meinung in den preußischen Staaten als mit der von Europa versetzt und fortdauernd darin beharrt; daß er durch Korrespondenz, Tagesblätter und Flugschriften, auch persönlichen Umgang beständig instand gesetzt wird, [...] und daß er besonders von dem Gange der Geschäfte im Staatsrate fortlaufend und so viel, als die Umstände nur erlauben, unterrichtet sei.[496]

Gemessen an Moritz' *Ideal einer vollkommnen Zeitung*, d. h. an dem aufklärerischen Ideal eines menschen- und geschehensnahen Zeitungsschreibers, gerät Müllers Zeitungsplan eines offiziellen Regierungsblattes zur antidemokratischen Karikatur des von Moritz angestrebten Volksblattes. Der Unterschied zu Moritz' so entworfenem Volksblatt ist hier markiert durch den bloß machtstrategischen Umgang mit der „öffentlichen Meinung", die als Ressource für die nationalpatriotische Gesinnung angesehen wird. Denn wenn Müller dafür plädiert, „alles was den alten Nationalstolz nähren oder auffrischen und die öffentliche Meinung durch ein Nationalselbstgefühl beleben und veredeln kann", in der Zeitung zu „versammel[n]",[497] dann meint er damit nicht, dass das Volk angesprochen und sprechend gemacht werden soll, was Moritz noch intendiert hatte. Die Strategie der „fortdauernd[en]" und „fortlaufend[en]" Einflussnahme

---

493 Von Stein zu Hardenberg, 410.
494 Von Stein zu Hardenberg, 410.
495 Von Stein zu Hardenberg, 412.
496 Von Stein zu Hardenberg, 413.
497 Vgl. Von Stein zu Hardenberg, 413.

mittels kleiner Formen – „Korrespondenz, Tagesblätter und Flugschriften", die man wohl auch als metapolitisch bezeichnen könnte – verfolgt hier aber einen völlig anderen Zweck als etwa bei Moritz. Sprechen soll vielmehr nur die Regierung: „Ein Staat wie der reorganisirte Preußische muß auch sprechen."[498] Hingegen: „Preßfreiheit ist der dermaligen Lage des Preußischen Staates, wie von selbst in die Augen springt, durchaus unzulässig."[499] Gleichwohl gibt Müller seinem Zeitungsplan den Anschein dialektischer Gesprächstheorie. So bestehe die höchste Staatskunst im Vermitteln zwischen entgegengesetzten Interessen, wobei die Zeitung diese Rolle kritischer Vermittlung einnehmen müsse; nur so gelange man zu einer „wahren, ernsthaften, preußischen, öffentlichen Meinung".[500]

Das Projekt, das dem „gemeinschaftlichen Vaterlande dienen"[501] sollte, kam bekanntlich nicht zustande. Karl vom Stein zum Altenstein lehnte Müllers Plan ab. Er befürchtete, eine erklärende Einsicht in die gesetzlichen Entscheidungsgrundlagen würde als Rechtfertigungsversuch gelten, der den Machtanspruch der Regierung untergrabe.[502] Außerdem sei, sobald das „Amt des Schriftstellers" eintrete, „die Gesetzgebungssektion nicht an ihrem Platz": „Sie taugt zur Schriftstellerei nicht, damit sie nicht gewöhne, aus ihrem kalten und nüchternen Charakter herauszutreten, und damit sie nicht als Schriftstellerin ein Gegenstand der Kritik werde."[503] Und somit war er auch dagegen, dass „dem Schriftsteller, der die Redaktion des offiziellen Blatts übernimmt, seine Stelle bei der Gesetzgebungssektion angewiesen werde"[504], wie Müller vorgeschlagen hatte. Der Hauptgrund für das Scheitern scheint also zu sein, dass man der Zeitung unter Müller ebenso wenig zutraute, zwischen Regierung und Opposition zu vermitteln – und sei es nur zum Schein – wie zwischen Politik und Poesie. Müllers Zeitungsplan und sein Scheitern zeigen erneut, dass das Bündnis zwischen Literatur und Journalistik in der politischen Romantik zwar noch fragil und im Entstehen begriffen war, ihr öffentlichkeitsgenerierendes Potenzial aber durchaus erkannt und diskutiert wurde.

---

498 Adam Müller, Lebenszeugnisse, 483.
499 Von Stein zu Hardenberg, 410.
500 Vgl. Müller, Lebenszeugnisse, 483. Vgl. hierzu auch Koehler, Ästhetik der Politik, 119.
501 Müller an Friedrich August von Stägemann (21.8.1809), in: Adam Müller, Lebenszeugnisse, 482.
502 Vgl. Minister Freiherr von Altenstein an den Minister Graf zu Dohna (25.11.1809), in: Von Stein zu Hardenberg, 489.
503 Von Stein zu Hardenberg, 489.
504 Vgl. Von Stein zu Hardenberg, 490.

Fazit

In Abgrenzung zu Carl Schmitt hat die neuere Forschung das Programm der politischen Romantik als im Kern rassistisches[505] und nationalistisches decouvriert.[506] Für Michael Dusche etwa verbirgt sich hinter der Metapher einer organologischen Gemeinschaft nicht die poetische Gleichsetzung des Organischen mit dem Schönen,[507] sondern das Phänomen eines ethnischen Nationalismus, der keine Interessengegensätze, keine Pluralität von Religion, Sprache, Kultur und Lebensweisen innerhalb des eigenen ‚Volkes' zulässt.[508] Zur Wahrung des inneren Friedens sei es zulässig, imaginativ heraufbeschworene Feinde unter Verweis auf eine Bedrohungslage auszuschalten.[509] Wir haben diese am Konstrukt einer fiktiven Abstammungsgesellschaft orientierte Generierung von Selbst- und Fremdstilisierungen[510] sehr deutlich am Beispiel der Deutschen Tischgesellschaft gesehen. So ist auch Matala de Mazzas These plausibel, man habe mit der Tischgesellschaft „der Idee des nationalen Körpers in einer umfassenden sozialrituellen Praxis [...] performative Plausibilität [...] verleihen" wollen.[511] Während das politische Moment der Tischgesellschaft nach Nienhaus in der Kritik der preußischen Staatsführung begründet liegt, verortet Matala de Mazza es vor allem im christlichen Glauben.[512] So erscheine der nationale Körper als christlicher, als nicht jüdischer Körper.[513] In diesem Zusammenhang erkennt

---

505 Vgl. hierzu Matala de Mazza/Vogl, Poesie und Niedertracht, 246 f.
506 So Müller-Schmid: „Die universalistische Staatsphilosophie Müllers ist nicht zu verwechseln mit abstraktem Kosmopolitismus. Diesem setzt Müller mit der Romantik die Idee des Nationalen als konkret auf ein sozialethisch-kulturelles Ziel hinordnendes Prinzip entgegen." Müller-Schmid, Adam Müller, 136.
507 Harm-Peer Zimmermann begreift Müllers Organismusbegriff als nicht biologistisch, vielmehr setze Müller das Organische mit dem Schönen gleich; für ihn ist die organologische Gemeinschaft die poetische. Vgl. Harm-Peer Zimmermann, Ästhetische Aufklärung, 371, 440.
508 Vgl. Michael Dusche, Die Geburt des Nationalismus aus dem Geist der Romantik, in: Vielheit und Einheit der Germanistik weltweit. Akten des XII. Internationalen Germanistenkongresses Warschau 2010, hg. von Franciszek Grucza, Frankfurt a. M. 2012, 23–27, hier: 24.
509 Michael Dusche, Die Geburt des Nationalismus aus dem Geist der Romantik, 24.
510 Vgl. Michael Dusche, Die Geburt des Nationalismus aus dem Geist der Romantik, 24.
511 Vgl. Matala de Mazza, Der verfasste Körper, 368.
512 Vgl. Matala de Mazza, Der verfasste Körper, 366.
513 Vgl. Matala de Mazza, Der verfasste Körper, 368 f. Matala de Mazzas Feststellung, die Tischgesellschaft wolle ein sich selbst verfassender politischer Körper sein, lässt sich dadurch bestätigen, dass diese Absicht sogar in der Gründungscharta niedergelegt ist. So plädierte Brentano dafür, die Mitgliederzahl zu begrenzen, denn „[d]a nun jede Art der Glieder des Leibes ihre Analogie bei unsrer zahlreichen Gesellschaft gewißlich findet, so halte ich es für nöthig das Gesetz der Aufnahme in dieselbe folgendermaßen der all(ge)meinen Einstimmung

Bettina Knauer in der Gesprächstheorie Müllers und ihrer Verbindung zu der Tischgesellschaft das psychologische Dilemma offener Geselligkeitsentwürfe in der Romantik. So sei Müllers Prinzip des Dialogischen zwar als Vermittlung charakterisiert, doch um dieses Prinzip mit der Grundverschiedenheit von Gesprächspartnern vereinen zu können, setze Müller die Institution (etwa eines vertrauenswürdigen Staates) als ein gemeinsames Drittes voraus, unter dessen Schutz sich eine offene Geselligkeit und Konsens vereinen ließen.[514] Wie brüchig das Programm offener Geselligkeit aber in einem „sich zunehmend beschleunigenden Modernisierungsprozess" ist, zeigt nach Oesterle gerade die „aggressive Identitätsbehauptung nach außen; sie ist zugleich Ausdruck eigener Selbstunsicherheit und Ambivalenz, eines abgewehrten Philisterhaften und Jüdischen an sich selbst".[515]

Angreifbar aus demokratietheoretischer Perspektive ist das organologische Staatsmodell, das in Müllers Schriften zum Ausdruck kommt, aber auch noch aus anderen Gründen: Eine Idee von (Rechts-)Staatlichkeit, die als konsensuelle Vergemeinschaftung im Sinne einer Staatsfamilie gedacht wird, eliminiert den Streit aus dem politischen Diskurs und führt auf Dauer zu einer Einschränkung politischen Handelns. Denn der Staat und die Gemeinschaft werden nicht als Produkt menschlichen Handelns, sondern als je vorgängig gedacht. Und damit diese vorgängige Ordnung gewahrt werden kann, bedarf es nach Müller, wie gezeigt wurde, einer vermittelnden Macht, die aber nicht qua Volkssouveränität legitimiert ist. Dieser besonders problematische Aspekt in Müllers Staats- und Gemeinschaftslehre, die politische und symbolische Funktion des Adels, soll im

---

nothwendig näher zu legen, damit nicht das Uebergewicht irgend einer Gliedergattung ein abnormer kranker Zustand derselben entstehe. Es sind der Mitglieder bereits so viele, daß jedes Glied leicht von seiner Art einen ganzen Zirkel, ein eignes System finden könnte, das nach dem ewigen blinden Organisationsbetrieb in allem Lebendigen hingetrieben würde, einen eignen Staat im Staate zu bilden, [...] wenn es zehn Freunden möglich ist, den elften hinein zu bringen." Clemens Brentano, Vorschläge zur Einteilung der Tischgesellschaft in Stände, in: Texte der Tischgesellschaft, 28–30, hier: 29.
514 Vgl. Bettina Knauer, Allegorische Strukturen. Studien zum Prosawerk Clemens Brentanos, Tübingen 1995, 107. Hierin sieht auch Claudia Schmölders das Dilemma einer Gesprächslehre im Müller'schen Sinne: Um an der Grundverschiedenheit der Gesprächspartner festhalten zu können, muss ein gemeinsames Drittes immer schon vorausgesetzt werden – es müsse Institution sein. Schmölders erkennt in Müllers Gesprächstheorie die Tendenz, die bedrohte Idee von konversationeller Geselligkeit, in der sich eine zwanglos assoziierte Gruppe von Personen gegenseitig unterhält, in gesellschaftliche Institutionen zu bannen. Vgl. Schmölders, Kunst des Gesprächs, 118.
515 Günter Oesterle, Juden, Philister und romantische Intellektuelle. Überlegungen zum Antisemitismus in der Romantik, in: Athenäum, Bd. 2 (1992), 55–89, hier: 83.

Folgenden in seiner literarisch-erzählerischen Ausprägung bei Brentano eine genauere Betrachtung erfahren.[516]

4.4.4 Die Neusemantisierung des Adels im literarischen Text: Brentanos *Fragment einer Erzählung aus der Französischen Revolution*

Die Wirkung von Müllers poetischer Staatstheorie auf die romantische Literatur ist wenig erforscht.[517] Für den Literaturwissenschaftler Jochen Strobel liegen die Übergänge von Müllers Staatstheorie und politisch-poetischer Philosophie zur (Erzähl-)Literatur der Romantik in der ihnen beiden innewohnenden Semantik des Aristokratischen.[518]

Der politische Adel erscheint in Deutschland um 1800 als eindeutig identifizierbare, numerisch kleine Gruppe der Gesellschaft, die mit dem Ende des Alten Reiches ihre Beteiligung an der politischen Herrschaft qua Geburt verlor.[519] Im Übergang zum 19. Jahrhundert löst sich die Semantik des Adels zunehmend von diesem ‚realen' Adel ab und erfährt eine allegorische Neusemantisierung:[520] Der politische „Niedergang"[521] des Adels und seine kulturelle Stilisierung zum ‚Geistesadel' gehen einher.[522]

Vor diesem Hintergrund ist die Adelssemantik in romantischen Texten allegorisch und nicht politisch zu lesen. Es ging nämlich nicht nur um politischen

---

516 Teile der folgenden Analyse sind erschienen in: Lea Liese, Romantik und Restauration. Konservative Gemeinschaftsentwürfe in der Übergangszeit (Adam Müller und Clemens Brentano), in: Athenäum, Sonderheft: Romantisierung von Politik. Historische Konstellationen und Gegenwartsanalysen (2022), 85–110.
517 Vgl. Strobel, Ein hoher Adel von Ideen, 328.
518 Vgl. Jochen Strobel, Die Semantik des Aristokratischen in der Politischen Romantik und in der Literatur der Inneren Emigration, in: Vielheit und Einheit der Germanistik weltweit, 49–54, hier: 49.
519 Monika Wienfort, Selbstverständnis und Selbststilisierung des deutschen Adels um 1800, in: Kleist Jahrbuch (2012), 60–76, hier: 61.
520 Strobel plädiert für eine Neujustierung geschichtlicher Grundbegriffe, denn ‚Adel' sei weder eine rein ästhetische noch eine rein historisch-politische Kategorie; stattdessen müsse aus der geschichtlichen Begriffsbildung eine umfassende historische Semantik entwachsen, die auch die Metapher- und Metonymiebildungen inkludiere. Strobel verortet die Idee des Adels somit im Grenzbereich von Poesie/Literatur und Politik. Vgl. Jochen Strobel, „‚...den letzten Rest von Poësie.' Historische und literarische Semantik eines kulturellen Schemas am Beispiel von ‚Adel' in der Moderne. in: KulturPoetik 12/2 (2012), 187–207, hier: 198.
521 Wienfort, Selbstverständnis und Selbststilisierung des deutschen Adels um 1800, 62.
522 Vgl. Wienfort, Selbstverständnis und Selbststilisierung des deutschen Adels um 1800, 60.

Machtgewinn (oder -verlust), sondern auch um symbolisches Kapital und kulturelle Exklusivität, die im Zuge von Abwanderungsbewegungen ins bürgerliche Milieu verloren zu gehen drohten.[523] Dem Adelsstand sollte durch seine Poetisierung auch politisch wieder Legitimation verschafft werden. So gibt Müller in seinen *Elementen der Staatskunst* der monarchischen gegenüber der republikanischen Verfassung den Vorzug[524] und bindet explizit den Adel in die Rolle eines „lebendigen Repräsentanten des Gesetzes"[525] ein. Wie weiter oben bereits zitiert wurde, sei für Müller ein „unvollkommenes, lebendiges Gesetz besser als ein noch so logisches, künstliches, aber todtes Gesetz"[526], womit selbst eine tyrannische Herrschaft[527] legitimiert wird. Begründet wird diese politische Privilegierung durch eine Apotheose des Adels: Als „göttliche Institution"[528] vermag er es, die dauerhafte, unsterbliche Macht und organische Ganzheit des Staates lebendig zu repräsentieren. Der Adel, genauer gesagt: die Adelsfamilie, die das Ideal der „Staats-Familie"[529] verkörpere, verspreche das Abbilden längerfristiger historischer Kontinuität:

> Einer Familie hat man die Repräsentation des Gesetzes übertragen, deren Oberhaupt das Interesse des Augenblicks und das der Jahrhunderte in einem hohen Grade in sich vereinigt, und nun selbst lebendig am besten dazu geeignet ist, zwischen den Abwesenden und den Gegenwärtigen, zwischen den Familien und den Einzelnen, zwischen der Ewigkeit und dem Augenblicke zu vermitteln.[530]

Der Adel repräsentiert das Prinzip der Genealogie, wie auch Strobel gezeigt hat.[531] Damit garantiert er die intergenerationelle Bindung einer Gemeinschaft. Dies wird deutlich in Müllers Idealisierung der Familie in ihrer staatstragenden Bedeutung. Weil aber gerade das Prinzip des Geburtsadels nach dem Untergang des *ancien régime* politisch fragwürdig wurde, auch im Umfeld der politischen Romantik, wird die Adelsgenealogie in den literarischen Texten durch transzendente Begründungsmuster vertieft, wie wir in den Restaurationsgeschichten

---

523 Vgl. Strobel, Ein hoher Adel von Ideen, 319.
524 Vgl. Müller, Elemente der Staatskunst, 177.
525 Vgl. Müller, Elemente der Staatskunst, 179.
526 Vgl. Müller, Elemente der Staatskunst, 175.
527 Müller schreibt tatsächlich, es sei völlig gleich; zwischen der Willkür des Tyrannen und dem formalen Gesetz bestehe kein Unterschied. Vgl. Müller, Elemente der Staatskunst, 172.
528 Müller, Elemente der Staatskunst, 183.
529 Müller, Elemente der Staatskunst, 178.
530 Müller, Elemente der Staatskunst, 179. Müller verknüpft also „Adel" und „Zeit" miteinander. Vgl. hierzu auch Strobel, Ein hoher Adel von Ideen, 324–326.
531 Vgl. Strobel, „...den letzten Rest von Poësie", 206.

Arnims und Brentanos gesehen haben.[532] Traditionelle semantische Merkmale des Adels bestimmen hier die Poetik der Texte selbst, konkret: Genealogien in den Familien adeliger Helden verweisen auf Textgenealogien. Denn der Adel garantiert mit der ständischen auch narrative Ordnung, Chronologie und Linearität.[533] Das genealogische Moment taucht somit auch in Hinblick auf die Gattungsfrage auf, wenn es darum geht, welche Gattung(en) – oder besser: Schreib- und Erzählweisen – zeitliche Genealogie(n) abzubilden vermögen. So ist das Moment der gestörten Genealogie, die nie vollständig wiederhergestellt werden kann, ein Narrativ, das sich in den hier ausgewählten Restaurationserzählungen besondere Geltung verschafft.

In *Die Schachtel mit der Friedenspuppe* ermöglichen es die Revolutionsunruhen, dass ein Jakobiner und ein Jude die Adelsgenealogie unterbrechen und sich gesellschaftliche Positionen ‚erschleichen' können, die ihnen durch Geburtsrecht vermeintlich nicht zustehen. Störung und Restitution der Genealogie tauchen auch in Brentanos Fragment gebliebener *Erzählung aus der Französischen Revolution* auf,[534] in der es um die Gegenüberstellung bürgerlich-republikanischer und aristokratischer Ordnungen und Semantiken geht. Arnim

---

532 Auch Müller unterscheidet zwischen der „Idee Adel" und dem „Begriff Adel", wobei der Adel als Idee göttliche Züge trägt und der bloße Begriff, der hier für überkommene, d. h. nicht mehr politisch realisierbare Privilegien steht, einem Götzen gleichgestellt wird. Vgl. Müller, Elemente der Staatskunst, 117.

533 Vgl. Strobel, Ein hoher Adel von Ideen, 330. Zugleich spricht die Inkonsistenz und die Widersprüchlichkeit des Erzählten (bei Arnim) dafür, dass Müllers „Adelsoptimismus" so nicht mehr haltbar ist, sondern die kontinuierliche Linie „einer Vielzahl möglicher Konstellationen" weichen muss, die sich spielerisch narrativ entfaltet. Vgl. Strobel, Ein hoher Adel von Ideen, 331. Strobel bezieht sich auf Arnims Roman *Gräfin Dolores*. Aber auch die hier analysierten kürzeren Erzählungen setzen dieses Prinzip einer verunmöglichten vollständigen Rückkehr zur Imago einer Ursprungslinie ins Werk. Dafür spricht erstens die Vielzahl an unbedeutend erscheinenden Nebensträngen, die von der erzählerischen ‚Hauptlinie' abweichen, z. B. in *Seltsames Begegnen und Wiedersehen*; zweitens, dass sich ‚Adel' vielmehr als ‚edler Charakter' manifestiert bzw. bewähren muss und somit eine ästhetische Kategorie bildet; und drittens das Aufgehen in der nationalen Idee, wenn eine Wiederherstellung der alten Familien- und Liebesbeziehungen nicht mehr möglich ist, z. B. in *Die Einquartierung im Pfarrhause*.

534 Sichere Gründe, warum Brentano die Erzählung abgebrochen hat, sind nicht bekannt. Arnim vermutet, dass Brentanos eigene Kindheitserinnerungen in die Erzählung miteingeflossen sind. Vielleicht ist also eine schmerzhafte autobiographisch geprägte Überidentifikation ein Grund für den Abbruch des Manuskripts. Hierfür spricht, dass auch die motivisch ähnliche *Chronica* Fragment geblieben ist. Vgl. Kluge, Kommentar, 753–791, hier: 758 f. Frühwald vermutet indes, die Geschichte habe aufgrund des ihr innewohnenden Potenzials zum „Weltepos" die (Gattungs-)Grenzen des Erzählbaren gesprengt. Vgl. Frühwald, Achim von Arnim und Clemens Brentano, 153.

hat nicht nur Korrekturen an Brentanos Fragment gebliebenem Manuskript vorgenommen, sondern sich auch an einer Fortsetzung versucht, von der zwei Fassungen erhalten sind und deren Materialien als *Melusinen*-Fragment veröffentlicht wurden.[535] Arnims Versuch einer Fortsetzung von Brentanos Erzählfragment gilt als einziger – wenn auch gescheiterter – kollektiver Dichtungsversuch der Freunde und fällt mutmaßlich nicht in das letzte Lebensjahrzehnt Arnims, wie bisher angenommen wurde, sondern in die Phase ihres gemeinsamen Aufenthaltes in Wiepersdorf, während dessen auch *Die Schachtel mit der Friedenspuppe* entstand.[536] Diese entstehungsgeschichtlichen Details bestätigen den Ansatz, die hier angeführten Erzählungen unter einer gemeinsamen narrativen Folie zu analysieren, nämlich der der romantisch-restaurativen Gemeinschaftsbildung.

Dafür spricht auch, dass Brentanos *Fragment* zeitgleich mit seinem Aufsatz über eine *Gesellschaft für deutsche Schrift und Kultur* in der zweiten Hälfte des Jahres 1814 niedergeschrieben worden sein könnte.[537] Der Aufsatz behandelt den Sinn und Zweck von Gemeinschaften und ist konkret von dem Gedanken getragen, wie eine Menge zu einer Gesellschaft und wie eine Gesellschaft zu einer Einheit werden kann – wofür Müller den Adel als vermittelnden Stand und als „Herz der Poesie"[538] verantwortlich zeichnet. Der Adel repräsentiert das Ganze des Staates und leistet somit einen Beitrag zur Romantisierung der Welt.[539] Wie gestaltet sich das konkret in dem *Melusinen*-Fragment?

Brentano schildert hier die Kindheitserinnerungen des jungen Elsässers Heinrich von Winningen, dessen Eltern sich über die Revolutionsereignisse entzweit hatten. Als entscheidendes Ereignis in der Rückschau erzählt er von einem kleinen „Geburtsfest", das seine Mutter ihm und seiner Zwillingsschwester in der Kindheit bereitet hatte. Die Mutter erzählt den Kindern dabei, „gereizt

---

535 Vgl. Kluge, Kommentar, 754.
536 Zur Entstehungsgeschichte, vgl. Kluge, Kommentar, 753 f.
537 Vgl. Kluge, Kommentar, 755 f.
538 Strobel, „…den letzten Rest von Poësie", 206.
539 Vgl. Strobel, Ein hoher Adel von Ideen, 328. Das romantische Projekt erscheint insgesamt als ein Versuch, die moderne Ausdifferenzierung gesellschaftlicher Teilsysteme – mittels organologischer Prinzipien – zu reintegrieren. Vgl. Strobel, Ein hoher Adel von Ideen, 320, 327. Niels Werber deutet diesen Paradigmenwandel gewissermaßen als *backlash*: Das Programm ausdifferenzierter literarischer Kommunikation, das er insbesondere an Tieck, Eichendorff und Friedrich Schlegel aufzeigt, habe als Errungenschaft der Moderne mit der Hinwendung zum Katholizismus vieler Romantiker auch zu einer ästhetischen Regression geführt (was sich etwa im Verlust an Ironie zeige). Werber spricht hier in Bezug auf den Wandel von Friedrich Schlegels ehemals politisch progressiver Position zum politischen und publizistischen Konservatismus sogar von ‚Renegatentum'. Vgl. Werber, Literatur als System, 201 f.

von der damaligen Lage Frankreichs", „von ihren Vorfahren [...], welche aus dem Hause Lusignan herstammten, das sich eines mythischen Ursprungs in der Nymphe Melusine rühmt" (MF, 367 f.).[540] Dazu präsentiert sie den Kindern zwei besondere Requisiten:

> Sie besaß eine alte Handschrift von dem Roman der Melusine mit wunderschönen Miniaturen aus der Verlassenheit ihrer Eltern, und außerdem einen großen Stammbaum auf Pergament, auf welchem auch unten diese Sirene abgebildet war, wie sie sich von ihrem Gemahl [Auslassung im Text, L. L.] trennt, weil er seinen Schwur sie an den Tagen, da sie eine Fischgestalt hatte, nicht zu belauschen, gebrochen hatte, Auf diesem Stammbaume waren die Gesichtsbilder aller ihrer Vorfahren aus jeder Zeit nach ihrer Tracht aus Blättern und Blumen hervor sehend bunt gemalt. [...] Die gute Mutter rollte den schönen Bilderbaum, wie wir ihn nannten nach und nach vor uns auf. Zuerst sahen wir nichts als die Meerfei Melusina, und hörten ihre Geschichte mit kindischem Entzücken. Dann rollte sie weiter auf und erzählte uns einige Züge von jedem Bildchen, das in einer Blume saß, denn in solche waren immer die ausgezeichneten ihrer Vorfahren abgebildet worden. Als wir schon beinahe zum höchsten Gipfel gebildert hatten und die Grosvater und Grosmutter aus zwei Lilien schauend uns viele Freude gemacht hatten, sagte die Mutter: Wer kömmt nun? Du liebe Mutter, erwiederte meine Schwester Melusine; (MF, 368)

Die Geschwister sind erfüllt von „kindischem Entzücken", als der Vater eintritt (MF, 368). Die Zäsur, die der Vater für die Familiengeschichte darstellt, kommt durch eine Art Zeugma zur Geltung, als die Mutter die beiden Kinder danach fragt, wer im Stammbaum als nächstes kommt: „Du liebe Mutter, erwiderte meine Schwester Melusine; ich aber sagte, der Vater kömmt und wendete mich gegen die Thüre, denn ich hörte seinen raschen und festen Schritt der Treppe herauf" (MF, 368). Während die Schwester die Mutter als nächstfällige Nachkommin in der Stammbaumfolge identifiziert, stellt der Sohn situativ fest, dass der Vater gerade hereintritt. Dieser spricht die Mutter, „eine geborne Marquise", sodann „zum erstenmahle" als „Citoyenne" (MF, 369) an, unterbricht also in seinem revolutionären Eifer die Familiengeschichte in zweierlei Hinsicht: als Erzählung (der Mutter) und als Abstammungsfolge.

Der Stammbaum führt in die vorhistorische Vergangenheit, verbürgt somit Geschichte aus einem vorgeschichtlichen, den Menschen vorausliegenden Schicksalsgrund. Zugleich verbürgt die uralte Vergangenheit auch die Zukunft. Denn auf dem Stammbaum ist, gleich einer Vorhersage, mit der Geschichte Melusines, deren Gemahl Raimondin den (Ehe-)Schwur bricht, auch das künfti-

---

[540] Zitate aus Clemens Brentano, Fragment einer Erzählung aus der Französischen Revolution, in: FBA 19, 359–381 werden im Folgenden direkt im Fließtext in Klammern und unter Angabe der Sigle (MF = *Melusinen*-Fragment) und der Seitenzahl wiedergegeben.

ge Schicksal der Familie abgebildet. Dabei war der Schwur eine Praxis, die durch die Revolution enorme Verbreitung gewonnen hatte und den Höhepunkt der Festrituale darstellte.[541] Als Gründungsakt stand er für eine neue republikanische Assoziationsform (wie z. B. des bereits erwähnten Göttinger Hains), die soziale Bindung durch einen quasi-Vertrag zwischen freien und gleichen Bürgern ermöglichte.[542] Dem wird der – hier in die mythische Geschichte transponierte – eheliche Treueschwur gegenübergestellt, der das Sakrament der Ehe repräsentiert. Wie Raimondin den Schwur gegenüber Melusine bricht, kündigt sich hier an, dass der Vater den Schwur gegenüber der Mutter brechen wird zugunsten des republikanischen Eides. Vollends explizit wird diese Vorhersage am oberen Ende des Stammbaumes:

> [D]a war meine Mutter in eine Lilie sitzend abgemalt, und ich und meine Schwester waren auch sehr lieblich auf zwei Knospen sitzend abgebildet, und die Mutter deckte uns mit einem Schilde vor einer dreifarbigen Schlange, welche eine rothe Mütze im Maule tragend sich an dem äußersten Gipfel emporringelte. Sie hatte uns beide und die Schlange selbst drauf gemahlt. (MF, 370 f.)

Die Schlange in der Tricolore und mit der *bonnet rouge*, der roten phrygischen Mütze, den beiden wichtigsten Revolutionsinsignien,[543] steht hier, wie die Mutter dem fragenden Vater antwortet, für den von der Revolution verführten Vater, vor dem die Mutter die Kinder mit dem Schild, Insignie des alten Adelsstandes, zu schützen sucht. Der Vater weist dies „kalt" zurück und deutet die Symbolik im alttestamentlichen Sinne um, um sie auf die Verführung der Frau (im Paradies) zu beziehen (MF, 371). Wie in der *Schachtel mit der Friedenspuppe*, wo mit der Errichtung der Kapelle die geschändete Jungfrau Maria wieder in ihr Recht gesetzt wird und die Schlange zertritt, wendet Brentano die Schlange auf die Verführung durch die Revolution an, die für ihn die ‚Ursünde' der neueren, wenn nicht zu sagen: der modernen Geschichte ist. Anders gesagt: Die Französische

---

541 Vgl. Bronisław Baczko, Politiques de la Révolution française, Paris 2008, 77–80.
542 Zum Eid als bürgerlicher Initiationsritus, vgl. Mohagheghi, Fest und Zeitenwende, 133–140. Allgemein zum politischen Eid in der Moderne, vgl. Paolo Prodi, Der Eid in der europäischen Verfassungsgeschichte. Zur Einführung, in: Glaube und Eid. Treueformeln, Glaubensbekenntnisse und Sozialdisziplinierung zwischen Mittelalter und Neuzeit, hg. von dems., München 1993, S. VII–XXIX.
543 Zur Ikonographie der Revolutionäre, vgl. Kluge, 789 sowie zur Umkehrung der revolutionären Symbolsprache durch Brentano: ders., Namen und Bilder. Ergänzungen zur Edition von Brentanos Erzählungen mit Motiven aus der französischen Revolution, in: Jahrbuch des Freien deutschen Hochstifts (1992), 205–212.

Revolution erscheint als (unheilvolles) Initium einer neuen, zweiten Geschichte, analog zum Austritt aus dem Paradies, dem ersten Beginn der Geschichte.[544]

Im Gespräch der Eheleute werden daraufhin der adlige Stammbaum und der „freie[ ] Boden" des republikanischen Vaterlandes gegenübergestellt. Der Stammbaum stellt das Prinzip organischen ‚Eingeborenseins' in die (Familien-)Geschichte dar. Daher bestreitet die Mutter, die von der Anrede als „Citoyenne" gekränkt ist, dass eine Citoyenne „auf solchem Baume gewachsen" sein könne (MF, 369). Der Vater empfiehlt der Mutter darauf, wie eine Frucht vom Stamm abzufallen, um „ein neuer Stamm" (der revolutionären Nation) zu werden (MF, 369), und nimmt sodann den Sohn zum Freiheitsbaum mit („ich will dich zu einem lebendigen Baum führen", MF, 371), um dort den Stammbaum verbrennen zu lassen.[545]

Den Freiheitsbaum treffen Vater und Sohn auch mit den Zeichen vor, die die Mutter auf dem Stammbaum in unheilvoller Voraussicht schon gemalt hatte: „mit der rothen Mütze drauf und von tausendfärbigen Bänder durchwimpelt" und zudem „von einem weiten Kreiße vieler Menschen jedes Alters, Geschlechtes und Standes, die sich einander bei den Händen gefasst hatten, umtanzt wurde" (MF, 371). Dabei spielt man das wahrscheinlich bei den Vorbereitungsarbeiten des Föderationsfestes entstandene populäre Revolutionslied Ça ira.[546] Als „Kind und betäubt von dem Tumult" wirft der Sohn den „Herrlichen Bilderbaum der Mutter" ins Feuer, gleich danach von Jammer darum ergriffen, und sieht „die gute Meerfrau Melusine sich in den Flammen winden" (MF, 372). Der Schmerz des Kindes wird sodann von der Oberflächlichkeit des

---

544 Kluge hebt in seiner Analyse noch stärker auf das Moment der verlorenen Kindheit ab, die er mit der Vertreibung aus dem Paradies parallelisiert. Er analysiert die „Schlange als Verführerin [...] im Bild einer geschichtlichen Kraft, der Revolution", die Chaos in das friedvolle Familienleben bringt. Vgl. Kluge, Brentanos Erzählungen 1810–1818, 120. Die Revolution wird somit als „Wiederholung des Sündenfalls" interpretiert. Vgl. Gerhard Kluge, Brentanos Fragment einer Erzählung aus der Französischen Revolution, in: Textkritik und Interpretation. Festschrift für Karl Konrad Polheim zum 60. Geburtstag, hg. von Heimo Reinitzer, Bern 1987, 285–305, hier: 297.
545 Der Freiheitsbaum stellte seit Beginn der Revolution ein spontanes feierliches Ritual dar, das sich schnell verbreitete. Er beerbte den Maibaum aus volkstümlicher Tradition, wurde häufig an der Stelle der entfernten Wetterfahne gepflanzt und ermutigte das ausgelassene Tanzen, insbesondere der Carmagnole, um ihn herum; somit stellte er eine Festpraxis ‚von unten' dar, die den neuen revolutionären Enthusiasmus ikonisch zur Schau stellte. Vgl. Mohagheghi, Fest und Zeitenwende, 190. Zur Symbolik des Freiheitsbaumes, vgl. außerdem Kluge, Kommentar, 790.
546 Vgl. Adelheid Coy, Die Musik der Französischen Revolution. Zur Funktionsbestimmung von Lied und Hymne, München 1978, S. 68. Zum Carmagnoletanz, vgl. Kluge, Kommentar, 790.

Carmagnoletanzes übertönt: „und da der Kreistanz, dem sie sich anschloß, wieder begann muste ich mittanzen und mein Geschrei wurde von dem allgemeinen Getümmel übertobt" (MF, 372).

Diametral entgegengesetzt ist diese Schilderung dem Suizid Dumoulins in *Die Schachtel mit der Friedenspuppe*, dessen Schuss in der allgemeinen Freude des Friedensfestes und den Feuerwerksschüssen untergeht. Die ideologische Dichotomie arbeitet Brentano in streng symmetrischen Entgegensetzungen von Motiven, Zeichen und Dingen literarisch ein, bis in die Ebene des narrativen Aufbaus. Während in *Die Schachtel mit der Friedenspuppe* das ins Kosmologische überhöhte Friedensfest den Schuss des ‚renitenten' (letztlich jegliche Gnade ablehnenden) Dumoulin übertönt, so übertönt das ‚grauenhafte' Revolutionsfest in seiner falschen und oberflächlichen Heiterkeit die Klagen des Kindes, die Anklage der Vorwelt, die sich in Gestalt der Melusine in den Flammen der neuen Zeit windet und wehklagt.

Diente in *Die Schachtel mit der Friedenspuppe* die satirische Beschreibung des jakobinischen Schauspiels dazu, es dem ‚wahren' restaurativen Friedensfest zum Jubiläum der Leipziger Schlacht gegenüberzustellen und die Dichotomie von ‚wahrer' Restauration und ‚falscher' Revolution zu untermauern, nimmt das Revolutionsfest im *Fragment einer Erzählung aus der Französischen Revolution* einen größeren Raum ein. Wie in *Die Schachtel mit der Friedenspuppe* geht der Riss auch hier durch die Familie: Der zum „eifrige[n] Republikaner" (MF, 367) gewordene Vater ist der Grundstein eines ehelichen Zwistes, der auch zur Trennung der Zwillingskinder führt, indem die Mutter mit ihrer Tochter vor dem Mann flieht. Der ‚Entnabelung' des Vaters, der in einem gleichmachenden Ritual[547] mit seiner Herkunft abschließt, wird die uralte Linie der Mutter gegenübergestellt, die ins Vorhistorische und Mythische veredelt wird. Diese Abstammung wird durch das besondere Requisit des Stammbaums verkörpert.

Zerstörung von adligen Insignien in den festlichen Ritualen der Revolution nehmen einen entscheidenden Platz in der Erzählung ein. Brentano zählt dabei die gängigen Elemente der Feste auf. Der Vater verbrennt „seinen Adelsbrief und seine Wappen unter dem Freiheitsbaum" als „Opfer seiner fanatischen Meinung", wie der Sohn dies in der Rückschau beurteilt (MF, 367). Dabei ist Brentanos Darstellung eines öffentlichen Festes, auf dem Adlige ihre Urkunden verbrennen und sich zur Republik bekennen, tendenziös. Zwar ist historisch überliefert, dass 1793 mit dem Dekret über die Abschaffung der Feudallasten ein

---

547 Nach Kluge besiegelt die Verbrennung des Stammbaums als gleichmachendes Ritual den Verlust von Freiheit, weil der Junge Zeit seines Lebens Schuld am Weggang seiner Mutter empfindet. Vgl. Kluge, Brentanos Erzählungen 1810–1818, 122.

Befehl erlassen wurde, alle Urkunden zu verbrennen, in denen die Rechte und Privilegien der Adligen aufgezeichnet waren. Dies geschah aber vor allem im Zuge der ausbrechenden Bauernunruhen und in der Regel waren es die Bauern, die die Pergamente ins Feuer warfen, nicht die Adligen selbst.[548]

Brentano bedient sich noch einer weiteren historischen Ungenauigkeit, indem er die Marquise an mythische Familienverhältnisse anstatt an politische Gesetze und Bürgerrechte glauben lässt.[549] Er schließt hier mit dem romantischen Melusinen-Motiv an mittelalterliche Traditionen an, wo die Sagengestalt in höfischen Romanen als Ahnfrau von Familien verchristlicht wurde. Diese Tradition verlor sich aber bereits in der Neuzeit. Dass der Stammbaum dennoch authentisch die Herkunft der Familie verbürgen kann, ist allein dem binnenliterarischen narrativen Moment geschuldet: Erst das mündliche (Wieder-)Erzählen der Sage durch die Mutter verlebendigt den Stammbaum als authentisches Geschichtszeichen und versinn(bild)licht die Tradition, in der das Familienleben steht. Dieses reicht durch seine „Beziehung zur Melusinensage bis ins Vorgeschichtlich-Mythische, in eine metaphysische dauernd, präsente Zeittiefe hinab", so Kluge, und also in die Imago einer harmonischen Kindheit.[550] So wirkt das Erzählen der Familiengeschichte als Gegenüberstellung von zeitloser Tradition und geschichtsloser Gegenwart, in der die Marquise nur mehr *citoyenne* ist, das Zeugnis einer erlesenen, mythisch verklärten Herkunft im Feuer der Vernunft verbrannt und der Sohn zugleich seiner Kindheit beraubt wird.

Im *Melusinen*-Fragment wird auf diese Weise ein Gefühl erzählt, das – vor dem Hintergrund der ästhetischen und politischen Neusemantisierung von ‚Adeligkeit' – den Bezug auf mythische Überlieferungen und Adelsgenealogien

---

548 Vgl. Kluge, Kommentar, 788.
549 Wie auch Wienfort gezeigt hat, zeigte sich insbesondere an den Frauen die ‚Kostbarkeit' des Adels. Diese Vorstellung ging nicht selten einher mit misogynen Stereotypisierungen: Aristokratinnen galten als arrogant gegenüber Bürgerlichen. Die existenzielle Kehrseite dieser projektiven ‚Kostbarkeit' bestand darin, dass Frauen alle Rechte und Privilegien verloren, heirateten sie in den bürgerlichen Stand ein. Vgl. Wienfort, Selbstverständnis und Selbststilisierung des deutschen Adels um 1800, 68 f. Diese ‚Kostbarkeit' zeigt sich auch daran, dass sich im *Melusinen*-Fragment eben Mutter und Vater, Frau und Mann, gegenüberstehen. Vgl. Frühwald, Achim von Arnim und Clemens Brentano, 153. Auch Claudia Steinkämper erkennt, dass bei Brentano oftmals die Frauen Trägerinnen des genealogischen Bewusstseins sind. Vgl. Claudia Steinkämper, Melusine – vom Schlangenweib zur „Beauté mit dem Fischschwanz". Geschichte einer literarischen Aneignung, Göttingen 2007, 293. Vgl. zum Melusinen-Motiv bei Brentano auch Oskar Seidlin, Von erwachendem Bewusstsein und vom Sündenfall: Brentano, Schiller, Kleist, Goethe, Stuttgart 1979, 120–154.
550 Für Kluge fallen Einheit des Mythos und Einheit der Kindheit zusammen. Vgl. Kluge, Brentanos Erzählungen 1810–1818, 119.

,wahrer' anmuten lässt als die feierliche Inthronisierung einer neuen bürgerlichen (Zeit-)Ordnung, die hier in Abgrenzung zu der positiv besetzten Verkettung von „Ehre, Seltenheit, Reinheit der Abkunft, das heißt: reiner Familienzusammenhang, Selbstrekrutierung, Standesbewusstsein"[551] gesetzt wird. So erfährt Adeligkeit bei Müller und Brentano eine Wiederbelebung als poetische „Idee"[552]: bei Müller durch die theoretische Synchronisierung von Poesie und Staatstheorie[553] und bei Brentano in der Figur der ‚göttlichen' Mutter, die durch das Erzählen die Erinnerung an eine mythische Zeit wachhält. Anstatt einen revolutionären Zeitenumbruch zu feiern, wird projektiv „unter allen Umkehrungen und Umwälzungen dieser Zeit" das beschworen, was Müller für „das einzige dauernde und ewige Institut" hält – der Adel.[554]

Fazit

Das Sagenhafte – sowohl in seiner motivischen (Melusine) als auch medialen (erzählende Mutter) Funktion – kann in Brentanos *Fragment einer Erzählung aus der Französischen Revolution* als „Urform"[555] menschlicher Aussage und als spezifische, anthropologische Form von Realitätserfahrung und -erfassung auf der Ebene eines prärationalen und prägeschichtlichen Bewusstseins identifiziert werden.[556] Die genealogisch-familiäre Ordnung wird einerseits durch ihre

---

551 Strobel, Ein hoher Adel von Ideen, 324.
552 Müller, Elemente der Staatskunst, 185.
553 Vgl. hierzu auch Strobel, Ein hoher Adel von Ideen, 323, sowie ders., „…den letzten Rest von Poësie", 206.
554 So schreibt Müller wörtlich: „Es wird Sie befremden, ja ich selbst muß über mein Verhältnis zu ganz andern Ansichten und Gesinnungen der Zeitgenossen lächeln, wenn ich Ihnen diese Spur zeige und damit kundtue, was mir mein inniges Studium der Geschichte und Staatskunst gelehrt hat und was ich unter allen Umkehrungen und Umwälzungen dieser Zeit für das einzige und ewige Institut halte. – Es ist der Adel." Müller, Kritische, ästhetische und philosophische Schriften, Bd. 2, 132.
555 Ranke, Die Welt der einfachen Formen, 33.
556 Dieses Gefühl von Zeitlosigkeit findet sich auch prominent in Arnims Erzählzyklus *Der Wintergarten* (1809), wenn am Ende des fünften Winterabends und im Anschluss an die Romanze *Nelson und Meduse* Ahndungen eines „wunderbare[n] Zustand[es] ohne Gegenwart" seitens der Erzählgemeinschaft geäußert werden. Vgl. Achim von Arnim, *Mistris Lee* in der Sammlung *Der Wintergarten*, in: ArnDKV 3, 69–424, hier: 271. Vgl. zum *Wintergarten* im historischen Kontext sowie zu Arnims Novellistik auch Bettina Knauer, Im Rahmen des Hauses. Poetologische Novellistik zwischen Revolution und Restauration (Goethe, Arnim, Tieck, E. T. A. Hoffmann, Stifter), in: Jahrbuch der Deutschen Schillergesellschaft 41/1 (1997), 140–169, hier insbesondere 149–155.

poetische Anverwandlung den gegenwärtigen politischen Neuerungen übergeordnet, andererseits wird sie in ihrer ästhetischen Aura akzentuiert und von der Politik bedroht. Auch bei Müller wird die „ewige Freiheit der unsterblichen Staatsfamilie" der „augenblickliche[n] Freiheit der Bürger" übergeordnet.[557] Dem Adel wird also zugesprochen, geschichtlich-intergenerationell zu vermitteln: zwischen Augenblick und Ewigkeit, zwischen Zukunft und Vergangenheit.[558] Auch die Analyse von Arnims Erzählung *Melück Maria Blainville* hatte in dieser Hinsicht bereits illustriert, wie die Prinzessin aus dem Morgenland als Adlige und als mythisch-kulturelle Vorstufe das spezifisch-restaurative Konzept der Konservativen idealtypisch verkörpert.

Dass hingegen das antike republikanische Modell, nach dem sich die Französische Revolution (und auch die bürgerlichen Hainbündler) orientierten, von der politischen Romantik als eine moderne Staatstheorie abgelehnt wurde,[559] wird nicht zuletzt dadurch ausdrücklich, dass Müller in den *Elementen* die „immer neuen Reaktionen in dem fortschreitenden, lebendigen Volke" als „Gärungen" bezeichnet, als zufällig und unregelmäßig „anstatt des regelmässigen, des periodischen Lichtwechsels in den Monarchien"[560]. Die soziale Grundlage der politischen Romantik erweist sich damit nicht nur als dezidiert antibürgerlich.[561] Sie wertet auch die sich im bürgerlichen Ethos manifestierenden Werte von demokratischer Gemeinschaft(lichkeit) um.

---

557 Vgl. Müller, Die Elemente der Staatskunst, 178.
558 Vgl. Müller, Die Elemente der Staatskunst, 179.
559 Vgl. Strobel, Ein hoher Adel von Ideen, 323.
560 Müller, Die Elemente der Staatskunst, 177.
561 Vgl. Strobel, Ein hoher Adel von Ideen, 332. Vgl. hierzu auch Georg Lukács, Die Romantik als Wendung in der deutschen Literatur [1945], in: ders., Kurze Skizze einer Geschichte der neueren deutschen Literatur, Neuwied 1975, 65. Georg Lukács hatte postuliert, die soziale Grundlage der Romantik sei – zumindest von ihren Inhalten her – bürgerlich.

5 Nachgeschichte: Die finsteren Fiktionen der politischen Romantik

Walter Benjamin unterscheidet in seinem Kunstwerk-Aufsatz zwischen Ästhetisierung der Politik, die der Faschismus betreibe und Politisierung der Kunst, mit der der Kommunismus antworte.[1] Während die Politisierung der Kunst eine proletarische Kunst impliziere, die ein Klassenbewusstsein schaffen und als revolutionäre Forderung konkreten Widerstand gegen die vorherrschenden Besitz- und Arbeitsverhältnisse artikulieren soll, gehe die Ästhetisierung der Politik im Gegenzug mit einer Proletarisierung der Massen einher, die zum symbolischen Ausdruck kommen sollen, nicht aber zu ihrem politischen Recht.[2] Siegfried Kracauer hat diesen Gedanken an der ästhetischen Figur des (Massen-)Ornaments und am Beispiel der ‚Tillergirls', einer populären Revuetruppe der 1920er-Jahre, veranschaulicht. Die Tillergirls seien als Teil der US-amerikanischen Unterhaltungsindustrie keine einzelnen Menschen mehr, sondern unauflösliche Menschenkomplexe, Massenglieder.[3] Das von den Trägern abgelöste Ornament besteht zwar aus geometrischen Formen, doch bleibt diese Abstraktion im Mythologischen verhaftet, das von den sinnentleerten, doch affektiv aufgeladenen Massenornamenten bedient wird.[4] Die politische Gefahr des Ornaments besteht dann in dem Potenzial, selbst zum unbewussten Träger von Massenaffekten, Ideologien und Kulten zu werden – zur Chiffre für den Faschismus. Durch Ästhetisierung kann im Faschismus also einer Idee wie dem Patriotismus, d. h. der Liebe zur eigenen Nation, Ausdruck verliehen werden, ohne dass sie konkret als politisch – und somit auch nicht als Propaganda – identifiziert würde. Nach Benjamin verfolgt die Ästhetisierung der Politik, also

---

[1] Vgl. Benjamin, Das Kunstwerk im Zeitalter seiner technischen Reproduzierbarkeit, 382.
[2] Vgl. Benjamin, Das Kunstwerk im Zeitalter seiner technischen Reproduzierbarkeit, 382.
[3] Vgl. Siegfried Kracauer, Das Ornament der Masse [1927], in: ders., Das Ornament der Masse, Frankfurt a. M. 2014, 50–63, hier: 51.
[4] Siegfried Kracauer spricht hier von einer falschen Abstraktheit, die gerade nicht einen vollendeten Zustand der Rationalisierung im Sinne menschlicher Vernunft erreicht habe, sondern einen leeren Formalismus darstelle, der sich Selbstzweck sei und die Rationalisierung des kapitalistischen Produktionsprozesses spiegele. Die abstrakten Formen des Massenornaments stellen so eine „bare *rationale Leerform* des Kultes" dar. Dass die Massenbewegungen der Tillergirls als Liniensystem nichts Erotisches mehr meinen, sondern allenfalls den Ort des Erotischen bezeichnen, wie Kracauer schreibt, bedeutet also nicht, dass sie keine erotischen Gefühle erzeugten – oder im Rahmen von Militärparaden patriotische. Vgl. Kracauer, Das Ornament der Masse, 61, 52.

z. B. in Militärparaden, Propagandakunst, sonstigen Artefakten und Kulten der Zugehörigkeit, einzig und allein das Ziel, zum Krieg zu mobilisieren.[5]

Wenn wir uns nun abschließend die Frage stellen, wie die politische Romantik als ästhetische und/oder politische Formation zu betrachten ist, so muss – frei nach Walter Benjamin – konstatiert werden, dass sie weniger die Kunst politisierte, als dass sie das Politikverständnis ästhetisierte. Um dieser Überlegung nachzugehen, sollen im folgenden Kapitel zwei Schlüsseltexte der Romantikrezeption in Hinblick auf das Verhältnis sowohl von Ästhetik und Politik als auch von ästhetischer und politischer Gemeinschaftsbildung genauer betrachtet werden: zum einen Heinrich Heines *Die romantische Schule*, ein Schlüsseltext für die Romantikrezeption des Vormärz, wo die Begriffsgenese der politischen Romantik einsetzt; zum anderen Hugo von Hofmannsthals *Das Schrifttum als geistiger Raum der Nation*, das wohl berühmteste Manifest der Konservativen. Abschließend soll diskutiert werden, inwieweit die politische Romantik ein sogenanntes ‚ästhetisches Regime' darstellt, in dem die politische und die ästhetische Intervention untrennbar miteinander verwoben sind. Und ausblickend muss die Frage gestellt werden, ob sich gerade dieses gemeinsame Moment politischer und ästhetischer Intervention besonders leicht rechtsreaktionär unterwandern lässt.

5.1 Die Romantikrezeption im Vormärz. Heinrich Heines *Die romantische Schule*

Während David Friedrich Strauss in der romantischen Begeisterung für das Vergangene nur ein Symptom von Zeitangst erkennen konnte, ist Heinrich Heines Bild der Romantik ambivalenter. Seine Schrift *Die romantische Schule* (1836) wird als erste auf methodischen Kriterien basierende Romantik-Monografie gesehen.[6] Heines Rezeption kann herangezogen werden, um wohlwollendere Ansichten der jüngeren Romantikforschung zu problematisieren – vertreten

---

5 Vgl. Benjamin, Das Kunstwerk im Zeitalter seiner technischen Reproduzierbarkeit, 382. Wie dargestellt, bezeichnete Matala de Mazza Müllers Konzept der Staatskunst als Theorie des Krieges, denn Kriege gehörten im Sinne einer organischen Staatstheorie zur gesellschaftlichen Normalität. Vgl. Matala de Mazza, Der verfasste Körper, 298 f. Wir können diesen Gedanken aber für die Restaurationserzählungen ablehnen, so wie auch die faschistoiden Kriterien einer Ästhetisierung der Politik auf die politische Romantik nur bedingt zutreffen.
6 Manfred Windfuhr, Kommentar, in: Heinrich Heine, Die romantische Schule, in: ders., Historisch-Kritische Gesamtausgabe der Werke, Bd. 8/2, hg. von Manfred Windfuhr, Hamburg 1980, 1048.

etwa durch Benedikt Koehler, der in dem Bestreben, eine Nation zu gründen, politischen Protest erkennt.[7] Dabei war es nicht Heines Intention, eine kritische Abhandlung über die politische Romantik zu schreiben, wie es Carl Schmitt über achtzig Jahre später in Angriff nehmen sollte. Seine Polemik nährt sich nicht aus der Verurteilung vorgeblicher Prinzipienlosigkeit der Romantiker wie bei Schmitt, sondern aus dem Impetus einer „literarischen Abrechnung"[8] heraus: Das romantische Deutschlandbild, das die Französin Germaine de Staël in *De l'Allemagne* (1814) gezeichnet hatte, sollte nun aus der Perspektive eines Exildeutschen in Frankreich entzaubert werden. Was Heine hier in spottender Manier kritisiert, ist trotzdem aufschlussreich für das Verhältnis von Kunst und Politik. So dementiert Heine zunächst die verbreitete Einschätzung seiner Zeit, dass mit der Goethe'schen Kunstperiode auch die „aristokratische Zeit der Literatur" geendet und die „demokratische" begonnen habe:

> Die meisten glaubten mit dem Tode Goethes beginne in Deutschland eine neue literarische Periode, mit ihm sei auch das alte Deutschland zu Grabe gegangen, die aristokratische Zeit der Literatur sei zu Ende, die demokratische beginne, oder, wie sich ein französischer Journalist jüngst ausdrückte: ‚der Geist der Einzelnen habe aufgehört, der Geist Aller habe angefangen.'[9]

Dieser Trugschluss lässt sich aber auch rückdatieren auf die Zeit der Hochromantik. Denn bereits Adam Müller hatte, wie gezeigt wurde, mit dem „Geist aller" nie einen demokratischen Geist gemeint, sondern einen organischen Zusammenhalt, in dem der *demos* lediglich ‚kanalisiert' werden und durch eine gelenkte Opposition in Erscheinung treten sollte. Er lässt sich aber auch rückdatieren, insofern sich der Konflikt zwischen „aristokratischer" und „bürgerlicher" Kultur vor dem Hintergrund des volkspoetischen Paradigmenwechsels abspielte, also der Wiederentdeckung einer Literatur, die sich nicht an Gelehrte, sondern an das einfache Volk richten sollte.

In diesem Zusammenhang dominiert bei Heine Bewunderung für die romantische Volkspoesie; insbesondere *Des Knaben Wunderhorn* wird lobend

---

7 Vgl. Koehler, Ästhetik der Politik, 167. Allerdings muss Koehler auch einräumen, dass das Nazarenertum nur als ausgleichende Reaktion auf die Befreiungskriege gesellschaftspolitische Relevanz für sich beanspruchen konnte; im Kontext der Restauration, deren realpolitische Folgeerscheinungen ernüchternd wirkten, wirkte es veraltet. Vgl. Koehler, Ästhetik der Politik, 188.
8 Windfuhr, Kommentar, 1013
9 Heinrich Heine, Die romantische Schule [1836], in: Heines Werke in Einzelausgaben, hg. von Gustav Adolf Erich Bogeng, Hamburg/Berlin 1925, 1.

erwähnt.¹⁰ So attestiert Heine den alten Volksliedern einen „sonderbaren[n] Zauber", im Gegensatz zu der Kunstpoesie, die „diese Naturerzeugnisse nachahmen" wolle,

> in derselben Weise, wie man künstliche Mineralwässer verfertigt. Aber wenn sie auch, durch chemischen Prozeß, die Bestandteile ermittelt, so entgeht ihnen doch die Hauptsache, die unersetzbare sympathetische Naturkraft. In diesen Liedern fühlt man den Herzschlag des deutschen Volks.¹¹

Schon allein, dass die streitbare Position zwischen Volks- und Kunstpoesie von Seiten Arnims nicht ganz so eindeutig ausfällt (vgl. Kapitel 2.2.2) wie hier suggeriert wird, obwohl Heine doch intensive Kenntnis gerade von Arnim gehabt haben müsste,¹² stellt die Replik unter Nostalgieverdacht. Eine „unersetzbare sympathetische Naturkraft" hatte Arnim ja gerade nicht im Volk verortet, für ihn bedurfte es immer noch der synthetisierenden Kraft des romantischen Künstlers. Die alten Volkslieder mochten für *Des Knaben Wunderhorn* unersetzbar sein, un*zer*setzbar blieben sie bekanntlich nicht. Heine unterschlägt also bewusst, dass sich die Herausgeber einige Freiheit bei der Zusammenstellung genommen, sogar eigene Dichtungen unter die alten Volkslieder gemischt hatten. Zudem geht auch er bei seinen intertextuellen Verweisen strategisch selektiv vor und wählt teilweise versatzstückhafte Beispiele, also nur einzelne Strophen, die das Ideal von Volkspoesie in Reinform darzustellen scheinen.¹³

So muss die folgende Passage über die Übertragungswege des Volksliedes in ihrer idyllischen Hyperbolisierung wohl als Versuch einer Rehabilitierung der Romantik gelesen werden:

> Fragt man nun entzückt nach dem Verfasser solcher Lieder, so antworten diese wohl selbst mit ihren Schlußworten: ‚Wer hat das schöne Liedel erdacht? / Es haben's drei Gäns' übers Wasser gebracht, / Zwei graue und eine weiße.' Gewöhnlich ist es aber wanderndes Volk, Vagabunden, Soldaten, fahrende Schüler oder Handwerksburschen. Gar oft, auf meinen Fußreisen, verkehre ich mit diesen Leuten und bemerkte, wie sie zuweilen, angeregt von irgend einem ungewöhnlichen Ereignisse, ein Stück Volkslied improvisierten oder in die

---

10 Heine ist nicht nur ein früher Hauptrezipient des *Wunderhorns*, sondern hätte selbst beinahe als Beiträger für den dritten Band fungiert, was die Neutralität seiner Beurteilung mindestens zweifelhaft macht. Vgl. Windfuhr, Kommentar, 1367.
11 Heine, Die romantische Schule, 152.
12 Windfuhr gibt aber auch zur Erwägung, dass Heine offenbar für die Fertigstellung des späteren Arnim-Abschnitts zu Zitatzwecken nach zwei seiner Bücher verlangte, die ihm aber nicht zur Verfügung gestellt werden konnten. Vgl. Windfuhr, Kommentar, 1091 f.
13 Vgl. Herbert Clasen, Heinrich Heines Romantikkritik. Tradition – Produktion – Rezeption, Hamburg 1979, 127.

freie Luft hineinpfiffen. Das erlauschten nun die Vögelein, die auf den Baumzweigen saßen; und kam nachher ein andrer Bursch, mit Ränzel und Wanderstab, vorbeigeschlendert, dann pfiffen sie ihm jenes Stücklein ins Ohr, und er sang die fehlenden Verse hinzu, und das Lied war fertig. [...] Wer hat aber dieses Lied verfaßt? Eben so wenig wie von den Volksliedern weiß man den Namen des Dichters, der das ‚Nibelungenlied' geschrieben.[14]

Was Heine hier in indirekter Zitatform beschreibt, ist die Symbiose von Natur- und Volkspoesie, die ihren Ursprung jeweils in sich selbst tragen, *sich von selbst machen* sollen – ein Ausdruck von Jacob Grimm aus dem Briefwechsel mit Arnim im Streit um die Kunst- und Volkspoesie.[15] Auch erinnert die ganze idyllische Szenerie an die Grimm'sche Vision eines im Verborgenen dichtenden Volkes, wie sie u. a. in der Vorrede zu den Deutschen Sagen entworfen wird:

> [E]s ist auch hier bei den Sagen ein leises Aufheben der Blätter und behutsames Wegbiegen der Zweige, um das Volk nicht zu stören und um verstohlen in die seltsam, aber bescheiden in sich geschmiegte, nach Laub, Wiesengras und frischgefallenem Regen riechende Natur blicken zu können.[16]

Arnim indes schenkte den natürlichen dichterischen Fähigkeiten von „wandernde[m] Volk, Vagabunden, Soldaten, fahrende[n] Schüler[n] oder Handwerksburschen" weniger Vertrauen. Und auch hier lässt sich eine irritierende Uneindeutigkeit ausmachen: Indem Heine schließlich die Frage nach der Autorschaft stellt, spielt er nicht etwa auf eine Position Arnims an, sondern zitiert fast wortgetreu Jacob Grimm, der im Briefwechsel mit Arnim als Argument gegen die Kunstpoesie angebracht hatte, ihm sei kein Verfasser der Nibelungen bekannt:

> Die Poesie ist das was rein aus dem Gemüth ins Wort kommt, entspringt also immerfort aus natürlichem Trieb und angeborenen Vermögen diesen zu lassen, – die Volkspoesie tritt aus dem Gemüth des Ganzen hervor; was ich unter Kunstpoesie meine, aus dem des Einzelnen. [...] Mir ist undenkbar, daß es einen Homer oder einen Verfasser der Nibelungen gegeben habe.[17]

Dass Heine hier scheinbar die Positionen von Jacob Grimm und Arnim nicht trennscharf abgrenzt, lässt sich angesichts seiner genauen Kenntnis romantischer Ästhetik und auch im Kontext der allzu klischierten Darstellungsebene nicht als Lapsus, sondern als bewusste und gesteigerte Vermengung romantischer Vorstellungen von Volkspoesie werten. Heines Versuch einer Rehabilitierung des Ro-

---

14 Heine, Die romantische Schule, 159, 161.
15 Vgl. J. Grimm an Arnim am 20.5.1811, in: Steig 3, 118.
16 Jacob und Wilhelm Grimm, Deutsche Sagen, XVI.
17 J. Grimm an Arnim am 20.5.1811, in: Steig 3, 116.

mantischen, indem er mit dem *Wunderhorn* den romantischen Volksgeist in seinen reinförmigsten Ausprägungen zu illustrieren versucht, entlarvt die vermeintlich unumstößliche romantische Errungenschaft der Volkspoesie also schon immer als eine scheinbare. Das *Wunderhorn*-Lob lässt sich somit indirekt, weil nicht von Heine intendiert, mit dem eingangs angeführten Konflikt zwischen aristokratischer und demokratischer Literatur in Verbindung bringen. Denn Heine analysiert die Zusammenhänge von aufkommendem Nationalismus in Deutschland – der aber den aufbegehrenden ‚Volkswillen' keineswegs im demokratischen Sinne fasse – und der alten Autoritätshörigkeit, der aristokratischen Sehnsucht nach einer feudalen Ständegesellschaft nach mittelalterlichem Vorbild. Der deutsche Nationalismus müsse allein als Reaktion auf die napoleonische Fremdherrschaft bewertet werden, ausgehend von den Fürsten, denen der Appell an den Gemeinsinn der Deutschen nur Mittel zum Zweck gewesen sei.[18] Und das ist vielleicht die eigentliche Lehre, die sich aus dem historischen Vorbild ziehen lässt; das Vorgaukeln des Volksnahen bei eigentlicher Verachtung des Demokratischen.

Der speziell deutsche Patriotismus war also in Heines Augen nie ein richtiger, sondern ein aufoktroyierter und die Vereinigungsträume meinten nicht die Durchsetzung des Volkswillens, sondern einen *lenkbaren* Volkswillen. Er konnte nur in Abgrenzung zum ausländischen Patriotismus, zum Ausländischen als Fremdländisches schlechthin entstehen und ist von dieser Warte aus betrachtet kein Zeugnis von Liebe zur eigenen Nation, sondern vielmehr Zeugnis des Hasses auf die anderen. Deutschland habe also keinen positiven Nationenbegriff. Vorbereitet werden konnte dieser Kampf nach Heine nur in einer Schule, „die dem französischen Wesen feindlich gesinnt war und alles deutsch Volkstümliche in Kunst und Leben hervorrühmte" – der romantischen Schule.[19]

Heine bilanziert, die vermeintliche Emanzipation sei einzig damit verbunden gewesen, „enger Deutscher"[20] zu sein und nicht etwa Weltbürger oder Europäer. Er erkennt also das dezidiert Anti-Kosmopolitische, das mit dem spezifisch deutschen Patriotismus immer schon verbunden war. Nicht erst in Arnims und Brentanos Restaurationsnovellen manifestiert sich diese Beobachtung, wie wir gesehen haben, sondern bereits im *Wunderhorn*, das „alles Ausländische" kategorisch ausschloss.[21]

---

18 Vgl. Heine, Die romantische Schule, 28.
19 Vgl. Heine, Die romantische Schule, 30.
20 Heine, Die romantische Schule, 29.
21 Vgl. Brentanos Brief an Höpfner vom 20.5.1806, in dem Brentano Arnim zitiert; Darstellung in: Clemens Brentano, Sämtliche Werke und Briefe, Bd. 9.1: Des Knaben Wunderhorn. Teil 1. Lesarten, hg. von Heinz Rölleke, Stuttgart/Berlin/Köln/Mainz 1977, hier 19.

Wenn man nun bedenkt, dass auch die inflationär einsetzende Sammeltätigkeit von Volkspoesie in der Romantik teilweise von dem Verdruss herrührte, aus dem „Reichthum deutscher Dichtung in frühen Zeiten [...] nur Volkslieder, und diese unschuldigen Hausmärchen"[22] abzuschöpfen, während in anderen Ländern die Synthese von Volks- und Kunstpoesie zu einer Nationalpoesie vonstatten gegangen sei, wie die Brüder Grimm beklagen,[23] dann erscheint auch das Paradigma der Volkspoesie, wie die Erfindung des deutschen Patriotismus, unter dem Zeichen einer antidemokratischen Absetzbewegung. Dass die Entdeckung der ästhetischen Produktivität des vermeinten Volkes nicht mit einer Ermächtigung des Dritten Standes einherging, die soziale Grundlage der Romantik in Bezug auf das volkspoetische Paradigma also *nicht* politisch bürgerlich war, scheint nicht zuletzt vor diesem Hintergrund evident.

Nicht unerwähnt bleiben soll an dieser Stelle, dass Heine, für den die Verbindung von Politik und Literatur als politischer Schriftsteller und Journalist unerlässlich war, auch den romantischen Journalen keine demokratische Relevanz zuweist:

> Wir, die wir fast gar keine räsonnierende politische Journale besaßen, waren immer desto gesegneter mit einer Unzahl ästhetischer Blätter, die nichts als müßige Märchen und Theaterkritiken enthielten: so daß, wer unsere Blätter sah, beinahe glauben mußte, das ganze deutsche Volk bestände aus lauter schwatzenden Ammen und Theaterrezensenten.[24]

Das ‚Geschwätz' wird hier nicht im Feld des Politischen verortet, sondern im Ästhetischen. Während sich Müller dezidiert gegen politische Journale gerichtet hatte, beklagt Heine, dass diese zugunsten literarisch-kunstästhetischer Publizistik marginalisiert wurden. Gerade daraus resultiert die Problematik eines undemokratischen, mehr noch: eines unpolitischen Patriotismus. Das Ringen um einen deutschen Staat, die Sehnsucht nach kultureller Identität, die Wut über die französische Fremd- und Vorherrschaft wurden nicht nur (mehr oder weniger) publizistisch ausgetragen, in dem Sinne, dass die Zeitungen ein Medium für diese (mehr oder weniger) artikulierten Begehren gewesen wären – das ist so klar wie trivial. Vielmehr muss all das Ringen in einer Linie stehen mit dem Ringen um ein wahrhaftiges (politisches) Journal. Das zeigt Heines Seitenhieb auf die „Unzahl ästhetischer Blätter" zu einer Zeit, in der die Fürsten den Patriotismus ausriefen; das zeigt Müllers hartnäckiger Plan, eine Regierungs- und

---

22 Jacob und Wilhelm Grimm, Kinder- und Hausmärchen, IX.
23 Vgl. J. Grimm, Gedanken, 251 f.
24 Heine, Die romantische Schule, 101.

Oppositionszeitung zugleich herauszubringen; das zeigen die immer wieder aufkommenden, aber immer kurzlebigen Zeitungsprojekte und Herausgeberschaften der Akteure, die der politischen Romantik zuzuordnen sind: Müller, Arnim, Brentano, (Kleist), Friedrich Schlegel, Schleiermacher, Gentz, Görres.

5.2 Romantische Gemeinschaft auf dem Prüfstand. Hugo von Hofmannsthals *Das Schrifttum als geistiger Raum der Nation*

Hugo von Hofmannsthals Rede *Das Schrifttum als geistiger Raum der Nation*, die er im Januar 1927 an der Universität München hielt, gilt als Manifest der Konservativen, etablierte sie doch den Schlüsselbegriff der „Konservativen Revolution". Hofmannsthals Rede sieht ab von realpolitischen Forderungen und scheint ganz auf ein ästhetisch-geistiges Programm abzuheben. Sie ist somit – auch rückwirkend – ein Beispiel für die Geisteshaltung der politischen Romantik. An ihr lässt sich aufzeigen, was mit dem Benjamin'schen Prinzip gemeint ist, nicht die Kunst zu politisieren, sondern die Politik zu ästhetisieren.[25] Mit diesem Prinzip ist auch erklärt, warum sich die politische Romantik – und später auch Hofmannsthal – sowohl den Vorwurf eines unpolitischen Ästhetizismus als auch den einer undemokratischen politischen Agitation gefallen lassen müssen. Ein Rückbezug auf Hofmannsthal ist also an dieser Stelle wichtig, um erstens aufzuzeigen, dass beide Momente für die politische Romantik selbst kein Widerspruch waren, und zweitens, um die Bedeutung kleiner Formen in diesem Zusammenhang noch einmal zu betonen.

Für Hofmannsthal liegt der Geist der Nation, der Grund nationaler Gemeinschaft in der Sprache begründet, denn Schriften, d. h. „Aufzeichnungen aller Art", darunter auch Briefe, Denkschriften, Anekdoten, das Schlagwort oder „das politische oder geistige Glaubensbekenntnis, wie es das Zeitungsblatt bringt", gewährleisteten den geschichtliche Traditionsbestand (HvH, 24).[26] Es sind hier namentlich die kleinen Formen, denen Hofmannsthal attestiert, „zuzeiten sehr wirksam werden zu können" (HVH, 24) – Formen, die nicht offiziell Teil der literarischen Hochkultur, Nationalepen oder auch der Historiographie sind, sondern

---

25 Vgl. Benjamin, Das Kunstwerk im Zeitalter seiner technischen Reproduzierbarkeit, 382.
26 Zitate aus Hugo von Hofmannsthal, Das Schrifttum als geistiger Raum der Nation, in: ders., Gesammelte Werke, Bd. 10: Reden und Aufsätze III 1925–1929, hg. von Bernd Schoeller und Ingeborg Beyer-Ahlert, Frankfurt a. M. 1980, S. 24–41 werden im Folgenden direkt im Fließtext in Klammern und unter Angabe der Sigle (HvH) und der Seitenzahl wiedergegeben.

einerseits persönliche Kleinodien oder beiläufige Notizen,[27] andererseits politische Parolen oder zwischen Dichtung und Gesellschaftskritik oszillierende Denkbilder.[28] Diese kurzen, medial zirkulierenden, manchmal didaktischen, manchmal agitatorischen Formen prägen Literatur und (Großstadt-)Journalismus seit der Jahrhundertwende in besonderem Maße. Kleine Formen erweisen sich also abermals als unverzichtbare Zeitzeugen, in deren Medium sich – so wahrgenommene – Übergangszeiten erzählen lassen und die auch immer das Verhältnis zwischen der lesenden/medienkonsumierenden Bevölkerung und den Schriftsteller:innen reflektieren. Zudem offenbaren sie sich nach Hofmannsthal als Zeugnisse, an denen sich der Kulturbestand einer Nation ablesen lasse.

In diesem Zusammenhang thematisiert Hofmannsthal den Unterschied zwischen gemeinem Volk und Gelehrten – wie ihn auch die Romantiker (Arnim, Görres, W. und J. Grimm, vgl. Kapitel 2.2.2) ihrer Zeit als Abfall beschrieben –, der durch die Gemeinschaft gehe und nicht nur Volk und Nation, sondern auch deren Literatur scheide (HvH, 24). Hier befindet sich Hofmannsthal im Einklang mit Müller, der diesen sprachlich begründeten Riss in der Gemeinschaft auf Deutschlands brüchige Nationalgeschichte zurückgeführt hatte. Frankreich und seine Nationalliteratur werden hingegen bei beiden zunächst scheinbar lobend hervorgehoben. Dabei hätten gerade die Französische Revolution und die Verwerfungen der *Terreur* zu einem geistigen Einbruch in der deutschen Welt geführt, postuliert Hofmannsthal (HvH, 27). Dass „Sitte", „Herkommen", „Väterglauben", d. h. konservative Werte, ersatzlos zerstört wurden, habe die Deutschen in die Vereinzelung getrieben (HvH, 38). So konnte als (romantische) Reaktion auf die Revolution nur das Anheimfallen an „die schrankenlose Orgie des weltlosen Ich" folgen (HvH, 38) – was Carl Schmitt mit dem subjektivierten Okkasionalismus meint. In Deutschland seien die ‚stolze' „Einsamkeit", die Misanthropie und das Einsiedlertum zur kultur- und kunststiftenden Sphäre stilisiert worden (HvH, 26). Hingegen bedürfe es nach Hofmannsthal für eine identitätspolitisch relevante Nationalliteratur, die sich innerhalb des Wechsels von Mode und Tradition und auch angesichts widerstreitender gesellschaftspolitischer Kräfte als einende Konstante in der Zeit erweist, einer *geselligen* Nation (HvH, 25).

---

27 Also das, was nach Alfred Polgar im Vorwort zu seiner Essaysammlung *Orchester von oben* oftmals als „unscheinbar" und „nebensächlich" diskreditiert wird. Dabei sei das Leben selbst zu „flüchtig" und „zu kurz für lange Literatur", sodass es Polgar für ein Gebot der Zeit hält, den Geist auf „die knappste Form und Formel" zu bringen. Vgl. Alfred Polgar, Die kleine Form (quasi ein Vorwort), in: Orchester von oben, Berlin 1927, 9–13, hier: 9, 12.
28 Zum Denkbild Benjamin'scher Prägung, vgl. Heinz Schlaffer, Denkbilder. Eine kleine Prosaform zwischen Dichtung und Gesellschaftstheorie, in: Poesie und Politik. Zur Situation der Literatur in Deutschland, hg. von Wolfgang Kuttenkeuler, Stuttgart 1973, 137–154.

Ästhetiken des Geselligen begründen also den ontologischen Status einer Nation. Konkret wird dieser Gedanke, wenn Hofmannsthal schreibt: „Die Literatur der Franzosen verbürgt ihnen ihre Wirklichkeit" (HvH, 27). Dieses existenzielle Argument wird auch von Adam Müller in organologischer Perspektive in seiner Staatstheorie aufgeworfen. Deutschland erscheint, anders als Frankreich, nicht als Nationalstaat im Sinne einer homogenen Glaubensgemeinschaft, die von Müller intendiert wird. Parallelen im Denken von Hofmannsthal und der politischen Romantik zeigen sich also ganz konkret in der Idealisierung eines ästhetischen Staates. So präfiguriert nach Hofmannsthal der Geist der Literatur die Verwirklichung des politischen Lebens der Nation. Politische und ästhetische Geselligkeit gehen hier ideell ganz entschieden einher, wenn Hofmannsthal moniert, dass Dichter und politische Schriftsteller keinen Kreis bildeten. Die deutsche Literatur könne somit nicht gemeinschaftsbildend, nicht traditionsbildend sein (HvH, 27 f.).[29]

Veränderungspotenzial sieht Hofmannsthal aber in der Figur des „Suchenden", die er dem satt-zufriedenen, an einen endgültigen Triumph, an die Hegemonie seiner Kultur, an ewig währenden Besitz sowie an den Fortbestand bereits vollbrachter Leistungen glaubenden Bildungsphilister gegenüberstellt (HvH, 29 f.). Während eine philiströse Atmosphäre den Zeitgeist vergifte, seien die Suchenden produktive Anarchisten, die Hofmannsthal idealtypisch charakterisiert: Zum einen als den „aus dem Chaos hervortretende[n] Geistigen", der nach dem Vorbild Stefan Georges eine sich zu unterwerfende Gefolgschaft um sich sammele; zum anderen als den schwermütig-asketischen Traditionalisten, der die geistigen Bestände der letzten Jahrhunderte aufarbeiten und bewahren wolle (HvH, 32). Die wirklich (konservativ-revolutionär) Suchenden bewegten sich aber zwischen diesen Extremen von „Herrschenwollen" und „Dienenwollen[ ]" (HvH, 34 f.).

Ein produktiv anarchisches Gewissen sieht Hofmannsthal auch bei den Romantikern, bezweifelt aber, dass es sich bei ihnen um eine Gemeinschaft von Suchenden handele. Vielmehr handele es sich um „einzeln [S]chweifend[e]" in einer „Nation der Einzelnen" (HvH, 31). Hofmannsthal benutzt die Romantiker also als Kontrastfolie zu den Suchenden der Gegenwart, die ‚strenger', ‚männlicher', ‚tapferer' und zugleich gewitzt und heroisch seien. Wohingegen die Romantiker den geistigen Raum verengt respektive vergeudet hätten, sicherten die Neukonservativen eine neue deutsche Wirklichkeit, an der die ganze

---

[29] Dies macht Hofmannsthal mit dem Beispiel Goethes klar, dessen Glanz verblassen würde, weil sein Werk kontrovers und nicht konsensuell von und in Bezug auf die Nation diskutiert werde (HvH, 28). Dass Goethe sich nie als ein Nationaldichter verstand, dass sein Werk und sein poetologisches Modell sich vielmehr als Weltliteratur verstanden, lässt Hofmannsthal hier außer Acht.

Nation mit all ihren Idiosynkrasien teilhaben könnte – also nichts weniger als den titelgebenden „geistigen Raum der Nation" (HvH, 40 f.). Dies sei nun das vornehmliche Ziel der Konservativen Revolution, wie sie Hofmannsthal am Schluss seiner Rede für sein Zeitalter ausruft (HvH, 36).

Zum Vorwurf macht Hofmannsthal den Romantikern bzw. dem romantischen Denken also zum einen das von Auflösung getriebene Denken, zum anderen die Tatsache, dass sie ihre Kreativität nur aus Gegenpolen hätten beziehen können: nämlich aus der Einsamkeit unter Ausschluss des Gemeinsamen, der Freiheit unter Ausschluss der Verantwortung, des Fragments unter Ausschluss des Ganzen. Weil sich auf diese Weise das ‚Ich' nicht zur höchsten Gemeinschaft, in ihm das Volkstum nicht zur Kultur, sich nicht das Geistige zum Politischen durchgerungen habe, sei auch die Bildung einer wahren Nation verhindert worden (HvH, 40).

Es ist dieser Vereinzelungsgedanke, der das Entstehen einer geschlossenen Kultureinheit, eines geistigen Raumes der Nation nach Hofmannsthal blockiert, denn der romantische Individualismus bemüht sich nicht um die Herstellung von Gemeinschaft und sozialen Bindungen, sondern erschöpft sich in der Abstraktheit einer kosmisch überhöhten Sinnsphäre.

Diese These konnte im Kontext dieser Arbeit zum Teil bestätigt werden. Sowohl die literarischen Texte als auch die Zeitungsprojekte und geselligen Formationen im Umkreis der politischen Romantik erwiesen sich hinsichtlich der Narrativierung, Theoretisierung und Praxis von Gemeinschaftsbildung nicht als engagiert kollektivistisch. Außerdem muss daran erinnert werden, dass wir es eben hierbei nicht mit einer programmatisch und personal klar umrissenen Bewegung zu tun haben, sondern mit einem diffusen Netzwerk von Akteuren, die in vielfältigen Beziehungsverhältnissen zueinanderstanden und sich auch immer wieder in ideologische Selbstwidersprüche verstrickten.

In politischer Hinsicht muss Hofmannsthal gleichwohl widersprochen werden, wenn er die Romantik als eine diffuse, letztlich zur Auflösung tendierende Bewegung bezeichnet, die kennzeichnend für die spezifisch ‚deutsche', also „schwelgende", „unmündige", ‚unklare' und tendenziell ‚unmännliche' Geistesart sei (HvH, 37). Denn im Zuge dieser Arbeit wurde versucht, die politische Romantik und ihr Umfeld gerade nicht als reine Geistesbewegung zu begreifen. Insbesondere die Wechselwirkungen zwischen ästhetischer Produktion, Herausgebertätigkeit und geselligen Treffen und deren (teils auch unabsichtlichem) Einfluss auf die kommende Generation, die am Wartburgfest 1817 die Schriften jüdischer Intellektueller wie Saul Ascher verbrennen und zwei Jahre später den patriotismuskritischen Schriftsteller August von Kotzebue ermorden sollte, zeugen von der handfesten realpolitischen Wirkung der politischen Romantik. Die Rezeption der politischen Romantik zeigt, dass diese Wirkung bisweilen unterschätzt wurde.

Auch wenn Hofmannsthal mit seinem Idealbild nationaler Einheit keine expliziten territorialen Ansprüche verbindet, also keine konkreten Expansionspläne in Bezug auf den deutschen Sprachraum (der Glaube an kulturelle Hegemonie bedeutet im Kern ja gerade nicht den realpolitischen Imperialismus, bedient aber die Mär einer ‚verhinderten' Nation, die ihr Territorium im Geiste finden muss), sondern eine sprachlich-geistige Gemeinschaft fordert, ist seine pessimistische Kulturkritik insbesondere eine Folge persönlicher Enttäuschung über die als demütigend empfundene Kriegsniederlage und deren Folgen. Ihm wurde bereits von Zeitgenossen wie Thomas Mann der Vorwurf gemacht, sich nicht hinreichend gegen rechtspropagandistische Inanspruchnahme seiner Gedanken gewehrt zu haben.[30] Zudem kritisierte Adorno seinen aristokratischen Ästhetizismus als elitäre Haltung, die ganz unter dem Zeichen gestanden habe, die (geistige) Oberschicht zu nobilitieren.[31]

Die Rede, später als Essay veröffentlicht, perspektiviert den ganzen Problemhorizont der politischen Begriffsbildung des Konservativen, gerade indem sie als konservativ und als anarchisch bezeichnete Motivationen revolutionär zusammenbringen möchte. Die konservative Ideologie ist aber wie die nationalsozialistische inegalitär. Beide bieten somit von der expliziten Führerlogik bis zur konservativen inneren Emigration Anschluss an die aristokratische Semantik, die nicht der Integration, sondern der Abgrenzung dient.

5.3 Ästhetische Regime der Romantik. Politik der ‚kleinen Dinge'?

Heinrich Heine empfindet tiefe Bewunderung für die romantische Volkspoesie; den anti-kosmopolitischen Patriotismus sowie den strengen Katholizismus der Romantik hingegen verachtet er. Carl Schmitt charakterisiert die politische Romantik durch ihren „Okkasionalismus" und kommt zu dem Diktum: „Wo die politische Aktivität beginnt, hört die politische Romantik auf."[32] Hofmannsthal schließlich kritisiert zwar den schwärmerischen und spekulativen Habitus der Romantiker, der eine Erhebung des Volksgeists zur wahren Nation verhindert hätte; sein Manifest aber ist zugleich ein Zugeständnis an die politische Roman-

---

30 Vgl. Thomas Mann, Gesammelte Werke in dreizehn Bänden, Bd. 12: Leiden an Deutschland, Frankfurt a. M. 1974, 716.
31 Vgl. Theodor W. Adorno, Gesammelte Schriften, Bd. 10: George und Hofmannstahl, Zum Briefwechsel 1891–1906, 204.
32 Schmitt, Die politische Romantik, 165.

tik, trägt sie doch Spuren einer Semantik des Meritokratischen, wie sie sich auch in deren wissenschaftlichen und literarischen Texten identifizieren lässt.

Die unterschiedlichen Bewertungen, die mehrheitlich von einer Scheidung zwischen politischer und ästhetischer Legitimation herrühren, zeigen, dass diese Differenzierung unproduktiv bis obsolet geworden ist. Das Verhältnis von Politik und Ästhetik muss heute im Bewusstsein der politischen Differenz[33] untersucht werden, womit die Unterscheidung zwischen *der* Politik, die sich in institutionellen, als staatlich identifizierten Verfahren ausdrückt, und *dem* Politischen, das im Prinzip des Widerstreits, im dynamischen Denken und Handeln begründet liegt, gemeint ist.[34] Das Politische, ursprünglich abgeleitet von dem politischen Begriff *polis*, impliziert in einem stärkeren Maße als die Politik eine Dimension des Sozialen im Sinne eines permanenten Aushandlungsprozesses darüber, welche Weisen des gesellschaftlichen oder gemeinschaftlichen Zusammenlebens zur Erscheinung kommen sollen. Das Politische kann somit vom demokratischen Standpunkt aus als permanenter Kampf um Sichtbarkeit interpretiert werden.[35] Denn diesbezüglich steckt die Demokratie seit jeher in einer Krise: Weil sie streng genommen weniger Regierungsform denn vielmehr Raum der Äußerung des Politischen selbst ist, hat sie ein Repräsentationsproblem.[36] Jede Form demokratischer Herrschaft ist im Grunde Staatsfiktion, weil demokratische Herrschaft einer körperlichen Autorität entbehrt und Macht der Symbolisierung bedarf.[37] Wir haben gesehen, wie Müller in seinen *Elementen* auf dieses inhärente Demokratieproblem aufmerksam macht: Die Lücke, die die Demokra-

---

33 Oliver Marchart hat rekonstruiert, wie sich im postfundamentalistischen Denken Jean-Luc Nancys, Claude Leforts, Alain Badious, Jacques Rancières, Ernesto Laclaus und Giorgio Agambens eine Differenzierung zwischen den Bereichen der Politik (*la politique*) und des Politischen (*le politique*) herausgebildet habe und prägt hierfür den Begriff der „politischen Differenz". Vgl. Oliver Marchart, Die politische Differenz, Berlin 2010.
34 Vgl. Mouffe, Über das Politische, insbesondere 15 f.
35 Vgl. Arno Meteling, Verschwörungstheorien. Zum Imaginären des Verdachts, in: Die Unsichtbarkeit des Politischen. Theorie und Geschichte medialer Latenz, hg. von Lutz Ellrich, Harun Maye und Arno Meteling, Bielefeld 2015, 179–212, hier: 191.
36 Vgl. hierzu auch Jacques Rancière, Demokratie und Postdemokratie, in: Alain Badiou, Jacques Rancière: Politik der Wahrheit, übers. und hg. von Rado Riha, Wien 1996, 119–156, hier: 129.
37 Marchart bezeichnet Claude Leforts postfundamentalistische Analyse der politischen Differenz als Kontingenztheorie, denn wie seine These von dem leeren Ort der Macht in der Demokratie verweise der Kontingenzbegriff darauf, dass Gesellschaft „auf keinem stabilen Grund" gebaut, soziale Identität unsicher sei. Vgl. Marchart, Die politische Differenz, S. 119 sowie Claude Lefort, Die Frage der Demokratie, in: Autonome Gesellschaft und libertäre Demokratie, hg. von Ulrich Rödel, Frankfurt a. M. 1990, 281. Vgl. hierzu auch Meteling, Verschwörungstheorien. Zum Imaginären des Verdachts, 191.

tie hinsichtlich eines lebendigen Repräsentanten des Gesetzes hinterlässt, muss seiner Meinung nach vom (poetischen) Adel ausgefüllt werden.

Eine ehemals autoritativ besetzte Leerstelle kann aber auch einen Raum für neue Visualisierungs- und Ästhetisierungsformen eröffnen.[38] Das Politische bleibt damit nicht auf die Sphäre des Staatlichen beschränkt, sondern durchdringt sämtliche gesellschaftliche Teilbereiche. Insbesondere Institutionen des geselligen und sozialen Lebens – Clubs, Gewerkschaften, Presseorgane sowie künstlerische Einrichtungen wie Museen und Theater – können dann eine politische Funktion einnehmen. Denn es handelt sich hierbei nicht um Institutionen der Politik im Sinne staatlicher Regulative, wohl aber um Institutionen, die soziale Wirklichkeiten symbolisieren, also durch mediale Ausdrucksmittel sichtbar machen, wie es Vereine oder Pressemittel tun, oder symbolische Wirklichkeiten sozialisieren, also ästhetische Praktiken in den öffentlichen Raum überführen, wie es Kunst- und Kulturstätten tun. In beiden Fällen geht es darum, Teilhabe am gesellschaftlichen Leben zu artikulieren, ggf. alternativen Lebensweisen Ausdruck zu verleihen und somit hegemoniale Ordnungen entweder aufrechtzuerhalten oder in Frage zu stellen. Und in beiden Fällen realisiert sich das Politische als Potenzialität gemeinschaftlichen Handelns.

Gerade im bereits erwähnten Kampf um Sichtbarkeit liegt ein konstitutiv gemeinsames Moment von Kunst und Politik, das mit Jacques Rancières Definition ‚ästhetischer Regime' illustriert werden kann. Sogenannte ästhetische Regime hätten sich im Übergang vom 18. zum 19. Jahrhundert herausgebildet und eine neue Identifizierung von Kunst ermöglicht: Kunstwerke gelten von nun an nicht mehr aufgrund ihrer Herstellungsregeln als Kunstwerke, sondern weil sie ein neuartiges, gemeinsames Sensorium begründen, durch das bestimmte Weisen des Zusammenlebens festgelegt und vor allem sichtbar gemacht werden.[39] Kunst etabliert also simulativ eine alternative Ordnung zu der gegenwärtig politischen. Ästhetische Regime bringen dadurch „eine bestimmte Ordnung bzw. Aufteilung von Tätigkeiten, Identitäten, Räumen und Zeitfolgen oder geregelten Abläufen, also das Polizeiliche jeder politischen Ordnung, durcheinander".[40] Dabei kann

---

38 Vgl. Meteling, Verschwörungstheorien. Zum Imaginären des Verdachts, 191.
39 Vgl. Jacques Rancière, Die Politik der Kunst und ihre Paradoxien, in: Die Aufteilung des Sinnlichen. Die Politik der Kunst und ihre Paradoxien, hg. v. Maria Muhle, Berlin 2008, 75–100, hier: 77 f.
40 Friedrich Balke, Einleitung: Die große Hymne an die kleinen Dinge. Jacques Rancière und die Aporien des ästhetischen Regimes, in: Ästhetische Regime um 1800, hg. von Friedrich Balke, Harun Maye und Leander Scholz, Paderborn 2009, 9–36, hier: 11. Friedrich Balke verortet die Bezeichnung systemtheoretisch, indem er unter ästhetischen Regimen eine Kunst begreift, die sich selbst zu steuern, zu reflektieren und zu kommunizieren beginnt. Dazu sei die Kunst über

das „Polizeiliche" aber nur vordergründig mit *der* Politik identifiziert werden (wie es Rancière,⁴¹ aber auch Schmitt tun) und somit dem Politischen gegenübergestellt werden, in dem Sinne, dass der Staat vornehmlich für „Ruhe, Sicherheit und Ordnung"⁴² sorgen, also inneren Frieden wahren und gegenhegemoniale Kräfte hemmen solle. So hat der Literatur- und Medienwissenschaftler Friedrich Balke rekonstruiert, wie Rancières ästhetisches Denken zwar auf einer Polarisierung des Politischen und des Polizeilichen beruhe, Rancière aber unreflektiert lasse, dass das Polizeiliche dem ästhetischen Regime „unübersehbar" eingeschrieben sei.⁴³ Denn das Prinzip der Sichtbarmachung teile sich die Kunst ausgerechnet mit der Polizei. In den gemeinsamen Fokus rücken an dieser Stelle die ‚kleinen Dinge'. Ästhetische Regime brechen nämlich mit dem Prinzip der repräsentativen Mimesis und zeigten vielmehr eine „Besessenheit von bestimmten kontingenten und ephemeren Aspekten des sozialen Lebens, bloßen Details und ‚unbedeutenden' Ereignissen, denen keinerlei Würde anhaftet", so Balke.⁴⁴ Den Zusammenhang zwischen moderner Polizeigewalt – nicht (nur) als Institution, sondern im Sinne der Foucault'schen Sicherheitsdispositive⁴⁵ – und ästhetischer Revolution⁴⁶ sieht

---

eigene Codes und Funktionen abgesichert und nicht der Wahrheit verpflichtet; stattdessen könne sie eine „pragmatische Mimesis" betreiben. Im Umkehrschluss heißt das aber, dass auch die Politik immer auf ästhetische Formen angewiesen ist, die darüber entscheiden, was Gegenstand geteilter Wahrnehmung wird, was also sichtbar und der Öffentlichkeit zuteilwird und was nicht. Vgl. Balke, Einleitung: Die große Hymne an die kleinen Dinge, 9, 11 f., 15.

41 So Rancière: „Wir haben also drei Termini: die Polizei, die Emanzipation und das Politische. Wenn wir auf deren Verknüpfung bestehen wollen, können wir dem Prozess der Emanzipation auch den Namen der Politik geben. Wir werden also zwischen der Polizei, der Politik und dem Politischen unterscheiden. Das Politische wird das Terrain sein, auf dem sich Politik und Polizei in der Behandlung des Unrechts begegnen." Jacques Rancière, Aux bords du politique, Paris 1998, 84. Zitiert nach Marchart, Die politische Differenz, 180.

42 Carl Schmitt, Der Begriff des Politischen. Synoptische Darstellung der Texte. Im Auftrag der Carl-Schmitt-Gesellschaft hg. von Marco Walter, Berlin 2018, Vorwort von 1963, 40. Schmitt zitiert hier aus dem Allgemeinen Landrecht für die Preußischen Staaten (PrALR) von 1794, § 10 II 17 (§ 10 des zweiten Teils, siebzehnter Titel): „Die nöthigen Anstalten zur Erhaltung der öffentlichen Ruhe, Sicherheit, und Ordnung, und zur Abwendung der dem Publico, oder einzelnen Mitgliedern desselben, bevorstehenden Gefahr zu treffen, ist das Amt der Polizey."

43 Vgl. Balke, Einleitung: Die große Hymne an die kleinen Dinge, 14, 19.

44 Vgl. Balke, Einleitung: Die große Hymne an die kleinen Dinge, 13.

45 Das Polizeiliche beschäftige sich wie die Kunst mit der Ordnung des Sinnlichen, d. h. mit der Verteilung der Körper und Dinge in der Gemeinschaft. Vgl. Balke, Einleitung: Die große Hymne an die kleinen Dinge, 21, 23 sowie Michel Foucault, Überwachen und Strafen. Die Geburt des Gefängnisses, Frankfurt a. M. 1981, 181.

46 Die ästhetische Revolution sei eine direkte Auswirkung der Großen Revolution, die das *ancien régime* stürze und die von ihm definierten Regeln des öffentlichen Erscheinens bzw. der

er im Prinzip der Gleichheit, „die sich im Verfahren der freischwebenden Aufmerksamkeit für ‚alles, was passiert' und damit in der umfassenden Verwandlung des Gesellschaftskörpers in ein Wahrnehmungsfeld" aktualisiere:[47] Alle Körper, alle Dinge und alle Ereignisse in einer Gemeinschaft, so klein und unbedeutend sie auch sein mögen, stehen gleichermaßen unter Beobachtung und rücken gleichermaßen in den Wahrnehmungshorizont. Durch diese visuelle Struktur werde die Polizeigewalt zugleich zu einem ästhetischen Phänomen.[48] Dabei versuchten die Sicherheitsdispositive (im Gegensatz zu den Disziplinen) nicht, die kleinen Dinge zu besetzen und zu reglementieren, sondern sie ließen sie als Elemente innerhalb einer kontingenten Ordnung gewähren, verhielten sich ihnen gegenüber gleichgültig.[49] Diese Perspektive der Sicherheitsdispositive auf die Dinge übersetzt Balke in eine Poetik, die der Demokratie insofern verpflichtet sei, als sie – im Sinne Rancières – „die Gleichheit, also die Gleichrangigkeit aller Gegenstände zu ihrer Grundlage macht und weder in sozialer noch auch in moralischer Hinsicht eine Vorabqualifikation vornimmt".[50]

Die Erfassung der kleinen Dinge sei also gleichermaßen politisch-polizeilich wie ästhetisch, denn sie verweise auf „eine Revolution in der symbolischen Ordnung der großen Politik, die den König [...] von seinem Platz vertreibt, der seitdem leer bleiben muss".[51] Das postrepräsentative Regime sei auf den „‚Kleinigkeiten und Kleinlichkeiten'" des anonymen Lebens sowie auf der „Gleichrangigkeit der Dinge"[52] aufgebaut,[53] wobei das Polizeiliche und das Ästhetische einander nicht ausschließen.

Diese Entwicklung wurde im Vorangegangenen am Beispiel anekdotischer Geschichtsschreibung aufgezeigt: Um 1800 nehmen kaum mehr Könige und Königsschicksale das anekdotische (Erzähl-)Zentrum ein. Damit wandelt sich auch die Ästhetik der Geschichtsschreibung: weg von einer repräsentativen Mimesis hin zu einer „Geschichtsschreibung des *Ereignishaften*"[54], die – mit den Worten Rancières – an „die Stelle der rationalen Verkettungen der Geschichte"

öffentlichen Sichtbarkeit durch eine neue Aufteilung des Sinnlichen ersetze, die allein der Regel der Gleichheit unterliege. Vgl. Balke, Einleitung: Die große Hymne an die kleinen Dinge, 16.
47 Vgl. Balke, Einleitung: Die große Hymne an die kleinen Dinge, 20 f.
48 Vgl. Balke, Einleitung: Die große Hymne an die kleinen Dinge, 30.
49 Vgl. Balke, Einleitung: Die große Hymne an die kleinen Dinge, 32.
50 Vgl. Balke, Einleitung: Die große Hymne an die kleinen Dinge, 32.
51 Vgl. Balke, Einleitung: Die große Hymne an die kleinen Dinge, 29.
52 Balke, Einleitung: Die große Hymne an die kleinen Dinge, 28.
53 Vgl. Balke, Einleitung: Die große Hymne an die kleinen Dinge, 28.
54 Balke, Einleitung: Die große Hymne an die kleinen Dinge, 30.

die „rohe Präsenz" setzt.⁵⁵ Auch diese (Erzähl-)Logik konnten wir am Beispiel anekdotischer Geschichtsschreibung – oder am Beispiel verwandter kleiner Formen – illustrieren, die ihre Inhalte vornehmlich ikonisch, mit der Suggestivkraft des Szenischen vermitteln. In den Restaurationserzählungen der politischen Romantik schließlich trat eine sich im Rationalen erschöpfende Verkettung der vielen kleinen und teilweise abwegigen Handlungsstränge oder Binnengeschichten zugunsten eben dieser „rohe[n] Präsenz" (der Dinge, z. B. der Schachtel mit der Friedenspuppe in Brentanos gleichnamiger Erzählung oder der Macht der Erscheinung des Körpers im Raum, z. B. Rosalies rettender Auftritt in Arnims *Tollen Invaliden*) zurück.

Können also die im Kontext dieser Arbeit behandelten Organe der Öffentlichkeit, die Zeitungen und (Herausgeber-)Gesellschaften sowie die literarischen und (staats)philosophischen ‚Erzeugnisse' der politischen Romantik als ästhetische Regime begriffen werden, insofern sie ästhetische Interventionen in die realpolitische Sphäre der Preußischen Reformen darstellten oder aber sie in der Restaurationsphase affirmativ orchestrierten? Vor dem Hintergrund, dass die ästhetischen Regime die Kunst dabei weder auf die Funktion der repräsentativen Affirmation noch auf den subversiven Widerstand festlegen, kann diese Frage für die politische Romantik wohl bejaht werden. Wir umfassen also mit dieser Bezeichnung der ästhetischen Regime zwei wesentliche Charakteristika der politischen Romantik, die im Zuge dieser Arbeit behandelt wurden: zum einen die dynamischen Wechselwirkungen zwischen Ästhetik und Politik; zum anderen die Affinität zum Kleinen, die sowohl aus ästhetischer als auch politischer Perspektive sinnfällig wird.

Was aber, wenn diese Politik der kleinen Dinge nur mehr zum Steigbügelhalter großer Ideologien wird, womit wir wieder bei der Eingangsbeobachtung dieses Kapitels sind, nämlich dass die politische Romantik und ihre geistigen Erben sich vielmehr einer (tendenziell faschistoiden) Ästhetisierung der Politik als einer (demokratischen) Politisierung der Kunst verschrieben?

Es ist lohnend, an dieser Stelle auf Hofmannsthals paradoxalen Begriff der ‚Konservativen Revolution' zu rekurrieren und ihn vergleichend auf die romantische Bewegung und die ‚Nachgeschichte' anzuwenden. Denn auffällig ist bei dieser Konfrontation die gemeinsame Betonung von Kunst und Kultur für die subversive und langfristige politische Agitation, wie Armin Pfahl-Traughber in Bezug auf den italienischen Marxist Antonio Gramsci darlegt: Gramsci war der

---

55 Vgl. Jacques Rancière, Die Aufteilung des Sinnlichen. Ästhetik und Politik, in: Die Aufteilung des Sinnlichen. Die Politik der Kunst und ihre Paradoxien, hg. von Maria Muhle, Berlin 2008, 21–73, hier: 42, dazu auch Balke, Einleitung: Die große Hymne an die kleinen Dinge, 14.

Ansicht, dass eine Revolution nur unter bestimmten Rahmenbedingungen möglich sei, nämlich beim Fehlen oder der Unterentwicklung einer *società civile*,[56] d. h. einer zivilen Gesellschaft, worunter Gramsci den Staat als die die politische Gesellschaft stützenden und umschließenden gesellschaftlichen Bereiche verstand. Hierzu zählte er etwa auch Bibliotheken, Clubs, Kirchen, Gewerkschaften, Presseorgane und Schulen, also Institutionen des gesellschaftlichen Lebens, die die öffentliche Meinung direkt oder indirekt zu beeinflussen vermögen.[57] Es sind Orte, in denen sich nach Chantal Mouffe *das* Politische im Gegensatz zu *der* Politik wirksam entfalten kann und neue Konzepte um Hegemonie vorbereitet werden können. Demokratisch sind diese Institutionen nach Mouffe, wenn sie im öffentlichen Raum selbst und nicht als Gegenöffentlichkeit ausgebildet werden[58] – womit sich übrigens die romantische Tischgesellschaft, die den Anspruch vertrat, „einen Staat im Staate"[59] zu bilden, allein aus formalen Gründen aus dem Bereich demokratischer Einflussnahme verabschiedet

---

56 Vgl. Antonio Gramsci, Gefängnishefte Bd. 4., 6. und 7. Heft, Hamburg 1992, 816, 873 f.
57 Gramsci bezieht sich hierbei auf die Russische Revolution: Wenn eine zivile Gesellschaft höchstens in Ansätzen existiere wie im zaristischen Russland, könne der politische Staat in einer Phase militärischer und politischer Umbrüche nicht bestehen; im Gegenzug könne ein von gesellschaftlichem Konsens gestützter Staat selbst in Krisenzeiten loyales Potenzial mobilisieren und sich gegen potenzielle Umbrüche schützen. Die Klassenunterschiede seien dadurch zwar nicht aufgehoben, aber kulturell und sozialpsychologisch überdeckt. Vgl. Pfahl-Traughber, ‚Konservative Revolution' und ‚Neue Rechte', 28 f. Gramscis Ziel war also keinesfalls die Wegbereitung einer rechten Kulturrevolution. Stattdessen wollte er im faschistischen Italien der 1930er-Jahre die Möglichkeiten eines revolutionären kommunistischen Umschlags analysieren. Vgl. Jonas Fedders, Kulturrevolution von rechts. Die Diskursstrategien der Neuen Rechten, in: Extrem unbrauchbar. Über Gleichsetzungen von links und rechts, hg. von Eva Berendsen, Katharina Rhein und Tom David Uhlig, Berlin 2019, 213–225, hier: 218.
58 So betont etwa Mouffe die Bedeutung der Institutionen für die demokratische Ausübung (selbst)kritischer politischer Intervention. Die Rolle der demokratischen Institutionen im agonalen Diskurs bleibt aber dennoch unscharf. Denn nach Mouffe sollen die Institutionen zwar dem Bedürfnis nach einer affektiven, bisweilen polemischen politischen Kommunikation eine Form geben; es soll in einem zivilrechtlichen Rahmen gestritten werden, wobei die demokratischen Institutionen selbst aber nicht infrage gestellt werden sollen. Eine praktische Modellanleitung legt Mouffe hierfür nicht vor. Ebenso wenig Erwähnung findet bei ihr, dass die gegenwärtigen Demokratieprobleme ja gerade von denjenigen ausgehen, die gar nicht streiten wollen und den Spielraum des demokratischen Meinungsspektrums längst verlassen haben. Phänomene wie der Rechtspopulismus erscheinen bei Mouffe als ein rein politisches und nicht ethisches Problem, das vor allem auf ein Versagen der Institutionen zurückzuführen ist. Vgl. Mouffe, Über das Politische, 32–34, 42 f., 169 f.
59 Brentano, Vorschläge zur Einteilung der Tischgesellschaft in Stände, 29.

hätte. Als Gegenöffentlichkeit konkurrierte sie nicht mit der konkreten Realpolitik,[60] sondern koexistierte als eigengesetzliche Partialwelt neben ihr.[61]

Vor dem Hintergrund der Konzeption dieses „kulturellen Stellungskrieges"[62] interessierte sich Gramsci insbesondere für den *senso comune*,[63] den Alltagsverstand, der sich etwa in der Trivial- und Volkskultur artikuliere.[64] Die kulturelle Hegemonie,[65] ausgehend von den Intellektuellen,[66] müsse also einer politischen vorausgehen.[67] Insbesondere die Idee einer sich aus der kulturellen Vormachtstellung ergebenden politischen (Selbst-)Ermächtigung der Intellektuellen hat die Neue Rechte[68] gereizt, sich Gramscis Theorien zu eigen zu machen.[69] So versuchte der Schweizer Publizist und Schriftsteller Armin Mohler in seiner 1972 erschienenen Dissertationsschrift *Die konservative Revolution in Deutschland 1918–1932* eine einheitliche rechte Denktradition zu errichten, die er streng vom Nationalsozialismus abgrenzen wollte, die aber maßgeblich an nationalistischen, antiliberalen und z. T. faschistischen Autoren der Weimarer Republik orientiert ist.[70] Somit erweist sich die Neue Rechte mindestens als Vertreter eines völkischen Nationalismus, der auch dem Projekt der Konservati-

---

60 Vgl. Büttner, Poiesis des „Sozialen", 18.
61 Was für die Neue Rechte gilt, nämlich dass sie durch organisatorische Anbindung – keine festen Strukturen im Sinne von Parteien und Vereinen, sondern vielmehr lockere Personenzusammenschlüsse in Form von politischen Arbeitskreisen oder Clubs – theoretische Gedanken weiterentwickeln und auch praktisch öffentliche Wirkung entfalten, gilt auch für die Vertreter der politischen Romantik und deren (halb)öffentlichkeitswirksame Organe, wie wir gesehen haben. Armin Pfahl-Traughber erinnern diese Strukturen an kulturrevolutionäre Strategien, die mit heutigen Begriffen als *brain trusts* oder *think tanks* bezeichnet werden könnten. Vgl. Pfahl-Traughber, ‚Konservative Revolution' und ‚Neue Rechte', 79.
62 Pfahl-Traughber, ‚Konservative Revolution' und ‚Neue Rechte', 29.
63 Vgl. Gramsci, Gefängnishefte Bd. 1, 1. Heft, Hamburg 1991, 136 f.
64 Vgl. hierzu auch Pfahl-Traughber, ‚Konservative Revolution' und ‚Neue Rechte', 29.
65 Vgl. Luciano Gruppi, Gramsci. Philosophie der Praxis und die Hegemonie des Proletariats, Hamburg 1977, 23–36, 109–127.
66 Vgl. Gramsci, Gefängnishefte, Bd. 7, 12. und 15. Heft, Hamburg 1996, 1495–1532.
67 Vgl. Pfahl-Traughber, ‚Konservative Revolution' und ‚Neue Rechte', 30.
68 Pfahl-Traughber sieht in der Neuen Rechten „eine geistige Strömung, die sich primär am Gedankengut der Jungkonservativen, also der Konservativen Revolution der Weimarer Republik orientiert". Vgl. Pfahl-Traughber, ‚Konservative Revolution' und ‚Neue Rechte', 20. Wolfgang Gessenharter attestiert ihr eine „Scharnier-Funktion" zwischen Konservatismus und Rechtsextremismus. Vgl. Wolfgang Gessenharter, Die ‚Neue Rechte' als Scharnier zwischen Neokonservatismus und Rechtsextremismus in der Bundesrepublik, in: Gegen Barbarei. Robert M. W. Kempner zu Ehren, Frankfurt a. M. 1989, 424–452.
69 Vgl. hierzu auch Fedders, Kulturrevolution von rechts, insbesondere 218 f.
70 Vgl. Fedders, Kulturrevolution von rechts, 215 f.

ven Revolution eingeschrieben ist.[71] Diese „Kulturrevolution von rechts"[72] bestand vor allem in einem metapolitischen Paradigmenwechsel, den der Gründer des neurechten Thule-Seminars, Pierre Krebs wie folgt beschrieb:[73]

> Eine politische Revolution bereitet sich immer im Geist vor, durch eine langwierige ideologische Entwicklung innerhalb der zivilen Gesellschaft. Um zu ermöglichen, daß die neue politische Botschaft Fuß faßt (Tätigkeit der Partei), muß man zuerst Einfluß auf die Denk- und Verhaltensweisen nehmen (metapolitische oder kulturelle Tätigkeit). Die politische Mehrheit stützt sich also zuerst auf eine kulturelle, d. h. ideologische Mehrheit.[74]

Die Neue Rechte hat also das Potenzial eines allmählich schwelenden Kulturkampfes erkannt, der sich weniger institutionalisiert – also nicht durch Politik –, sondern vielmehr in den vielfältigen Weisen des gesellschaftlichen Zusammenlebens – also politisch – äußert. So beschreibt einer der einflussreichsten Vordenker der Neuen Rechten, der französische Publizist und Philosoph Alain de Benoist, wie sich unter der Wirkung der kulturellen Macht die Umkehrung der ideologischen Mehrheit vollziehe, nämlich indem die öffentliche Meinung besonders anfällig für metapolitische Botschaften sei, die gerade nicht als direkt und suggestiv politisch wahrgenommen würden.[75] Der Neuen Rechten geht es dabei nicht darum, die Demokratie zu radikalisieren, sondern die metapolitische Einbindung der Zivilgesellschaft gilt nur als Zwischenstufe einer neuen „geistig-kulturellen Führerschaft"[76], die – einmal errichtet – keine weiteren hegemonialen Verschiebungen zulassen wird. Und eine solche Welt, die sich um vermeintlich stabile Fundamente als Letztbegründungen zu organisieren glaubt – z. B. um eine göttlich oder völkisch legitimierte Ordnung – und den Faktor Kontingenz ignoriert, benötige keinen Begriff des Politischen (mehr), so Oliver Marchart.[77]

Wie sich das Verhältnis der Neuen Rechten zu der politischen Romantik konkret beschreiben lässt, ob als kausal einflussgeschichtlich oder als ‚lediglich' korrelative Prägung, kann an dieser Stelle nicht weiter behandelt werden.[78]

---

71 Vgl. Fedders, Kulturrevolution von rechts, 215 f.
72 Alain de Benoist, Kulturrevolution von rechts. Gramsci und die Nouvelle Droite, Dresden 2017.
73 Vgl. hierzu auch Fedders, Kulturrevolution von rechts, 216 f.
74 Pierre Krebs, Bilanz eines siebenjährigen metapolitischen Kampfes, in: Mut zur Identität. Alternativen zum Prinzip der Gleichheit, hg. von dems., Struckum 1988, 331-360, hier: 352.
75 Vgl. Pfahl-Traughber, ‚Konservative Revolution' und ‚Neue Rechte', 34.
76 Fedders, Kulturrevolution von rechts, 219.
77 Vgl. Marchart, Die politische Differenz, Berlin 2010, 17.
78 Wie bereits erwähnt, schließen die heutigen Rechten mit ihrem Elitismus, ihrem konspirativen Antisemitismus sowie ihrer Demokratiefeindlichkeit an die politische Romantik an. Auch

Wir können aber ausblickend festhalten, dass ein verbindendes Moment in den kleinen Formen der politischen Gemeinschaftsbildung und kulturprogrammatischen Einflussnahme zu liegen scheint, dass diese Politik der kleinen Dinge aber von rechtskonservativer Seite nur mehr strategisch eingesetzt wird, um eine Politik der großen Dinge, der ideologische Verfestigungen, voranzutreiben. Wie die politische Romantik dieses Ziel in der Übergangszeit von Revolution, Konterrevolution und Restauration, also mitten in einer „organischen Krise"[79], in der alte Fundamente irreversibel wegbrachen und neue noch nicht entwickelt waren, ästhetisch verarbeitete, wurde im Vorangegangenen gezeigt.

Die Restaurationserzählungen handeln von ‚durcheinandergebrachten' Identitäten, Genealogien und Institutionen. Dieser Zustand der Spannung und Störung wird aber nicht insofern erzähllogisch produktiv gemacht, als dass die Figuren mögliche Weisen des Zusammenlebens erprobten und retroaktiv ihr – so bezeichnetes – Schicksal annähmen, um eine *ganz* neue, aber wiederum anfechtbare, Ordnung zu errichten. Anstatt ein permanentes Wechselspiel zwischen kontrastierenden, ihre Hegemonialstellung ausfechtenden und also alternierenden Wirklichkeitsentwürfen zu inszenieren, richtet sich alle (Erzähl-)Dynamik als anamnetische auf das Vergangene und Vorgeschichtliche. Schließlich stellt sich am Ende (z. T. approximativ, wie in *Seltsames Begegnen und Wiedersehen*, wo die religiöse Utopie nur aufscheint) ein System ein, das so schon immer vorherbestimmt war und/oder vorausgeahnt wurde. Diese Ordnung ist dann weder alt noch neu, aber endgültig – endgültig, weil sie jeden alternativen Wirklichkeitsentwurf getilgt hat.[80]

---

die Wertschätzung des Mythischen in der Politik ist den konservativen Intellektuellen von heute und der (politischen) Romantik gemein; allerdings könnte es sich hier um eine bloß korrelative Prägung, nicht um eine kausale Einflussgeschichte handeln. Pfahl-Traughber etwa bezeichnet die Prägung als „zufällig". Vgl. Pfahl-Traughber, ‚Konservative Revolution' und ‚Neue Rechte', 67.

79 Für Gramsci besteht eine organische Krise darin, „dass das Alte stirbt und das Neue nicht zur Welt kommen kann". Gramsci, Gefängnishefte, Bd. 7, 3. Heft, Hamburg 1996, 354.

80 Weingart geht im Gegenzug davon aus, dass die ästhetischen Regime der Romantik als – auch – polizeiliche Regime daran interessiert seien, den Status quo aufrecht zu erhalten, allerdings im Bewusstsein, dass dies unmöglich sei und etwas Neues errichtet werden müsse. So bleibe etwa in Brentanos *Die Schachtel mit der Friedenspuppe* ein untilgbarer Rest, der die propagandistische Absicht des Textes, wenn auch unbewusst, unterlaufe. Die „Macht der Dinge" störe somit als Kontingenzfaktor die restaurative Heilung. Vgl. Weingart, Macht und Ohnmacht der Dinge, 136 f. Mazza/Vogl hingegen konstatieren die restlose Tilgung einer ästhetischen Ambiguität, die Brentanos Restaurationsgeschichte unzweifelhaft im Propagandistischen verorte. Vgl. Matala de Mazza/Vogl, Poesie und Niedertracht, 247, 249.

6 Schluss

Diese Arbeit ist zunächst von der Beobachtung ausgegangen, dass anekdotischem Erzählen gegenüber dem Roman als zentraler Gattung der Frühromantik in der politisch zugespitzten Phase der napoleonischen und nachnapoleonischen Phase eine fundamentale Rolle zukommt. Gemeint war dabei aber nicht (nur) die Gattung der Anekdote, sondern das Anekdotische als Schreib- und Erzählweise, die vielfältig und vor allem auch in nicht genuin literarischen Kontexten zum Einsatz kommt. Eine Chance, das Anekdotische nicht als fest umrissene Gattung, sondern als transgressive und ‚responsive' Schreib- und Erzählweise zu fassen, hat den Blick auf seine vielfältigen Erscheinungen als kleine Form erweitert. Vor diesem Hintergrund sollte das Anekdotische nicht nur als besonderes Medium politischer Inhalte, sondern zugleich als Beschreibungsdispositiv einer sich narrativ konstituierenden Gemeinschaft erwiesen werden.

Kleine Formen, die immer einen lebensweltlichen, augenblicklichen Bezug zum Realen herstellen, als nie verfestigte, nie gesättigte und nie endgültige Artikulationsformen zu betrachten, bedeutet, sie nicht als Mittel zum Zweck zu sehen, sie nicht zu benutzen, um propagandistische Letztbegründungen ins Werk zu setzen und sie damit *de facto* unwirksam zu machen.

Auf der einen Seite ist insbesondere in den literarischen Texten Arnims stellenweise eine Art untilgbarer Rest deutlich geworden, dessen Interpretationsspielraum die Geschichten von bloßer Propaganda scheidet. Dieser untilgbare Rest äußert sich in den Umwegen und Zufällen, in den unerhörten Begebenheiten und bizarren Nebensträngen. Sie lassen die Erzählungen bisweilen zu höchst konstruierten Gebilden werden, deren mündliche Nacherzählung nicht ohne einige Anstrengung ist. Dabei stellt insbesondere das Anekdotische, das Arnim in den Erzählungen verarbeitete, ein Korrektiv der Geschichtsschreibung dar. Es macht den blinden Fleck der großen Geschichtserzählungen deutlich: das Individuum mit seinem Schicksal, das doch der eigentliche Leidtragende – und Träger – der Geschichte ist. Denn Geschichte materialisiert sich erst im Individuellen, in dem sich die große politische Geschichte entzweigt. Das Anekdotische ist in diesem Sinne nicht Gegengeschichte im Sinne Prokops, sondern vielmehr *eigentliche* Geschichte. Es stellt keinen Einspruch gegen, sondern eine Präzisierung und Fortführung der Geschichtsschreibung dar. Denn wenn jene auf Abstraktion partikularer Quellen und Einzelereignisse zur großen Linie der Geschichtserzählung angewiesen ist, so nimmt das Anekdotische eine umgekehrte Richtung ein: Es faltet das abstrahierte Einzelne wieder aus, indem es dieses in fiktiven Fallgeschichten exemplarisch anschaulich macht.

Auf der anderen Seite lassen sich anekdotisierende Strategien als Verfahren beschreiben, die Unterschiedenes gleichmachen und die immer gleichen dichotomischen oder komplementären Semantiken aufrufen, dabei aber einen wohldosierten Rest lassen, aus dem sich das kollektive Imaginäre speisen kann. Anekdotisches Erzählen gilt allgemeinhin als performativ kollektivstiftend und gemeinschaftsbildend, befördert aber in dieser Hinsicht keine Geselligkeit. Außerdem setzt es exklusive, also schließende Narrative ins Werk, wie gezeigt wurde. Von ihm geht dabei besondere Gefahr aus, weil es sich durch das vorgeblich persönlich Erlebte legitimiert, aber auch immer auf das Ganze verweist und Allgemeinheit reklamiert. Gerade weil das romantische Anekdotisieren einen schmalen Grat zwischen untilgbarem Rest und schließendem Narrativ ausbalanciert, kann es (zeit)geschichtlichen Konsens subversiv unterlaufen oder affirmativ bestätigen. Es wird damit zum außerordentlichen Medium einer politischen Erzähltheorie für Übergangszeiten, dessen Selbstbeobachtungs- und Selbstbeschreibungsverfahren nicht zwischen Ästhetik und Politik oszillieren, sondern zugleich ästhetisch und politisch sind.

Literaturverzeichnis

Primärliteratur

Adelung, Johann Christoph, Anekdote, in: Grammatisch-kritisches Wörterbuch der hochdeutschen Mundart, Bd. 1, Wien 1811, 283–284.
Aristoteles, Werke in deutscher Übersetzung, hg. von Hellmut Flashar, Bd. 5: Poetik, übers. und erläutert von Arbogast Schmitt, Berlin 2008.
Arnim, Ludwig Achim von, Briefe an Savigny, 1803–1831, hg. von Heinz Härtl, Weimar 1982.
Arnim, Ludwig Achim von, Werke in sechs Bänden, hg. von Roswitha Burwick, Jürgen Knaack, Paul Michael Lützeler et al., Frankfurt a. M. 1989–1994 (ArnDKV).
Arnim, Ludwig Achim von, Achim von Arnim und die ihm nahestanden, Bd. 3: Achim von Arnim und Jacob und Wilhelm Grimm, hg. von Reinhold Steig und Herman Grimm, Stuttgart/Berlin 1904.
Arnim, Ludwig Achim von, Werke und Briefwechsel, hg. von Roswitha Burwick, Sheila Dickson, Lothar Ehrlich et al., Band 6: Zeitung für Einsiedler, hg. von Renate Moering, Berlin/Boston 2014.
Baader, Franz von, Sämtliche Werke in 16 Bänden, Bd. 6: Gesammelte Schriften zur Sozietätsphilosophie, hg. von Franz Hoffmann, Leipzig 1854.
Breitinger, Johann Jacob, Critische Dichtkunst, Stuttgart 1966 [Faksimiledruck d. Ausg. 1740].
Brentano, Clemens, Sämtliche Werke und Briefe. Historisch-Kritische Ausgabe, hg. von Anne Bohnenkamp-Renken, Konrad Feilchenfeldt und Jürgen Behrens, Stuttgart 1975 ff. (FBA).
Brentano, Clemens, Sämtliche Werke, Bd. 13: Spanische Novellen. Der Goldfaden, hg. von Heinz Amelung und Carl Schüddekopf, München 1911.
Brentano, Clemens, Werke, Bd. 2, hg. von Friedhelm Kemp, München 1963.
Brentano, Clemens, Arnim und Brentano, Freundschaftsbriefe, Bd. 2: 1807–1829, hg. von Hartwig Schultz, Frankfurt a. M. 1998.
Burckhardt, Jacob, Gesammelte Werke, Bd. 4: Weltgeschichtliche Betrachtungen, Darmstadt 1962.
Clausewitz, Carl von, Vom Kriege [1832–34], 16. Aufl., hg. von Werner Hahlweg, Bonn 1952.
Coleridge, Samuel Taylor, Biographia Literaria [1817], 2 Bde., Bd. 2, hg. von John Shawcross, Oxford 1907.
Eichendorff, Joseph von, Kleist [1846], in: Schriftsteller über Kleist, hg. von Peter Goldammer, Berlin/Weimar 1976, 69–85.
Friedensblätter. Eine Zeitschrift für Leben, Litteratur und Kunst, Wien 1814–1815, Nachdruck der ersten beiden Jahrgänge, Wien 1814 und 1815, Teil 1: Wien 1814, (Nr. 1–77), Teil 2: Wien 1815, (Nr. 78–143) 1970.
Gentz, Friedrich von, Schriften von Friedrich Gentz. Ein Denkmal, hg. von Gustav Schlesier, Mannheim 1838, Nachdruck Hildesheim/Zürich/New York 2002.
Görres, Joseph, Die teutschen Volksbücher, Heidelberg 1807.
Görres, Joseph, Auswahl in zwei Bänden, Bd. 2: Deutschland und die Revolution; mit Auszügen aus den übrigen Staatsschriften, hg. von Arno Duch, München 1921.
Grimm, Jacob und Wilhelm, Deutsche Sagen [1816–1818], 4. Aufl., hg. von Reinhold Steig, Berlin 1905.
Grimm, Jacob und Wilhelm, Kinder- und Hausmärchen, Bd. 1, 1. Aufl., Berlin 1812.
Grimm, Jacob und Wilhelm, Kinder und Hausmärchen, Bd. 1, 6. Aufl., Göttingen 1850.

Grimm, Jacob und Wilhelm, Deutsches Wörterbuch, 16 Bde. in 32 Teilbd., Leipzig 1854–1961 [digitalisiert v. d. Uni Trier, <http://dwb.uni-trier.de/de/>, abgerufen am 2.5.2021].
Grimm, Jacob, Deutsche Mythologie, Göttingen 1835.
Hardenberg, Karl August Fürst von, Die Reorganisation des preußischen Staates unter Stein und Hardenberg, Bd. 1, hg. von Georg Winter, Leipzig 1931.
Heine, Heinrich, Werke in Einzelausgaben, hg. von Gustav Adolf Erich Bogeng, Hamburg/Berlin 1925.
Heine, Heinrich, Historisch-Kritische Gesamtausgabe der Werke, Bd. 8/2, hg. von Manfred Windfuhr, Hamburg 1980.
Helfferich, Adolf, Johann Karl Passavant. Ein christliches Charakterbild, Frankfurt a. M. 1867.
Herder, Johann Gottfried, Sämmtliche Werke, Bd. 16: Wahrheit der Legenden, hg. von Bernhard Suphan, Berlin 1887.
Herder, Johann Gottfried, Werke in zehn Bänden, Bd. 3: Volkslieder, Übertragungen, Dichtungen, hg. von Ulrich Gaier, Frankfurt a. M. 1990.
Hofmannsthal, Hugo von, Gesammelte Werke: Reden und Aufsätze III: 1925–1929, hg. von Bernd Schoeller und Ingeborg Beyer-Ahlert, Frankfurt a. M. 1980.
Hufeland, Christoph Wilhelm, Makrobiotik oder die Kunst das menschliche Leben zu verlängern, Stuttgart 1826.
Jung-Stilling, Heinrich, Theorie der Geister-Kunde, in einer Natur-, Vernunft- und Bibelmäßigen Beantwortung der Frage, Nürnberg 1808.
Kant, Immanuel, Werke, Bd. 7: Der Streit der Fakultäten, Anthropologie in pragmatischer Hinsicht, Berlin 1968 [Faksimiledruck von Abt. 1 der Akademie Ausgabe 1907/17].
Kleist, Heinrich von, Sämtliche Werke und Briefe in vier Bänden, hg. von Ilse-Marie Barth, Hinrich C. Seeba, Stefan Ormanns et al., Frankfurt a. M. 1987–1997 (KIDKV).
Kleist, Heinrich von, Brandenburger Kleist-Ausgabe. Kritische Edition sämtlicher Texte, Bd. 2,7/8: Berliner Abendblätter 1 und 2, hg. von Roland Reuß und Peter Staengle, Basel/Frankfurt a. M. 1997 (BKA).
Kleist, Heinrich von, Heinrich von Kleist's ausgewählte Schriften, Bd. 1, hg. von Ludwig Tieck, Leipzig 1846.
Heinrich von Kleists Lebensspuren. Dokumente und Berichte der Zeitgenossen, hg. von Helmut Sembdner, Frankfurt a. M. 1996.
Knigge, Adolph Freiherr, Werke, hg. von Pierre-André Bois, Bd. 2, hg. von Michael Rüppel, Göttingen 2010.
Müller, Adam, Kritische, ästhetische und philosophische Schriften, kritische Ausgabe, 2. Bde., hg. von Walter Schoeder und Werner Siebert, Berlin 1967.
Müller, Adam, Die Elemente der Staatskunst, 3 Bde., Berlin 1809, Neuausgabe v. Jakob Baxa, 2 Halbbde., Jena 1922.
Müller, Adam, Lebenszeugnisse, hg. von Jakob Baxa, 2 Bde., München/Paderborn/Wien 1966.
Moritz, Karl Philipp, Werke, Bd. 3: Erfahrung, Sprache, Denken, hg. von Horst Günther, Frankfurt a. M. 1981, 169–178.
Moritz, Karl Philipp, Werke in zwei Bänden, Bd. 1: Dichtungen und Schriften zur Erfahrungs-Seelenkunde, hg. von Heide Hollmer und Albert Meier, Frankfurt a. M. 2014, 793–809.
Novalis, Schriften. Kritische Neuausgabe auf Grund des handschriftlichen Nachlasses, Bd. 2,1, hg. von Ernst Heilborn, Berlin 1901.
Novalis, Schriften. Die Werke Friedrich von Hardenbergs. Historisch-kritische Ausgabe in vier Bänden, begr. v. Paul Kluckhohn und Richard Samuel, hg. von Richard Samuel mit Hans-Joachim Mähl und Gerhard Schulz, Stuttgart 1960–1981 (HKA).

Novalis, Werke, hg. von Gerhard Schulz, München 2001.
Publius Ovidius Naso, Metamorphosen. Epos in 15 Büchern, übers. und hg. von Hermann Breitenbach, Stuttgart 1971.
Scharnhorst, Gerhard von, Publikationen aus den Preußischen Staatsarchiven, Bd. 94 N. F. Erste Abteilung: Die Reorganisation des Preußischen Staates unter Stein und Hardenberg. Zweiter Teil: Das Preußische Herr vom Tilsiter Frieden bis zur Befreiung 1807–1814, hg. von Rudolf Vaupel, Leipzig 1938.
Schlegel, Friedrich, Kritische Friedrich-Schlegel-Ausgabe, hg. von Ernst Behler, München/Paderborn/Wien/Zürich 1958 ff. (KFSA).
Schlegel, Friedrich, Fragmente der Frühromantik 1, hg. von Friedrich Strack und Martina Eicheldinger, Berlin 2011.
Schleiermacher, Friedrich, Kritische Gesamtausgabe, hg. von Lutz Käppel, Andreas Arndt, Jörg Dierken et al., Berlin 1980 ff. (KGA).
Texte der deutschen Tischgesellschaft, hg. von Stefan Nienhaus, Tübingen 2008.
Tieck, Ludwig, Werke, Bd. 3: Novellen, hg. von Marianne Thalmann, München 1965.
Uhland, Ludwig, Alte hoch- und niederdeutsche Volkslieder mit Abhandlung und Anmerkungen, Bd. 2: Abhandlung, Stuttgart 1866.
Vergil, Aeneis, Lateinisch-Deutsch, zusammen mit Maria Götte hg. und übers. von Johannes Götte, München 1970.
Von Stein zu Hardenberg. Dokumente aus dem Interimsministerium Altenstein/Dohna, hg. von Heinrich Scheel und Doris Schmidt, Berlin 1986.

Sekundärliteratur

Adler, Jonathan E., Gossip and Truthfulness, in: Cultures of Lying. Theories and Practice of Lying in Society, Literature, and Film, hg. von Jochen Mecke, Berlin/Wisconsin 2007, 69–78.
Adorno, Theodor W., Gesammelte Schriften, hg. von Rolf Tiedemann, Frankfurt a. M. 1997.
Althaus, Hans Peter, Lexikon deutscher Wörter jiddischer Herkunft, München 2010.
Amlinger, Carolin, Rechts dekonstruieren. Die Neue Rechte und ihr ambivalentes Verhältnis zur Postmoderne, in: Leviathan 48/2 (2020), 318–337.
Arndt, Andreas, Friedrich Schleiermacher als Philosoph, Berlin 2013.
Aslangul, Claire, L'artiste Andreas Paul Weber entre national-bolchevisme, nazisme et anti-fascisme: image, mémoire, histoire, in: Vingtième siècle 99/3 (2008), 160–187.
Aust, Hugo, Novelle, Stuttgart 2012.
Autsch, Sabiene und Claudia Öhlschläger, Das Kleine denken, schreiben, zeigen. Interdisziplinäre Perspektiven, in: Kulturen des Kleinen. Mikroformate in Literatur, Kunst und Medien, hg. von Sabiene Autsch, Claudia Öhlschläger und Leonie Süwolto, Paderborn 2014, 9–20.
Bachleitner, Norbert, Fiktive Nachrichten. Die Anfänge des europäischen Feuilletonromans, Würzburg 2012.
Baczko, Bronisław, Politiques de la Révolution française, Paris 2008.
Baier, Christian, ,I reject your reality and substitute my own!' Zur narrativen Legitimation sogenannter ,alternativer Fakten', in: Postfaktisches Erzählen? Post-Truth – Fake News – Narration, hg. von Antonius Weixler, Matei Chihaia, Matías Martínez et al., Berlin 2021, 65–82.
Balke, Friedrich, Einleitung: Die große Hymne an die kleinen Dinge. Jacques Rancière und die Aporien des ästhetischen Regimes, in: Ästhetische Regime um 1800, hg. von Friedrich Balke, Harun Maye und Leander Scholz, Paderborn 2009, 9–36.

Ball, James, Post-Truth. How Bullshit Conquered the World, London 2017.
Balzer, Bernd, Die ‚gebrechlichen Einrichtungen der Welt'. Kleists Alternative zu Goethes Novellenkonzept, in: Kleist. Relektüren, hg. von Branka Schaller-Fornoff und Roger Fornoff, Dresden 2011, 11–24.
Bandau, Anja, Desaster und Utopie: Vom unerhörten Detail zum Romanfragment, Tübingen 2008.
Bandau, Anja, Unglaubliche Tatsachen: Die haitianische Revolution und die anecdote coloniale, in: Revolutionsmedien – Medienrevolutionen. Die Medien der Geschichte 2, hg. von Sven Grampp, Kay Kirchmann, Marcus Sandl et al., Konstanz 2008, 569–592.
Barthes, Roland, Structure du fait divers, in: Essais critiques, Paris 1964, 188–197.
Bartmuß, Hans-Joachim, Eberhard Kunze und Josef Ulfkotte, „Turnvater" Jahn und sein patriotisches Umfeld: Briefe und Dokumente 1806-1812, hg. von dens., Köln/Weimar/Wien 2008.
Beck, Ulrich, Die Risikogesellschaft, Frankfurt a. M. 1986.
Benjamin, Walter, Gesammelte Schriften, Bd. VII.1, hg. von Rolf Tiedemann und Hermann Schweppenhäuser, Frankfurt a. M. 1989.
Benjamin, Walter, Erzählen. Schriften zur Theorie der Narration und zur literarischen Prosa, hg. von Alexander Honold, Frankfurt a. M. 2007.
Bennett, Gillian, What's ‚Modern' about the Modern Legend?, in: Fabula 26 (1985), 219–229.
Benoist, Alain de, Kulturrevolution von rechts. Gramsci und die Nouvelle Droite, Dresden 2017.
Berensmeyer, Ingo, Thomas Hobbes und die Macht der inneren Bilder, in: Mystik und Medien. Erfahrung – Bild – Theorie, hg. von dems., München 2008, 87–110.
Bergmann, Jörg R., Klatsch. Zur Sozialform der diskreten Indiskretion, Berlin 1987.
Bergmann, Werner, Jahn, Friedrich Ludwig, in: Handbuch des Antisemitismus, Bd. 2/1, Personen A–K, hg. von Wolfgang Benz, Berlin 2009, 403–406.
Biegon, Dominika und Frank Nullmeier, Narrationen über Narrationen. Stellenwert und Methodologie der Narrationsanalyse, in: Politische Narrative, hg. von Frank Gadinger, Wiesbaden 2014, 39–65.
Binczek, Natalie, ‚Vom Hörensagen' – Gerüchte in Thomas Berhards *Das Kalkwerk*, in: Die Kommunikation der Gerüchte, hg. von Jürgen Brokoff, Jürgen Fohrmann, Hedwig Pompe et al., Göttingen 2008, 79–99.
Blamberger, Günter, Heinrich von Kleist. Biographie, Frankfurt a. M. 2011.
Blanchette, Isabelle und Anne Richards, The influence of affect on higher level cognition: A review of research on interpretation, in: Cognition and Emotion 24/4 (2010), 561–595.
Blasberg, Cornelia, Spannungsverhältnisse. Kleine Formen in großen, in: Kulturen des Kleinen, 81–100.
Blätte, Andreas, Reduzierter Parteienwettbewerb durch kalkulierte Demobilisierung. Bestimmungsgründe des Wahlkampfverhaltens im Bundestagswahlkampf 2009, in: Die Bundestagswahl 2009. Analysen der Wahl-, Parteien-, Kommunikations- und Regierungsforschung, hg. von Karl-Rudolf Korte, Wiesbaden 2009, 273–297.
Bobeth, Johannes, Die Zeitschriften der Romantik, Leipzig 1911.
Bon, Gustave Le, Psychologie der Massen, Stuttgart 1911.
Brandtner, Christina E., Zur Problematik des vaterländischen Freiheitsgedankens in Brentanos ‚Die Schachtel mit der Friedenspuppe', in: German Life and Letters 46/1 (1993), 12–24.
Bredekamp, Horst, Antikensehnsucht und Maschinenglauben. Die Geschichte der Kunstkammer und die Zukunft der Kunstgeschichte, Berlin 1993.

Brednich, Rolf Wilhelm, Die Spinne in der Yucca-Palme. Sagenhafte Geschichten von heute, München 1990.
Brednich, Rolf Wilhelm, Enzyklopädie des Märchens. Handwörterbuch zur historischen und vergleichenden Erzählforschung, begr. von Kurt Ranke, hg. von Rolf Wilhelm Brednich, Berlin 1977–2015, Band 11, hg. von Rolf Wilhelm Brednich, Berlin 2004.
Briese, Olaf, Gerüchte als Ansteckung. Grenzen und Leistungen eines Kompositums, in: Die Kommunikation der Gerüchte, 252–277.
Breuer, Ingo, Erzählung, Novelle, Anekdote, in: Kleist-Handbuch, hg. von dems., Stuttgart 2013, 90–97.
Breuer, Ingo, Unwahrscheinliche Wahrhaftigkeiten, in: Kleist-Handbuch, 156–160.
Brodocz, André, Erfahrung. Zur Rückkehr eines Arguments, in: Erfahrung als Argument, hg. von dems., Baden-Baden 2007, 9–26.
Brokoff, Jürgen, Fama: Gerücht und Form. Einleitung, in: Die Kommunikation der Gerüchte, 17–23.
Bruhn, Manfred, Gerüchte als Gegenstand der theoretischen und empirischen Forschung, in: Medium Gerücht. Studien zu Theorie und Praxis einer kollektiven Kommunikationsform, hg. von Manfred Bruhn und Werner Wunderlich, Basel 2004, 11–40.
Brunvand, Jan Harold, The Vanishing Hitchhiker: American Urban Legends & Their Meanings, New York City 1981.
Brunvand, Jan Harold, American Folklore: An Encyclopedia, London 1998.
Brunvand, Jan Harold, Encyclopedia of Urban Legends, Santa Barbara 2001.
Bubner, Rüdiger, Die aristotelische Lehre vom Zufall. Bemerkungen in der Perspektive einer Annäherung der Philosophie an die Rhetorik, in: Poetik und Hermeneutik XVII. Kontingenz, hg. von Gerhart von Graevenitz und Udo Marquard, München 1998, 3–22.
Bunia, Remigius, Till Dembeck und Georg Stanitzek, Elemente einer Literatur- und Kulturgeschichte des Philisters. Einleitung, in: Philister. Problemgeschichte einer Sozialfigur der neueren deutschen Literatur, hg. von dens., Berlin 2011, 13–51.
Butter, Michael, Dunkle Komplotte: Zur Geschichte und Funktion von Verschwörungstheorien, in: Politikum 3 (2017), 4–14.
Büttner, Urs, Poiesis des „Sozialen". Achim von Arnims frühe Poetik bis zur Heidelberger Romantik (1800–1808), Berlin/Boston 2015.
Campe, Rüdiger, Spiel der Wahrscheinlichkeit. Literatur und Berechnung zwischen Pascal und Kleist, Göttingen 2002.
Campe, Rüdiger, Vor Augen Stellen. Über den Rahmen rhetorischer Bildgebung, in: Auf die Wirklichkeit zeigen. Zum Problem der Evidenz in den Kulturwissenschaften. Ein Reader, hg. von Helmut Lethen, Ludwig Jäger und Albrecht Koschorke, Frankfurt a. M. 2016, 106–136.
Campe, Rüdiger, Prosa der Welt. Kleists Journalismus und die Anekdoten, in: Unarten. Kleist und das Gesetz der Gattung, hg. von Andrea Allerkamp, Matthias Preuss und Sebastian Schönbeck, Bielefeld 2019, 235–264.
Clasen, Herbert, Heinrich Heines Romantikkritik. Tradition – Produktion – Rezeption, Hamburg 1979.
Clay, Richard, Iconoclasm in revolutionary Paris. The transformation of signs, Oxford 2012.
Coady, David, Gerüchte, Verschwörungstheorien und Propaganda, in: Konspiration. Soziologie des Verschwörungsdenkens, hg. von Andreas Anton, Michael Schetsche und Michael Walter, Wiesbaden 2014, 277–299.

Coy, Adelheid, Die Musik der Französischen Revolution. Zur Funktionsbestimmung von Lied und Hymne, München 1978.
Davis, Lennard J., Factual Fictions. The Origins of the English Novel, New York 1983.
Dégh, Linda, Märchen, Erzähler und Erzählgemeinschaft, Berlin 1962.
Dégh, Linda, Collecting Legends today. Welcome to the Bewildering Maze of the Internet, in: Europäische Ethnologie und Folklore im internationalen Kontext. Festschrift für Leander Petzoldt zum 65. Geburtstag, hg. von Ingo Schneider, Frankfurt a. M. 1999, 55–66.
Derrida, Jacques, Das Gesetz der Gattung [1980], in: ders., Gestade, hg. von Peter Engelmann, Wien 1994, 246–283.
Doll, Martin, Widerstand im Gewand des Hyper-Konformismus. Die Fake-Strategien von ‚The Yes Men', in: Mimikry. Gefährlicher Luxus zwischen Natur und Kultur, hg. von Andreas Becker, Martin Doll, Serjoscha Wiemer et al., Schliengen 2008, 245–258.
Doll, Martin, Fälschung und Fake. Zur diskursanalytischen Dimension des Täuschens, Berlin 2012.
Dröse, Astrid, Journalpoetische Konstellationen. Kleist, Körner, Schiller, in: Kleist Jahrbuch (2019), 188–203.
Dubbels, Elke, Zur Dynamik von Gerüchten bei Heinrich von Kleist, in: Zeitschrift für deutsche Philologie 131 (2012), 191–210.
Dunbar, Robin, Klatsch und Tratsch. Wie der Mensch zur Sprache fand, München 1998.
Dundes, Alan, Bloody Mary in the Mirror. Essays in Psychoanalytic Folkloristics, Jackson (Mississippi) 2008.
Dusche, Michael, Die Geburt des Nationalismus aus dem Geist der Romantik, in: Vielheit und Einheit der Germanistik weltweit. Akten des XII. Internationalen Germanistenkongresses Warschau 2010, hg. von Franciszek Grucza, Frankfurt a. M. 2012, 23–27.
Düwell, Susanne und Nicolas Pethes, Noch nicht Wissen. Die Fallsammlung als Prototheorie in Zeitschriften der Spätaufklärung, in: Literatur und Nicht-Wissen. Historische Konstellationen 1730–1930, hg. von Michael Bies und Michael Gamper, Zürich 2012, 131–167.
Düwell, Susanne und Nicolas Pethes, Fall, Wissen, Repräsentation – Epistemologie und Darstellungsästhetik von Fallnarrativen in den Wissenschaften vom Menschen, in: Fall – Fallgeschichte – Fallstudie. Theorie und Geschichte einer Wissensform, hg. von dens., Frankfurt a. M. 2014, 9–33.
Dyk, Silke van, Krise der Faktizität. Über Wahrheit und Lüge in der Politik und die Aufgabe der Politik, in: PROKLA. Zeitschrift für Kritische Sozialwissenschaft 47/188 (2017), 347–368.
Eberle, Thomas S., Gerücht oder Faktizität? Zur kommunikativen Aushandlung von Geltungsansprüchen, in: Medium Gerücht, 85–116.
Ehrmann, Daniel, Facta, Ficta und Hybride. Generische als epistemologische Dynamik in Zeitschriften des 18. Jahrhunderts, in: Zwischen Literatur und Journalistik. Generische Formen in Periodika des 18. bis 21. Jahrhunderts, hg. von Gunhild Berg, Magdalena Gronau und Michael Pilz, Heidelberg 2016, 111–132.
Emden, Christian J., Die Gleichzeitigkeit des Ungleichzeitigen, in: KulturPoetik 6/2 (2006), 200–221.
Endres, Johannes, Charakteristiken und Kritiken, in: Friedrich Schlegel-Handbuch, hg. von dems., Berlin 2017, 101–140.
Erbse, Hartmut, Studien zum Verständnis Herodots, Berlin 1992.
Erdle, Birgit R., Literarische Epistemologie der Zeit. Lektüren zu Kant, Kleist, Heine und Kafka, Paderborn 2015.

Escher, Clemens, Arndt, Ernst Moritz, in: Handbuch des Antisemitismus, Bd. 2/1, Personen A–K, hg. von Wolfgang Benz, Berlin 2009, 33–35.
Essen, Gesa von, Hermannsschlachten. Germanen- und Römerbilder in der Literatur des 18. und 19. Jahrhunderts, Göttingen 1998.
Essen, Gesa von, Kleist anno 1809: Der politische Schriftsteller, in: Kleist – ein moderner Aufklärer?, hg. von Marie Haller-Nevermann, Göttingen 2005, 101–132.
Essen, Gesa von, Prosa-Konzentrate. Zur Virtuosität der kleinen Form bei Heinrich von Kleist, in: Heinrich von Kleist. Neue Ansichten eines rebellischen Klassikers, hg. von Werner Frick, Freiburg i. Br. 2014, 129–160.
Fedders, Jonas, Kulturrevolution von rechts. Die Diskursstrategien der Neuen Rechten, in: Extrem unbrauchbar. Über Gleichsetzungen von links und rechts, hg. von Eva Berendsen, Katharina Rhein und Tom David Uhlig, Berlin 2019, 213–225.
Feilchenfeldt, Konrad, Vorwort, in: Achim von Arnim und Clemens Brentano, Des Knaben Wunderhorn. Alte deutsche Lieder [1805–1808]. Nachdruck der Ausgabe von 1923 mit einem Vorwort von Konrad Feilchenfeldt, Frankfurt a. M. 1974.
Fellner, Anton, Wiener Romantik am Wendepunkt, 1813–1815. Die „Friedensblätter" und ihr Kreis, Wien 1951.
Fineman, Joel, The History of the Anecdote: Fiction and Fiction, in: The New Historicism, hg. von H. Aram Veeser, New York 1989, 49–76.
Firges, Janine, Erzählen als ‚bloß andeutender Fingerzeig'. Brevitas, Sprachverknappung und die Logik des Bildlichen in Karl Philipp Moritz' Signatur des Schönen, in: Kurz & Knapp. Zur Mediengeschichte kleiner Formen vom 17. Jahrhundert bis zur Gegenwart, hg. von Michael Gamper und Ruth Mayer, Bielefeld 2017, 47–66.
Fischer, Hannes, Korrespondenten. „Auszüge aus Briefen" im Nationaljournal Deutsches Museum (1776–1788), in: Journale lesen. Lektüreabbruch – Anschlusslektüren, hg. v. Volker Mergenthaler, Nora Ramtke und Monika Schmitz-Emans, Hannover 2022, 191–204.
Fleig, Anne, Achtung Vertrauen! Skizze eines Forschungsfeldes zwischen Lessing und Kleist, in: Kleist Jahrbuch (2012), 329–335.
Forster, E. M., Aspects of the Novel, London 1927.
Foucault, Michel, Schriften in vier Bde., Bd. 3: 1976–1979, Frankfurt a. M. 2003.
Foucault, Michel, Geschichte der Gouvernementalität, in: Vorlesungen am Collège de France, Bd. 1, hg. von Michel Sennelart, Frankfurt a. M. 2004.
Frank, Gustav, Die Legitimität der Zeitschrift. Zu Episteme und Texturen des Mannigfaltigen, in: Zwischen Literatur und Journalistik, 27–45.
Frankfurt, Harry G., On Bullshit, New Jersey 2005.
Freud, Sigmund, Der Mann Moses und die monotheistische Religion: Drei Abhandlungen [1937/1939], in: ders.: Studienausgabe, Bd. 9: Fragen der Gesellschaft, Ursprünge der Religion, hg. von Alexander Mitscherlich, Andrea Richards und James Strachey, Frankfurt a. M. 1974, 455–581.
Frühwald, Wolfgang, Achim von Arnim und Clemens Brentano, in: Handbuch der deutschen Erzählungen, hg. von Karl Konrad Polheim, 145–158.
Fuchs, Florian, Agierende Form. Über Friedrich Schlegels Theorie der Novelle, in: Athenäum – Jahrbuch der Friedrich Schlegel Gesellschaft, Bd. 26 (2016), 23–50.
Gall, Dorothee, Monstrum horrendum ingens – Konzeptionen der *fama* in der griechischen und römischen Literatur, in: Die Kommunikation der Gerüchte, 24–43.
Gamper, Michael und Ruth Mayer, Erzählen, Wissen und kleine Formen. Eine Einleitung, in: Kurz & Knapp, 7–22.

Gartz, Heinz J., Brentanos Novelle „Die Schachtel mit der Friedenspuppe". Eine kritische Untersuchung, Bonn 1955.
Gerndt, Helge, Milzbrand-Geschichten. Thesen zur Sagenforschung in der globalisierten Welt, in: Österreichische Zeitschrift für Volkskunde 105 (2002), 279–295.
Gerndt, Helge, Kulturwissenschaft im Zeitalter der Globalisierung. Volkskundliche Markierungen, München 2002.
Gess, Nicola, Staunen. Eine Poetik, Göttingen 2019.
Gess, Nicola, Halbwahrheiten. Zur Manipulation von Wirklichkeit, Berlin 2021.
Gessenharter, Wolfgang, Die ‚Neue Rechte' als Scharnier zwischen Neokonservatismus und Rechtsextremismus in der Bundesrepublik, in: Gegen Barbarei. Robert M. W. Kempner zu Ehren, Frankfurt a. M. 1989, 424–452.
Giddens, Anthony, Jenseits von Links und Rechts. Die Zukunft radikaler Demokratie, Frankfurt a. M. 1997.
Gilgen, Peter, Ohne Maß: Kleists ‚Der verlegene Magistrat', in: Kleist revisited, hg. von Hans Ulrich Gumbrecht und Friederike Knüpling, Paderborn 2014, 147–161.
Ginzburg, Carlo, Der Käse und die Würmer. Die Welt eines Müllers um 1600 [1976]. Berlin 2007.
Ginzburg, Carlo, Mikrogeschichte: Zwei oder drei Dinge, die ich von ihr weiß [1994], in: Faden und Fährten. Wahr falsch fiktiv, Berlin 2013, 89–112.
Godel, Rainer, Literatur und Nicht-Wissen im Umbruch, 1730-1810, in: Literatur und Nicht-Wissen, 39–58.
Göhler, Gerhard, Konservatismus im 19. Jahrhundert – eine Einführung, in: Politische Theorien des 19. Jahrhunderts, hg. von Bernd Heidenreich, Berlin 2002, 19–32.
Gönczy, Gabriella, Zur Kommunikations- und Redaktionsstrategie der ‚Berliner Abendblätter', in: Internationale Konferenz „Heinrich von Kleist" für Studentinnen und Studenten, für Nachwuchswissenschaftlerinnen und Nachwuchswissenschaftler, hg. von Peter Eisberg und Hans-Jochen Marquardt, Stuttgart 2003, 159–168.
Görner, Rüdiger, Gewalt und Grazie. Heinrich von Kleists Poetik der Gegensätzlichkeit, Heidelberg 2011.
Goodman, Nelson, Weisen der Welterzeugung, Frankfurt a. M. 1984.
Gossman, Lionel, Anecdote and History, in: History and Theory 42 (2003), 143–168.
Grabbe, Katharina, Das anekdotische Verhältnis von Geheimnis und Öffentlichkeit. Mediale Konstellationen in Heinrich von Kleists ‚Sonderbare Geschichte, die sich, zu meiner Zeit, in Italien zutrug.' in den ‚Berliner Abendblättern', in: Kleist Jahrbuch (2019), 329–341.
Gramsci, Antonio, Gefängnishefte, Hamburg 1991 ff.
Grathoff, Dirk, Die Zensurkonflikte der ‚Berliner Abendblätter'. Zur Beziehung von Journalismus und Öffentlichkeit bei Heinrich von Kleist, in: Ideologiekritische Studien zur Literatur. Essays I, hg. von Klaus Peter, Dirk Grathoff, Charles N. Hayes et al., Frankfurt a. M. 1972, 35–168.
Grathoff, Dirk, Heinrich von Kleist und Napoleon Bonaparte, der Furor Teutonicus und die ferne Revolution, in: Heinrich von Kleist. Kriegsfall – Rechtsfall – Sündenfall, hg. von Gerhard Neumann, Freiburg i. Br. 1994, 31–60.
Green, Thomas, Folklore: An Encyclopedia of Beliefs, Customs, Tales, Music and Art, Vol. 2. Santa Barbara 1997.
Greenblatt, Stephen, Introduction: Joel Fineman's Will, in: The Subjectivity Effect in Western Literary Tradition: Essays Towards the Release of Shakespeare's Will, hg. von Joel Fineman, Cambridge 1991, ix-xix.

Greifeneder, Rainer, Herbert Bless und Michael Tuan Pham, When do people rely on affective and cognitive feelings in judgement? A review, in: Personality and Social Psychology Review 15/2 (2011), 107–141.

Greifeneder, Rainer, Herbert Bless und Klaus Fiedler, Social Cognition. How individuals construct social reality, New York 2018.

Gretz, Daniela, Antisemitismus als Gerücht über die Juden – Will Eisners Wahre Geschichte der Protokolle der Weisen von Zion, in: Die Kommunikation der Gerüchte, 100–128.

Grisebach, Eduard Literarische Einleitung, in: Achim von Arnim und Clemens Brentano, Des Knaben Wunderhorn [1806], hg. von Eduard Grisebach, Leipzig 1906, XV–XVII.

Grothe, Heinz, Anekdote, Stuttgart 1984.

Gruppi, Luciano, Gramsci. Philosophie der Praxis und die Hegemonie des Proletariats, Hamburg 1977.

Günter, Manuela und Michael Gamper: Serielles Vergnügen in der Frühen Neuzeit zwischen Gattungs- und Medieneffekten, in: Artes populares. Theorie und Praxis populärer Unterhaltungskünste in der Frühen Neuzeit 44/3 (2016), hg. von dens., 257–293.

Gymnich, Marion und Birgit Neumann, Vorschläge für eine Relationierung verschiedener Aspekte und Dimensionen des Gattungskonzepts: Der Kompaktbegriff Gattung, in: Gattungstheorie und Gattungsgeschichte, hg. von Marion Gymnich, Birgit Neumann und Ansgar Nünning, Trier 2007, 31–52.

Habermas, Jürgen, Erläuterungen zum Begriff des kommunikativen Handelns [1982], in: ders., Vorstudien und Ergänzungen zur Theorie des kommunikativen Handelns, Frankfurt a. M. 1995, 571–606.

Hahn, Alois, Kontingenz und Kommunikation, in: Poetik und Hermeneutik, 493–521.

Hahn, Torsten, Rauschen, Gerücht und *Gegensinn*. Nachrichtenübermittlung in Heinrich von Kleists *Robert Guiskard*, in: Kontingenz und Steuerung. Literatur als Gesellschaftsexperiment 1750–1830, hg. von Torsten Hahn, Erich Kleinschmidt und Nicolas Pethes, Würzburg 2004, 101–122.

Häntzschel, Günter, Sammel(l)ei(denschaft). Literarisches Sammeln im 19. Jahrhundert, Würzburg 2014.

Haug, Walter, Entwurf zu einer Theorie der mittelalterlichen Kurzerzählung, in: Kleinere Erzählformen des 15. und 16. Jahrhunderts, hg. von dems. und Burghart Wachinger, Tübingen 1993, 1–36.

Heede, Dag, Michel Foucault und Karen Blixen: Verhandlungen zwischen Literatur und Geschichte, in: Verhandlungen mit dem New Historicism. Das Text-Kontext-Problem in der Literaturwissenschaft, hg. von Jürg Glauser und Annegret Heitmann, Würzburg 1999, 63–79.

Hepfer, Karl, Verschwörungstheorien. Eine philosophische Kritik der Unvernunft, Bielefeld 2015.

Hermand, Jost, Freundschaft. Zur Geschichte einer sozialen Beziehung, Köln 2006.

Heumann, Mauritz und Oliver Nachtwey, Regressive Rebellen: Konturen eines Sozialtyps des neuen Autoritarismus, in: Konformistische Rebellen. Zur Aktualität des autoritären Charakters, hg. von Andreas Stahl, Katrin Henkelmann, Christian Jäckel et al., Berlin 2020, 385–402.

Hilzinger, Sonja, Anekdotisches Erzählen im Zeitalter der Aufklärung. Zum Struktur- und Funktionswandel der Gattung Anekdote in Historiographie, Publizistik und Literatur des 18. Jahrhunderts, Stuttgart 1997.

Hilzinger, Sonja, Anekdote, in: Handbuch der literarischen Gattungen, hg. von Dieter Lamping, Stuttgart 2009, 12–16.
Homberg, Michael, Augenblicksbilder. Kurznachrichten und die Tradition der *faits divers* bei Kleist, Fénéon und Kluge, in: Kurz & Knapp, 119–139.
Horn, Eva, Hermanns ‚Lektionen'. Strategische Führung in Kleists ‚Hermannsschlacht', in: Kleist Jahrbuch (2011), 66–90.
Jäger, Maren, Die Kürzemaxime im 21. Jahrhundert vor dem Hintergrund der *brevitas*-Diskussion in der Antike, in: Kulturen des Kleinen, 21–40.
Janssen, Wilhelm, Friede, in: Geschichtliche Grundbegriffe: Historisches Lexikon zur politisch-sozialen Sprache in Deutschland. 8 Bde., hg. von Otto Brunner, Werner Conze und Reinhart Koselleck, Bd. 2: E–G, Stuttgart 1975, 543–591.
Jens, Walter, Von deutscher Rede, München 1969.
Jesse, Eckhard und Mario Paul, Gerücht und Propaganda. Ursachen, Funktionsweise und Wirkung, in: Medium Gerücht, 387–412.
Jolles, André, Einfache Formen. Legende – Sage – Mythe – Rätsel – Spruch – Kasus – Memorabile – Märchen – Witz [1930], Tübingen 1968.
Jöst, Erhard, Opfertod fürs Vaterland. Der literarische Agitator Theodor Körner, in: Dichtung und Wahrheit: Literarische Kriegsverarbeitung vom 17. bis zum 20. Jahrhundert, hg. von Clauda Glunz und Thomas F. Schneider 2015, 7–46.
Kaminski, Nicola, Zeit/Schrift: Interferenzen von Tagebuch und Journal in den Wiener Friedensblättern 1814/15, in: Zwischen Literatur und Journalistik, 133–152.
Kapferer, Jean-Noël, Gerüchte. Das älteste Massenmedium der Welt, Paris 1987/95.
Kastinger Riley, Helene M., Achim von Arnim in Selbstzeugnissen und Bilddokumenten, Reinbek 1979.
Kastinger Riley, Helene M, Kontamination und Kritik im dichterischen Schaffen Clemens Brentanos und Achim von Arnims, in: Colloquia Germanica, 13/4 (1980), 350–358.
Kaulbarsch, Vera, ‚I saw a ghost in Béthune'. Wiedergänger im Ersten Weltkrieg, in: Lernen mit den Gespenstern zu leben. Das Gespenstische als Figur, Metapher und Wahrnehmungsdispositiv in Theorie und Ästhetik, hg. von Lorenz Aggermann, Berlin 2015, 109–120.
Käuser, Andreas, Theorie und Fragment. Zur Theorie, Geschichte und Poetik kleiner Prosaformate, in: Kulturen des Kleinen, 41–56.
Keyes, Ralph, The Post-Truth Era, New York 2004.
Kiliànová, Gabriela, Sagen heute. Zum Sagenrepertoire in Erzählgemeinschaften der Gegenwart, in: Europäische Ethnologie und Folklore im internationalen Kontext, 145–156.
Kirchmann, Kay, Das Gerücht und die Medien. Medientheoretische Annäherungen an einen Sondertypus der informellen Kommunikation, in: Medium Gerücht, 67–84.
Kleinschmidt, Erich, Fällige Zufälle. Spiele der (Un)Ordnung in der Literatur um 1800, in: Kontingenz und Steuerung, 147–166.
Kluge, Gerhard, Brentanos Fragment einer Erzählung aus der Französischen Revolution, in: Textkritik und Interpretation. Festschrift für Karl Konrad Polheim zum 60. Geburtstag, hg. von Heimo Reinitzer, Bern 1987, 285–305.
Kluge, Gerhard, Namen und Bilder. Ergänzungen zur Edition von Brentanos Erzählungen mit Motiven aus der französischen Revolution, in: Jahrbuch des Freien deutschen Hochstifts (1992), 205–212.
Knaack, Jürgen, Achim von Arnim. Nicht nur Poet. Die politischen Anschauungen Arnims in ihrer Entwicklung. Mit ungedruckten Texten und einem Verzeichnis sämtlicher Briefe, Darmstadt 1976.

Knaack, Jürgen, Achim von Arnim und der ‚Preußische Correspondent'. Eine letzte großstädtische Aktivität vor dem Umzug nach Wiepersdorf, in: Universelle Entwürfe – Integration – Rückzug: Arnims Berliner Zeit (1809–1814), Wiepersdorfer Kolloquium der Internationalen Arnim-Gesellschaft, hg. von Ulfert Ricklefs, Tübingen 2000, 133–141.

Knaack, Jürgen, Achim von Arnim, der Preußische Correspondent und die Spenersche Zeitung in den Jahren 1813 und 1814, in: Arnim und die Berliner Romantik: Kunst, Literatur und Politik, Berliner Kolloquium der Internationalen Arnim-Gesellschaft, hg. von Walter Pape, Tübingen 2001, 41–52.

Knaack, Jürgen, Arnim und Niebuhr: Ein gespanntes Verhältnis, in: Neue Zeitung für Einsiedler. Mitteilungen der Internationalen Arnim-Gesellschaft, hg. von Walter Pape, Jg. 4/5 (2004/2005), Köln 2006, 21–40.

Knaack, Jürgen, ‚Die Alltäglichkeit der Zeitungsschreiberei': Achim von Arnim als Redakteur des ‚Preußischen Correspondenten', in: Die alltägliche Romantik. Gewöhnliches und Phantastisches, Lebenswelt und Kunst, hg. von Walter Pape unter Mitarbeit von Roswitha Burwick Schriften der Internationalen Arnim-Gesellschaft Bd. 11, Berlin/Boston 2016, 185–190.

Knauer, Bettina, Allegorische Strukturen. Studien zum Prosawerk Clemens Brentanos, Tübingen 1995.

Knauer, Bettina, Im Rahmen des Hauses. Poetologische Novellistik zwischen Revolution und Restauration (Goethe, Arnim, Tieck, E. T. A. Hoffmann, Stifter), in: Jahrbuch der Deutschen Schillergesellschaft 41/1 (1997), 140–169.

Koehler, Benedikt, Ästhetik der Politik. Adam Müller und die politische Romantik, Stuttgart 1980.

Köhler, Peter, Nachwort. Dichtung als Wahrheit: die Anekdote, in: Wenn ich die Wahrheit sagen wollte, müßte ich lügen. Das Anekdoten-Buch, hg. von Peter Köhler, Stuttgart 2001, 261–276.

Köhler-Zülch, Ines, Der Diskurs über den Ton. Zur Präsentation von Märchen und Sagen in Sammlungen des 19. Jahrhunderts, in: Homo narrans, 25–50.

Kondylis, Panajotis, Reaktion, Restauration, in: Geschichtliche Grundbegriffe, Bd. 5: Pro–Soz, Stuttgart 1984, 179–230.

Koschorke, Albrecht, Wahrheit und Erfindung. Grundzüge einer Allgemeinen Erzähltheorie, Frankfurt a. M. 2012.

Koselleck, Reinhart, Bund, in: Geschichtliche Grundbegriffe, Bd. 1: A–D, Stuttgart 1972, 582–671.

Koselleck, Reinhart, Christian Meier, Odilo Engels et al., Geschichte, Historie, in: Geschichtliche Grundbegriffe, Bd. 2: E–G, Stuttgart 1975, 593–718.

Koselleck, Reinhart, Revolution, in: Geschichtliche Grundbegriffe, Bd. 5: Pro–Soz, Stuttgart 1984, 653–788.

Koselleck, Reinhart Kritik und Krise. Eine Studie zur Pathogenese der bürgerlichen Welt, Frankfurt a. M. 1976.

Kracauer, Siegfried, Das Ornament der Masse [1927], Frankfurt a. M. 2014.

Krämer, Sybille, Medium, Bote, Übertragung. Kleine Metaphysik der Medialität, Frankfurt a. M. 2008.

Krämer, Sybille, Die Heterogenität der Stimme. Oder: Was folgt aus Nietzsches Idee, dass die Lautsprache aus der Verschwisterung von Bild und Musik hervorgeht?, in: Stimme und Schrift. Zur Geschichte und Systematik sekundärer Oralität, hg. von Alfred Messerli, Waltraud Wiethölter, Hans-Georg Pott et al., München 2008, 57–74.

Kraus, Hans-Christof, Politisches Denken in der deutschen Spätromantik, in: Politische Theorien des 19. Jahrhunderts, 33–69.
Krebs, Peter, Bilanz eines siebenjährigen metapolitischen Kampfes, in: Mut zur Identität. Alternativen zum Prinzip der Gleichheit, hg. von dems., Struckum 1988, 331–360.
Kuhn, Oliver E., Spekulative Kommunikation und ihre Stigmatisierung am Beispiel der Verschwörungstheorien. Ein Beitrag zur Soziologie des Nichtwissens, in: Zeitschrift für Soziologie, 49/2 (2010), 106–123.
Kuhn, Oliver E., Spekulative Kommunikation und ihre Stigmatisierung, in: Konspiration. Soziologie des Verschwörungsdenkens, hg. von Michael Schetsche, Andreas Anton und Michael Walter, Wiesbaden 2014, 327–348.
Kurz, Gerhard, Das Ganze und das Teil. Zur Bedeutung der Geselligkeit in der ästhetischen Diskussion um 1800, in: Kunst und Geschichte im Zeitalter Hegels, hg. von Christoph Jamme, Hamburg 1996, 91–113.
Lazardzig, Jan, Polizeiliche Tages-Mittheilungen. Die Stadt als Ereignisraum in Kleists Abendblättern, in: Deutsche Vierteljahresschrift für Literaturwissenschaft und Geistesgeschichte 87/4 (2013), 566–587 (DVJS).
LeDoux, Joseph, Das Netz der Persönlichkeit. Wie unser Selbst entsteht, München 2006.
Lefort, Claude, Die Frage der Demokratie, in: Autonome Gesellschaft und libertäre
Demokratie, hg. von Ulrich Rödel, Frankfurt a. M. 1990.
Lehmann, Johannes F., Faktum, Anekdote, Gerücht. Begriffsgeschichte der ‚Thatsache' und Kleists Berliner Abendblätter, in: DVJS 89/3 (2015), 307–322.
Lehmann, Johannes F., Was der Fall war: Zum Verhältnis von Fallgeschichte und Vorgeschichte am Beispiel von Lenz' Erzählung *Zerbin*, in: Was der Fall ist. Casus und Lapsus, hg. von Inka Mülder-Bach und Michael Ott, Paderborn 2015, 73–87.
Lehmann, Johannes F., (Un-)Arten des Faktischen. Tatsachen und Anekdoten in Kleists *Berliner Abendblättern*, in: Unarten, 265–283.
Lehmann, Maren, Philiströse Differenz. Die Form des Individuums, in Philister, 101–120.
Lesowsky, Josef, Der tolle Invalide auf dem Fort Ratonneau, in: Archiv für das Studium der neueren Sprachen und Literaturen 65 (1911), 302–307.
Liese, Lea, Kommunikation/Kontamination. Gerücht und Ansteckung bei Heinrich von Kleist, in: Kleist Jahrbuch (2020), 19–35.
Liese, Lea, Die unverfälschte Gemeinschaft. Authentifikationsstrategien einer exklusiven Geselligkeit bei Achim von Arnim und Clemens Brentano, in: Focus on German Studies (27): Spielformen des Authentischen, German Graduate Student Association of the University of Cincinnati, hg. von Anna-Maria Senuysal und Mareike Lange, 2020, 1–25.
Liese, Lea, Romantik und Restauration. Konservative Gemeinschaftsentwürfe in der Übergangszeit (Adam Müller und Clemens Brentano), in: Athenäum, Sonderheft: Romantisierung von Politik. Historische Konstellationen und Gegenwartsanalysen (2022), 85–110.
Link, Jürgen, Die Struktur des Symbols in der Sprache des Journalismus. Zum Verhältnis literarischer und pragmatischer Symbole, München 1978.
Lorenz, Dagmar, Journalismus, Stuttgart 2002.
Lorenz, Matthias N. und Thomas Nehrlich, Kleists Anekdoten – Zur Größe der Kleinen Formen, in: Kleist Jahrbuch (2019), 231–235.
Luhmann, Niklas, Soziale Systeme. Grundriß einer allgemeinen Theorie, Frankfurt a. M. 1984.
Luhmann, Niklas, Die Realität der Massenmedien, Wiesbaden 1996.
Luhmann, Niklas, Vertrauen. Ein Mechanismus der Reduktion sozialer Komplexität, Stuttgart 2000.

Lukács, Georg, Die Romantik als Wendung in der deutschen Literatur [1945], in: ders., Kurze Skizze einer Geschichte der neueren deutschen Literatur, Neuwied 1975.
Lyotard, Jean-François, Das postmoderne Wissen, Wien 1999.
Makropoulos, Michael, Kontingenz und Handlungsraum, in: Poetik und Hermeneutik, 23–25.
Mann, Thomas, Gesammelte Werke in dreizehn Bänden, Frankfurt a. M. 1974.
Marchart, Oliver, Die politische Differenz, Berlin 2010.
Marquardt, Jochen, Der mündige Zeitungsleser – Anmerkungen zur Kommunikationsstruktur der ‚Berliner Abendblätter', in: Beiträge zur Kleist-Forschung, Frankfurt/O. 1986, 7–36.
Marquardt, Jochen, Selbsterkenntnis und Verantwortung – Wirkungsstrategische Aspekte der Publizistik Heinrich von Kleists, in: Zeitschrift für Germanistik 10/5 (1989), 558–566.
Martínez, Matías, Moderne Sagen (urban legends) zwischen Faktum und Fiktion, in: Der Deutschunterricht 2 (2005), 50–58.
Martínez, Matías, Memorabile – Sage – Legende. Einfache Formen in Zacharias Werners *Der vierundzwanzigste Februar* und Pedro Calderon de la Barcas *La devocion de la cruz*, in: Geistiger Handelsverkehr. Komparatistische Aspekte der Goethezeit, hg. von Anne Bohnenkamp und Matías Martínez, Göttingen 2008, 287–310.
Martínez, Matías, Können Erzählungen lügen?, in: Postfaktisches Erzählen? Post-Truth – Fake News – Narration, hg. von Antonius Weixler, Matei Chihaia, Matías Martínez et al., Berlin 2021, 13–22.
Martus, Steffen, Die Brüder Grimm und die Literaturpolitik Heinrich von Kleists, in: Kleist Jahrbuch (2011), 134–156.
Matala de Mazza, Ethel, Der verfasste Körper. Zum Projekt einer organischen Gemeinschaft in der Politischen Romantik, Freiburg i. Br. 1999.
Matala de Mazza, Ethel, Sozietäten, in: Kleist-Handbuch, hg. von Ingo Breuer, Stuttgart 2009, 283–285.
Matala de Mazza, Ethel und Joseph Vogl, Poesie und Niedertracht. Über Brentanos Restaurationsgeschichte, in: Die Lesbarkeit der Romantik. Material, Medium, Diskurs, hg. von Erich Kleinschmidt, Berlin 2009, 235–250.
Matuschek, Stefan, Klassisches Altertum, in: Friedrich Schlegel-Handbuch, hg. von Johannes Endres, Stuttgart 2017, 70–100.
Mayer, Hans, Literatur der Übergangszeit. Essays, Berlin 1949.
Mayhew, George, P., Swift Bickerstaff Hoaxes as an April Fool's Joke, in: Modern Philology 61/4 (1964), 270–280.
McGranahan, Carole, An Anthropology of Lying: Trump and the Political Sociality of Moral Outrage, in: American Ethnologist 44/2 (2017), 243–248.
Mendelssohn, Peter de, Zeitungsstadt Berlin. Menschen und Mächte in der Geschichte der deutschen Presse, Frankfurt a. M./Berlin/Wien 1982.
Meteling, Arno, Verschwörungstheorien. Zum Imaginären des Verdachts, in: Die Unsichtbarkeit des Politischen. Theorie und Geschichte medialer Latenz, hg. von Lutz Ellrich, Harun Maye und Arno Meteling, Bielefeld 2015, 179–212.
Meyer, Reinhart, Novelle und Journal, Erster Band: Titel und Normen. Untersuchungen zur Terminologie der Journalprosa, zu ihren Tendenzen, Verhältnissen und Bedingungen, Stuttgart 1987.
Miñambres, Germán Garrido, Die Novelle im Spiegel der Gattungstheorie, Würzburg 2009.
Mohagheghi, Yashar, Fest und Zeitenwende. Französische Revolution und die Festkultur des 18. Jahrhunderts bei Hölderlin, Stuttgart 2019.

Mohagheghi, Yashar, Das Bundesfest als Gründungsakt der neuen Zeit. Zum Wandel der Festkultur im 18. Jahrhundert (Göttinger Hain, J.-L. David, Französische Revolution), in: DVJS 94 (2020), 1–15.
Montenyohl, Eric, Beliefs in satanism and their impact on a community: moving beyond textual studies in oral tradition, in: Contemporary Legend: The Journal of the International Society for Contemporary Legend Research 4 (1994), 45–59.
Moser, Christian, Die supplementäre Wahrheit des Anekdotischen. Kleists ‚Prinz Friedrich von Homburg' und die europäische Tradition anekdotischer Geschichtsschreibung, in: Kleist Jahrbuch (2006), 23–44.
Mouffe, Chantal, Über das Politische. Wider die kosmopolitische Illusion, Frankfurt a. M. 2007.
Mouffe, Chantal, Agonistik. Die Welt politisch denken, Berlin 2014.
Müller, Philipp, Die Rhetorik der Mikrogeschichte, in: Zeitschrift für Ideengeschichte 6/2 (2012), 126–128.
Müller-Schmid, Peter Paul, Adam Müller (1779–1829), in: Politische Theorien des 19. Jahrhunderts, 109–138.
Nachtwey, Oliver, Pegida, politische Gelegenheitsstrukturen und der neue Autoritarismus, in: PEGIDA – Rechtspopulismus zwischen Fremdenangst und ‚Wende'-Enttäuschung?, hg. von Karl-Siegbert Rehberg, Franziska Kunz und Tino Schlinzig, Berlin 2016, 299–312.
Nehrlich, Thomas, ‚daß sie wahrscheinlich sei'. Zur Poetik von Kleists kleiner Prosa, in: Kleist Jahrbuch (2019), 273–254.
Neubauer, Hans-Joachim, Fama. Eine Geschichte des Gerüchts, Berlin 1998.
Neumann, Birgit und Ansgar Nünning, Einleitung: Probleme, Aufgaben und Perspektiven der Gattungstheorie und Gattungsgeschichte, in: Gattungstheorie und Gattungsgeschichte, hg. von Marion Gymnich, Birgit Neumann und Ansgar Nünning, Trier 2007, 1–28.
Neumann, Gerhard, Das Stocken der Sprache und das Straucheln des Körpers. Umrisse von Kleists kultureller Anthropologie, in: Heinrich von Kleist. Kriegsfall – Rechtsfall – Sündenfall, hg. von Gerhard Neumann, Freiburg i. Br. 1994, 13–30.
Neumann, Gerhard, Roland Barthes: Literatur als Ethnographie. Zum Konzept einer Semiologie der Kultur, in: Verhandlungen mit dem New Historicism, 23–48.
Neumann, Gerhard, Die Verlobung in St. Domingo. Zum Problem literarischer Mimesis im Werk Heinrich von Kleists, in: Gewagte Experimente und kühne Konstellationen. Kleists Werk zwischen Klassizismus und Romantik, hg. von Christine Lubkoll und Günter Oesterle, Würzburg 2001, 93–118.
Neumann, Michael, Die fünf Ströme des Erzählens, Berlin/Boston 2013.
Nicolaisen, Wilhelm F. H., Contemporary Legends in der englischsprachigen Presse, in: Erzählkulturen im Medienwandel, hg. von Christoph Schmitt, Münster 2008, 215–224.
Niebisch, Arndt, Kleists Medien, Berlin/Boston 2019.
Niehaus, Michael, Die sprechende und die stumme Anekdote, in: Zeitschrift für deutsche Philologie, 132/2 (2013), 183–202.
Niehaus, Michael, Zeitungsmeldung, Anekdote. Gattungstheoretische Überlegungen zu einem Textfeld bei Heinrich von Kleist, in: Kleist Jahrbuch (2019), 295–308.
Nienhaus, Stefan, ‚Wo jetzt Volkes Stimme hören?' Das Wort ‚Volk' in den Schriften Achim von Arnims von 1805 bis 1813, in: Universelle Entwürfe – Integration – Rückzug: Arnims Berliner Zeit (1809–1814), 89–99.
Nienhaus, Stefan, Zur Topik der Tischrede: ‚Verehrte Tischgenossen', in: Topik und Rhetorik. Ein interdisziplinäres Symposium, hg. von Thomas Schirren und Gert Ueding, Tübingen 2000, 345–354.

Nienhaus, Stefan, Geschichte der deutschen Tischgesellschaft, Tübingen 2003.
Nienhaus, Stefan, Ein ganz adeliges Volk. Die deutsche Tischgesellschaft als aristokratisches Demokratiemodell, in: Kleist Jahrbuch (2012), 227–238.
Nies, Fritz, Würze der Kürze – schichtübergreifend. Semi-orale Kleingattungen im Frankreich des 17. und 18. Jahrhunderts, in: Erzählforschung. Ein Symposium, hg. von Eberhard Lämmert, Stuttgart 1982, 418–434.
Nitschke, Claudia, Utopie und Krieg bei Ludwig Achim von Arnim, Tübingen 2004.
Nitschke, Claudia, Die legitimatorische Inszenierung von ‚Volkspoesie' in Achim von Arnims ‚Schmerzendem Gemisch von der Nachahmung des Heiligen', in: Das Wunderhorn und die Heidelberger Romantik: Mündlichkeit, Schriftlichkeit, Performanz, Heidelberger Kolloquium der Internationalen Arnim-Gesellschaft, hg. von Wolfgang Pape, Tübingen 2005, 239–254.
Nonhoff, Martin, Chantal Mouffe und Ernesto Laclau: Konfliktivität und Dynamik des Politischen, in: Das Politische denken. Zeitgenössische Positionen, hg. von Ulrich Bröckling und Robert Feustel, Bielefeld 2010, 33–57.
Nünning, Ansgar, Making Events – Making Stories – Making Worlds: Ways of Worldmaking from a Narratological Point of View, in: Cultural Ways of Worldmaking. Media and Narratives, hg. von Vera Nünning, Ansgar Nünning und Birgit Neumann, Berlin/New York 2010, 191–214.
Oesterle, Günter, Juden, Philister und romantische Intellektuelle. Überlegungen zum Antisemitismus in der Romantik, in: Athenäum 2 (1992), 55–89.
Oesterle, Günter, Der tolle Invalide auf dem Fort Ratonneau. Aufklärerische Anthropologie und romantische Universalpoesie, in: Universelle Entwürfe – Integration – Rückzug: Arnims Berliner Zeit (1809–1814), 25–42.
Oesterle, Günter, Diabolik und Diplomatie. Freundschaftsnetzwerke in Berlin um 1800. Strong ties/Weak ties. Freundschaftssemantik und Netzwerktheorie, hg. von Natalie Binczek und Georg Stanitzek, Heidelberg 2010, 93–110.
Pabst, Walter, Novellentheorie und Novellendichtung. Zur Geschichte ihrer Antinomie in den romanischen Literaturen, Hamburg 1953.
Pape, Walter, ‚Der König erklärt das Volk adlig': ‚Volksthätigkeit', Poesie und Vaterland bei Achim von Arnim 1802–1814, in: 200 Jahre Heidelberger Romantik, hg. von Friedrich Strack, Berlin 2008, 531–549.
Pauly, August Friedrich, Parasitos, in: Paulys Realencyclopädie der classischen Altertumswissenschaft, Halbbd. 36, hg. von Konrat Ziegler, Stuttgart 1949, 1381–1404.
Peter, Emanuel, Geselligkeiten. Literatur, Gruppenbildung und kultureller Wandel im 18. Jahrhundert, Tübingen 1999.
Peter, Klaus, Achim von Arnim: Gräfin Dolores, in: Romane und Erzählungen der deutschen Romantik. Neue Interpretationen, hg. von Paul Michael Lützeler, Stuttgart 1981, 240–263.
Peter, Klaus, Deutschland in Not. Fichtes und Arnims Appelle zur Rettung des Vaterlandes, in: ders., Problemfeld Romantik. Aufsätze zu einer spezifisch deutschen Vergangenheit, Heidelberg 2007, 185–206.
Peter, Klaus, Nach dem Krieg: Für Versöhnung im Alten Europa – Achim von Arnims Erzählung ‚Seltsames Begegnen und Wiedersehen', in: Das „Wunderhorn" und die Heidelberger Romantik, 89–97.
Peters, Sibylle, Von der Klugheitslehre des Medialen. (Eine Paradoxe.) Ein Vorschlag zum Gebrauch der ‚Berliner Abendblätter', in: Kleist Jahrbuch (2000), 136–160.

Pethes, Nicolas, Literarische Fallgeschichten. Zur Poetik einer epistemischen Schreibweise, Konstanz 2016.

Petsch, Robert, Wesen und Form der Erzählkunst, Halle 1934.

Petzoldt, Leander, Zur Geschichte der Erzählforschung in Österreich, in: Homo narrans. Studien zur populären Erzählkultur, hg. von Christoph Schmitt, Münster 1999, 111–138.

Petzoldt, Leander, Einführung in die Sagenforschung, Konstanz 2002.

Pfahl-Traughber, Armin, ‚Konservative Revolution' und ‚Neue Rechte'. Rechtsextremistische Intellektuelle gegen den demokratischen Verfassungsstaat, Opladen 1998.

Plumpe, Gerhard, Epochen moderner Literatur. Ein systemtheoretischer Entwurf, Opladen 1995.

Polgar, Alfred, Die kleine Form (quasi ein Vorwort), in: Orchester von oben, Berlin 1927, 9–13.

Pommrenke, Sascha, Sinnvoller Unsinn – Unheilvoller Sinn, in: Konspiration, 301–326.

Pompe, Hedwig, Nachrichten über Gerüchte. Einleitung, in: Die Kommunikation der Gerüchte, 131–143.

Pompe, Hedwig, Famas Medium. Zur Theorie der Zeitung in Deutschland zwischen dem 17. und dem mittleren 19. Jahrhundert, Berlin/Boston 2012.

Pravida, Dietmar, Brentano in Wien. Clemens Brentano, die Poesie und die Zeitgeschichte 1813/14, Heidelberg 2013.

Priddat, Birger, P., Märkte und Gerüchte, in: Die Kommunikation der Gerüchte, 216–237.

Prodi, Paolo, Der Eid in der europäischen Verfassungsgeschichte. Zur Einführung, in: Glaube und Eid. Treueformeln, Glaubensbekenntnisse und Sozialdisziplinierung zwischen Mittelalter und Neuzeit, hg. von dems., München 1993, VII–XXIX.

Prodi, Paolo, Das Sakrament der Herrschaft. Der politische Eid in der Verfassungsgeschichte des Okzidents, Berlin 1997.

Raible, Wolfgang, Was sind Gattungen? Eine Antwort aus semiotischer und textlinguistischer Sicht, in: Poetica 12 (1980), 320–349.

Rancière, Jacques, Aux bords du politique, Paris 1998.

Rancière, Jacques, Die Aufteilung des Sinnlichen. Die Politik der Kunst und ihre Paradoxien, hg. von Maria Muhle, Berlin 2008.

Rancière, Jacques, Demokratie und Postdemokratie [1996], in: Alain Badiou und Jacques Rancière, Politik der Wahrheit, hg. von Rado Riha, Wien/Berlin 2010, 119–156.

Ranke, Kurt, Die Welt der Einfachen Formen. Studien zur Motiv-, Wort- und Quellenkunde, Berlin 1978.

Rasch, Wolfdietrich, Reiz und Bedeutung des Unwahrscheinlichen in den Erzählungen Arnims, in Aurora. Jahrbuch der Eichendorff-Gesellschaft 45 (1985), 301–309.

Reckwitz, Andreas, Die Gesellschaft der Singularitäten, Berlin 2017.

Reiling, Jesko, Volkspoesie versus Kunstpoesie. Wirkungsgeschichte einer Denkfigur im literarischen 19. Jahrhundert, Heidelberg 2019.

Reinfandt, Christoph, Romantische Kommunikation. Zur Kontinuität der Romantik in der Kultur der Moderne, Heidelberg 2003.

Remak, Henry H. H., Die Novelle in der Klassik und Romantik, in: Neues Handbuch der Literaturwissenschaft, hg. von Klaus von See, Bd. 14: Europäische Romantik, hg. von Karl Robert Mandelkov, Wiesbaden 1982, 291–318.

Ribhegge, Wilhelm, Konservative Politik in Deutschland. Von der Französischen Revolution bis zur Gegenwart, Darmstadt 1989.

Ricklefs, Ulfert, Das ‚Wunderhorn' im Licht von Arnims Kunstprogramm und Poesieverständnis, in: Das Wunderhorn und die Heidelberger Romantik, 147–194.

Riedl, Peter Philipp, Öffentliche Rede in der Zeitenwende, Berlin 1997.
Riedl, Peter Philipp, ‚Für den Augenblick berechnet'. Propagandastrategien in Heinrich von Kleists *Die Hermannsschlacht* und in seinen politischen Schriften, in: Heinrich von Kleist. Neue Ansichten eines rebellischen Klassikers, 189–230.
Ritzer, Ivo und Peter W. Schulze, Transmediale Genre-Passagen: Interdisziplinäre Perspektiven, in: Transmediale Genre-Passagen. Interdisziplinäre Perspektiven, hg. von Ivo Ritzer und Peter W. Schulze, Wiesbaden 2016, 1–23.
Rölleke, Heinz, ‚Des Knaben Wunderhorn' – eine romantische Liedersammlung: Produktion – Distribution – Rezeption, in: Das Wunderhorn und die Heidelberger Romantik, 3–20.
Rollka, Bodo, Die Belletristik in der Berliner Presse des 19. Jahrhunderts, Berlin 1985.
Roloff, Volker, Intermedialität und Medienanthropologie. Anmerkungen zu aktuellen Problemen, in: Intermedialität analog/digital. Theorien Methoden Analysen, hg. von Joachim Paech und Jens Schröter, München 2008, 15–29.
Samuel, Richard, Heinrich von Kleists Teilnahme an den politischen Bewegungen der Jahre 1805-1809 [1938], übers. von Wolfgang Barthel, Frankfurt/O. 1995.
Sauder, Gerhard, Empfindsamkeit, 3 Bde., Stuttgart 1974 ff., Bd. 1, 154–157.
Schaal, Gary S., Narrationen in der Politik, in: Wirklichkeitserzählungen. Felder, Formen und Funktionen nicht-literarischen Erzählens, hg. von Christian Klein und Matías Martínez, Stuttgart 2009, 217–228.
Schanze, Helmut, Romantheorie der Romantik, in: Romane und Erzählungen der deutschen Romantik. Neue Interpretationen, 11–33.
Schaub, Gerhard, ‚Die Schachtel mit der Friedenspuppe.' Brentanos Restaurations-Erzählung, in: Clemens Brentanos Landschaften. Beiträge des ersten Koblenzer Brentano-Kolloquiums, hg. von Hartwig Schultz, Koblenz 1986, 83–122.
Schlaffer, Heinz, Denkbilder. Eine kleine Prosaform zwischen Dichtung und Gesellschaftstheorie, in: Poesie und Politik. Zur Situation der Literatur in Deutschland, hg. von Wolfgang Kuttenkeuler, Stuttgart 1973, 137–154.
Schmitt, Carl, Die politische Romantik [1919], Berlin 1998.
Schmitt, Carl, Der Begriff des Politischen [1932]. Synoptische Darstellung der Texte. Im Auftrag der Carl-Schmitt-Gesellschaft hg. von Marco Walter, Berlin 2018.
Schmitz-Emans, Monika, Wassermänner und Sirenen und andere Monster. Fabelwesen im Spiegel von Kleists ‚Berliner Abendblättern', in: Kleist Jahrbuch (2005), 162–182.
Schmölders, Claudia, Die Kunst des Gesprächs. Texte zur Theorie der europäischen Konversationstheorie, München 1986.
Schneider, Ingo, Traditionelle Erzählstoffe und Erzählmotive in Contemporary Legends, in: Homo narrans, 165–180.
Schneider, Manfred, Die Welt im Ausnahmezustand. Kleists Kriegstheater, in: Kleist Jahrbuch (2001), 104–119.
Schönert, Jörg, Kriminalität und Devianz in den Berliner ‚Abendblättern', in: Perspektiven zur Sozialgeschichte der Literatur. Beiträge zu Theorie und Praxis, hg. von dems., Tübingen 2007, 113–126.
Schulte, Philipp, Geschichte und Heimsuchung, in: Lernen mit den Gespenstern zu leben, 87–96.
Schulz, Gerhard, Kleist. Eine Biographie, München 2007.
Schulze, Gerhard, Die Erlebnisgesellschaft, Frankfurt a. M. 1992.
Seibert, Peter, Der literarische Salon. Literatur und Geselligkeit zwischen Aufklärung und Vormärz, Stuttgart 1993.

Seidler, John David, Die Verschwörung der Massenmedien. Eine Kulturgeschichte vom Buchhändler-Komplott bis zur Lügenpresse, Bielefeld 2016.
Seidlin, Oskar, Von erwachendem Bewusstsein und vom Sündenfall: Brentano, Schiller, Kleist, Goethe, Stuttgart 1979.
Sembdner, Helmut, Die Berliner Abendblätter Heinrich von Kleists, ihre Quellen und ihre Redaktion, Berlin 1929.
Serres, Michel, Die Legende der Engel, Berlin 1995.
Serres, Michel, Der Parasit, übers. v. Michael Bischoff, Frankfurt a. M. 2014.
Simmel, Georg, Die Soziologie der Mahlzeit [1910], in: Theorien des Essens, hg. von Kikuko Kashiwagi-Wetzel und Anne-Rose Meyer, Frankfurt a. M. 2017, 69–76.
Sréter, Jenny, Irreguläre Truppen. Kleists Militär-Anekdoten in den ‚Berliner Abendblättern', in: Kleist Jahrbuch (2014), 155–171.
Staengle, Peter, Achim von Arnim und Kleists ‚Berliner Abendblätter', in: Universelle Entwürfe – Integration – Rückzug: Arnims Berliner Zeit (1809–1814), 73–88.
Stangneth, Bettina, Lügen lesen, Reinbek 2017.
Stanitzek, Georg, Fama/Musenkette. Zwei klassische Probleme der Literaturwissenschaft mit ‚den Medien', in: Schnittstelle Medien und kulturelle Kommunikation, hg. von Georg Stanitzek und Wilhelm Voßkamp, Köln 2001, 135–150.
Starkulla, Heinz, Propaganda. Begriffe, Typen, Phänomene, Baden-Baden 2015.
Steig, Reinhold, Heinrich von Kleists Berliner Kämpfe, Berlin/Stuttgart 1901.
Stein-Hölkeskamp, Elke, Das römische Gastmahl. Eine Kulturgeschichte, München 2011.
Steinkämper, Claudia, Melusine – vom Schlangenweib zur „Beauté mit dem Fischschwanz". Geschichte einer literarischen Aneignung, Göttingen 2007.
Steinmetz, Horst, Historisch-strukturelle Rekurrenz als Gattungs-/Textsortenkriterium, in: Textsorten und literarische Gattungen. Dokumentation des Germanistentages in Hamburg vom 1.–4. April 1979, hg. von Vorstand der Vereinigung der deutschen Hochschulgermanisten. Berlin 1983, 66–88.
Strack, Friedrich, Heinrich von Kleist im Kontext romantischer Ästhetik, in: Kleist Jahrbuch (1996), 201–218.
Strack, Friedrich, Historische und poetische Voraussetzungen der Heidelberger Romantik, in: 200 Jahre Heidelberger Romantik, 23–40.
Strobel, Jochen, Ein hoher Adel von Ideen.' Zur Neucodierung von ‚Adeligkeit' in der Romantik (Adam Müller, Achim von Arnim), in: Zwischen Aufklärung und Romantik. Neue Perspektiven der Forschung, hg. von Konrad Feilchenfeldt, Ursula Hudson, York-Gotthart Mix et al., Würzburg 2006, 321–342.
Strobel, Jochen, Die Semantik des Aristokratischen in der Politischen Romantik und in der Literatur der Inneren Emigration, in: Vielheit und Einheit der Germanistik weltweit, 49–54.
Strobel, Jochen, „...den letzten Rest von Poësie." Historische und literarische Semantik eines kulturellen Schemas am Beispiel von ‚Adel' in der Moderne. in: KulturPoetik 12/2 (2012), 187–207.
Stubbersfield, Joseph M., Jamie Tehrani und Emma Grace Flynn, Evidence for Emotional Content Bias in the Cumulative Recall of Urban Legends, in: Journal of Cognition and Culture 17/1-2 (2016), 12–26.
Studnitz, Cecilia von, Ist die Wirklichkeit Fiktion oder ist die Fiktion Wirklichkeit? Gedanken zum Bild des Journalisten in der Literatur, in: Literatur und Journalismus. Theorie, Kontexte, Fallstudien, hg. von Bernd Blöbaum und Stefan Neuhaus, Wiesbaden 2003, 73–89.

Thomalla, Erika, Botschafter aus dem Geisterreich. Die Gespensterdebatte um 1800, in: Lernen mit den Gespenstern zu leben, 31–44.
Thomalla, Erika, Die Erfindung des Dichterbundes. Die Medienpraktiken des Göttinger Hains, Göttingen 2018.
Twellmann, Marcus, ‚Ueber die Eide'. Zucht und Kritik im Preußen der Aufklärung, Konstanz 2010.
Uerlings, Herbert, Die haitianische Literatur in der deutschsprachigen Literatur: H. v. Kleist – A. G. F. Rebmann – A. Seghers – H. Müller, in: Jahrbuch für Geschichte Lateinamerikas 28 (1991), 343–389.
Uerlings, Herbert, Preußen in Haiti. Zur interkulturellen Begegnung in Kleists ‚Verlobung in St. Domingo', in: Kleist Jahrbuch (1991), 185–201.
Utz, Peter, Das Auge und das Ohr im Text. Literarische Sinneswahrnehmungen in der Goethezeit, München 1990.
Valsesia, Francesca, Kristin Diehl und Joseph C. Nunes, Based on a true story: Making people believe the unbelievable, in: Journal of Experimental Social Psychology 71 (2017), 105–110.
Vierhaus, Rudolf, Konservativ, Konservatismus, in: Geschichtliche Grundbegriffe, Bd. 3: H–Me, Stuttgart 1982, 531–565.
Vogel, Juliane, Die Kürze des Faktums. Textökonomien des Wirklichen um 1800, in: Auf die Wirklichkeit zeigen. Zum Problem der Evidenz in den Kulturwissenschaften, hg. von Helmut Lethen, Ludwig Jäger, Albrecht Koschorke, Frankfurt a. M. 2015, 137–152.
Vos, Gail de, Tales, Rumors, and Gossip: Exploring Contemporary Folk Literature in Grades 7–12, London 1996.
Voßkamp, Wilhelm, Gattungen als literarisch-soziale Institutionen, in: Textsortenlehre, Gattungsgeschichte, hg. von Walter Hinck, Heidelberg 1977, 27–44.
Voßkamp, Wilhelm, Literaturgeschichte als Funktionsgeschichte der Literatur, in: Literatur und Sprache im historischen Prozeß, hg. von Thomas Cramer, Tübingen 1983, 32–54.
Vovelle, Michel, La révolution contre l'église. De la raison à l'être supreme, Brüssel 1988.
Wakeman, Joshua, Bullshit as a problem of social epistemology, in: Sociological Theory 35/1 (2017), 15–38.
Walsh, Lynda, Sins Against Science: The Scientific Media Hoaxes of Poe, Twain, And Others, New York 2006.
Watts, Linda S., Encyclopedia of American Folklore, New York 2007.
Weber, Volker, Anekdote. Die andere Geschichte, Tübingen 1993.
Weingart, Brigitte, Ansteckende Wörter. Repräsentationen von AIDS, Frankfurt a. M. 2002.
Weingart, Brigitte, Kommunikation, Kontamination und epidemische Ausbreitung. Einleitung, in: Die Kommunikation der Gerüchte, 241–250.
Weingart, Brigitte, Macht und Ohnmacht der Dinge: Clemens Brentanos Schachtel mit der Friedenspuppe, in: Ästhetische Regime um 1800, hg. von Friedrich Balke, Harun Maye und Leander Scholz, München 2009, 119–138.
Werber, Niels, Literatur als System. Zur Ausdifferenzierung literarischer Kommunikation, Opladen 1992.
Wienfort, Monika, Selbstverständnis und Selbststilisierung des deutschen Adels um 1800, in: Kleist Jahrbuch (2012), 60–76.
Wingertzahn, Christof, Ambiguität und Ambivalenz im erzählerischem Werk Achim von Arnims, St. Ingbert 1990.

Wunderlich, Werner, Gerücht – Figuren, Prozesse, Begriffe, in: Medium Gerücht, Medium Gerücht. Studien zu Theorie und Praxis einer kollektiven Kommunikationsform, hg. von Manfred Bruhn und Werner Wunderlich, Basel 2004, 41–66.
Ziegler, Vicky L., Justice in Brentanos ‚Friedenspuppe', in: Germanic Review, 53 (1978), 174–179.
Zimmer, Heinrich W. B., Johann Georg Zimmer und die Romantiker, Frankfurt a. M. 1888.
Zimmermann, Harm-Peer, Ästhetische Aufklärung. Zur Revision der Romantik in volkskundlicher Absicht, Würzburg 2001.
Zumbusch, Cornelia, Die Immunität der Klassik, Frankfurt a. M. 2014.
Zymner, Rüdiger, Gattungstheorie. Probleme und Positionen der Literaturwissenschaft, Berlin 2003.

Internet-Quellen

Matala de Mazza, Ethel (Interview): microform. Der Podcast des Graduiertenkollegs Literatur- und Wissensgeschichte kleiner Formen, Berlin 2018 [www.kleine-formen.de/interview-mit-ethel-matala-de-mazza], letzter Zugriff: 29.4.2021, 39:33–40:56.
Sarasin, Philip, #Fakten. Was wir in der Postmoderne über sie wissen können, in: Geschichte der Gegenwart, 9.10.2016 [https://geschichtedergegenwart.ch/fakten-was-wir-in-der-postmoderne-ueber-sie-wissen-koennen/], letzter Zugriff am 29.4.21.
Zanetti, Sandro, Was Literatur zum Storytelling zu sagen hat, in: Geschichte der Gegenwart, 14.7.2019, [https://geschichtedergegenwart.ch/geschichtenglaeubigkeit-was-literatur-zum-storytelling-zu-sagen-hat/], letzter Zugriff am 6.4.2021.

Personenregister

Adelung, Johann Christoph 71
Adorno, Theodor W. 17–18, 322
Altenstein, Karl Sigmund Franz Freiherr vom Stein zum 297
Antisthenes 99
Aristoteles 118
Arndt, Ernst Moritz 170–171, 196, 199
Arnim, Bettina von 224
Arnim, Ludwig Achim von 4, 8, 38, 40–41, 44–50, 75, 83, 106, 109, 120, 125, 127, 138–139, 154–187, 199, 204–231, 233, 237, 243–250, 253, 257, 260–268, 271–280, 292–293, 302–303, 308–310, 314–319, 327, 332
Ascher, Saul 180, 257, 268, 321

Baader, Franz von 284
Bacon, Francis 162
Barthes, Roland 87–88, 101, 104–109, 123, 131–132, 140
Beckedorff, Ludolph 257, 259, 269
Benjamin, Walter 104, 109, 281, 311–312, 318–319
Benoist, Alain de 330
Bertuch, Friedrich Justin 254
Boccaccio, Giovanni 72–73, 76–77, 93, 109, 186
Boie, Heinrich Christian 160
Boulanger, Nicolas Antoine 191
Breitinger, Johann Jakob 12
Brentano, Clemens 4, 8, 41, 109, 120, 125, 159–162, 172, 179, 180–185, 187, 189, 192, 194, 196–204, 208–210, 213, 216, 224, 230–231, 243, 246, 249–250, 253–257, 266, 274–275, 298–300, 302–309, 316, 318, 327, 331
Burckhardt, Jacob 229

Clausewitz, Carl von 166, 229, 243, 280
Coleridge, Samuel Taylor 12

Des Périers, Bonaventure 78
Dickens, Charles 95

Eichendorff, Joseph 151, 303

Fichte, Johann Gottlieb 243, 280, 291
Fischer, Johann Karl Christian 195
Fontane, Theodor 151
Foucault, Michel 94, 325
Freud, Sigmund 191
Friedrich Wilhelm I. (Preußen) 159
Friedrich II. (Preußen) 159

Gentz, Friedrich von 230, 318
Georg III. Wilhelm Friedrich 143–145
Gneisenau, August Neidhardt von 229
Goethe, Johann Wolfgang von 80, 313, 320
Görres, Joseph 47, 161, 283, 318–319
Gramsci, Antonio 327–331
Grimm, Jacob 20, 38, 40–46, 48–49, 59, 75, 83, 106–107, 172–173, 180, 204, 206, 237, 315, 317, 319
Grimm, Wilhelm 20, 38, 41–42, 44–46, 48–49, 106–107, 150, 172, 204, 206, 224, 237, 315, 317, 319
Grosson, Jean-Baptiste 225

Hardenberg, Karl August Fürst von 170, 279, 284–285, 294–297
Hegel, Georg Wilhelm Friedrich 68
Heine, Heinrich 10, 312–317, 322
Helfferich, Adolf 180
Herder, Johann Gottfried 40–41, 81, 191, 227
Herodot 66
Hofbauer, Klemens Maria 180
Hofmannsthal, Hugo von 10, 312, 318–322, 327
Hufeland, Christoph Wilhelm 57–58

Iffland, August Wilhelm 243
Itzig, Moritz 260–265, 268

Jahn, Friedrich Ludwig 167, 170, 199, 272–274
Jung-Stilling, Heinrich 153–155, 157

https://doi.org/10.1515/9783111017464-008

Kant, Immanuel 233, 237–240, 280
Kayßler, Adalbert Bartholomäus 273
Kleist, Heinrich von 7–8, 63, 69, 79, 85, 87, 89, 105, 110, 115, 117–120, 123–143, 146–152, 156–157, 171, 174–178, 181, 192, 196, 232, 276, 318
Klewitz, Wilhelm Anton von 294
Klinkowström, Friedrich August von 180–181
Knigge, Adolph Freiherr 71, 233–238, 242, 252–256
Körner, Theodor 170, 179
Kracauer, Siegfried 311
Kraus, Karl 97

La Tour Landry, Geoffroy de 77
Le Bon, Gustave 26–31
Le Bon, Philippe 77
Lilienstern, Otto August Rühle von 280
Lefort, Claude 323
Lesowsky, Josef 225–226
Levy, Sarah 260, 263–264
Luhmann, Niklas 94–95
Lukács, Georg 310

Metternich, Klemens Wenzel Lothar von 187, 230
Müller, Adam 4, 10, 126–128, 180–181, 199, 243, 248, 279–297, 299–303, 309–310, 312–313, 317–320, 323
Mohler, Armin 329
Moritz, Karl Philipp 91, 98, 101, 110, 111, 112, 113, 114, 123, 157, 296, 297

Napoleon 1–2, 5, 22, 47, 125–129, 143, 149–150, 159–160, 167, 169–170, 180, 182, 187, 194, 196, 205–206, 213, 215, 218–219, 244, 279–280
Niebuhr, Barthold Georg 166
Novalis 5–6, 48, 71–73, 187, 206

Ovid 24

Passavant, Johann Karl 180
Passy, Anton 180
Passy, Johann Nepomuk 180
Partridge, John 95

Platon 99, 240
Poe, Edgar Allan 96
Polgar, Alfred 319

Rancière, Jacques 323–326
Reimer, Georg Andreas 184
Rehdiger, Karl Nikolaus von 294
Ringseis, Johann Nepomuk 224
Roeder, Friedrich Wilhelm von 180

Savigny, Friedrich Carl von 8, 185, 197, 224
Scharnhorst, Gerhard von 180, 279
Schiller, Friedrich 118, 230, 287
Schlegel, Friedrich 1, 5–6, 8–9, 63, 71–75, 78, 180–181, 185–187, 230, 247, 303, 318
Schleiermacher, Friedrich 166–167, 229, 233, 237, 239–243, 264, 279–280, 286, 318
Schmitt, Carl 291–292, 298, 313, 319, 322, 325
Schütz, Arthur 97
Scudéry, Madeleine de 251
Serres, Michel 34, 35, 153, 290, 291
Simmel, Georg 237, 248
Sokrates 99
Spalding, Johann Joachim 83
Staël, Germaine de 313
Steffens, Henrich 272–273
Stein, Heinrich Friedrich Karl Reichsfreiherr vom und zum 166, 170
Strauss, David Friedrich 1, 312
Swift, Jonathan 95

Tieck, Ludwig 14, 76, 151, 303

Uhland, Ludwig 45

Vergil 23–25, 31
Voß, Johann Heinrich 46, 50, 160, 185

Weber, Andreas Paul 31
Wolf, Johann 107

Xenophon 99

Zeiller, Martin 107
Zimmer, Johann Georg 161

www.ingramcontent.com/pod-product-compliance
Lightning Source LLC
Chambersburg PA
CBHW020218170426
43201CB00007B/253